大学数学辅导及习题全解丛书

高等数学
辅导及习题全解（下）

（同济·第七版）

主编　张天德

山东科学技术出版社
·济南·

图书在版编目（CIP）数据

高等数学辅导及习题全解. 下 / 张天德主编. -- 济南：山东科学技术出版社，2021.7（2022.5 重印）
ISBN 978-7-5723-0959-5

Ⅰ. ①高… Ⅱ. ①张… Ⅲ. ①高等数学 - 高等学校 - 教学参考资料 Ⅳ. ① O13

中国版本图书馆 CIP 数据核字（2021）第137476 号

高等数学辅导及习题全解（下）
GAODENG SHUXUE FUDAO JI XITI QUANJIE XIA

责任编辑：宋 涛 胡启航

主管单位：山东出版传媒股份有限公司
出 版 者：山东科学技术出版社
　　　　　地址：济南市市中区舜耕路 517 号
　　　　　邮编：250003 电话：（0531）82098088
　　　　　网址：www.lkj.com.cn
　　　　　电子邮件：sdkj@sdcbcm.com
发 行 者：山东科学技术出版社
　　　　　地址：济南市市中区舜耕路 517 号
　　　　　邮编：250003 电话：（0531）82098078
印 刷 者：山东新华印务有限公司
　　　　　地址：济南市高新区世纪大道 2366 号
　　　　　邮编：250104 电话：（0531）82079130

规格：16 开（170 mm × 230 mm）
印张：17.25
版次：2021 年 7 月第 1 版　印次：2022 年 5 月第 3 次印刷
定价：24.00 元

前 言

高等数学是理工类专业一门重要的基础课程,也是硕士研究生入学考试的重点科目。同济大学数学系主编的《高等数学》是一套深受读者欢迎并多次获奖的优秀教材。为帮助广大读者学好高等数学,我们编写了《高等数学辅导及习题全解》,该书与同济大学数学系主编的《高等数学》(第七版)配套。它汇集了编者几十年丰富的教学经验,将典型例题及解题方法与技巧融入书中,本书将会成为读者学习《高等数学》的良师益友。

本书的章节划分和内容设置与同济《高等数学》(第七版)一致,每节的内容由如下三部分组成:

主要内容归纳:该部分对每节必须掌握的概念、性质和公式进行了归纳,并对较易出错的地方作了适当的解析。

经典例题解析及解题方法总结:列举每节不同难度、不同类型的重点题目,并给出详细解答,以帮助读者理清解题思路,掌握基本解题方法和技巧;研读解题前的分析和解题后的方法总结,可以使读者举一反三、融会贯通。

教材习题解答:每节与每章后都给出了与教材习题的分析与解答,读者可以参考解答来检查学习效果,对各种题型产生更深刻的理解,并进一步掌握所学知识点,做到灵活运用。

由于编者水平有限,书中存在的不足之处敬请读者批判指正,以臻完善。

编 者
2021 年 6 月

目 录

第八章　向量代数与空间解析几何 …………………………………… (1)
- 第一节　向量及其线性运算(1)　　习题8－1解答(3)
- 第二节　数量积　向量积　*混合积(5)　　习题8－2解答(7)
- 第三节　平面及其方程(9)　　习题8－3解答(11)
- 第四节　空间直线及其方程(13)　　习题8－4解答(18)
- 第五节　曲面及其方程(20)　　习题8－5解答(23)
- 第六节　空间曲线及其方程(26)　　习题8－6解答(27)
- 总习题八解答(28)

第九章　多元函数微分法及其应用 …………………………………… (32)
- 第一节　多元函数的基本概念(32)　　习题9－1解答(36)
- 第二节　偏导数(38)　　习题9－2解答(42)
- 第三节　全微分(44)　　习题9－3解答(47)
- 第四节　多元复合函数的求导法则(49)　　习题9－4解答(52)
- 第五节　隐函数的求导公式(55)　　习题9－5解答(57)
- 第六节　多元函数微分学的几何应用(59)　　习题9－6解答(65)
- 第七节　方向导数与梯度(68)　　习题9－7解答(71)
- 第八节　多元函数的极值及其求法(73)　　习题9－8解答(78)
- 第九节　二元函数的泰勒公式(82)　　习题9－9解答(83)
- 第十节　最小二乘法(84)　　习题9－10解答(84)
- 总习题九解答(85)

第十章　重积分 …………………………………………………………… (90)
- 第一节　二重积分的概念与性质(90)　　习题10－1解答(92)
- 第二节　二重积分的计算法(94)　　习题10－2解答(102)
- 第三节　三重积分(115)　　习题10－3解答(123)
- 第四节　重积分的应用(130)　　习题10－4解答(135)

第五节　含参变量的积分(141)　　习题10-5解答(142)
总习题十解答(144)

第十一章　曲线积分与曲面积分 ·················· (151)

第一节　对弧长的曲线积分(151)　　习题11-1解答(155)
第二节　对坐标的曲线积分(158)　　习题11-2解答(164)
第三节　格林公式及其应用(166)　　习题11-3解答(170)
第四节　对面积的曲面积分(176)　　习题11-4解答(182)
第五节　对坐标的曲面积分(184)　　习题11-5解答(188)
第六节　高斯公式　通量与散度(191)　　习题11-6解答(196)
第七节　斯托克斯公式　环流量与旋度(197)　　习题11-7解答(200)
总习题十一解答(203)

第十二章　无穷级数 ·················· (209)

第一节　常数项级数的概念和性质(209)　　习题12-1解答(214)
第二节　常数项级数的审敛法(216)　　习题12-2解答(225)
第三节　幂级数(227)　　习题12-3解答(235)
第四节　函数展开成幂级数(236)　　习题12-4解答(241)
第五节　函数的幂级数展开式的应用(244)　　习题12-5解答(245)
*第六节　函数项级数的一致收敛性及一致收敛级数的基本性质(249)
　　　　　　　　　　　　　　　　　　　　习题12-6解答(250)
第七节　傅里叶级数(252)　　习题12-7解答(256)
第八节　一般周期函数的傅里叶级数(260)　　习题12-8解答(263)
总习题十二解答(265)

第八章 向量代数与空间解析几何

空间解析几何与平面解析几何的思想方法类似,都是用代数方法研究几何问题,其重要工具就是向量代数.众所周知,平面解析几何的基础对于一元微积分是至关重要.同样,空间解析几何的知识对于多元微积分的学习也是必不可缺的.本章首先引进向量的概念和一些运算,然后讨论空间曲面和曲线的一般方程以及二次曲面的特性,再利用向量的运算建立空间的平面和直线方程.

第一节 向量及其线性运算

一、主要内容归纳

1. 向量

(1)**定义** 既有大小又有方向的量叫做向量.

(2)**向量的表示** 用有向线段来表示向量,记为 $\overrightarrow{AB}$. $\overrightarrow{AB}$ 表示以 A 为起点,以 B 为终点的向量.有向线段的长度表示向量的大小,有向线段所指的方向表示向量的方向.当向量定义为有向线段时,它只具有长度和方向两要素,与起点无关.向量可用 a 表示.

(3)**向量相等** 大小相等方向相同的向量称为相等向量.

(4)**向量的模** 向量的大小称为向量的模,记为 $|a|$.

(5)**单位向量** 模等于1的向量称为单位向量.

零向量 模等于0的向量称为零向量,其方向是任意的.

负向量 与 a 大小相等且方向相反的向量称为 a 的负向量,记作 $-a$.

(6)**平行向量** 若两个非零向量方向相同或相反,就称这两个向量平行,记作 $a /\!/ b$.

(7)**向量的坐标** 将 a 的起点与空间直角坐标系的原点重合,则 a 的终点的坐标 (x,y,z) 称为 a 的坐标,记为 (x,y,z),并且 $|a|=\sqrt{x^2+y^2+z^2}$.

设 $A(x_1,y_1,z_1)$、$B(x_2,y_2,z_2)$,则向量 $\overrightarrow{AB}=(x_2-x_1,y_2-y_1,z_2-z_1)$.

(8)**方向角与方向余弦** 非零向量 a 与 Ox,Oy,Oz 坐标轴的三个夹角 $\alpha、\beta、\gamma$ 称为向量 a 的方向角. $\cos\alpha、\cos\beta、\cos\gamma$ 称为向量 a 的方向余弦.若 $a=(x,y,z)$,则

$$\cos\alpha=\frac{x}{\sqrt{x^2+y^2+z^2}}, \quad \cos\beta=\frac{y}{\sqrt{x^2+y^2+z^2}}, \quad \cos\gamma=\frac{z}{\sqrt{x^2+y^2+z^2}}.$$

故 $\cos^2\alpha+\cos^2\beta+\cos^2\gamma=1$,且 $(\cos\alpha,\cos\beta,\cos\gamma)=e_a$,$e_a$ 为与 a 同方向的单位向量.

(9)**向量在轴上的投影** 设 a 与 u 轴的夹角为 φ,则 $|a|\cos\varphi$ 称为向量 a 在 u 轴上的投影,记为 $P_{rju}a$ 或 $(a)_u$.

$$\mathrm{Pr}_{\mathrm{j}u}\boldsymbol{a}=|\boldsymbol{a}|\cdot\cos\varphi, \quad \mathrm{Pr}_{\mathrm{j}u}(\boldsymbol{a}_1+\boldsymbol{a}_2)=\mathrm{Pr}_{\mathrm{j}u}\boldsymbol{a}_1+\mathrm{Pr}_{\mathrm{j}u}\boldsymbol{a}_2, \quad \mathrm{Pr}_{\mathrm{j}u}(\lambda\boldsymbol{a})=\lambda\mathrm{Pr}_{\mathrm{j}u}\boldsymbol{a}.$$

在空间直角坐标系中,向量 $\boldsymbol{a}$ 的坐标(x,y,z)是 $\boldsymbol{a}$ 向各坐标轴的投影.向量 $\boldsymbol{a}$ 可以表示成分量形式 $\boldsymbol{a}=x\boldsymbol{i}+y\boldsymbol{j}+z\boldsymbol{k}$.

2. 向量的线性运算

(1) 加减法运算

向量加法运算服从平行四边形法则或三角形法则.设 $\boldsymbol{a}=(x_1,y_1,z_1),\boldsymbol{b}=(x_2,y_2,z_2)$.则 $\boldsymbol{a}+\boldsymbol{b}=(x_1+x_2,y_1+y_2,z_1+z_2),\boldsymbol{a}-\boldsymbol{b}=(x_1-x_2,y_1-y_2,z_1-z_2)$.

(2) 数乘运算

向量 $\boldsymbol{a}$ 与实数 λ 的乘积,记为 $\lambda\boldsymbol{a}$.若 $\boldsymbol{a}=(x,y,z)$,则 $\lambda\boldsymbol{a}=(\lambda x,\lambda y,\lambda z),|\lambda\boldsymbol{a}|=|\lambda|\cdot|\boldsymbol{a}|$.
若 $\lambda>0$ 时,$\lambda\boldsymbol{a}$ 与 $\boldsymbol{a}$ 同向;若 $\lambda<0$ 时,$\lambda\boldsymbol{a}$ 与 $\boldsymbol{a}$ 反向;$\lambda=0$ 时,$\lambda\boldsymbol{a}$ 为零向量,方向任意.

(3) 运算律

$\boldsymbol{a}+\boldsymbol{b}=\boldsymbol{b}+\boldsymbol{a},\quad (\boldsymbol{a}+\boldsymbol{b})+\boldsymbol{c}=\boldsymbol{a}+(\boldsymbol{b}+\boldsymbol{c}),\quad \lambda(u\boldsymbol{a})=(\lambda u)\boldsymbol{a}=(\lambda u)\boldsymbol{a},$
$(\lambda+u)\boldsymbol{a}=\lambda\boldsymbol{a}+u\boldsymbol{a},\lambda(\boldsymbol{a}+\boldsymbol{b})=\lambda\boldsymbol{a}+\lambda\boldsymbol{b},$(其中 λ,u 为任意实数)

若 $\boldsymbol{a}\neq\boldsymbol{0}$,则 $\boldsymbol{a}//\boldsymbol{b}\Leftrightarrow$ 存在唯一实数 λ,使 $\boldsymbol{b}=\lambda\boldsymbol{a}$.

二、经典例题解析及解题方法总结

【例1】 求点(x_1,y_1,z_1)关于(1)xOy 面;(2)z 轴;(3)坐标原点;(4)点(a,b,c)对称的点的坐标.

解 设所求对称点的坐标为(x_2,y_2,z_2),则

(1) $x_2=x_1,y_2=y_1,z_1+z_2=0$,即所求点的坐标为$(x_1,y_1,-z_1)$.

(2) $x_1+x_2=0,y_1+y_2=0,z_1=z_2$,即所求点的坐标为$(-x_1,-y_1,z_1)$.

(3) $x_1+x_2=0,y_1+y_2=0,z_1+z_2=0$,即所求点的坐标为$(-x_1,-y_1,-z_1)$.

(4) $\dfrac{x_1+x_2}{2}=a,\dfrac{y_1+y_2}{2}=b,\dfrac{z_1+z_2}{2}=c$,即所求点的坐标为$(2a-x_1,2b-y_1,2c-z_1)$.

【例2】 已知三角形 ABC 的两个顶点为 $A(-4,-1,-2),B(3,5,-16)$,并知道 AC 的中点在 y 轴上,BC 的中点在 xOz 平面上,求第三个顶点 C 的坐标.

解 设 $C(x,y,z)$,由 AC 的中点在 y 轴上,有 $\dfrac{x-4}{2}=0,\quad \dfrac{z-2}{2}=0.$

由 BC 的中点在 xOz 平面上,有 $\dfrac{y+5}{2}=0.$

解得 $x=4,y=-5,z=2$,故 $C(4,-5,2)$即为所求.

【例3】 设 $A(2,2,\sqrt{2})$和 $B(1,3,0)$是空间两点,计算向量$\overrightarrow{AB}$的方向余弦与方向角并求出与$\overrightarrow{AB}$同方向的单位向量.

解 $\overrightarrow{AB}=(1-2,3-2,0-\sqrt{2})=(-1,1,-\sqrt{2}),|\overrightarrow{AB}|=\sqrt{(-1)^2+1^2+(-\sqrt{2})^2}=\sqrt{4}=2.$

方向余弦为 $\cos\alpha=-\dfrac{1}{2},\quad \cos\beta=\dfrac{1}{2},\quad \cos\gamma=-\dfrac{\sqrt{2}}{2}.$

方向角为 $\alpha=\dfrac{2\pi}{3},\quad \beta=\dfrac{\pi}{3},\quad \gamma=\dfrac{3\pi}{4}.$

与$\overrightarrow{AB}$同方向的单位向量为 $\left(-\dfrac{1}{2},\dfrac{1}{2},-\dfrac{\sqrt{2}}{2}\right).$

【例4】 设 $a=(4,5,-3)$，$b=(2,3,6)$，求 a 对应的单位向量 $a°$ 及 $b°$ 的方向余弦.

解 与 a 对应的单位向量是与 a 同向的单位向量，因此

$$a°=\frac{a}{|a|}=\frac{(4,5,-3)}{\sqrt{4^2+5^2+(-3)^2}}=\left(\frac{4}{\sqrt{50}},\frac{5}{\sqrt{50}},\frac{-3}{\sqrt{50}}\right).$$

同理可得 $$b°=\frac{b}{|b|}=\frac{(2,3,6)}{\sqrt{2^2+3^2+6^2}}=\left(\frac{2}{7},\frac{3}{7},\frac{6}{7}\right).$$

从而，b 的方向余弦为 $\cos\alpha=\frac{2}{7}$，$\cos\beta=\frac{3}{7}$，$\cos\gamma=\frac{6}{7}$.

【例5】 用向量的方法证明：三角形的中位线平行于底边，且它的长度等于底边的一半.

证明 设 △ABC 中，D，E 分别为 AB，AC 的中点，如图 8-1.

由 $\overrightarrow{AD}=\frac{1}{2}\overrightarrow{AB}$，$\overrightarrow{EA}=\frac{1}{2}\overrightarrow{CA}$，

得 $\overrightarrow{ED}=\overrightarrow{EA}+\overrightarrow{AD}=\frac{1}{2}(\overrightarrow{CA}+\overrightarrow{AB})=\frac{1}{2}\overrightarrow{CB}$，即 $\overrightarrow{DE}=\frac{1}{2}\overrightarrow{BC}$.

故 $\overrightarrow{DE}\parallel\overrightarrow{BC}$ 且 $|\overrightarrow{DE}|=\frac{1}{2}|\overrightarrow{BC}|$，结论得证.

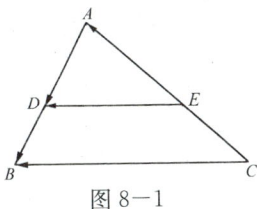

图 8-1

习题 8-1 解答

1. **解**：$2u-3v=2(a-b+2c)-3(-a+3b-c)=5a-11b+7c$.

2. **证**：设四边形 $ABCD$ 中，$\overrightarrow{AC}$ 与 $\overrightarrow{BD}$ 相交于 M，

   且 $\overrightarrow{AM}=\overrightarrow{MC}$，$\overrightarrow{DM}=\overrightarrow{MB}$.

   ∵ $\overrightarrow{AB}=\overrightarrow{AM}+\overrightarrow{MB}=\overrightarrow{MC}+\overrightarrow{DM}=\overrightarrow{DM}+\overrightarrow{MC}=\overrightarrow{DC}$

   ∴ $\overrightarrow{AB}\parallel\overrightarrow{DC}$ 且 $|\overrightarrow{AB}|=|\overrightarrow{DC}|$. ∴ $ABCD$ 是平行四边形.

3. **解**：$\overrightarrow{D_1A}=\overrightarrow{BA}-\overrightarrow{BD_1}=-\overrightarrow{AB}-\frac{1}{5}\overrightarrow{BC}=-c-\frac{1}{5}a$

   $\overrightarrow{D_2A}=\overrightarrow{BA}-\overrightarrow{BD_2}=-\overrightarrow{AB}-\frac{2}{5}\overrightarrow{BC}=-c-\frac{2}{5}a$

   $\overrightarrow{D_3A}=\overrightarrow{BA}-\overrightarrow{BD_3}=-\overrightarrow{AB}-\frac{3}{5}\overrightarrow{BC}=-c-\frac{3}{5}a$

   $\overrightarrow{D_4A}=\overrightarrow{BA}-\overrightarrow{BD_4}=-\overrightarrow{AB}-\frac{4}{5}\overrightarrow{BC}=-c-\frac{4}{5}a$

4. **解**：$\overrightarrow{M_1M_2}=(1,-2,-2)$，$-2\overrightarrow{M_1M_2}=(-2,4,4)$.

5. **解**：$|a|=\sqrt{6^2+7^2+(-6)^2}=11$，$e=\pm\frac{a}{|a|}=\left(\pm\frac{6}{11},\pm\frac{7}{11},\mp\frac{6}{11}\right)$.

6. **解**：A：Ⅳ　B：Ⅴ　C：Ⅷ　D：Ⅲ

7. **解**：在 yOz 面上，点的横坐标 $x=0$；在 zOx 面上，点的纵坐标 $y=0$；在 xOy 面上，点的竖坐标 $z=0$. 在 x 轴上，点的纵、竖坐标均为 0，即 $y=z=0$；在 y 轴上，点的横、竖坐标均为 0，即 $z=x=0$；在 z 轴上，点的横、纵坐标均为 0，即 $x=y=0$. A 在 xOy 面上，B 在 yOz 面上，C 在 x 轴上，D 在 y 轴上.

8. **解**:(1)关于 xOy、yOz、zOx 面的对称点的坐标分别为 $(a,b,-c)$,$(-a,b,c)$,$(a,-b,c)$;(2)关于 x、y、z 轴的对称点的坐标分别为 $(a,-b,-c)$,$(-a,b,-c)$,$(-a,-b,c)$;(3)关于坐标原点的对称点的坐标为 $(-a,-b,-c)$.

9. **解**:xOy 面:$(x_0,y_0,0)$,yOz 面:$(0,y_0,z_0)$,
   zOx 面:$(x_0,0,z_0)$.
   x 轴:$(x_0,0,0)$,y 轴:$(0,y_0,0)$,z 轴:$(0,0,z_0)$.
   如图 8-2 所示.

10. **解**:过 P_0 且平行于 z 轴的直线上的点有相同的横坐标 x_0 和相同的纵坐标 y_0;过 P_0 且平行于 xOy 平面上的点具有相同的竖坐标 z_0.

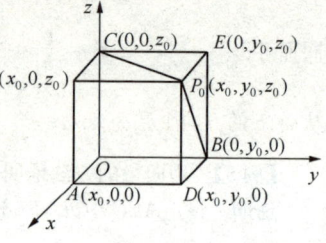

图 8-2

11. **解**:如图 8-3 所示,各顶点的坐标分别为:
    $A\left(\frac{\sqrt{2}}{2}a,0,0\right)$, $C\left(-\frac{\sqrt{2}}{2}a,0,0\right)$, $B\left(0,\frac{\sqrt{2}}{2}a,0\right)$,
    $D\left(0,-\frac{\sqrt{2}}{2}a,0\right)$, $A'\left(\frac{\sqrt{2}}{2}a,0,a\right)$, $C'\left(-\frac{\sqrt{2}}{2}a,0,a\right)$,
    $B'\left(0,\frac{\sqrt{2}}{2}a,a\right)$, $D'\left(0,-\frac{\sqrt{2}}{2}a,a\right)$.

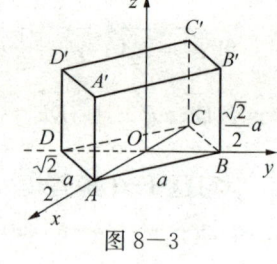

图 8-3

12. **解**:点 M 到 x 轴的距离:$r_x=\sqrt{3^2+5^2}=\sqrt{34}$,
    点 M 到 y 轴的距离:$r_y=\sqrt{5^2+4^2}=\sqrt{41}$,
    点 M 到 z 轴的距离:$r_z=\sqrt{3^2+4^2}=5$.

13. **解**:在 yOz 面上,设点 $P(0,y,z)$ 与 A、B、C 三点等距离,即 $|\overrightarrow{PA}|^2=|\overrightarrow{PB}|^2=|\overrightarrow{PC}|^2$
    故 $\begin{cases} 3^2+(y-1)^2+(z-2)^2=(y-5)^2+(z-1)^2 \\ 4^2+(y+2)^2+(z+2)^2=(y-5)^2+(z-1)^2 \end{cases}$
    解方程组,得 $y=1$,$z=-2$. 故所求点为 $(0,1,-2)$.

14. **证**:∵ $|\overrightarrow{AB}|=\sqrt{(10-4)^2+(-1-1)^2+(6-9)^2}=7$
    $|\overrightarrow{AC}|=\sqrt{(2-4)^2+(4-1)^2+(3-9)^2}=7$
    $|\overrightarrow{BC}|=\sqrt{(2-10)^2+(4+1)^2+(3-6)^2}=7\sqrt{2}$
    ∴ $|\overrightarrow{AB}|^2+|\overrightarrow{AC}|^2=|\overrightarrow{BC}|^2$ 且 $|\overrightarrow{AB}|=|\overrightarrow{AC}|$. 从而,△ABC 为等腰直角三角形.

15. **解**:$|\overrightarrow{M_1M_2}|=\sqrt{(3-4)^2+(0-\sqrt{2})^2+(2-1)^2}=2$,
    $\overrightarrow{M_1M_2}=(-1,-\sqrt{2},1)=2\left(-\frac{1}{2},-\frac{\sqrt{2}}{2},\frac{1}{2}\right)$,
    ∴ $\cos\alpha=-\frac{1}{2}$, $\cos\beta=-\frac{\sqrt{2}}{2}$, $\cos\gamma=\frac{1}{2}$. $\alpha=\frac{2}{3}\pi$, $\beta=\frac{3}{4}\pi$, $\gamma=\frac{\pi}{3}$.

16. **解**:(1)当 $\cos\alpha=0$ 时,向量与 x 轴垂直,平行于 yOz 面;
    (2)当 $\cos\beta=1$ 时,$\beta=0$,则向量与 y 轴正向一致,垂直于 zOx 面;
    (3)当 $\cos\alpha=\cos\beta=0$ 时,则 $\cos^2\gamma=1$. 故 $\gamma=0$ 或 π,此时向量平行于 z 轴,垂直于 xOy 面.

17. **解**:$\text{Pr}_{ju}\boldsymbol{r}=|\boldsymbol{r}|\cdot\cos\theta=4\cdot\cos60°=2$.

18. **解**:设起点 A 的坐标为(x,y,z),则$\overrightarrow{AB}=(2-x,-1-y,7-z)$.由题意,得 $2-x=4$,$-1-y=-4$,$7-z=7$,$\therefore x=-2$,$y=3$,$z=0$.故起点 A 为$(-2,3,0)$.

19. **解**: $a=4(3i+5j+8k)+3(2i-4j-7k)-(5i+j-4k)=13i+7j+15k$.
则 $a_x=13$ 且 a 在 y 轴上的分向量为 $7j$.

第二节　数量积　向量积　*混合积

一、主要内容归纳

设 $a=(x_1,y_1,z_1)$, $b=(x_2,y_2,z_2)$, $c=(x_3,y_3,z_3)$. (x_i,y_i,z_i 不全为 0, $i=1,2,3$)

1. a 与 b 的数量积

(1)定义　$a \cdot b=|a| \cdot |b| \cdot \cos\theta$, θ 为 a 与 b 的夹角.

(2)坐标表示　$a \cdot b = x_1 x_2 + y_1 y_2 + z_1 z_2$.

(3)向量 a 在向量 b 上的投影　$\text{Pr}_{jb} a = |a| \cdot \cos(\widehat{a,b}) = \dfrac{a \cdot b}{|b|} = a \cdot b^{\circ}$.

(4) a 的模　$|a|=\sqrt{a \cdot a}$.

(5)　$a \perp b \Leftrightarrow a \cdot b = 0 \Leftrightarrow x_1 x_2 + y_1 y_2 + z_1 z_2 = 0$.

(6)运算律　交换律:$a \cdot b = b \cdot a$;分配律:$(a+b) \cdot c = a \cdot c + b \cdot c$;结合律:$(\lambda a) \cdot b = \lambda (a \cdot b)$ (λ 为实数).

2. a 与 b 的向量积

(1)定义　$a \times b = c$, $|c| = |a| \cdot |b| \sin(\widehat{a,b})$, c 的方向垂直于 a 且垂直于 b,且 a,b,c 可构成右手系.

(2)坐标表示　$a \times b = \begin{vmatrix} i & j & k \\ x_1 & y_1 & z_1 \\ x_2 & y_2 & z_2 \end{vmatrix} = \begin{vmatrix} y_1 & z_1 \\ y_2 & z_2 \end{vmatrix} i - \begin{vmatrix} x_1 & z_1 \\ x_2 & z_2 \end{vmatrix} j + \begin{vmatrix} x_1 & y_1 \\ x_2 & y_2 \end{vmatrix} k$.

(3) $a \parallel b \Leftrightarrow a \times b = 0 \Leftrightarrow \dfrac{x_1}{x_2} = \dfrac{y_1}{y_2} = \dfrac{z_1}{z_2} \Leftrightarrow a = \lambda b$ (λ 为实数).

(4)运算律　负交换律:$a \times b = -b \times a$;

　　　　　　分配律:$(a+b) \times c = a \times c + (b \times c)$;

　　　　　　结合律:$(\lambda a) \times b = a \times (\lambda b) = \lambda (a \times b)$ (λ 为实数).

3. $a、b、c$ 的混合积

(1)定义　$[a\ b\ c] = (a \times b) \cdot c$

(2)坐标表示　$[a\ b\ c] = \begin{vmatrix} x_1 & y_1 & z_1 \\ x_2 & y_2 & z_2 \\ x_3 & y_3 & z_3 \end{vmatrix}$

(3)交换法则　$[a\ b\ c] = [c\ a\ b] = [b\ c\ a]$

　　　　　　$[a\ b\ c] = -[b\ a\ c] = -[c\ b\ a] = -[a\ c\ b]$

(4) a,b,c 共面 $\Leftrightarrow [a\ b\ c]=0$.

二、经典例题解析及解题方法总结

【例1】 已知 a,b,c 都是单位向量,且满足 $a+b+c=0$,则 $a\cdot b+b\cdot c+c\cdot a=$ _____.

解 利用数量积的运算规律和单位向量的概念求解

$$0=(a+b+c)\cdot(a+b+c)=a\cdot a+b\cdot b+c\cdot c+2(a\cdot b+b\cdot c+c\cdot a)$$
$$=3+2(a\cdot b+b\cdot c+c\cdot a).$$

于是 $a\cdot b+b\cdot c+c\cdot a=-\dfrac{3}{2}$.

【例2】 已知 $|a|=\sqrt{13}$, $|b|=\sqrt{5}$, $|c|=\sqrt{10}$ 及 $a+b+c=3i+j-2k$,则 $a\cdot b+b\cdot c+c\cdot a=$ _____.

解 由 $a+b+c=(3,1,-2)$ 知 $|a+b+c|^2=(a+b+c)^2=14$,另一方面 $(a+b+c)^2=(a+b+c)\cdot(a+b+c)=|a|^2+|b|^2+|c|^2+2(a\cdot b+b\cdot a+c\cdot a)=28+2(a\cdot b+b\cdot a+c\cdot a)$,所以 $a\cdot b+b\cdot c+c\cdot a=\dfrac{1}{2}(14-28)=-7$.

【例3】 已知向量 $a=a_x i+3j+4k$, $b=4i+a_x j-7k$,则当 $a_x=$ _____ 时,a 垂直于 b.

解 $a\perp b \Leftrightarrow a\cdot b=0 \Leftrightarrow 4a_x+3a_x-28=0$. 所以 $a_x=4$.

【例4】 设向量 x 与向量 $a=2i-j+3k$ 平行,且满足方程 $a\cdot x=7$,则向量 $x=$ _____.

解 设 $x=(x_1,x_2,x_3)$,由 $x//a$ 得 $\dfrac{x_1}{2}=\dfrac{x_2}{-1}=\dfrac{x_3}{3}$,由 $a\cdot x=7$,得 $2x_1-x_2+3x_3=7$,解得 $x_1=1$, $x_2=-\dfrac{1}{2}$, $x_3=\dfrac{3}{2}$. 所以 $x=i-\dfrac{1}{2}j+\dfrac{3}{2}k$.

【例5】 设 $a=i+j$, $b=j+k$,且三向量 a,b 和 c 长度相等,两两的夹角相等,求 c.

分析 向量 c 的模容易计算,但其方向却难以确定;因此,我们改用计算坐标的办法来确定向量 c.

解 设 $c=(x,y,z)$,由题意有 $x^2+y^2+z^2=2$,① $\dfrac{x+y}{\sqrt{2}\sqrt{x^2+y^2+z^2}}=\dfrac{1}{2}$,② $\dfrac{y+z}{\sqrt{2}\sqrt{x^2+y^2+z^2}}=\dfrac{1}{2}$. ③将①式代入②、③式得 $\begin{cases}x+y=1\\y+z=1\end{cases}$,再与①式联立解得 $\begin{cases}x=1\\y=0\\z=1\end{cases}$ 和 $\begin{cases}x=-\dfrac{1}{3}\\y=\dfrac{4}{3}\\z=-\dfrac{1}{3}\end{cases}$,于是 $c=(1,0,1)$ 或 $\left(-\dfrac{1}{3},\dfrac{4}{3},-\dfrac{1}{3}\right)$.

【例6】 设 $(a\times b)\cdot c=2$,则 $[(a+b)\times(b+c)]\cdot(c+a)=$ _____.(考研题)

解 原式 $=[a\times b+a\times c+b\times c]\cdot(c+a)$
$=(a\times b)\cdot c+(a\times c)\cdot c+(b\times c)\cdot c+(a\times b)\cdot a+(a\times c)\cdot a+(b\times c)\cdot a$
$=(a\times b)\cdot c+(b\times c)\cdot a=2(a\times b)\cdot c=4$.

方法总结

本题综合考查向量的数量积、向量积及混合积的定义,直接利用其运算性质可得结果. 有关混合积的性质为
$$(a\times b)\cdot c=(c\times a)\cdot b=(b\times c)\cdot a$$
其中混合积中的三个向量若有两个向量是重合或平行时,则其混合积为零.

【例7】 已知 $a=i,b=j-2k,c=2i-2j+k$,求一单位向量 m,使 $m\perp c$,且 m 与 a、b 共面.

解 设所求向量 $m=(x,y,z)$,依题意,有 $|m|=1\Rightarrow x^2+y^2+z^2=1,m\perp c\Rightarrow m\cdot c=0\Rightarrow 2x-2y+z=0$,$m$ 与 a、b 共面 $\Rightarrow [m\,a\,b]=0$,即 $\begin{vmatrix} x & y & z \\ 1 & 0 & 0 \\ 0 & 1 & -2 \end{vmatrix}=2y+z=0$. 以上三式联立,解得 $x=\dfrac{2}{3},y=\dfrac{1}{3},z=-\dfrac{2}{3}$,或 $x=-\dfrac{2}{3},y=-\dfrac{1}{3},z=\dfrac{2}{3}$. 所以 $m=\pm(\dfrac{2}{3},\dfrac{1}{3},-\dfrac{2}{3})$.

【例8】 设 a 是非零向量,计算极限 $\lim\limits_{x\to 0}\dfrac{|a+xb|-|a-xb|}{x}$.

解 $\lim\limits_{x\to 0}\dfrac{|a+xb|-|a-xb|}{x}=\lim\limits_{x\to 0}\dfrac{|a+xb|^2-|a-xb|^2}{x(|a+xb|+|a-xb|)}=\lim\limits_{x\to 0}\dfrac{4xa\cdot b}{x\cdot 2|a|}=2\dfrac{a\cdot b}{|a|}$.

【例9】 以向量 $a=m+2n$ 和 $b=m-3n$ 为边的三角形的面积为_____,其中 $|m|=5$,$|n|=3$,$(\widehat{m,n})=\dfrac{\pi}{6}$.

解 设三角形面积为 A,则 $A=\dfrac{1}{2}|a\times b|$,而 $a\times b=(m+2n)\times(m-3n)=m\times m-3m\times n+2n\times m-6n\times n=0+3n\times m+2n\times m-0=5n\times m$,因此 $A=\dfrac{1}{2}|a\times b|=\dfrac{5}{2}|n\times m|=\dfrac{5}{2}|n|\cdot|m|\sin(\widehat{n,m})=\dfrac{75}{4}$.

习题 8-2 解答

1. **解**:(1) $a\cdot b=(3,-1,-2)\cdot(1,2,-1)=3\times 1+(-1)\times 2+(-2)\times(-1)=3$

   $a\times b=\begin{vmatrix} i & j & k \\ 3 & -1 & -2 \\ 1 & 2 & -1 \end{vmatrix}=(5,1,7)$.

   (2) $(-2a)\cdot 3b=-6(a,b)=-6\times 3=-18$,$a\times(2b)=2(a\times b)=2(5,1,7)=(10,2,14)$.

   (3) $\cos(\widehat{a,b})=\dfrac{a\cdot b}{|a||b|}=\dfrac{3}{\sqrt{3^2+(-1)^2+(-2)^2}\sqrt{1^2+2^2+(-1)^2}}=\dfrac{3}{2\sqrt{21}}$.

2. **解**:∵ $a+b+c=0$,∴ $a+b=-c$.

   而 $b\cdot c+c\cdot a\xrightarrow{\text{交换律}}c\cdot b+c\cdot a=c\cdot(b+a)$
   $=c\cdot(a+b)=c\cdot(-c)=-(c)^2=-|c|^2=-1$.

   同理 $c\cdot a+a\cdot b=-1$,$a\cdot b+b\cdot c=-1$,∴ $2(a\cdot b+b\cdot c+c\cdot a)=-3$.

   故 $a\cdot b+b\cdot c+c\cdot a=-\dfrac{3}{2}$.

3. 解：记与 $\overrightarrow{M_1M_2}$，$\overrightarrow{M_2M_3}$ 同时垂直的单位向量为 $\pm e^{\circ}$.

∵ $\overrightarrow{M_1M_2}=(2,4,-1)$，$\overrightarrow{M_2M_3}=(0,-2,2)$，

∴ $e=\overrightarrow{M_1M_2}\times\overrightarrow{M_2M_3}=\begin{vmatrix} i & j & k \\ 2 & 4 & -1 \\ 0 & -2 & 2 \end{vmatrix}=(6,-4,-4)$，

∴ $\pm e^{\circ}=\pm\dfrac{e}{|e|}=\pm\dfrac{(6,-4,-4)}{\sqrt{6^2+(-4)^2+(-4)^2}}=\pm\dfrac{1}{\sqrt{17}}(3,-2,-2)$.

4. 解：重力 $F=(0,0,-9.8\times100)=(0,0,-980)$，$\overrightarrow{M_1M_2}=(-2,3,-6)$，

∴ $W=F\cdot\overrightarrow{M_1M_2}=(0,0,-980)\cdot(-2,3,-6)=980\times6=5880$ (J).

5. 解：有固定转轴的物体的平衡条件是力矩的代数和等于零. 两力矩分别为 $x_1|F_1|\sin\theta_1$ 与 $x_2|F_2|\sin\theta_2$，要使杠杆平衡，必须满足如下条件：$x_1|F_1|\sin\theta_1=x_2|F_2|\sin\theta_2$.

6. 解：$\mathrm{Pr}_{j_b}a=\dfrac{a\cdot b}{|b|}=\dfrac{4\times2+(-3)\times2+4\times1}{\sqrt{2^2+2^2+1^2}}=2$.

7. 解：$\lambda a+ub=(3\lambda+2u,5\lambda+u,-2\lambda+4u)$.

在 z 轴上取单位向量 $e=(0,0,1)$，要使它与 $\lambda a+ub$ 垂直，只须 $e\cdot(\lambda a+ub)=0$，

即 $(3\lambda+2u)\times0+(5\lambda+u)\times0+(-2\lambda+4u)\times1=0$. ∴ $\lambda=2u$.

8. 解：设 AB 为直径，圆心为 O. 在圆上任取一点 C，连接 AC、BC 与 OC. 要证 $\angle ACB=90°$，只须证 $AC\perp BC$，即 $\overrightarrow{AC}\cdot\overrightarrow{BC}=0$.

∵ $\overrightarrow{AC}\cdot\overrightarrow{BC}=(\overrightarrow{AO}+\overrightarrow{OC})\cdot(\overrightarrow{BO}+\overrightarrow{OC})=(\overrightarrow{OC}+\overrightarrow{AO})\cdot(\overrightarrow{OC}-\overrightarrow{AO})=(\overrightarrow{OC})^2-(\overrightarrow{AO})^2=|\overrightarrow{OC}|^2-|\overrightarrow{AO}|^2=0$. ∴ $\overrightarrow{AC}\perp\overrightarrow{BC}$. 即 AB 所对的圆周角是直角.

9. 解：(1) $(a\cdot b)c-(a\cdot b)b$
$=[(2,-3,1)\cdot(1,-1,3)](i-2j)-[(2,-3,1)\cdot(1,-2,0)](i-j+3k)$
$=8(i-2j)-8(i-j+3k)=-8j-24k$.

(2) $a+b=(2,-3,1)+(1,-1,3)=(3,-4,4)$，$b+c=(1,-1,3)+(1,-2,0)=(2,-3,3)$，

$(a+b)\times(b+c)=\begin{vmatrix} i & j & k \\ 3 & -4 & 4 \\ 2 & -3 & 3 \end{vmatrix}=-j-k$.

(3) $a\times b=\begin{vmatrix} i & j & k \\ 2 & -3 & 1 \\ 1 & -1 & 3 \end{vmatrix}=-8i-5j+k$.

∴ $(a\times b)\cdot c=(-8,-5,1)\cdot(1,-2,0)=-8\times1+(-5)\times(-2)+1\times0=2$.

10. 解：利用向量积的几何意义：

$S_{\triangle AOB}=\dfrac{1}{2}|\overrightarrow{OA}\times\overrightarrow{OB}|=\dfrac{1}{2}\begin{vmatrix} i & j & k \\ 1 & 0 & 3 \\ 0 & 1 & 3 \end{vmatrix}=\dfrac{1}{2}|-3i-3j+k|=\dfrac{\sqrt{19}}{2}$.

*11. 证明：$(a\times b)\cdot c=\begin{vmatrix} a_x & a_y & a_z \\ b_x & b_y & b_z \\ c_x & c_y & c_z \end{vmatrix}=-\begin{vmatrix} b_x & b_y & b_z \\ a_x & a_y & a_z \\ c_x & c_y & c_z \end{vmatrix}=\begin{vmatrix} b_x & b_y & b_z \\ c_x & c_y & c_z \\ a_x & a_y & a_z \end{vmatrix}$

$$=(\boldsymbol{b}\times\boldsymbol{c})\cdot\boldsymbol{a}=-\begin{vmatrix}c_x & c_y & c_z \\ b_x & b_y & b_z \\ a_x & a_y & a_z\end{vmatrix}=\begin{vmatrix}c_x & c_y & c_z \\ a_x & a_y & a_z \\ b_x & b_y & b_z\end{vmatrix}=(\boldsymbol{c}\times\boldsymbol{a})\cdot\boldsymbol{b}.$$

12. **解**:设 $\boldsymbol{a}=(a_1,a_2,a_3)$, $\boldsymbol{b}=(b_1,b_2,b_3)$, $|\boldsymbol{a}\cdot\boldsymbol{b}|=|\boldsymbol{a}|\cdot|\boldsymbol{b}|\cdot|\cos(\widehat{\boldsymbol{a},\boldsymbol{b}})|$, 其中 $\cos(\widehat{\boldsymbol{a},\boldsymbol{b}})=\dfrac{\boldsymbol{a}\cdot\boldsymbol{b}}{|\boldsymbol{a}|\cdot|\boldsymbol{b}|}$,

从而有 $\dfrac{|\boldsymbol{a}\cdot\boldsymbol{b}|}{|\boldsymbol{a}|\cdot|\boldsymbol{b}|}=|\cos(\widehat{\boldsymbol{a},\boldsymbol{b}})|\leqslant 1$. $\therefore\ |\boldsymbol{a}\cdot\boldsymbol{b}|\leqslant|\boldsymbol{a}|\cdot|\boldsymbol{b}|$.

即 $\sqrt{a_1^2+a_2^2+a_3^2}\cdot\sqrt{b_1^2+b_2^2+b_3^2}\geqslant|a_1b_1+a_2b_2+a_3b_3|$.

第三节 平面及其方程

一、主要内容归纳

1. 平面的方程

(1)平面的法线向量　与平面垂直的非零向量叫做该平面的法线向量,简称法向量.

(2)平面的方程

①点法式方程　过点 $M_0(x_0,y_0,z_0)$,法向量为 $\boldsymbol{n}=(A,B,C)$ 的平面方程为
$$A(x-x_0)+B(y-y_0)+C(z-z_0)=0.$$

②截距式方程　在 x、y、z 轴上的截距分别为 $a,b,c(abc\neq 0)$ 的平面方程为
$$\frac{x}{a}+\frac{y}{b}+\frac{z}{c}=1.$$

③三点式方程　过不共线三点 $A(x_1,y_1,z_1)$,$B(x_2,y_2,z_2)$,$C(x_3,y_3,z_3)$ 的平面方程为
$$\begin{vmatrix}x-x_1 & y-y_1 & z-z_1 \\ x_2-x_1 & y_2-y_1 & z_2-z_1 \\ x_3-x_1 & y_3-y_1 & z_3-z_1\end{vmatrix}=0.$$

④一般式方程　平面的一般式方程是三元一次方程 $Ax+By+Cz+D=0$,其中 A,B,C 不同时为零,且平面的法向量 $\boldsymbol{n}=(A,B,C)$.

2. 两平面的夹角

设平面 $\pi_1: A_1x+B_1y+C_1z+D_1=0$;平面 $\pi_2: A_2x+B_2y+C_2z+D_2=0$.

(1)平面 π_1 与平面 π_2 的夹角　平面 π_1 的法向量 $\boldsymbol{n}_1=(A_1,B_1,C_1)$ 与平面 π_2 的法向量 $\boldsymbol{n}_2=(A_2,B_2,C_2)$ 的夹角(通常指锐角)称为两平面 π_1,π_2 的夹角.设为 θ,则
$$\cos\theta=\frac{|\boldsymbol{n}_1\cdot\boldsymbol{n}_2|}{|\boldsymbol{n}_1|\cdot|\boldsymbol{n}_2|}=\frac{|A_1A_2+B_1B_2+C_1C_2|}{\sqrt{A_1^2+B_1^2+C_1^2}\cdot\sqrt{A_2^2+B_2^2+C_2^2}}.$$

(2) $\pi_1\,/\!/\,\pi_2\Leftrightarrow\boldsymbol{n}_1\,/\!/\,\boldsymbol{n}_2\Leftrightarrow\dfrac{A_1}{A_2}=\dfrac{B_1}{B_2}=\dfrac{C_1}{C_2}\Leftrightarrow\theta=0$.

(3) $\pi_1\perp\pi_2\Leftrightarrow\boldsymbol{n}_1\perp\boldsymbol{n}_2\Leftrightarrow\boldsymbol{n}_1\cdot\boldsymbol{n}_2=0\Leftrightarrow A_1A_2+B_1B_2+C_1C_2=0\Leftrightarrow\theta=\dfrac{\pi}{2}$.

3. 点到平面的距离公式

点 $P_0(x_0,y_0,z_0)$ 到平面 $\pi: Ax+By+Cz+D=0$ 的距离为 $d=\dfrac{|Ax_0+By_0+Cz_0+D|}{\sqrt{A^2+B^2+C^2}}$.

二、经典例题解析及解题方法总结

【例1】 过三个点 $P(2,3,0),Q(-2,-3,4),R(0,6,0)$ 的平面方程是_____.

解 设该平面的方程为 $Ax+By+Cz+D=0$,则因点 P,Q,R 在此平面上,故有

$$\begin{cases} 2A+3B+D=0 \\ -2A-3B+4C+D=0 \\ 6B+D=0 \end{cases}$$

解此方程组,得 $A=-\dfrac{D}{4},B=-\dfrac{D}{6},C=-\dfrac{D}{2}$.所以该平面的方程是 $3x+2y+6z-12=0$.

【例2】 求过 z 轴及点 $(1,1,1)$ 的平面方程.

解法一 因平面过 z 轴(可看成母线平行于 z 轴的柱面,且过原点),故其方程为 $Ax+By=0$.将点 $(1,1,1)$ 代入解得 $B=-A$,再代入上式得平面方程 $x-y=0$.

解法二 平面过向径 $(0,0,1)$ 和 $(1,1,1)$,故可取 $\boldsymbol{n}=\boldsymbol{k}\times(\boldsymbol{i}+\boldsymbol{j}+\boldsymbol{k})=\boldsymbol{j}-\boldsymbol{i}$.又平面过点 $(0,0,0)$,得其方程为 $-x+y=0$.

【例3】 设平面经过原点及点 $(6,-3,2)$,且与平面 $4x-y+2z=8$ 垂直,则此平面方程为_____.(考研题)

解 由平面过原点可设其方程为 $Ax+By+Cz=0$.则 $\begin{cases} 6A-3B+2C=0 \\ 4A-B+2C=0 \end{cases}$,解得 $\begin{cases} B=A \\ C=-\dfrac{3}{2}A \end{cases}$.所以平面方程为 $2x+2y-3z=0$.

方法总结

所求平面的法向量既与平面 $4x-y+2z=8$ 的法向量垂直,又与原点及点 $(6,-3,2)$ 的连线的方向向量垂直.

【例4】 一平面与原点的距离为6,且在三坐标轴上的截距之比 $a:b:c=1:3:2$,求该平面方程.

解 因为截距之比 $a:b:c=1:3:2$,故可设截距 $a=t,b=3t,c=2t$,则平面方程为 $\dfrac{x}{t}+\dfrac{y}{3t}+\dfrac{z}{2t}=1$,此平面与原点的距离 $d=\dfrac{|-1|}{\sqrt{\left(\dfrac{1}{t}\right)^2+\left(\dfrac{1}{3t}\right)^2+\left(\dfrac{1}{2t}\right)^2}}=6$,解得 $t=\pm 7$.则所求平面的方程为 $\dfrac{x}{7}+\dfrac{y}{21}+\dfrac{z}{14}=\pm 1$,即 $6x+2y+3z\pm 42=0$.

方法总结

由题意,可设平面方程为截距式,再利用原点到平面的距离及截距之间的关系求出平面在三个坐标轴上的截距,即可得此平面方程.

【例5】 求与平面 $6x+3y+2z+12=0$ 平行,而使点 $(0,2,-1)$ 与这两平面的距离相等的平面方程.

解 因为平面 $6x+3y+2z+12=0$,所以法向量为 $(6,3,2)$.由题意,所求平面方程可设为 $6x+3y+2z+D=0$.又点 $(0,2,-1)$ 到这两个平面的距离相等,即 $\frac{|0\times 6+2\times 3-1\times 2+D|}{\sqrt{6^2+3^2+2^2}}=\frac{|0\times 6+2\times 3-1\times 2+12|}{\sqrt{6^2+3^2+2^2}}$,即 $|4+D|=16$,所以 $D=12$ 或 -20.从而所求平面的方程为:$6x+3y+2z+12=0$(与已知平面重合,舍去)或 $6x+3y+2z-20=0$.

【例6】 平面过 z 轴,且与平面 $2x+y-\sqrt{5}z=0$ 的夹角为 $\frac{\pi}{3}$,求此平面方程.

解 平面过 z 轴,则点 $O(0,0,0)$ 是所求平面上的点.设所求平面的法向量为 $\boldsymbol{n}=(A,B,C)$,所求平面过 z 轴,则 $\boldsymbol{n}\cdot\boldsymbol{k}=0$ 得 $C=0$,所求平面和已知平面夹角为 $\frac{\pi}{3}$,则 $(\widehat{\boldsymbol{n},\boldsymbol{n}_1})=\frac{\pi}{3}$ 或 $(\widehat{\boldsymbol{n},\boldsymbol{n}_1})=\frac{2\pi}{3}$.

因 $\boldsymbol{n}\cdot\boldsymbol{n}_1=|\boldsymbol{n}||\boldsymbol{n}_1|\cos(\widehat{\boldsymbol{n},\boldsymbol{n}_1})$,由 $\boldsymbol{n}_1=(2,1,-\sqrt{5})$,得 $2A+B-\sqrt{5}C=\pm\sqrt{A^2+B^2+C^2}\cdot\sqrt{2^2+1+5}\cdot\frac{1}{2}$.将 $C=0$ 代入且两边平方得 $4A^2+4AB+B^2=\frac{5}{2}(A^2+B^2)$,即 $3A^2+8AB-3B^2=0$,$(3A-B)(A+3B)=0$,故 $A=\frac{B}{3}$ 或 $A=-3B$.即所求平面方程的法向量为 $\boldsymbol{n}=\left(\frac{1}{3},1,0\right)$ 或 $\boldsymbol{n}=(-3,1,0)$,故所求平面方程为 $x+3y=0$ 或 $-3x+y=0$.

【例7】 点 $(2,1,0)$ 到平面 $3x+4y+5z=0$ 的距离 $d=$ _____.(考研题)

解 $d=\frac{|2\times 3+1\times 4+0\times 5|}{\sqrt{3^2+4^2+5^2}}=\frac{10}{5\sqrt{2}}=\sqrt{2}$.

习题 8-3 解答

1. **解:** 所求平面的法向量为 $\boldsymbol{n}=(3,-7,5)$,又∵所求平面过点 $(3,0,-1)$,∴由点法式方程,得 $3(x-3)-7y+5(z+1)=0$,即 $3x-7y+5z-4=0$.

2. **解:** $\overrightarrow{OM_0}=(2,9,-6)$ 即为该平面的法向量.又平面过点 $M_0(2,9,-6)$,∴由点法式方程得 $2(x-2)+9(y-9)-6(z+6)=0$,即 $2x+9y-6z-121=0$.

3. **解:** 设这三点分别为 $A(1,1,-1),B(-2,-2,2),C(1,-1,2)$,则 $\overrightarrow{AB}\times\overrightarrow{AC}$ 即为该平面的法向量 $\boldsymbol{n}$.∵ $\overrightarrow{AB}=(-3,-3,3),\overrightarrow{AC}=(0,-2,3)$,∴ $\boldsymbol{n}=\overrightarrow{AB}\times\overrightarrow{AC}=\begin{vmatrix}\boldsymbol{i}&\boldsymbol{j}&\boldsymbol{k}\\-3&-3&3\\0&-2&3\end{vmatrix}=(-3,9,6)$.于是,该平面方程为:$-3(x-1)+9(y-1)+6(z+1)=0$,即 $x-3y-2z=0$.

另解: 设平面上任一点为 $P(x,y,z)$,∵ A,B,C 三点均在平面上,∴ $\overrightarrow{AP},\overrightarrow{AB},\overrightarrow{AC}$ 共面.

∴ $[\overrightarrow{AP}\ \overrightarrow{AB}\ \overrightarrow{AC}]=0$, 即 $\begin{vmatrix}x-1&y-1&z+1\\-2-1&-2-1&2+1\\1-1&-1-1&2+1\end{vmatrix}=0$.化简得 $x-3y-2z=0$.

4. **解:** (1) $x=0$ 即 yOz 平面.

(2) $3y-1=0$,即 $y=\frac{1}{3}$.该平面是垂直于 y 轴的平面,垂足坐标为 $\left(0,\frac{1}{3},0\right)$.该平面也是平

行于 xOz 的平面(见图 8-4).

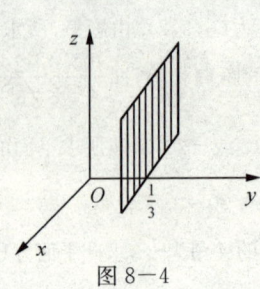

图 8-4

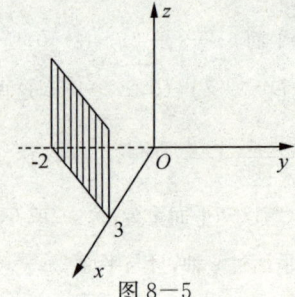

图 8-5

(3) $2x-3y-6=0$,该平面是平行于 z 轴并且在 x 轴、y 轴上的截距分别为 3 与 -2 的平面(见图 8-5).

(4) $x-\sqrt{3}y=0$,该平面通过 z 轴(见图 8-6).

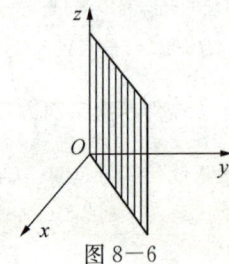

图 8-6

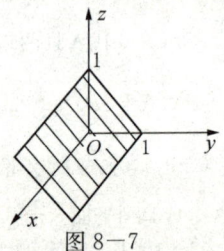

图 8-7

(5) $y+z=1$,该平面是平行于 x 轴且在 y、z 轴上的截距均为 1 的平面(见图 8-7).

(6) $x-2z=0$,该平面通过 y 轴(见图 8-8).

(7) $6x+5y-z=0$,该平面通过原点(见图 8-9).

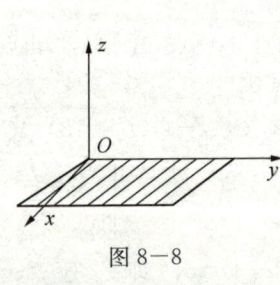

图 8-8

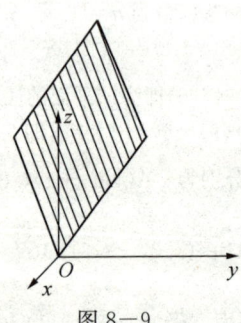

图 8-9

5. **解**:该平面与各坐标面的法向量依次为:

$$\boldsymbol{n}=(2,-2,1),\ \boldsymbol{n}_{xOy}=(0,0,1),\ \boldsymbol{n}_{yOz}=(1,0,0),\ \boldsymbol{n}_{xOx}=(0,1,0)$$

则 $$\cos(\boldsymbol{n},\boldsymbol{n}_{xOy})=\frac{|2\times 0+(-2)\times 0+1\times 1|}{\sqrt{2^2+(-2)^2+1^2}\cdot 1}=\frac{1}{3},$$

$$\cos(\boldsymbol{n},\boldsymbol{n}_{yOz})=\frac{|2\times 1-2\times 0+1\times 0|}{\sqrt{2^2+(-2)^2+1^2}\cdot 1}=\frac{2}{3},\ \cos(\boldsymbol{n},\boldsymbol{n}_{xOx})=\frac{|2\times 0-2\times 1+1\times 0|}{\sqrt{2^2+(-2)^2+1^2}\cdot 1}=\frac{2}{3}.$$

6. 解：设所求平面的法向量为 $\boldsymbol{n}$. 由题意知 $\boldsymbol{n}\perp\boldsymbol{a}$，$\boldsymbol{n}\perp\boldsymbol{b}$，$\therefore \boldsymbol{n}=\boldsymbol{a}\times\boldsymbol{b}$. $\therefore \boldsymbol{n}=\begin{vmatrix} \boldsymbol{i} & \boldsymbol{j} & \boldsymbol{k} \\ 2 & 1 & 1 \\ 1 & -1 & 0 \end{vmatrix}=(1,1,-3)$.

又该平面过 $(1,0,-1)$，$\therefore$ 由点法式方程得 $(x-1)+(y-0)-3(z+1)=0$，即 $x+y-3z-4=0$.

7. 解：设交点坐标为 (a,b,c)，则该交点坐标应同时满足已知三个平面方程，得
$$\begin{cases} a+3b+c=1 \\ 2a-b-c=0 \\ -a+2b+2c=3 \end{cases}.\text{ 解得 }\begin{cases} a=1 \\ b=-1 \\ c=3 \end{cases}.\text{ 故交点坐标为 }(1,-1,3).$$

8. 解：(1) 所求平面平行于 zOx 面，故其法向量为 $\boldsymbol{n}=(0,1,0)$. 又该平面经过点 $(2,-5,3)$；$\therefore$ 由点法式方程得 $1\cdot[y-(-5)]=0$，即 $y+5=0$.

(2) 所求平面经过 z 轴，故可设平面方程为 $Ax+By=0$. 又该平面经过点 $(-3,1,-2)$，代入 $Ax+By=0$，得 $-3A+B=0$，即 $B=3A$. $\therefore$ 平面方程为 $Ax+3Ay=0$， 即 $x+3y=0$；

(3) 记 $M_1(4,0,-2)$，$M_2(5,1,7)$，则该平面的法向量 $\boldsymbol{n}\perp\overrightarrow{M_1M_2}$.

记 x 轴方向的单位向量为 $\boldsymbol{e}=(1,0,0)$，又 $\because \boldsymbol{n}$ 垂直于 x 轴.

$\therefore \boldsymbol{n}\parallel(\overrightarrow{M_1M_2}\times\boldsymbol{e})$.

$\therefore \boldsymbol{n}=\begin{vmatrix} \boldsymbol{i} & \boldsymbol{j} & \boldsymbol{k} \\ 1 & 1 & 9 \\ 1 & 0 & 0 \end{vmatrix}=(0,9,-1)$.

于是所求平面方程为 $0\cdot(x-4)+9(y-0)-(z+2)=0$，即 $9y-z-2=0$.

9. 解：$d=\dfrac{|1\times 1+2\times 2+1\times 2-10|}{\sqrt{1^2+2^2+2^2}}=\dfrac{3}{3}=1$.

第四节　空间直线及其方程

一、主要内容归纳

1. 直线的方程

(1) 一般方程　若直线 l 表示两平面
$$\pi_1:A_1x+B_1y+C_1z+D_1=0 \text{ 及 } \pi_2:A_2x+B_2y+C_2z+D_2=0$$
的交线，则方程组 $\begin{cases} A_1x+B_1y+C_1z+D_1=0 \\ A_2x+B_2y+C_2z+D_2=0 \end{cases}$ 叫做直线 L 的一般方程.

(2) 对称式（点向式）方程

① 直线的方向向量　与已知直线平行的非零向量叫做直线的方向向量. 常记为 $\boldsymbol{s}=(m,n,p)$，m、n、p 叫做直线的一组方向数，$\boldsymbol{s}$ 的方向余弦叫做直线的方向余弦.

② 对称式（点向式）方程　过点 $P_0(x_0,y_0,z_0)$，方向向量取 $\boldsymbol{s}=(m,n,p)$ 的直线的方程为
$$\dfrac{x-x_0}{m}=\dfrac{y-y_0}{n}=\dfrac{z-z_0}{p}.$$

③参数方程 $\begin{cases} x = x_0 + mt \\ y = y_0 + nt \\ z = z_0 + pt \end{cases} t \in \mathbf{R}$,

(其中 $P_0(x_0, y_0, z_0)$ 为直线上的定点，$s = (m, n, p)$ 为直线的方向向量)，称为直线的参数方程.

④两点式方程 过 $P_1(x_1, y_1, z_1)$, $P_2(x_2, y_2, z_2)$ 的直线的方程为 $\dfrac{x-x_1}{x_2-x_1} = \dfrac{y-y_1}{y_2-y_1} = \dfrac{z-z_1}{z_2-z_1}$.

2. 直线的位置关系

设直线 L_1 和 L_2 的方程分别为：

$$\dfrac{x-x_1}{m_1} = \dfrac{y-y_1}{n_1} = \dfrac{z-z_1}{p_1} \quad \text{和} \quad \dfrac{x-x_2}{m_2} = \dfrac{y-y_2}{n_2} = \dfrac{z-z_2}{p_2}.$$

(1) L_1 与 L_2 的夹角 θ 方向向量 $\boldsymbol{S}_1 = (m_1, n_1, p_1)$ 与 $\boldsymbol{S}_2 = (m_2, n_2, p_2)$ 之间的夹角 (取锐角)，叫做两直线的夹角 $\cos\theta = \dfrac{|\boldsymbol{S}_1 \cdot \boldsymbol{S}_2|}{|\boldsymbol{S}_1| \cdot |\boldsymbol{S}_2|} = \dfrac{|m_1 m_2 + n_1 n_2 + p_1 p_2|}{\sqrt{m_1^2 + n_1^2 + p_1^2} \cdot \sqrt{m_2^2 + n_2^2 + p_2^2}}$ $(0 \leqslant \theta \leqslant \dfrac{\pi}{2})$.

(2) $L_1 /\!/ L_2 \Leftrightarrow \boldsymbol{S}_1 /\!/ \boldsymbol{S}_2 \Leftrightarrow \dfrac{m_1}{m_2} = \dfrac{n_1}{n_2} = \dfrac{p_1}{p_2}$ (包含 L_1 与 L_2 重合).

(3) $L_1 \perp L_2 \Leftrightarrow \boldsymbol{S}_1 \perp \boldsymbol{S}_2 \Leftrightarrow \boldsymbol{S}_1 \cdot \boldsymbol{S}_2 = 0 \Leftrightarrow m_1 m_2 + n_1 n_2 + p_1 p_2 = 0$.

(4) L_1 与 L_2 共面 $\Leftrightarrow \overrightarrow{P_1 P_2} \cdot (\boldsymbol{S}_1 \times \boldsymbol{S}_2) = 0$ ($P_1(x_1, y_1, z_1)$, $P_2(x_2, y_2, z_2)$).

(5) L_1 与 L_2 异面 $\Leftrightarrow \overrightarrow{P_1 P_2} \cdot (\boldsymbol{S}_1 \times \boldsymbol{S}_2) \neq 0$ (P_1、P_2 如上所述).

3. 直线与平面的位置关系

设平面 $\pi : Ax + By + Cz + D = 0$ 和直线 $L : \dfrac{x-x_0}{m} = \dfrac{y-y_0}{n} = \dfrac{z-z_0}{p}$. ($P_0(x_0, y_0, z_0)$)

(1) 直线与平面的夹角 当直线与平面不垂直时，直线和它在平面上的投影直线的夹角 θ $(0 \leqslant \theta < \dfrac{\pi}{2})$ 称为直线与平面的夹角. 当直线与平面垂直时，规定直线与平面的夹角为 $\dfrac{\pi}{2}$.

(2) π 与 L 的夹角 $\sin\theta = \dfrac{|\boldsymbol{s} \cdot \boldsymbol{n}|}{|\boldsymbol{s}| \cdot |\boldsymbol{n}|} = \dfrac{|Am + Bn + Cp|}{\sqrt{A^2 + B^2 + C^2} \cdot \sqrt{m^2 + n^2 + p^2}}$ $(0 \leqslant \theta \leqslant \dfrac{\pi}{2})$.

(3) $L \perp \pi \Leftrightarrow \boldsymbol{s} /\!/ \boldsymbol{n} \Leftrightarrow \dfrac{A}{m} = \dfrac{B}{n} = \dfrac{C}{p}$.

(4) $L /\!/ \pi \Leftrightarrow \boldsymbol{s} \cdot \boldsymbol{n} = 0$ 且 $Ax_0 + By_0 + Cz_0 + D \neq 0$.

(5) L 在 π 上 $\Leftrightarrow \boldsymbol{s} \cdot \boldsymbol{n} = 0$ 且 $Ax_0 + By_0 + Cz_0 + D = 0$.

(6) L 与 π 相交 $\Leftrightarrow \boldsymbol{s} \cdot \boldsymbol{n} \neq 0 \Leftrightarrow Am + Bn + Cp \neq 0$.

4. 距离公式

(1) 点 $P_0(x_0, y_0, z_0)$ 到过 $P_1(x_1, y_1, z_1)$ 方向向量为 $\boldsymbol{s} = (m, n, p)$ 的直线 $L : \dfrac{x-x_1}{m} = \dfrac{y-y_1}{n} = \dfrac{z-z_1}{p}$ 的距离为 $d = \dfrac{|\overrightarrow{P_0 P_1} \times \boldsymbol{s}|}{|\boldsymbol{s}|}$.

(2) 过 $P_1(x_1, y_1, z_1)$ 方向向量为 $\boldsymbol{s}_1 = (m_1, n_1, p_1)$ 的直线 L_1 与过 $P_2(x_2, y_2, z_2)$ 方向向量为 $\boldsymbol{s}_2 = (m_2, n_2, p_2)$ 的直线 L_2 间的距离为 $d = \dfrac{|\overrightarrow{P_1 P_2} \cdot (\boldsymbol{s}_1 \times \boldsymbol{s}_2)|}{|\boldsymbol{s}_1 \times \boldsymbol{s}_2|}$ ($\boldsymbol{s}_1 \times \boldsymbol{s}_2 \neq \boldsymbol{0}$).

二、经典例题解析及解题方法总结

【例1】 过点 $M_0(2,4,0)$ 且与直线 $L_1: \begin{cases} x+2z-1=0 \\ y-3z-2=0 \end{cases}$ 平行的直线方程是_____.

解 直线 L_1 的方向向量为 $s = \begin{vmatrix} i & j & k \\ 1 & 0 & 2 \\ 0 & 1 & -3 \end{vmatrix} = (-2,3,1)$,故所求直线的方程是 $\dfrac{x-2}{-2} = \dfrac{y-4}{3} = \dfrac{z}{1}$.

【例2】 已知直线 L 过点 $M_0(-1,0,4)$,且与直线 $L_1: \begin{cases} x+2y-z=0 \\ x+2y+2z+4=0 \end{cases}$ 垂直,又与平面 $\pi: 3x-4y+z-10=0$ 平行,则直线 L 的方程是_____.

解 直线 L_1 的方向向量 $s_1 = \begin{vmatrix} i & j & k \\ 1 & 2 & -1 \\ 1 & 2 & 2 \end{vmatrix} = (6,-3,0)$,平面 π 的法向量 $n = \{3,-4,1\}$.

因为直线 L 的方向向量 s 既垂直于 s_1 又垂直于 n,故可取

$$s = \dfrac{s_1 \times n}{3} = \dfrac{1}{3}\begin{vmatrix} i & j & k \\ 6 & -3 & 0 \\ 3 & -4 & 1 \end{vmatrix} = (-1,-2,-5),$$

所以,直线 L 的方程是 $\dfrac{x+1}{1} = \dfrac{y}{2} = \dfrac{z-4}{5}$.

【例3】 求过点 $M_0(0,2,4)$,且与两个平面 π_1, π_2 都平行的直线方程,其中
$$\pi_1: x+y-2z-1=0; \quad \pi_2: x+2y-z+1=0.$$

解 设直线的方向向量为 s. 根据题设条件知,s 与 π_1 和 π_2 的法向量都垂直. 可取

$$s = n_1 \times n_2 = \begin{vmatrix} i & j & k \\ 1 & 1 & -2 \\ 1 & 2 & -1 \end{vmatrix} = (3,-1,1).$$

由对称式方程知,所求直线方程为 $\dfrac{x}{3} = \dfrac{y-2}{-1} = \dfrac{z-4}{1}$.

【例4】 设直线 L 过点 $P_0(1,1,1)$,并且与直线 $L_1: x = \dfrac{y}{2} = \dfrac{z}{3}$ 相交,与直线
$$L_2: \dfrac{x-1}{2} = \dfrac{y-2}{1} = \dfrac{z-3}{4}$$
垂直,试求直线 L 的方程.

解 直线 L_2 的方向向量为 $s_2 = \{2,1,4\}$,过 $P_0(1,1,1)$ 以 s_2 为法向量的平面方程为:
$$\pi: 2(x-1)+(y-1)+4(z-1)=0.$$

由题意知,所求直线 L 在此平面 π 上. 因直线 L_1 与直线 L 相交,故 L_1 与平面 π 也相交,我们可求出 L_1 与 π 的交点 $Q(x,y,z)$,将 L_1 转化为参数式 $\begin{cases} x=t \\ y=2t \\ z=3t \end{cases}$,代入平面方程,得 $t = \dfrac{7}{16}$. 直线 L 过点 $P_0(1,1,1)$ 与 $Q\left(\dfrac{7}{16}, \dfrac{7}{8}, \dfrac{21}{16}\right)$,由两点式可得直线 L 方程为 $\dfrac{x-1}{\dfrac{9}{16}} = \dfrac{y-1}{\dfrac{1}{8}} = \dfrac{z-1}{-\dfrac{5}{16}}$.

【例5】 求与已知直线 $L_1: \dfrac{x+3}{2}=\dfrac{y-5}{1}=\dfrac{z}{1}$ 和 $L_2: \dfrac{x-3}{1}=\dfrac{y+1}{4}=\dfrac{z}{1}$ 都相交,且与 $L_3:$ $\dfrac{x+2}{3}=\dfrac{y-1}{2}=\dfrac{z-3}{1}$ 平行的直线方程.

解 将 L_1 和 L_2 化为参数方程:$L_1:\begin{cases} x=2t-3 \\ y=t+5 \\ z=t \end{cases}$,$L_2:\begin{cases} x=t+3 \\ y=4t-1 \\ z=t \end{cases}$.

设 L 与 L_1 和 L_2 的交点分别对应参数 t_1 和 t_2,则知交点分别为 $P(2t_1-3,t_1+5,t_1)$,$Q(t_2+3, 4t_2-1,t_2)$. 由于 $\overrightarrow{PQ}\parallel s$,故 $\dfrac{(2t_1-3)-(t_2+3)}{3}=\dfrac{(t_1+5)-(4t_2-1)}{2}=\dfrac{t_1-t_2}{1}$,整理成方程组 $\begin{cases} t_1-2t_2=-6 \\ t_1+2t_2=6 \end{cases}$,解出 $t_1=0$.所以 P 的坐标为 $(-3,5,0)$.故所求直线方程为:$\dfrac{x+3}{3}=\dfrac{y-5}{2}=\dfrac{z}{1}$.

> ● **方法总结**
>
> 通过对以上例题的解析,可以看出建立直线方程的主要方法是采用对称式方程.为此需确定直线上一点 $M_0(x_0,y_0,z_0)$ 和直线的方向向量 s.

【例6】 设有直线 $L_1: \dfrac{x-1}{1}=\dfrac{y-5}{-2}=\dfrac{z+8}{1}$ 与 $L_2:\begin{cases} x-y=6 \\ 2y+z=3 \end{cases}$,则 L_1 与 L_2 的夹角为 _____.

(A) $\dfrac{\pi}{6}$ (B) $\dfrac{\pi}{4}$ (C) $\dfrac{\pi}{3}$ (D) $\dfrac{\pi}{2}$

解 $s_1=(1,-2,1)$,$s_2=\begin{vmatrix} \boldsymbol{i} & \boldsymbol{j} & \boldsymbol{k} \\ 1 & -1 & 0 \\ 0 & 2 & 1 \end{vmatrix}=(-1,-1,2)$,则 $\cos(\widehat{s_1,s_2})=\dfrac{|s_1\cdot s_2|}{|s_1|\cdot|s_2|}=\dfrac{1}{2}$. 故应选(C).

【例7】 设有直线 $L:\begin{cases} x+3y+2z+1=0 \\ 2x-y-10z+3=0 \end{cases}$ 及平面 $\pi:4x-2y+z-2=0$,则直线 L _____.（考研题）

(A) 平行于 π (B) 在 π 上   (C) 垂直于 π (D) 与 π 斜交

解 直线 L 的方向向量为 $s=(-28,14,-7)$,平面 π 的法向量为 $n=(4,-2,1)$,由 $\dfrac{-28}{4}=\dfrac{14}{-2}=\dfrac{-7}{1}$ 知,$s\parallel n$,则直线 L 垂直于平面 π.故应选(C).

> ● **方法总结**
>
> 直线与平面间的位置关系可转化为直线的方向向量与平面的法向量之间的关系.若直线的方向向量平行于平面的法向量,则表明直线与平面垂直.

【例8】 求点 $P(3,-1,2)$ 到直线 $L:\begin{cases} x+y-z+1=0 \\ 2x-y+z-4=0 \end{cases}$ 的距离.

解 直线 L 的对称式方程为 $\dfrac{x-1}{0}=\dfrac{y+2}{1}=\dfrac{z-0}{1}$,过点 P 且垂直于直线 L 的平面 π 的方程为

$0 \cdot (x-3)+1 \cdot (y+1)+1 \cdot (z-2)=0$, 即 $y+z-1=0$.

把直线 L 的参数方程 $\begin{cases} x=1 \\ y=-2+t \\ z=t \end{cases}$

代入平面 π 方程,求直线 L 与平面 π 的交点 $-2+t+t-1=0 \Rightarrow t=\dfrac{3}{2}$,

交点为 $M\left(1,-\dfrac{1}{2},\dfrac{3}{2}\right)$. $d=|\overrightarrow{PM}|=\sqrt{(1-3)^2+\left(-\dfrac{1}{2}+1\right)^2+\left(\dfrac{3}{2}-2\right)^2}=\dfrac{3}{2}\sqrt{2}$.

【例 9】 求点 $P(1,2,-1)$ 到直线 $L: \dfrac{x-1}{2}=\dfrac{y+1}{-1}=\dfrac{z-2}{3}$ 的距离.

解法一 过点 $P(1,2,-1)$ 且垂直于直线 L 的平面的方程为
$$2(x-1)-(y-2)+3(z+1)=0, \quad 即 \quad 2x-y+3z+3=0.$$
该平面与直线 L 相交于点 $Q\left(-\dfrac{5}{7},-\dfrac{1}{7},-\dfrac{4}{7}\right)$,所以,所求的距离
$$d=|\overrightarrow{PQ}|=\sqrt{\left(1+\dfrac{5}{7}\right)^2+\left(2+\dfrac{1}{7}\right)^2+\left(\dfrac{4}{7}-1\right)^2}=\dfrac{3}{7}\sqrt{42}.$$

解法二 直线 L 的方向向量是 $\boldsymbol{s}=(2,-1,3)$,而点 $P_0(1,-1,2)$ 在直线 L 上,所以,点 $P(1,2,-1)$ 到直线 L 的距离为
$$d=|\overrightarrow{PP_0}|\sin(\widehat{\overrightarrow{PP_0},\boldsymbol{s}})=\dfrac{|\overrightarrow{PP_0}\times\boldsymbol{s}|}{|\boldsymbol{s}|}$$

如图 8-10 所示,而 $\overrightarrow{PP_0}\times\boldsymbol{s}=\begin{vmatrix} \boldsymbol{i} & \boldsymbol{j} & \boldsymbol{k} \\ 0 & 3 & -3 \\ 2 & -1 & 3 \end{vmatrix}=(6,-6,-6)$

因此 $d=\dfrac{1}{\sqrt{14}}\sqrt{(6)^2+(-6)^2+(-6)^2}=\sqrt{\dfrac{108}{14}}=\dfrac{3}{7}\sqrt{42}$.

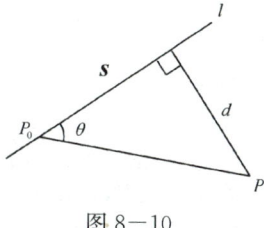

图 8-10

> **方法总结**
> 点到直线的距离转化为过该点与直线垂直的平面的垂足与已知点间的两点间距离.

【例 10】 求直线 $L: \dfrac{x-1}{1}=\dfrac{y}{1}=\dfrac{z-1}{-1}$ 在平面 $\pi: x-y+2z-1=0$ 上的投影直线 L_0 的方程,并求 L_0 绕 y 轴旋转一周所成曲面的方程. (考研题)

解 设经过 L 且垂直于平面 π 的平面方程为 $\pi_1: A(x-1)+By+C(z-1)=0$,则由条件可知 $A-B+2C=0, A+B-C=0$,由此解得 $A:B:C=-1:3:2$,于是 π_1 的方程为
$$x-3y-2z+1=0.$$

从而 L_0 的方程为 $L_0: \begin{cases} x-y+2z-1=0 \\ x-3y-2z+1=0 \end{cases}$,即 $\begin{cases} x=2y \\ z=-\dfrac{1}{2}(y-1) \end{cases}$. 于是 L_0 绕 y 轴旋转一周所成曲面的方程为 $x^2+z^2=4y^2+\dfrac{1}{4}(y-1)^2$,即 $4x^2-17y^2+4z^2+2y-1=0$.

习题 8-4 解答

1. **解**:∵所求直线平行于直线 $\frac{x-3}{2}=\frac{y}{1}=\frac{z-1}{5}$,∴所求直线的方向向量为 $(2,1,5)$,故其方程为 $\frac{x-4}{2}=\frac{y+1}{1}=\frac{z-3}{5}$.

2. **解**:所求直线的方向向量可取为 $\overrightarrow{M_1M_2}=(-4,2,1)$.
   ∴其方程为 $\frac{x-3}{-4}=\frac{y+2}{2}=\frac{z-1}{1}$.

3. **解**:该直线的方向向量与两个平面的法向量 n_1, n_2 都垂直.
   ∴直线的方向向量 S 可取为:$S=n_1\times n_2=\begin{vmatrix} i & j & k \\ 1 & -1 & 1 \\ 2 & 1 & 1 \end{vmatrix}=(-2,1,3)$.

   在 $\begin{cases} x-y+z=1 \\ 2x+y+z=4 \end{cases}$ 中,令 $x=1$,得 $\begin{cases} -y+z=0 \\ y+z=2 \end{cases}$,解得 $y=1, z=1$. 即 $(1,1,1)$ 为所求直线上一点.

   ∴所求直线的方程为 $\frac{x-1}{-2}=\frac{y-1}{1}=\frac{z-1}{3}$. 在上式中令比为 t,得直线的参数方程为 $\begin{cases} x=1-2t \\ y=t+1 \\ z=3t+1 \end{cases}$.

4. **解**:$S=\begin{vmatrix} i & j & k \\ 1 & -2 & 4 \\ 3 & 5 & -2 \end{vmatrix}=(-16,14,11)$.

   ∵已知直线与所求平面垂直,∴S 可作为所求平面的法向量.
   故所求平面方程为 $-16(x-2)+14y+11(z+3)=0$,即 $16x-14y-11z-65=0$.

5. **解**:设两条直线的方向向量分别为 S_1、S_2,则
   $S_1=\begin{vmatrix} i & j & k \\ 5 & -3 & 3 \\ 3 & -2 & 1 \end{vmatrix}=(3,4,-1)$, $S_2=\begin{vmatrix} i & j & k \\ 2 & 2 & -1 \\ 3 & 8 & 1 \end{vmatrix}=5(2,-1,2)$,

   ∴$\cos\theta=\frac{|3\times 2+4\times(-1)+(-1)\times 2|}{\sqrt{3^2+4^2+(-1)^2}\cdot\sqrt{2^2+(-1)^2+2^2}}=\frac{0}{3\sqrt{26}}=0$.

6. **证**:设两直线的方向向量分别为 S_1、S_2,则
   $S_1=\begin{vmatrix} i & j & k \\ 1 & 2 & -1 \\ -2 & 1 & 1 \end{vmatrix}=(3,1,5)$, $S_2\begin{vmatrix} i & j & k \\ 3 & 6 & -3 \\ 2 & -1 & -1 \end{vmatrix}=(-9,-3,-15)$.

   ∴$\cos\theta=\frac{|3\times(-9)+1\times(-3)+5\times(-15)|}{\sqrt{3^2+1^2+5^2}\cdot\sqrt{(-9)^2+(-3)^2+(-15)^2}}=1$. ∴$\theta=0$ 即两直线平行.

7. **解**:该直线与两平面的法向量垂直,∴其方向向量 $S=\begin{vmatrix} i & j & k \\ 1 & 0 & 2 \\ 0 & 1 & -3 \end{vmatrix}=(-2,3,1)$.

   由对称式方程知,所求直线方程为 $\frac{x}{-2}=\frac{y-2}{3}=\frac{z-4}{1}$.

8. **解**:记 $A(3,1,-2), B(4,-3,0)$.

设 $P(x,y,z)$ 为平面上任一点,则 $\overrightarrow{AP}$、$\overrightarrow{AB}$ 和直线的方向向量 $\boldsymbol{S}=(5,2,1)$ 共面.

$\therefore [\overrightarrow{AP},\overrightarrow{AB},\boldsymbol{S}]=0$,即 $\begin{vmatrix} x-3 & y-1 & z+2 \\ 1 & -4 & 2 \\ 5 & 2 & 1 \end{vmatrix}=0$. 故所求平面方程为 $8x-9y-22z-59=0$.

9. **解**:直线的方向向量 $\boldsymbol{S}=\begin{vmatrix} \boldsymbol{i} & \boldsymbol{j} & \boldsymbol{k} \\ 1 & 1 & 3 \\ 1 & -1 & -1 \end{vmatrix}=2(1,2,-1)$.

$\therefore \sin\theta=\dfrac{|1\times 1+(-1)\times 2+(-1)\times(-1)|}{\sqrt{1^2+(-1)^2+(-1)^2}\cdot\sqrt{1^2+2^2+(-1)^2}}=0$. $\therefore$ 该直线与所给平面的夹角为 $\theta=0$.

10. **解**:直线与平面间的关系由直线的方向向量 $\boldsymbol{S}$ 和平面的法向量 $\boldsymbol{n}$ 的关系来确定.

    (1)直线的方向向量 $\boldsymbol{S}=(-2,-7,3)$,平面的法向量 $\boldsymbol{n}=(4,-2,-2)=2(2,-1,-1)$. $\because \boldsymbol{S}\cdot\boldsymbol{n}=-2\times 2-7\times(-1)+3\times(-1)=0$,$\therefore \boldsymbol{S}\perp\boldsymbol{n}$. 将直线上一点 $(-3,-4,0)$ 代入平面方程:$4\times(-3)-2\times(-4)-2\times 0=-4\neq 0$. $\therefore$ 直线与平面平行.

    (2)直线的方向向量 $\boldsymbol{S}=(3,-2,7)$,平面的法向量 $\boldsymbol{n}=(3,-2,7)$. $\therefore \boldsymbol{S}\parallel\boldsymbol{n}$,故直线与平面垂直.

    (3)直线的方向向量 $\boldsymbol{S}=(3,1,-4)$,平面的法向量 $\boldsymbol{n}=(1,1,1)$. $\because \boldsymbol{S}\cdot\boldsymbol{n}=3\times 1+1\times 1+(-4)\times 1=0$,$\therefore \boldsymbol{S}\perp\boldsymbol{n}$. 将直线上一点 $(2,-2,3)$ 代入平面方程:$2\times 1+(-2)\times 1+3\times 1=3$. $\therefore$ 直线在平面上.

11. **解**:该平面的法向量 $\boldsymbol{n}$ 与两直线的方向向量 $\boldsymbol{S}_1$ 和 $\boldsymbol{S}_2$ 都垂直,可用 $\boldsymbol{S}_1\times\boldsymbol{S}_2$ 来确定 $\boldsymbol{n}$.

$\boldsymbol{S}_1=\begin{vmatrix} \boldsymbol{i} & \boldsymbol{j} & \boldsymbol{k} \\ 1 & 2 & -1 \\ 1 & -1 & 1 \end{vmatrix}=(1,-2,-3)$, $\boldsymbol{S}_2=\begin{vmatrix} \boldsymbol{i} & \boldsymbol{j} & \boldsymbol{k} \\ 2 & -1 & 1 \\ 1 & -1 & 1 \end{vmatrix}=(0,-1,-1)$.

$\therefore \boldsymbol{n}=\boldsymbol{S}_1\times\boldsymbol{S}_2=\begin{vmatrix} \boldsymbol{i} & \boldsymbol{j} & \boldsymbol{k} \\ 1 & -2 & -3 \\ 0 & -1 & -1 \end{vmatrix}=(-1,1,-1)$. $\therefore$ 平面方程为 $-(x-1)+(y-2)-(z-1)=0$,即 $x-y+z=0$.

12. **解**:设该点 $(-1,2,0)$ 为 A. 自 A 作平面的垂线,垂足即为点 A 在平面上的投影,垂线方程为 $\dfrac{x+1}{1}=\dfrac{y-2}{2}=\dfrac{z}{-1}$. 与平面方程联立,求得交点为 $\left(-\dfrac{5}{3},\dfrac{2}{3},\dfrac{2}{3}\right)$ 即为投影坐标.

13. **解**:先求垂足坐标,然后求两点的距离.
    垂直于该直线的平面的法向量为
    $\boldsymbol{S}=\begin{vmatrix} \boldsymbol{i} & \boldsymbol{j} & \boldsymbol{k} \\ 1 & 1 & -1 \\ 2 & -1 & 1 \end{vmatrix}=(0,-3,-3)=-3(0,1,1)$.

    于是,过 P 点且垂直于该直线的平面方程为 $y+1+z-2=0$,即 $y+z-1=0$,它与直线的交点即为垂足.可求得垂足坐标为 $\left(1,-\dfrac{1}{2},\dfrac{3}{2}\right)$.

    于是,所求距离为 $d=\sqrt{(3-1)^2+\left(-1+\dfrac{1}{2}\right)^2+\left(2-\dfrac{3}{2}\right)^2}=\dfrac{3}{\sqrt{2}}=\dfrac{3}{2}\sqrt{2}$.

14. **证明**:借助向量积的几何意义来证明此题.设点 M_0 到直线 l 的距离为 d,$\boldsymbol{S}$ 为 l 的方向向量(见图 8—11).

平行四边形 $MNPM_0$ 的面积 $A=d\cdot|\overrightarrow{MN}|$.
根据两个向量向量积的几何意义有:
$A=|\overrightarrow{MN}\times\overrightarrow{M_0M}|$,
$\therefore d|\overrightarrow{MN}|=|\overrightarrow{MN}\times\overrightarrow{M_0M}|. \quad \therefore d=\dfrac{|\overrightarrow{M_0M}\times\boldsymbol{S}|}{|\boldsymbol{S}|}$.

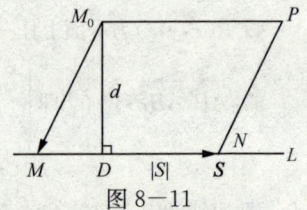

图 8—11

15. **解**:过直线的平面束方程为 $3x-y-2z-9+\lambda(2x-4y+z)=0$,即 $(3+2\lambda)x-(1+4\lambda)y-(2-\lambda)z-9=0$. 要使该平面与平面 $4x-y+z=1$ 垂直,只须它们的法向量垂直,即 $4\cdot(3+2\lambda)+(-1)\cdot(-1-4\lambda)+1\cdot(\lambda-2)=0$.

$\therefore \lambda=-\dfrac{11}{13}$. 代入平面束方程,即得投影平面方程为 $17x+31y-37z-117=0$. 故投影直线方程为 $\begin{cases}17x+31y-37z-117=0\\4x-y+z-1=0\end{cases}$.

16. **解**:(1)如图 8—12 所示.(2)如图 8—13 所示.

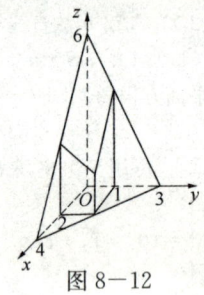

图 8—12

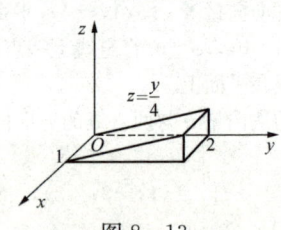

图 8—13

第五节　曲面及其方程

一、主要内容归纳

1. 空间曲面 S 的方程

(1)**定义**　若曲面 S 与三元方程 $F(x,y,z)=0$ 有下述关系:第一,曲面 S 上任一点的坐标都满足方程;第二,不在曲面 S 上的点的坐标都不满足方程.则方程 $F(x,y,z)=0$ 就叫做曲面 S 的方程,而曲面 S 就叫做方程 $F(x,y,z)=0$ 的图形.

(2)**一般方程**　$F(x,y,z)=0$.

(3)**显式方程**　$z=f(x,y)$.

(4)**参数方程**　$\begin{cases}x=x(u,v)\\y=y(u,v)\\z=z(u,v)\end{cases}$ $(u,v)\in D$, 其中 D 为 uv 平面上某一区域.

2. 旋转曲面方程

(1)**旋转曲面**　以一条平面曲线绕其平面上的一条直线旋转一周所成的曲面叫做旋转曲面,旋转曲线和定直线依次叫作旋转曲面的母线和轴.

(2) 旋转曲面方程

① 坐标平面 yOz 面上的曲线 $C:\begin{cases}f(y,z)=0\\x=0\end{cases}$ 绕 z 轴旋转所得的曲面为 $f(\pm\sqrt{x^2+y^2},z)=0$,绕 y 轴旋转所得的曲面为 $f(y,\pm\sqrt{x^2+z^2})=0$.

② 坐标平面 xOy 面上的曲线 $C:\begin{cases}f(x,y)=0\\z=0\end{cases}$ 绕 x 轴旋转所得曲面为 $f(x,\pm\sqrt{y^2+z^2})=0$,绕 y 轴旋转所得曲面方程为 $f(\pm\sqrt{x^2+z^2},y)=0$.

③ 坐标平面 zOx 面上的曲线 $C:\begin{cases}f(x,z)=0\\y=0\end{cases}$ 绕 x 轴旋转所得曲面为 $f(x,\pm\sqrt{y^2+z^2})=0$,绕 z 轴旋转所得曲面方程为 $f(\pm\sqrt{x^2+y^2},z)=0$.

3. 柱面方程

(1) 柱面 直线 L 沿定曲线 C 平行移动形成的轨迹叫作柱面,定曲线 C 叫做柱面的准线,动直线 L 叫做柱面的母线.

(2) 柱面方程

① 母线平行于 z 轴的柱面方程为 $F(x,y)=0$.

② 母线平行于 x 轴的柱面方程为 $G(y,z)=0$.

③ 母线平行于 y 轴的柱面方程为 $H(x,z)=0$.

当曲面方程中缺少一个变量时,曲面为柱面.如 $F(x,y)=0$,变量 z 未出现,该曲面表示由准线 $\begin{cases}F(x,y)=0\\z=0\end{cases}$ 生成,母线平行于 z 轴的柱面.

4. 二次曲面

(1) 定义 三元二次方程 $F(x,y,z)=0$ 所表示的曲面称为二次曲面.特殊地,平面称为一次曲面.

(2) 九种二次曲面及其方程

① 椭圆锥面:$\dfrac{x^2}{a^2}+\dfrac{y^2}{b^2}=z^2$.

② 椭球面:$\dfrac{x^2}{a^2}+\dfrac{y^2}{b^2}+\dfrac{z^2}{c^2}=1$.

③ 单叶双曲面:$\dfrac{x^2}{a^2}+\dfrac{y^2}{b^2}-\dfrac{z^2}{c^2}=1$.

④ 双叶双曲面:$\dfrac{x^2}{a^2}-\dfrac{y^2}{b^2}-\dfrac{z^2}{c^2}=1$.

⑤ 椭圆抛物面:$\dfrac{x^2}{a^2}+\dfrac{y^2}{b^2}=z$.

⑥ 双曲抛物面:$\dfrac{x^2}{a^2}-\dfrac{y^2}{b^2}=z$.

⑦ 椭圆柱面:$\dfrac{x^2}{a^2}+\dfrac{y^2}{b^2}=1$.

⑧ 双曲柱面:$\dfrac{x^2}{a^2}-\dfrac{y^2}{b^2}=1$.

⑨ 抛物柱面:$x^2=ay$.

二、经典例题解析及解题方法总结

【例 1】 请指出下列二次曲面的名称,并作草图:

(1) $16x^2-9y^2-9z^2=-25$;　　(2) $16x^2-9y^2-9z^2=25$.

解 (1) 可以将方程写成如下的标准形式:$-\dfrac{x^2}{\left(\dfrac{5}{4}\right)^2}+\dfrac{y^2}{\left(\dfrac{5}{3}\right)^2}+\dfrac{z^2}{\left(\dfrac{5}{3}\right)^2}=1$.

该方程表示单叶双曲面,如图 8-14 所示;

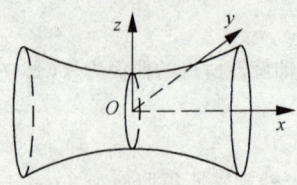

图 8－14 图 8－15

(2)方程可以写成如下的标准形式：$\dfrac{x^2}{\left(\frac{5}{4}\right)^2}-\dfrac{y^2}{\left(\frac{5}{3}\right)^2}-\dfrac{z^2}{\left(\frac{5}{3}\right)^2}=1$.

该方程表示双叶双曲面，如图 8－15 所示；

【例2】 就 p,q 的各种情况说明二次曲面 $z=x^2+py^2+qz^2$ 的类型.

解 (1)当 $p=q=0$ 时，$z=x^2$ 是抛物柱面.

(2)当 $q=0,p\neq 0$ 时，若 $p>0$，$z=x^2+py^2$ 是椭圆抛物面；若 $p<0$，$z=x^2+py^2$ 是双曲抛物面.

(3)当 $p=0,q\neq 0$ 时，若 $q=a^2>0$，则方程可化为 $x^2+\left(az-\dfrac{1}{2a}\right)^2=\dfrac{1}{4a^2}$ 是椭圆柱面；若 $q=-a^2<0$，则方程可化为 $\left(az+\dfrac{1}{2a}\right)^2-x^2=\dfrac{1}{4a^2}$ 是双曲柱面.

(4)当 $p\cdot q\neq 0$ 时，若 $p=a^2>0,q=b^2>0$，方程可化为

$$x^2+a^2y^2+\left(bz-\dfrac{1}{2b}\right)^2=\left(\dfrac{1}{2b}\right)^2$$ 是椭球面；

若 $p=-a^2<0,q=-b^2<0$，方程可化为

$$a^2y^2+\left(bz-\dfrac{1}{2b}\right)^2-x^2=\left(\dfrac{1}{2b}\right)^2$$ 是单叶双曲面；

若 $p=a^2>0,q=-b^2<0$，方程可化为

$$x^2+a^2y^2-\left(bz+\dfrac{1}{2b}\right)^2=-\left(\dfrac{1}{2b}\right)^2$$ 是双叶双曲面；

若 $p=-a^2<0,q=b^2>0$，方程可化为

$$x^2-a^2y^2+\left(bz-\dfrac{1}{2b}\right)^2=\left(\dfrac{1}{2b}\right)^2$$ 是单叶双曲面.

【例3】 试求到球面

$$\Sigma_1:(x-4)^2+y^2+z^2=9 \quad 与 \quad \Sigma_2:(x+1)^2+(y+1)^2+(z+1)^2=4$$

的距离比为 $3:2$ 的点的轨迹，并指出曲面的类型.

解 设所求曲面上的动点为 $M(x,y,z)$，点 M 到 Σ_1 的球心 $(4,0,0)$ 的距离为 $d_1=\sqrt{(x-4)^2+y^2+z^2}$，点 M 到 Σ_2 的球心 $(-1,-1,-1)$ 的距离为 $d_2=\sqrt{(x+1)^2+(y+1)^2+(z+1)^2}$. 则点 M 到 Σ_1 的球面距离为 $d_1-3=\sqrt{(x-4)^2+y^2+z^2}-3$，点 M 到 Σ_2 的球面距离为 $d_2-2=\sqrt{(x+1)^2+(y+1)^2+(z+1)^2}-2$，由已知 $\dfrac{d_1-3}{d_2-2}=\dfrac{3}{2}$，得 $2d_1=3d_2$. 两边平方，得 $4[(x-4)^2+y^2+z^2]=9[(x+1)^2+(y+1)^2+(z+1)^2]$，化简得，$5(x^2+y^2+z^2)+50x+18y+18z-37=0$. 这是一个球面方程.

方法总结

在所求曲面上任取一点 $M(x,y,z)$,根据已知曲面的条件,建立动点 M 的坐标应满足的方程 $F(x,y,z)=0$,则此方程即为所求曲面的方程.

【例4】 直线 $L: \dfrac{x-1}{0}=\dfrac{y}{1}=\dfrac{z}{1}$ 绕 z 轴旋转一周,求旋转曲面的方程

解 设 $P_0(x_0,y_0,z_0)$ 为直线 L 上的一点,故 $x_0=1$,即 P_0 点的坐标为 $(1,y_0,z_0)$,当直线 L 绕 z 轴旋转时,$z=z_0$ 保持不变,动点 P 到 z 轴的距离保持不变,即 $r^2=1+y_0^2=x^2+y^2$,又由直线方程 $y_0=z_0$,因此 $r^2=x^2+y^2=1+y_0^2=1+z_0^2=1+z^2$,故此旋转曲面为单叶双曲面,其方程为:$x^2+y^2-z^2=1$.

【例5】 已知点 A 与 B 的直角坐标分别为 $(1,0,0)$ 与 $(0,1,1)$.线段 AB 绕 z 轴旋转一周所成的旋转曲面为 S.求由 S 及两平面 $z=0$, $z=1$ 所围成的立体体积.

解 如图 8-16 所示.

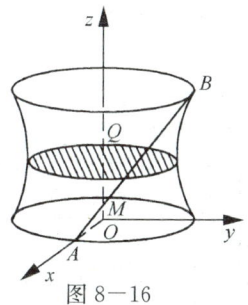

图 8-16

直线 AB 的方程为 $\dfrac{x-1}{-1}=\dfrac{y}{1}=\dfrac{z}{1}$,即 $\begin{cases} x=1-z \\ y=z \end{cases}$.

在 z 轴上截距为 z 的水平面截此旋转体所得截面为一个圆,此截面与 z 轴交于点 $Q(0,0,z)$,与 AB 交于点 $M(1-z,z,z)$,故圆截面半径 $r(z)=\sqrt{(1-z)^2+z^2}=\sqrt{1-2z+2z^2}$,从而截面面积 $S(z)=\pi(1-2z+2z^2)$,旋转体体积 $V=\pi\int_0^1(1-2z+2z^2)\mathrm{d}z=\dfrac{2}{3}\pi$.

习题 8-5 解答

1. **解:** 设所求球面的方程为 $(x-a)^2+(y-b)^2+(z-c)^2=R^2$.

   将原点及 A、B、C 坐标代入上式,得 $\begin{cases} a^2+b^2+c^2=R^2, \\ (4-a)^2+b^2+c^2=R^2, \\ (1-a)^2+(3-b)^2+c^2=R^2, \\ a^2+b^2+(-4-c)^2=R^2, \end{cases}$ 解得 $\begin{cases} a=2 \\ b=1 \\ c=-2 \\ R=3 \end{cases}$,因此,所求球面方程为 $(x-2)^2+(y-1)^2+(z+2)^2=9$.其中球心的坐标为 $(2,1,-2)$,半径为 3.

2. **解:** $R=\sqrt{1^2+3^2+(-2)^2}=\sqrt{14}$,

   球面方程为:$(x-1)^2+(y-3)^2+(z+2)^2=14$,即 $x^2+y^2+z^2-2x-6y+4z=0$.

3. **解:** $(x-1)^2+(y+2)^2+(z+1)^2=6$.它表示以 $(1,-2,-1)$ 为球心,$\sqrt{6}$ 为半径的球面.

4. **解**:设动点为(x,y,z),它满足条件:$\dfrac{\sqrt{x^2+y^2+z^2}}{\sqrt{(x-2)^2+(y-3)^2+(z-4)^2}}=\dfrac{1}{2}.$

   化简,得:$\left(x+\dfrac{2}{3}\right)^2+(y+1)^2+\left(z+\dfrac{4}{3}\right)^2=\dfrac{116}{9},$

   即为以$\left(-\dfrac{2}{3},-1,-\dfrac{4}{3}\right)$为球心,以$\dfrac{2}{3}\sqrt{29}$为半径的球面.

5. **解**:曲线$\begin{cases}F(x,z)=0\\y=0\end{cases}$绕$x$轴旋转一周生成的曲面方程为$F(x,\pm\sqrt{y^2+z^2})=0.$

   ∴将zOx坐标面上的抛物线$z^2=5x$绕x轴旋转一周所生成的旋转曲面的方程为:$y^2+z^2=5x.$

6. **解**:类似第5题,z不变,将x改为($\pm\sqrt{x^2+y^2}$),得$(\pm\sqrt{x^2+y^2})^2+z^2=9.$ 即$x^2+y^2+z^2=9.$显然,该方程表示以原点为球心,半径为3的球面.

7. **解**:绕x轴旋转一周所生成的旋转曲面的方程:$4x^2-9y^2-9z^2=36$,它为一双叶旋转双曲面;绕y轴旋转一周所生成的旋转曲面的方程为:$4x^2-9y^2+4z^2=36$,它为一单叶旋转双曲面.

8. **解**:(1)如图8-17所示. (2)如图8-18所示.
   (3)如图8-19所示. (4)如图8-20所示. (5)如图8-21所示.

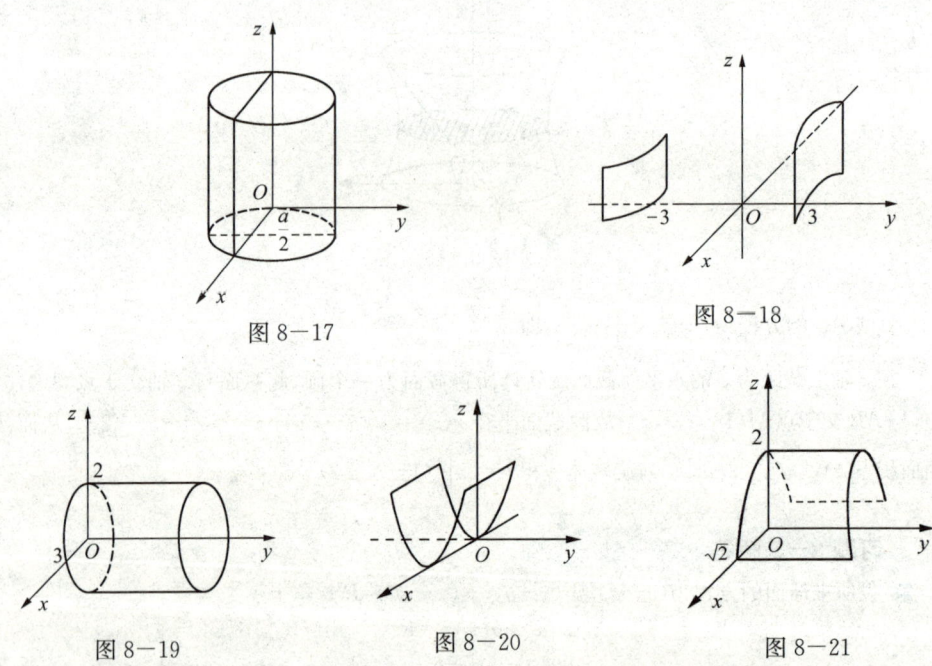

图8-17 图8-18 图8-19 图8-20 图8-21

9. **解**:(1)$x=2$在平面解析几何中表示平行y轴且距离y轴为2的一条直线;在空间解析几何中表示平行于yOz平面且距离为2的平面.

   (2)$y=x+1$在平面解析几何中表示斜率及在y轴上的截距均为1的直线;在空间解析几何中表示平行于z轴的一个平面.

   (3)$x^2+y^2=4$在平面解析几何中表示圆心在原点且半径为2的圆;在空间解析几何中表示对称轴为z轴且半径为2的圆柱面.

(4) $x^2-y^2=1$ 在平面解析几何中表示两个半轴均为 1 的双曲线;在空间解析几何中表示母线平行于 z 轴的双曲柱面.

10. **解**:(1)方程写成 $\dfrac{x^2}{4}+\dfrac{(y^2+z^2)}{9}=1$,可看作 xOy 平面上的椭圆 $\dfrac{x^2}{4}+\dfrac{y^2}{9}=1$ 绕 x 轴旋转一周所形成的旋转椭球面;或看作 zOx 平面上的椭圆 $\dfrac{x^2}{4}+\dfrac{z^2}{9}=1$ 绕 x 轴旋转一周所形成的旋转椭球面.

(2)方程写成 $(x^2+z^2)-\dfrac{y^2}{4}=1$,可看作 xOy 平面上的双曲线 $x^2-\dfrac{y^2}{4}=1$ 绕 y 轴旋转一周所形成的单叶旋转双曲面;或看作 yOz 平面上的双曲线 $z^2-\dfrac{y^2}{4}=1$ 绕 y 轴旋转一周所形成的单叶旋转双曲面.

(3)方程写成 $x^2-(y^2+z^2)=1$,可看作 xOy 平面上的等轴双曲线 $x^2-y^2=1$ 绕 x 轴旋转一周所形成的双叶旋转双曲面;或看作 zOx 平面上的等轴双曲线 $x^2-z^2=1$ 绕 x 轴旋转一周所形成的双叶旋转双曲面.

(4)方程可看作是 zOx 平面上的直线 $z=a\pm x$ 绕 z 轴旋转一周所形成的圆锥面;或看作是 yOz 平面上的直线 $z=a\pm y$ 绕 z 轴旋转一周所形成的圆锥面.

11. **解**:(1)如图 8－22 所示.　　(2)如图 8－23 所示.　　(3)如图 8－24 所示.

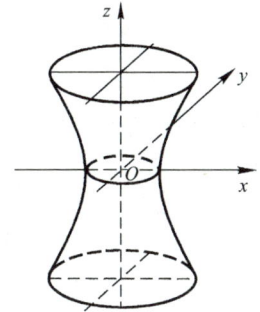

图 8－22　单叶双曲面

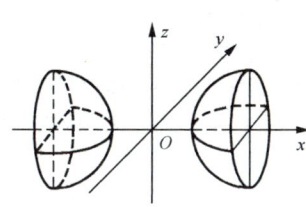

图 8－23　双叶双曲面

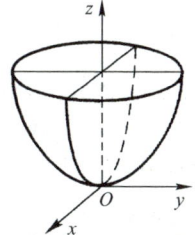

图 8－24　椭圆抛物面

12. **解**:如图 8－25 所示,(2)如图 8－26 所示.

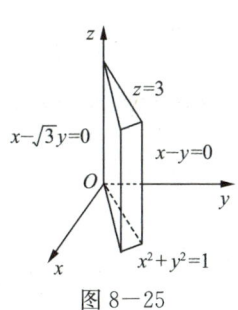

图 8－25

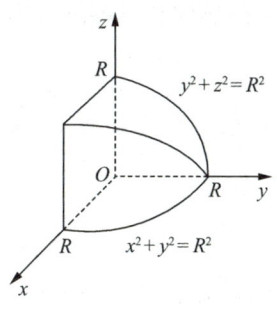

图 8－26

第六节 空间曲线及其方程

一、主要内容归纳

1. 空间曲线的一般方程

空间曲线可看作是两个曲面的交线. 设 $F(x,y,z)=0$ 和 $G(x,y,z)=0$ 是两个曲面方程. 它们的交线为 C,则 C 的方程为 $\begin{cases} F(x,y,z)=0 \\ G(x,y,z)=0 \end{cases}$,此方程组称为空间曲线 C 的一般方程.

2. 空间曲线的参数方程

将空间曲线 C 上动点的坐标 (x,y,z) 表示为参数 t 的函数 $\begin{cases} x=x(t) \\ y=y(t) \\ z=z(t) \end{cases}$,若该方程组满足:

①当给定 $t=t_1$ 时,就得到 C 上的一个点 (x,y,z);②随着 t 的变动便可得到曲线 C 上的全部点.

则方程组 $\begin{cases} x=x(t) \\ y=y(t) \\ z=z(t) \end{cases}$ 叫作空间曲线的参数方程.

3. 空间曲线在坐标面上的投影

设空间曲线 C 的一般方程为 $\begin{cases} F(x,y,z)=0 \\ G(x,y,z)=0 \end{cases}$,将方程组中的 z 消去得 $H(x,y)=0$. $H(x,y)=0$ 表示母线平行于 z 轴的柱面,曲线 C 在柱面上,C 为其准线.

以曲线 C 为准线,母线平行于 z 轴的柱面叫作曲线 C 在 xOy 面上的投影柱面. 投影柱面与 xOy 面的交线叫作空间曲线 C 在 xOy 面上的投影曲线,简称投影. 因此 C 在 xOy 面上的投影曲线方程为 $\begin{cases} H(x,y)=0 \\ z=0 \end{cases}$.

同理可得 C 在 yOz 面或 xOz 面上的投影曲线方程为 $\begin{cases} R(y,z)=0 \\ x=0 \end{cases}$ 或 $\begin{cases} T(x,z)=0 \\ y=0 \end{cases}$.

二、经典例题解析及解题方法总结

【例1】 求曲线 $\begin{cases} (x+2)^2-z=4 \\ (x-2)^2+y^2=4 \end{cases}$ 的参数方程.

解 令 $x-2=2\cos t$,则 $y=2\sin t$,从而 $z=(x+2)^2-4=(4+2\cos t)^2-4=2(\cos 2t+8\cos t+7)$.

即曲线的参数方程为 $\begin{cases} x=2+2\cos t \\ y=2\sin t \\ z=2(\cos 2t+8\cos t+7) \end{cases}$ $(0 \leqslant t \leqslant 2\pi)$.

【例2】 分别求母线平行于 x 轴及 y 轴而且通过曲线 $\begin{cases} 2x^2+y^2+z^2=16 \\ x^2-y^2+z^2=0 \end{cases}$ 的柱面方程.

解 消去 x 得母线平行于 x 轴的柱面方程 $3y^2-z^2=16$.

消去 y 得母线平行于 y 轴的柱面方程 $3x^2+2z^2=16$.

【例3】 求曲线 $C: \begin{cases} z=2-x-y \\ z=(x-1)^2+(y-1)^2 \end{cases}$ 在 3 个坐标面上的投影曲线的方程.

解 消去 z，得曲线 C 关于 xOy 面的投影柱面为 $2-x^2-y^2=(x-1)^2+(y-1)^2$，即 $x^2+y^2=x+y$. 将它与 $z=0$ 联立，得曲线 C 在 xOy 面上的投影曲线的方程为 $C_{xy}: \begin{cases} x^2+y^2=x+y \\ z=0 \end{cases}$；消去 x，得曲线 C 关于 yOz 面的投影柱面为 $z=2-(2-y-z)^2-y^2$，即 $2y^2+z^2+2yz-4y-3z+2=0$. 故曲线 C 在 yOz 面上的投影曲线的方程为 $C_{yz}: \begin{cases} 2y^2+z^2+2yz-4y-3z+2=0 \\ x=0 \end{cases}$；消去 y，得曲线 C 关于 xOz 面的投影柱面为 $z=2-x^2-(2-x-z)^2$，即 $2x^2+z^2+2xz-4x-3z+2=0$. 故曲线 C 在 xOz 面上的投影曲线的方程为 $C_{xz}: \begin{cases} 2x^2+z^2+2xz-4x-3z+2=0 \\ y=0 \end{cases}$.

习题 8-6 解答

1. **解：**(1)如图 8-27 所示. (2)如图 8-28 所示. (3)如图 8-29 所示.

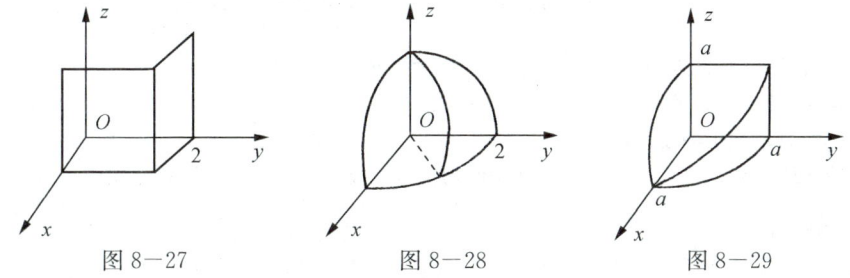

图 8-27　　　　　　图 8-28　　　　　　图 8-29

2. **解：**(1)在平面解析几何中，方程组表示两直线的交点；在空间解析几何中，方程组表示两平面的交线.

   (2)在平面解析几何中，方程组表示椭圆与其一条切线的交点；在空间解析几何中，方程组表示椭圆柱面 $\dfrac{x^2}{4}+\dfrac{y^2}{9}=1$ 与其切平面 $y=3$ 的交线.

3. **解：**由方程组消去 x，得 $3y^2-z^2=16$，即得到母线平行于 x 轴且通过已知曲线的双曲柱面方程.

   由方程组消去 y，得 $3x^2+2z^2=16$，即得到母线平行于 y 轴且通过已知曲线的椭圆柱面方程.

4. **解：**将两方程联立，消去 z 得到 $x^2+y^2+(1-x)^2=9$.

   整理得：$2x^2-2x+y^2=8$. 这是球面与平面的交线关于 xOy 面的投影柱面方程.

   于是球面与平面的交线在 xOy 面上的投影方程为 $\begin{cases} 2x^2-2x+y^2=8 \\ z=0 \end{cases}$.

5. **解：**(1)将 $y=x$ 代入 $x^2+y^2+z^2=9$，得 $2x^2+z^2=9$，即 $\dfrac{x^2}{\left(\dfrac{3}{\sqrt{2}}\right)^2}+\dfrac{z^2}{3^2}=1$.

   由椭圆的参数方程，得 $\begin{cases} x=\dfrac{3}{\sqrt{2}}\cos\theta \\ y=\dfrac{3}{\sqrt{2}}\cos\theta \\ z=3\sin\theta \end{cases}$ $(0\leqslant\theta\leqslant 2\pi)$. 即为已知曲线的参数方程.

27

(2)将 $z=0$ 代入 $(x-1)^2+y^2+(z+1)^2=4$,得 $(x-1)^2+y^2=3$.

由圆的参数方程,得 $\begin{cases} x=1+\sqrt{3}\cos\theta \\ y=\sqrt{3}\sin\theta \\ z=0 \end{cases}$ $(0\leqslant\theta\leqslant 2\pi)$ 即为已知曲线的参数方程.

6. **解**: 由前两个方程,得 $x^2+y^2=a^2$. 于是得到在 xOy 坐标面上的投影方程 $\begin{cases} x^2+y^2=a^2 \\ z=0 \end{cases}$.

类似得到在 zOx 和 yOz 平面上的投影方程,分别为 $\begin{cases} x=a\cos\left(\dfrac{z}{b}\right) \\ y=0 \end{cases}$ 和 $\begin{cases} y=a\sin\left(\dfrac{z}{b}\right) \\ x=0 \end{cases}$.

7. **解**: $\begin{cases} z=\sqrt{a^2-x^2-y^2} \\ x^2+y^2=ax \end{cases}$ 在 xOy 面上的投影曲线为 $\begin{cases} x^2+y^2=ax \\ z=0 \end{cases}$,故两立体的公共部分在 xOy 面上的投影区域为圆面: $\begin{cases} x^2+y^2\leqslant ax \\ z=0 \end{cases}$. 又 $z=\sqrt{a^2-x^2-y^2}$ 与 zOx 面的交线为 $\begin{cases} z=\sqrt{a^2-ax} \\ y=0 \end{cases}$,由 $x^2+y^2\leqslant ax$ 知 $x\geqslant 0$,故两立体的公共部分在 zOx 面的投影区域为 $\begin{cases} 0\leqslant z\leqslant\sqrt{a^2-ax}, x\geqslant 0 \\ y=0 \end{cases}$,即 $\begin{cases} ax+z^2\leqslant a^2, x\geqslant 0, z\geqslant 0 \\ y=0 \end{cases}$.

8. **解**: 在 xOy 面上的投影:

上界面(消去 z 得 $x^2+y^2=4$)向 xOy 面的投影柱面为 $x^2+y^2=4$,故该立体在 xOy 面上的投影为圆面: $\begin{cases} x^2+y^2\leqslant 4 \\ z=0 \end{cases}$.

在 yOz 面上的投影: $z=x^2+y^2$ $(0\leqslant z\leqslant 4)$ 与 yOz 面的交线为 $\begin{cases} z=y^2 \\ x=0 \end{cases}$ $(0\leqslant z\leqslant 4)$,故该立体在 yOz 面上的投影为 $\begin{cases} y^2\leqslant z\leqslant 4 \\ x=0 \end{cases}$. 在 zOx 面上的投影类似可得 $\begin{cases} x^2\leqslant z\leqslant 4 \\ y=0 \end{cases}$.

总习题八解答

1. **解**: (1) $(x-x_0, y-y_0, z-z_0)$ (x,y,z) (2) 共面   (3) 3   (4) 36
2. **解**: (1) 应选 (A). 直线 L 的方向向量为 $\mathbf{S}=(-2,1,3)$,过点 $(1,1,1)$.
   (2) 应选 (B). $x^2+2y^2=1+3z^2$ 表示单叶双曲面.
3. **解**: 设所求点为 $P(0,y,0)$,由 $|PA|=|PB|$,
   得 $\sqrt{1^2+(y+3)^2+7^2}=\sqrt{5^2+(y-7)^2+(-5)^2}$,即 $(y+3)^2=(y-7)^2$,解得 $y=2$.
   故所求点为 $(0,2,0)$.
4. **解**: AB 的中点坐标为 $D(4,-1,3)$,则 $|CD|=\sqrt{[4-(-1)]^2+(-1-1)^2+(3-2)^2}=\sqrt{30}$.
5. **证明**:
   $\overrightarrow{AD}=\overrightarrow{AB}+\overrightarrow{BD}=\mathbf{c}+\dfrac{1}{2}\mathbf{a},$ $\qquad$ $\overrightarrow{BE}=\overrightarrow{BC}+\overrightarrow{CE}=\mathbf{a}+\dfrac{1}{2}\mathbf{b},$

$$\overrightarrow{CF}=\overrightarrow{CA}+\overrightarrow{AF}=\boldsymbol{b}+\frac{1}{2}\boldsymbol{c}, \qquad \overrightarrow{AD}+\overrightarrow{BE}+\overrightarrow{CF}=\frac{3}{2}(\boldsymbol{a}+\boldsymbol{b}+\boldsymbol{c})=\boldsymbol{0}.$$

6. 证明：在 $\triangle ABC$ 中，设 D,E 分别为 AB、CA 的中点，则

$$\overrightarrow{DE}=\overrightarrow{DA}+\overrightarrow{AE}=\frac{1}{2}\overrightarrow{BA}+\frac{1}{2}\overrightarrow{AC}=\frac{1}{2}(\overrightarrow{BA}+\overrightarrow{AC})=\frac{1}{2}\overrightarrow{BC}.$$

$\therefore \overrightarrow{DE}/\!/\overrightarrow{BC}$ 且 $|\overrightarrow{DE}|=\frac{1}{2}|\overrightarrow{BC}|$. 故结论得证.

7. 解：$\boldsymbol{a}+\boldsymbol{b}=(2,-4,8+z)$, $\boldsymbol{a}-\boldsymbol{b}=(4,-6,8-z)$.

由 $|\boldsymbol{a}+\boldsymbol{b}|=|\boldsymbol{a}-\boldsymbol{b}|$，得 $\sqrt{2^2+(-4)^2+(8+z)^2}=\sqrt{4^2+(-6)^2+(8-z)^2}$，解得 $z=1$.

8. 解：设向量 $\boldsymbol{a}+\boldsymbol{b}$ 与 $\boldsymbol{a}-\boldsymbol{b}$ 的夹角为 φ.

$$|\boldsymbol{a}+\boldsymbol{b}|^2=(\boldsymbol{a}+\boldsymbol{b})\cdot(\boldsymbol{a}+\boldsymbol{b})=|\boldsymbol{a}|^2+|\boldsymbol{b}|^2+2\boldsymbol{a}\cdot\boldsymbol{b}$$
$$=|\boldsymbol{a}|^2+|\boldsymbol{b}|^2+2|\boldsymbol{a}|\cdot|\boldsymbol{b}|\cos(\widehat{\boldsymbol{a},\boldsymbol{b}})=(\sqrt{3})^2+1^2+2\cdot\sqrt{3}\cdot1\cdot\cos\frac{\pi}{6}=7,$$
$$|\boldsymbol{a}-\boldsymbol{b}|^2=(\boldsymbol{a}-\boldsymbol{b})\cdot(\boldsymbol{a}-\boldsymbol{b})=|\boldsymbol{a}|^2+|\boldsymbol{b}|^2-2(\boldsymbol{a}\cdot\boldsymbol{b})$$
$$=|\boldsymbol{a}|^2+|\boldsymbol{b}|^2-2|\boldsymbol{a}|\cdot|\boldsymbol{b}|\cos(\widehat{\boldsymbol{a},\boldsymbol{b}})=(\sqrt{3})^2+1^2-2\cdot\sqrt{3}\cdot1\cdot\cos\frac{\pi}{6}=1.$$

$$\therefore \cos\varphi=\frac{(\boldsymbol{a}+\boldsymbol{b})\cdot(\boldsymbol{a}-\boldsymbol{b})}{|\boldsymbol{a}+\boldsymbol{b}|\cdot|\boldsymbol{a}-\boldsymbol{b}|}=\frac{|\boldsymbol{a}|^2-|\boldsymbol{b}|^2}{\sqrt{7}\cdot1}=\frac{3-1}{\sqrt{7}}=\frac{2\sqrt{7}}{7}. \therefore \varphi=\arccos\frac{2\sqrt{7}}{7}.$$

9. 解：$\because \boldsymbol{a}+3\boldsymbol{b}\perp 7\boldsymbol{a}-5\boldsymbol{b}$, $\therefore (\boldsymbol{a}+3\boldsymbol{b})\cdot(7\boldsymbol{a}-5\boldsymbol{b})=0$. ①

$\because \boldsymbol{a}-4\boldsymbol{b}\perp 7\boldsymbol{a}-2\boldsymbol{a}$, $\therefore (\boldsymbol{a}-4\boldsymbol{b})\cdot(7\boldsymbol{a}-2\boldsymbol{b})=0$. ②

由①、②得 $\begin{cases}7\boldsymbol{a}^2+16\boldsymbol{a}\cdot\boldsymbol{b}-15\boldsymbol{b}^2=0 \\ 7\boldsymbol{a}^2-30\boldsymbol{a}\cdot\boldsymbol{b}+8\boldsymbol{b}^2=0\end{cases}$. ③ ④

③-④，得：$46\boldsymbol{a}\cdot\boldsymbol{b}-23\boldsymbol{b}^2=0$，即 $\boldsymbol{b}^2=2\boldsymbol{a}\cdot\boldsymbol{b}$. ⑤

⑤代入④，得 $7\boldsymbol{a}^2-15\boldsymbol{b}^2+8\boldsymbol{b}^2=0$，即 $\boldsymbol{a}^2=\boldsymbol{b}^2$.

$\therefore |\boldsymbol{a}|=|\boldsymbol{b}|$, $\therefore \cos(\widehat{\boldsymbol{a},\boldsymbol{b}})=\frac{\boldsymbol{a}\cdot\boldsymbol{b}}{|\boldsymbol{a}|\cdot|\boldsymbol{b}|}=\frac{\frac{1}{2}(\boldsymbol{b})^2}{|\boldsymbol{b}|^2}=\frac{1}{2}$. 故 $(\widehat{\boldsymbol{a},\boldsymbol{b}})=\frac{\pi}{3}$.

10. 解：记 $\theta=(\widehat{\boldsymbol{a},\boldsymbol{b}})$，则 $\cos\theta=\frac{\boldsymbol{a}\cdot\boldsymbol{b}}{|\boldsymbol{a}|\cdot|\boldsymbol{b}|}=\frac{2\times1-1\times1-2z}{\sqrt{2^2+(-1)^2+(-2)^2}\cdot\sqrt{1^2+1^2+z^2}}=\frac{1-2z}{3\sqrt{2+z^2}}.$

$$\therefore \theta=\arccos\frac{1-2z}{3\sqrt{2+z^2}}, \frac{d\theta}{dz}=-\frac{1}{\sqrt{1-\frac{(1-2z)^2}{9(2+z^2)}}}\cdot\frac{1}{3}\cdot\frac{-2\sqrt{2+z^2}-(1-2z)\cdot\frac{z}{\sqrt{2+z^2}}}{2+z^2}$$
$$=\frac{z+4}{(2+z^2)\sqrt{5z^2+4z+17}}.$$

当 $z<-4$ 时，$\frac{d\theta}{dz}<0$；当 $z>-4$ 时，$\frac{d\theta}{dz}<0$. $\therefore$ 当 $z=-4$ 时，θ 有最小值，

且 $\theta_{\min}=\arccos\frac{9}{3\sqrt{18}}=\arccos\frac{1}{\sqrt{2}}=\frac{\pi}{4}$.

11. 解：以 $\boldsymbol{a}+2\boldsymbol{b}$ 和 $\boldsymbol{a}-3\boldsymbol{b}$ 为边的平行四边形的面积为

$$S=|(\boldsymbol{a}+2\boldsymbol{b})\times(\boldsymbol{a}-3\boldsymbol{b})|=|\boldsymbol{a}\times\boldsymbol{a}-3(\boldsymbol{a}\times\boldsymbol{b})+2(\boldsymbol{b}\times\boldsymbol{a})-6(\boldsymbol{b}\times\boldsymbol{b})|$$
$$=5|\boldsymbol{b}\times\boldsymbol{a}|=5|\boldsymbol{a}|\cdot|\boldsymbol{b}|\cdot\sin(\widehat{\boldsymbol{a},\boldsymbol{b}})=5\times4\times3\sin\frac{\pi}{6}=30.$$

12. 解:$r=(x,y,z)$,则由 $r \perp a, r \perp b$ 得 $2x-3y+z=0$, $x-2y+3z=0$.

由 $\text{Pr}_{jc}r = \dfrac{r \cdot c}{|c|} = 14$, 得 $\dfrac{2x+y+2z}{\sqrt{2^2+1^2+2^2}} = 14$, ∴ 得方程组 $\begin{cases} 2x-3y+z=0 \\ x-2y+3z=0 \\ 2x+y+2z=42 \end{cases}$,

解得:$x=14$, $y=10$, $z=2$. ∴$r=(14,10,2)$.

13. 解:$[a\ b\ c]=(a\times b)\cdot c = \begin{vmatrix} -1 & 3 & 2 \\ 2 & -3 & -4 \\ -3 & 12 & 6 \end{vmatrix} = 0$, 故 a、b、c 共面.

令 $c=\lambda_1 a+\lambda_2 b$, 得 $\begin{cases} -\lambda_1+2\lambda_2=-3 \\ 3\lambda_1-3\lambda_2=12 \\ 2\lambda_1-4\lambda_2=6 \end{cases}$ 解得 $\lambda_1=5$, $\lambda_2=1$. 即 $c=5a+b$.

14. 解:$|z|=\sqrt{(x-1)^2+(y+1)^2+(z-2)^2}$ 即 $(x-1)^2+(y+1)^2=4z-4$.

15. 解:(1) $\begin{cases} x=0 \\ z=2y^2 \end{cases}$, z 轴; (2) $\begin{cases} x=0 \\ \dfrac{y^2}{9}+\dfrac{z^2}{36}=1 \end{cases}$, y 轴;

(3) $\begin{cases} x=0 \\ z=\sqrt{3}\,y \end{cases}$, z 轴; (4) $\begin{cases} z=0 \\ x^2-\dfrac{y^2}{4}=1 \end{cases}$, x 轴.

16. 解:过 A、B 两点的直线方程为 $\dfrac{x-3}{3}=\dfrac{y-0}{0}=\dfrac{z-0}{-1}$, 即 $\begin{cases} y=0 \\ x+3z-3=0 \end{cases}$ ∴过 AB 的平面束方程为 $x+3z-3+\lambda y=0$. 令 n 为所求平面的法向量, xOy 面的法向量为 k, 则有 $(\widehat{n,k})=\dfrac{\pi}{3}$. 即 $\cos\dfrac{\pi}{3}=\dfrac{n\cdot k}{|n|\cdot|k|}=\dfrac{1\cdot 0+\lambda\cdot 0+3\cdot 1}{\sqrt{1^2+\lambda^2+3^2}\cdot 1}=\dfrac{3}{\sqrt{10+\lambda^2}}$. ∴$\lambda=\pm\sqrt{26}$. 于是所求平面的方程为 $x\pm\sqrt{26}\,y+3z-3=0$.

17. 解:直线 $L=\begin{cases} y-z+1=0 \\ x=0 \end{cases}$ 的方向向量为 $S=\begin{vmatrix} i & j & k \\ 0 & 1 & -1 \\ 1 & 0 & 0 \end{vmatrix}=(0,-1,-1)$.

∴过 A 点且垂直于 L 的平面 π 的方程为 $0\cdot(x-1)-(y+1)-(z-1)=0$, 即 $y+z=0$.

得到垂足 $B\left(0,-\dfrac{1}{2},\dfrac{1}{2}\right)$, ∴ 垂线方程为 $\dfrac{x-0}{1}=\dfrac{y+\dfrac{1}{2}}{-\dfrac{1}{2}}=\dfrac{z-\dfrac{1}{2}}{\dfrac{1}{2}}$, 即 $\begin{cases} x+2y+1=0 \\ x-2z+1=0 \end{cases}$.

设过上述垂线的平面束方程为 $x+2y+1+\lambda(x-2z+1)=0$, 即 $(1+\lambda)x+2y-2\lambda z+(1+\lambda)=0$. 又∵所求平面垂直于平面 $z=0$. ∴$(0,0,1)\cdot(1+\lambda,2,-2\lambda)=0$, ∴$\lambda=0$. 从而得到所求平面方程为 $x+2y+1=0$.

18. 解:过点 $A(-1,0,4)$ 且平行于已知平面的平面方程为 $3x-4y+z-1=0$.

设 $P(x,y,z)$ 为所求直线上任一点, $B(-1,3,0)$ 为已知直线上一点,

则 $\overrightarrow{AP}$、$\overrightarrow{AB}$ 和已知直线的方向向量 $s=(1,1,2)$ 共面, 即 $\begin{vmatrix} x+1 & y & z-4 \\ 1 & 1 & 2 \\ 0 & 3 & -4 \end{vmatrix}=0$, 得 $-10x+$

$4y+3z-22=0$. 故所求直线方程为 $\begin{cases} 3x-4y+z-1=0, \\ -10x+4y+3z-22=0. \end{cases}$

19. 解:设 $C(0,0,z)$ 为 z 轴上任一点,则 $\triangle ABC$ 的面积

$S=\frac{1}{2}|\overrightarrow{AC}\times\overrightarrow{AB}|=\frac{1}{2}\left\|\begin{matrix} i & j & k \\ -1 & 0 & z \\ -1 & 2 & 1 \end{matrix}\right\|=\frac{1}{2}\sqrt{5z^2-2z+5}$, $\frac{dS}{dz}=\frac{1}{2}\cdot\frac{10z-2}{2\sqrt{5z^2-2z+5}}$.

当 $\frac{dS}{dz}=0$ 时,得 $z=\frac{1}{5}$. 故当 C 的坐标为 $(0,0,\frac{1}{5})$ 时, $S_{\triangle ABC}$ 取最小值,且 $S_{\min}=\frac{\sqrt{30}}{5}$.

20. 解:消去 z,得 $x^2+y^2=x+y$,故已知曲线在 xOy 坐标面上的投影曲线方程为 $\begin{cases} z=0 \\ x^2+y^2=x+y \end{cases}$,

类似地,可得它在 zOx 坐标面上的投影曲线方程为 $\begin{cases} y=0 \\ 2x^2+2xz+z^2-4x-3z+2=0 \end{cases}$. 在 yOz 坐标面上的投影曲线方程为 $\begin{cases} x=0 \\ 2y^2+2yz+z^2-4y-3z+2=0 \end{cases}$.

21. 解:由方程组 $\begin{cases} z=\sqrt{x^2+y^2} \\ z^2=2x \end{cases}$ 消去 z,可得 $(x-1)^2+y^2=1$. ∴ $\begin{cases} z=0 \\ (x-1)^2+y^2\leq 1 \end{cases}$ 为该立体在 xOy 坐标面上的投影. 类似的,可得该立体在 yOz 坐标面上的投影为 $\begin{cases} x=0 \\ \left(\frac{z^2}{2}-1\right)^2+y^2\leq 1, z\geq 0 \end{cases}$, 在 zOx 坐标面上的投影为 $\begin{cases} y=0 \\ x\leq z\leq\sqrt{2x} \end{cases}$.

22. 解:(1)如图 8-30 所示. (2)如图 8-31 所示. (3)如图 8-32 所示. (4)如图 8-33 所示.

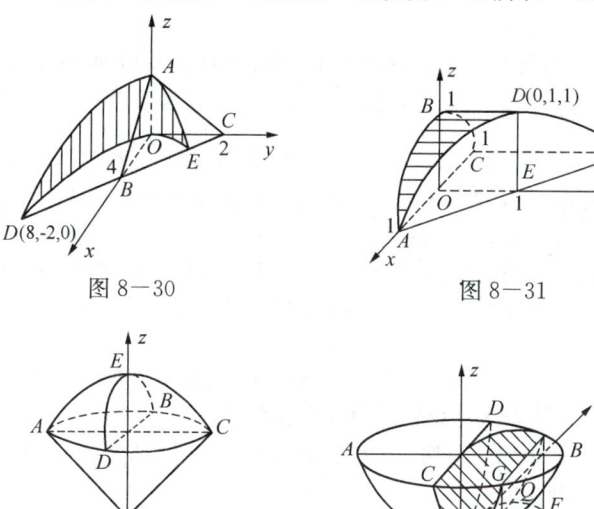

图 8-30   图 8-31   图 8-32   图 8-33

第九章　多元函数微分法及其应用

多元函数微分学是一元函数微分学的推广,两者既有联系又有区别.本章将在一元函数微分学的基础上,讨论多元函数的微分法及其应用.讨论中以二元函数为主,因为从一元函数到二元函数会产生新的问题,而从二元函数到二元以上函数则可以类推.本章主要内容是:多元函数的概念;二重极限的概念;多元函数连续性、可导性、可微的概念及三者之间的关系,偏导数与全微分的计算,特别是多元复合函数的偏导数及隐含数的偏导数;空间曲线的切线和法平面、曲面的切平面和法线;多元函数的极值和条件极值的求法;方向导数和梯度的概念和计算.

第一节　多元函数的基本概念

一、主要内容归纳

1. 平面点集

(1)**平面点集**　坐标平面上具有某种性质 P 的点的集合,称为平面点集.记作 $E=\{(x,y)|(x,y)$ 具有性质 $P\}$.

(2)P_0 **的 δ 邻域**　与点 $P_0(x_0,y_0)$ 距离小于 δ 的点 $P(x,y)$ 的全体,称为点 P_0 的 δ 邻域,记作 $U(P_0,\delta)=\{P||P_0P|<\delta\}$,即 $U(P_0,\delta)=\{(x,y)|\sqrt{(x-x_0)^2+(y-y_0)^2}<\delta\}$,而满足 $0<|P_0P|<\delta$ 的 P 的全体称为 P_0 的去心 δ 邻域,记作 $\mathring{U}(P_0,\delta)=\{P|0<|P_0P|<\delta\}$.

若不需要强调邻域的半径则用 $U(P_0)$ 和 $\mathring{U}$ 分别表示 P_0 的某个邻域和去心邻域.

(3)点 $P_0(x_0,y_0)$ 与点集 E 之间的关系

①P_0 为 E 的内点　如果存在点 P_0 的某个邻域 $U(P_0)$,使得 $U(P_0)\subset E$,则称 P_0 为 E 的内点.

②P_0 为 E 的外点　如果存在点 P_0 的某个邻域 $U(P_0)$,使得 $U(P_0)\cap E=\Phi$,则称 P_0 为 E 的外点.

③P_0 为 E 的边界点　如果点 P_0 的任一邻域内既含有属于 E 的点,又含有不属于 E 的点,则称 P_0 为 E 的边界点.边界点的全体,称为边界,记作 ∂E.

④P_0 为 E 的聚点　如果对与任给的 $\delta>0$,$\mathring{U}(P_0,\delta)$ 内总有属于 E 中的点,则称 P_0 为 E 的聚点.

(4)一些重要的平面点集

①开集　如果点集 E 的点都是 E 的内点,则称 E 为开集.

②闭集　如果点集 E 的边界 $\partial E\subset E$,则称 E 为闭集.

③连通集　如果点集 E 的任何两点都可用包含于 E 中的折线联结起来,则称 E 为连通集.

④(开)区域　连通的开集称为区域或开区域.

⑤闭区域　(开)区域连同它的边界一起所构成的点集称为闭区域.

⑥有界集　对于平面点集 E,如果存在 $r>0$,使得 $E \subset U(0,r)$,其中 0 为坐标原点,则称 E 为有界集.

⑦无界集　一个集合如果不是有界集,就称这个集合为无界集.

2. 二元函数

(1)二元函数　设 D 是 R^2 的一个非空子集,称映射 $f: D \rightarrow R$ 为定义在 D 上的二元函数.通常记为 $z=f(x,y)$, $(x,y) \in D$,或 $z=f(P)$, $P \in D$. D 称为函数的定义域, x、y 称为自变量, z 称为因变量. f 的值域为 $f(D)=\{z \mid z=f(x,y), (x,y) \in D\}$.

(2) n 元函数　D 是 R^n 内的点集,映射 $f: D \rightarrow R$ 称为定义在 D 上的 n 元函数.常记为 $u=f(x_1,x_2,\cdots,x_n)$, $(x_1,x_2,\cdots,x_n) \in D$ 或 $u=f(X)$, $X=(x_1,x_2,\cdots,x_n) \in D$. $n=1$ 时, n 元函数就是一元函数, $n \geqslant 2$ 时, n 元函数统称为多元函数.

(3)二元函数 $z=f(x,y)$ 的图形.　点集 $\{(x,y,z) \mid z=f(x,y), (x,y) \in D\}$ 称为二元函数 $z=f(x,y)$ 的图形,通常是一张曲面.

3. 二元函数的极限

(1)定义　设二元函数 $f(P)=f(x,y)$ 的定义域为 D, $P_0(x_0,y_0)$ 是 D 的聚点.若存在常数 A,对于任意给定的正数 ε,总存在正数 δ,使得当点 $P(x,y) \in D \cap U(P_0,\delta)$ 时,都有 $|f(P)-A|=|f(x,y)-A|<\varepsilon$ 成立,常数 A 就称为函数 $f(x,y)$ 当 $(x,y) \rightarrow (x_0,y_0)$ 时的极限,记作

$$\lim_{(x,y) \rightarrow (x_0,y_0)} f(x,y)=A \text{ 或 } f(x,y) \rightarrow A((x,y) \rightarrow (x_0,y_0)),$$

也记作 $\lim_{P \rightarrow P_0} f(P)=A$ 或 $f(P) \rightarrow A \ (P \rightarrow P_0)$.

二元函数的极限也叫二重极限.

(2)注意事项

①二重极限存在是指 $P(x,y)$ 以任何形式趋于 $P_0(x_0,y_0)$ 时, $f(x,y)$ 都无限接近于 A.即 P 仅以某一特殊方式趋于 P_0 时, $f(x,y)$ 无限接近于某一常数,不能由此断定函数极限存在;反之当 P 以不同方式趋于 P_0 时, $f(x,y)$ 的趋向不同,则可断定函数的极限不存在.

②二元函数的极限可相应地推广到 n 元函数上去.

③二元及更高元函数极限的运算法则及方法与一元函数的类似.

4. 二元函数的连续

(1)定义　设二元函数 $f(P)=f(x,y)$ 的定义域为 D, $P_0(x_0,y_0)$ 为 D 的聚点,且 $P_0 \in D$.如果 $\lim_{(x,y) \rightarrow (x_0,y_0)} f(x,y)=f(x_0,y_0)$,则称函数 $f(x,y)$ 在点 $P_0(x_0,y_0)$ 连续.若 D 内的每一点都是 D 的聚点,且函数 $f(x,y)$ 在 D 的每一点都连续,则称函数 $f(x,y)$ 在 D 上连续,或称 $f(x,y)$ 是 D 上的连续函数.

(2)注意事项

①二元函数的连续性运算法则与一元函数类似.

②一切多元初等函数在其定义区域内是连续的.

③设 $f(x,y)$ 的定义域为 D, $P_0(x_0,y_0)$ 为 D 的聚点,若函数 $f(x,y)$ 在点 $P_0(x_0,y_0)$ 不连续,则称 $P_0(x_0,y_0)$ 为函数 $f(x,y)$ 的间断点.

(3)在有界闭区域 D 上连续的函数的性质

①有界,且能取得它的最大值和最小值.

②能取得介于最小值和最大值之间的任何值.

二、经典例题解析及解题方法总结

【例 1】 求函数 $z=\arcsin(2x)+\dfrac{\sqrt{4x-y^2}}{\ln(1-x^2-y^2)}$ 的定义域.

解 $\arcsin(2x)$ 的定义域为 $|2x|\leqslant 1$,$\sqrt{4x-y^2}$ 的定义域为 $4x-y^2\geqslant 0$,$\dfrac{1}{\ln(1-x^2-y^2)}$ 的定义域为 $1-x^2-y^2>0$ 且 $1-x^2-y^2\neq 1$. 故得联立方程组:$\begin{cases}|2x|\leqslant 1\\4x-y^2\geqslant 0\\1-x^2-y^2>0\\1-x^2-y^2\neq 1\end{cases}$ 因此,所求函数的定义域为 $\left\{(x,y)\,\Big|\,-\dfrac{1}{2}\leqslant x\leqslant\dfrac{1}{2},y^2\leqslant 4x,0<x^2+y^2<1\right\}$.

方法总结

求定义域就是求出使表达式有意义的点的全体.与一元函数定义域类似,需考虑:分式的分母不为零,偶次方根号下的表达式非负,对数的真数大于零,反正弦、反余弦中的表达式的绝对值小于等于 1.

【例 2】 设 $z=\sqrt{y}+f(\sqrt{x}-1)$,且当 $y=1$ 时 $z=x$,则 $f(y)=$ _____.

(A)$\sqrt{y}-1$ (B)y (C)$y+2$ (D)$y(y+2)$

解 由 $y=1$ 时 $z=x$ 有 $x=1+f(\sqrt{x}-1)$,即 $f(\sqrt{x}-1)=x-1=(\sqrt{x}-1)^2+2(\sqrt{x}-1)$,所以 $f(y)=y^2+2y=y(y+2)$.故应选(D).

【例 3】 设 $f(x,y)=\dfrac{xy}{x^2+y}$,求 $f\left(xy,\dfrac{x}{y}\right)$.

解 令 $u=xy$,$v=\dfrac{x}{y}$.则 $f\left(xy,\dfrac{x}{y}\right)=f(u,v)=\dfrac{uv}{u^2+v}=\dfrac{xy\cdot\dfrac{x}{y}}{(xy)^2+\dfrac{x}{y}}=\dfrac{xy}{xy^3+1}$.

方法总结

这类问题的关键在于分清楚复合函数的复合结构,在解题过程中适当引入中间变量,最后再把中间变量还原回去.

【例 4】 设 $f(x-y,\ln x)=\left(1-\dfrac{y}{x}\right)\dfrac{e^x}{e^y\ln x^x}$,求 $f(x,y)$.

解 令 $u=x-y$,$v=\ln x$.则 $f(u,v)=\dfrac{x-y}{x}\cdot\dfrac{e^{x-y}}{x\ln x}=\dfrac{u}{e^v}\cdot\dfrac{e^u}{e^v\cdot v}=\dfrac{ue^u}{ve^{2v}}$.所以 $f(x,y)=\dfrac{xe^x}{ye^{2y}}$.

【例 5】 证明 $\lim\limits_{(x,y)\to(0,0)}\dfrac{x^2y^2}{x^2+y^2}=0$.

证 因为 $\left|\dfrac{x^2y^2}{x^2+y^2}\right|\leqslant\left|\dfrac{y^2(x^2+y^2)}{x^2+y^2}\right|=y^2$. 故对任意的 $\varepsilon>0$,存在 $\delta=\sqrt{\varepsilon}>0$,当 $|x-0|<\delta$,$|y-0|<\delta$ 且 $(x,y)\neq(0,0)$ 时,有 $\left|\dfrac{x^2y^2}{x^2+y^2}-0\right|\leqslant y^2\leqslant\delta^2=\varepsilon$ 由极限的定义有

$$\lim_{(x,y)\to(0,0)}\frac{x^2y^2}{x^2+y^2}=0.$$

> **方法总结**
>
> 常用的不等式有 $x^2+y^2\geqslant 2|xy|$，$|\sin\theta|\leqslant 1$，$\left|\dfrac{x^2}{x^2+y^2}\right|\leqslant 1$ 等.
>
> 证明极限存在的关键是寻找合适的 δ 或适当放缩不等式以利用夹逼定理来证明.

【例 6】 极限 $\lim\limits_{\substack{x\to 0\\ y\to 0}}\dfrac{xy}{x^2+y^2}$ 是否存在？

解 因为 $\lim\limits_{\substack{x\to 0\\ y=kx\to 0}}\dfrac{x\cdot kx}{x^2+k^2x^2}=\dfrac{k}{1+k^2}$，根据极限存在的唯一性知，极限 $\lim\limits_{\substack{x\to 0\\ y\to 0}}\dfrac{xy}{x^2+y^2}$ 不存在.

【例 7】 极限 $\lim\limits_{\substack{x\to 0\\ y\to 0}}\dfrac{x^3y}{x^6+y^2}$ 是否存在？

解 因为 $\lim\limits_{\substack{x\to 0\\ y=kx^3\to 0}}\dfrac{x^3\cdot kx^3}{x^6+k^2x^6}=\dfrac{k}{1+k^2}$，根据极限存在的唯一性知，极限 $\lim\limits_{\substack{x\to 0\\ y\to 0}}\dfrac{x^3y}{x^6+y^2}$ 不存在.

【例 8】 计算极限 $\lim\limits_{(x,y)\to(0,0)}\dfrac{\sin xy}{x}$.

解 因为 $|\sin xy|\leqslant|xy|$，所以 $0\leqslant\left|\dfrac{\sin xy}{x}\right|\leqslant|y|$. 又因为 $\lim\limits_{(x,y)\to(0,0)}|y|=0$，所以由夹逼定理知 $\lim\limits_{(x,y)\to(0,0)}\dfrac{\sin xy}{x}=0$.

> **方法总结**
>
> 计算二重极限时，常把二元函数极限转化为一元函数极限问题，再利用四则运算性质、夹逼定理、作变量代换、两个重要极限、无穷小代换、对函数作恒等变换约去零因子、洛必达法则等，或者利用函数连续的定义及多元初等函数的连续性.
>
> 本题可利用夹逼定理来求解，但要注意不能将 $\dfrac{\sin xy}{x}$ 转化为 $\dfrac{\sin xy}{xy}\cdot y$，因为前者的定义域与后者不同，前者为 $\{(x,y)|x\neq 0\}$，而后者为 $\{(x,y)|x\neq 0 \text{ 且 } y\neq 0\}$. 若 $y\to 0$ 变为 $y\to a(a\neq 0)$，则可转化并利用重要极限求解.

【例 9】 求 $\lim\limits_{(x,y)\to(0,0)}\dfrac{xy}{\sqrt{xy+4}-2}$.

解 $\lim\limits_{(x,y)\to(0,0)}\dfrac{xy}{\sqrt{xy+4}-2}=\lim\limits_{(x,y)\to(0,0)}\dfrac{xy(\sqrt{xy+4}+2)}{xy+4-4}$
$=\lim\limits_{(x,y)\to(0,0)}(\sqrt{xy+4}+2)=2+2=4.$

【例 10】 设 $f(x,y)=\dfrac{y}{1+xy}-\dfrac{1-y\sin\dfrac{\pi x}{y}}{\arctan x}$，$x>0,y>0$. 求
(1) $g(x)=\lim\limits_{y\to+\infty}f(x,y)$；(2) $\lim\limits_{x\to 0^+}g(x)$. (考研题)

解 (1) $g(x) = \lim\limits_{y \to +\infty} f(x,y) = \dfrac{1}{x} - \dfrac{1-\pi x}{\arctan x}$.

(2) $\lim\limits_{x \to 0^+} g(x) = \lim\limits_{x \to 0^+}\left(\dfrac{1}{x} - \dfrac{1-\pi x}{\arctan x}\right) = \lim\limits_{x \to 0^+}\dfrac{\arctan x - x + \pi x^2}{x^2} = \lim\limits_{x \to 0^+}\dfrac{\dfrac{1}{1+x^2} - 1 + 2\pi x}{2x}$

$= \lim\limits_{x \to 0^+}\dfrac{2\pi - x + 2\pi x^2}{2(1+x^2)} = \pi$.

【例11】 讨论 $f(x,y) = \begin{cases} \dfrac{x^2\sin\dfrac{1}{x^2+y^2} + y^2}{x^2+y^2}, & (x,y) \neq (0,0) \\ 0, & (x,y) = (0,0) \end{cases}$ 在 $(0,0)$ 点的连续性.

解 当 $y=0, x \to 0$ 时,即动点 $P(x,y)$ 沿 x 轴趋于 $(0,0)$ 点,

$$\lim\limits_{\substack{y=0 \\ x \to 0}} \dfrac{x^2\sin\dfrac{1}{x^2+y^2} + y^2}{x^2+y^2} = \lim\limits_{x \to 0} \dfrac{x^2\sin\dfrac{1}{x^2}}{x^2} = \lim\limits_{x \to 0}\sin\dfrac{1}{x^2} \text{ 不存在}$$

故 $f(x,y)$ 在 $(0,0)$ 点不连续.

【例12】 讨论 $f(x,y) = \begin{cases} (x^2+y^2)\ln(x^2+y^2), & x^2+y^2 \neq 0 \\ 0, & x^2+y^2 = 0 \end{cases}$ 在 $(0,0)$ 点的连续性.

解 令 $\begin{cases} x = r\cos\theta \\ y = r\sin\theta \end{cases}$,则当 $(x,y) \to (0,0)$ 时,有 $r = \sqrt{x^2+y^2} \to 0$.

故 $\lim\limits_{(x,y) \to (0,0)} f(x,y) = \lim\limits_{(x,y) \to (0,0)}(x^2+y^2)\ln(x^2+y^2) = \lim\limits_{r \to 0} r^2\ln r^2 = 0 = f(0,0)$,

所以 $f(x,y)$ 在点 $(0,0)$ 连续.

> **方法总结**
>
> 当 $f(x,y)$ 的表达式中有 x^2+y^2 时,常作变换 $x = r\cos\theta, y = r\sin\theta$. 这样 $x^2+y^2 = r^2$,且 $(x,y) \to (0,0)$ 变为 $r \to 0$.

习题 9—1 解答

1. **解:** (1) $\{(x,y) \mid x \neq 0, y \neq 0\}$ 是开集,无界集,导集为 R^2,边界为 $\{(x,y) \mid x=0 \text{ 或 } y=0\}$;

   (2) $\{(x,y) \mid 1 < x^2+y^2 \leq 4\}$ 不是开集,也不是闭集,有界集,导集为

   $\{(x,y) \mid 1 \leq x^2+y^2 \leq 4\}$,边界为 $\{(x,y) \mid x^2+y^2=1\} \cup \{(x,y) \mid x^2+y^2=4\}$;

   (3) $\{(x,y) \mid y > x^2\}$ 是开集、区域,无界集,导集为 $\{(x,y) \mid y \geq x^2\}$,边界为 $\{(x,y) \mid y=x^2\}$;

   (4) $\{(x,y) \mid x^2+(y-1)^2 \geq 1\} \cap \{(x,y) \mid x^2+(y-2)^2 \leq 4\}$ 是闭集,有界集,导集为集合本身,边界为 $\{(x,y) \mid x^2+(y-1)^2=1\} \cup \{(x,y) \mid x^2+(y-2)^2=4\}$.

2. **解:** $f(tx,ty) = (tx)^2 + (ty)^2 - (tx) \cdot (ty)\tan\dfrac{tx}{ty} = t^2\left(x^2+y^2 - xy\tan\dfrac{x}{y}\right)$

   $= t^2 f(x,y)$.

3. **证:** $F(xy, uv) = \ln(xy) \cdot \ln(uv) = (\ln x + \ln y)(\ln u + \ln v) = \ln x \cdot \ln u + \ln x \cdot \ln v + \ln y \cdot \ln u$

$+\ln y \cdot \ln v = F(x,u) + F(x,v) + F(y,u) + F(y,v).$

4. 解：$f(x+y, x-y, xy) = (x+y)^{xy} + (xy)^{(x+y)+(x-y)} = (x+y)^{xy} + (xy)^{2x}.$

5. 解：(1) $D = \{(x,y) \mid y^2 - 2x + 1 > 0\}$；

   (2) $D = \{(x,y) \mid x+y > 0, x-y > 0\}$；

   (3) $D = \{(x,y) \mid x \geq \sqrt{y}, y \geq 0\} = \{(x,y) \mid x \geq 0, y \geq 0, x^2 \geq y\}$；

   (4) $D = \{(x,y) \mid y-x > 0, x \geq 0, x^2 + y^2 < 1\} = \{(x,y) \mid y > x, x \geq 0, x^2 + y^2 < 1\}$；

   (5) $D = \{(x,y,z) \mid r^2 < x^2 + y^2 + z^2 \leq R^2, (R > r > 0)\}$；

   (6) $D = \{(x,y,z) \mid z^2 \leq x^2 + y^2, x^2 + y^2 \neq 0\}.$

6. 解：(1) 由初等函数的连续性 $\lim\limits_{(x,y)\to(0,1)} \dfrac{1-xy}{x^2+y^2} = \dfrac{1-0\times 1}{0^2+1^2} = 1.$

   (2) $\lim\limits_{(x,y)\to(1,0)} \dfrac{\ln(x+e^y)}{\sqrt{x^2+y^2}} = \dfrac{\ln(1+e^0)}{\sqrt{1^2+0^2}} = \ln 2.$

   (3) $\lim\limits_{(x,y)\to(0,0)} \dfrac{2-\sqrt{xy+4}}{xy} = \lim\limits_{(x,y)\to(0,0)} \dfrac{-xy}{xy(2+\sqrt{xy+4})} = \lim\limits_{(x,y)\to(0,0)} \dfrac{-1}{2+\sqrt{xy+4}} = -\dfrac{1}{4}.$

   (4) $\lim\limits_{(x,y)\to(0,0)} \dfrac{xy}{\sqrt{2-e^{xy}}-1} = \lim\limits_{(x,y)\to(0,0)} \dfrac{xy}{1-e^{xy}} \cdot (\sqrt{2-e^{xy}}+1) = -1 \cdot 2 = -2.$

   (5) $\lim\limits_{(x,y)\to(2,0)} \dfrac{\tan(xy)}{y} = \lim\limits_{(x,y)\to(2,0)} \left[\dfrac{\tan(xy)}{xy} \cdot x\right] = \lim\limits_{(x,y)\to(2,0)} \dfrac{\tan(xy)}{xy} \cdot \lim\limits_{x\to 2} x = 2.$

   (6) 当 $(x,y) \to (0,0)$ 时，$x^2 + y^2 \to 0$，故 $1 - \cos(x^2 + y^2) \sim \dfrac{1}{2}(x^2+y^2)^2$，则

   $\lim\limits_{(x,y)\to(0,0)} \dfrac{1-\cos(x^2+y^2)}{(x^2+y^2)e^{x^2y^2}} = \lim\limits_{(x,y)\to(0,0)} \dfrac{x^2+y^2}{2e^{x^2y^2}} = 0.$

*7. 证：(1) 取 $y = kx, x \to 0$，则 $\lim\limits_{\substack{y=kx \\ x\to 0}} \dfrac{x+y}{x-y} = \lim\limits_{x\to 0} \dfrac{x+kx}{x-kx} = \dfrac{1+k}{1-k}$，极限与 k 有关，故 $\lim\limits_{(x,y)\to(0,0)} \dfrac{x+y}{x-y}$ 不存在.

   (2) 因 $\lim\limits_{\substack{y=x \\ x\to 0}} \dfrac{x^2y^2}{x^2y^2+(x-y)^2} = \lim\limits_{x\to 0} \dfrac{x^4}{x^4+0^2} = 1$，$\lim\limits_{\substack{y=-x \\ x\to 0}} \dfrac{x^2y^2}{x^2y^2+(x-y)^2} = \lim\limits_{x\to 0} \dfrac{x^4}{x^4+4x^2} = \lim\limits_{x\to 0} \dfrac{x^2}{x^2+4} = 0,$

   即动点沿 $y = x$ 和 $y = -x$ 趋于 $(0,0)$ 时，极限不同. 故 $\lim\limits_{(x,y)\to(0,0)} \dfrac{x^2y^2}{x^2y^2+(x-y)^2}$ 不存在.

8. 解：在 $\{(x,y) \mid y^2 = 2x\}$ 处，函数 $z = \dfrac{y^2+2x}{y^2-2x}$ 间断.

*9. 证：$\because |xy| \leq \dfrac{x^2+y^2}{2},$

   $\therefore 0 \leq \left|\dfrac{xy}{\sqrt{x^2+y^2}}\right| \leq \dfrac{\sqrt{x^2+y^2}}{2}$ 而 $\lim\limits_{(x,y)\to(0,0)} \dfrac{\sqrt{x^2+y^2}}{2} = 0$

   $\therefore$ 由夹逼定理知，$\lim\limits_{(x,y)\to(0,0)} \dfrac{xy}{\sqrt{x^2+y^2}} = 0.$

*10. **证**:设 $P_0(x_0,y_0)\in \mathbf{R}^2$,$\forall \varepsilon>0$,由于 $f(x)$ 在 x_0 处连续,故 $\exists \delta>0$,当 $|x-x_0|<\delta$ 时,有 $|f(x)-f(x_0)|<\varepsilon$. 以上述 δ 作 $P_0(x_0,y_0)$ 的 δ 邻域 $U(P_0,\delta)$,则当 $P(x,y)\in U(P_0,\delta)$ 时,$|x-x_0|\leqslant\rho(P,P_0)<\delta$,从而 $|F(x,y)-F(x_0,y_0)|=|f(x)-f(x_0)|<\varepsilon$. $\therefore F(x,y)$ 在 $P_0(x_0,y_0)$ 处连续. 又 $\because P_0$ 是任意选取的,$\therefore$ 由 P_0 的任意性知,对于任意的 $y_0\in \mathbf{R}$,$F(x,y)$ 在 (x_0,y_0) 处连续.

第二节 偏 导 数

一、主要内容归纳

设函数 $z=f(x,y)$ 的定义域为 $D\subset \mathbf{R}^2$,$P_0(x_0,y_0)$,$U(P_0)\subset D$.

1. 偏导数

(1) $z=f(x,y)$ 在 $P_0(x_0,y_0)$ 处对 x 的偏导数 若 $\lim\limits_{\Delta x\to 0}\dfrac{f(x_0+\Delta x,y_0)-f(x_0,y_0)}{\Delta x}$ 存在,则称此极限为函数 $z=f(x,y)$ 在 $P_0(x_0,y_0)$ 处对 x 的偏导数,记作 $\dfrac{\partial z}{\partial x}\Big|_{\substack{x=x_0\\y=y_0}}$,$\dfrac{\partial f}{\partial x}\Big|_{\substack{x=x_0\\y=y_0}}$,$z_x\Big|_{\substack{x=x_0\\y=y_0}}$ 或 $f_x(x_0,y_0)$. 即 $\dfrac{\partial z}{\partial x}\Big|_{\substack{x=x_0\\y=y_0}}=\lim\limits_{\Delta x\to 0}\dfrac{f(x_0+\Delta x,y_0)-f(x_0,y_0)}{\Delta x}$.

(2) $z=f(x,y)$ 在 $P_0(x_0,y_0)$ 处对 y 的偏导数 若 $\lim\limits_{\Delta y\to 0}\dfrac{f(x_0,y_0+\Delta y)-f(x_0,y_0)}{\Delta y}$ 存在,则称此极限为函数 $z=f(x,y)$ 在 $P_0(x_0,y_0)$ 处对 y 的偏导数,记作 $\dfrac{\partial z}{\partial y}\Big|_{\substack{x=x_0\\y=y_0}}$,$\dfrac{\partial f}{\partial y}\Big|_{\substack{x=x_0\\y=y_0}}$,$z_y\Big|_{\substack{x=x_0\\y=y_0}}$,或 $f_y(x_0,y_0)$. 即 $\dfrac{\partial z}{\partial y}\Big|_{\substack{x=x_0\\y=y_0}}=\lim\limits_{\Delta y\to 0}\dfrac{f(x_0,y_0+\Delta y)-f(x_0,y_0)}{\Delta y}$.

(3) 若 $z=f(x,y)$ 在 D 内每一点 (x,y) 处对 x 的偏导数都存在,则该偏导数就是 x,y 的函数,称该函数为 $z=f(x,y)$ 对自变量 x 的偏导函数,简称对 x 的偏导数,记作 $\dfrac{\partial z}{\partial x}$,$\dfrac{\partial f}{\partial x}$,$z_x$ 或 $f_x(x,y)$;类似可定义对 y 的偏导数,即 $\dfrac{\partial z}{\partial y}$,$\dfrac{\partial f}{\partial y}$,$z_y$ 或 $f_y(x,y)$.

(4) 上述定义均可相应推广到二元以上的函数.

2. 高阶偏导数

若 z 在 D 内的一阶偏导数 z_x,z_y 的偏导数也存在,则称它们是 $z=f(x,y)$ 的二阶偏导数. 按照对变量求导次序的不同,有四个二阶偏导数:

$$f_{xx}(x,y)=\frac{\partial^2 z}{\partial x^2}=\frac{\partial}{\partial x}\left(\frac{\partial z}{\partial x}\right), \qquad f_{xy}(x,y)=\frac{\partial^2 z}{\partial x\partial y}=\frac{\partial}{\partial y}\left(\frac{\partial z}{\partial x}\right),$$

$$f_{yx}(x,y)=\frac{\partial^2 z}{\partial y\partial x}=\frac{\partial}{\partial x}\left(\frac{\partial z}{\partial y}\right), \qquad f_{yy}(x,y)=\frac{\partial^2 z}{\partial y^2}=\frac{\partial}{\partial y}\left(\frac{\partial z}{\partial y}\right).$$

其中第二、三个偏导数称为混合偏导数. 类似可得三阶、四阶、…以及 n 阶偏导数. 二阶及二阶以上的偏导数统称为高阶偏导数.

二、经典例题解析及解题方法总结

【例1】 设 $f(x,y)=e^{\sqrt{x^2+y^4}}$,则函数在原点偏导数存在的情况是_____.(考研题)

(A) $f'_x(0,0)$ 存在, $f'_y(0,0)$ 存在
(B) $f'_x(0,0)$ 存在, $f'_y(0,0)$ 不存在
(C) $f'_x(0,0)$ 不存在, $f'_y(0,0)$ 存在
(D) $f'_x(0,0)$ 不存在, $f'_y(0,0)$ 不存在

解 $f'_x(0,0)=\lim\limits_{x\to 0}\dfrac{f(x,0)-f(0,0)}{x}=\lim\limits_{x\to 0}\dfrac{e^{\sqrt{x^2}}-1}{x}=\lim\limits_{x\to 0}\dfrac{e^{|x|}-1}{x}$,$\because \lim\limits_{x\to 0^+}\dfrac{e^{|x|}-1}{x}=\lim\limits_{x\to 0^+}\dfrac{e^x-1}{x}=1$,$\lim\limits_{x\to 0^-}\dfrac{e^{|x|}-1}{x}=\lim\limits_{x\to 0^-}\dfrac{e^{-x}-1}{x}=-1$,$\therefore f'_x(0,0)$ 不存在. $f'_y(0,0)=\lim\limits_{y\to 0}\dfrac{f(0,y)-f(0,0)}{y}=\lim\limits_{y\to 0}\dfrac{e^{\sqrt{y^4}}-1}{y}=\lim\limits_{y\to 0}\dfrac{e^{y^2}-1}{y}=0$,$\therefore f'_y(0,0)$ 存在. 故应选(C).

【例2】 求函数 $f(x,y)=x+y-\sqrt{x^2+y^2}$ 在 $(3,4)$ 处的偏导数.

解 将 y 当作常数,对 x 求导,得 $f'_x(x,y)=1-\dfrac{1}{2}(x^2+y^2)^{-\frac{1}{2}}\cdot 2x=1-\dfrac{x}{\sqrt{x^2+y^2}}$.

同理,将 x 当作常数,对 y 求导,得 $f'_y(x,y)=1-\dfrac{1}{2}(x^2+y^2)^{-\frac{1}{2}}\cdot 2y=1-\dfrac{y}{\sqrt{x^2+y^2}}$.

所以 $f'_x(3,4)=1-\dfrac{3}{\sqrt{3^2+4^2}}=1-\dfrac{3}{5}=\dfrac{2}{5}$,$f'_y(3,4)=1-\dfrac{4}{\sqrt{3^2+4^2}}=1-\dfrac{4}{5}=\dfrac{1}{5}$.

方法总结

多元函数求偏导问题实质仍是一元函数的求导问题,故一元函数的求导公式、法则均可直接应用. 求偏导时,关键是要分清对哪个变量求导,把哪些变量暂时当作常量. 另外,一元函数的求导公式应熟练掌握.

【例3】 求下列函数的偏导数:

(1) $z=\ln\sin(x-2y)$; (2) $z=\dfrac{xe^y}{y^2}$; (3) $u=\left(\dfrac{x}{y}\right)^z$.

解 (1) $z'_x=\dfrac{1}{\sin(x-2y)}\cdot\cos(x-2y)=\cot(x-2y)$,

$z'_y=\dfrac{1}{\sin(x-2y)}\cdot\cos(x-2y)\cdot(-2)=-2\cot(x-2y)$;

(2) $z'_x=\dfrac{e^y}{y^2}$, $z'_y=x\cdot\dfrac{e^y\cdot y^2-e^y\cdot 2y}{y^4}=\dfrac{xe^y(y-2)}{y^3}$;

(3) $\dfrac{\partial u}{\partial x}=z\left(\dfrac{x}{y}\right)^{z-1}\cdot\dfrac{1}{y}=\dfrac{zx^{z-1}}{y^z}$,$\dfrac{\partial u}{\partial y}=z\left(\dfrac{x}{y}\right)^{z-1}\left(-\dfrac{x}{y^2}\right)=-\dfrac{zx^z}{y^{z+1}}$,$\dfrac{\partial u}{\partial z}=\left(\dfrac{x}{y}\right)^z\ln\dfrac{x}{y}$.

【例4】 设 $z=(xy+1)^x$,则 $\dfrac{\partial z}{\partial x}=$_____.

解 两边取对数,有 $\ln z=x\ln(xy+1)$,将上式两边对 x 求偏导数,得 $\dfrac{1}{z}\cdot\dfrac{\partial z}{\partial x}=\ln(xy+1)+x\dfrac{y}{xy+1}$,所以 $\dfrac{\partial z}{\partial x}=(xy+1)^x\left[\ln(xy+1)+\dfrac{xy}{xy+1}\right]$.

【例5】 设 $f(x,y)=e^{\arctan\frac{y}{x}}\cdot\ln(x^2+y^2)$,求 $f'_x(1,0)$

解 如果先求偏导数函数 $f'_x(x,y)$，运算较为繁琐. 由偏导数定义，可以先将 y 固定在 $y=0$，则有 $f(x,0)=2\ln|x|$. 从而 $f'_x(x,0)=\dfrac{2}{x}$，则 $f'_x(1,0)=2$.

【例 6】 设 $f(x,y)=\sqrt[3]{x^5-y^3}$，求 $f'_x(0,0)$.

分析 由于 $f'_x(x,y)=\dfrac{1}{3}(x^5-y^3)^{-\frac{2}{3}}\cdot 5x^4=\dfrac{5x^4}{3\sqrt[3]{(x^5-y^3)^2}}$，显然上式在 $(0,0)$ 处没有意义，故应按偏导数定义去求 $f'_x(0,0)$.

解 $f'_x(0,0)=\lim\limits_{\Delta x\to 0}\dfrac{f(0+\Delta x,0)-f(0,0)}{\Delta x}=\lim\limits_{\Delta x\to 0}\dfrac{\sqrt[3]{(\Delta x)^5}}{\Delta x}=0.$

🔵 方法总结

当用公式求出的偏导数在所给点处无意义而恰好又要求所给点处的偏导数时，应使用定义计算.

【例 7】 设 $f(x,y)=\begin{cases}\dfrac{xy}{\sqrt{x^2+y^2}}, & (x,y)\neq(0,0)\\ 0, & (x,y)=(0,0)\end{cases}$，求偏导数 $f'_x(x,y), f'_y(x,y)$.

解 当 $(x,y)\neq(0,0)$ 时，由商的求导法则得：

$$f'_x(x,y)=\dfrac{y\sqrt{x^2+y^2}-xy\cdot\dfrac{1}{2}(x^2+y^2)^{-\frac{1}{2}}\cdot 2x}{x^2+y^2}=\dfrac{y^3}{(x^2+y^2)^{\frac{3}{2}}},$$

$$f'_y(x,y)=\dfrac{x\sqrt{x^2+y^2}-xy\cdot\dfrac{1}{2}(x^2+y^2)^{-\frac{1}{2}}\cdot 2y}{x^2+y^2}=\dfrac{x^3}{(x^2+y^2)^{\frac{3}{2}}}.$$

当 $(x,y)=(0,0)$ 时，由定义求导得：

$$f'_x(0,0)=\lim\limits_{\Delta x\to 0}\dfrac{f(0+\Delta x,0)-f(0,0)}{\Delta x}=\lim\limits_{\Delta x\to 0}\dfrac{0-0}{\Delta x}=0,$$

$$f'_y(0,0)=\lim\limits_{\Delta y\to 0}\dfrac{f(0,0+\Delta y)-f(0,0)}{\Delta y}=\lim\limits_{\Delta y\to 0}\dfrac{0-0}{\Delta y}=0$$

故 $f'_x(x,y)=\begin{cases}\dfrac{y^3}{(x^2+y^2)^{\frac{3}{2}}}, & (x,y)\neq(0,0)\\ 0, & (x,y)=(0,0)\end{cases},$

$f'_y(x,y)=\begin{cases}\dfrac{x^3}{(x^2+y^2)^{\frac{3}{2}}}, & (x,y)\neq(0,0)\\ 0, & (x,y)=(0,0)\end{cases}.$

🔵 方法总结

在分段函数的分段点上要用定义求偏导.

【例 8】 二元函数 $f(x,y)=\begin{cases}\dfrac{xy}{x^2+y^2}, & (x,y)\neq(0,0)\\ 0, & (x,y)=(0,0)\end{cases}$ 在点 $(0,0)$ 处_____.（考研题）

(A) 连续，偏导数存在　　　　　　(B) 连续，偏导数不存在

(C) 不连续，偏导数存在 　　　　(D) 不连续，偏导数不存在

解 由 $\lim\limits_{(x,y)\to(0,0)}\dfrac{xy}{x^2+y^2}$ 不存在知，$f(x,y)$ 在 $(0,0)$ 处不连续．

$$f'_x(0,0)=\lim_{\Delta x\to 0}\frac{f(0+\Delta x,0)-f(0,0)}{\Delta x}=\lim_{\Delta x\to 0}0=0,$$

$$f'_y(0,0)=\lim_{\Delta y\to 0}\frac{f(0,0+\Delta y)-f(0,0)}{\Delta y}=\lim_{\Delta y\to 0}0=0,$$

因此 $f(x,y)$ 在 $(0,0)$ 处偏导数存在．故应选 (C)．

方法总结

对于一元函数来说可导一定连续，但对于多元函数来说偏导数存在不一定连续．

【例 9】 二元函数 $f(x,y)$ 在点 (x_0,y_0) 处两个偏导数 $f'_x(x_0,y_0)$，$f'_y(x_0,y_0)$ 存在是 $f(x,y)$ 在该点连续的_____．

(A) 充分条件而非必要条件　　(B) 必要条件而非充分条件
(C) 充分必要条件　　　　　　(D) 既非充分条件又非必要条件

解 由于对于多元函数，连续与偏导数的存在之间没有必然联系，故应选 (D)．

【例 10】 求曲线 $\begin{cases} z=\sqrt{1+x^2+y^2} \\ x=1 \end{cases}$ 在点 $(1,1,\sqrt{3})$ 处的切线与 y 轴的倾角．

解 设所求倾角为 β，由偏导数的几何意义可知，

$$\tan\beta=\frac{\partial z}{\partial y}\bigg|_{(1,1,\sqrt{3})}=\frac{1}{2}(1+x^2+y^2)^{-\frac{1}{2}}\cdot 2y\bigg|_{(1,1,\sqrt{3})}=\frac{y}{\sqrt{1+x^2+y^2}}\bigg|_{(1,1,\sqrt{3})}=\frac{1}{\sqrt{3}},$$

所以 $\beta=\dfrac{\pi}{6}$．

方法总结

求解此类问题的关键是理解偏导数的几何意义．$f'_x(x_0,y_0)$ 为曲面 $z=f(x,y)$ 与平面 $y=y_0$ 的交线在 $P_0(x_0,y_0)$ 处的切线关于 x 轴的斜率；$f'_y(x_0,y_0)$ 为曲面 $z=f(x,y)$ 与平面 $x=x_0$ 的交线在 $P_0(x_0,y_0)$ 处的切线关于 y 轴的斜率．

【例 11】 已知 $f(x,y)=x^2\arctan\dfrac{y}{x}-y^2\arctan\dfrac{x}{y}$，求 $\dfrac{\partial^2 f}{\partial x\partial y}$．

解 $\dfrac{\partial f}{\partial x}=2x\arctan\dfrac{y}{x}+\dfrac{x^2}{1+(\frac{y}{x})^2}\cdot\left(-\dfrac{y}{x^2}\right)-\dfrac{y^2}{1+(\frac{x}{y})^2}\cdot\dfrac{1}{y}=2x\arctan\dfrac{y}{x}-\dfrac{x^2 y}{x^2+y^2}-\dfrac{y^3}{x^2+y^2},$

$\dfrac{\partial^2 f}{\partial x\partial y}=\dfrac{2x}{1+(\frac{y}{x})^2}\cdot\dfrac{1}{x}-\dfrac{x^2(x^2+y^2)-x^2 y\cdot 2y}{(x^2+y^2)^2}-\dfrac{3y^2(x^2+y^2)-y^3\cdot 2y}{(x^2+y^2)^2}=\dfrac{x^2-y^2}{x^2+y^2}.$

【例 12】 设 $u=\mathrm{e}^{-x}\sin\dfrac{x}{y}$，则 $\dfrac{\partial^2 u}{\partial x\partial y}$ 在点 $\left(2,\dfrac{1}{\pi}\right)$ 处的值为_____．

解 $\dfrac{\partial u}{\partial x}=-\mathrm{e}^{-x}\sin\dfrac{x}{y}+\dfrac{1}{y}\mathrm{e}^{-x}\cos\dfrac{x}{y},$

$\dfrac{\partial^2 u}{\partial x\partial y}=-\mathrm{e}^{-x}\cos\dfrac{x}{y}\cdot\left(-\dfrac{x}{y^2}\right)+\left(-\dfrac{1}{y^2}\right)\mathrm{e}^{-x}\cos\dfrac{x}{y}+\dfrac{1}{y}\mathrm{e}^{-x}\left(-\sin\dfrac{x}{y}\right)\cdot\left(-\dfrac{x}{y^2}\right)$

$$=\mathrm{e}^{-x}\left[\left(\frac{x}{y^2}-\frac{1}{y^2}\right)\cos\frac{x}{y}+\frac{x}{y^3}\sin\frac{x}{y}\right]$$

$$\left.\frac{\partial^2 u}{\partial x \partial y}\right|_{(2,\frac{1}{\pi})}=\left(\frac{\pi}{\mathrm{e}}\right)^2.$$

【例 13】 设 $f(x,y)=\int_0^{xy}\mathrm{e}^{-t^2}\,\mathrm{d}t$，求 $\frac{x}{y}\cdot\frac{\partial^2 f}{\partial x^2}-2\frac{\partial^2 f}{\partial x \partial y}+\frac{y}{x}\cdot\frac{\partial^2 f}{\partial y^2}$.

解 $\frac{\partial f}{\partial x}=y\mathrm{e}^{-x^2y^2}$， $\frac{\partial f}{\partial y}=x\mathrm{e}^{-x^2y^2}$；$\frac{\partial^2 f}{\partial x^2}=-2xy^3\mathrm{e}^{-x^2y^2}$，$\frac{\partial^2 f}{\partial y^2}=-2x^3y\mathrm{e}^{-x^2y^2}$，$\frac{\partial^2 f}{\partial x\partial y}=(1-2x^2y^2)\mathrm{e}^{-x^2y^2}$；于是 $\frac{x}{y}\cdot\frac{\partial^2 f}{\partial x^2}-2\frac{\partial^2 f}{\partial x\partial y}+\frac{y}{x}\cdot\frac{\partial^2 f}{\partial y^2}=-2\mathrm{e}^{-x^2y^2}$.

方法总结

本题为基本题型，考查了复合函数求导法则及变上限函数的求导公式.

【例 14】 设 $f(x,y)=\begin{cases} xy\cdot\dfrac{x^2-y^2}{x^2+y^2}, & (x,y)\neq(0,0) \\ 0, & (x,y)=(0,0) \end{cases}$，证明 $f''_{xy}(0,0)\neq f''_{yx}(0,0)$.

分析 要求 $f''_{xy}(0,0)$，由其定义 $f''_{xy}(0,0)=\lim\limits_{\Delta y\to 0}\dfrac{f'_x(0,0+\Delta y)-f'_x(0,0)}{\Delta y}$ 知，应先求出 $f'_x(x,y)$（$(x,y)\neq(0,0)$）及 $f'_x(0,0)$. 而当 $(x,y)\neq(0,0)$ 时，$f'_x(x,y)$ 用一元函数的求导公式，将 y 看作常数对 x 求导即可求出. $f'_x(0,0)$ 则需按照偏导数定义去求，同理可求出 $f''_{yx}(0,0)$.

证 当 $(x,y)\neq(0,0)$ 时

$$f'_x(x,y)=y\cdot\frac{x^2-y^2}{x^2+y^2}+xy\cdot\frac{2x(x^2+y^2)-2x(x^2-y^2)}{(x^2+y^2)^2}=\frac{y(x^4-y^4+4x^2y^2)}{(x^2+y^2)^2}$$

$$f'_y(x,y)=\frac{x(x^4-y^4-4x^2y^2)}{(x^2+y^2)^2}.$$

当 $(x,y)=(0,0)$ 时，由定义得

$$f'_x(0,0)=\lim_{\Delta x\to 0}\frac{f(0+\Delta x,0)-f(0,0)}{\Delta x}=\lim_{\Delta x\to 0}\frac{0-0}{\Delta x}=0,$$

$$f'_y(0,0)=\lim_{\Delta y\to 0}\frac{f(0,0+\Delta y)-f(0,0)}{\Delta y}=\lim_{\Delta y\to 0}\frac{0-0}{\Delta y}=0.$$

所以 $f''_{xy}(0,0)=\lim\limits_{\Delta y\to 0}\dfrac{f'_x(0,0+\Delta y)-f'_x(0,0)}{\Delta y}=\lim\limits_{\Delta y\to 0}\dfrac{\frac{\Delta y(-\Delta y)^4}{(\Delta y)^4}-0}{\Delta y}=-1$,

$$f''_{yx}(0,0)=\lim_{\Delta x\to 0}\frac{f'_y(0+\Delta x,0)-f'_y(0,0)}{\Delta x}=\lim_{\Delta x\to 0}\frac{\frac{\Delta x\cdot(\Delta x)^4}{(\Delta x)^4}-0}{\Delta x}=1.$$

显然，$f''_{xy}(0,0)\neq f''_{yx}(0,0)$.

习题 9-2 解答

1. **解**：(1) $\dfrac{\partial z}{\partial x}=3x^2y-y^3$， $\dfrac{\partial z}{\partial y}=x^3-3y^2x$.

(2) $\because s = \dfrac{u}{v} + \dfrac{v}{u}$ $\therefore \dfrac{\partial s}{\partial u} = \dfrac{1}{v} - \dfrac{v}{u^2}$ $\dfrac{\partial s}{\partial v} = -\dfrac{u}{v^2} + \dfrac{1}{u}$.

(3) $z = [\ln(xy)]^{\frac{1}{2}}$ $\therefore \dfrac{\partial z}{\partial x} = \dfrac{1}{2}[\ln(xy)]^{-\frac{1}{2}} \cdot \dfrac{1}{xy} \cdot y = \dfrac{1}{2x\sqrt{\ln(xy)}}$.

$\dfrac{\partial z}{\partial y} = \dfrac{1}{2}[\ln(xy)]^{-\frac{1}{2}} \cdot \dfrac{1}{xy} \cdot x = \dfrac{1}{2y\sqrt{\ln(xy)}}$.

(4) $\dfrac{\partial z}{\partial x} = \cos(xy) \cdot y + 2\cos(xy)[-\sin(xy)] \cdot y = y[\cos(xy) - \sin(2xy)]$

$\dfrac{\partial z}{\partial y} = \cos(xy) \cdot x + 2\cos(xy)[-\sin(xy)] \cdot x = x[\cos(xy) - \sin(2xy)]$.

(5) $\dfrac{\partial z}{\partial x} = \dfrac{1}{\tan\frac{x}{y}} \cdot \sec^2\dfrac{x}{y} \cdot \dfrac{1}{y} = \dfrac{2}{y}\csc\dfrac{2x}{y}$ $\dfrac{\partial z}{\partial y} = \dfrac{1}{\tan\frac{x}{y}} \cdot \sec^2\dfrac{x}{y} \cdot \left(-\dfrac{x}{y^2}\right) = -\dfrac{2x}{y^2}\csc\dfrac{2x}{y}$.

(6) $\dfrac{\partial z}{\partial x} = y(1+xy)^{y-1} \cdot y = y^2(1+xy)^{y-1}$

$\dfrac{\partial z}{\partial y} = \dfrac{\partial}{\partial y}[e^{y\ln(1+xy)}] = e^{y\ln(1+xy)}\left[\ln(1+xy) + y \cdot \dfrac{1}{1+xy} \cdot x\right] = (1+xy)^y\left[\ln(1+xy) + \dfrac{xy}{1+xy}\right]$

(7) $\dfrac{\partial u}{\partial x} = \dfrac{y}{z} \cdot x^{\frac{y}{z}-1}$, $\dfrac{\partial u}{\partial y} = x^{\frac{y}{z}}\ln x \cdot \dfrac{1}{z} = \dfrac{\ln x}{z} \cdot x^{\frac{y}{z}}$ $\dfrac{\partial u}{\partial z} = x^{\frac{y}{z}} \cdot \ln x \cdot \left(-\dfrac{y}{z^2}\right) = -\dfrac{y}{z^2}\ln x \cdot x^{\frac{y}{z}}$

(8) $\dfrac{\partial u}{\partial x} = \dfrac{1}{1+(x-y)^{2z}} \cdot z(x-y)^{z-1} = \dfrac{z(x-y)^{z-1}}{1+(x-y)^{2z}}$

$\dfrac{\partial u}{\partial y} = \dfrac{1}{1+(x-y)^{2z}} \cdot z(x-y)^{z-1} \cdot (-1) = \dfrac{-z(x-y)^{z-1}}{1+(x-y)^{2z}}$

$\dfrac{\partial u}{\partial z} = \dfrac{1}{1+(x-y)^{2z}} \cdot (x-y)^z \cdot \ln(x-y) = \dfrac{(x-y)^z\ln(x-y)}{1+(x-y)^{2z}}$.

2. 证：$\because \dfrac{\partial T}{\partial l} = \dfrac{2\pi}{\sqrt{g}} \cdot \dfrac{1}{2\sqrt{l}} = \dfrac{\pi}{\sqrt{gl}}$, $\dfrac{\partial T}{\partial g} = 2\pi\sqrt{l}\left(-\dfrac{1}{2}g^{-\frac{3}{2}}\right) = -\dfrac{\pi\sqrt{l}}{g\sqrt{g}}$

$\therefore l\dfrac{\partial T}{\partial l} + g\dfrac{\partial T}{\partial g} = \dfrac{l\pi}{\sqrt{gl}} - \dfrac{\pi\sqrt{l}}{\sqrt{g}} = 0$.

3. 证：$\because \dfrac{\partial z}{\partial x} = e^{-\left(\frac{1}{x}+\frac{1}{y}\right)} \cdot \dfrac{1}{x^2}, \dfrac{\partial z}{\partial y} = e^{-\left(\frac{1}{x}+\frac{1}{y}\right)} \cdot \dfrac{1}{y^2}, \therefore x^2\dfrac{\partial z}{\partial x} + y^2\dfrac{\partial z}{\partial y} = e^{-\left(\frac{1}{x}+\frac{1}{y}\right)} + e^{-\left(\frac{1}{x}+\frac{1}{y}\right)} = 2z$.

4. 解：$\because f(x,1) = x$ $\therefore f_x(x,1) = 1$

5. 解：$\because z_x = \dfrac{x}{2}$ $\therefore z_x\Big|_{(2,4)} = \dfrac{2}{2} = 1$ $\therefore \tan\alpha = 1$

$\therefore \alpha = \dfrac{\pi}{4}$.

6. 解：(1) $\dfrac{\partial z}{\partial x} = 4x^3 - 8xy^2$, $\dfrac{\partial z}{\partial y} = 4y^3 - 8x^2y$, $\dfrac{\partial^2 z}{\partial x^2} = 12x^2 - 8y^2$,

$\dfrac{\partial^2 z}{\partial y^2} = 12y^2 - 8x^2$, $\dfrac{\partial^2 z}{\partial x\partial y} = \dfrac{\partial(4x^3 - 8xy^2)}{\partial y} = -16xy$.

(2) $\dfrac{\partial z}{\partial x} = \dfrac{1}{1+\left(\frac{y}{x}\right)^2} \cdot \left(-\dfrac{y}{x^2}\right) = -\dfrac{y}{x^2+y^2}$, $\dfrac{\partial z}{\partial y} = \dfrac{1}{1+\left(\frac{y}{x}\right)^2} \cdot \dfrac{1}{x} = \dfrac{x}{x^2+y^2}$

43

$$\frac{\partial^2 z}{\partial x^2} = -\frac{0-y\cdot 2x}{(x^2+y^2)^2} = \frac{2xy}{(x^2+y^2)^2}, \quad \frac{\partial^2 z}{\partial y^2} = \frac{0-x\cdot 2y}{(x^2+y^2)^2} = -\frac{2xy}{(x^2+y^2)^2},$$

$$\frac{\partial^2 z}{\partial x \partial y} = \frac{\partial}{\partial y}\left(\frac{-y}{x^2+y^2}\right) = -\frac{1\cdot(x^2+y^2)-y\cdot 2y}{(x^2+y^2)^2} = \frac{y^2-x^2}{(x^2+y^2)^2}.$$

(3) $\frac{\partial z}{\partial x} = y^x \cdot \ln y, \frac{\partial z}{\partial y} = xy^{x-1}, \frac{\partial^2 z}{\partial x^2} = y^x(\ln y)^2, \frac{\partial^2 z}{\partial y^2} = x\cdot(x-1)\cdot y^{x-2}, \frac{\partial^2 z}{\partial x \partial y} = \frac{\partial}{\partial y}(y^x \cdot \ln y)$

$= xy^{x-1} \cdot \ln y + y^x \cdot \frac{1}{y} = y^{x-1}(x\ln y + 1).$

7. **解**: $\because f_x(x,y,z) = y^2 + 2xz, f_{xx}(x,y,z) = 2z, f_{xz}(x,y,z) = 2x,$

$\therefore f_{xx}(0,0,1) = 2, f_{xz}(1,0,2) = 2.$

$\because f_y(x,y,z) = 2xy + z^2, f_{yz}(x,y,z) = 2z, \therefore f_{yz}(0,-1,0) = 0.$

$\because f_z(x,y,z) = 2yz + x^2, f_{zz}(x,y,z) = 2y, f_{zzx}(x,y,z) = 0, \therefore f_{zzx}(2,0,1) = 0.$

8. **解**: $\frac{\partial z}{\partial x} = \ln(xy) + x\cdot\frac{1}{xy}\cdot y = \ln(xy) + 1, \frac{\partial^2 z}{\partial x^2} = \frac{1}{xy}\cdot y = \frac{1}{x}, \frac{\partial^3 z}{\partial x^2 \partial y} = \frac{\partial}{\partial y}\left(\frac{1}{x}\right) = 0, \frac{\partial^2 z}{\partial x \partial y} = \frac{1}{xy}$

$\cdot x = \frac{1}{y}, \frac{\partial^3 z}{\partial x \partial y^2} = \frac{\partial}{\partial y}\left(\frac{1}{y}\right) = -\frac{1}{y^2}.$

9. **证**: (1) $\frac{\partial y}{\partial t} = e^{-kn^2 t}(-kn^2)\sin nx = -kn^2 e^{-kn^2 t}\sin nx, \quad \frac{\partial y}{\partial x} = e^{-kn^2 t}(\cos nx)\cdot n = ne^{-kn^2 t}\cos nx,$

$\frac{\partial^2 y}{\partial x^2} = ne^{-kn^2 t}(-\sin nx)\cdot n = -n^2 e^{-kn^2 t}\sin nx, \quad \therefore \frac{\partial y}{\partial t} = k\frac{\partial^2 y}{\partial x^2}.$

(2) $\frac{\partial r}{\partial x} = \frac{1}{2\sqrt{x^2+y^2+z^2}}\cdot 2x = \frac{x}{r}.$ 由对称性知, $\frac{\partial r}{\partial y} = \frac{y}{r}, \frac{\partial r}{\partial z} = \frac{z}{r}, \frac{\partial^2 r}{\partial x^2} = \frac{r-x\frac{\partial r}{\partial x}}{r^2} =$

$\frac{r - x\cdot\frac{x}{r}}{r^2} = \frac{r^2 - x^2}{r^3},$ 同理 $\frac{\partial^2 r}{\partial y^2} = \frac{r^2-y^2}{r^3}, \frac{\partial^2 r}{\partial z^2} = \frac{r^2-z^2}{r^3},$ 则 $\frac{\partial^2 r}{\partial x^2} + \frac{\partial^2 r}{\partial y^2} + \frac{\partial^2 r}{\partial z^2} =$

$\frac{3r^2 - (x^2+y^2+z^2)}{r^3} = \frac{2r^2}{r^3} = \frac{2}{r}.$

第三节 全 微 分

一、主要内容归纳

1. 全微分的定义

(1) 设 $P_0(x_0, y_0)$ 为 f 定义域 D 的一个内点, 如果函数 $z = f(x,y)$ 在点 $P_0(x_0, y_0)$ 处的全增量 Δz 可表示为 $\Delta z = f(x_0+\Delta x, y_0+\Delta y) - f(x_0, y_0) = A\cdot\Delta x + B\cdot\Delta y + o(\rho)$ ($\rho = \sqrt{(\Delta x)^2 + (\Delta y)^2}$), 其中 A, B 是与 $\Delta x, \Delta y$ 无关的常数. 则称函数 $z = f(x,y)$ 在点 $P_0(x_0, y_0)$ 处可微, 并称函数 $z = f(x,y)$ 的全增量 Δz 的线性主部 $A\cdot\Delta x + B\cdot\Delta y$ 为函数 $z = f(x,y)$ 在点 $P_0(x_0, y_0)$ 处的全微分, 记作 $dz = A\cdot\Delta x + B\cdot\Delta y = Adx + Bdy$ ($dx = \Delta x, dy = \Delta y$).

当函数 $z = f(x,y)$ 在点 $P_0(x_0, y_0)$ 处可微时有 $dz = f'_x(x_0, y_0)dx + f'_y(x_0, y_0)dy.$

(2)如果函数 $z=f(x,y)$ 在区域 D 内各点处都可微分,则称 $z=f(x,y)$ 在 D 内可微分,且
$$dz=f_x(x,y)dx+f_y(x,y)dy.$$

2. 可微的条件

(1)必要条件

①若函数 $z=f(x,y)$ 在点 (x,y) 可微分,则该函数在点 (x,y) 的偏导数 $\dfrac{\partial z}{\partial x},\dfrac{\partial z}{\partial y}$ 存在.

②若函数 $z=f(x,y)$ 在点 (x,y) 可微分,则该函数在点 (x,y) 连续.

(2)充分条件

若 $z=f(x,y)$ 在点 (x,y) 的一阶偏导数连续,则函数 $z=f(x,y)$ 在 (x,y) 处可微分.

(3)充要条件

若 $z=f(x,y)$ 在 (x,y) 对 x,y 的偏导数 $f_x(x,y),f_y(x,y)$ 都存在,则函数 $z=f(x,y)$ 在 (x,y) 处可微 $\Leftrightarrow \lim\limits_{\substack{\Delta x\to 0\\ \Delta y\to 0}}\dfrac{f(x+\Delta x,y+\Delta y)-f(x,y)-f_x(x,y)\Delta x-f_y(x,y)\Delta y}{\sqrt{(\Delta x)^2+(\Delta y)^2}}=0.$

*3. 全微分在近似计算中的应用

若函数 $z=f(x,y)$ 在点 (x,y) 的两个偏导数 $f_x(x,y),f_y(x,y)$ 连续,并且 $|\Delta x|,|\Delta y|$ 较小时,有 $\Delta z\approx dz=f_x(x,y)\Delta x+f_y(x,y)\Delta y.$

即 $f(x+\Delta x,y+\Delta y)\approx f(x,y)+f_x(x,y)\Delta x+f_y(x,y)\Delta y.$

二、经典例题解析及解题方法总结

【例1】 设二元函数 $z=xe^{x+y}+(x+1)\ln(1+y)$,则 $dz\Big|_{(1,0)}=$ _____.

解 $\dfrac{\partial z}{\partial x}=e^{x+y}+xe^{x+y}+\ln(1+y)$, $\dfrac{\partial z}{\partial y}=xe^{x+y}+\dfrac{x+1}{1+y}$,于是 $dz\Big|_{(1,0)}=2edx+(e+2)dy.$

【例2】 设 $z=(x^2+y^2)e^{-\arctan\frac{y}{x}}$,求 $dz.$(考研题)

解 $\dfrac{\partial z}{\partial x}=2xe^{-\arctan\frac{y}{x}}-(x^2+y^2)e^{-\arctan\frac{y}{x}}\cdot\dfrac{1}{1+\left(\dfrac{y}{x}\right)^2}\left(-\dfrac{y}{x^2}\right)$

$=(2x+y)e^{-\arctan\frac{y}{x}},$

$\dfrac{\partial z}{\partial y}=2ye^{-\arctan\frac{y}{x}}-(x^2+y^2)e^{-\arctan\frac{y}{x}}\cdot\dfrac{1}{1+\left(\dfrac{y}{x}\right)^2}\left(\dfrac{1}{x}\right)=(2y-x)e^{-\arctan\frac{y}{x}}.$

所以 $dz=e^{-\arctan\frac{y}{x}}[(2x+y)dx+(2y-x)dy].$

【例3】 设函数 $f(u)$ 可微,且 $f'(0)=\dfrac{1}{2}$,则 $z=f(4x^2-y^2)$ 在点 $(1,2)$ 处的全微分 $dz\Big|_{(1,2)}$ = _____.(考研题)

解 因为 $\dfrac{\partial z}{\partial x}=f'(4x^2-y^2)\cdot 8x$, $\dfrac{\partial z}{\partial y}=f'(4x^2-y^2)\cdot(-2y),$

所以 $dz\Big|_{(1,2)}=\dfrac{\partial z}{\partial x}\Big|_{(1,2)}dx+\dfrac{\partial z}{\partial y}\Big|_{(1,2)}dy=f'(0)\cdot 8dx+f'(0)\cdot(-4)dy=4dx-2dy.$

【例4】 设 $z=f(x,y)$ 是由方程 $z-y-x+xe^{z-y-x}=0$ 所确定的二元函数,求 $dz.$

解 把方程两端微分,得 $dz-dy-dx+e^{z-y-x}dx+xe^{z-y-x}(dz-dy-dx)=0.$

整理得 $(1+xe^{z-y-x})dz=(1+xe^{z-y-x}-e^{z-y-x})dx+(1+xe^{z-y-x})dy,$

由此得 $dz = \dfrac{1+(x-1)e^{z-y-x}}{1+xe^{z-y-x}}dx + dy$.

【例 5】 考虑二元函数 $f(x,y)$ 的下面 4 条性质：
① $f(x,y)$ 在点 (x_0, y_0) 处连续，　　② $f(x,y)$ 在点 (x_0, y_0) 处的两个偏导数连续，
③ $f(x,y)$ 在点 (x_0, y_0) 处可微，　　④ $f(x,y)$ 在点 (x_0, y_0) 处的两个偏导数存在，
若用"$P \Rightarrow Q$"表示可由性质 P 推出性质 Q，则有_____．
(A) ②⇒③⇒①　　(B) ③⇒②⇒①　　(C) ③⇒④⇒①　　(D) ③⇒①⇒④

解 根据二元函数的连续、偏导数存在及可微之间的关系知选项(A)正确．故应选(A)．

● 方法总结

本题考查如下关系：

$$\text{偏导数连续} \rightarrow \text{可微} \begin{cases} \rightarrow \text{连续} \\ \rightarrow \text{偏导数存在} \end{cases}$$

【例 6】 设 $f(x,y) = \begin{cases} \dfrac{xy}{\sqrt{x^2+y^2}}, & x^2+y^2 \neq 0 \\ 0, & x^2+y^2 = 0 \end{cases}$，讨论 $f(x,y)$ 在 $(0,0)$ 处是否可微．

解 在点 $(0,0)$ 处有

$$f'_x(0,0) = \lim_{\Delta x \to 0} \frac{f(0+\Delta x, 0) - f(0,0)}{\Delta x} = \lim_{\Delta x \to 0} \frac{\frac{\Delta x \cdot 0}{\sqrt{(\Delta x)^2 + 0^2}} - 0}{\Delta x} = 0,$$

$$f'_y(0,0) = \lim_{\Delta y \to 0} \frac{f(0, 0+\Delta y) - f(0,0)}{\Delta y} = \lim_{\Delta y \to 0} \frac{\frac{0 \cdot \Delta y}{\sqrt{0^2 + (\Delta y)^2}} - 0}{\Delta y} = 0,$$

而 $\Delta z - [f'_x(0,0) \cdot \Delta x + f'_y(0,0) \cdot \Delta y] = \dfrac{\Delta x \cdot \Delta y}{\sqrt{(\Delta x)^2 + (\Delta y)^2}}$，如果考虑点 $P'(\Delta x, \Delta y)$ 沿着

直线 $y = x$ 趋近于 $(0,0)$，则 $\dfrac{\frac{\Delta x \cdot \Delta y}{\sqrt{(\Delta x)^2 + (\Delta y)^2}}}{\rho} = \dfrac{\Delta x \cdot \Delta x}{(\Delta x)^2 + (\Delta x)^2} = \dfrac{1}{2}$，说明它不能随 $\rho \to 0$ 而趋

于 0，故函数在点 $(0,0)$ 处不可微．

【例 7】 讨论函数 $z = f(x,y) = \begin{cases} (x^2+y^2)\sin\dfrac{1}{\sqrt{x^2+y^2}}, & x^2+y^2 \neq 0 \\ 0, & x^2+y^2 = 0 \end{cases}$ 在坐标原点处

(1) 是否连续；　(2) 偏导数是否存在；　(3) 是否可微；　(4) 偏导数是否连续．

解 (1) 当 $(x,y) \neq (0,0)$ 时，$|f(x,y)| \leq x^2+y^2$，故 $\lim\limits_{\substack{x \to 0 \\ y \to 0}} f(x,y) = 0$，所以函数在原点连续．

(2) 在 $(0,0)$ 点，$\dfrac{f(x,0) - f(0,0)}{x} = \dfrac{x^2 \sin\dfrac{1}{\sqrt{x^2}}}{x}$，所以 $\lim\limits_{x \to 0} \dfrac{f(x,0) - f(0,0)}{x} = \lim\limits_{x \to 0} x \cdot \sin\dfrac{1}{\sqrt{x^2}} = 0$

即偏导数 $f_x(0,0)$ 存在，且 $f_x(0,0) = 0$．同理 $f_y(0,0)$ 也存在，其值为零．

(3) 由(2)知，$f_x(0,0) = f_y(0,0) = 0$，

故　　$\Delta z - [f_x(0,0) \cdot \Delta x + f_y(0,0) \cdot \Delta y] = f(\Delta x, \Delta y) - f(0,0) - [0 \cdot \Delta x + 0 \cdot \Delta y]$

$$=[(\Delta x)^2+(\Delta y)^2]\sin\frac{1}{\sqrt{(\Delta x)^2+(\Delta y)^2}}$$

因为 $\lim\limits_{\rho\to 0^+}\dfrac{\Delta z-[f_x(0,0)\cdot\Delta x+f_y(0,0)\cdot\Delta y]}{\rho}=\lim\limits_{\rho\to 0^+}\rho\sin\dfrac{1}{\rho}=0$

故函数 $f(x,y)$ 在 $(0,0)$ 点可微,且 $dz=0\cdot dx+0\cdot dy=0$.

(4) 当 $(x,y)\neq(0,0)$ 时 $\dfrac{\partial z}{\partial x}=2x\sin\dfrac{1}{\sqrt{x^2+y^2}}-\dfrac{x}{\sqrt{x^2+y^2}}\cos\dfrac{1}{\sqrt{x^2+y^2}}$

$$\frac{\partial z}{\partial y}=2y\sin\frac{1}{\sqrt{x^2+y^2}}-\frac{y}{\sqrt{x^2+y^2}}\cos\frac{1}{\sqrt{x^2+y^2}}$$

由于 $\lim\limits_{\substack{x\to 0\\y\to 0}}2x\sin\dfrac{1}{\sqrt{x^2+y^2}}=0$,$\lim\limits_{\substack{x\to 0\\y=x\to 0}}\dfrac{1}{\sqrt{x^2+y^2}}\cos\dfrac{1}{\sqrt{x^2+y^2}}=\lim\limits_{x\to 0}\dfrac{\mathrm{sgn}\,x}{\sqrt{2}}\cdot\cos\dfrac{1}{\sqrt{2}|x|}$ 不存在,

故偏导数 $\dfrac{\partial z}{\partial x}$ 在原点不连续,同样也可说明 $\dfrac{\partial z}{\partial y}$ 在原点不连续.

习题 9-3 解答

1. **解**:(1) $\dfrac{\partial z}{\partial x}=y+\dfrac{1}{y}$, $\quad\dfrac{\partial z}{\partial y}=x-\dfrac{x}{y^2}$, $\quad dz=\left(y+\dfrac{1}{y}\right)dx+\left(x-\dfrac{x}{y^2}\right)dy$.

   (2) $\dfrac{\partial z}{\partial x}=-\dfrac{y}{x^2}\mathrm{e}^{\frac{y}{x}}$, $\quad\dfrac{\partial z}{\partial y}=\dfrac{1}{x}\mathrm{e}^{\frac{y}{x}}$, $\quad dz=-\dfrac{1}{x}\mathrm{e}^{\frac{y}{x}}\left(\dfrac{y}{x}dx-dy\right)$.

   (3) $\dfrac{\partial z}{\partial x}=y\left(-\dfrac{1}{2}\right)(x^2+y^2)^{-\frac{3}{2}}\cdot 2x=-\dfrac{xy}{(x^2+y^2)^{\frac{3}{2}}}$,

   $\dfrac{\partial z}{\partial y}=\dfrac{y}{\sqrt{x^2+y^2}}+y\left(-\dfrac{1}{2}\right)(x^2+y^2)^{-\frac{3}{2}}\cdot 2y=\dfrac{x^2}{(x^2+y^2)^{\frac{3}{2}}}$,

   $dz=-\dfrac{x}{(x^2+y^2)^{\frac{3}{2}}}(ydx-xdy)$.

   (4) $\dfrac{\partial u}{\partial x}=yzx^{yz-1}$, $\dfrac{\partial u}{\partial y}=z\ln x\cdot x^{yz}$, $\dfrac{\partial u}{\partial z}=y\ln x\cdot x^{yz}$, $dz=x^{yz}\left(\dfrac{yz}{x}dx+z\ln x\,dy+y\ln x\,dz\right)$.

2. **解**: $\dfrac{\partial z}{\partial x}=\dfrac{2x}{1+x^2+y^2}$, $\quad\dfrac{\partial z}{\partial y}=\dfrac{2y}{1+x^2+y^2}$, $\quad\dfrac{\partial z}{\partial x}\Big|_{(1,2)}=\dfrac{1}{3}$, $\quad\dfrac{\partial z}{\partial y}\Big|_{(1,2)}=\dfrac{2}{3}$,

   $\therefore dz\Big|_{(1,2)}=\dfrac{1}{3}dx+\dfrac{2}{3}dy$.

3. **证**: $\Delta z=f(x+\Delta x,y+\Delta y)-f(x,y)=\dfrac{y+\Delta y}{x+\Delta x}-\dfrac{y}{x}$, $\quad dz=-\dfrac{y}{x^2}dx+\dfrac{1}{x}dy=-\dfrac{y}{x^2}\Delta x+\dfrac{1}{x}\Delta y$

   当 $x=2,y=1,\Delta x=0.1,\Delta y=-0.2$ 时,$\Delta z=\dfrac{1+(-0.2)}{2+0.1}-\dfrac{1}{2}\approx -0.119$

   $dz=-\dfrac{1}{2^2}\times 0.1+\dfrac{1}{2}\times(-0.2)=-0.125$.

4. **解**: $\dfrac{\partial z}{\partial x}=y\mathrm{e}^{xy}$, $\quad\dfrac{\partial z}{\partial y}=x\mathrm{e}^{xy}$, $\quad\dfrac{\partial z}{\partial x}\Big|_{(1,1)}=\mathrm{e}$, $\quad\dfrac{\partial z}{\partial y}\Big|_{(1,1)}=\mathrm{e}$

   当 $\Delta x=0.15,\Delta y=0.1$ 时,$dz\Big|_{(1,1)}=\mathrm{e}\Delta x+\mathrm{e}\Delta y=0.25\mathrm{e}$.

5. **解**: 由于二元函数偏导数存在且连续是二元函数可微分的充分条件,二元函数可微分必定可(偏)导,二元函数可微分必定连续,因此选项(A)正确.

   选项(B)中(3)⇍(2),选项(C)中(4)⇍(1),选项(D)中(1)⇍(4).

*6. **解**：令 $z=\sqrt{x^3+y^3}$，$\dfrac{\partial z}{\partial x}=\dfrac{1}{2}(x^3+y^3)^{-\frac{1}{2}}\cdot 3x^2=\dfrac{3x^2}{2\sqrt{x^3+y^3}}$，$\dfrac{\partial z}{\partial y}=\dfrac{3y^2}{2\sqrt{x^3+y^3}}$，

$$\sqrt{(x+\Delta x)^3+(y+\Delta y)^3}\approx\sqrt{x^3+y^3}+\dfrac{\partial z}{\partial x}\Delta x+\dfrac{\partial z}{\partial y}\Delta y$$
$$=\sqrt{x^3+y^3}+\dfrac{3}{2\sqrt{x^3+y^3}}(x^2\Delta x+y^2\Delta y).$$

取 $x=1$，$y=2$，$\Delta x=0.02$，$\Delta y=-0.03$ 得

$$\sqrt{(1.02)^3+(1.97)^3}\approx\sqrt{1^3+2^3}+\dfrac{3}{2\sqrt{1^3+2^3}}[1^2\cdot 0.02+2^2\times(-0.03)]=2.95.$$

*7. **解**：令 $z=x^y$ 则 $(x+\Delta x)^{y+\Delta y}\approx x^y+\dfrac{\partial z}{\partial x}\Delta x+\dfrac{\partial z}{\partial y}\Delta y=x^y+yx^{y-1}\Delta x+x^y\ln x\Delta y$

取 $x=2$，$y=1$，$\Delta x=-0.03$，$\Delta y=0.05$ 得：

$(1.97)^{1.05}\approx 2^1+1\times 2^0\times(-0.03)+2^1\times\ln 2\times 0.05$
$=1.97+0.1\ln 2=1.97+0.1\times 0.693=2.039.$

*8. **解**：对角线 $z=\sqrt{x^2+y^2}$，则 $\Delta z\approx dz=\dfrac{\partial z}{\partial x}\Delta x+\dfrac{\partial z}{\partial y}\Delta y=\dfrac{x}{\sqrt{x^2+y^2}}\Delta x+\dfrac{y}{\sqrt{x^2+y^2}}\Delta y$

取 $x=6$，$y=8$，$\Delta x=0.05$，$\Delta y=-0.1$ 得：$\Delta z\approx\dfrac{1}{\sqrt{6^2+8^2}}[6\times 0.05+8\times(-0.1)]=-0.05$

即这个矩形的对角线大约减少 5cm.

*9. **解**：圆柱体体积为 $V=\pi r^2 h$，$\Delta V\approx dV=\dfrac{\partial v}{\partial r}\Delta r+\dfrac{\partial v}{\partial h}\Delta h=2\pi rh\Delta r+\pi r^2\Delta h$. 取 $r=4$，$h=20$，$\Delta r=0.1$，$\Delta h=0.1$，得 $\Delta V\approx 2\pi\times 4\times 20\times 0.1+\pi\times 4^2\times 0.1=17.6\pi\approx 55.3(cm^3).$

*10. **解**：设 x、y 为两直角边，则斜长为 $z=\sqrt{x^2+y^2}$，$\Delta z\approx dz=\dfrac{\partial z}{\partial x}\Delta x+\dfrac{\partial z}{\partial y}\Delta y=\dfrac{1}{\sqrt{x^2+y^2}}(x\Delta x+y\Delta y)$，则 $|\Delta z|\leqslant\dfrac{1}{\sqrt{x^2+y^2}}(x|\Delta x|+y|\Delta y|)$. 取 $x=7$，$y=24$，$|\Delta x|\leqslant 0.1$，$|\Delta y|\leqslant 0.1$ 得 $|\Delta z|\leqslant\dfrac{1}{\sqrt{7^2+24^2}}|7\times 0.1+24\times 0.1|=0.124(cm).$

*11. **解**：三角形的面积为 $S=\dfrac{1}{2}ab\sin\theta$

$$|\Delta S|\approx|dS|=\left|\dfrac{1}{2}b\sin\theta\Delta a+\dfrac{1}{2}a\sin\theta\Delta b+\dfrac{1}{2}ab\cos\theta\Delta\theta\right|$$
$$\leqslant\dfrac{1}{2}b\sin\theta|\Delta a|+\dfrac{1}{2}a\sin\theta|\Delta b|+\dfrac{1}{2}ab\cos\theta|\Delta\theta|$$

当 $a=63$，$b=78$，$\theta=60°=\dfrac{\pi}{3}$，$|\Delta a|\leqslant 0.1$，$|\Delta b|\leqslant 0.1$，$|\Delta\theta|\leqslant\dfrac{\pi}{180}$ 时，

$|\Delta S|\leqslant\dfrac{1}{2}\times 78\times\sin\dfrac{\pi}{3}\times 0.1+\dfrac{1}{2}\times 63\times\sin\dfrac{\pi}{3}\times 0.1+\dfrac{1}{2}\times 63\times 78\times\cos\dfrac{\pi}{3}\times\dfrac{\pi}{180}\approx 27.55$

又 $\because S=\dfrac{1}{2}ab\sin\theta=\dfrac{1}{2}\times 63\times 78\sin\dfrac{\pi}{2}\approx 2127.82$，$\therefore\left|\dfrac{\Delta S}{S}\right|\leqslant\dfrac{27.55}{2127.82}=1.29\%.$

*12. **证**：设 $z=x+y$，则 $\Delta z\approx dz=\Delta x+\Delta y$ 故 $|\Delta z|\leqslant|\Delta x|+|\Delta y|$.

*13. **证**：设 $u=xy$，$v=\dfrac{x}{y}$，$\Delta u\approx du=y\Delta x+x\Delta y$，$\Delta v\approx dv=\dfrac{1}{y}\Delta x-\dfrac{x}{y^2}\Delta y.$

$$\left|\frac{\Delta u}{u}\right| = \left|\frac{y\Delta x + x\Delta y}{xy}\right| \leqslant \left|\frac{\Delta x}{x}\right| + \left|\frac{\Delta y}{y}\right|, \quad \left|\frac{\Delta v}{v}\right| = \left|\frac{\frac{1}{y}\Delta x - \frac{x}{y^2}\Delta y}{\frac{x}{y}}\right| \leqslant \left|\frac{\Delta x}{x}\right| + \left|\frac{\Delta y}{y}\right|.$$

第四节 多元复合函数的求导法则

一、主要内容归纳

1. 一元函数与多元函数复合的情形

如果函数 $u=\varphi(t)$,$v=\psi(t)$ 都在点 t 可导,函数 $z=f(u,v)$ 在对应点 (u,v) 具有连续偏导数,则复合函数 $z=f[\varphi(t),\psi(t)]$ 在点 t 可导,且 $\dfrac{\mathrm{d}z}{\mathrm{d}t}=\dfrac{\partial f}{\partial u}\dfrac{\mathrm{d}u}{\mathrm{d}t}+\dfrac{\partial f}{\partial v}\dfrac{\mathrm{d}v}{\mathrm{d}t}$(称 $\dfrac{\mathrm{d}z}{\mathrm{d}t}$ 为 z 关于 t 的全导数).

2. 多元函数与多元函数复合的情形

如果函数 $u=\varphi(x,y)$,$v=\psi(x,y)$ 都在点 (x,y) 具有对 x 及对 y 的偏导数,函数 $z=f(u,v)$ 在对应点 (u,v) 具有连续偏导数,则复合函数 $z=f[\varphi(x,y),\psi(x,y)]$ 在点 (x,y) 的两个偏导数存在,且 $\dfrac{\partial z}{\partial x}=\dfrac{\partial f}{\partial u}\dfrac{\partial u}{\partial x}+\dfrac{\partial f}{\partial v}\dfrac{\partial v}{\partial x}$,$\dfrac{\partial z}{\partial y}=\dfrac{\partial f}{\partial u}\dfrac{\partial u}{\partial y}+\dfrac{\partial f}{\partial v}\dfrac{\partial v}{\partial y}$.

3. 其他情形

如果函数 $u=\varphi(x,y)$ 在点 (x,y) 具有对 x 及对 y 的偏导数,函数 $v=\psi(y)$ 在点 y 可导,函数 $z=f(u,v)$ 在对应点 (u,v) 具有连续偏导数,则复合函数 $z=f[\varphi(x,y),\psi(y)]$ 在点 (x,y) 的两个偏导数存在,且 $\dfrac{\partial z}{\partial x}=\dfrac{\partial f}{\partial u}\dfrac{\partial u}{\partial x}$,$\dfrac{\partial z}{\partial y}=\dfrac{\partial f}{\partial u}\dfrac{\partial u}{\partial y}+\dfrac{\partial f}{\partial v}\dfrac{\partial v}{\partial y}$.

4. 多元复合函数求偏导数的注意事项

多元复合函数的构成情况比较复杂,在求偏导数时,要注意以下几点.

(1)首先要弄清复合函数的关系,即首先弄清哪些是自变量,哪些是中间变量.

(2)画出复合函数关系图.

(3)沿着复合函数关系图的路线求出导数或偏导数,且

①等式右端的项数等于因变量到自变量的路线条数;

②等式右端的每一项都是两个因子的乘积,第一个因子是因变量对中间变量的偏导数,第二个因子是该中间变量的自变量的偏导数(或导数).

二、经典例题解析及解题方法总结

【例1】 设 $z=xyf\left(\dfrac{y}{x}\right)$,$f(u)$ 可导,则 $xz_x+yz_y=$ _____.(考研题)

解 $z_x=yf\left(\dfrac{y}{x}\right)+xyf'\left(\dfrac{y}{x}\right)\cdot\left(-\dfrac{y}{x^2}\right)=yf\left(\dfrac{y}{x}\right)-\dfrac{y^2}{x}f'\left(\dfrac{y}{x}\right)$,

$z_y=xf\left(\dfrac{y}{x}\right)+xyf'\left(\dfrac{y}{x}\right)\cdot\dfrac{1}{x}=xf\left(\dfrac{y}{x}\right)+yf'\left(\dfrac{y}{x}\right)$,

则 $xz_x+yz_y=xyf\left(\dfrac{y}{x}\right)-y^2f'\left(\dfrac{y}{x}\right)+xyf\left(\dfrac{y}{x}\right)+y^2f'\left(\dfrac{y}{x}\right)=2xyf\left(\dfrac{y}{x}\right)=2z.$

【例 2】 设 $z=uv+\sin t$，而 $u=e^t, v=\cos t$，求全导数 $\dfrac{dz}{dt}$.

解 $\dfrac{dz}{dt}=\dfrac{\partial z}{\partial u}\cdot\dfrac{du}{dt}+\dfrac{\partial z}{\partial v}\cdot\dfrac{dv}{dt}+\dfrac{\partial z}{\partial t}=v\cdot e^t+u(-\sin t)+\cos t=e^t(\cos t-\sin t)+\cos t.$

【例 3】 设 $z=x^2y-xy^2$，而 $x=u\cos v, y=u\sin v$，求 $\dfrac{\partial z}{\partial u},\dfrac{\partial z}{\partial v}.$

解 $\dfrac{\partial z}{\partial u}=\dfrac{\partial z}{\partial x}\cdot\dfrac{\partial x}{\partial u}+\dfrac{\partial z}{\partial y}\cdot\dfrac{\partial y}{\partial u}=(2xy-y^2)\cos v+(x^2-2xy)\sin v$

$=(2u\cos v\cdot u\sin v-u^2\sin^2 v)\cos v+(u^2\cos^2 v-2u\cos v\cdot u\sin v)\sin v$

$=3u^2\cdot\cos v\cdot\sin v(\cos v-\sin v)$,

$\dfrac{\partial z}{\partial v}=\dfrac{\partial z}{\partial x}\cdot\dfrac{\partial x}{\partial v}+\dfrac{\partial z}{\partial y}\cdot\dfrac{\partial y}{\partial v}=(2xy-y^2)(-u\sin v)+(x^2-2xy)u\cos v$

$=(2u\cos v\cdot u\sin v-u^2\sin^2 v)(-u\sin v)+(u^2\cos^2 v-2u\cos v\cdot u\sin v)u\cos v$

$=-2u^3\cdot\sin v\cdot\cos v(\sin v+\cos v)+u^3(\sin^3 v+\cos^3 v).$

【例 4】 设 $u=f(x,xy,xyz)$，$f(x,y,z)$ 有连续偏导数，求 $\dfrac{\partial u}{\partial x},\dfrac{\partial u}{\partial y},\dfrac{\partial u}{\partial z}.$

解 $\dfrac{\partial u}{\partial x}=f'_1+f'_2\cdot y+f'_3\cdot yz,\quad \dfrac{\partial u}{\partial y}=f'_2\cdot x+f'_3\cdot xz,\quad \dfrac{\partial u}{\partial z}=f'_3\cdot xy.$

【例 5】 设 $z=\dfrac{1}{x}f(xy)+y\varphi(x+y), f,\varphi$ 具有二阶连续导数，则 $\dfrac{\partial^2 z}{\partial x\partial y}=$ _____.（考研题）

解 $\dfrac{\partial z}{\partial x}=-\dfrac{1}{x^2}f(xy)+\dfrac{y}{x}f'(xy)+y\varphi'(x+y),$

$\dfrac{\partial^2 z}{\partial x\partial y}=-\dfrac{1}{x^2}f'(xy)\cdot x+\dfrac{1}{x}f'(xy)+\dfrac{y}{x}f''(xy)\cdot x+\varphi'(x+y)+y\varphi''(x+y)$

$=yf''(xy)+\varphi'(x+y)+y\varphi''(x+y).$

【例 6】 设函数 $u(x,y)=\varphi(x+y)+\varphi(x-y)+\int_{x-y}^{x+y}\psi(t)dt$，其中函数 φ 具有二阶导数，ψ 具有一阶导数，则必有 _____.（考研题）

(A) $\dfrac{\partial^2 u}{\partial x^2}=-\dfrac{\partial^2 u}{\partial y^2}$ (B) $\dfrac{\partial^2 u}{\partial x^2}=\dfrac{\partial^2 u}{\partial y^2}$ (C) $\dfrac{\partial^2 u}{\partial x\partial y}=\dfrac{\partial^2 u}{\partial y^2}$ (D) $\dfrac{\partial^2 u}{\partial x\partial y}=\dfrac{\partial^2 u}{\partial x^2}$

解 因为 $\dfrac{\partial u}{\partial x}=\varphi'(x+y)+\varphi'(x-y)+\psi(x+y)-\psi(x-y),$

$\dfrac{\partial u}{\partial y}=\varphi'(x+y)-\varphi'(x-y)+\psi(x+y)+\psi(x-y).$

于是 $\dfrac{\partial^2 u}{\partial x^2}=\varphi''(x+y)+\varphi''(x-y)+\psi'(x+y)-\psi'(x-y),$

$\dfrac{\partial^2 u}{\partial x\partial y}=\varphi''(x+y)-\varphi''(x-y)+\psi'(x+y)+\psi'(x-y),$

$\dfrac{\partial^2 u}{\partial y^2}=\varphi''(x+y)+\varphi''(x-y)+\psi'(x+y)-\psi'(x-y).$

可见有 $\dfrac{\partial^2 u}{\partial x^2}=\dfrac{\partial^2 u}{\partial y^2}$. 故应选（B）.

【例 7】 设 $z=f(xy,\dfrac{x}{y})+g(\dfrac{y}{x})$，其中 f,g 均可微，则 $\dfrac{\partial z}{\partial x}=$ _____.（考研题）

解 $\dfrac{\partial z}{\partial x}=f'_1 y+f'_2\cdot\dfrac{1}{y}+g'\cdot(-\dfrac{y}{x^2})=yf'_1+\dfrac{1}{y}f'_2-\dfrac{y}{x^2}g'.$

【例 8】 设 $z=f(x^2-y^2,e^{xy})$,其中 f 具有二阶连续偏导数,求 $\dfrac{\partial z}{\partial x},\dfrac{\partial z}{\partial y},\dfrac{\partial^2 z}{\partial x\partial y}$.(考研题)

解 $\dfrac{\partial z}{\partial x}=2xf'_1+ye^{xy}f'_2,\quad \dfrac{\partial z}{\partial y}=-2yf'_1+xe^{xy}f'_2,$

$\dfrac{\partial^2 z}{\partial x\partial y}=2x[f''_{11}\cdot(-2y)+f''_{12}\cdot xe^{xy}]+e^{xy}f'_2+xye^{xy}f'_2+ye^{xy}[f''_{21}\cdot(-2y)+f''_{22}\cdot xe^{xy}]$

$=-4xyf''_{11}+2(x^2-y^2)e^{xy}f''_{12}+xye^{2xy}f''_{22}+e^{xy}(1+xy)f'_2.$

【例 9】 设 $z=x^3f\left(xy,\dfrac{y}{x}\right)$,$f$ 具有二阶连续偏导数,求 $\dfrac{\partial z}{\partial y},\dfrac{\partial^2 z}{\partial y^2}$ 及 $\dfrac{\partial^2 z}{\partial x\partial y}$.

解 $\dfrac{\partial z}{\partial y}=x^4f'_1+x^2f'_2,\dfrac{\partial^2 z}{\partial y^2}=x^5f''_{11}+x^3f''_{12}+x^3f''_{21}+xf''_{22}=x^5f''_{11}+2x^3f''_{12}+xf''_{22},$

$\dfrac{\partial^2 z}{\partial x\partial y}=4x^3f'_1+x^4yf''_{11}-x^2yf''_{12}+2xf'_2+x^2yf''_{21}-yf''_{22}$

$=4x^3f'_1+2xf'_2+x^4yf''_{11}-yf''_{22}.$

【例 10】 设 $f(u,v)$ 具有二阶连续偏导数,且满足 $\dfrac{\partial^2 f}{\partial u^2}+\dfrac{\partial^2 f}{\partial v^2}=1$,又 $g(x,y)=f\left[xy,\dfrac{1}{2}(x^2-y^2)\right]$,求 $\dfrac{\partial^2 g}{\partial x^2}+\dfrac{\partial^2 g}{\partial y^2}$.(考研题)

解 $\dfrac{\partial g}{\partial x}=y\dfrac{\partial f}{\partial u}+x\dfrac{\partial f}{\partial v},\quad \dfrac{\partial g}{\partial y}=x\dfrac{\partial f}{\partial u}-y\dfrac{\partial f}{\partial v}.$

故 $\dfrac{\partial^2 g}{\partial x^2}=y^2\dfrac{\partial^2 f}{\partial u^2}+2xy\dfrac{\partial^2 f}{\partial u\partial v}+x^2\dfrac{\partial^2 f}{\partial v^2}+\dfrac{\partial f}{\partial v},\quad \dfrac{\partial^2 g}{\partial y^2}=x^2\dfrac{\partial^2 f}{\partial u^2}-2xy\dfrac{\partial^2 f}{\partial u\partial v}+y^2\dfrac{\partial^2 f}{\partial v^2}-\dfrac{\partial f}{\partial v}.$

所以 $\dfrac{\partial^2 g}{\partial x^2}+\dfrac{\partial^2 g}{\partial y^2}=(x^2+y^2)\dfrac{\partial^2 f}{\partial u^2}+(x^2+y^2)\dfrac{\partial^2 f}{\partial v^2}=x^2+y^2.$

【例 11】 设变换 $\begin{cases}u=x-2y\\v=x+ay\end{cases}$ 可把方程 $6\dfrac{\partial^2 z}{\partial x^2}+\dfrac{\partial^2 z}{\partial x\partial y}-\dfrac{\partial^2 z}{\partial y^2}=0$ 化简为 $\dfrac{\partial^2 z}{\partial u\partial v}=0$,求常数 a.(考研题)

解 $\dfrac{\partial z}{\partial x}=\dfrac{\partial z}{\partial u}\cdot\dfrac{\partial u}{\partial x}+\dfrac{\partial z}{\partial v}\cdot\dfrac{\partial v}{\partial x}=\dfrac{\partial z}{\partial u}+\dfrac{\partial z}{\partial v},$

$\dfrac{\partial z}{\partial y}=\dfrac{\partial z}{\partial u}\cdot\dfrac{\partial u}{\partial y}+\dfrac{\partial z}{\partial v}\cdot\dfrac{\partial v}{\partial y}=-2\dfrac{\partial z}{\partial u}+a\dfrac{\partial z}{\partial v},$

$\dfrac{\partial^2 z}{\partial x^2}=\dfrac{\partial}{\partial x}\left(\dfrac{\partial z}{\partial u}+\dfrac{\partial z}{\partial v}\right)=\dfrac{\partial^2 z}{\partial u^2}+\dfrac{\partial^2 z}{\partial u\partial v}+\dfrac{\partial^2 z}{\partial u\partial v}+\dfrac{\partial^2 z}{\partial v^2}=\dfrac{\partial^2 z}{\partial u^2}+2\dfrac{\partial^2 z}{\partial u\partial v}+\dfrac{\partial^2 z}{\partial v^2},$

$\dfrac{\partial^2 z}{\partial x\partial y}=\dfrac{\partial}{\partial y}\left(\dfrac{\partial z}{\partial u}+\dfrac{\partial z}{\partial v}\right)=\dfrac{\partial^2 z}{\partial u^2}(-2)+\dfrac{\partial^2 z}{\partial u\partial v}\cdot a+\dfrac{\partial^2 z}{\partial u\partial v}\cdot(-2)+\dfrac{\partial^2 z}{\partial v^2}\cdot a$

$=-2\dfrac{\partial^2 z}{\partial u^2}+(a-2)\dfrac{\partial^2 z}{\partial u\partial v}+a\dfrac{\partial^2 z}{\partial v^2},$

$\dfrac{\partial^2 z}{\partial y^2}=\dfrac{\partial}{\partial y}\left(-2\dfrac{\partial z}{\partial u}+a\dfrac{\partial z}{\partial v}\right)=(-2)^2\dfrac{\partial^2 z}{\partial u^2}+(-2)\dfrac{\partial^2 z}{\partial u\partial v}\cdot a+a\dfrac{\partial^2 z}{\partial u\partial v}\cdot(-2)+a\dfrac{\partial^2 z}{\partial v^2}\cdot a$

$=4\dfrac{\partial^2 z}{\partial u^2}-4a\dfrac{\partial^2 z}{\partial u\partial v}+a^2\dfrac{\partial^2 z}{\partial v^2}.$

将上述结果代入原方程,并整理得 $(10+5a)\dfrac{\partial^2 z}{\partial u\partial v}+(6+a-a^2)\dfrac{\partial^2 z}{\partial v^2}=0.$

由题意知 a 应满足 $\begin{cases}10+5a\neq 0\\6+a-a^2=0\end{cases}$,解之得 $a=3$.

习题 9-4 解答

1. 解:$\dfrac{\partial z}{\partial x}=\dfrac{\partial z}{\partial u}\cdot\dfrac{\partial u}{\partial x}+\dfrac{\partial z}{\partial v}\cdot\dfrac{\partial v}{\partial x}=2u+2v=2(x+y)+2(x-y)=4x.$

   $\dfrac{\partial z}{\partial y}=\dfrac{\partial z}{\partial u}\cdot\dfrac{\partial u}{\partial y}+\dfrac{\partial z}{\partial v}\cdot\dfrac{\partial v}{\partial y}=2u-2v=2(x+y)-2(x-y)=4y.$

2. 解:$\dfrac{\partial z}{\partial x}=\dfrac{\partial z}{\partial u}\cdot\dfrac{\partial u}{\partial x}+\dfrac{\partial z}{\partial v}\cdot\dfrac{\partial v}{\partial x}=2u\ln v\cdot\dfrac{1}{y}+\dfrac{u^2}{v}\cdot 3=\dfrac{2x}{y^2}\ln(3x-2y)+\dfrac{3x^2}{y^2(3x-2y)}.$

   $\dfrac{\partial z}{\partial y}=\dfrac{\partial z}{\partial u}\cdot\dfrac{\partial u}{\partial y}+\dfrac{\partial z}{\partial v}\cdot\dfrac{\partial v}{\partial y}=2u\ln v\left(-\dfrac{x}{y^2}\right)+\dfrac{u^2}{v}(-2)=\dfrac{-2x^2}{y^3}\ln(3x-2y)-\dfrac{2x^2}{y^2(3x-2y)}.$

3. 解:$\dfrac{dz}{dt}=\dfrac{\partial z}{\partial x}\cdot\dfrac{dx}{dt}+\dfrac{\partial z}{\partial y}\cdot\dfrac{dy}{dt}$

   $=e^{x-2y}\cdot\cos t-2e^{x-2y}\cdot 3t^2=e^{x-2y}(\cos t-6t^2)=e^{\sin t-2t^3}(\cos t-6t^2).$

4. 解:$\dfrac{dz}{dt}=\dfrac{\partial z}{\partial x}\cdot\dfrac{dx}{dt}+\dfrac{\partial z}{\partial y}\cdot\dfrac{dy}{dt}=\dfrac{1}{\sqrt{1-(x-y)^2}}\cdot 3+\dfrac{1}{\sqrt{1-(x-y)^2}}(-1)\cdot 12t^2$

   $=\dfrac{3(1-4t^2)}{\sqrt{1-(3t-4t^3)^2}}.$

5. 解:$\dfrac{dz}{dx}=\dfrac{\partial z}{\partial x}+\dfrac{\partial z}{\partial y}\cdot\dfrac{dy}{dx}=\dfrac{1}{1+(xy)^2}\cdot y+\dfrac{1}{1+(xy)^2}\cdot xe^x=\dfrac{y+xe^x}{1+x^2y^2}=\dfrac{e^x(1+x)}{1+x^2e^{2x}}.$

6. 解:$\dfrac{du}{dx}=\dfrac{\partial u}{\partial x}+\dfrac{\partial u}{\partial y}\cdot\dfrac{dy}{dx}+\dfrac{\partial u}{\partial z}\cdot\dfrac{dz}{dx}=\dfrac{ae^{ax}(y-z)}{a^2+1}+\dfrac{e^{ax}}{a^2+1}\cdot a\cos x+\dfrac{e^{ax}\cdot(-1)}{a^2+1}(-\sin x)$

   $=\dfrac{ae^{ax}(y-z+\cos x)}{a^2+1}+\dfrac{e^{ax}\cdot\sin x}{a^2+1}=\dfrac{ae^{ax}\cdot a\sin x+e^{ax}\cdot\sin x}{a^2+1}=e^{ax}\sin x.$

7. 证:$\dfrac{\partial z}{\partial u}=\dfrac{\partial z}{\partial x}\cdot\dfrac{\partial x}{\partial u}+\dfrac{\partial z}{\partial y}\cdot\dfrac{\partial y}{\partial u}=\dfrac{1}{1+\left(\dfrac{x}{y}\right)^2}\cdot\dfrac{1}{y}+\dfrac{1}{1+\left(\dfrac{x}{y}\right)^2}\cdot\left(-\dfrac{x}{y^2}\right)$

   $=\dfrac{1}{1+\dfrac{x^2}{y^2}}\left(\dfrac{1}{y}-\dfrac{x}{y^2}\right)=\dfrac{y-x}{x^2+y^2},$

   $\dfrac{\partial z}{\partial v}=\dfrac{\partial z}{\partial x}\cdot\dfrac{\partial x}{\partial v}+\dfrac{\partial z}{\partial y}\cdot\dfrac{\partial y}{\partial v}=\dfrac{1}{1+\left(\dfrac{x}{y}\right)^2}\cdot\dfrac{1}{y}+\dfrac{1}{\left(1+\dfrac{x}{y}\right)^2}\cdot\left(-\dfrac{x}{y^2}\right)\cdot(-1)$

   $=\dfrac{1}{1+\dfrac{x^2}{y^2}}\left(\dfrac{1}{y}+\dfrac{x}{y^2}\right)=\dfrac{y+x}{x^2+y^2},$ 则 $\dfrac{\partial z}{\partial u}+\dfrac{\partial z}{\partial v}=\dfrac{2y}{x^2+y^2}=\dfrac{2(u-v)}{2(u^2+v^2)}=\dfrac{u-v}{u^2+v^2}.$

8. 解:(1) $\dfrac{\partial u}{\partial x}=2f'_1 x+f'_2 e^{xy}\cdot y,\qquad \dfrac{\partial u}{\partial y}=f'_1(-2y)+f'_2 e^{xy}\cdot x=-2yf'_1+xe^{xy}f'_2.$

   (2) $\dfrac{\partial u}{\partial x}=f'_1\cdot\dfrac{1}{y}+f'_2\cdot\dfrac{\partial}{\partial x}\left(\dfrac{y}{z}\right)=\dfrac{1}{y}f'_1,\qquad \dfrac{\partial u}{\partial y}=f'_1\left(-\dfrac{x}{y^2}\right)+f'_2\dfrac{1}{z},$

   $\dfrac{\partial u}{\partial z}=f'_1\dfrac{\partial}{\partial z}\left(\dfrac{x}{y}\right)+f'_2\left(-\dfrac{y}{z^2}\right)=-\dfrac{y}{z^2}f'_2.$

   (3) $\dfrac{\partial u}{\partial x}=f'_1+f'_2 y+f'_3 yz,\qquad \dfrac{\partial u}{\partial y}=f'_2 x+f'_3 xz,\qquad \dfrac{\partial u}{\partial z}=f'_3 xy.$

9. 证:$\dfrac{\partial z}{\partial x}=y+F(u)+xF'(u)\cdot\dfrac{\partial u}{\partial x}=y+F(u)-\dfrac{y}{x}F'(u),$

$\dfrac{\partial z}{\partial y}=x+xF'(u)\dfrac{\partial u}{\partial y}=x+xF'(u)\dfrac{1}{x}=x+F'(u)$,

则 $x\dfrac{\partial z}{\partial x}+y\dfrac{\partial z}{\partial y}=x[y+F(u)-\dfrac{y}{x}F'(u)]+y[x+F'(u)]=2xy+xF(u)=xy+z$.

10. 证:$\dfrac{\partial z}{\partial x}=\dfrac{0-yf'(x^2-y^2)\cdot 2x}{f^2(x^2-y^2)}=-\dfrac{2xyf'(x^2-y^2)}{f^2(x^2-y^2)}$,

$\dfrac{\partial z}{\partial y}=\dfrac{f(x^2-y^2)-yf'(x^2-y^2)\cdot(-2y)}{f^2(x^2-y^2)}=\dfrac{1}{f(x^2-y^2)}+\dfrac{2y^2f'(x^2-y^2)}{f^2(x^2-y^2)}$,

则 $\dfrac{1}{x}\dfrac{\partial z}{\partial x}+\dfrac{1}{y}\dfrac{\partial z}{\partial y}=-\dfrac{2yf'(x^2-y^2)}{f^2(x^2-y^2)}+\dfrac{1}{yf(x^2-y^2)}+\dfrac{2yf'(x^2-y^2)}{f^2(x^2-y^2)}=\dfrac{1}{f(x^2-y^2)}=\dfrac{z}{y^2}$.

11. 解:令 $u=x^2+y^2$,

则 $\dfrac{\partial z}{\partial x}=f'(u)\dfrac{\partial u}{\partial x}=2xf'(u)$, $\qquad \dfrac{\partial z}{\partial y}=f'(u)\dfrac{\partial u}{\partial y}=2yf'(u)$,

$\dfrac{\partial^2 z}{\partial x^2}=2f'(u)+2xf''(u)\dfrac{\partial u}{\partial x}=2f'(u)+2xf''(u)\cdot 2x=2f'(u)+4x^2f''(u)$,

$\dfrac{\partial^2 z}{\partial x\partial y}=2xf''(u)\dfrac{\partial u}{\partial y}=4xyf''(u), \dfrac{\partial^2 z}{\partial y^2}=2f'(u)+2yf''(u)\dfrac{\partial u}{\partial y}=2f'(u)+4y^2f''(u)$.

*12. 解:(1)令 $s=xy$, $t=y$, 则 $z=f(s,t)$.

$\dfrac{\partial z}{\partial x}=\dfrac{\partial f}{\partial s}\cdot\dfrac{\partial s}{\partial x}=f'_s y=yf'_s$, $\qquad \dfrac{\partial z}{\partial y}=\dfrac{\partial f}{\partial s}\cdot\dfrac{\partial s}{\partial y}+\dfrac{\partial f}{\partial t}\cdot\dfrac{\partial t}{\partial y}=xf'_s+f'_t$,

$\dfrac{\partial^2 z}{\partial x^2}=\dfrac{\partial}{\partial x}\left(\dfrac{\partial z}{\partial x}\right)=\dfrac{\partial}{\partial x}(yf'_s)=y\dfrac{\partial f'_s}{\partial x}=y\left(\dfrac{\partial f'_s}{\partial s}\cdot\dfrac{\partial s}{\partial x}\right)=y^2 f''_{ss}$

$\dfrac{\partial^2 z}{\partial x\partial y}=\dfrac{\partial}{\partial y}\left(\dfrac{\partial z}{\partial x}\right)=\dfrac{\partial}{\partial y}(yf'_s)=f'_s+y\dfrac{\partial f'_s}{\partial y}=f'_s+y\left(\dfrac{\partial f'_s}{\partial s}\cdot\dfrac{\partial s}{\partial y}+\dfrac{\partial f'_s}{\partial t}\cdot\dfrac{\partial t}{\partial y}\right)$

$=f'_s+xyf''_{ss}+yf''_{st}$

$\dfrac{\partial^2 z}{\partial y^2}=\dfrac{\partial}{\partial y}\left(\dfrac{\partial z}{\partial y}\right)=\dfrac{\partial}{\partial y}(xf'_s+f'_t)=x\dfrac{\partial f'_s}{\partial y}+\dfrac{\partial f'_t}{\partial y}$

$=x\left(\dfrac{\partial f'_s}{\partial s}\dfrac{\partial s}{\partial y}+\dfrac{\partial f'_s}{\partial t}\dfrac{\partial t}{\partial y}\right)+\left(\dfrac{\partial f'_t}{\partial s}\dfrac{\partial s}{\partial y}+\dfrac{\partial f'_t}{\partial t}\dfrac{\partial t}{\partial y}\right)=x^2 f''_{ss}+2xf''_{st}+f''_{tt}$.

(2)令 $u=x$, $v=\dfrac{x}{y}$, 则 $z=f(u,v)$.

$\dfrac{\partial z}{\partial x}=\dfrac{\partial f}{\partial u}\cdot\dfrac{\partial u}{\partial x}+\dfrac{\partial f}{\partial v}\cdot\dfrac{\partial v}{\partial x}=\dfrac{\partial f}{\partial u}+\dfrac{\partial f}{\partial v}\cdot\dfrac{1}{y}$, $\qquad \dfrac{\partial z}{\partial y}=\dfrac{\partial f}{\partial u}\cdot\dfrac{\partial u}{\partial y}+\dfrac{\partial f}{\partial v}\cdot\dfrac{\partial v}{\partial y}=-\dfrac{x}{y^2}\cdot\dfrac{\partial f}{\partial v}$,

$\dfrac{\partial^2 z}{\partial x^2}=\dfrac{\partial}{\partial x}\left(\dfrac{\partial z}{\partial x}\right)=\dfrac{\partial}{\partial x}\left(\dfrac{\partial f}{\partial u}+\dfrac{1}{y}\dfrac{\partial f}{\partial v}\right)=\dfrac{\partial}{\partial x}\left(\dfrac{\partial f}{\partial u}\right)+\dfrac{1}{y}\dfrac{\partial}{\partial x}\left(\dfrac{\partial f}{\partial v}\right)$

$=\dfrac{\partial}{\partial u}\left(\dfrac{\partial f}{\partial u}\right)\dfrac{\partial u}{\partial x}+\dfrac{\partial}{\partial v}\left(\dfrac{\partial f}{\partial u}\right)\dfrac{\partial v}{\partial x}+\dfrac{1}{y}\left[\dfrac{\partial}{\partial u}\left(\dfrac{\partial f}{\partial v}\right)\dfrac{\partial u}{\partial x}+\dfrac{\partial}{\partial v}\left(\dfrac{\partial f}{\partial v}\right)\dfrac{\partial v}{\partial x}\right]$

$=f''_{uu}+\dfrac{2}{y}f''_{uv}+\dfrac{1}{y^2}f''_{vv}$,

$\dfrac{\partial^2 z}{\partial x\partial y}=\dfrac{\partial}{\partial y}\left(\dfrac{\partial z}{\partial x}\right)=\dfrac{\partial}{\partial y}\left(\dfrac{\partial f}{\partial u}+\dfrac{1}{y}\dfrac{\partial f}{\partial v}\right)=\dfrac{\partial}{\partial y}\left(\dfrac{\partial f}{\partial u}\right)+\dfrac{\partial}{\partial y}\left(\dfrac{1}{y}\dfrac{\partial f}{\partial v}\right)$

$=\dfrac{\partial}{\partial u}\left(\dfrac{\partial f}{\partial u}\right)\dfrac{\partial u}{\partial y}+\dfrac{\partial}{\partial v}\left(\dfrac{\partial f}{\partial u}\right)\dfrac{\partial v}{\partial y}+\left[-\dfrac{1}{y^2}\dfrac{\partial f}{\partial v}+\dfrac{1}{y}\dfrac{\partial}{\partial y}\left(\dfrac{\partial f}{\partial v}\right)\right]$

$=\dfrac{\partial^2 f}{\partial u\partial v}\left(-\dfrac{x}{y^2}\right)-\dfrac{1}{y^2}\dfrac{\partial f}{\partial v}+\dfrac{1}{y}\left[\dfrac{\partial}{\partial u}\left(\dfrac{\partial f}{\partial v}\right)\dfrac{\partial u}{\partial y}+\dfrac{\partial}{\partial v}\left(\dfrac{\partial f}{\partial v}\right)\dfrac{\partial v}{\partial y}\right]$

$$= -\frac{x}{y^2}\left(f''_{uv} + \frac{1}{y}f''_{vv}\right) - \frac{1}{y^2}f'_v.$$

$$\frac{\partial^2 z}{\partial y^2} = \frac{\partial}{\partial y}\left(\frac{\partial z}{\partial y}\right) = \frac{\partial}{\partial y}\left(-\frac{x}{y^2}\frac{\partial f}{\partial v}\right) = \frac{\partial}{\partial y}\left(-\frac{x}{y^2}\right)\frac{\partial f}{\partial v} - \frac{x}{y^2}\frac{\partial}{\partial y}\left(\frac{\partial f}{\partial v}\right)$$

$$= \frac{2x}{y^3}\frac{\partial f}{\partial v} - \frac{x}{y^2}\frac{\partial}{\partial v}\left(\frac{\partial f}{\partial v}\right)\frac{\partial v}{\partial y} = \frac{2x}{y^3}f'_v + \frac{x^2}{y^4}f''_{vv}.$$

(3)将 xy^2, x^2y 记为 1 号和 2 号, 则

$$\frac{\partial z}{\partial x} = f'_1 y^2 + f'_2 2xy = y^2 f'_1 + 2xy f'_2, \qquad \frac{\partial z}{\partial y} = f'_1 2xy + f'_2 x^2 = 2xy f'_1 + x^2 f'_2,$$

$$\frac{\partial^2 z}{\partial x^2} = \frac{\partial}{\partial x}\left(\frac{\partial z}{\partial x}\right) = y^2(f''_{11}y^2 + f''_{12}2xy) + 2y f'_2 + 2xy(f''_{21}y^2 + f''_{22}2xy)$$

$$= 2y f'_2 + y^4 f''_{11} + 4xy^3 f''_{12} + 4x^2 y^2 f''_{22},$$

$$\frac{\partial^2 z}{\partial x \partial y} = \frac{\partial}{\partial y}\left(\frac{\partial z}{\partial x}\right) = 2y f'_1 + y^2(f''_{11}2xy + f''_{12}x^2) + 2x f'_2 + 2xy(f''_{21}2xy + f''_{22}x^2)$$

$$= 2y f'_1 + 2x f'_2 + 2xy^3 f''_{11} + 5x^2 y^2 f''_{12} + 2x^3 y f''_{22},$$

$$\frac{\partial^2 z}{\partial y^2} = \frac{\partial}{\partial y}\left(\frac{\partial z}{\partial y}\right) = 2x f'_1 + 2xy(f''_{11}2xy + f''_{12}x^2) + x^2(f''_{21}2xy + f''_{22}x^2)$$

$$= 2x f'_1 + 4x^2 y^2 f''_{11} + 4x^3 y f''_{12} + x^4 f''_{22}.$$

(4)记 $\sin x, \cos y, e^{x+y}$ 分别为 1 号、2 号、3 号, 则

$$\frac{\partial z}{\partial x} = f'_1 \cos x + f'_3 e^{x+y}, \qquad \frac{\partial z}{\partial y} = f'_2(-\sin y) + f'_3 e^{x+y},$$

$$\frac{\partial^2 z}{\partial x^2} = (f''_{11}\cos x + f''_{13}e^{x+y})\cos x + f'_1(-\sin x) + (f''_{31}\cos x + f''_{33}e^{x+y})e^{x+y} + f'_3 e^{x+y}$$

$$= e^{x+y}f'_3 - \sin x f'_1 + \cos^2 x f''_{11} + 2\cos x e^{x+y} f''_{13} + e^{2(x+y)} f''_{33},$$

$$\frac{\partial^2 z}{\partial x \partial y} = \frac{\partial}{\partial y}\left(\frac{\partial z}{\partial x}\right)$$

$$= \cos x[f''_{12}(-\sin y) + f''_{13}e^{x+y}] + e^{x+y}f'_3 + e^{x+y}[f''_{32}(-\sin y) + f''_{33}e^{x+y}]$$

$$= e^{x+y}f'_3 - \sin y \cos x f''_{12} + e^{x+y}\cos x f''_{13} - e^{x+y}\sin y f''_{32} + e^{2(x+y)} f''_{33},$$

$$\frac{\partial^2 z}{\partial y^2} = \frac{\partial}{\partial y}\left(\frac{\partial z}{\partial y}\right)$$

$$= -\cos y f'_2 + \sin y[f''_{22}(-\sin y) + f''_{23}e^{x+y}] + e^{x+y}f'_3 + e^{x+y}[f''_{32}(-\sin y) + f''_{33}e^{x+y}]$$

$$= e^{x+y}f'_3 - \cos y f'_2 - \sin^2 y f''_{22} - 2e^{x+y}\sin y f''_{23} + e^{2(x+y)} f''_{33}.$$

*13. 证: $\dfrac{\partial u}{\partial s} = \dfrac{\partial u}{\partial x}\dfrac{\partial x}{\partial s} + \dfrac{\partial u}{\partial y}\dfrac{\partial y}{\partial s} = \dfrac{1}{2}\dfrac{\partial u}{\partial x} + \dfrac{\sqrt{3}}{2}\dfrac{\partial u}{\partial y}, \qquad \dfrac{\partial u}{\partial t} = \dfrac{\partial u}{\partial x}\dfrac{\partial x}{\partial t} + \dfrac{\partial u}{\partial y}\dfrac{\partial y}{\partial t} = -\dfrac{\sqrt{3}}{2}\dfrac{\partial u}{\partial x} + \dfrac{1}{2}\dfrac{\partial u}{\partial y}$

则 $\left(\dfrac{\partial u}{\partial s}\right)^2 + \left(\dfrac{\partial u}{\partial t}\right)^2 = \left(\dfrac{1}{2}\dfrac{\partial u}{\partial x} + \dfrac{\sqrt{3}}{2}\dfrac{\partial u}{\partial y}\right)^2 + \left(-\dfrac{\sqrt{3}}{2}\dfrac{\partial u}{\partial x} + \dfrac{1}{2}\dfrac{\partial u}{\partial y}\right)^2 = \left(\dfrac{\partial u}{\partial x}\right)^2 + \left(\dfrac{\partial u}{\partial y}\right)^2$

又 $\dfrac{\partial^2 u}{\partial s^2} = \dfrac{1}{2}\left(\dfrac{\partial^2 u}{\partial x^2}\dfrac{\partial x}{\partial s} + \dfrac{\partial^2 u}{\partial x \partial y}\dfrac{\partial y}{\partial s}\right) + \dfrac{\sqrt{3}}{2}\left(\dfrac{\partial^2 u}{\partial y \partial x}\dfrac{\partial x}{\partial s} + \dfrac{\partial^2 u}{\partial y^2}\dfrac{\partial y}{\partial s}\right)$

$$= \dfrac{1}{4}\dfrac{\partial^2 u}{\partial x^2} + \dfrac{\sqrt{3}}{2}\dfrac{\partial^2 u}{\partial x \partial y} + \dfrac{3}{4}\dfrac{\partial^2 u}{\partial y^2}$$

$$\dfrac{\partial^2 u}{\partial t^2} = -\dfrac{\sqrt{3}}{2}\left(\dfrac{\partial^2 u}{\partial x^2}\dfrac{\partial x}{\partial t} + \dfrac{\partial^2 u}{\partial x \partial y}\dfrac{\partial y}{\partial t}\right) + \dfrac{1}{2}\left(\dfrac{\partial^2 u}{\partial y \partial x}\dfrac{\partial x}{\partial t} + \dfrac{\partial^2 u}{\partial y^2}\dfrac{\partial y}{\partial t}\right),$$

$$= \dfrac{3}{4}\dfrac{\partial^2 u}{\partial x^2} - \dfrac{\sqrt{3}}{2}\dfrac{\partial^2 u}{\partial x \partial y} + \dfrac{1}{4}\dfrac{\partial^2 u}{\partial y^2}, \text{故} \dfrac{\partial^2 u}{\partial s^2} + \dfrac{\partial^2 u}{\partial t^2} = \dfrac{\partial^2 u}{\partial x^2} + \dfrac{\partial^2 u}{\partial y^2}.$$

第五节 隐含数的求导公式

一、主要内容归纳

1. 由一个方程确定的隐函数的求导法则

(1)若 $F(x,y)=0$ 确定隐函数 $y=f(x)$，则有 $\dfrac{dy}{dx}=-\dfrac{F_x}{F_y}(F_y\neq 0)$

(2)若 $F(x,y,z)=0$ 确定隐函数 $z=f(x,y)$，则 $\dfrac{\partial z}{\partial x}=-\dfrac{F_x}{F_z}$，$\dfrac{\partial z}{\partial y}=-\dfrac{F_y}{F_z}$ $(F_z\neq 0)$.

2. 由方程组确定的隐函数的求导法则

(1)由三个变量两个方程构成的方程组 $\begin{cases} F(x,y,z)=0 \\ G(x,y,z)=0 \end{cases}$ 确定的隐函数 $y=y(x),z=z(x)$，它们对 x 的导数 $\dfrac{dy}{dx},\dfrac{dz}{dx}$ 可通过求解如下关于 $\dfrac{dy}{dx},\dfrac{dz}{dx}$ 的线性方程组来完成.

$$\begin{cases} F_x+F_y\dfrac{dy}{dx}+F_z\dfrac{dz}{dx}=0 \\ G_x+G_y\dfrac{dy}{dx}+G_z\dfrac{dz}{dx}=0 \end{cases}$$

(2)由四个变量两个方程构成的方程组 $\begin{cases} F(x,y,u,v)=0 \\ G(x,y,u,v)=0 \end{cases}$ 确定的隐函数 $u=u(x,y),v=v(x,y)$它们对 x 的偏导数 $\dfrac{\partial u}{\partial x},\dfrac{\partial v}{\partial x}$ 可通过求解如下关于 $\dfrac{\partial u}{\partial x},\dfrac{\partial v}{\partial x}$ 的线性方程组来完成.

$$\begin{cases} F_x+F_u\dfrac{\partial u}{\partial x}+F_v\dfrac{\partial v}{\partial x}=0 \\ G_x+G_u\dfrac{\partial u}{\partial x}+G_v\dfrac{\partial v}{\partial x}=0 \end{cases}.$$ 同理可求得 $\dfrac{\partial u}{\partial y},\dfrac{\partial v}{\partial y}$.

二、经典例题解析及解题方法总结

【例1】 设函数 $z=z(x,y)$ 由方程 $z=e^{2x-3z}+2y$ 确定，则 $3\dfrac{\partial z}{\partial x}+\dfrac{\partial z}{\partial y}=$ _____.（考研题）

解 对方程两边关于 x 求偏导数，得 $\dfrac{\partial z}{\partial x}=e^{2x-3z}\left(2-3\dfrac{\partial z}{\partial x}\right)$，解得 $\dfrac{\partial z}{\partial x}=\dfrac{2e^{2x-3z}}{1+3e^{2x-3z}}$.同理，对方程两边关于 y 求偏导数，得 $\dfrac{\partial z}{\partial y}=e^{2x-3z}\left(-3\dfrac{\partial z}{\partial y}\right)+2$，解得 $\dfrac{\partial z}{\partial y}=\dfrac{2}{1+3e^{2x-3z}}$，所以 $3\dfrac{\partial z}{\partial x}+\dfrac{\partial z}{\partial y}=\dfrac{6e^{2x-3z}+2}{1+3e^{2x-3z}}=2$.

【例2】 设有三元方程 $xy-z\ln y+e^{xz}=1$，根据隐函数存在定理，存在点 $(0,1,1)$ 的一个邻域，在此邻域内该方程 _____.（考研题）

(A)只能确定一个具有连续偏导数的隐函数 $z=z(x,y)$

(B)可确定两个具有连续偏导数的隐函数 $y=y(x,z)$ 和 $z=z(x,y)$

(C)可确定两个具有连续偏导数的隐函数 $x=x(y,z)$ 和 $z=z(x,y)$

(D)可确定两个具有连续偏导数的隐函数 $x=x(y,z)$ 和 $y=y(x,z)$

解 令 $F(x,y,z)=xy-z\ln y+e^{xz}-1$,显然 $F(0,1,1)=0$. 且 $\dfrac{\partial F}{\partial x}=y+ze^{xz}$, $\dfrac{\partial F}{\partial y}=x-\dfrac{z}{y}$, $\dfrac{\partial F}{\partial z}=-\ln y+xe^{xz}$ 在点 $(0,1,1)$ 的某邻域内连续,又 $F'_x(0,1,1)=y+ze^{xz}\Big|_{(0,1,1)}=2\neq 0$, $F'_y(0,1,1)=-1\neq 0$,根据隐函数存在定理知,方程 $F(x,y,z)=0$ 可以确定具有连续偏导数的隐函数 $x=x(y,z)$ 和 $y=y(x,z)$. 因为 $F'_z(0,1,1)=0$,所以未必能确定隐函数 $z=z(x,y)$.

故应选(D).

【例3】 设函数 $u=f(x,y,z)$ 有连续偏导数,且 $z=z(x,y)$ 由方程 $xe^x-ye^y=ze^z$ 所确定,求 du.

解 对 $xe^x-ye^y=ze^z$ 两边微分得 $(e^x+xe^x)dx-(e^y+ye^y)dy=(e^z+ze^z)dz$,

所以 $dz=\dfrac{e^x(1+x)}{e^z(1+z)}dx-\dfrac{e^y(1+y)}{e^z(1+z)}dy$. 则 $du=f_x dx+f_y dy+f_z dz=\left(f_x+f_z\dfrac{1+x}{1+z}e^{x-z}\right)dx+\left(f_y-f_z\dfrac{1+y}{1+z}e^{y-z}\right)dy$.

【例4】 设函数 $z(x,y)$ 由方程 $F\left(x+\dfrac{z}{y},y+\dfrac{z}{x}\right)=0$ 给出,F,z 都是可微函数,证明有等式 $x\dfrac{\partial z}{\partial x}+y\dfrac{\partial z}{\partial y}=z-xy$.

证 设 $x+\dfrac{z}{y}=u$,$y+\dfrac{z}{x}=v$,则有 $F(u,v)=0$ 将它两边分别对 x,y 求偏导数,再将 z 视为 x,y 的函数,得 $F'_u\left(1+y^{-1}\dfrac{\partial z}{\partial x}\right)+F'_v\left(\dfrac{\partial z}{\partial x}x^{-1}-x^{-2}z\right)=0$ ①

$$F'_u\left(\dfrac{\partial z}{\partial y}y^{-1}-y^{-2}z\right)+F'_v\left(1+x^{-1}\dfrac{\partial z}{\partial y}\right)=0 \quad ②$$

将①、②联立,解得 $\dfrac{\partial z}{\partial x}=\dfrac{x^{-2}zF'_v-F'_u}{y^{-1}F'_u+x^{-1}F'_v}$, $\dfrac{\partial z}{\partial y}=\dfrac{y^{-2}zF'_u-F'_v}{y^{-1}F'_u+x^{-1}F'_v}$,

于是 $x\dfrac{\partial z}{\partial x}+y\dfrac{\partial z}{\partial y}=x\dfrac{x^{-2}zF'_v-F'_u}{y^{-1}F'_u+x^{-1}F'_v}+y\dfrac{y^{-2}zF'_u-F'_v}{y^{-1}F'_u+x^{-1}F'_v}=z-xy$.

【例5】 设 $u=f(x,y,z)$ 有连续偏导数,$y=y(x)$ 和 $z=z(x)$ 分别由方程 $e^{xy}-y=0$ 和 $e^z-xz=0$ 所确定,求 $\dfrac{du}{dx}$. (考研题)

解 $\dfrac{du}{dx}=\dfrac{\partial f}{\partial x}+\dfrac{\partial f}{\partial y}\dfrac{dy}{dx}+\dfrac{\partial f}{\partial z}\dfrac{dz}{dx}$,由 $e^{xy}-y=0$ 得 $e^{xy}\left(y+x\dfrac{dy}{dx}\right)-\dfrac{dy}{dx}=0$, $\dfrac{dy}{dx}=\dfrac{ye^{xy}}{1-xe^{xy}}=\dfrac{y^2}{1-xy}$;由 $e^z-xz=0$ 得 $e^z\dfrac{dz}{dx}-z-x\dfrac{dz}{dx}=0$, $\dfrac{dz}{dx}=\dfrac{z}{e^z-x}=\dfrac{z}{xz-x}$. 于是 $\dfrac{du}{dx}=\dfrac{\partial f}{\partial x}+\dfrac{y^2}{1-xy}\dfrac{\partial f}{\partial y}+\dfrac{z}{xz-x}\dfrac{\partial f}{\partial z}$.

方法总结

本题为多元复合函数求导及隐函数求导的综合题. $\dfrac{du}{dx}$ 为全导数,计算的关键为求出 $\dfrac{dy}{dx}$ 及 $\dfrac{dz}{dx}$,它们可由隐函数求导法则得出.

【例6】 设 $u=f(x,y,z)$ 有连续的一阶偏导数,又函数 $y=y(x)$ 及 $z=z(x)$ 分别由下列两式确定:$e^{xy}-xy=2$ 和 $e^x=\int_0^{x-z}\dfrac{\sin t}{t}dt$,求 $\dfrac{du}{dx}$.(考研题)

解 $\dfrac{du}{dx}=\dfrac{\partial f}{\partial x}+\dfrac{\partial f}{\partial y}\dfrac{dy}{dx}+\dfrac{\partial f}{\partial z}\dfrac{dz}{dx}$, ①

由 $e^{xy}-xy=2$ 两边对 x 求导,得 $e^{xy}(y+x\dfrac{dy}{dx})-(y+x\dfrac{dy}{dx})=0$,即 $\dfrac{dy}{dx}=-\dfrac{y}{x}$.

又由 $e^x=\int_0^{x-z}\dfrac{\sin t}{t}dt$ 两边对 x 求导,得 $e^x=\dfrac{\sin(x-z)}{x-z}\cdot(1-\dfrac{dz}{dx})$,即 $\dfrac{dz}{dx}=1-\dfrac{e^x(x-z)}{\sin(x-z)}$. 将其代入①式,得 $\dfrac{du}{dx}=\dfrac{\partial f}{\partial x}-\dfrac{y}{x}\dfrac{\partial f}{\partial y}+\left[1-\dfrac{e^x(x-z)}{\sin(x-z)}\right]\dfrac{\partial f}{\partial z}$.

【例7】 设 $y=y(x),z=z(x)$ 是由方程 $z=xf(x+y)$ 和 $F(x,y,z)=0$ 所确定的函数,其中 f 和 F 分别具有一阶连续导数和一阶连续偏导数,求 $\dfrac{dz}{dx}$.(考研题)

解 分别在 $z=xf(x+y)$ 和 $F(x,y,z)=0$ 的两端对 x 求导,得 $\begin{cases}\dfrac{dz}{dx}=f+x(1+\dfrac{dy}{dx})f'\\ F'_x+F'_y\dfrac{dy}{dx}+F'_z\dfrac{dz}{dx}=0\end{cases}$,

整理后得 $\begin{cases}-xf'\dfrac{dy}{dx}+\dfrac{dz}{dx}=f+xf',\\ F'_y\dfrac{dy}{dx}+F'_z\dfrac{dz}{dx}=-F'_x,\end{cases}$ 由此解得 $\dfrac{dz}{dx}=\dfrac{(f+xf')F'_y-xf'F'_x}{F'_y+xf'F'_z}$ $(F'_y+xf'F'_z\neq 0)$.

> **方法总结**
> 本题需通过含有导数的方程组求得其解.

习题 9-5 解答

1. **解**:令 $F(x,y)=\sin y+e^x-xy^2$,则 $\dfrac{dy}{dx}=-\dfrac{F_x}{F_y}=-\dfrac{e^x-y^2}{\cos y-2xy}=\dfrac{y^2-e^x}{\cos y-2xy}$.

2. **解**:$\ln\sqrt{x^2+y^2}=\arctan\dfrac{y}{x}$ 确定 $y=y(x)$,两边对 x 求导得

$$\dfrac{1}{2}\cdot\dfrac{1}{x^2+y^2}\left(2x+2y\dfrac{dy}{dx}\right)=\dfrac{1}{1+\left(\dfrac{y}{x}\right)^2}\cdot\dfrac{x\dfrac{dy}{dx}-y}{x^2},\text{整理得}:\dfrac{dy}{dx}=\dfrac{x+y}{x-y}.$$

3. **解**:令 $F(x,y,z)=x+2y+z-2\sqrt{xyz}$,

$$F_x=1-2\sqrt{yz}\cdot\dfrac{1}{2\sqrt{x}}=1-\dfrac{\sqrt{yz}}{\sqrt{x}}=1-\dfrac{yz}{\sqrt{xyz}},$$

$$F_y=2-2\sqrt{xz}\cdot\dfrac{1}{2\sqrt{y}}=2-\dfrac{\sqrt{xz}}{\sqrt{y}}=2-\dfrac{xz}{\sqrt{xyz}},$$

$$F_z=1-2\sqrt{xy}\cdot\dfrac{1}{2\sqrt{z}}=1-\dfrac{\sqrt{xy}}{\sqrt{z}}=1-\dfrac{xy}{\sqrt{xyz}},$$

则 $\dfrac{\partial z}{\partial x} = -\dfrac{F_x}{F_z} = -\dfrac{\sqrt{xyz}-yz}{\sqrt{xyz}-xy}$，　　　$\dfrac{\partial z}{\partial y} = -\dfrac{F_y}{F_z} = -\dfrac{2\sqrt{xyz}-xz}{\sqrt{xyz}-xy}$.

4. **解**：令 $F(x,y,z) = \dfrac{x}{z} - \ln\dfrac{z}{y}$，

　　则 $\dfrac{\partial z}{\partial x} = -\dfrac{F_x}{F_z} = \dfrac{z}{x+z}$，　　　$\dfrac{\partial z}{\partial y} = -\dfrac{F_y}{F_z} = \dfrac{z^2}{y(x+z)}$.

5. **证**：$\dfrac{\partial z}{\partial x} = -\dfrac{F_x}{F_z} = -\dfrac{2\cos(x+2y-3z)-1}{-6\cos(x+2y-3z)+3} = \dfrac{1-2\cos(x+2y-3z)}{3-6\cos(x+2y-3z)} = \dfrac{1}{3}$，

　　$\dfrac{\partial z}{\partial y} = -\dfrac{F_y}{F_z} = -\dfrac{4\cos(x+2y-3z)-2}{-6\cos(x+2y-3z)+3} = \dfrac{2-4\cos(x+2y-3z)}{3-6\cos(x+2y-3z)} = \dfrac{2}{3}$，故 $\dfrac{\partial z}{\partial x} + \dfrac{\partial z}{\partial y} = 1$.

6. **证**：$\dfrac{\partial x}{\partial y} \cdot \dfrac{\partial y}{\partial z} \cdot \dfrac{\partial z}{\partial x} = \left(-\dfrac{F_y}{F_x}\right) \cdot \left(-\dfrac{F_z}{F_y}\right) \cdot \left(-\dfrac{F_x}{F_z}\right) = -1$.

7. **证**：令 $F(x,y,z) = \Phi(cx-az, cy-bz)$，并记 $cx-az, cy-bz$ 分别为 1 号与 2 号变量，

　　则 $F_x = \Phi_1' \cdot c$，　$F_y = \Phi_2' \cdot c$，　$F_z = \Phi_1'(-a) + \Phi_2'(-b)$，

　　$\dfrac{\partial z}{\partial x} = -\dfrac{F_x}{F_z} = -\dfrac{c\Phi_1'}{-a\Phi_1' - b\Phi_2'} = \dfrac{c\Phi_1'}{a\Phi_1' + b\Phi_2'}$，$\dfrac{\partial z}{\partial y} = -\dfrac{F_y}{F_z} = -\dfrac{c\Phi_2'}{-a\Phi_1' - b\Phi_2'} = \dfrac{c\Phi_2'}{a\Phi_1' + b\Phi_2'}$，

　　故 $a\dfrac{\partial z}{\partial x} + b\dfrac{\partial z}{\partial y} = \dfrac{ac\Phi_1' + bc\Phi_2'}{a\Phi_1' + b\Phi_2'} = c$.

*8. **解**：令 $F(x,y,z) = e^z - xyz$，$\dfrac{\partial z}{\partial x} = -\dfrac{F_x}{F_z} = -\dfrac{(-yz)}{e^z - xy} = \dfrac{yz}{e^z - xy}$，

$$\dfrac{\partial^2 z}{\partial x^2} = \dfrac{\partial}{\partial x}\left(\dfrac{\partial z}{\partial x}\right) = \dfrac{y\dfrac{\partial z}{\partial x}(e^z - xy) - yz\left(e^z\dfrac{\partial z}{\partial x} - y\right)}{(e^z - xy)^2} = \dfrac{y^2 z - yz\left(e^z \cdot \dfrac{yz}{e^z - xy} - y\right)}{(e^z - xy)^2}$$

$$= \dfrac{2y^2 z e^z - 2xy^3 z - y^2 z^2 e^z}{(e^z - xy)^3}.$$

*9. **解**：令 $F(x,y,z) = z^3 - 3xyz - a^3$，则

　　$\dfrac{\partial z}{\partial x} = -\dfrac{F_x}{F_z} = -\dfrac{-3yz}{3z^2 - 3xy} = \dfrac{yz}{z^2 - xy}$，　　$\dfrac{\partial z}{\partial y} = -\dfrac{F_y}{F_z} = -\dfrac{-3xz}{3z^2 - 3xy} = \dfrac{xz}{z^2 - xy}$

$$\dfrac{\partial^2 z}{\partial x \partial y} = \dfrac{\partial}{\partial y}\left(\dfrac{\partial z}{\partial x}\right) = \dfrac{\partial}{\partial y}\left(\dfrac{yz}{z^2 - xy}\right) = \dfrac{\left(z + y\dfrac{\partial z}{\partial y}\right)(z^2 - xy) - yz\left(2z\dfrac{\partial z}{\partial y} - x\right)}{(z^2 - xy)^2}$$

$$= \dfrac{\left(z + y\dfrac{xz}{z^2 - xy}\right)(z^2 - xy) - 2yz^2 \cdot \dfrac{xz}{z^2 - xy} + xyz}{(z^2 - xy)^2} = \dfrac{z^5 - 2xyz^3 - x^2 y^2 z}{(z^2 - xy)^3}.$$

10. **解**：(1) 方程组确定 $y = y(x), z = z(x)$，对等式两边关于 x 求导，得：

$$\begin{cases} \dfrac{dz}{dx} = 2x + 2y\dfrac{dy}{dx} \\ 2x + 4y\dfrac{dy}{dx} + 6z\dfrac{dz}{dx} = 0 \end{cases} \quad 即 \quad \begin{cases} 2y\dfrac{dy}{dx} - \dfrac{dz}{dx} = -2x \\ 2y\dfrac{dy}{dx} + 3z\dfrac{dz}{dx} = -x \end{cases}$$

则 $\dfrac{dy}{dx} = \dfrac{-6xz - x}{6yz + 2y} = \dfrac{-x(6z+1)}{2y(3z+1)}$，　　$\dfrac{dz}{dx} = \dfrac{-2xy + 4xy}{6yz + 2y} = \dfrac{2xy}{6yz + 2y} = \dfrac{x}{3z+1}$.

(2) 方程组确定 $x = x(z), y = y(z)$，对等式两边关于 z 求导，得：

$$\begin{cases} \dfrac{dx}{dz} + \dfrac{dy}{dz} + 1 = 0 \\ 2x\dfrac{dx}{dz} + 2y\dfrac{dy}{dz} + 2z = 0 \end{cases} \quad 即 \quad \begin{cases} \dfrac{dx}{dz} + \dfrac{dy}{dz} = -1 \\ x\dfrac{dx}{dz} + y\dfrac{dy}{dz} = -z \end{cases}$$

即 $\dfrac{\mathrm{d}x}{\mathrm{d}z}=\dfrac{-y+z}{y-x}=\dfrac{y-z}{x-y}$，$\dfrac{\mathrm{d}y}{\mathrm{d}z}=\dfrac{-z+x}{y-x}=\dfrac{z-x}{x-y}$.

（3）方程组确定 $u=u(x,y)$，$v=v(x,y)$，对等式两边关于 x 求导，得：

$$\begin{cases}\dfrac{\partial u}{\partial x}=f'_1\left(\dfrac{\partial u}{\partial x}x+u\right)+f'_2\dfrac{\partial v}{\partial x},\\ \dfrac{\partial v}{\partial x}=g'_1\left(\dfrac{\partial u}{\partial x}-1\right)+g'_2\cdot 2v\dfrac{\partial v}{\partial x}\cdot y,\end{cases}$$

即 $$\begin{cases}(1-xf'_1)\dfrac{\partial u}{\partial x}-f'_2\dfrac{\partial v}{\partial x}=uf'_1,\\ g'_1\dfrac{\partial u}{\partial x}+(2yvg'_2-1)\dfrac{\partial v}{\partial x}=g'_1,\end{cases}$$

则 $\dfrac{\partial u}{\partial x}=\dfrac{uf'_1(2yvg'_2-1)+g'_1 f'_2}{(1-xf'_1)(2yvg'_2-1)+g'_1 f'_2}$，$\dfrac{\partial v}{\partial x}=\dfrac{(1-xf'_1)g'_1-uf'_1 g'_1}{(1-xf'_1)(2yvg'_2-1)+g'_1 f'_2}$.

（4）方程组确定 $u=u(x,y)$，$v=v(x,y)$，对等式两边关于 x,y 求导得：

$$\begin{cases}1=\mathrm{e}^u\dfrac{\partial u}{\partial x}+\dfrac{\partial u}{\partial x}\sin v+u\cos v\dfrac{\partial v}{\partial x}\\ 0=\mathrm{e}^u\dfrac{\partial u}{\partial x}-\dfrac{\partial u}{\partial x}\cos v+u\sin v\dfrac{\partial v}{\partial x}\end{cases},\quad \begin{cases}0=\mathrm{e}^u\dfrac{\partial u}{\partial y}+\dfrac{\partial u}{\partial y}\sin v+u\cos v\dfrac{\partial v}{\partial y}\\ 1=\mathrm{e}^u\dfrac{\partial u}{\partial y}-\dfrac{\partial u}{\partial y}\cos v+u\sin v\dfrac{\partial v}{\partial y}\end{cases},$$

解得：$\dfrac{\partial u}{\partial x}=\dfrac{u\sin v}{u\sin v(\mathrm{e}^u+\sin v)-u\cos v(\mathrm{e}^u-\cos v)}=\dfrac{\sin v}{(\sin v-\cos v)\mathrm{e}^u+1}$

$\dfrac{\partial v}{\partial x}=\dfrac{-(\mathrm{e}^u-\cos v)}{u\sin v(\mathrm{e}^u+\sin v)-u\cos v(\mathrm{e}^u-\cos v)}=\dfrac{\cos v-\mathrm{e}^u}{u\mathrm{e}^u(\sin v-\cos v)+u}$

$\dfrac{\partial u}{\partial y}=\dfrac{-u\cos v}{u\sin v(\mathrm{e}^u+\sin v)-u\cos v(\mathrm{e}^u-\cos v)}=\dfrac{-\cos v}{\mathrm{e}^u(\sin v-\cos v)+1}$

$\dfrac{\partial v}{\partial y}=\dfrac{\mathrm{e}^u+\sin v}{u\mathrm{e}^u(\sin v-\cos v)+u}$.

11. **证**：方程组确定 $y=f(x)$，$t=t(x)$，对 $\begin{cases}y=f(x,t)\\ F(x,y,t)=0\end{cases}$ 两边关于 x 求导得：

$$\begin{cases}\dfrac{\mathrm{d}y}{\mathrm{d}x}=\dfrac{\partial f}{\partial x}+\dfrac{\partial f}{\partial t}\dfrac{\mathrm{d}t}{\mathrm{d}x}\\ \dfrac{\partial F}{\partial x}+\dfrac{\partial F}{\partial y}\dfrac{\mathrm{d}y}{\mathrm{d}x}+\dfrac{\partial F}{\partial t}\dfrac{\mathrm{d}t}{\mathrm{d}x}=0\end{cases},\quad \text{即} \begin{cases}\dfrac{\mathrm{d}y}{\mathrm{d}x}-\dfrac{\partial f}{\partial t}\dfrac{\mathrm{d}t}{\mathrm{d}x}=\dfrac{\partial f}{\partial x}\\ \dfrac{\partial F}{\partial y}\dfrac{\mathrm{d}y}{\mathrm{d}x}+\dfrac{\partial F}{\partial t}\dfrac{\mathrm{d}t}{\mathrm{d}x}=-\dfrac{\partial F}{\partial x}\end{cases},$$

当 $D=\dfrac{\partial F}{\partial t}+\dfrac{\partial f}{\partial t}\dfrac{\partial F}{\partial y}\neq 0$ 时，$\dfrac{\mathrm{d}y}{\mathrm{d}x}=\dfrac{\dfrac{\partial f}{\partial x}\dfrac{\partial F}{\partial t}-\dfrac{\partial f}{\partial t}\dfrac{\partial F}{\partial x}}{\dfrac{\partial F}{\partial t}+\dfrac{\partial f}{\partial t}\dfrac{\partial F}{\partial y}}$.

第六节　多元函数微分学的几何应用

一、主要内容归纳

1. 一元向量值函数

（1）一元向量值函数的定义

定义 设数集 $D\subset\mathbf{R}$，则称映射 $f:D\rightarrow\mathbf{R}^n$ 为一元向量值函数，通常记为 $\mathbf{r}=\mathbf{f}(t)$，$t\in D$，其中数集 D 称为函数的定义域，t 称为自变量，$\mathbf{r}$ 称为因变量.

一元向量值函数是普通一元函数的推广，此时自变量 t 仍然取实数值，而因变量 $\mathbf{r}$ 取值为 n 维向量. 区别于向量值函数，把普通的实值函数称为数量函数.

(2)向量值函数的极限

定义 设向量值函数 $f(t)$ 在点 t_0 的某一去心邻域内有定义,如果存在一个常向量 r_0,对于 $\forall \varepsilon > 0$,总 $\exists \delta > 0$,当 $0 < |t - t_0| < \delta$ 时,有 $|f(t) - r_0| < \varepsilon$,那么,称常向量 r_0 为 $f(t)$ 当 $t \to t_0$ 时的极限,记作 $\lim\limits_{t \to t_0} f(t) = r_0$ 或 $f(t) \to r_0$, $t \to t_0$.

向量值函数 $f(t)$ 当 $t \to t_0$ 时的极限存在的充分必要条件是:$f(t)$ 的三个分量函数 $f_1(t)$, $f_2(t)$, $f_3(t)$ 当 $t \to t_0$ 时的极限都存在;当函数 $f(t)$ 当 $t \to t_0$ 时的极限存在时,其极限 $\lim\limits_{t \to t_0} f(t) = (\lim\limits_{t \to t_0} f_1(t), \lim\limits_{t \to t_0} f_2(t), \lim\limits_{t \to t_0} f_3(t))$,即对三个分向量函数分别求 $t \to t_0$ 时的极限.

(3)向量值函数的连续性

定义 设向量值函数 $f(t)$ 在点 t_0 的某一邻域内有定义,若 $\lim\limits_{t \to t_0} f(t) = f(t_0)$,则称向量值函数 $f(t)$ 在点 t_0 连续.

向量值函数 $f(t)$ 在点 t_0 连续的充分必要条件是:$f(t)$ 的 3 个分量函数 $f_1(t)$, $f_2(t)$, $f_3(t)$ 都在点 t_0 连续.

(4)向量值函数的可导性

定义 设向量值函数 $r = f(t)$ 在点 t_0 的某一邻域内有定义,如果 $\lim\limits_{\Delta t \to 0} \dfrac{\Delta r}{\Delta t} = \lim\limits_{\Delta t \to 0} \dfrac{f(t_0 + \Delta t) - f(t_0)}{\Delta t}$ 存在,那么称这个极限向量为 $r = f(t)$ 在 t_0 处的导数或导向量. 记作 $f'(t_0)$ 或 $\left. \dfrac{dr}{dt} \right|_{t = t_0}$.

向量值函数 $f(t)$ 在点 t_0 可导的充分必要条件是:$f(t)$ 的三个分量函数 $f_1(t)$, $f_2(t)$, $f_3(t)$ 在点 t_0 都可导.

当 $f(t)$ 在 t_0 可导时,其导数 $f'(t_0) = f_1'(t_0) \boldsymbol{i} + f_2'(t_0) \boldsymbol{j} + f_3'(t_0) \boldsymbol{k}$.

向量值函数的导数运算法则与数量函数的导数运算法则形式相似.

2. 空间曲线的切线与法平面

(1)若空间曲线的参数方程为: $\begin{cases} x = \varphi(t) \\ y = \psi(t) \\ z = \omega(t) \end{cases}$,则曲线在点 $P_0(x_0, y_0, z_0)$ 处的切向量 $\boldsymbol{T} = (\varphi'(t_0), \psi'(t_0), \omega'(t_0))$,并且曲线在点 $P_0(x_0, y_0, z_0)$ 处的切线方程和法平面方程分别为:

$$\dfrac{x - x_0}{\varphi'(t_0)} = \dfrac{y - y_0}{\psi'(t_0)} = \dfrac{z - z_0}{\omega'(t_0)}, \quad \varphi'(t_0)(x - x_0) + \psi'(t_0)(y - y_0) + \omega'(t_0)(z - z_0) = 0.$$

(2)若空间曲线的方程为: $\begin{cases} y = \varphi(x) \\ z = \psi(x) \end{cases}$,取 x 为参数,它可表示为 $\begin{cases} x = x \\ y = \varphi(x) \\ z = \psi(x) \end{cases}$ 的形式,则曲线在点 $P_0(x_0, y_0, z_0)$ 处的切向量 $\boldsymbol{T} = (1, \varphi'(x_0), \psi'(x_0))$,并且曲线在点 $P_0(x_0, y_0, z_0)$ 处的切线方程和法平面方程分别为: $\dfrac{x - x_0}{1} = \dfrac{y - y_0}{\varphi'(x_0)} = \dfrac{z - z_0}{\psi'(x_0)}$, $(x - x_0) + \varphi'(x_0)(y - y_0) + \psi'(x_0)(z - z_0) = 0$.

(3)若空间曲线的方程为: $\begin{cases} F(x, y, z) = 0 \\ G(x, y, z) = 0 \end{cases}$,若取 x 为参数,则将方程的两边对 x 求导,可得曲线在点 $P_0(x_0, y_0, z_0)$ 的一个切向量 $\boldsymbol{T} = \left. \left(1, \dfrac{dy}{dx}, \dfrac{dz}{dx}\right) \right|_{P_0}$,从而求得曲线在点 $P_0(x_0, y_0, z_0)$ 处的切线方程和法平面方程.

注意:(a)这里给出的曲线在点 $P_0(x_0, y_0, z_0)$ 处的切向量是以 x 为参数,当然也可以选择其他变量作为参数,但前提是相应的导数能够求出.

(b)哪个变量为参数,切向量与对应的坐标轴的正向夹角为锐角.

3. 曲面的切平面和法线

(1)设曲面的方程为 $F(x,y,z)=0$,则曲面在点 $P_0(x_0,y_0,z_0)$ 处的法向量

$$\boldsymbol{n}=(F_x(x_0,y_0,z_0),F_y(x_0,y_0,z_0),F_z(x_0,y_0,z_0)),$$

并且曲面在点 $P_0(x_0,y_0,z_0)$ 处的切平面方程和法线方程分别为

$$F_x(x_0,y_0,z_0)(x-x_0)+F_y(x_0,y_0,z_0)(y-y_0)+F_z(x_0,y_0,z_0)(z-z_0)=0,$$

$$\frac{x-x_0}{F_x(x_0,y_0,z_0)}=\frac{y-y_0}{F_y(x_0,y_0,z_0)}=\frac{z-z_0}{F_z(x_0,y_0,z_0)}.$$

(2)设曲面的方程为 $z=f(x,y)$,可令 $F(x,y,z)=f(x,y)-z$,则曲面在点 $P_0(x_0,y_0,z_0)$ 处的法向量

$$\boldsymbol{n}=(f_x(x_0,y_0),f_y(x_0,y_0),-1),$$

并且曲面在点 $P_0(x_0,y_0,z_0)$ 处的切平面方程和法线方程分别为

$$f_x(x_0,y_0)(x-x_0)+f_y(x_0,y_0)(y-y_0)-(z-z_0)=0,\quad \frac{x-x_0}{f_x(x_0,y_0)}=\frac{y-y_0}{f_y(x_0,y_0)}=\frac{z-z_0}{-1}.$$

二、经典例题解析及解题方法总结

【例 1】 在曲线 $\begin{cases}x=t\\y=-t^2\\z=t^3\end{cases}$ 的所有切线中,与平面 $x+2y+z=-4$ 平行的切线_____.

(A)只有一条　　　　(B)只有两条　　　　(C)至少有三条　　　　(D)不存在

解 曲线的切线方向向量为 $(x'(t),y'(t),z'(t))=(1,-2t,3t^2)$.依题意知,切线的方向向量应与平面 $x+2y+z=-4$ 的法向量垂直,于是有 $(1,-2t,3t^2)\cdot(1,2,1)=1-4t+3t^2=0$,解得 $t_1=\frac{1}{3}$,$t_2=1$.所以与平面 $x+2y+z=-4$ 平行的切线应有两条.故应选(B).

【例 2】 曲线 $\begin{cases}x=t\\y=t^2\\z=t^3\end{cases}$ 上点 M 处的切线平行于平面 $x+2y+z=4$,则点 M 的坐标可以是

(A)$(1,1,1)$　　(B)$\left(-\frac{1}{3},\frac{1}{9},-\frac{1}{27}\right)$　　(C)$\left(\frac{1}{3},\frac{1}{9},\frac{1}{27}\right)$　　(D)$(-3,9,-27)$

解 因为 $\frac{\mathrm{d}x}{\mathrm{d}t}=1$,$\frac{\mathrm{d}y}{\mathrm{d}t}=2t$,$\frac{\mathrm{d}z}{\mathrm{d}t}=3t^2$,故曲线上点 $M(x,y,z)$ 处切线的方向向量是 $\boldsymbol{s}=(1,2t,3t^2)$,而平面 $x+2y+z=4$ 的法向量 $\boldsymbol{n}=(1,2,1)$,由于切线平行于已知平面,因此,

$$\boldsymbol{s}\cdot\boldsymbol{n}=0\quad 即\quad 1+4t+3t^2=0.$$

解此方程得 $t=-1$ 或 $t=-\frac{1}{3}$,当 $t=-1$ 时,$x=-1$,$y=1$,$z=-1$;当 $t=-\frac{1}{3}$ 时,$x=-\frac{1}{3}$,$y=\frac{1}{9}$,$z=-\frac{1}{27}$.于是点 M 的坐标是 $\left(-\frac{1}{3},\frac{1}{9},-\frac{1}{27}\right)$ 或 $(-1,1,-1)$.故应选(B).

> **方法总结**
>
> 曲线 $\begin{cases}x=x(t)\\y=y(t)\\z=z(t)\end{cases}$ 的切线方向向量为 $(x'(t),y'(t),z'(t))$.曲线的切线与平面平行,即曲线切线的方向向量与平面的法向量垂直.根据向量垂直的充要条件,即可得解.

【例3】 求曲线 $\begin{cases} x^2 = 3y \\ 2xz = 1 \end{cases}$ 在点 $(3, 3, \frac{1}{6})$ 处的切线与法平面方程.

解 取 x 为参数,则曲线方程可写为参数形式为 $\begin{cases} x = x \\ y = \frac{1}{3}x^2 \\ z = \frac{1}{2x} \end{cases}$,所以,曲线在 $(3, 3, \frac{1}{6})$ 处的切

向量 $\boldsymbol{T} = \left(1, \frac{2}{3}x, -\frac{1}{2x^2}\right)\Big|_{(3,3,\frac{1}{6})} = \left(1, 2, -\frac{1}{18}\right)$,取 $\boldsymbol{T} = (18, 36, -1)$.

故曲线在 $(3, 3, \frac{1}{6})$ 处的切线方程为 $\dfrac{x-3}{18} = \dfrac{y-3}{36} = \dfrac{z-\frac{1}{6}}{-1}$,

法平面方程为

$$18(x-3) + 36(y-3) - \left(z - \frac{1}{6}\right) = 0, \quad 即 \quad 108x + 216y - 6z = 971.$$

【例4】 曲线 $\begin{cases} xyz = 2 \\ x - y - z = 0 \end{cases}$ 上点 $(2, 1, 1)$ 处的某一切向量与 Oz 轴正向成锐角,求此切向量与 Oy 轴正向的夹角.

解 依题意此切向量与 Oz 轴正向成锐角,故取 z 为参数,将上述方程组的两边分别对 z 求导,得 $\begin{cases} yz \frac{dx}{dz} + xz \frac{dy}{dz} + xy = 0 \\ \frac{dx}{dz} - \frac{dy}{dz} - 1 = 0 \end{cases}$,即 $\begin{cases} yz \frac{dx}{dz} + xz \frac{dy}{dz} = -xy \\ \frac{dx}{dz} - \frac{dy}{dz} = 1 \end{cases}$,

将 $x = 2, y = 1, z = 1$ 代入上述方程组有 $\begin{cases} \frac{dx}{dz} + 2\frac{dy}{dz} = -2 \\ \frac{dx}{dz} - \frac{dy}{dz} = 1 \end{cases}$,解得 $\frac{dx}{dz} = 0, \frac{dy}{dz} = -1$. 故此曲线的切

向量 $\boldsymbol{T} = (0, -1, 1)$, $\cos\beta = -\frac{\sqrt{2}}{2}, \beta = \frac{3\pi}{4}$. 所以此切向量与 Oy 轴正向的夹角为 $\frac{3\pi}{4}$.

【例5】 求曲面 $z = \frac{x^2}{2} + y^2$ 平行于平面 $2x + 2y - z = 0$ 的切平面方程.(考研题)

解 设切点为 $P(x_0, y_0, z_0)$,于是曲面 $z = \frac{x^2}{2} + y^2$ 在点 P 的法向量为 $(x_0, 2y_0, -1)$,所给

平面的法向量为 $\{2, 2, -1\}$. 由条件知 $\dfrac{x_0}{2} = \dfrac{2y_0}{2} = \dfrac{-1}{-1}$

所以切点坐标为 $x_0 = 2$, $y_0 = 1$, $z_0 = \dfrac{x_0^2}{2} + y_0^2 = 3$,

于是,所求切平面方程为 $2(x-2) + 2(y-1) - (z-3) = 0$, 即 $2x + 2y - z - 3 = 0$.

【例6】 试证:锥面 $z = \sqrt{x^2 + y^2} + 3$ 的所有切平面都通过锥面的顶点.

证 因为 $\dfrac{\partial z}{\partial x} = \dfrac{x}{\sqrt{x^2 + y^2}}$, $\dfrac{\partial z}{\partial y} = \dfrac{y}{\sqrt{x^2 + y^2}}$,

故锥面上任一点 (x_0, y_0, z_0) 处的切平面方程为 $z - z_0 = \dfrac{x_0}{\sqrt{x_0^2 + y_0^2}}(x - x_0) + \dfrac{y_0}{\sqrt{x_0^2 + y_0^2}}(y - y_0)$

将 $z_0 - 3 = \sqrt{x_0^2 + y_0^2}$ 代入上述方程,整理后得 $x_0 x + y_0 y - (z_0 - 3)(z - 3) = 0$

而锥面顶点的坐标$(0,0,3)$满足上述方程,所以锥面$z=\sqrt{x^2+y^2}+3$的所有切平面都通过锥面的顶点.

【例7】 曲面$z-e^z+2xy=3$在点$(1,2,0)$处的切平面方程为_____.

解 令$F(x,y,z)=z-e^z+2xy-3$,则$F'_x=2y, F'_y=2x, F'_z=1-e^z$,在点$(1,2,0)$处切平面的法向量为$(4,2,0)$.则切平面方程为
$$4(x-1)+2(y-2)+0(z-0)=0, \quad 即 \quad 2x+y-4=0.$$

【例8】 由曲线$\begin{cases}3x^2+2y^2+3z^2=12 \\ z=0\end{cases}$绕$y$轴旋转一周得到的旋转面在点$(0,\sqrt{3},\sqrt{2})$处的指向外侧的单位法向量为_____.

解 旋转曲面方程为 $3x^2+2y^2+3z^2=12$

令$F(x,y,z)=3x^2+2y^2+3z^2-12$,则$F'_x=6x, F'_y=4y, F'_z=6z$在点$(0,\sqrt{3},\sqrt{2})$处指向外侧的法向量为$(0,4\sqrt{3},6\sqrt{2})$,单位化得$\dfrac{1}{\sqrt{5}}(0,\sqrt{2},\sqrt{3})$.

【例9】 曲面$x^2+2y^2+3z^2=21$在点$(1,-2,2)$的法线方程为_____.(考研题)

解 记$F(x,y,z)=x^2+2y^2+3z^2-21, M_0(1,-2,2)$,则
$$F'_x=2x, \qquad F'_y=4y, \qquad F'_z=6z,$$
$$F'_x|_{M_0}=2, \qquad F'_y|_{M_0}=-8, \qquad F'_z|_{M_0}=12.$$
取$\boldsymbol{n}=(1,-4,6)$,所求法线方程为:$\dfrac{x-1}{1}=\dfrac{y+2}{-4}=\dfrac{z-2}{6}$.

> 🔵 **方法总结**
>
> 本题应先求出法线的方向向量,再用直线的对称式写出法线方程.空间曲线的切线和法平面方程以及曲面的法线和切平面方程是几何应用常考题型,我们应熟记相关公式.

【例10】 在椭球面$\dfrac{x^2}{a^2}+\dfrac{y^2}{b^2}+\dfrac{z^2}{c^2}=1$上哪一点处的切平面在坐标轴上的三个截距相等?

解 设所求的点为(x_0,y_0,z_0),令$F(x,y,z)=\dfrac{x^2}{a^2}+\dfrac{y^2}{b^2}+\dfrac{z^2}{c^2}-1$,

则 $F'_x(x_0,y_0,z_0)=\dfrac{2x_0}{a^2}, \quad F'_y(x_0,y_0,z_0)=\dfrac{2y_0}{b^2}, \quad F'_z(x_0,y_0,z_0)=\dfrac{2z_0}{c^2}$,

代入切平面方程得$\dfrac{x_0}{a^2}(x-x_0)+\dfrac{y_0}{b^2}(y-y_0)+\dfrac{z_0}{c^2}(z-z_0)=0$

令$y=0, z=0$得x轴上的截距为$\dfrac{a^2}{x_0}$,类似可得y轴上,z轴上的截距为$\dfrac{b^2}{y_0}, \dfrac{c^2}{z_0}$.

由题设截距相等有 $\dfrac{a^2}{x_0}=\dfrac{b^2}{y_0}=\dfrac{c^2}{z_0}$ 即 $y_0=\dfrac{b^2}{a^2}x_0, \qquad z_0=\dfrac{c^2}{a^2}x_0$ ①

又 $\dfrac{x_0^2}{a^2}+\dfrac{y_0^2}{b^2}+\dfrac{z_0^2}{c^2}=1$ ②

由式①,②解得 $x_0=\dfrac{\pm a^2}{\sqrt{a^2+b^2+c^2}}, \quad y_0=\dfrac{\pm b^2}{\sqrt{a^2+b^2+c^2}}, \quad z_0=\dfrac{\pm c^2}{\sqrt{a^2+b^2+c^2}}$.所以点$\left(\dfrac{a^2}{\sqrt{a^2+b^2+c^2}}, \dfrac{b^2}{\sqrt{a^2+b^2+c^2}}, \dfrac{c^2}{\sqrt{a^2+b^2+c^2}}\right)$与点$\left(\dfrac{-a^2}{\sqrt{a^2+b^2+c^2}}, \dfrac{-b^2}{\sqrt{a^2+b^2+c^2}}, \dfrac{-c^2}{\sqrt{a^2+b^2+c^2}}\right)$处的

切平面在三坐标轴上的截距相等.

【例 11】 设函数 $f(x,y)$ 在点 $(0,0)$ 附近有定义,且 $f'_x(0,0)=3$, $f'_y(0,0)=1$,则( ). (考研题)

(A) $\mathrm{d}z\big|_{(0,0)}=3\mathrm{d}x+\mathrm{d}y$

(B) 曲面 $z=f(x,y)$ 在点 $(0,0,f(0,0))$ 的法向量为 $\{3,1,1\}$

(C) 曲线 $\begin{cases} z=f(x,y) \\ y=0 \end{cases}$ 在点 $(0,0,f(0,0))$ 的切向量为 $\{1,0,3\}$

(D) 曲线 $\begin{cases} z=f(x,y) \\ y=0 \end{cases}$ 在点 $(0,0,f(0,0))$ 的切向量为 $\{3,0,1\}$

解 对于选项(C),xOz 面上曲线 $z=f(x,0)$ 在点 $(0,0,f(0,0))$ 处导数 $\dfrac{\mathrm{d}z}{\mathrm{d}x}\big|_{(0,0)}=f'_x(0,0)=3$,且 xOz 面上的向量在 y 轴上的分量为零,故切线的方向向量为 $(1,0,3)$.故应选(C).

> **方法总结**
>
> 选项(A)不对.因为函数 $z=f(x,y)$ 在点 $M_0(x_0,y_0)$ 处存在偏导数 $\dfrac{\partial z}{\partial x}\big|_{M_0}$, $\dfrac{\partial z}{\partial y}\big|_{M_0}$ 并不能保证 $z=f(x,y)$ 在点 M_0 处可微.
>
> 选项(B)不对.因为偏导数存在不一定能保证函数可微,所以也不一定能保证曲面 $z=f(x,y)$ 在相应点 $(x_0,y_0,f(x_0,y_0))$ 处存在切平面.

【例 12】 试证曲面 $z=xf\left(\dfrac{y}{x}\right)$ 上任一点处的切平面都过原点(其中 f 具有一阶连续导数).

解 $\dfrac{\partial z}{\partial x}=f-\dfrac{y}{x}f'$, $\dfrac{\partial z}{\partial y}=f'$. 曲面上 (x_0,y_0,z_0) 处切平面方程为

$$\left[f\left(\dfrac{y_0}{x_0}\right)-\dfrac{y_0}{x_0}f'\left(\dfrac{y_0}{x_0}\right)\right](x-x_0)+f'\left(\dfrac{y_0}{x_0}\right)(y-y_0)-(z-z_0)=0,$$

整理得 $\left[f\left(\dfrac{y_0}{x_0}\right)-\dfrac{y_0}{x_0}f'\left(\dfrac{y_0}{x_0}\right)\right]x+f'\left(\dfrac{y_0}{x_0}\right)y-z=0$,故切平面过原点.

【例 13】 证明曲面 $f(x-az,y-bz)=0$ 上任一点处的切平面均与直线 $\dfrac{x}{a}=\dfrac{y}{b}=z$ 平行.

分析 只需证明曲面上任一点处切平面的法向量 $\boldsymbol{n}$ 与所给直线的方向向量 $\boldsymbol{s}=\{a,b,1\}$ 垂直即可.

证 设 $F(x,y,z)=f(x-az,y-bz)$,则 $F'_x(x,y,z)=f'_1$, $F'_y(x,y,z)=f'_2$, $F'_z(x,y,z)=-af'_1-bf'_2$,所以 $\boldsymbol{n}=(f'_1,f'_2,-af'_1-bf'_2)$.而所给直线 $\dfrac{x}{a}=\dfrac{y}{b}=z$ 的方向向量 $\boldsymbol{s}=(a,b,1)$,于是 $\boldsymbol{n}\cdot\boldsymbol{s}=af'_1+bf'_2-af'_1-bf'_2=0$,所以,曲面 $f(x-az,y-bz)=0$ 上任一点处的切平面均与直线 $\dfrac{x}{a}=\dfrac{y}{b}=z$ 平行.

【例 14】 曲面 $3x^2+y^2+z^2=12$ 上点 $M(-1,0,3)$ 处的切平面与平面 $z=0$ 的夹角是_____.

(A) $\dfrac{\pi}{6}$ (B) $\dfrac{\pi}{4}$ (C) $\dfrac{\pi}{3}$ (D) $\dfrac{\pi}{2}$

解 设 $F(x,y,z)=3x^2+y^2+z^2-12$,则 $F'_x(-1,0,3)=-6$, $F'_y(-1,0,3)=0$, $F'_z(-1,0,3)=6$,曲面在点 M 处切平面的法向量 $\boldsymbol{n}_1=(-6,0,6)$.平面 $z=0$ 即 xOy 坐标平面,其

法向量可取为 $\boldsymbol{n}_2=(0,0,1)$. 于是切平面与平面 $z=0$ 的夹角 θ 的余弦是 $\cos\theta=\dfrac{|\boldsymbol{n}_1\cdot\boldsymbol{n}_2|}{|\boldsymbol{n}_1|\cdot|\boldsymbol{n}_2|}=$

$\dfrac{0+0+6}{\sqrt{(-6)^2+0^2+6^2}}\cdot\dfrac{1}{\sqrt{0^2+0^2+1^2}}=\dfrac{\sqrt{2}}{2}$,所以 $\theta=\dfrac{\pi}{4}$. 故应选(B).

习题 9-6 解答

1. 证: $\lim\limits_{t\to t_0}[\boldsymbol{f}(t)\times\boldsymbol{g}(t)]=\lim\limits_{t\to t_0}\begin{vmatrix}\boldsymbol{i}&\boldsymbol{j}&\boldsymbol{k}\\ f_1(t)&f_2(t)&f_3(t)\\ g_1(t)&g_2(t)&g_3(t)\end{vmatrix}$

$=\lim\limits_{t\to t_0}\bigl(f_2(t)g_3(t)-f_3(t)g_2(t),\ f_3(t)g_1(t)-f_1(t)g_3(t),\ f_1(t)g_2(t)-f_2(t)g_1(t)\bigr)$

$=\bigl(\lim\limits_{t\to t_0}[f_2(t)g_3(t)-f_3(t)g_2(t)],\ \lim\limits_{t\to t_0}[f_3(t)g_1(t)-f_1(t)g_3(t)],\ \lim\limits_{t\to t_0}[f_1(t)g_2(t)$

$-f_2(t)g_1(t)]\bigr)$

$=\begin{vmatrix}\boldsymbol{i}&\boldsymbol{j}&\boldsymbol{k}\\ \lim\limits_{t\to t_0}f_1(t)&\lim\limits_{t\to t_0}f_2(t)&\lim\limits_{t\to t_0}f_3(t)\\ \lim\limits_{t\to t_0}g_1(t)&\lim\limits_{t\to t_0}g_2(t)&\lim\limits_{t\to t_0}g_3(t)\end{vmatrix}=\boldsymbol{u}\times\boldsymbol{v}$. 故 $\lim\limits_{t\to t_0}[\boldsymbol{f}(t)\times\boldsymbol{g}(t)]=[\lim\limits_{t\to t_0}\boldsymbol{f}(t)]\times[\lim\limits_{t\to t_0}\boldsymbol{g}(t)]$.

2. 解: (1) 速度向量 $\boldsymbol{v}_0=\dfrac{\mathrm{d}\boldsymbol{r}}{\mathrm{d}t}\Big|_{t=1}=(\boldsymbol{i}+2t\boldsymbol{j}+2\boldsymbol{k})\Big|_{t=1}=\boldsymbol{i}+2\boldsymbol{j}+2\boldsymbol{k}$

加速度向量 $\boldsymbol{a}_0=\dfrac{\mathrm{d}^2\boldsymbol{r}}{\mathrm{d}t^2}\Big|_{t=1}=2\boldsymbol{j}$,速率 $|\boldsymbol{v}(t)|=|\boldsymbol{i}+2t\boldsymbol{j}+2\boldsymbol{k}|=\sqrt{5+4t^2}$.

(2) 速度向量 $\boldsymbol{v}_0=\dfrac{\mathrm{d}\boldsymbol{r}}{\mathrm{d}t}\Big|_{t=\frac{\pi}{2}}=\bigl[(-2\sin t)\boldsymbol{i}+(3\cos t)\boldsymbol{j}+4\boldsymbol{k}\bigr]_{t=\frac{\pi}{2}}=-2\boldsymbol{i}+4\boldsymbol{k}$,

加速度向量 $\boldsymbol{a}_0=\dfrac{\mathrm{d}^2\boldsymbol{r}}{\mathrm{d}t^2}\Big|_{t=\frac{\pi}{2}}=\bigl[(-2\cos t)\boldsymbol{i}-(3\sin t)\boldsymbol{j}\bigr]_{t=\frac{\pi}{2}}=-3\boldsymbol{j}$,

速率 $|\boldsymbol{v}(t)|=|(-2\sin t)\boldsymbol{i}+(3\cos t)\boldsymbol{j}+4\boldsymbol{k}|=\sqrt{9\cos^2 t+4\sin^2 t+16}=\sqrt{20+5\cos^2 t}$.

(3) 速度向量 $\boldsymbol{v}_0=\dfrac{\mathrm{d}\boldsymbol{v}}{\mathrm{d}t}\Big|_{t=1}=\Bigl(\dfrac{2}{t+1}\boldsymbol{i}+2t\boldsymbol{j}+t\boldsymbol{k}\Bigr)\Big|_{t=1}=\boldsymbol{i}+2\boldsymbol{j}+\boldsymbol{k}$,

加速度向量 $\boldsymbol{a}_0=\dfrac{\mathrm{d}^2\boldsymbol{v}}{\mathrm{d}t^2}\Big|_{t=1}=\Bigl[-\dfrac{2}{(t^2+1)^2}\boldsymbol{i}+2\boldsymbol{j}+\boldsymbol{k}\Bigr]_{t=1}=-\dfrac{1}{2}\boldsymbol{i}+2\boldsymbol{j}+\boldsymbol{k}$,

速率 $|\boldsymbol{v}(t)|=\Bigl|\dfrac{2}{t+1}\boldsymbol{i}+2t\boldsymbol{j}+t\boldsymbol{k}\Bigr|=\sqrt{5t^2+\dfrac{4}{(t+1)^2}}$.

3. 解: $x'_t=1-\cos t$, $y'_t=\sin t$, $z'_t=2\cos\dfrac{t}{2}$,而点 $\Bigl(\dfrac{\pi}{2}-1,1,2\sqrt{2}\Bigr)$ 对应参数 $t_0=\dfrac{\pi}{2}$,

$\therefore$ 切向量 $\boldsymbol{T}=(1,1,\sqrt{2})\therefore$ 切线方程为 $\dfrac{x-\dfrac{\pi}{2}+1}{1}=\dfrac{y-1}{1}=\dfrac{z-2\sqrt{2}}{\sqrt{2}}$,法平面方程为 $1\cdot$

$\Bigl(x-\dfrac{\pi}{2}+1\Bigr)+1\cdot(y-1)+\sqrt{2}\cdot(z-2\sqrt{2})=0$,即 $x+y+\sqrt{2}z=4+\dfrac{\pi}{2}$.

4. 解: $\because x'_t=\dfrac{1+t-t}{(1+t)^2}=\dfrac{1}{(1+t)^2}$, $y'_t=-\dfrac{1}{t^2}$, $z'_t=2t$.

$\therefore \boldsymbol{T} = (x'_t, y'_t, z'_t)\big|_{t=1} = \left(\frac{1}{4}, -1, 2\right)$,对应于 $t=1$ 的点为 $\left(\frac{1}{2}, 2, 1\right)$,

$\therefore$ 切线方程为 $\dfrac{x-\dfrac{1}{2}}{\dfrac{1}{4}} = \dfrac{y-2}{-1} = \dfrac{z-1}{2}$,法平面方程为 $\dfrac{1}{4} \cdot \left(x-\dfrac{1}{2}\right) - (y-2) + 2(z-1) = 0$,

即:$2x - 8y + 16z - 1 = 0$.

5. **解**:将 x 作为参数,对 $y^2 = 2mx$, $z^2 = m - x$ 两边分别关于 x 求导得 $2yy' = 2m$, $2zz' = -1$

$\therefore y' = \dfrac{m}{y}$, $z' = -\dfrac{1}{2z}$, $\therefore \boldsymbol{T} = (1, y', z')\big|_{x=x_0} = \left(1, \dfrac{m}{y_0}, -\dfrac{1}{2z_0}\right)$,切线方程为 $\dfrac{x-x_0}{1} = \dfrac{y-y_0}{\dfrac{m}{y_0}} = \dfrac{z-z_0}{\dfrac{-1}{2z_0}}$,法平面方程为 $1 \cdot (x-x_0) + \dfrac{m}{y_0}(y-y_0) - \dfrac{1}{2z_0}(z-z_0) = 0$. 即 $2y_0 z_0 x + 2mz_0 y - y_0 z - 2x_0 y_0 z_0 - 2my_0 z_0 + y_0 z_0 = 0$.

6. **解**:方程组确定 $y = y(x)$, $z = z(x)$,等式两边关于 x 求导得:

$\begin{cases} 2x + 2y\dfrac{dy}{dx} + 2z\dfrac{dz}{dx} - 3 = 0 \\ 2 - 3\dfrac{dy}{dx} + 5\dfrac{dz}{dx} = 0 \end{cases}$ 即 $\begin{cases} 2y\dfrac{dy}{dx} + 2z\dfrac{dz}{dx} = -2x + 3 \\ 3\dfrac{dy}{dx} - 5\dfrac{dz}{dx} = 2 \end{cases}$,$D = \begin{vmatrix} 2y & 2z \\ 3 & -5 \end{vmatrix} = -10y - 6z$,

$\dfrac{dy}{dx} = \dfrac{1}{D}\begin{vmatrix} -2x+3 & 2z \\ 2 & -5 \end{vmatrix} = \dfrac{10x - 15 - 4z}{-10y - 6z}$, $\therefore \dfrac{dy}{dx}\bigg|_{(1,1,1)} = \dfrac{9}{16}$;

$\dfrac{dz}{dx} = \dfrac{1}{D}\begin{vmatrix} 2y & -2x+3 \\ 3 & 2 \end{vmatrix} = \dfrac{4y + 6x - 9}{-10y - 6z}$, $\therefore \dfrac{dz}{dx}\bigg|_{(1,1,1)} = -\dfrac{1}{16}$.

于是,切线方程为 $\dfrac{x-1}{1} = \dfrac{y-1}{\dfrac{9}{16}} = \dfrac{z-1}{-\dfrac{1}{16}}$ 即 $\dfrac{x-1}{16} = \dfrac{y-1}{9} = \dfrac{z-1}{-1}$,

法平面方程为 $16(x-1) + 9(y-1) - (z-1) = 0$ 即 $16x + 9y - z - 24 = 0$.

7. **解**:$\because x'_t = 1$, $y'_t = 2t$, $z'_t = 3t^2$, $\therefore$ 切线的方向量为 $(1, 2t, 3t^2)$.

又已知平面的法向量为 $(1, 2, 1)$,切线与平面平行,则有 $1 \cdot 1 + 2t \cdot 2 + 3t^2 \cdot 1 = 0$,即 $3t^2 + 4t + 1 = 0$,解得:$t_1 = -1$, $t_2 = -\dfrac{1}{3}$. $\therefore$ 所求点的坐标为 $(-1, 1, -1)$ 和 $\left(-\dfrac{1}{3}, \dfrac{1}{9}, -\dfrac{1}{27}\right)$.

8. **解**:令 $F(x, y, z) = e^z - z + xy - 3$, $\boldsymbol{n} = (F_x, F_y, F_z) = (y, x, e^z - 1)$, $\boldsymbol{n}\big|_{(2,1,0)} = (1, 2, 0)$. 点 $(2, 1, 0)$ 处的切平面方程为 $1 \cdot (x-2) + 2 \cdot (y-1) + 0(z-0) = 0$,即 $x + 2x - 4 = 0$. 点 $(2, 1, 0)$ 处的法线方程为 $\dfrac{x-2}{1} = \dfrac{y-1}{2} = \dfrac{z-0}{0}$ 或 $\begin{cases} \dfrac{x-2}{1} = \dfrac{y-1}{2} \\ z = 0 \end{cases}$.

9. **解**:令 $F(x, y, z) = ax^2 + by^2 + cz^2 - 1$,则 $\boldsymbol{n} = (F_x, F_y, F_z) = (2ax, 2by, 2cz)$, $\boldsymbol{n}\big|_{(x_0, y_0, z_0)} = (2ax_0, 2by_0, 2cz_0)$. $\therefore$ 在点 (x_0, y_0, z_0) 处的切平面方程为 $2ax_0(x-x_0) + 2by_0(y-y_0) + 2cz_0(z-z_0) = 0$,即 $ax_0 x + by_0 y + cz_0 z = 1$. 法线方程为 $\dfrac{x-x_0}{2ax_0} = \dfrac{y-y_0}{2by_0} = \dfrac{z-z_0}{2cz_0}$,即 $\dfrac{x-x_0}{ax_0} = \dfrac{y-y_0}{by_0} = \dfrac{z-z_0}{cz_0}$.

10. **解**:令 $F(x, y, z) = x^2 + 2y^2 + z^2 - 1$, $\boldsymbol{n} = (F_x, F_y, F_z) = (2x, 4y, 2z)$. 已知平面法向量为:$(1, -1, 2)$,由已知平面与所求平面平行,得 $\dfrac{2x}{1} = \dfrac{4y}{-1} = \dfrac{2z}{2}$,即 $x = \dfrac{1}{2}z$, $y = -\dfrac{1}{4}z$. 代入椭球面方

程得: $\left(\frac{1}{2}z\right)^2 + 2\left(-\frac{1}{4}z\right)^2 + z^2 = 1$,解得: $z = \pm 2\sqrt{\frac{2}{11}}$,则 $x = \pm\sqrt{\frac{2}{11}}$, $y = \mp\frac{1}{2}\sqrt{\frac{2}{11}}$,

∴切点坐标为 $\left(\pm\sqrt{\frac{2}{11}}, \mp\frac{1}{2}\sqrt{\frac{2}{11}}, \pm 2\sqrt{\frac{2}{11}}\right)$,所求切平面方程为 $\left(x \mp \sqrt{\frac{2}{11}}\right) -$

$\left(y \pm \frac{1}{2}\sqrt{\frac{2}{11}}\right) + 2\left(z \mp 2\sqrt{\frac{2}{11}}\right) = 0$,即 $x - y + 2z = \pm\sqrt{\frac{11}{2}}$.

11. **解**: 令 $F(x,y,z) = 3x^2 + y^2 + z^2 - 16$,则 $\boldsymbol{n} = (F_x, F_y, F_z) = (6x, 2y, 2z)$, $\boldsymbol{n}\big|_{(-1,-2,3)} = (-6, -4, 6)$. 设在点 $(-1,-2,3)$ 处的法向量: $\boldsymbol{n}_1 = (-6, -4, 6)$, xOy 面的法向量 $\boldsymbol{n}_2 = (0,0,1)$, $\boldsymbol{n}_1$ 与 $\boldsymbol{n}_2$ 的夹角为 θ,则

$$\cos\theta = \frac{\boldsymbol{n}_1 \cdot \boldsymbol{n}_2}{|\boldsymbol{n}_1| \cdot |\boldsymbol{n}_2|} = \frac{-6 \times 0 + (-4) \times 0 + 6 \times 1}{\sqrt{(-6)^2 + (-4)^2 + 6^2} \cdot \sqrt{0^2 + 0^2 + 1^2}} = \frac{6}{2\sqrt{22}} = \frac{3}{\sqrt{22}}.$$

12. **证**: 令 $F(x,y,z) = \sqrt{x} + \sqrt{y} + \sqrt{z} - \sqrt{a}$,则 $\boldsymbol{n} = \left(\frac{1}{2\sqrt{x}}, \frac{1}{2\sqrt{y}}, \frac{1}{2\sqrt{z}}\right)$,

在曲面上任取一点 $M(x_0, y_0, z_0)$,则在点 M 处的切平面方程为:

$$\frac{1}{2\sqrt{x_0}}(x - x_0) + \frac{1}{2\sqrt{y_0}}(y - y_0) + \frac{1}{2\sqrt{z_0}}(z - z_0) = 0,$$

即 $\frac{x}{\sqrt{x_0}} + \frac{y}{\sqrt{y_0}} + \frac{z}{\sqrt{z_0}} = \sqrt{x_0} + \sqrt{y_0} + \sqrt{z_0} = \sqrt{a}$,

化为截距式,得 $\frac{x}{\sqrt{ax_0}} + \frac{y}{\sqrt{ay_0}} + \frac{z}{\sqrt{az_0}} = 1$,

截距式之和为 $\sqrt{ax_0} + \sqrt{ay_0} + \sqrt{az_0} = \sqrt{a}(\sqrt{x_0} + \sqrt{y_0} + \sqrt{z_0}) = a$.

13. **证**: (1) $\frac{\mathrm{d}}{\mathrm{d}t}[\boldsymbol{u}(t) \pm \boldsymbol{v}(t)] = \lim_{\Delta t \to 0} \frac{[\boldsymbol{u}(t+\Delta t) \pm \boldsymbol{v}(t+\Delta t)] - [\boldsymbol{u}(t) \pm \boldsymbol{v}(t)]}{\Delta t}$

$= \lim_{\Delta t \to 0} \frac{\boldsymbol{u}(t+\Delta t) - \boldsymbol{u}(t)}{\Delta t} \pm \lim_{\Delta t \to 0} \frac{\boldsymbol{v}(t+\Delta t) - \boldsymbol{v}(t)}{\Delta t} = \boldsymbol{u}'(t) \pm \boldsymbol{v}'(t)$,

其中用到了向量值函数的极限的四则运算法则.

(2) $\frac{\mathrm{d}}{\mathrm{d}t}[\boldsymbol{u}(t) \cdot \boldsymbol{v}(t)] = \lim_{\Delta t \to 0} \frac{\boldsymbol{u}(t+\Delta t) \cdot \boldsymbol{v}(t+\Delta t) - \boldsymbol{u}(t) \cdot \boldsymbol{v}(t)}{\Delta t}$

$= \lim_{\Delta t \to 0} \frac{\boldsymbol{u}(t+\Delta t) \cdot \boldsymbol{v}(t+\Delta t) - \boldsymbol{u}(t) \cdot \boldsymbol{v}(t+\Delta t)}{\Delta t} + \lim_{\Delta t \to 0} \frac{\boldsymbol{u}(t) \cdot \boldsymbol{v}(t+\Delta t) - \boldsymbol{u}(t) \cdot \boldsymbol{v}(t)}{\Delta t}$

$= \left[\lim_{\Delta t \to 0} \frac{\boldsymbol{u}(t+\Delta t) - \boldsymbol{u}(t)}{\Delta t}\right] \cdot \left[\lim_{\Delta t \to 0} \boldsymbol{v}(t+\Delta t)\right] + \left[\lim_{\Delta t \to 0} \boldsymbol{u}(t)\right] \cdot \left[\lim_{\Delta t \to 0} \frac{\boldsymbol{v}(t+\Delta t) - \boldsymbol{v}(t)}{\Delta t}\right]$

$= \boldsymbol{u}'(t) \cdot \boldsymbol{v}(t) + \boldsymbol{u}(t) \cdot \boldsymbol{v}'(t)$.

其中用到了向量值函数极限的四则运算法则以及数量积与极限运算次序的交换.

(3) $\frac{\mathrm{d}}{\mathrm{d}t}[\boldsymbol{u}(t) \times \boldsymbol{v}(t)] = \lim_{\Delta t \to 0} \frac{\boldsymbol{u}(t+\Delta t) \times \boldsymbol{v}(t+\Delta t) - \boldsymbol{u}(t) \times \boldsymbol{v}(t)}{\Delta t}$

$= \lim_{\Delta t \to 0} \frac{\boldsymbol{u}(t+\Delta t) \times \boldsymbol{v}(t+\Delta t) - \boldsymbol{u}(t) \times \boldsymbol{v}(t+\Delta t) + \boldsymbol{u}(t) \times \boldsymbol{v}(t+\Delta t) - \boldsymbol{u}(t) \times \boldsymbol{v}(t)}{\Delta t}$

$= \lim_{\Delta t \to 0} \left[\frac{\boldsymbol{u}(t+\Delta t) - \boldsymbol{u}(t)}{\Delta t} \times \boldsymbol{v}(t+\Delta t)\right] + \lim_{\Delta t \to 0} \left[\boldsymbol{u}(t) \times \frac{\boldsymbol{v}(t+\Delta t) - \boldsymbol{v}(t)}{\Delta t}\right]$

$= \left[\lim_{\Delta t \to 0} \frac{\boldsymbol{u}(t+\Delta t) - \boldsymbol{u}(t)}{\Delta t}\right] \times \left[\lim_{\Delta t \to 0} \boldsymbol{v}(t+\Delta t)\right] + \left[\lim_{\Delta t \to 0} \boldsymbol{u}(t)\right] \times \left[\lim_{\Delta t \to 0} \frac{\boldsymbol{v}(t+\Delta t) - \boldsymbol{v}(t)}{\Delta t}\right]$

$= \boldsymbol{u}'(t) \times \boldsymbol{v}(t) + \boldsymbol{u}(t) \times \boldsymbol{v}'(t)$,

其中用到了向量值函数极限的四则运算法则以及数量积与极限运算次序的交换.

第七节 方向导数与梯度

一、主要内容归纳

1. 方向导数

(1) **定义** 设 l 是 xOy 平面上以 $P_0(x_0,y_0)$ 为始点的一条射线,$e_l=(\cos\alpha,\cos\beta)$ 是与 l 同方向的单位向量,射线 l 的参数方程为 $\begin{cases} x=x_0+t\cos\alpha \\ y=y_0+t\cos\beta \end{cases}$ $(t\geqslant 0)$.

设函数 $z=f(x,y)$ 在点 $P_0(x_0,y_0)$ 的某个邻域内有定义,则函数 $f(x,y)$ 在点 P_0 沿方向 l 的方向导数为 $\dfrac{\partial f}{\partial l}\bigg|_{(x_0,y_0)}=\lim\limits_{t\to 0^+}\dfrac{f(x_0+t\cos\alpha,y_0+t\cos\beta)-f(x_0,y_0)}{t}$.

(2) 如果函数 $f(x,y)$ 在点 $P_0(x_0,y_0)$ 可微分,那么函数在该点沿任一方向 l 的方向导数存在,且有 $\dfrac{\partial f}{\partial l}\bigg|_{(x_0,y_0)}=f_x(x_0,y_0)\cos\alpha+f_y(x_0,y_0)\cos\beta$,

其中 $\cos\alpha,\cos\beta$ 是方向 l 的方向余弦.

对于三元函数的方向导数是类似的.

2. 梯度

定义 设函数 $z=f(x,y)$ 在平面区域 D 内有一阶连续偏导数,则对于每一点 $P_0(x_0,y_0)\in D$,称向量 $f_x(x_0,y_0)\boldsymbol{i}+f_y(x_0,y_0)\boldsymbol{j}$ 为函数 $f(x,y)$ 在点 $P_0(x_0,y_0)$ 的梯度,记作 $\mathbf{grad}f(x_0,y_0)$ 或 $\nabla f(x_0,y_0)$,即 $\mathbf{grad}f(x_0,y_0)=\nabla f(x_0,y_0)=f_x(x_0,y_0)\boldsymbol{i}+f_y(x_0,y_0)\boldsymbol{j}$

其中 $\nabla=\dfrac{\partial}{\partial x}\boldsymbol{i}+\dfrac{\partial}{\partial y}\boldsymbol{j}$ 称为(二维的)向量微分算子或 Nabla 算子 $\nabla f=\dfrac{\partial f}{\partial x}\boldsymbol{i}+\dfrac{\partial f}{\partial y}\boldsymbol{j}$.

3. 方向导数与梯度的关系

$$\dfrac{\partial f}{\partial l}\bigg|_{(x_0,y_0)}=[f_x(x_0,y_0),f_y(x_0,y_0)](\cos\alpha,\cos\beta)=\mathbf{grad}f(x_0,y_0)\cdot \mathbf{e}$$
$$=|\mathbf{grad}f(x_0,y_0)|\cdot\cos[\mathbf{grad}f(x_0,y_0),\mathbf{e}]$$
$$=\mathrm{Prj}_{\mathbf{e}}\mathbf{grad}f(x_0,y_0).$$

显然,函数在某点沿梯度方向的方向导数取得最大值,且方向导数的最大值就是梯度的模.

二、经典例题解析及解题方法总结

【例 1】 函数 $u=\ln(x+\sqrt{y^2+z^2})$ 在 $A(1,0,1)$ 点处沿 A 点指向 $B(3,-2,2)$ 点方向的方向导数为_____.(考研题)

解 $\dfrac{\partial u}{\partial x}=\dfrac{1}{x+\sqrt{y^2+z^2}}$, $\dfrac{\partial u}{\partial y}=\dfrac{\dfrac{y}{\sqrt{y^2+z^2}}}{x+\sqrt{y^2+z^2}}$, $\dfrac{\partial u}{\partial z}=\dfrac{\dfrac{z}{\sqrt{y^2+z^2}}}{x+\sqrt{y^2+z^2}}$,

$\dfrac{\partial u}{\partial x}\bigg|_A=\dfrac{1}{2}$, $\dfrac{\partial u}{\partial y}\bigg|_A=0$, $\dfrac{\partial u}{\partial z}\bigg|_A=\dfrac{1}{2}$,

而 $\boldsymbol{AB}=(2,-2,1)$, $\cos\alpha=\dfrac{2}{3}$, $\cos\beta=-\dfrac{2}{3}$, $\cos\gamma=\dfrac{1}{3}$.

则 $\dfrac{\partial u}{\partial l}\Big|_A = \dfrac{\partial u}{\partial x}\Big|_A \cos\alpha + \dfrac{\partial u}{\partial y}\Big|_A \cos\beta + \dfrac{\partial u}{\partial z}\Big|_A \cos\gamma = \dfrac{1}{2}.$

● **方法总结**

在求方向导数时,要注意不仅要求出偏导数,还要求出给定的方向向量,然后才能使用方向导数的公式求得方向导数.

【例2】 设 n 是曲面 $2x^2+3y^2+z^2=6$ 在点 $P(1,1,1)$ 处指向外侧的法向量,则 $u=\dfrac{\sqrt{6x^2+8y^2}}{z}$ 在 P 点处沿 n 方向的方向导数为_____.

解 令 $F(x,y,z)=2x^2+3y^2+z^2-6$,

因为 $F_x'(1,1,1)=4$, $F_y'(1,1,1)=6$, $F_z'(1,1,1)=2$,

所以 $n=\{4,6,2\}$,其方向余弦分别为

$\cos\alpha=\dfrac{2}{\sqrt{14}},\cos\beta=\dfrac{3}{\sqrt{14}},\cos\gamma=\dfrac{1}{\sqrt{14}}.\dfrac{\partial u}{\partial x}\Big|_P = \dfrac{6x}{z\sqrt{6x^2+8y^2}}\Big|_P = \dfrac{6}{\sqrt{14}}, \dfrac{\partial u}{\partial y}\Big|_P = \dfrac{8y}{z\sqrt{6x^2+8y^2}}\Big|_P = \dfrac{8}{\sqrt{14}}, \dfrac{\partial u}{\partial z}\Big|_P = -\dfrac{\sqrt{6x^2+8y^2}}{z^2}\Big|_P = -\sqrt{14}$,故 $\dfrac{\partial u}{\partial n}\Big|_P = \left(\dfrac{\partial u}{\partial x}\cos\alpha + \dfrac{\partial u}{\partial y}\cos\beta + \dfrac{\partial u}{\partial z}\cos\gamma\right)\Big|_P = \dfrac{11}{7}.$

【例3】 设函数 $u(x,y,z)=1+\dfrac{x^2}{6}+\dfrac{y^2}{12}+\dfrac{z^2}{18}$,单位向量 $n=\dfrac{1}{\sqrt{3}}(1,1,1)$,则 $\dfrac{\partial u}{\partial n}\Big|_{(1,2,3)}=$ _____. (考研题)

解 $\dfrac{\partial u}{\partial x}\Big|_{(1,2,3)} = \dfrac{1}{3}$, $\dfrac{\partial u}{\partial y}\Big|_{(1,2,3)} = \dfrac{1}{3}$, $\dfrac{\partial u}{\partial z}\Big|_{(1,2,3)} = \dfrac{1}{3}$.

由单位向量 n 知,$\cos\alpha=\dfrac{1}{\sqrt{3}}$, $\cos\beta=\dfrac{1}{\sqrt{3}}$, $\cos\gamma=\dfrac{1}{\sqrt{3}}$,所以

$\dfrac{\partial u}{\partial n}\Big|_{(1,2,3)} = \dfrac{\partial u}{\partial x}\Big|_{(1,2,3)}\cos\alpha + \dfrac{\partial u}{\partial y}\Big|_{(1,2,3)}\cos\beta + \dfrac{\partial u}{\partial z}\Big|_{(1,2,3)}\cos\gamma = \dfrac{1}{3}\cdot\dfrac{1}{\sqrt{3}} + \dfrac{1}{3}\cdot\dfrac{1}{\sqrt{3}} + \dfrac{1}{3}\cdot\dfrac{1}{\sqrt{3}} = \dfrac{\sqrt{3}}{3}.$

【例4】 函数 $u=\ln(x^2+y^2+z^2)$ 在点 $M(1,2,-2)$ 处的梯度 $\mathbf{grad}\,u\Big|_M = $ _____.

解 因 $\mathbf{grad}\,u = \dfrac{\partial u}{\partial x}\mathbf{i} + \dfrac{\partial u}{\partial y}\mathbf{j} + \dfrac{\partial u}{\partial z}\mathbf{k} = \dfrac{2x}{x^2+y^2+z^2}\mathbf{i} + \dfrac{2y}{x^2+y^2+z^2}\mathbf{j} + \dfrac{2z}{x^2+y^2+z^2}\mathbf{k}$,

所以 $\mathbf{grad}\,u\Big|_{M(1,2,-2)} = \dfrac{2}{9}\mathbf{i} + \dfrac{4}{9}\mathbf{j} - \dfrac{4}{9}\mathbf{k}.$

【例5】 函数 $f(x,y)=\arctan\dfrac{x}{y}$ 在点 $(0,1)$ 处的梯度等于_____. (考研题)

(A) $\mathbf{i}$　　　　　(B) $-\mathbf{i}$　　　　　(C) $\mathbf{j}$　　　　　(D) $-\mathbf{j}$

解 $f_x' = \dfrac{\frac{1}{y}}{1+\frac{x^2}{y^2}} = \dfrac{y}{x^2+y^2}$, $f_y' = \dfrac{-\frac{x}{y^2}}{1+\frac{x^2}{y^2}} = \dfrac{-x}{x^2+y^2}$, $\therefore f_x'(0,1)=1$, $f_y'(0,1)=0$,$\therefore$

$\mathbf{grad}\,f(0,1) = 1\mathbf{i} + 0\mathbf{j} = \mathbf{i}.$ 故应选(A).

【例6】 求函数 $u=x^2+y^2+yz^3$ 在点 $(1,1,1)$ 处的梯度及沿梯度方向的方向导数.

解 $\mathbf{grad}\,u(1,1,1) = u_x(1,1,1)\mathbf{i} + u_y(1,1,1)\mathbf{j} + u_z(1,1,1)\mathbf{k}$

$= 2x\Big|_{(1,1,1)}\mathbf{i} + (2y+z^3)\Big|_{(1,1,1)}\mathbf{j} + 3yz^2\Big|_{(1,1,1)}\mathbf{k} = (2,3,3).$

沿梯度方向的方向导数等于梯度的模,即 $\dfrac{\partial u}{\partial \mathbf{grad} u}\Big|_{(1,1,1)} = |\mathbf{grad} u(1,1,1)| = \sqrt{2^2+3^2+3^2}$
$= \sqrt{22}$.

【例7】 问函数 $u=xy^2z$ 在点 $P(1,-1,2)$ 处沿什么方向的方向导数最大?并求出此方向导数的最大值.

分析 由梯度的几何意义可知,函数 u 在点 P 沿其梯度方向的方向导数值最大,且其最大值即为函数在该点处的梯度向量的模.

解 由 $u=xy^2z$ 可知 $\dfrac{\partial u}{\partial x}=y^2z,\quad \dfrac{\partial u}{\partial y}=2xyz,\quad \dfrac{\partial u}{\partial z}=xy^2.$

所以 $\mathbf{grad} u\Big|_P = \left(\dfrac{\partial u}{\partial x},\dfrac{\partial u}{\partial y},\dfrac{\partial u}{\partial z}\right)\Big|_P = (2,-4,1)$, $\left|\mathbf{grad} u\Big|_P\right| = \sqrt{2^2+(-4)^2+1^2} = \sqrt{21}$.

所以方向 $(2,-4,1)$ 是函数 u 在点 P 处方向导数值最大的方向,其方向导数最大值为 $\sqrt{21}$.

【例8】 求函数 $u=x^2+y^2-z^2$ 在点 $M_1(1,0,1)$、$M_2(0,1,0)$ 的梯度之间的夹角.

分析 由于梯度是向量,故求梯度之间的夹角实际上是求两向量之间的夹角. 为此先求出两点的梯度,然后根据 $\cos\theta = \dfrac{\mathbf{n}_1 \cdot \mathbf{n}_2}{|\mathbf{n}_1| \cdot |\mathbf{n}_2|}$(其中 $\mathbf{n}_1,\mathbf{n}_2$ 为两向量)来求出 θ 值.

解 $\mathbf{grad} u\Big|_{M_1} = \left(\dfrac{\partial u}{\partial x},\dfrac{\partial u}{\partial y},\dfrac{\partial u}{\partial z}\right)\Big|_{M_1} = (2x,2y,-2z)\Big|_{(1,0,1)} = (2,0,-2),$
$\mathbf{grad} u\Big|_{M_2} = (2x,2y,-2z)\Big|_{(0,1,0)} = (0,2,0).$

又因为 $(2,0,-2) \cdot (0,2,0) = 0$. 所以两梯度之间的夹角为 $\dfrac{\pi}{2}$.

【例9】 设数量场 $u = \ln\sqrt{x^2+y^2+z^2}$,则 $\mathrm{div}(\mathbf{grad} u) = $ _____.

解 $\dfrac{\partial u}{\partial x} = \dfrac{1}{2} \cdot \dfrac{2x}{x^2+y^2+z^2} = \dfrac{x}{x^2+y^2+z^2},\quad \dfrac{\partial u}{\partial y} = \dfrac{y}{x^2+y^2+z^2},\quad \dfrac{\partial u}{\partial z} = \dfrac{z}{x^2+y^2+z^2},$

则 $\mathbf{grad} u = \dfrac{\partial u}{\partial x}\mathbf{i} + \dfrac{\partial u}{\partial y}\mathbf{j} + \dfrac{\partial u}{\partial z}\mathbf{k} = \dfrac{x\mathbf{i}+y\mathbf{j}+z\mathbf{k}}{x^2+y^2+z^2},$

$\mathrm{div}(\mathbf{grad} u) = \dfrac{\partial}{\partial x}\left(\dfrac{x}{x^2+y^2+z^2}\right) + \dfrac{\partial}{\partial y}\left(\dfrac{y}{x^2+y^2+z^2}\right) + \dfrac{\partial}{\partial z}\left(\dfrac{z}{x^2+y^2+z^2}\right)$

$= \dfrac{-x^2+y^2+z^2}{(x^2+y^2+z^2)^2} + \dfrac{x^2-y^2+z^2}{(x^2+y^2+z^2)^2} + \dfrac{x^2+y^2-z^2}{(x^2+y^2+z^2)^2} = \dfrac{1}{x^2+y^2+z^2}.$

【例10】 设 $r = \sqrt{x^2+y^2+z^2}$,则 $\mathrm{div}(\mathbf{grad} r)\Big|_{(1,-2,2)} = $ _____.(考研题)

解 $\mathbf{grad} r = \dfrac{\partial r}{\partial x}\mathbf{i} + \dfrac{\partial r}{\partial y}\mathbf{j} + \dfrac{\partial r}{\partial z}\mathbf{k} = \dfrac{x}{\sqrt{x^2+y^2+z^2}}\mathbf{i} + \dfrac{y}{\sqrt{x^2+y^2+z^2}}\mathbf{j} + \dfrac{z}{\sqrt{x^2+y^2+z^2}}\mathbf{k}$, $\mathrm{div}(\mathbf{grad} r)\Big|_{(1,-2,2)}$

$= \left[\dfrac{\partial}{\partial x}\left(\dfrac{x}{\sqrt{x^2+y^2+z^2}}\right) + \dfrac{\partial}{\partial y}\left(\dfrac{y}{\sqrt{x^2+y^2+z^2}}\right) + \dfrac{\partial}{\partial z}\left(\dfrac{z}{\sqrt{x^2+y^2+z^2}}\right)\right]\Big|_{(1,-2,2)}$

$= \dfrac{2}{\sqrt{x^2+y^2+z^2}}\Big|_{(1,-2,2)} = \dfrac{2}{3}.$

多元函数微分法及其应用 第九章

> **● 方法总结**
>
> 本题考查了梯度和散度的计算公式
> $$\text{div}(\mathbf{grad}\, r)=\frac{\partial}{\partial x}\left(\frac{\partial r}{\partial x}\right)+\frac{\partial}{\partial y}\left(\frac{\partial r}{\partial y}\right)+\frac{\partial}{\partial z}\left(\frac{\partial r}{\partial z}\right).$$
> 注意 $\text{div}\, f$ 应为一个数.

习题 9—7 解答

1. **解**:从点 $(1,2)$ 到点 $(2,2+\sqrt{3})$ 的方向 l 即向量 $(1,\sqrt{3})$ 的方向,与 l 同向的单位向量为 $e_l = \left(\frac{1}{2},\frac{\sqrt{3}}{2}\right)$. $\because$ 函数 $z=x^2+y^2$ 可微分,且 $\frac{\partial z}{\partial x}\Big|_{(1,2)}=2x\Big|_{(1,2)}=2, \frac{\partial z}{\partial y}\Big|_{(1,2)}=4$,故所求方向导数为 $\frac{\partial z}{\partial l}\Big|_{(1,2)}=2\cdot\frac{1}{2}+4\cdot\frac{\sqrt{3}}{2}=1+2\sqrt{3}$.

2. **解**: $2yy'=4$, $y'\Big|_{(1,2)}=1$, $\alpha=\frac{\pi}{4}$, $\frac{\partial z}{\partial l}\Big|_{(1,2)}=\frac{1}{3}\cdot\frac{\sqrt{2}}{2}+\frac{1}{3}\cdot\frac{\sqrt{2}}{2}=\frac{\sqrt{2}}{3}$.

3. **解**:设从 x 轴正向到内法线的方向的转角为 φ,它是第三象限的角.
   将方程 $\frac{x^2}{a^2}+\frac{y^2}{b^2}=1$ 两边对 x 求导,得 $\frac{2x}{a^2}+\frac{2y}{b^2}\cdot\frac{\mathrm{d}y}{\mathrm{d}x}=0, \therefore\frac{\mathrm{d}y}{\mathrm{d}x}=-\frac{b^2}{a^2}\frac{x}{y}$

   $\therefore$ 在点 $\left(\frac{a}{\sqrt{2}},\frac{b}{\sqrt{2}}\right)$ 处曲线的切线斜率为 $k=\frac{\mathrm{d}y}{\mathrm{d}x}\Big|_{\left(\frac{a}{\sqrt{2}},\frac{b}{\sqrt{2}}\right)}=-\frac{b^2}{a^2}\cdot\frac{\frac{a}{\sqrt{2}}}{\frac{b}{\sqrt{2}}}=-\frac{b}{a}$,法线斜率为

   $\tan\varphi=-\frac{1}{k}=\frac{a}{b}$, $\therefore\sin\varphi=-\frac{a}{\sqrt{a^2+b^2}}, \cos\varphi=-\frac{b}{\sqrt{a^2+b^2}}$. 又 $\frac{\partial z}{\partial x}=-\frac{2x}{a^2}, \frac{\partial z}{\partial y}=-\frac{2y}{b^2}$,

   $\therefore\frac{\partial z}{\partial l}\Big|_{\left(\frac{a}{\sqrt{2}},\frac{b}{\sqrt{2}}\right)}=\frac{-2}{a^2}\cdot\frac{a}{\sqrt{2}}\left(\frac{-b}{\sqrt{a^2+b^2}}\right)-\frac{2}{b^2}\cdot\frac{b}{\sqrt{2}}\left(\frac{-a}{\sqrt{a^2+b^2}}\right)=\frac{\sqrt{2}(a^2+b^2)}{ab}$.

4. **解**: $\frac{\partial u}{\partial x}\Big|_{(1,1,2)}=(y^2-yz)\Big|_{(1,1,2)}=-1, \frac{\partial u}{\partial y}\Big|_{(1,1,2)}=(2xy-xz)\Big|_{(1,1,2)}=0$,

   $\frac{\partial u}{\partial z}\Big|_{(1,1,2)}=(3z^2-xy)\Big|_{(1,1,2)}=11$. 又 $u=xy^2+z^3-xyz$ 在点 $(1,1,2)$ 处可微分,

   $\frac{\partial u}{\partial l}=\frac{\partial u}{\partial x}\Big|_{(1,1,2)}\cos\alpha+\frac{\partial u}{\partial y}\Big|_{(1,1,2)}\cos\beta+\frac{\partial u}{\partial z}\Big|_{(1,1,2)}\cos\gamma$

   $=-1\cdot\cos\frac{\pi}{3}+0\cdot\cos\frac{\pi}{4}+11\cdot\cos\frac{\pi}{3}=5$.

5. **解**: $l=(9-5,4-1,14-2)=(4,3,12)$, $\sqrt{4^2+3^2+12^2}=13$,

   $\therefore\cos\alpha=\frac{4}{13}$, $\cos\beta=\frac{3}{13}$, $\cos\gamma=\frac{12}{13}$.

   $\therefore\frac{\partial u}{\partial l}\Big|_{(5,1,2)}=\frac{\partial u}{\partial x}\Big|_{(5,1,2)}\cos\alpha+\frac{\partial u}{\partial y}\Big|_{(5,1,2)}\cos\beta+\frac{\partial u}{\partial z}\Big|_{(5,1,2)}\cos\gamma$

   $=yz\Big|_{(5,1,2)}\frac{4}{13}+xz\Big|_{(5,1,2)}\frac{3}{13}+xy\Big|_{(5,1,2)}\frac{12}{13}=\frac{98}{13}$.

6. **解**:曲线的切向量为 $\mathbf{T}=(x'(t),y'(t),z'(t))=(1,2t,3t^2), \therefore$ 在点 $(1,1,1)$ 处切线的方向数为

71

$(1,2,3)$，从而方向余弦分别为

$$\cos\alpha = \frac{1}{\sqrt{1^2+2^2+3^2}} = \frac{1}{\sqrt{14}}, \quad \cos\beta = \frac{2}{\sqrt{14}}, \quad \cos\gamma = \frac{3}{\sqrt{14}}$$

$$\therefore \frac{\partial u}{\partial l}\bigg|_{(1,1,1)} = \frac{\partial u}{\partial x}\bigg|_{(1,1,1)} \cos\alpha + \frac{\partial u}{\partial y}\bigg|_{(1,1,1)} \cos\beta + \frac{\partial u}{\partial z}\bigg|_{(1,1,1)} \cos\gamma$$

$$= 2x\bigg|_{(1,1,1)} \frac{1}{\sqrt{14}} + 2y\bigg|_{(1,1,1)} \frac{2}{\sqrt{14}} + 2z\bigg|_{(1,1,1)} \frac{3}{\sqrt{14}} = \frac{2}{\sqrt{14}} + \frac{4}{\sqrt{14}} + \frac{6}{\sqrt{14}} = \frac{6\sqrt{14}}{7}.$$

7. **解**：令 $\varphi(x,y,z) = x^2+y^2+z^2-1$，则法向量 $\boldsymbol{n} = (\varphi_x,\varphi_y,\varphi_z)\big|_{M_0} = (2x_0, 2y_0, 2z_0)$，

方向余弦为 $\cos\alpha = \dfrac{2x_0}{\sqrt{(2x_0)^2+(2y_0)^2+(2z_0)^2}} = x_0, \quad \cos\beta = y_0, \quad \cos\gamma = z_0.$

$\therefore$ 方向导数为 $\dfrac{\partial u}{\partial x}\bigg|_{M_0} \cos\alpha + \dfrac{\partial u}{\partial y}\bigg|_{M_0} \cos\beta + \dfrac{\partial u}{\partial z}\bigg|_{M_0} \cos\gamma = x_0 + y_0 + z_0.$

8. **解**：$\dfrac{\partial f}{\partial x} = 2x+y+3, \quad \dfrac{\partial f}{\partial y} = 4y+x-2, \quad \dfrac{\partial f}{\partial z} = 6z-6,$

$\dfrac{\partial f}{\partial x}\bigg|_{(0,0,0)} = 3, \quad \dfrac{\partial f}{\partial y}\bigg|_{(0,0,0)} = -2, \quad \dfrac{\partial f}{\partial z}\bigg|_{(0,0,0)} = -6.$

$\therefore \mathbf{grad} f(0,0,0) = 3\boldsymbol{i} - 2\boldsymbol{j} - 6\boldsymbol{k}$

$\dfrac{\partial f}{\partial x}\bigg|_{(1,1,1)} = 6, \quad \dfrac{\partial f}{\partial y}\bigg|_{(1,1,1)} = 3, \quad \dfrac{\partial f}{\partial z}\bigg|_{(1,1,1)} = 0. \quad \therefore \mathbf{grad} f(1,1,1) = 6\boldsymbol{i}+3\boldsymbol{j}.$

9. **证**：(1) $\nabla(Cu) = \left(C\dfrac{\partial u}{\partial x}, C\dfrac{\partial u}{\partial y}, C\dfrac{\partial u}{\partial z}\right) = C\left(\dfrac{\partial u}{\partial x}, \dfrac{\partial u}{\partial y}, \dfrac{\partial u}{\partial z}\right) = C\nabla u.$

(2) $\nabla(u\pm v) = \left(\dfrac{\partial u}{\partial x}\pm\dfrac{\partial v}{\partial x}, \dfrac{\partial u}{\partial y}\pm\dfrac{\partial v}{\partial y}, \dfrac{\partial u}{\partial z}\pm\dfrac{\partial v}{\partial z}\right) = \left(\dfrac{\partial u}{\partial x}, \dfrac{\partial u}{\partial y}, \dfrac{\partial u}{\partial z}\right) \pm \left(\dfrac{\partial v}{\partial x}, \dfrac{\partial v}{\partial y}, \dfrac{\partial v}{\partial z}\right) = \nabla u \pm \nabla v.$

(3) $\nabla(uv) = \left(\dfrac{\partial}{\partial x}(uv), \dfrac{\partial}{\partial y}(uv), \dfrac{\partial}{\partial z}(uv)\right) = \left(\dfrac{\partial u}{\partial x}v + u\dfrac{\partial v}{\partial x}, \dfrac{\partial u}{\partial y}v + u\dfrac{\partial v}{\partial y}, \dfrac{\partial u}{\partial z}v + u\dfrac{\partial v}{\partial z}\right)$

$= v\left(\dfrac{\partial u}{\partial x}, \dfrac{\partial u}{\partial y}, \dfrac{\partial u}{\partial z}\right) + u\left(\dfrac{\partial v}{\partial x}, \dfrac{\partial v}{\partial y}, \dfrac{\partial v}{\partial z}\right) = v\nabla u + u\nabla v.$

(4) $\nabla\left(\dfrac{u}{v}\right) = \left(\dfrac{\partial}{\partial x}\left(\dfrac{u}{v}\right), \dfrac{\partial}{\partial y}\left(\dfrac{u}{v}\right), \dfrac{\partial}{\partial z}\left(\dfrac{u}{v}\right)\right) = \left(\dfrac{v\frac{\partial u}{\partial x} - u\frac{\partial v}{\partial x}}{v^2}, \dfrac{v\frac{\partial u}{\partial y} - u\frac{\partial v}{\partial y}}{v^2}, \dfrac{v\frac{\partial u}{\partial z} - u\frac{\partial v}{\partial z}}{v^2}\right)$

$= \dfrac{1}{v}\left(\dfrac{\partial u}{\partial x}, \dfrac{\partial u}{\partial y}, \dfrac{\partial u}{\partial z}\right) - \dfrac{u}{v^2}\left(\dfrac{\partial v}{\partial x}, \dfrac{\partial v}{\partial y}, \dfrac{\partial v}{\partial z}\right) = \dfrac{v\nabla u - u\nabla v}{v^2}.$

10. **解**：由 $u = xy^2z$ 可知，$\dfrac{\partial u}{\partial x} = y^2z, \quad \dfrac{\partial u}{\partial y} = 2xyz, \quad \dfrac{\partial u}{\partial z} = xy^2.$

$\therefore \mathbf{grad} u\big|_P = \left(\dfrac{\partial u}{\partial x}, \dfrac{\partial u}{\partial y}, \dfrac{\partial u}{\partial z}\right)\bigg|_P = (2,-4,1) \quad |\mathbf{grad} u|_P = \sqrt{2^2+(-4)^2+1^2} = \sqrt{21}.$

$\therefore$ 方向 $(2,-4,1)$ 是函数 u 在点 P 处方向导数值最大的方向，其方向导数最大值为 $\sqrt{21}$.

第八节　多元函数的极值及其求法

一、主要内容归纳

1. 极值

(1) 极值的定义　设函数 $z=f(x,y)$ 在点 $P_0(x_0,y_0)$ 的某个邻域内有定义，对于该邻域内异于 $P_0(x_0,y_0)$ 的点 $P(x,y)$，如果都满足不等式 $f(x,y)<f(x_0,y_0)$，则称函数在点 $P_0(x_0,y_0)$ 处有极大值 $f(x_0,y_0)$；如果都满足不等式 $f(x,y)>f(x_0,y_0)$，则称函数在点 $P_0(x_0,y_0)$ 处有极小值 $f(x_0,y_0)$. 极大值、极小值统称为极值. 使函数取得极值的点称为极值点.

(2) 极值存在的必要条件

若函数 $z=f(x,y)$ 在点 $P_0(x_0,y_0)$ 处可微且取得极值，则必有 $f'_x(x_0,y_0)=0, f'_y(x_0,y_0)=0$.

(3) 极值存在的充分条件

设函数 $z=f(x,y)$ 在点 $P_0(x_0,y_0)$ 的某邻域内具有二阶连续偏导数，且 $f'_x(x_0,y_0)=0$, $f'_y(x_0,y_0)=0$，记 $A=f''_{xx}(x_0,y_0), B=f''_{xy}(x_0,y_0), C=f''_{yy}(x_0,y_0)$.

① 若 $B^2-AC<0$，则 $f(x_0,y_0)$ 是极值，当 $A<0$ 时，$f(x_0,y_0)$ 是极大值，当 $A>0$ 时，$f(x_0,y_0)$ 是极小值.

② 若 $B^2-AC>0$，则 $f(x_0,y_0)$ 不是极值.

③ 若 $B^2-AC=0$，则 $f(x_0,y_0)$ 可能是极值，也可能不是极值.

2. 条件极值、拉格朗日乘数法

函数 $u=f(x,y)$ 在附加条件 $\varphi(x,y)=0$ 下的极值称为条件极值.

拉格朗日乘数法　求条件极值时，可作函数 $F(x,y)=f(x,y)+\lambda\varphi(x,y)$

其中，λ 是某一常数，则点 (x,y) 是极值点的必要条件为 $\begin{cases} F'_x(x,y)=f'_x(x,y)+\lambda\varphi'_x(x,y)=0 \\ F'_y(x,y)=f'_y(x,y)+\lambda\varphi'_y(x,y)=0 \\ \varphi(x,y)=0 \end{cases}$

从上述方程组中解出 x,y 及 λ 的值，则点 (x,y) 就可能是条件极值的极值点.

拉格朗日乘数法还可以推广到自变量多于两个而条件多于一个的情形.

3. 函数的最大值和最小值

若二元函数 $f(x,y)$ 在有界闭域 D 上连续，则 $f(x,y)$ 在 D 上必定能取得最大值和最小值.

求函数最大值、最小值的一般方法是把函数 $f(x,y)$ 在区域 D 内部的所有可能的极值点处的函数值连同边界上的函数值加以比较，最大者为最大值，最小者为最小值.

如果根据实际问题的性质已经知道函数的最大值(最小值)一定在区域 D 内部取得，而函数在区域 D 内只有唯一驻点，则该驻点处的函数值就是函数 $f(x,y)$ 在区域 D 上的最大值(最小值).

二、经典例题解析及解题方法总结

【例1】　设可微函数 $f(x,y)$ 在点 (x_0,y_0) 取得极小值，则下列结论正确的是_____. (考研题)

(A) $f(x_0,y)$ 在 $y=y_0$ 处的导数大于零　　(B) $f(x_0,y)$ 在 $y=y_0$ 处的导数等于零

(C) $f(x_0,y)$ 在 $y=y_0$ 处的导数小于零　　(D) $f(x_0,y)$ 在 $y=y_0$ 处的导数不存在

解 由可微函数极值存在的必要条件知, $f'_x(x_0, y_0) = 0$, $f'_y(x_0, y_0) = 0$, 即 $\dfrac{\mathrm{d}}{\mathrm{d}x}[f(x, y_0)]\Big|_{x=x_0} = 0$, $\dfrac{\mathrm{d}}{\mathrm{d}y}[f(x_0, y)]\Big|_{y=y_0} = 0$. 故应选(B).

> **方法总结**
> 由可微函数 $f(x, y)$ 在点 (x_0, y_0) 取得极小值知 (x_0, y_0) 点应为驻点.

【例2】 函数 $z = xy(1 - x - y)$ 的极值点是

(A) $(0, 0)$ (B) $(0, 1)$ (C) $(1, 0)$ (D) $\left(\dfrac{1}{3}, \dfrac{1}{3}\right)$

解 因为 $\dfrac{\partial z}{\partial x} = y(1 - 2x - y)$, $\dfrac{\partial z}{\partial y} = x(1 - x - 2y)$

令 $\begin{cases} y(1-2x-y) = 0 \\ x(1-x-2y) = 0 \end{cases}$, 解得 $\begin{cases} x = 0 \\ y = 0 \end{cases}$, $\begin{cases} x = 0 \\ y = 1 \end{cases}$, $\begin{cases} x = 1 \\ y = 0 \end{cases}$, $\begin{cases} x = \dfrac{1}{3} \\ y = \dfrac{1}{3} \end{cases}$,

而 $\dfrac{\partial^2 z}{\partial x^2} = -2y$, $\dfrac{\partial^2 z}{\partial x \partial y} = 1 - 2x - 2y$, $\dfrac{\partial^2 z}{\partial y^2} = -2x$

当 $x = \dfrac{1}{3}$, $y = \dfrac{1}{3}$ 时, $A = \dfrac{\partial^2 z}{\partial x^2}\Big|_{(\frac{1}{3}, \frac{1}{3})} = -\dfrac{2}{3}$, $B = \dfrac{\partial^2 z}{\partial x \partial y}\Big|_{(\frac{1}{3}, \frac{1}{3})} = -\dfrac{1}{3}$, $C = \dfrac{\partial^2 z}{\partial y^2}\Big|_{(\frac{1}{3}, \frac{1}{3})} = -\dfrac{2}{3}$. $B^2 - AC = \dfrac{1}{9} - \dfrac{4}{9} = -\dfrac{1}{3} < 0$. 且 $A < 0$, 因此点 $\left(\dfrac{1}{3}, \dfrac{1}{3}\right)$ 是函数的极大值点. 容易验证, 点 $(0, 0)$, $(0, 1)$ 和 $(1, 0)$ 都不是函数的极值点. 故应选(D).

【例3】 求函数 $z = 3axy - x^3 - y^3 (a > 0)$ 的极值.

解 解方程组 $\begin{cases} \dfrac{\partial z}{\partial x} = 3ay - 3x^2 = 0 \\ \dfrac{\partial z}{\partial y} = 3ax - 3y^2 = 0 \end{cases}$, 解得驻点: $(0, 0), (a, a)$. 又 $\dfrac{\partial^2 z}{\partial x^2} = -6x$, $\dfrac{\partial^2 z}{\partial x \partial y} = 3a$, $\dfrac{\partial^2 z}{\partial y^2} = -6y$. 于是在点 $(0, 0)$ 处有 $A = 0, B = 3a, C = 0, AC - B^2 = -9a^2 < 0$. 故 $(0, 0)$ 不是函数的极值点.

又在点 (a, a) 处有 $A = -6a$, $B = 3a$, $C = -6a$, $AC - B^2 = 27a^2 > 0$, 又 $A = -6a < 0$, 故所给函数在 (a, a) 处有极大值 $z_{\max} = a^3$.

【例4】 设 $z = z(x, y)$ 是由 $x^2 - 6xy + 10y^2 - 2yz - z^2 + 18 = 0$ 确定的函数, 求 $z = z(x, y)$ 的极值点和极值. (考研题)

解 方程 $x^2 - 6xy + 10y^2 - 2yz - z^2 + 18 = 0$ 两边分别对 x, y 求偏导数, 得

$$\begin{cases} 2x - 6y - 2y\dfrac{\partial z}{\partial x} - 2z\dfrac{\partial z}{\partial x} = 0. & \text{①} \\ -6x + 20y - 2z - 2y\dfrac{\partial z}{\partial y} - 2z\dfrac{\partial z}{\partial y} = 0. & \text{②} \end{cases}$$

令 $\begin{cases} \dfrac{\partial z}{\partial x} = 0 \\ \dfrac{\partial z}{\partial y} = 0 \end{cases}$, 得 $\begin{cases} x - 3y = 0 \\ -3x + 10y - z = 0 \end{cases}$, 故 $\begin{cases} x = 3y \\ z = y \end{cases}$.

将上式代入 $x^2 - 6xy + 10y^2 - 2yz - z^2 + 18 = 0$, 可得 $\begin{cases} x = 9 \\ y = 3 \\ z = 3 \end{cases}$ 或 $\begin{cases} x = -9 \\ y = -3 \\ z = -3 \end{cases}$

①式关于 x 求偏导得 $2-2y\dfrac{\partial^2 z}{\partial x^2}-2\left(\dfrac{\partial z}{\partial x}\right)^2-2z\dfrac{\partial^2 z}{\partial x^2}=0$,

①式关于 y 求偏导得 $-6-2\dfrac{\partial z}{\partial x}-2y\dfrac{\partial^2 z}{\partial x \partial y}-2\dfrac{\partial z}{\partial y}\cdot\dfrac{\partial z}{\partial x}-2z\dfrac{\partial^2 z}{\partial x \partial y}=0$,

②式关于 y 求偏导得 $20-2\dfrac{\partial z}{\partial y}-2\dfrac{\partial z}{\partial y}-2y\dfrac{\partial^2 z}{\partial y^2}-2\left(\dfrac{\partial z}{\partial y}\right)^2-2z\dfrac{\partial^2 z}{\partial y^2}=0$,

所以 $A=\dfrac{\partial^2 z}{\partial x^2}\bigg|_{(9,3,3)}=\dfrac{1}{6}$, $B=\dfrac{\partial^2 z}{\partial x \partial y}\bigg|_{(9,3,3)}=-\dfrac{1}{2}$, $C=\dfrac{\partial^2 z}{\partial y^2}\bigg|_{(9,3,3)}=\dfrac{5}{3}$,

故 $B^2-AC=-\dfrac{1}{36}<0$,又 $A=\dfrac{1}{6}>0$,从而点 $(9,3)$ 是 $z(x,y)$ 的极小值点,极小值为 $z(9,3)=3$.

类似地,由 $A=\dfrac{\partial^2 z}{\partial x^2}\bigg|_{(-9,-3,-3)}=-\dfrac{1}{6}$, $B=\dfrac{\partial^2 z}{\partial x \partial y}\bigg|_{(-9,-3,-3)}=\dfrac{1}{2}$, $C=\dfrac{\partial^2 z}{\partial y^2}\bigg|_{(-9,-3,-3)}=-\dfrac{5}{3}$,

可知 $B^2-AC=-\dfrac{1}{36}<0$,又 $A=-\dfrac{1}{6}<0$,所以点 $(-9,-3)$ 是 $z(x,y)$ 的极大值点,极大值为
$$z(-9,-3)=-3.$$

【例 5】 设 $z=z(x,y)$ 是由方程 $x^2+y^2+z^2-2x+4y-6z-11=0$ 所确定的函数,求该函数的极值.

解 配方法 方程 $x^2+y^2+z^2-2x+4y-6z-11=0$ 可变形为
$$(x-1)^2+(y+2)^2+(z-3)^2=25.$$

于是 $z=3\pm\sqrt{25-(x-1)^2-(y+2)^2}$. 显然,当 $x=1,y=-2$ 时,根号中的极大值为 5. 由此可知,$z=3\pm5$ 为极值,$z=8$ 为极大值,$z=-2$ 为极小值.

> **方法总结**
>
> 极值的求解一般用例 3、例 4 的办法,先求可能的极值点,再用充分性条件验证. 但有时也不拘泥于此法,要根据题目的特点来求解,如例 5,可采用配方法.

【例 6】 设 $f(x,y)$ 与 $\varphi(x,y)$ 均为可微函数,且 $\varphi'_y(x,y)\neq 0$. 已知 (x_0,y_0) 是 $f(x,y)$ 在约束条件 $\varphi(x,y)=0$ 下的一个极值点,下列选项正确的是_____.(考研题)

(A) 若 $f'_x(x_0,y_0)=0$,则 $f'_y(x_0,y_0)=0$ (B) 若 $f'_x(x_0,y_0)=0$,则 $f'_y(x_0,y_0)\neq 0$

(C) 若 $f'_x(x_0,y_0)\neq 0$,则 $f'_y(x_0,y_0)=0$ (D) 若 $f'_x(x_0,y_0)\neq 0$,则 $f'_y(x_0,y_0)\neq 0$

解 设 $F(x,y)=f(x,y)+\lambda\varphi(x,y)$,由题知
$$\begin{cases}F'_x(x_0,y_0)=f'_x(x_0,y_0)+\lambda\varphi'_x(x_0,y_0)=0\\ F'_y(x_0,y_0)=f'_y(x_0,y_0)+\lambda\varphi'_y(x_0,y_0)=0\end{cases}$$

消去 λ 得 $\varphi'_y(x_0,y_0)\cdot f'_x(x_0,y_0)=f'_y(x_0,y_0)\cdot\varphi'_x(x_0,y_0)$. 又 $\varphi'_y(x_0,y_0)\neq 0$,所以当 $f'_x(x_0,y_0)\neq 0$ 时,$f'_y(x_0,y_0)\cdot\varphi'_x(x_0,y_0)\neq 0$,从而 $f'_y(x_0,y_0)\neq 0$. 故应选(D).

【例 7】 求二元函数 $z=f(x,y)=x^2y(4-x-y)$ 在由直线 $x+y=6$、x 轴和 y 轴所围成的闭区域 D 上的极值、最大值与最小值.(考研题)

解 由方程组 $\begin{cases}f_x(x,y)=2xy(4-x-y)-x^2y=0\\ f_y(x,y)=x^2(4-x-y)-x^2y=0\end{cases}$ 得 $x=0$,$(0\leqslant y\leqslant 6)$ 及点 $(4,0),(2,1)$.

点 $(4,0)$ 及线段 $x=0$ 在 D 的边界上,只有点 $(2,1)$ 是可能的极值点.

$$f''_{xx}=8y-6xy-2y^2, \qquad f''_{xy}=8x-3x^2-4xy, \qquad f''_{yy}=-2x^2,$$

在点 $(2,1)$ 处 $A=f''_{xx}(2,1)=(8y-6xy-2y^2)\big|_{\substack{x=2\\y=1}}=-6<0$,

$$B = f''_{xy}(2,1) = (8x - 3x^2 - 4xy)\Big|_{\substack{x=2\\y=1}} = -4,$$
$$C = f''_{yy}(2,1) = -2x^2\Big|_{\substack{x=2\\y=1}} = -8,$$

则 $B^2 - AC = 16 - 48 = -32 < 0$. 因此点 $(2,1)$ 是极大值点,极大值 $f(2,1) = 4$.

在边界 $x = 0 (0 \leqslant y \leqslant 6)$ 和 $y = 0 (0 \leqslant x \leqslant 6)$ 上 $f(x,y) = 0$, 在边界 $x + y = 6$ 上, $y = 6 - x$, 代入 $f(x,y)$ 中得 $z = 2x^3 - 12x^2 (0 \leqslant x \leqslant 6)$. 由 $z' = 6x^2 - 24x = 0$ 得 $x = 0, x = 4$. $z''\big|_{x=4} = 12x - 24\big|_{x=4} = 24 > 0$, 所以点 $(4,2)$ 是边界上的极小值点. 极小值为 $f(4,2) = -64$. 经比较得,最大值为 $f(2,1) = 4$,最小值为 $f(4,2) = -64$.

方法总结

求连续函数在有界闭域 D 上最值的步骤:
(1) 求 D 内的驻点和不可导点;
(2) 用求极值的方法求 D 的边界上最值的可疑点;
(3) 比较这些点的函数值的大小.

【**例 8**】 设 x, y, z 为实数,且满足关系式 $\mathrm{e}^x + y^2 + |z| = 3$. 试证 $\mathrm{e}^x y^2 |z| \leqslant 1$.

证 设 $f(x,y) = \mathrm{e}^x y^2 (3 - \mathrm{e}^x - y^2)$, 因为 $|z| \geqslant 0$, 故函数 $f(x,y)$ 的定义域是 $D: \mathrm{e}^x + y^2 \leqslant 3$, 现求函数 $f(x,y)$ 在域 $D: \mathrm{e}^x + y^2 \leqslant 3$ 上的最大值. 令

$$\begin{cases} \dfrac{\partial f}{\partial x} = y^2 \mathrm{e}^x (3 - 2\mathrm{e}^x - y^2) = 0 \\ \dfrac{\partial f}{\partial y} = y\mathrm{e}^x (6 - 2\mathrm{e}^x - 4y^2) = 0 \end{cases},$$

则 $y = 0$, 此时对域 D 上的点来说,应有 $x \leqslant \ln 3$, 或 $\begin{cases} 3 - 2\mathrm{e}^x - y^2 = 0 \\ 6 - 2\mathrm{e}^x - 4y^2 = 0 \end{cases},$

解此方程组得 $\begin{cases} x = 0 \\ y = 1 \end{cases}$ 或 $\begin{cases} x = 0 \\ y = -1 \end{cases},$

但当 $y = 0$ 时, $f(x,y) = 0$; 而当 $x = 0, y = \pm 1$ 时, $f(0, \pm 1) = 1$.
此外,在域 D 的边界上,即 $\mathrm{e}^x + y^2 = 3$ 时, $f(x,y) = \mathrm{e}^x y^2 (3-3) = 0$
所以, $f(0, \pm 1) = 1$ 为函数 $f(x,y)$ 在 $\mathrm{e}^x + y^2 \leqslant 3$ 上的最大值,即 $\mathrm{e}^x y^2 |z| \leqslant 1$.

【**例 9**】 求 $f(x,y) = x^2 - y^2 + 2$ 在椭圆域 $D = \left\{(x,y) \,\Big|\, x^2 + \dfrac{y^2}{4} \leqslant 1\right\}$ 上的最大值和最小值.
(考研题)

解 由 $\begin{cases} f'_x(x,y) = 2x = 0 \\ f'_y(x,y) = -2y = 0 \end{cases},$

可求得 $f(x,y) = x^2 - y^2 + 2$ 在椭圆域 $x^2 + \dfrac{y^2}{4} \leqslant 1$ 内的唯一驻点 $(0,0)$.

在椭圆 $x^2 + \dfrac{y^2}{4} = 1$ 上, $f(x,y) = x^2 - (4 - 4x^2) + 2 = 5x^2 - 2$, $(-1 \leqslant x \leqslant 1)$
求得椭圆域 D 上可能的最值 $f(\pm 1, 0) = 3$, $f(0, \pm 2) = -2$.
又由于 $f(0,0) = 2$, 因此 $f(x,y)$ 在椭圆域 D 上的最大值为 3, 最小值为 -2.

【**例 10**】 已知函数 $z = f(x,y)$ 的全微分 $\mathrm{d}z = 2x\mathrm{d}x - 2y\mathrm{d}y$, 并且 $f(1,1) = 2$. 求 $f(x,y)$ 在椭

圆域 $D=\left\{(x,y)\left|x^2+\dfrac{y^2}{4}\leqslant 1\right.\right\}$ 上的最大值和最小值.(考研题)

解 由 $\mathrm{d}z=2x\mathrm{d}x-2y\mathrm{d}y$ 可知 $z=f(x,y)=x^2-y^2+C$,再由 $f(1,1)=2$,得 $C=2$,故 $z=f(x,y)=x^2-y^2+2$.令 $\dfrac{\partial f}{\partial x}=2x=0,\dfrac{\partial f}{\partial y}=-2y=0$,解得驻点 $(0,0)$.

在椭圆 $x^2+\dfrac{y^2}{4}=1$ 上,$z=x^2-(4-4x^2)+2$,即 $z=5x^2-2$ $(-1\leqslant x\leqslant 1)$,其最大值为 $z\big|_{x=\pm 1}=3$,最小值为 $z\big|_{x=0}=-2$,再与 $f(0,0)=2$ 比较,可知 $f(x,y)$ 在椭圆域 D 上的最大值为 3,最小值为 -2.

【例 11】 求函数 $f(x,y)=x^2+2y^2-x^2y^2$ 在区域 $D=\{(x,y)|x^2+y^2\leqslant 4,y\geqslant 0\}$ 上的最大值和最小值.(考研题)

解 由 $\begin{cases}f'_x=2x-2xy^2=0\\f'_y=4y-2x^2y=0\end{cases}$ 得 D 内驻点为 $(\pm\sqrt{2},1)$,$f(\pm\sqrt{2},1)=2$.

在边界 $L_1:y=0$ $(-2\leqslant x\leqslant 2)$ 上,$f(x,y)=x^2$,显然 $f(x)$ 最小值为 0,最大值为 4.

在边界 $L_2:x^2+y^2=4$ $(y\geqslant 0)$ 上,$f(x,y)=f(x,\sqrt{4-x^2})=x^4-5x^2+8$ $(-2\leqslant x\leqslant 2)$,令 $g(x)=x^4-5x^2+8$ $(-2\leqslant x\leqslant 2)$,令 $g'(x)=0$,得 $x_1=0$,$x_2=-\sqrt{\dfrac{5}{2}}$,$x_3=\sqrt{\dfrac{5}{2}}$.

$$g(0)=f(0,2)=8,\qquad g\left(\pm\sqrt{\dfrac{5}{2}}\right)=f\left(\pm\sqrt{\dfrac{5}{2}},\sqrt{\dfrac{3}{2}}\right)=\dfrac{7}{4}.$$

综上,$f(x,y)$ 在 D 上的最大值为 8,最小值为 0.

【例 12】 求函数 $u=x^2+y^2+z^2$ 在约束条件 $z=x^2+y^2$ 和 $x+y+z=4$ 下的最小值和最大值.(考研题)

解 令 $F(x,y,z)=x^2+y^2+z^2+\lambda(x^2+y^2-z)+u(x+y+z-4)$,得方程组

$$\begin{cases}F'_x(x,y,z)=0\\F'_y(x,y,z)=0\\F'_z(x,y,z)=0\\x^2+y^2-z=0\\x+y+z-4=0\end{cases}\text{即}\begin{cases}2x+2\lambda x+u=0\\2y+2\lambda y+u=0\\2z-\lambda+u=0\\x^2+y^2-z=0\\x+y+z-4=0\end{cases},\text{解得}\begin{cases}x=-2\\y=-2\\z=8\end{cases}\text{或}\begin{cases}x=1\\y=1\\z=2\end{cases}.$$

$\therefore u(-2,-2,8)=(-2)^2+(-2)^2+8^2=72$, $u(1,1,2)=1^2+1^2+2^2=6$,

故 u 的最大值为 72,最小值为 6.

【例 13】 已知曲线 $C:\begin{cases}x^2+y^2-2z^2=0\\x+y+3z=5\end{cases}$,求曲线 C 上距离 xOy 面最远的点和最近的点.(考研题)

解 为了求曲线 C 上距离 xOy 面最远的点和最近的点,可转化为求曲线 C 上的点到 xOy 面距离平方的最大值和最小值.

令 $f(x,y,z)=z^2+\lambda(x^2+y^2-2z^2)+u(x+y+3z-5)$,得方程组:

$$\begin{cases}f'_x(x,y,z)=0\\f'_y(x,y,z)=0\\f'_z(x,y,z)=0\\x^2+y^2-2z^2=0\\x+y+3z-5=0\end{cases}\text{即}\begin{cases}2\lambda x+u=0\\2\lambda y+u=0\\2z-4\lambda z+3u=0\\x^2+y^2-2z^2=0\\x+y+3z-5=0\end{cases},\text{解得}\begin{cases}x=1\\y=1\\z=1\end{cases}\text{或}\begin{cases}x=-5\\y=-5\\z=5\end{cases}.$$

根据几何意义,曲线 C 上存在距离 xOy 面最近的点和最远的点,依次为 $(1,1,1),(-5,-5,5)$.

【例 14】 求抛物线 $y=x^2$ 和直线 $x-y-2=0$ 之间的最短距离.

解 设 (x_1,y_1) 为抛物线 $y=x^2$ 上任意点,而 (x_2,y_2) 是直线 $x-y-2=0$ 上的任意点,求函数
$$d^2=(x_2-x_1)^2+(y_2-y_1)^2$$
在条件 $y_1=x_1^2, x_2-y_2-2=0$ 下的极值. 令
$$F(x_1,x_2,y_1,y_2,\lambda_1,\lambda_2)=(x_2-x_1)^2+(y_2-y_1)^2+\lambda_1(y_1-x_1^2)+\lambda_2(x_2-y_2-2)$$
解方程组
$$\begin{cases} \dfrac{\partial F}{\partial x_1}=-2(x_2-x_1)-2\lambda_1 x_1=0 \\ \dfrac{\partial F}{\partial x_2}=2(x_2-x_1)+\lambda_2=0 \\ \dfrac{\partial F}{\partial y_1}=-2(y_2-y_1)+\lambda_1=0 \\ \dfrac{\partial F}{\partial y_2}=2(y_2-y_1)-\lambda_2=0 \\ y_1=x_1^2 \\ x_2-y_2-2=0 \end{cases}$$

解此方程组得唯一一组解 $x_1=\dfrac{1}{2}, y_1=\dfrac{1}{4}, x_2=\dfrac{11}{8}, y_2=-\dfrac{5}{8}$.

显然,当 $(x_1,y_1),(x_2,y_2)$ 中至少有一个移向无穷远时,$d\to +\infty$,故 d 的最小值在有限点处达到,从而在点 $\left(\dfrac{1}{2},\dfrac{1}{4}\right),\left(\dfrac{11}{8},-\dfrac{5}{8}\right)$ 处,取得最短距离 $d=\dfrac{7}{8}\sqrt{2}$.

【例 15】 生产某种产品必须投入两种要素,x_1 和 x_2 分别为两要素的投入量,Q 为产出量,若生产函数为 $Q=2x_1^\alpha x_2^\beta$,其中 α,β 为正常数,且 $\alpha+\beta=1$. 假设两种要素的价格分别为 p_1 和 p_2,试问:当产出量为 12 时,两要素各投入多少可使得投入总费用最小?(考研题)

分析 该题为条件极值的实际应用题,应用拉格朗日乘数法求解,即在产出量 $2x_1^\alpha x_2^\beta=12$ 的条件下,求投入总费用 $p_1 x_1+p_2 x_2$ 的最小值.

解 作拉格朗日函数 $F(x_1,x_2,\lambda)=p_1 x_1+p_2 x_2+\lambda(12-2x_1^\alpha x_2^\beta)$

令
$$\begin{cases} F_{x_1}=p_1-2\lambda\alpha x_1^{\alpha-1}x_2^\beta=0 & \text{①} \\ F_{x_2}=p_2-2\lambda\beta x_1^\alpha x_2^{\beta-1}=0 & \text{②} \\ F_\lambda=12-2x_1^\alpha x_2^\beta & \text{③} \end{cases}$$

由①和②得,$\dfrac{p_2}{p_1}=\dfrac{\beta x_1}{\alpha x_2}$ ∴ $x_1=\dfrac{p_2 \alpha}{p_1 \beta}x_2$

将 x_1 代入③,得 $x_2^{\alpha+\beta}=6\left(\dfrac{p_1 \beta}{p_2 \alpha}\right)^\alpha$. ∵ $\alpha+\beta=1$ ∴ $x_2=6\left(\dfrac{p_1 \beta}{p_2 \alpha}\right)^\alpha$. 同理 $x_1=6\left(\dfrac{p_2 \alpha}{p_1 \beta}\right)^\beta$. ∵ 驻点唯一,且实际问题存在最小值,故当 $x_1=6\left(\dfrac{p_2 \alpha}{p_1 \beta}\right)^\beta$,$x_2=6\left(\dfrac{p_1 \beta}{p_2 \alpha}\right)^\alpha$ 时,投入总费用最小.

习题 9-8 解答

1. **解**:令 $\rho=\sqrt{x^2+y^2}$,则由题意可知
$$f(x,y)=xy+\rho^4+0(\rho^4),当(x,y)\to(0,0)时,\rho\to 0.$$
由于 $f(x,y)$ 在 $(0,0)$ 附近的值主要由 xy 决定,而 xy 在 $(0,0)$ 附近符号不定,故点 $(0,0)$ 不是

$f(x,y)$ 的极值点,应选(A).

本题也可以取两条路径 $y=x$ 和 $y=-x$ 来考虑.当 $|x|$ 充分小时,$f(x,x)=x^2+4x^4+0(x^4)>0$,$f(x,-x)=-x^2+4x^4+0(x^4)<0$,故点 $(0,0)$ 不是 $f(x,y)$ 的极值点,应选(A).

2. **解:** 解方程组 $\begin{cases} f'_x(x,y)=4-2x=0 \\ f'_y=-4-2y=0 \end{cases}$,得驻点 $(2,-2)$.

   $\therefore A=f''_{xx}(2,-2)=-2<0,B=f''_{xy}(2,-2)=0,C=f''_{yy}(2,-2)=-2$,

   $AC-B^2=4>0$,$\therefore$ 在点 $(2,-2)$ 处,函数取得极大值,且极大值为 $f(2,-2)=8$.

3. **解:** 解方程组 $\begin{cases} f'_x(x,y)=(6-2x)(4y-y^2)=0 \\ f'_y(x,y)=(6x-x^2)(4-2y)=0 \end{cases}$,得 $x=3,y=0,y=4$ 和 $x=0,x=6,y=2$,

   $\therefore$ 驻点为 $(0,0),(0,4),(3,2),(6,0),(6,4)$.

   $f''_{xx}=-2(4y-y^2),f''_{xy}=(6-2x)(4-2y),f''_{yy}=-2(6x-x^2)$.

   在点 $(0,0)$ 处,$f''_{xx}=0,f''_{xy}=24,f''_{yy}=0$. $AC-B^2=-24^2<0$,$\therefore f(0,0)$ 不是极值.

   在点 $(0,4)$ 处,$f''_{xx}=0,f''_{xy}=-24,f''_{yy}=0$,$AC-B^2=-24^2<0$.$\therefore f(0,4)$ 不是极值.

   在点 $(3,2)$ 处,$f''_{xx}=-8,f''_{xy}=0,f''_{yy}=-18,AC-B^2=8\times 18>0$,又 $\because A<0$,$\therefore$ 函数在 $(3,2)$ 点有极大值 $f(3,2)=36$.

   在点 $(6,0)$ 处,$f''_{xx}=0,f''_{xy}=-24,f''_{yy}=0,AC-B^2=-24^2<0$,$\therefore f(6,0)$ 不是极值.

   在点 $(6,4)$ 处,$f''_{xx}=0,f''_{xy}=24,f''_{yy}=0,AC-B^2=-24^2<0$,$\therefore f(6,4)$ 不是极值.

4. **解:** 解方程组 $\begin{cases} f'_x(x,y)=e^{2x}(2x+2y^2+4y+1)=0 \\ f'_y(x,y)=e^{2x}(2y+2)=0 \end{cases}$,$\therefore$ 驻点为 $\left(\dfrac{1}{2},-1\right)$.

   $\because A=f''_{xx}=4e^{2x}(x+y^2+2y+1),B=f''_{xy}=4e^{2x}(y+1),C=f''_{yy}=2e^{2x}$,

   $\therefore$ 在点 $\left(\dfrac{1}{2},-1\right)$ 处,$A=2e>0,B=0,C=2e,AC-B^2=4e^2>0$,

   $\therefore$ 函数 $f(x,y)$ 在点 $\left(\dfrac{1}{2},-1\right)$ 处取得极小值,极小值为 $f\left(\dfrac{1}{2},-1\right)=-\dfrac{e}{2}$.

5. **解:** 附加条件 $x+1=1$ 可表示为 $y=1-x$,代入 $z=xy$ 中,问题转化为求 $z=x(1-x)$ 的无条件极值.$\because \dfrac{dz}{dx}=1-2x,\quad \dfrac{d^2z}{dx^2}=-2$,令 $\dfrac{dz}{dx}=0$,得驻点 $x=\dfrac{1}{2}$,又 $\because \dfrac{d^2z}{dx^2}\Big|_{x=\frac{1}{2}}=-2<0$,

   $\therefore x=\dfrac{1}{2}$ 为极大值点,且极大值为 $z=\dfrac{1}{2}\left(1-\dfrac{1}{2}\right)=\dfrac{1}{4}$,

   故 $z=xy$ 在条件 $x+y=1$ 下在 $\left(\dfrac{1}{2},\dfrac{1}{2}\right)$ 处取得极大值 $\dfrac{1}{4}$.

6. **解:** 设直角三角形的两直角边长分别为 x,y,则周长为:$S=x+y+l(0<x<l,0<y<l)$ 于是,问题为在 $x^2+y^2=l^2$ 下 S 的条件极值问题.作函数

   $F(x,y)=x+y+l+\lambda(x^2+y^2-l^2)$,得

   $\begin{cases} F'_x=1+2\lambda x=0 & \text{①} \\ F'_y=1+2\lambda y=0 & \text{②} \\ x^2+y^2=l^2 & \text{③} \end{cases}$

   由①、②解得,$x=y=-\dfrac{1}{2\lambda}$,代入③得,$\lambda=-\dfrac{\sqrt{2}}{2l},x=y=\dfrac{l}{\sqrt{2}}$,$\therefore \left(\dfrac{l}{\sqrt{2}},\dfrac{l}{\sqrt{2}}\right)$ 是唯一的驻点.

   根据问题本身可知,这种最大周长的直角三角形必定存在.故斜边之长为 l 的一切直角三角形中,最大周长的直角三角形为等腰直角三角形.

7. **解**:设水池的长、宽、高分别为 a,b,c,则水池的表面积为:$S=ab+2ac+2bc(a>0,b>0,c>0)$ 本题是在条件 $abc=k$ 下,求 S 的最小值.

作函数 $F(a,b,c)=ab+2ac+2bc+\lambda(abc-k)$,得 $\begin{cases} F_a=b+2c+\lambda bc=0 \\ F_b=a+2c+\lambda ac=0 \\ F_c=2a+2b+\lambda ab=0 \\ abc=k \end{cases}$

解得 $a=b=\sqrt[3]{2k}$, $c=\frac{1}{2}\sqrt[3]{2k}$, $\lambda=-\sqrt[3]{\frac{32}{k}}$.

$\because (\sqrt[3]{2k},\sqrt[3]{2k},\frac{1}{2}\sqrt[3]{2k})$ 是唯一的驻点,又由问题本身知 S 一定有最小值,

$\therefore$ 表面积最小的水池的长、宽、高分别为 $\sqrt[3]{2k}$, $\sqrt[3]{2k}$, $\frac{1}{2}\sqrt[3]{2k}$.

8. **解**:设所求点坐标为 (x,y),则此点到 $x=0$ 的距离为 $|x|$,到 $y=0$ 的距离为 $|y|$,到 $x+2y-16=0$ 的距离为 $\frac{|x+2y-16|}{\sqrt{1^2+2^2}}$,而距离平方之和为 $z=x^2+y^2+\frac{1}{5}(x+2y-16)^2$.

由 $\begin{cases} \frac{\partial z}{\partial x}=2x+\frac{2}{5}(x+2y-16)=0 \\ \frac{\partial z}{\partial y}=2y+\frac{4}{5}(x+2y-16)=0 \end{cases}$ 解得 $\begin{cases} x=\frac{8}{5} \\ y=\frac{16}{5} \end{cases}$ $\because (\frac{8}{5},\frac{16}{5})$ 是唯一的驻点,又由问题的

性质可知,到三直线的距离平方之和的最小点一定存在,

故 $(\frac{8}{5},\frac{16}{5})$ 即为所求.

9. **解**:设矩形的一边为 x,则另一边为 $(p-x)$.假设矩形绕 $p-x$ 旋转,则旋转所成的圆柱体的体积为 $V=\pi x^2(p-x)$ $(0<x<p)$.由 $\frac{dV}{dx}=2\pi x(p-x)-\pi x^2=\pi x(2p-3x)=0$,得驻点为 $x=\frac{2}{3}p$.由于驻点唯一,又由题意可知这种圆柱体的体积一定有最大值,故当矩形的边长为 $\frac{2}{3}p$ 和 $\frac{1}{3}p$ 时,绕短边旋转所得圆柱体的体积最大.

10. **解**:设球面方程为 $x^2+y^2+z^2=a^2$.(x,y,z) 是其内接长方体在第一象限内的一个顶点,则此长方体的长、宽、高分别为 $2x,2y,2z$,体积为 $V=2x \cdot 2y \cdot 2z=8xyz$ $(x,y,z>0)$

令 $F(x,y,z)=8xyz+\lambda(x^2+y^2+z^2-a^2)$,

由 $\begin{cases} F'_x=8yz+2\lambda x=0 \\ F'_y=8xz+2\lambda y=0 \\ F'_z=8xy+2\lambda z=0 \\ x^2+y^2+z^2=a^2 \end{cases}$ 解得:$x=y=z=-\frac{\lambda}{4}$,代入 $x^2+y^2+z^2=a^2$,得 $\lambda=-\frac{4}{\sqrt{3}}a$,

$\therefore x=y=z=\frac{a}{\sqrt{3}}$.$\because (\frac{a}{\sqrt{3}},\frac{a}{\sqrt{3}},\frac{a}{\sqrt{3}})$ 为唯一驻点,由题意可知这种长方体必有最大体积,$\therefore$ 当长方体的长、宽、高都为 $\frac{2a}{\sqrt{3}}$ 时,其体积最大.

11. **解**:设椭圆上的点的坐标为 (x,y,z),则原点到椭圆上这一点的距离平方为 $d^2=x^2+y^2+z^2$.其中 x,y,z 要同时满足 $z=x^2+y^2$ 和 $x+y+z=1$

令 $F(x,y,z)=x^2+y^2+z^2+\lambda_1(z-x^2-y^2)+\lambda_2(x+y+z-1)$

由 $\begin{cases} F_x=2x-2\lambda_1 x+\lambda_2=0 \\ F_y=2y-2\lambda_1 y+\lambda_2=0 \\ F_z=2z+\lambda_1+\lambda_2=0 \\ z=x^2+y^2 \\ x+y+z=1 \end{cases}$ 的前两个方程知,$x=y$. 将 $x=y$ 代入 $z=x^2+y^2$ 和 $x+y+z=1$

得 $z=2x^2$ 和 $2x+z=1$,再由 $2x^2+2x-1=0$ 解出 $x=y=\dfrac{-1\pm\sqrt{3}}{2}$,$z=2\mp\sqrt{3}$,$\therefore$ 驻点为

$\left(\dfrac{-1+\sqrt{3}}{2},\dfrac{-1+\sqrt{3}}{2},2-\sqrt{3}\right)$ 和 $\left(\dfrac{-1-\sqrt{3}}{2},\dfrac{-1-\sqrt{3}}{2},2+\sqrt{3}\right)$

由题意,原点到这椭圆的最长与最短距离一定存在,故最大值和最小值在这两点处取得.

$\because d^2=x^2+y^2+z^2=2\left(\dfrac{-1\pm\sqrt{3}}{2}\right)^2+(2\mp\sqrt{3})^2=9\mp5\sqrt{3}$,

$\therefore d_1=\sqrt{9+5\sqrt{3}}$ 为最长距离;$d_2=\sqrt{9-5\sqrt{3}}$ 为最短距离.

12. **解**:解方程组 $\begin{cases} \dfrac{\partial T}{\partial x}=2x-1=0 \\ \dfrac{\partial T}{\partial y}=4y=0 \end{cases}$,求得驻点 $\left(\dfrac{1}{2},0\right)$,$T_1=T\bigg|_{\left(\frac{1}{2},0\right)}=-\dfrac{1}{4}$.

在边界 $x^2+y^2=1$ 上,$T=2-(x^2+x)=\dfrac{9}{4}-\left(x+\dfrac{1}{2}\right)^2$,当 $x=-\dfrac{1}{2}$ 时,T 取最大值 $T_2=\dfrac{9}{4}$;$x=1$ 时,T 取最小值 $T_3=0$. 比较 T_1,T_2 及 T_3 的值知,最热点在 $\left(-\dfrac{1}{2},\pm\dfrac{\sqrt{3}}{2}\right)$,$T_{\max}=\dfrac{9}{4}$,最冷点在 $\left(\dfrac{1}{2},0\right)$,$T_{\min}=-\dfrac{1}{4}$.

13. **解**:作拉格朗日函数 $L=8x^2+4yz-16z+600+\lambda(4x^2+y^2+4z^2-16)$.

令 $\begin{cases} L_x=16x+8\lambda x=0 & ① \\ L_y=4z+2\lambda y=0 & ② \\ L_z=4y-16+8\lambda z=0 & ③ \end{cases}$,由①得 $x=0$ 或 $\lambda=-2$.

若 $\lambda=-2$,代入②、③,得 $y=z=-\dfrac{4}{3}$,再将 $y=z=-\dfrac{4}{3}$ 代入 $4x^2+y^2+4z^2=16$,④

得 $x=\pm\dfrac{4}{3}$,于是得两个可能的极值点 $\left(\dfrac{4}{3},-\dfrac{4}{3},-\dfrac{4}{3}\right)$,$\left(-\dfrac{4}{3},-\dfrac{4}{3},-\dfrac{4}{3}\right)$.

若 $x=0$,由②、③、④解得 $\lambda=0$,$y=4$,$z=0$;$\lambda=\sqrt{3}$,$y=-2$,$z=\sqrt{3}$;$\lambda=-\sqrt{3}$,$y=-2$,$z=-\sqrt{3}$.

于是又得到三个可能的极值点:$(0,4,0)$,$(0,-2,\sqrt{3})$,$(0,-2,-\sqrt{3})$.

比较上述五个点的数值知:$T\left(\dfrac{4}{3},-\dfrac{4}{3},-\dfrac{4}{3}\right)=T\left(-\dfrac{4}{3},-\dfrac{4}{3},-\dfrac{4}{3}\right)=\dfrac{1928}{3}$ 为最大.

故探测器表面最热的点为 $M\left(\pm\dfrac{4}{3},-\dfrac{4}{3},-\dfrac{4}{3}\right)$.

*第九节 二元函数的泰勒公式

一、主要内容归纳

设函数 $z=f(x,y)$ 在点 (x_0,y_0) 的某一邻域内连续且有直到 $(n+1)$ 阶的连续偏导数,并设 $(x=x_0+h,y=y_0+k)$ 为此邻域内任意一点,我们有二元函数的 n 阶泰勒公式

$$f(x_0+h,y_0+k)=f(x_0,y_0)+\left(h\frac{\partial}{\partial x}+k\frac{\partial}{\partial y}\right)f(x_0,y_0)$$
$$+\frac{1}{2!}\left(h\frac{\partial}{\partial x}+h\frac{\partial}{\partial y}\right)^2 f(x_0,y_0)+\cdots+\frac{1}{n!}\left(h\frac{\partial}{\partial x}+h\frac{\partial}{\partial y}\right)^n f(x_0,y_0)+R_n \quad \text{①}$$

其中 $R_n=\dfrac{1}{(n+1)!}\left(h\dfrac{\partial}{\partial x}+k\dfrac{\partial}{\partial y}\right)^{n+1} f(x_0+\theta h,y+\theta k)$, $(0<\theta<1)$

叫做拉格朗日形式的余项. 特别地,当 $n=0$ 时,公式①成为

$$f(x_0+h,y_0+k)=f(x_0,y_0)+hf'_x(x_0+\theta h,y_0+\theta k)+kf'_y(x_0+\theta h,y_0+\theta k)$$

它叫做二元函数的拉格朗日中值定理.

又当 $n=1$ 时,公式①成为

$$f(x_0+h,y_0+k)=f(x_0,y_0)+hf'_x(x_0,y_0)+kf'_y(x_0,y_0)+\frac{1}{2!}\{h^2 f''_{xx}(x_0+\theta h,y_0+\theta k)$$
$$+2hk f''_{xy}(x_0+\theta h,y_0+\theta k)+k^2 f''_{yy}(x_0+\theta h,y_0+\theta k)\}. \quad (0<\theta<1)$$

二、经典例题解析及解题方法总结

【例 1】 求函数 $f(x,y)=\ln(1+x+y)$ 的三阶麦克劳林公式.

解 因为 $f'_x(x,y)=f'_y(x,y)=\dfrac{1}{1+x+y}, f''_{xx}(x,y)=f''_{xy}(x,y)=f''_{yy}(x,y)=-\dfrac{1}{(1+x+y)^2}$,

$\dfrac{\partial^3 f}{\partial x^p \partial y^{3-p}}=\dfrac{2!}{(1+x+y)^3}$, $(p=0,1,2,3)$, $\dfrac{\partial^4 f}{\partial x^p \partial y^{4-p}}=-\dfrac{3!}{(1+x+y)^4}$, $(p=0,1,2,3,4)$.

所以 $\left(x\dfrac{\partial}{\partial x}+y\dfrac{\partial}{\partial y}\right)f(0,0)=xf'_x(0,0)+yf'_y(0,0)=x+y$,

$\left(x\dfrac{\partial}{\partial x}+y\dfrac{\partial}{\partial y}\right)^2 f(0,0)=x^2 f''_{xx}(0,0)+2xy f''_{xy}(0,0)+y^2 f''_{yy}(0,0)=-(x+y)^2$,

$\left(x\dfrac{\partial}{\partial x}+y\dfrac{\partial}{\partial y}\right)^3 f(0,0)=x^3 f'''_{xxx}(0,0)+3x^2 y f'''_{xxy}(0,0)+3xy^2 f'''_{xyy}(0,0)+y^3 f'''_{yyy}(0,0)$
$=2(x+y)^3.$

又 $f(0,0)=0$, 故 $\ln(1+x+y)=x+y-\dfrac{1}{2}(x+y)^2+\dfrac{1}{3}(x+y)^3+R_3$,

其中 $R_3=\dfrac{1}{4!}\left(x\dfrac{\partial}{\partial x}+y\dfrac{\partial}{\partial y}\right)^4 f(\theta x,\theta y)=-\dfrac{1}{4}\cdot\dfrac{(x+y)^4}{(1+\theta x+\theta y)^4}$, $(0<\theta<1)$.

习题 9-9 解答

1. 解: $f(1,-2)=5$, $f'_x(1,-2)=(4x-y-6)\big|_{(1,-2)}=0$, $f'_y(1,-2)=(-x-2y-3)\big|_{(1,-2)}=0$, $f''_{xx}(1,-2)=4$, $f''_{xy}=-1$, $f''_{yy}(1,-2)=-2$
   又阶数为 3 的各偏导数为零, $\therefore f(x,y)=f[1+(x-1),-2+(y+2)]$
   $=f(1,-2)+(x-1)f'_x(1,-2)+(y+2)f'_y(1,-2)+\dfrac{1}{2!}[(x-1)^2 f''_{xx}(1,-2)$
   $+2(x-1)(y+2)f''_{xy}(1,-2)+(y+2)^2 f''_{yy}(1,-2)]$
   $=5+\dfrac{1}{2!}[4(x-1)^2-2(x-1)(y+2)-2(y+2)^2]$
   $=5+2(x-1)^2-(x-1)(y+2)-(y+2)^2.$

2. 解: $f'_x=e^x\ln(1+y)$, $f'_y=\dfrac{e^x}{1+y}$, $f''_{xx}=e^x\ln(1+y)$, $f''_{xy}=\dfrac{e^x}{1+y}$, $f''_{yy}=-\dfrac{e^x}{(1+y)^2}$, $f'''_{xxx}=e^x\ln(1+y)$, $f'''_{xxy}=\dfrac{e^x}{1+y}$, $f'''_{xyy}=\dfrac{e^x}{(1+y)^2}$, $f'''_{yyy}=\dfrac{2e^x}{(1+y)^3}$, $\left(x\dfrac{\partial}{\partial x}+y\dfrac{\partial}{\partial y}\right)f(0,0)=xf'_x(0,0)=yf'_y(0,0)=y$,

   $\left(x\dfrac{\partial}{\partial x}+y\dfrac{\partial}{\partial y}\right)^2 f(0,0)=x^2 f''_{xx}(0,0)+2xy f''_{xy}(0,0)+y^2 f''_{yy}(0,0)=2xy-y^2$,

   $\left(x\dfrac{\partial}{\partial x}+y\dfrac{\partial}{\partial y}\right)^3 f(0,0)=x^3 f'''_{xxx}(0,0)+3x^2 y f'''_{xxy}(0,0)+3xy^2 f'''_{xyy}(0,0)+y^3 f'''_{yyy}(0,0)$
   $=3x^2 y-3xy^2+2y^3.$

   $f(0,0)=0,$

   $e^x\ln(1+y)=f(0,0)+\left(x\dfrac{\partial}{\partial x}+y\dfrac{\partial}{\partial y}\right)f(0,0)+\dfrac{1}{2!}\left(x\dfrac{\partial}{\partial x}+y\dfrac{\partial}{\partial y}\right)^2 f(0,0)+\dfrac{1}{3!}\left(x\dfrac{\partial}{\partial x}+y\dfrac{\partial}{\partial y}\right)^3 f(0,0)+R_3=y+\dfrac{1}{2!}(2xy-y^2)+\dfrac{1}{3!}(3x^2 y-3xy^2+2y^3)+R_3,$

   其中 $R_3=\dfrac{e^{\theta x}}{24}\left[x^4\ln(1+\theta y)+\dfrac{4x^3 y}{1+\theta y}-\dfrac{6x^2 y^2}{(1+\theta y)^2}+\dfrac{8xy^3}{(1+\theta y)^3}-\dfrac{6y^4}{(1+\theta y)^4}\right].$ $(0<\theta<1)$

3. 证: $f'_x=\cos x\sin y$, $\quad f'_y=\sin x\cos y$
   $f''_{xx}=-\sin x\sin y$, $\quad f''_{xy}=\cos x\cos y$, $\quad f''_{yy}=-\sin x\sin y$
   $f'''_{xxx}=-\cos x\sin y$, $\quad f'''_{xxy}=-\sin x\cos y$, $\quad f'''_{xyy}=-\cos x\sin y$, $\quad f'''_{yyy}=-\sin x\cos y$
   $\sin x\sin y=f\left[\dfrac{\pi}{4}+\left(x-\dfrac{\pi}{4}\right),\dfrac{\pi}{4}+\left(y-\dfrac{\pi}{4}\right)\right]$
   $=f\left(\dfrac{\pi}{4},\dfrac{\pi}{4}\right)+\left[\left(x-\dfrac{\pi}{4}\right)\dfrac{\partial}{\partial x}+\left(y-\dfrac{\pi}{4}\right)\dfrac{\partial}{\partial y}\right]f\left(\dfrac{\pi}{4},\dfrac{\pi}{4}\right)$
   $+\dfrac{1}{2!}\left[\left(x-\dfrac{\pi}{4}\right)^2\left(-\dfrac{1}{2}\right)+2\left(x-\dfrac{\pi}{4}\right)\left(y-\dfrac{\pi}{4}\right)\cdot\dfrac{1}{2}+\left(y-\dfrac{\pi}{4}\right)^2\left(-\dfrac{1}{2}\right)\right]+R_2$
   $=\dfrac{1}{2}+\dfrac{1}{2}\left(x-\dfrac{\pi}{4}\right)+\dfrac{1}{2}\left(y-\dfrac{\pi}{4}\right)-\dfrac{1}{4}\left[\left(x-\dfrac{\pi}{4}\right)^2\right.$
   $\left.-2\left(x-\dfrac{\pi}{4}\right)\left(y-\dfrac{\pi}{4}\right)+\left(y-\dfrac{\pi}{4}\right)^2\right]+R_2$

   其中 $R_2=\dfrac{1}{3!}\left[\left(x-\dfrac{\pi}{4}\right)\dfrac{\partial}{\partial x}+\left(y-\dfrac{\pi}{4}\right)\dfrac{\partial}{\partial y}\right]^2 f(\zeta,\eta)=-\dfrac{1}{6}\left[\cos\zeta\sin\eta\left(x-\dfrac{\pi}{4}\right)^3+3\sin\zeta\cos\eta\right.$
   $\left(x-\dfrac{\pi}{4}\right)^2\left(y-\dfrac{\pi}{4}\right)+3\cos\zeta\sin\eta\left(x-\dfrac{\pi}{4}\right)\left(y-\dfrac{\pi}{4}\right)^2+\sin\zeta\cos\eta\left(y-\dfrac{\pi}{4}\right)^3\right]$

$\zeta = \frac{\pi}{4} + \theta\left(x - \frac{\pi}{4}\right)$, $y = \frac{\pi}{4} + \theta\left(y - \frac{\pi}{4}\right)$. $(0 < \theta < 1)$

4. **解**：在点$(1,1)$处将函数$f(x,y) = x^y$展开成三阶泰勒公式：

$f(1,1) = 1, f'_x(1,1) = yx^{y-1}\big|_{(1,1)} = 1,$ $f'_y(1,1) = x^y \ln x\big|_{(1,1)} = 0$

$f''_{xx}(1,1) = y(y-1)x^{y-2}\big|_{(1,1)} = 0$ $f''_{xy}(1,1) = (x^{y-1} + yx^{y-1}\ln x)\big|_{(1,1)} = 1$

$f''_{yy}(1,1) = x^y \ln^2 x\big|_{(1,1)} = 0$ $f'''_{xxx}(1,1) = y(y-1)(y-2)x^{y-3}\big|_{(1,1)} = 0$

$f'''_{xxy}(1,1) = [(2y-1)x^{y-2} + y(y-1)x^{y-2}\ln x]\big|_{(1,1)} = 1$

$f'''_{xyy}(1,1) = [2x^{y-1}\ln x + yx^{y-1}\ln^2 x]\big|_{(1,1)} = 0$ $f'''_{yyy}(1,1) = x^y \ln^3 x\big|_{(1,1)} = 0$

$\therefore f(x,y) = f[1+(x-1), 1+(y-1)] = 1 + (x-1) + \frac{1}{2!}[2(x-1)(y-1)] + \frac{1}{3!}[3(x-1)^2(y-1)]R_3 = 1 + (x-1) + (x-1)(y-1) + \frac{1}{2}(x-1)^2(y-1) + R_3$

$\therefore 1.1^{1.02} \approx 1 + 0.1 + 0.1 \times 0.02 + \frac{1}{2} \times 0.1^2 \times 0.02 = 1 + 0.1 + 0.002 + 0.0001 = 1.1021$

5. **解**：$f(0,0) = e^0 = 1$，$f'_x(0,0) = e^{x+y}\big|_{(0,0)} = 1$，$f'_y(0,0) = e^{x+y}\big|_{(0,0)} = 1$

同理 $f^{(n)}_{x^m y^{n-m}}(0,0) = e^{x+y}\big|_{(0,0)} = 1$

$\therefore e^{x+y} = 1 + (x+y) + \frac{1}{2!}(x^2 + 2xy + y^2) + \frac{1}{3!}(x^3 + 3x^2y + 3xy^2 + y^3) + \cdots$

$+ \frac{1}{n!}(x+y)^n + R_n = \sum_{k=0}^{n} \frac{(x+y)^k}{k!} + R_n$，其中 $R_n = \frac{(x+y)^{n+1}}{(n+1)!} e^{\theta(x+y)}$. $(0 < \theta < 1)$

*第十节 最小二乘法

一、主要内容归纳（略）

二、经典例题解析及解题方法总结（略）

习题 9-10 解答

1. **解**：由方程组 $\begin{cases} a\sum_{i=1}^{6} p_i^2 + b\sum_{i=1}^{6} p_i = \sum_{i=1}^{6} \theta_i p_i \\ a\sum_{i=1}^{6} p_i + 6b = \sum_{i=1}^{6} \theta_i \end{cases}$ 确定先验公式中的a, b，先算出

$\begin{cases} \sum_{i=1}^{6} p_i^2 = 28365.28, \quad \sum_{i=1}^{6} p_i = 396.6, \\ \sum_{i=1}^{6} \theta_i p_i = 101176.3, \quad \sum_{i=1}^{6} \theta_i = 1458, \end{cases}$ 代入方程组，得 $\begin{cases} 28365.28a + 396.6b = 101176.3 \\ 396.6a + 6b = 1458 \end{cases}$ 解此方程组，得 $a = 2.234, b = 95.33$，$\therefore$ 经验公式 $\theta = 2.234p + 95.33$

2. **解**:设 M 是每个数据差的平方和:$M=\sum\limits_{i=1}^{n}[y_i-(ax_i^2+bx_i+C)]^2=M(a,b,c)$

令 $\begin{cases}\dfrac{\partial M}{\partial a}=-2\sum\limits_{i=1}^{n}[y_i-(ax_i^2+bx_i+C)](x_i)^2=0\\ \dfrac{\partial M}{\partial b}=-2\sum\limits_{i=1}^{n}[y_i-(ax_i^2+bx_i+C)](x_i)=0\\ \dfrac{\partial M}{\partial c}=-2\sum\limits_{i=1}^{n}[y_i-(ax_i^2+bx_i+C)]=0\end{cases}$,

即 $\begin{cases}\sum\limits_{i=1}^{n}(y_ix_i^2-ax_i^4-bx_i^3-cx_i^2)=0\\ \sum\limits_{i=1}^{n}(y_ix_i-ax_i^3-bx_i^2-cx_i)=0\\ \sum\limits_{i=1}^{n}(y_i-ax_i^2-bx_i-c)=0\end{cases}$,整理化为 $\begin{cases}a\sum\limits_{i=1}^{n}x_i^4+b\sum\limits_{i=1}^{n}x_i^3+c\sum\limits_{i=1}^{n}x_i^2=\sum\limits_{i=1}^{n}x_i^2y_i\\ a\sum\limits_{i=1}^{n}x_i^3+b\sum\limits_{i=1}^{n}x_i^2+c\sum\limits_{i=1}^{n}x_i=\sum\limits_{i=1}^{n}x_iy_i\\ a\sum\limits_{i=1}^{n}x_i^2+b\sum\limits_{i=1}^{n}x_i+nc=\sum\limits_{i=1}^{n}y_i.\end{cases}$

总习题九解答

1. **解**:(1)充分　必要　　(2)必要　充分　　(3)充分　　(4)充分
2. **解**:设函数 $f(x,y)$ 在点 $(0,0)$ 的某邻域内有定义,且 $f_x(0,0)=3, f_y=(0,0)=-1$,则有(C).

   (A) $dz\big|_{(0,0)}=3dx-dy$

   (B) 曲面 $z=f(x,y)$ 在点 $(0,0,f(0,0))$ 的一个法向量为 $(3,-1,1)$

   (C) 曲线 $\begin{cases}z=f(x,y)\\ y=0\end{cases}$ 在点 $(0,0,f(0,0))$ 的一个切向量为 $(1,0,3)$

   (D) 曲线 $\begin{cases}z=f(x,y)\\ y=0\end{cases}$ 在点 $(0,0,f(0,0))$ 的一个切向量为 $(3,0,1)$

3. **解**:当 $4x-y^2\geqslant 0$ 且 $\begin{cases}1-x^2-y^2>0\\ 1-x^2-y^2\neq 1\end{cases}$ 时,函数才有定义.

   解得　$D=\{(x,y)\mid y^2\leqslant 4x$ 且 $0<x^2+y^2<1\}$.

   $\because \left(\dfrac{1}{2},0\right)$ 是 $f(x,y)$ 的定义域 D 的内点,$\therefore f(x,y)$ 在 $\left(\dfrac{1}{2},0\right)$ 处连续.

   $\therefore \lim\limits_{(x,y)\to(\frac{1}{2},0)}f(x,y)=\dfrac{\sqrt{4\times\frac{1}{2}-0^2}}{\ln\left[1-\left(\frac{1}{2}\right)^2-0^2\right]}=\dfrac{\sqrt{2}}{\ln\frac{3}{4}}=\dfrac{\sqrt{2}}{\ln 3-\ln 4}$.

*4. **证**:选择直线 $y=kx$ 作为路径计算极限:$\lim\limits_{\substack{x\to 0\\ y=kx}}\dfrac{xy^2}{x^2+y^4}=\lim\limits_{x\to 0}\dfrac{k^2x^3}{x^2+k^4x^4}=\lim\limits_{x\to 0}\dfrac{k^2x}{1+k^4x^2}=0$

选择曲线 $x=y^2$ 作为路径计算极限:$\lim\limits_{\substack{y\to 0\\ x=y^2}}\dfrac{xy^2}{x^2+y^4}=\lim\limits_{y\to 0}\dfrac{y^4}{y^4+y^4}=\dfrac{1}{2}$

由于不同路径算得不同的极限值.$\therefore$ 原极限不存在.

5. 解：当 $x^2+y^2 \neq 0$ 时，$f(x,y)=\dfrac{x^2 y}{x^2+y^2}$

$$f_x(x,y)=\dfrac{2xy(x^2+y^2)-x^2 y \cdot 2x}{(x^2+y^2)^2}=\dfrac{2xy^3}{(x^2+y^2)^2}, f_y(x,y)=\dfrac{x^2(x^2+y^2)-x^2 y \cdot 2y}{(x^2+y^2)^2}=\dfrac{x^2(x^2-y^2)}{(x^2+y^2)^2},$$

当 $x^2+y^2=0$ 时，$f(0,0)=0$

$$f_x(0,0)=\lim_{\Delta x \to 0}\dfrac{f(0+\Delta x,0)-f(0,0)}{\Delta x}=\lim_{\Delta x \to 0}\dfrac{0-0}{\Delta x}=0$$

$$f_y(0,0)=\lim_{\Delta y \to 0}\dfrac{f(0,0+\Delta y)-f(0,0)}{\Delta y}=\lim_{\Delta y \to 0}\dfrac{0-0}{\Delta y}=0$$

$$\therefore f_x(x,y)=\begin{cases}\dfrac{2xy^3}{(x^2+y^2)^2} & x^2+y^2 \neq 0 \\ 0 & x^2+y^2=0\end{cases}, f_y(x,y)=\begin{cases}\dfrac{x^2(x^2-y^2)}{(x^2+y^2)^2} & x^2+y^2 \neq 0 \\ 0 & x^2+y^2=0\end{cases}.$$

6. 解：(1) $\dfrac{\partial z}{\partial x}=\dfrac{1}{x+y^2}$，$\dfrac{\partial z}{\partial y}=\dfrac{2y}{x+y^2}$，$\dfrac{\partial^2 z}{\partial x^2}=\dfrac{-1}{(x+y^2)^2}$，$\dfrac{\partial^2 z}{\partial x \partial y}=\dfrac{\partial^2 z}{\partial y \partial x}=\dfrac{-2y}{(x+y^2)^2}$，$\dfrac{\partial^2 z}{\partial y^2}=$

$$\dfrac{2(x+y^2)-2y \cdot 2y}{(x+y^2)^2}=\dfrac{2(x-y^2)}{(x+y^2)^2}.$$

(2) $\dfrac{\partial z}{\partial x}=yx^{y-1}$，$\dfrac{\partial z}{\partial y}=x^y \ln x$，$\dfrac{\partial^2 z}{\partial x^2}=y(y-1)x^{y-2}$，$\dfrac{\partial^2 z}{\partial y^2}=x^y (\ln x)^2$，

$$\dfrac{\partial^2 z}{\partial x \partial y}=\dfrac{\partial^2 z}{\partial y \partial x}=x^{y-1}+y\dfrac{1}{x}x^y \ln x = x^{y-1}(1+y\ln x).$$

7. 解：$\Delta z = f(x+\Delta x, y+\Delta y)-f(x,y)=f(2+0.01,1+0.03)-f(2,1)$

$$=\dfrac{2.01 \times 1.03}{2.01^2-1.03^2}-\dfrac{2 \times 1}{2^2-1^2}=0.0283 \approx 0.02.$$

$dz = z_x \Delta x + z_y \Delta y$,

$$z_x=\dfrac{y(x^2-y^2)-xy(2x)}{(x^2-y^2)^2}=\dfrac{-y(x^2+y^2)}{(x^2-y^2)^2}, \quad z_y=\dfrac{x(x^2-y^2)-xy(-2y)}{(x^2-y^2)^2}=\dfrac{x(x^2+y^2)}{(x^2-y^2)^2},$$

$$\therefore dz\Big|_{(2,1)}=z_x\Big|_{(2,1)}\Delta x+z_y\Big|_{(2,1)}\Delta y=\dfrac{-1 \times (2^2+1^2)}{(2^2-1^2)^2} \times 0.01 + \dfrac{2(2^2+1^2)}{(2^2-1^2)^2} \times 0.03$$

$$=-\dfrac{5}{9} \times 0.01 + \dfrac{10}{9} \times 0.03 \approx 0.0278 \approx 0.03.$$

*8. 解：先证连续性. 即证 $\lim\limits_{(x,y) \to (0,0)} f(x,y) = f(0,0) = 0$

$\because x^2+y^2 \geqslant 2|xy|$，$\therefore 0 \leqslant \dfrac{x^2 y^2}{(x^2+y^2)^{\frac{3}{2}}} \leqslant \dfrac{\frac{1}{4}(x^2+y^2)^2}{(x^2+y^2)^{\frac{3}{2}}}=\dfrac{1}{4}\sqrt{x^2+y^2}$.

又 $f(x,y) \geqslant 0$，$\lim\limits_{(x,y) \to (0,0)}\dfrac{1}{4}\sqrt{x^2+y^2}=0$. $\therefore$ 由夹逼定理知

$$\lim_{(x,y) \to (0,0)} f(x,y) = \lim_{(x,y) \to (0,0)}\dfrac{x^2 y^2}{(x^2+y^2)^{\frac{3}{2}}}=0=f(0,0), \therefore f(x,y) \text{在点}(0,0)\text{处连续}.$$

再证偏导数存在. $f'_x(0,0)\lim\limits_{\Delta x \to 0}\dfrac{f(0+\Delta x, 0)-f(0,0)}{\Delta x}=\lim\limits_{\Delta x \to 0}\dfrac{\dfrac{(\Delta x)^2 \cdot 0}{[(\Delta x)^2+0^2]^{\frac{3}{2}}}-0}{\Delta x}=0$.

同理可得 $f'_y(0,0)=0$，$\therefore f(x,y)$ 在 $(0,0)$ 处偏导数存在.

最后证不可微分. 由 $f'_x(0,0)=0, f'_y(0,0)=0$ 得

$$\Delta f(0,0) - [f'_x(0,0)\Delta x + f'_y(0,0)\Delta y] = \Delta f(0,0)$$

$$= f(0+\Delta x, 0+\Delta y) - f(0,0) = f(\Delta x, \Delta y) = \frac{(\Delta x)^2 (\Delta y)^2}{[(\Delta x)^2 + (\Delta y)^2]^{\frac{3}{2}}},$$

又 $\dfrac{\frac{(\Delta x)^2(\Delta y)^2}{[(\Delta x)^2+(\Delta y)^2]^{\frac{3}{2}}}}{\sqrt{(\Delta x)^2+(\Delta y)^2}} = \dfrac{(\Delta x)^2(\Delta y)^2}{[(\Delta x)^2+(\Delta y)^2]^2}$,

而 $\lim\limits_{\substack{\Delta x\to 0\\ \Delta y=k\Delta x}} \dfrac{(\Delta x)^2(\Delta y)^2}{[(\Delta x)^2+(\Delta y)^2]^2} = \lim\limits_{\Delta x\to 0} \dfrac{(\Delta x)^2 \cdot k^2(\Delta x)^2}{[(\Delta x)^2+k^2(\Delta x)^2]^2} = \dfrac{k^2}{(1+k^2)^2}$,

即 $\dfrac{\Delta f(0,0) - [f_x'(0,0)\Delta x + f_y'(0,0)\Delta y]}{\sqrt{(\Delta x)^2+(\Delta y)^2}} \not\to 0$. (当 $\rho = \sqrt{(\Delta x)^2+(\Delta y)^2} \to 0$ 时)

$\therefore f(x,y)$ 在 $(0,0)$ 处不可微分.

9. **解**: $\dfrac{du}{dt} = \dfrac{\partial u}{\partial x}\dfrac{dx}{dt} + \dfrac{\partial u}{\partial y}\dfrac{dy}{dt} = yx^{y-1}\varphi'(t) + x^y \ln x \cdot \psi'(t)$.

10. **解**: $\dfrac{\partial z}{\partial \xi} = \dfrac{\partial z}{\partial u}\dfrac{\partial u}{\partial \xi} + \dfrac{\partial z}{\partial v}\dfrac{\partial v}{\partial \xi} + \dfrac{\partial z}{\partial \omega}\dfrac{\partial \omega}{\partial \xi} = -\dfrac{\partial z}{\partial v} + \dfrac{\partial z}{\partial \omega}$,

$\dfrac{\partial z}{\partial \eta} = \dfrac{\partial z}{\partial u}\dfrac{\partial u}{\partial \eta} + \dfrac{\partial z}{\partial v}\dfrac{\partial v}{\partial \eta} + \dfrac{\partial z}{\partial \omega}\dfrac{\partial \omega}{\partial \eta} = \dfrac{\partial z}{\partial u} - \dfrac{\partial z}{\partial v}$, $\dfrac{\partial z}{\partial \zeta} = \dfrac{\partial z}{\partial u}\dfrac{\partial u}{\partial \zeta} + \dfrac{\partial z}{\partial v}\dfrac{\partial v}{\partial \zeta} + \dfrac{\partial z}{\partial \omega}\dfrac{\partial \omega}{\partial \zeta} = -\dfrac{\partial z}{\partial u} + \dfrac{\partial z}{\partial v}$.

11. **解**: $\dfrac{\partial z}{\partial x} = \dfrac{\partial f}{\partial u}\dfrac{\partial u}{\partial x} + \dfrac{\partial f}{\partial x}\dfrac{dx}{dx} + \dfrac{\partial f}{\partial y}\dfrac{\partial y}{\partial x} = f_u' e^y + f_x'$

$\dfrac{\partial^2 z}{\partial x \partial y} = \dfrac{\partial}{\partial y}\left(\dfrac{\partial z}{\partial x}\right) = \dfrac{\partial f_u'}{\partial y}e^y + f_u'e^y + \dfrac{\partial f_x'}{\partial y} = e^y\left(f_{uu}''\dfrac{\partial u}{\partial y} + f_{uy}''\right) + f_u'e^y + f_{xu}''\dfrac{\partial u}{\partial y} + f_{xy}''$

$= e^y(f_{uu}''xe^y + f_{uy}'' + f_u') + xe^y f_{xu}'' + f_{xy}'' = xe^{2y}f_{uu}'' + e^y f_{uy}'' + f_{xy}'' + xe^y f_{xu}'' + e^y f_u'$.

12. **解**: 由 $1 = e^u \dfrac{\partial u}{\partial x}\cos v - e^u \sin v \dfrac{\partial v}{\partial x}$ 及 $0 = e^u \dfrac{\partial u}{\partial x}\sin v + e^u \cos v \dfrac{\partial v}{\partial x}$, 得 $\dfrac{\partial u}{\partial x} = e^{-u}\cos v$, $\dfrac{\partial v}{\partial x}$

$= -e^{-u}\sin v$. $\therefore \dfrac{\partial z}{\partial x} = ve^{-u}\cos v + u(-e^{-u}\sin v) = e^{-u}(v\cos v - u\sin v)$.

由 $0 = e^u \dfrac{\partial u}{\partial y}\cos v - e^u \sin v \dfrac{\partial v}{\partial y}$ 及 $1 = e^u \dfrac{\partial u}{\partial y}\sin v + e^u \cos v \dfrac{\partial v}{\partial y}$, 得 $\dfrac{\partial u}{\partial y} = e^{-u}\sin v$, $\dfrac{\partial v}{\partial y} = e^{-u}\cos v$.

$\therefore \dfrac{\partial z}{\partial y} = ve^{-u}\sin v + ue^{-u}\cos v = e^{-u}(u\cos v + v\sin v)$.

13. **解**: 螺旋线的切向量 $\boldsymbol{T} = (x_0', y_0', z_0') = (-a\sin\theta, a\cos\theta, b)$ 点 $(a,0,0)$ 处对应的参数 $\theta = 0$,

$\therefore \boldsymbol{T}|_{\theta=0} = (0, a, b)$, $\therefore$ 所求切线方程为 $\dfrac{x-a}{0} = \dfrac{y}{a} = \dfrac{z}{b}$ 或 $\begin{cases} x = a \\ by - az = 0 \end{cases}$, 所求法平面方程

$0(x-a) + ay + bz = 0$, 即 $ay + bz = 0$.

14. **解**: 已知平面 $x = 3y + z + 9 = 0$ 的法向量为 $(1,3,1)$, 曲面 $z = xy$ 的法向量 $\boldsymbol{n} = (y, x, -1)$

$\therefore \boldsymbol{n}$ 与 $(1,3,1)$ 平行, $\therefore \dfrac{y}{1} = \dfrac{x}{3} = \dfrac{-1}{1}$. 解得 $x = -3$, $y = -1$, $z = xy = 3$. $\therefore$ 所求点的坐标为

$(-3, -1, 3)$, 法线方程为 $\dfrac{x+3}{1} = \dfrac{y+1}{3} = \dfrac{z-3}{1}$.

15. **解**: 方向导数 $\dfrac{\partial f}{\partial l}\bigg|_{(1,1)} = (2x-y)\bigg|_{(1,1)}\cos\theta + (2y-x)\bigg|_{(1,1)}\sin\theta = \cos\theta + \sin\theta$,

从而 $\dfrac{\partial f}{\partial l}\bigg|_{(1,1)} = \cos\theta + \sin\theta = \sqrt{2}\sin\left(\theta + \dfrac{\pi}{4}\right)$, $\therefore \theta = \dfrac{\pi}{4}$ 时, 方向导数有最大值 $\sqrt{2}$, 当 $\theta = \dfrac{5}{4}\pi$

时, 方向导数有最小值 $-\sqrt{2}$, 当 $\theta = \dfrac{3}{4}\pi$ 或 $\dfrac{7}{4}\pi$ 时, 方向导数的值为 0.

16. **解**：令 $F(x,y,z) = \dfrac{x^2}{a^2} + \dfrac{y^2}{b^2} + \dfrac{z^2}{c^2} - 1$，则在椭球面上的点 (x,y,z) 处法向量 $\boldsymbol{n} = (F_x, F_y, F_z) =$

$\left(\dfrac{2x}{a^2}, \dfrac{2y}{b^2}, \dfrac{2z}{c^2}\right)$，$\dfrac{\partial u}{\partial \boldsymbol{n}} = \dfrac{\partial u}{\partial x}\cos\alpha + \dfrac{\partial u}{\partial y}\cos\beta + \dfrac{\partial u}{\partial z}\cos\varphi = 2x \dfrac{\dfrac{2x}{a^2}}{\sqrt{\dfrac{4x^2}{a^4} + \dfrac{4y^2}{b^4} + \dfrac{4z^2}{c^4}}} + 2y$

$\dfrac{\dfrac{2y}{b^2}}{\sqrt{\dfrac{4x^2}{a^4} + \dfrac{4y^2}{b^4} + \dfrac{4z^2}{c^4}}} + 2z \dfrac{\dfrac{2z}{c^2}}{\sqrt{\dfrac{4x^2}{a^4} + \dfrac{4y^2}{b^4} + \dfrac{4z^2}{c^4}}} = \dfrac{2}{\sqrt{\dfrac{x^2}{a^4} + \dfrac{y^2}{b^4} + \dfrac{z^2}{c^4}}}$，$\left.\dfrac{\partial u}{\partial \boldsymbol{n}}\right|_{(x_0,y_0,z_0)} = \dfrac{2}{\sqrt{\dfrac{x_0^2}{a^4} + \dfrac{y_0^2}{b^4} + \dfrac{z_0^2}{c^4}}}$.

17. **解**：即求在满足 $x^2 + y^2 = 1$ 条件下 $z = 5\left(1 - \dfrac{x}{3} - \dfrac{y}{4}\right)$ 满足 $|z|$ 最小的点 (x,y,z).

作拉格朗日函数 $L(x,y,\lambda) = 5\left(1 - \dfrac{x}{3} - \dfrac{y}{4}\right) + \lambda(x^2 + y^2 - 1)$，由方程组

$\begin{cases} L_x = -\dfrac{5}{3} + 2\lambda x = 0 \\ L_y = -\dfrac{5}{4} + 2\lambda y = 0 \\ L_\lambda = x^2 + y^2 - 1 = 0 \end{cases}$，解得：$x = \dfrac{5}{6\lambda}, y = \dfrac{5}{8\lambda}, \lambda = \pm\dfrac{25}{24}, \therefore x = \dfrac{4}{5}, y = \dfrac{3}{5}, z = \dfrac{35}{12}$，或 $x = -\dfrac{4}{5}$，

$y = -\dfrac{3}{5}, z = \dfrac{85}{12}$，即 $\left(\dfrac{4}{5}, \dfrac{3}{5}, \dfrac{35}{12}\right)$ 为满足条件的点.

18. **解**：设 $P(x_0, y_0, z_0)$ 为椭圆面上一点，

令 $F(x,y,z) = \dfrac{x^2}{a^2} + \dfrac{y^2}{b^2} + \dfrac{z^2}{c^2} - 1$ 则 $\left.F_x\right|_P = \dfrac{2x_0}{a^2}$，$\left.F_y\right|_P = \dfrac{2y_0}{b^2}$，$\left.F_z\right|_P = \dfrac{2z_0}{c^2}$.

过 $P(x_0, y_0, z_0)$ 点的切平面方程为 $\dfrac{x_0}{a^2}(x - x_0) + \dfrac{y_0}{b^2}(y - y_0) + \dfrac{z_0}{c^2}(z - z_0) = 0$，

即 $\dfrac{x_0}{a^2}x + \dfrac{y_0}{b^2}y + \dfrac{z_0}{c^2}z = 1$. 该切平面在 x,y,z 轴上的截距分别为 $x = \dfrac{a^2}{x_0}$，$y = \dfrac{b^2}{y_0}$，$z = \dfrac{c^2}{z_0}$.

则切平面与三坐标面所围四面体的体积为 $V = \dfrac{1}{6}xyz = \dfrac{a^2 b^2 c^2}{6 x_0 y_0 z_0}$. 下求 V 在条件 $\dfrac{x_0^2}{a^2} + \dfrac{y_0^2}{b^2}$

$+ \dfrac{z_0^2}{c^2} = 1$ 下的最小值. 令 $u = \ln x_0 + \ln y_0 + \ln z_0$，$G(x_0, y_0, z_0) = \ln x_0 + \ln y_0 + \ln z_0 + \lambda$

$\left(\dfrac{x_0^2}{a^2} + \dfrac{y_0^2}{b^2} + \dfrac{z_0^2}{c^2} - 1\right)$ 解方程组 $\begin{cases} \dfrac{1}{x_0} + \dfrac{2\lambda}{a^2}x_0 = 0 \\ \dfrac{1}{y_0} + \dfrac{2\lambda}{b^2}y_0 = 0 \\ \dfrac{1}{z_0} + \dfrac{2\lambda}{c^2}z_0 = 0 \\ \dfrac{x_0^2}{a^2} + \dfrac{y_0^2}{b^2} + \dfrac{z_0^2}{c^2} = 1 \end{cases}$，解得 $x_0 = \dfrac{a}{\sqrt{3}}$，$y_0 = \dfrac{b}{\sqrt{3}}$，$z_0 = \dfrac{c}{\sqrt{3}}$. 故当切点

坐标为 $\left(\dfrac{a}{\sqrt{3}}, \dfrac{b}{\sqrt{3}}, \dfrac{c}{\sqrt{3}}\right)$ 时，切平面与三坐标轴所围成的四面体的体积最小，且最小值为 $\dfrac{\sqrt{3}}{2}abc$.

19. **解法一**：总收入函数为 $R = p_1 q_1 + p_2 q_2 = 24 p_1 - 0.2 p_1^2 + 10 p_2 - 0.05 p_2^2$，

总利润函数为 $L = R - C = 32 p_1 - 0.2 p_1^2 - 0.05 p_2^2 + 12 p_2 - 1395$.

由极值的必要条件,得方程组 $\begin{cases} \dfrac{\partial L}{\partial p_1}=32-0.4p_1=0, \\ \dfrac{\partial L}{\partial p_2}=12-0.1p_2=0 \end{cases}$ 解此方程组,得 $p_1=80, p_2=120$.

由问题的实际意义可知,厂家获得总利润最大的市场售价必定存在,

故当 $p_1=80, p_2=120$ 时,厂家获得的总利润最大,其最大利润为 $L\Big|_{p_1=80, p_2=120}=605$.

解法二: 两个市场的价格函数分别为 $p_1=120-5q_1, p_2=200-20q_2$,

总收入函数为 $R=p_1q_1+p_2q_2=(120-5q_1)q_1+(200-20q_2)q_2$,

总利润函数为 $L=R-C=(120-5q_1)q_1+(200-20q_2)q_2-[35+40(q_1+q_2)]=80q_1-5q_1^2+160q_2-20q_2^2-35$.

由极值的必要条件,得方程组 $\begin{cases} \dfrac{\partial L}{\partial q_1}=80-10q_1=0, \\ \dfrac{\partial L}{\partial q_2}=160-40q_2=0 \end{cases}$ 解此方程组,得 $q_1=8, q_2=4$.

由问题的实际意义可知,$q_1=8, q_2=4$,即 $p_1=80, p_2=120$ 时,厂家所获得的总利润最大,

其最大总利润为 $L\Big|_{q_1=8, q_2=4}=605$.

20. **解:**(1)由梯度与方向导数的关系知,$h=f(x,y)$ 在点 $M(x_0, y_0)$ 处沿梯度

$$\mathbf{grad}\,f(x_0, y_0)=(y_0-2x_0)\boldsymbol{i}+(x_0-2y_0)\boldsymbol{j}$$

方向的方向导数最大,方向导数的最大值为该梯度的模,所以

$$g(x_0, y_0)=\sqrt{(y_0-2x_0)^2+(x_0-2y_0)^2}=\sqrt{5x_0^2+5y_0^2-8x_0y_0}.$$

(2)欲在 D 的边界上求 $g(x,y)$ 达到最大值的点,只需求 $F(x,y)=g^2(x,y)=5x^2+5y^2-8xy$ 的达到最大值的点. 因此,作拉格朗日函数 $L=5x^2+5y^2-8xy+\lambda(75-x^2-y^2+xy)$.

令 $\begin{cases} L_x=10x-8y+\lambda(y-2x)=0 & \text{①} \\ L_y=10y-8x+\lambda(x-2y)=0 & \text{②} \end{cases}$

又由约束条件,有 $75-x^2-y^2+xy=0$.   ③

①+②,得 $(x+y)(2-\lambda)=0$. 解得 $y=-x$ 或 $\lambda=2$. 若 $\lambda=2$,则由①得 $y=x$,再由③得 $x=y=\pm 5\sqrt{3}$. 若 $y=-x$,则由③得 $x=\pm 5, y=\mp 5$.

于是得到四个可能的极值点:$M_1(5,-5), M_2(-5,5), M_3(5\sqrt{3}, 5\sqrt{3}), M_4(-5\sqrt{3}, -5\sqrt{3})$. 由于 $F(M_1)=F(M_2)=450, F(M_3)=F(M_4)=150$,故 $M_1(5,-5)$ 或 $M_2(-5,5)$ 可作为攀岩的起点.

第十章 重积分

本章属于多元函数积分学的内容,是一元函数定积分的推广,将一元函数定积分中"和式"的极限推广到定义在平面或空间区域上多元函数的相应情形,便可得到重积分.下面主要介绍二重积分和三重积分的概念、性质、计算方法以及它们的一些应用.

第一节 二重积分的概念与性质

一、主要内容归纳

1. 二重积分的概念

设二元函数 $f(x,y)$ 在有界闭区域 D 上有定义.将区域 D 任意分成 n 个小区域 $\Delta\sigma_1,\Delta\sigma_2,\cdots,\Delta\sigma_n$,其中 $\Delta\sigma_i$ 表示第 i 个小区域,也表示它的面积.在每个小区域 $\Delta\sigma_i$ 上任取一点 (ζ_i,η_i),作乘积 $f(\zeta_i,\eta_i)\Delta\sigma_i(i=1,2,\cdots,n)$,然后作和式 $\sum_{i=1}^{n}f(\zeta_i,\eta_i)\Delta\sigma_i$.如果当各小区域的直径中的最大值 λ 趋于零时,这和式的极限存在,则称此极限为函数 $f(x,y)$ 在区域 D 上的二重积分,记作 $\iint\limits_{D}f(x,y)\,d\sigma$,即 $\iint\limits_{D}f(x,y)d\sigma=\lim\limits_{\lambda\to 0}\sum\limits_{i=1}^{n}f(\zeta_i,\eta_i)\Delta\sigma_i$.

2. 二重积分的几何意义与物理意义

(1) 几何意义

当 $f(x,y)\geqslant 0$ 时,$\iint\limits_{D}f(x,y)d\sigma$ 表示以区域 D 为底,以曲面 $z=f(x,y)$ 为顶的曲顶柱体体积;当 $f(x,y)\leqslant 0$ 时,$\iint\limits_{D}f(x,y)d\sigma$ 表示以区域 D 为底,以曲面 $z=f(x,y)$ 为顶的曲顶柱体体积的相反数;当 $f(x,y)\equiv 1$ 时,$\iint\limits_{D}d\sigma=$ 区域 D 的面积.

(2) 物理意义

若平面薄片 D 的面密度为 $\rho(x,y)$,这里 $\rho(x,y)>0$ 且在 D 上连续,则二重积分 $\iint\limits_{D}\rho(x,y)d\sigma$ 的值等于平面薄片的质量.

3. 二重积分的存在性

若 $f(x,y)$ 在闭区域 D 上连续,则 $f(x,y)$ 在 D 上的二重积分必存在.

若 $f(x,y)$ 在闭区域 D 上的二重积分存在,则 $f(x,y)$ 在 D 上必有界.

4. 二重积分的性质

(1) 线性性质

$$\iint\limits_D kf(x,y)\mathrm{d}\sigma = k\iint\limits_D f(x,y)\mathrm{d}\sigma, k \text{ 是常数}$$

$$\iint\limits_D [f(x,y) \pm g(x,y)]\mathrm{d}\sigma = \iint\limits_D f(x,y)\mathrm{d}\sigma \pm \iint\limits_D g(x,y)\mathrm{d}\sigma$$

(2) 区域可加性

设区域 D 由 D_1、D_2 组成，且 D_1、D_2 除边界点外无其他交点，则

$$\iint\limits_D f(x,y)\mathrm{d}\sigma = \iint\limits_{D_2} f(x,y)\mathrm{d}\sigma + \iint\limits_{D_1} f(x,y)\mathrm{d}\sigma$$

(3) 比较定理

若在区域 D 内有 $f(x,y) \leqslant g(x,y)$，则 $\iint\limits_D f(x,y)\mathrm{d}\sigma \leqslant \iint\limits_D g(x,y)\mathrm{d}\sigma$

特别地
$$\left|\iint\limits_D f(x,y)\mathrm{d}\sigma\right| \leqslant \iint\limits_D |f(x,y)|\mathrm{d}\sigma$$

(4) 估值定理

设 m, M 分别为 $f(x,y)$ 在闭区域 D 上的最小值和最大值，则 $mS \leqslant \iint\limits_D f(x)\mathrm{d}\sigma \leqslant MS$

其中 S 表示区域 D 的面积.

(5) 中值定理

若 $f(x,y)$ 在闭区域 D 上连续，则在 D 上至少存在一点 (ζ, η) 使得

$$\iint\limits_D f(x,y)\mathrm{d}\sigma = f(\zeta, \eta) \cdot S$$

利用二重积分的性质可以比较积分的大小；估计积分的范围；利用积分中值定理可以证明某些与积分有关的问题.

二、经典例题解析及解题方法总结

【例1】 设 $f(x,y)$ 在区域 $D: \dfrac{x^2}{a^2} + \dfrac{y^2}{b^2} \leqslant 1$ 上连续 $(a>0, b>0)$，求 $\lim\limits_{\substack{a\to 0 \\ b\to 0}} \dfrac{1}{\pi ab} \iint\limits_D f(x,y)\mathrm{d}x\mathrm{d}y$

分析 由于被积函数 $f(x,y)$ 是抽象函数，因此只能利用二重积分的中值定理去掉二重积分的符号后再进行计算.

解 $\lim\limits_{\substack{a\to 0 \\ b\to 0}} \dfrac{1}{\pi ab} \iint\limits_D f(x,y)\mathrm{d}x\mathrm{d}y = \lim\limits_{\substack{a\to 0 \\ b\to 0}} \dfrac{1}{\pi ab} f(\zeta, \eta) \cdot \pi ab = \lim\limits_{\substack{a\to 0 \\ b\to 0}} f(\zeta, \eta)$ 其中 $(\zeta, \eta) \in D$，

由于 $f(x,y)$ 在 D 上连续，故有 $\lim\limits_{\substack{a\to 0 \\ b\to 0}} f(\zeta, \eta) = f(0,0)$，即 $\lim\limits_{\substack{a\to 0 \\ b\to 0}} \dfrac{1}{\pi ab} \iint\limits_D f(x,y)\mathrm{d}x\mathrm{d}y = f(0,0)$

【例2】 根据二重积分的几何意义确定二重积分 $\iint\limits_D (a - \sqrt{x^2+y^2})\mathrm{d}\sigma$ 的值，其中 $D: x^2+y^2 \leqslant a^2$.

分析 利用几何意义确定二重积分的值，关键要确定由 $f(x,y)$ 和 D 所组成的曲顶柱体的形状，再根据立体图形的体积公式求得二重积分的确定值.

解 曲顶柱体的底部为圆盘 $x^2+y^2 \leqslant a^2$，其顶是上半圆锥面 $z = a - \sqrt{x^2+y^2}$，故曲顶柱体为一圆锥体，它的底面半径及高均为 a，所以 $\iint\limits_D (a - \sqrt{x^2+y^2})\mathrm{d}\sigma = \dfrac{1}{3}\pi a^3$.

● 方法总结

直接用几何意义确定二重积分的值,题目中以 $f(x,y)$ 为顶,以 D 为底的曲顶柱体是我们所熟悉的,是可以利用基本公式求体积的,所以,用此类方法必须要注意题目的条件,更为一般的二重积分是不能用此方法求值的.

【例3】 比较 $\iint\limits_{D}(x^2-y^2)d\sigma$ 与 $\iint\limits_{D}\sqrt{x^2-y^2}d\sigma$ 的大小,其中 $D:(x-2)^2+y^2\leqslant 1$.

分析 所比较的二重积分中,D 是相同的,所以根据不等式性质只要比较被积函数在 D 上的大小即可.

解 由 $y^2\leqslant 1-(x-2)^2$,则 $x^2-y^2\geqslant x^2-[1-(x-2)^2]=2(x-1)^2+1\geqslant 1$,

故 $$x^2-y^2\geqslant\sqrt{x^2-y^2}\Rightarrow\iint\limits_{D}(x^2-y^2)d\sigma\geqslant\iint\limits_{D}\sqrt{x^2-y^2}d\sigma.$$

【例4】 设 $f(x,y)$ 连续,且 $f(x,y)=xy+\iint\limits_{D}f(u,v)dudv$,其中 D 是由 $y=0,y=x^2,x=1$ 所围区域,则 $f(x,y)=$ _____.

(A) xy (B) $2xy$ (C) $xy+\dfrac{1}{8}$ (D) $xy+1$

解 记 $\iint\limits_{D}f(u,v)dudv=I$,则 $f(x,y)=xy+I$ 等式两端同时取二重积分得

$$\iint\limits_{D}f(x,y)d\sigma=\iint\limits_{D}xyd\sigma+I\iint\limits_{D}d\sigma=\int_0^1 dx\int_0^{x^2}xydy+I\int_0^1 dx\int_0^{x^2}dy=\frac{1}{12}+\frac{1}{3}I,$$

故 $I=\dfrac{1}{12}+\dfrac{1}{3}I$,解得 $I=\dfrac{1}{8}$. 所以,$f(x,y)=xy+\dfrac{1}{8}$. 故应选(C).

● 习题 10-1 解答

1. 解: 用一组曲线网将 D 分成 n 个小区域 $\Delta\sigma_i$,其面积也记为 $\Delta\sigma_i(i=1,2,\cdots,n)$. 任取一点 $(\xi_i,\eta_i)\in\Delta\sigma_i$,则 $\Delta\sigma_i$ 上分布的电荷 $\Delta Q_i\approx\mu(\xi_i,\eta_i)\Delta\sigma_i$,通过求和、取极限,便得到该板上的全部电荷为 $Q=\lim\limits_{\lambda\to 0}\sum\limits_{i=1}^{n}\mu(\xi_i,\eta_i)\Delta\sigma_i=\iint\limits_{D}\mu(x,y)d\sigma$,其中 $\lambda=\max\limits_{1\leqslant i\leqslant n}\{\Delta\sigma_i$ 的直径$\}$.

评注: 以上解题过程也可用元素法简化叙述如下:

设想用曲线网将 D 分成 n 个小闭区域,取出其中任意一个记作 $d\sigma$(其面积也记作 $d\sigma$),(x,y) 为 $d\sigma$ 上一点,则 $d\sigma$ 上分布的电荷近似等于 $\mu(x,y)d\sigma$,记作 $dQ=\mu(x,y)d\sigma$ （称为电荷元素）

以 dQ 作为被积表达式,在 D 上作重积分,即得所求的电荷为 $Q=\iint\limits_{D}\mu(x,y)d\sigma$.

2. 解: 由二重积分的几何意义知,I_1 表示底为 D_1、顶为曲面 $z=(x^2+y^2)^3$ 的曲顶柱体 Ω_1 的体积;I_2 表示底为 D_2、顶为曲面 $z=(x^2+y^2)^3$ 的曲顶柱体 Ω_2 的体积(图 10-1). 由于位于 D_1 上方的曲面 $z=(x^2+y^2)^3$ 关于 yOz 面和 zOx 面均对称,故 yOz 面和 zOx 面将 Ω_1 分成四个等积的部分,其中位于第一卦限的部分为 Ω_2. 由此可知 $I_1=4I_2$.

评注:

(1) 本题也可利用被积函数和积分区域的对称性来解答. 设 $D_3=\{(x,y)|0\leq x\leq 1,-2\leq y\leq 2\}$. 由于 D_1 关于 y 轴对称,被积函数 $(x^2+y^2)^3$ 关于 x 是偶函数,故

$$I_1=\iint\limits_{D_1}(x^2+y^2)^3\mathrm{d}\sigma=2\iint\limits_{D_3}(x^2+y^2)^3\mathrm{d}\sigma,$$

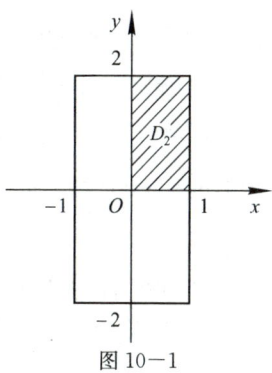

图 10-1

又由于 D_3 关于 x 轴对称,被积函数 $(x^2+y^2)^3$ 关于 y 是偶函数,故

$$\iint\limits_{D_3}(x^2+y^2)^3\mathrm{d}\sigma=2\iint\limits_{D_2}(x^2+y^2)^3\mathrm{d}\sigma=2I_2.$$

从而得 $I_1=4I_2$.

(2) 利用对称性来计算二重积分还有以下两个结论值得注意:

如果积分区域 D 关于 x 轴对称,而被积函数 $f(x,y)$ 关于 y 是奇函数,即 $f(x,-y)=-f(x,y)$,则

$$\iint\limits_{D}f(x,y)\mathrm{d}\sigma=0;$$

如果积分区域 D 关于 y 轴对称,而被积函数 $f(x,y)$ 关于 x 是奇函数,即 $f(-x,y)=-f(x,y)$,则

$$\iint\limits_{D}f(x,y)\mathrm{d}\sigma=0.$$

3. **证:** (1) 由于被积函数 $f(x,y)\equiv 1$,故由二重积分定义得

$$\iint\limits_{D}\mathrm{d}\sigma=\lim_{\lambda\to 0}\sum_{i=1}^{n}f(\xi_i,\eta_i)\Delta\sigma_i=\lim_{\lambda\to 0}\sum_{i=1}^{n}\Delta\sigma_i=\lim_{\lambda\to 0}\sigma=\sigma.$$

(2) $\iint\limits_{D}kf(x,y)\mathrm{d}\sigma=\lim\limits_{\lambda\to 0}\sum\limits_{i=1}^{n}kf(\xi_i,\eta_i)\Delta\sigma_i=k\lim\limits_{\lambda\to 0}\sum\limits_{i=1}^{n}f(\xi_i,\eta_i)\Delta\sigma_i=k\iint\limits_{D}f(x,y)\mathrm{d}\sigma.$

(3) 因为函数 $f(x,y)$ 在闭区域 D 上可积,故不论把 D 怎样分割,积分和的极限总是不变的. 因此在分割 D 时,可以使 D_1 和 D_2 的公共边界永远是一条分割线,这样 $f(x,y)$ 在 $D_1\cup D_2$ 上的积分和就等于 D_1 上的积分和加 D_2 上的积分和,记为

$$\sum_{D_1\cup D_2}f(\xi_i,\eta_i)\Delta\sigma_i=\sum_{D_1}f(\xi_i,\eta_i)\Delta\sigma_i+\sum_{D_2}f(\xi_i,\eta_i)\Delta\sigma_i.$$

令所有 $\Delta\sigma_i$ 的直径的最大值 $\lambda\to 0$,上式两端同时取极限,即得

$$\iint\limits_{D_1\cup D_2}f(x,y)\mathrm{d}\sigma=\iint\limits_{D_1}f(x,y)\mathrm{d}\sigma+\iint\limits_{D_2}f(x,y)\mathrm{d}\sigma.$$

4. **解:** 由二重积分的性质可知,当积分区域包含了被积函数大于等于 0 的点,且不包含被积函数小于 0 的点时,二重积分的值最大. 在本题中即当 D 是椭圆 $2x^2+y^2\leq 1$ 所围的平面区域时,二重积分的值达到最大.

5. **解:** (1) 在积分区域 D 上,$0\leq x+y\leq 1$,故有 $(x+y)^3\leq (x+y)^2$.

根据二重积分的性质 4,可得 $\iint\limits_{D}(x+y)^3\mathrm{d}\sigma\leq \iint\limits_{D}(x+y)^2\mathrm{d}\sigma.$

(2) 由于积分区域 D 位于半平面 $\{(x,y)|x+y\geq 1\}$ 内,故在 D 上有 $(x+y)^2\leq (x+y)^3$. 从而

$$\iint\limits_{D}(x+y)^2\mathrm{d}\sigma \leqslant \iint\limits_{D}(x+y)^3\mathrm{d}\sigma.$$

(3) 由于积分区域 D 位于条形区域 $\{(x,y)|1\leqslant x+y\leqslant 2\}$ 内,故知区域 D 上的点满足 $0\leqslant \ln(x+y) \leqslant 1$,从而有 $[\ln(x+y)]^2\leqslant \ln(x+y)$. 因此 $\iint\limits_{D}[\ln(x+y)]^2\mathrm{d}\sigma \leqslant \iint\limits_{D}\ln(x+y)\mathrm{d}\sigma$.

(4) 由于积分区域 D 位于半平面 $\{(x,y)|x+y\geqslant e\}$ 内,故在 D 上有 $\ln(x+y)\geqslant 1$,从而 $[\ln(x+y)]^2\geqslant \ln(x+y)$. 因此 $\iint\limits_{D}[\ln(x+y)]^2\mathrm{d}\sigma \geqslant \iint\limits_{D}\ln(x+y)\mathrm{d}\sigma$.

6. **解**:(1) 在积分区域 D 上,$0\leqslant x\leqslant 1,0\leqslant y\leqslant 1$,从而 $0\leqslant xy(x+y)\leqslant 2$,又 D 的面积等于 1,因此 $0\leqslant \iint\limits_{D}xy(x+y)\mathrm{d}\sigma \leqslant 2$.

(2) 在积分区域 D 上,$0\leqslant \sin x\leqslant 1,0\leqslant \sin y\leqslant 1$,从而 $0\leqslant \sin^2 x\sin^2 y\leqslant 1$,又 D 的面积等于 π^2,因此 $0\leqslant \iint\limits_{D}\sin^2 x\sin^2 y\mathrm{d}\sigma \leqslant \pi^2$.

(3) 在积分区域 D 上有 $1\leqslant x+y+1\leqslant 4$,$D$ 的面积等于 2,因此 $2\leqslant \iint\limits_{D}(x+y+1)\mathrm{d}\sigma \leqslant 8$.

(4) 因为在积分区域 D 上有 $0\leqslant x^2+y^2\leqslant 4$,所以有 $9\leqslant x^2+4y^2+9\leqslant 4(x^2+y^2)+9\leqslant 25$. 又 D 的面积等于 4π,因此 $36\pi\leqslant \iint\limits_{D}(x^2+4y^2+9)\mathrm{d}\sigma \leqslant 100\pi$.

第二节 二重积分的计算法

一、主要内容归纳

1. 二重积分在直角坐标系中的计算法

在直角坐标系中,二重积分的面积元素 $\mathrm{d}\sigma$ 可写成 $\mathrm{d}x\mathrm{d}y$,于是

$$\iint\limits_{D}f(x,y)\mathrm{d}\sigma = \iint\limits_{D}f(x,y)\mathrm{d}x\mathrm{d}y$$

如果积分区域 D 是由两条直线 $x=a,x=b$ 与两条曲线 $y=\varphi_1(x),y=\varphi_2(x)$ 所围成(如图 10-2 所示).

即 $D:\begin{cases} a\leqslant x\leqslant b \\ \varphi_1(x)\leqslant y\leqslant \varphi_2(x) \end{cases}$

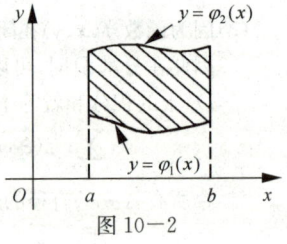

图 10-2

则 $\iint\limits_{D}f(x,y)\mathrm{d}x\mathrm{d}y = \int_a^b \mathrm{d}x \int_{\varphi_1(x)}^{\varphi_2(x)} f(x,y)\mathrm{d}y$

如果积分区域 D 是由两条直线 $y=c,y=d$ 与两条曲线 $x=\psi_1(y),x=\psi_2(y)$ 所围成(如图 10-3 所示)

即 $D:\begin{cases} c\leqslant y\leqslant d \\ \psi_1(y)\leqslant x\leqslant \psi_2(y) \end{cases}$

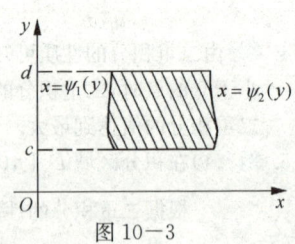

图 10-3

则 $\iint\limits_{D}f(x,y)\mathrm{d}x\mathrm{d}y = \int_c^d \mathrm{d}y \int_{\psi_1(y)}^{\psi_2(y)} f(x,y)\mathrm{d}x$.

2. 二重积分在极坐标系中的计算法

在极坐标系中 $\begin{cases} x = r\cos\theta \\ y = r\sin\theta \end{cases}$,面积元素 $d\sigma = rdrd\theta$.

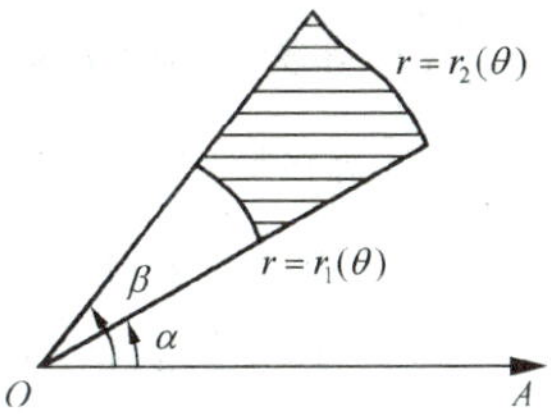

如果极点 O 不在区域 D 上,而区域 D 是由两条射线 $\theta = \alpha$, $\theta = \beta$ 与两条曲线 $r = r_1(\theta)$, $r = r_2(\theta)$ 所围成(如 10-4 所示)

即 $D: \begin{cases} \alpha \leqslant \theta \leqslant \beta \\ r_1(\theta) \leqslant r \leqslant r_2(\theta) \end{cases}$

则 $\iint\limits_D f(x,y)dxdy = \int_\alpha^\beta d\theta \int_{r_1(\theta)}^{r_2(\theta)} f(r\cos\theta, r\sin\theta)rdr$

图 10-4

如果区域 D 是曲边扇形(如图 10-5 所示),即 $D: \begin{cases} \alpha \leqslant \theta \leqslant \beta \\ 0 \leqslant r \leqslant r(\theta) \end{cases}$

则 $\iint\limits_D f(x,y)d\sigma = \int_\alpha^\beta d\theta \int_0^{r(\theta)} f(r\cos\theta, r\sin\theta)rdr$

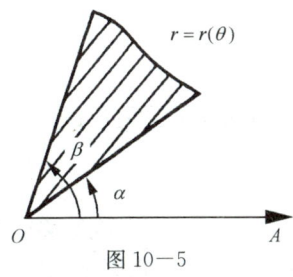

图 10-5

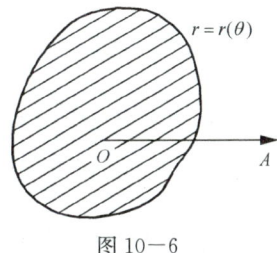

图 10-6

如果区域 D 由闭曲线 $r = r(\theta)$ 所围成,且极点 O 在区域 D 内(如图 10-6 所示),

则 $\iint\limits_D f(x,y)d\sigma = \int_0^{2\pi} d\theta \int_0^{r(\theta)} f(r\cos\theta, r\sin\theta)rdr$.

二、经典例题解析及解题方法总结

【例1】 计算下列积分

(1) $\iint\limits_D (x-y)dxdy$,其中 $D = \{(x,y) \mid (x-1)^2 + (y-1)^2 \leqslant 2, y \geqslant x\}$ (考研题).

(2) $\iint\limits_D ydxdy$,其中 D 是由直线 $x = -2, y = 0, y = 2$ 以及曲线 $x = -\sqrt{2y-y^2}$ 所围成的平面区域.

(3) $I = \iint\limits_D x^2 e^{-y^2} d\sigma$,其中 D 是以 $(0,0), (1,1), (0,1)$ 为顶点的三角形.

解 (1) **解法一** 如图 10-7,区域 D 的极坐标表示为

$$0 \leqslant r \leqslant 2(\sin\theta + \cos\theta), \quad \frac{\pi}{4} \leqslant \theta \leqslant \frac{3\pi}{4}$$

$\iint\limits_D (x-y)dxdy = \int_{\frac{\pi}{4}}^{\frac{3\pi}{4}} d\theta \int_0^{2(\sin\theta+\cos\theta)} r^2(\cos\theta - \sin\theta)dr$

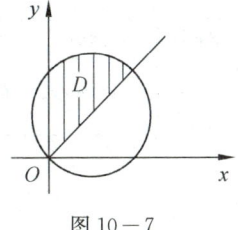

图 10-7

$$=\frac{8}{3}\int_{\frac{\pi}{4}}^{\frac{3\pi}{4}}(\sin\theta+\cos\theta)^3 d(\sin\theta+\cos\theta)=\frac{2}{3}(\sin\theta+\cos\theta)^4\bigg|_{\frac{\pi}{4}}^{\frac{3\pi}{4}}=-\frac{8}{3}.$$

解法二 将区域 D 分成 D_1, D_2 两部分(如图10-8),其中

$$D_1=\left\{(x,y)\,\bigg|\,1-\sqrt{2-(x-1)^2}\leqslant y\leqslant 1+\sqrt{2-(x-1)^2},\ 1-\sqrt{2}\leqslant x\leqslant 0\right\}$$

$$D_2=\left\{(x,y)\,\bigg|\,x\leqslant y\leqslant 1+\sqrt{2-(x-1)^2},\ 0\leqslant x\leqslant 2\right\}.$$

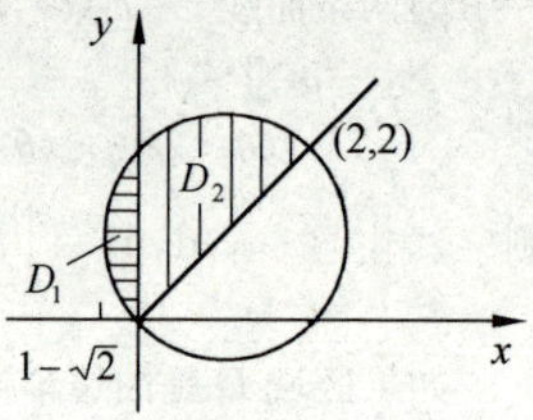

由二重积分的性质知

$$\iint_D (x-y)dxdy=\iint_{D_1}(x-y)dxdy+\iint_{D_2}(x-y)dxdy.$$

而 $\displaystyle\iint_{D_1}(x-y)dxdy=\int_{1-\sqrt{2}}^0 dx\int_{1-\sqrt{2-(x-1)^2}}^{1+\sqrt{2-(x-1)^2}}(x-y)dy=\int_{1-\sqrt{2}}^0 2(x-1)$

$\sqrt{2-(x-1)^2}\,dx=-\frac{2}{3}(\sqrt{2-(x-1)^2})^3\bigg|_{1-\sqrt{2}}^0=-\frac{2}{3}$

$$\iint_{D_2}(x-y)dxdy=\int_0^2 dx\int_x^{1+\sqrt{2-(x-1)^2}}(x-y)dy$$

$$=-\frac{1}{2}\int_0^2[2-2(x-1)\sqrt{2-(x-1)^2}]dx=-\frac{1}{2}\left[4+\frac{2}{3}(\sqrt{2-(x-1)^2})^3\bigg|_0^2\right]=-2,$$

所以 $\displaystyle\iint_D(x-y)dxdy=-\frac{2}{3}-2=-\frac{8}{3}.$

(2) **解法一** 区域 D 和 D_1 如图10-9所示,有

$$\iint_D ydxdy=\iint_{D+D_1}ydxdy-\iint_{D_1}ydxdy,$$

$$\iint_{D+D_1}ydxdy=\int_{-2}^0 dx\int_0^2 ydy=4.$$

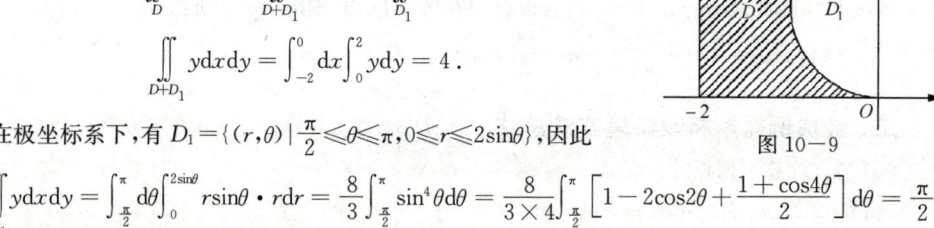

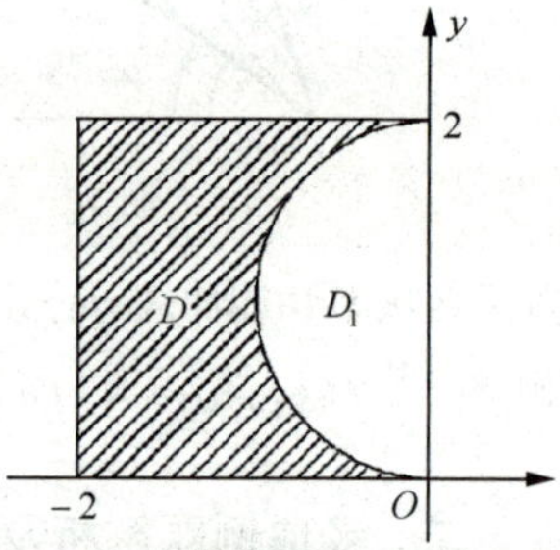

图10-8

图10-9

在极坐标系下,有 $D_1=\{(r,\theta)\,|\,\frac{\pi}{2}\leqslant\theta\leqslant\pi, 0\leqslant r\leqslant 2\sin\theta\}$,因此

$$\iint_{D_1}ydxdy=\int_{\frac{\pi}{2}}^{\pi}d\theta\int_0^{2\sin\theta}r\sin\theta\cdot rdr=\frac{8}{3}\int_{\frac{\pi}{2}}^{\pi}\sin^4\theta d\theta=\frac{8}{3\times 4}\int_{\frac{\pi}{2}}^{\pi}\left[1-2\cos 2\theta+\frac{1+\cos 4\theta}{2}\right]d\theta=\frac{\pi}{2}$$

于是 $\displaystyle\iint_D ydxdy=4-\frac{\pi}{2}.$

解法二 如图10-9所示 $D=\{(x,y)\,|\,-2\leqslant x\leqslant -\sqrt{2y-y^2},\ 0\leqslant y\leqslant 2\}.$

$$\iint_D ydxdy=\int_0^2 ydy\int_{-2}^{-\sqrt{2y-y^2}}dx=2\int_0^2 ydy-\int_0^2 y\sqrt{2y-y^2}\,dy=4-\int_0^2 y\sqrt{1-(y-1)^2}\,dy.$$

令 $y-1=\sin t$,有 $dy=\cos tdt$,则

$$\int_0^2 y\sqrt{1-(y-1)^2}\,dy=\int_{-\frac{\pi}{2}}^{\frac{\pi}{2}}(1+\sin t)\cos^2 tdt=\int_{-\frac{\pi}{2}}^{\frac{\pi}{2}}\cos^2 tdt+\int_{-\frac{\pi}{2}}^{\frac{\pi}{2}}\cos^2 t\sin tdt$$

$$=\int_0^{\frac{\pi}{2}}(1+\cos 2t)dt=\frac{\pi}{2}.$$

于是 $\displaystyle\iint_D ydxdy=4-\frac{\pi}{2}.$

(3) **解** 积分区域 D 如图 10-10 所示，即 $D:\begin{cases}0\leqslant y\leqslant 1,\\ 0\leqslant x\leqslant y.\end{cases}$

故 $I = \int_0^1 \mathrm{e}^{-y^2}\mathrm{d}y\int_0^y x^2\mathrm{d}x = \frac{1}{3}\int_0^1 y^3\mathrm{e}^{-y^2}\mathrm{d}y = -\frac{1}{6}\int_0^1 y^2\mathrm{d}(\mathrm{e}^{-y^2})$

$= -\frac{1}{6}\left[y^2\mathrm{e}^{-y^2}\Big|_0^1 - 2\int_0^1 y\mathrm{e}^{-y^2}\mathrm{d}y\right] = -\frac{1}{6}\left(-1+\frac{2}{\mathrm{e}}\right)$

$= \frac{1}{6} - \frac{1}{3\mathrm{e}}.$

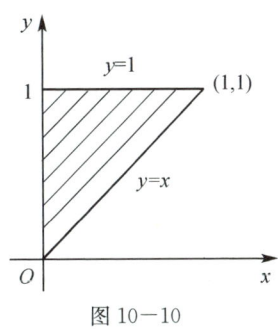

图 10-10

> **方法总结**
>
> 在该例第(3)题中，积分区域 D 非常简单，既是 X 型，又是 Y 型区域，仅从 D 来看，既可以先对 x 积分再对 y 积分，也可以先对 y 积分再对 x 积分。但如果考虑到被积函数的特点，若先对 y 积分再对 x 积分会出现无法积分的情形。所以在选择积分顺序时，既要考虑到积分区域的形状，也要结合被积函数的特点，尽量使计算过程简便.
>
> 一般地，在计算二重积分时，首先要根据被积函数的特点及积分区域的形状，选择恰当的坐标系。当积分区域为圆域、圆环域或扇形区域时，或被积函数含有 $\sqrt{x^2+y^2}$ 项时，常利用极坐标；而当积分区域 D 是由抛物线、直线所围成时，往往采用直角坐标计算二重积分.

【**例2**】 交换下列二次积分的积分次序

(1) $\int_{-6}^2 \mathrm{d}x \int_{\frac{1}{4}x^2-1}^{2-x} f(x,y)\mathrm{d}y$ \quad (2) $\int_{-1}^0 \mathrm{d}y \int_2^{1-y} f(x,y)\mathrm{d}x$

(1) **分析** 给定题目中是先对 y 积分后对 x 积分，把 D 看作 X 型区域，若要改变积分次序，先对 x 积分再对 y 积分，应把 D 看作 Y 型区域，确定 D 的边界曲线是关键，因此要把 D 确定下来.

解 积分区域 D 为：$\begin{cases}-6\leqslant x\leqslant 2,\\ \frac{1}{4}x^2-1\leqslant y\leqslant 2-x.\end{cases}$ 如图 10-11

所示. 直线为 $y=2-x$，抛物线为：$y=\frac{1}{4}x^2-1$，设 x 轴下方部分区域为 D_1，x 轴上方部分区域为 D_2，分别表示为 Y 型.

$D_1:\begin{cases}-1\leqslant y\leqslant 0,\\ -2\sqrt{y+1}\leqslant x\leqslant 2\sqrt{y+1};\end{cases}$

$D_2:\begin{cases}0\leqslant y\leqslant 8,\\ -2\sqrt{y+1}\leqslant x\leqslant 2-y.\end{cases}$

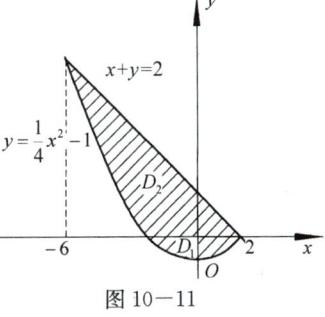

图 10-11

所以 $\int_{-6}^2 \mathrm{d}x \int_{\frac{1}{4}x^2-1}^{2-x} f(x,y)\mathrm{d}y = \int_{-1}^0 \mathrm{d}y \int_{-2\sqrt{y+1}}^{2\sqrt{y+1}} f(x,y)\mathrm{d}x + \int_0^8 \mathrm{d}y \int_{-2\sqrt{y+1}}^{2-y} f(x,y)\mathrm{d}x.$

(2) **解** $\int_{-1}^0 \mathrm{d}y \int_2^{1-y} f(x,y)\mathrm{d}x = -\int_{-1}^0 \mathrm{d}y \int_{1-y}^2 f(x,y)\mathrm{d}x$

积分区域 D 为：$D=\{(x,y)\mid -1\leqslant y\leqslant 0, 1-y\leqslant x\leqslant 2\}$. 如图 10-12 所示.

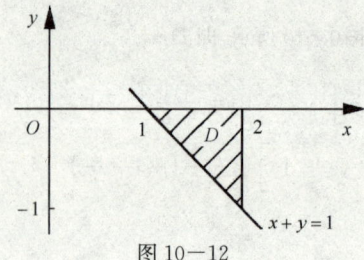

图 10—12

又可将区域 D 改写为 $D=\{(x,y)\mid 1\leqslant x\leqslant 2, 1-x\leqslant y\leqslant 0\}$. 于是有 $\int_{-1}^{0}\mathrm{d}y\int_{2}^{1-y}f(x,y)\mathrm{d}x=-\int_{-1}^{0}\mathrm{d}y\int_{1-y}^{2}f(x,y)\mathrm{d}x=-\int_{1}^{2}\mathrm{d}x\int_{1-x}^{0}f(x,y)\mathrm{d}y=\int_{1}^{2}\mathrm{d}x\int_{0}^{1-x}f(x,y)\mathrm{d}y$.

● **方法总结**

交换积分次序的题目一般要先由二次积分画出积分区域的草图,再按另一种积分次序得到新的二次积分. 本题中关于 x 积分的下限大于上限,无法作出积分区域的草图,因此应先将关于 x 的积分上、下限交换,然后再作图交换积分次序.

【例3】 计算 $I=\iint\limits_{D}\mathrm{e}^{\max\{b^2x^2,a^2y^2\}}\mathrm{d}x\mathrm{d}y$, 其中 $D=\{(x,y)\mid -a\leqslant x\leqslant a,-b\leqslant y\leqslant b\}$.

解 由于被积函数关于 x, y 均为偶函数,且积分区域 D 关于 y 轴、x 轴均对称,故

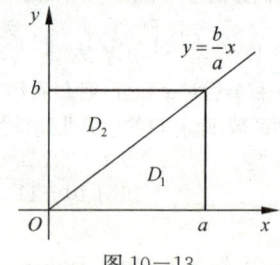

图 10—13

$$I=4\iint\limits_{D'}\mathrm{e}^{\max\{b^2x^2,a^2y^2\}}\mathrm{d}x\mathrm{d}y$$

其中 $D'=\{(x,y)\mid 0\leqslant x\leqslant a,\ 0\leqslant y\leqslant b\}$.

若记 $D_1=\{(x,y)\mid 0\leqslant y\leqslant \dfrac{b}{a}x, 0\leqslant x\leqslant a\}$.

$D_2=\{(x,y)\mid 0\leqslant x\leqslant \dfrac{a}{b}y,\ 0\leqslant y\leqslant b\}$.

(图 10—13),则在 D_1 上,$\max\{b^2x^2,a^2y^2\}=b^2x^2$, 在 D_2 上,$\max\{b^2x^2,a^2y^2\}=a^2y^2$

于是 $I=4\left(\iint\limits_{D_1}\mathrm{e}^{b^2x^2}\mathrm{d}x\mathrm{d}y+\iint\limits_{D_2}\mathrm{e}^{a^2y^2}\mathrm{d}x\mathrm{d}y\right)$,

而
$$\iint_{D_1} e^{b^2x^2}\,dxdy = \int_0^a dx \int_0^{\frac{b}{a}x} e^{b^2x^2}\,dy = \frac{b}{a}\int_0^a x e^{b^2x^2}\,dx = \frac{1}{2ab}(e^{a^2b^2}-1)$$

(注意上式中的积分次序,若选择先对 x 后对 y 的积分次序,则求不出结果);

$$\iint_{D_2} e^{a^2y^2}\,dxdy = \int_0^b dy \int_0^{\frac{a}{b}y} e^{a^2y^2}\,dx = \frac{a}{b}\int_0^b y e^{a^2y^2}\,dy = \frac{1}{2ab}(e^{a^2b^2}-1)$$

从而得 $I = \frac{4}{ab}(e^{a^2b^2}-1)$.

方法总结

利用对称性来简化二重积分的计算是一种常用的有效方法. 在运用对称性时,必须兼顾被积函数和积分区域两个方面,两者的对称性要相匹配. 归纳起来有如下几种常见的情形(以下假设 $f(x,y)$ 在积分区域 D 上连续,并记 $I = \iint_D f(x,y)\,d\sigma$):

(1) 如果积分区域 D 关于 y 轴对称,那么

1° 当 $f(-x,y) = -f(x,y)$ 时(此时称 $f(x,y)$ 关于 x 是奇函数),$I=0$;

2° 当 $f(-x,y) = f(x,y)$ 时(此时称 $f(x,y)$ 关于 x 是偶函数),$I = 2\iint_{D_1} f(x,y)\,d\sigma$,其中 $D_1 = \{(x,y) \in D \mid x \geq 0\}$

(2) 如果积分区域 D 关于 x 轴对称,那么

1° 当 $f(x,-y) = -f(x,y)$ 时(此时称 $f(x,y)$ 关于 y 是奇函数),$I=0$

2° 当 $f(x,-y) = f(x,y)$ 时(此时称 $f(x,y)$ 关于 y 是偶函数),$I = 2\iint_{D_2} f(x,y)\,d\sigma$,其中 $D_2 = \{(x,y) \in D \mid y \geq 0\}$.

(3) 如果积分区域 D 关于原点对称,那么

1° 当 $f(-x,-y) = -f(x,y)$ 时,$I=0$

2° 当 $f(-x,-y) = f(x,y)$ 时,$I = 2\iint_{D_1} f(x,y)\,d\sigma = 2\iint_{D_2} f(x,y)\,d\sigma$.

(4) 如果积分区域 D 关于直线 $y=x$ 对称,那么 $\iint_D f(x,y)\,d\sigma = \iint_D f(y,x)\,d\sigma$.

(5) 如果积分区域 D_1, D_2 关于直线 $y=x$ 对称,那么 $\iint_{D_1} f(x,y)\,d\sigma = \iint_{D_2} f(y,x)\,d\sigma$.

【例 4】 计算 $\iint_D x[1+yf(x^2+y^2)]\,d\sigma$,其中 D 由 $y=x^3, y=1, x=-1$ 围成的区域,f 是 D 上的连续函数.

解 如图 10−14 所示,
$$\iint_D x[1+yf(x^2+y^2)]\,d\sigma = \iint_{D_1+D_2} x[1+yf(x^2+y^2)]\,d\sigma + \iint_{D_3+D_4} x[1+yf(x^2+y^2)]\,d\sigma$$

因为被积函数关于 x 为奇函数,

所以 $\iint\limits_{D_1+D_2} x[1+yf(x^2+y^2)]d\sigma = 0$,

$\iint\limits_{D_3+D_4} x[1+yf(x^2+y^2)]d\sigma$

$= \iint\limits_{D_3+D_4} x d\sigma + \iint\limits_{D_3+D_4} xyf(x^2+y^2)d\sigma$

$= 2\iint\limits_{D_3} x d\sigma = 2\int_{-1}^{0} dx \int_{0}^{-x^3} x dy = -\frac{2}{5}$.

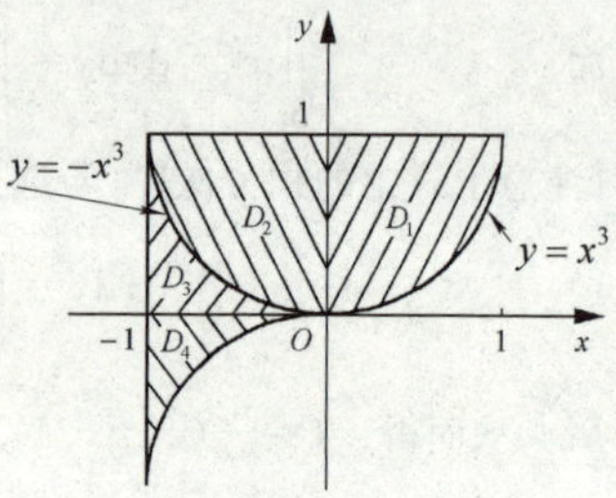

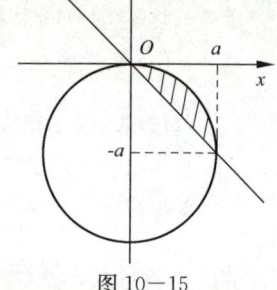

图 10—14

【例5】 计算二重积分 $I = \iint\limits_{D} \frac{\sqrt{x^2+y^2}}{\sqrt{4a^2-x^2-y^2}}d\sigma$.

其中 D 是曲线 $y = -a + \sqrt{a^2-x^2}$ $(a>0)$ 和直线 $y = -x$ 围成. (考研题)

分析 被积函数含有 x^2+y^2, 积分区域 D 也与圆或圆弧有关, 故想到可以利用极坐标计算二重积分的值.

解 积分区域 D 如图 10—15 所示.

利用极坐标, D 可表示为: $D: \begin{cases} -\dfrac{\pi}{4} \leqslant \theta \leqslant 0, \\ 0 \leqslant r \leqslant -2a\sin\theta. \end{cases}$

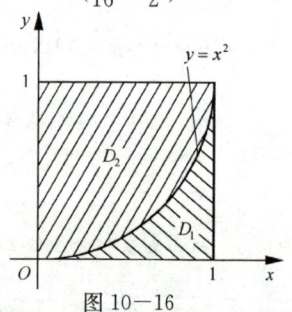

图 10—15

则 $I = \iint\limits_{D} \frac{\sqrt{x^2+y^2}}{\sqrt{4a^2-x^2-y^2}}dxdy = \iint\limits_{D} \frac{\sqrt{r^2\cos^2\theta + r^2\sin^2\theta}}{\sqrt{4a^2-r^2\sin^2\theta-r^2\cos^2\theta}} \cdot r dr d\theta = \iint\limits_{D} \frac{r}{\sqrt{4a^2-r^2}} \cdot r dr d\theta$

$= \int_{-\frac{\pi}{4}}^{0} d\theta \int_{0}^{-2a\sin\theta} \frac{r^2}{\sqrt{4a^2-r^2}}dr \xrightarrow{令 r=2a\sin t} \int_{-\frac{\pi}{4}}^{0} d\theta \int_{0}^{-\theta} 2a^2(1-\cos 2t)dt = a^2\left(\frac{\pi^2}{16} - \frac{1}{2}\right)$

【例6】 计算 $\iint\limits_{D} |y-x^2|dxdy$, 其中

$D: 0 \leqslant x \leqslant 1, \ 0 \leqslant y \leqslant 1$.

解 如图 10—16 所示

$\iint\limits_{D} |y-x^2|d\sigma = \iint\limits_{D_1: y<x^2} (x^2-y)d\sigma + \iint\limits_{D_2: y\geqslant x^2} (y-x^2)d\sigma$

$= \int_{0}^{1} dx \int_{0}^{x^2} (x^2-y)dy + \int_{0}^{1} dx \int_{x^2}^{1} (y-x^2)dy = \frac{11}{30}$.

图 10—16

> **◯ 方法总结**
>
> 对于被积函数中含有绝对值的积分, 总的原则是去掉绝对值符号再积分, 其具体作法是: 令绝对值符号内的函数等于零, 从而得到曲线 $y = f(x)$, 该曲线将积分区域 D 分成两个或多个区域, 而在每个子域内绝对值符号内的变量保持定号, 从而可去掉绝对值符号. 再根据积分可加性, 将二重积分化成各子域上的二重积分之和, 便可计算.

【例7】 设 $f(x,y)=\begin{cases}x^2y, & \text{若} 1\leqslant x\leqslant 2, 0\leqslant y\leqslant x \\ 0, & \text{其他}\end{cases}$,求 $\iint\limits_{D}f(x,y)\mathrm{d}x\mathrm{d}y$,其中 $D=\{(x,y)\mid x^2+y^2\geqslant 2x\}$.

解 如图 10-17 所示,

记 $D_1=\{(x,y)\mid 1\leqslant x\leqslant 2,\sqrt{2x-x^2}\leqslant y\leqslant x\}$,

所以 $\iint\limits_{D}f(x,y)\mathrm{d}x\mathrm{d}y$

$=\iint\limits_{D_1}x^2y\mathrm{d}x\mathrm{d}y$

$=\int_1^2\mathrm{d}x\int_{\sqrt{2x-x^2}}^x x^2y\mathrm{d}y=\int_1^2\left(x^2\cdot\dfrac{y^2}{2}\Big|_{\sqrt{2x-x^2}}^x\right)\mathrm{d}x$

$=\int_1^2(x^4-x^3)\mathrm{d}x=\dfrac{49}{20}$.

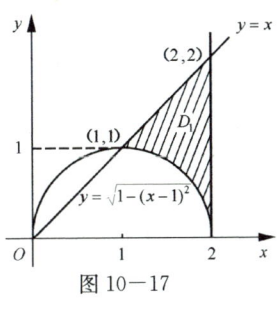

图 10-17

方法总结

本题直观看是无界区域 D 上的二重积分,但由于被积函数的特点,实际上要计算的是有界区域上的二重积分.在直角坐标系下化二重积分为二次积分可求得结果.

【例8】 设函数 $f(u)$ 连续,区域 $D=\{(x,y)\mid x^2+y^2\leqslant 2y\}$,则 $\iint\limits_{D}f(xy)\mathrm{d}x\mathrm{d}y=$_____.

(A) $\int_{-1}^{1}\mathrm{d}x\int_{-\sqrt{1-x^2}}^{\sqrt{1-x^2}}f(xy)\mathrm{d}y$

(B) $2\int_0^2\mathrm{d}y\int_0^{\sqrt{2y-y^2}}f(xy)\mathrm{d}x$

(C) $\int_0^{\pi}\mathrm{d}\theta\int_0^{2\sin\theta}f(r^2\sin\theta\cos\theta)\mathrm{d}r$

(D) $\int_0^{\pi}\mathrm{d}\theta\int_0^{2\sin\theta}f(r^2\sin\theta\cos\theta)r\mathrm{d}r$

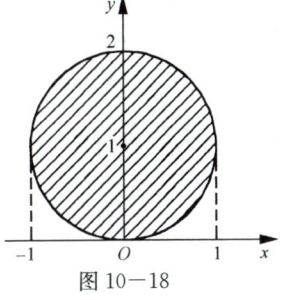

图 10-18

分析 先画出积分区域的示意图(如图 10-18 所示),再选择直角坐标系和极坐标系,并在两种坐标系下化为累次积分,即得正确选项.

解 在直角坐标系下 $\iint\limits_{D}f(xy)\mathrm{d}x\mathrm{d}y=\int_0^2\mathrm{d}y\int_{-\sqrt{1-(y-1)^2}}^{\sqrt{1-(y-1)^2}}f(xy)\mathrm{d}x=\int_{-1}^{1}\mathrm{d}x\int_{1-\sqrt{1-x^2}}^{1+\sqrt{1-x^2}}f(xy)\mathrm{d}y$,故应排除(A)、(B).在极坐标系下,$\begin{cases}x=r\cos\theta\\y=r\sin\theta\end{cases}$,$\iint\limits_{D}f(xy)\mathrm{d}x\mathrm{d}y=\int_0^{\pi}\mathrm{d}\theta\int_0^{2\sin\theta}f(r^2\sin\theta\cos\theta)r\mathrm{d}r$.故应选(D).

方法总结

本题为基本题型,应先画出平面区域 D 的草图,然后将二重积分化为直角坐标系下二次积分,若与选项(A)、(B)不符,则再转化为极坐标系下的二次积分.

【例9】 设 $f(t)$ 连续,常数 $a>0$,区域 D 为:$|x|\leqslant\dfrac{a}{2}$,$|y|\leqslant\dfrac{a}{2}$,证明:

$$\iint_D f(x-y)\mathrm{d}x\mathrm{d}y = \int_{-a}^{a} f(t)(a-|t|)\mathrm{d}t$$

证 $I = \iint_D f(x-y)\mathrm{d}x\mathrm{d}y = \int_{-\frac{a}{2}}^{\frac{a}{2}}\mathrm{d}x\int_{-\frac{a}{2}}^{\frac{a}{2}} f(x-y)\mathrm{d}y$.

用定积分的换元法：$\int_{-\frac{a}{2}}^{\frac{a}{2}} f(x-y)\mathrm{d}y \xrightarrow{\text{令 } x-y=t} \int_{x-\frac{a}{2}}^{x+\frac{a}{2}} f(t)\mathrm{d}t$

于是 $I = \int_{-\frac{a}{2}}^{\frac{a}{2}}\mathrm{d}x\int_{x-\frac{a}{2}}^{x+\frac{a}{2}} f(t)\mathrm{d}t = \iint_{D_{xt}} f(t)\mathrm{d}x\mathrm{d}t$,

其中 D_{xt} 如图 10-19 所示.

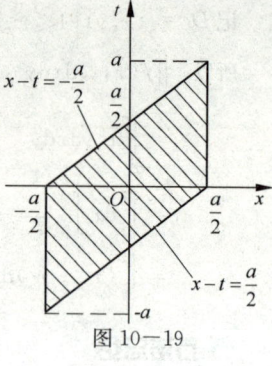

图 10-19

化成先对 x 后对 t 的二次积分,则

$$I = \int_{-a}^{0} f(t)\mathrm{d}t\int_{-\frac{a}{2}}^{t+\frac{a}{2}}\mathrm{d}x + \int_{0}^{a} f(t)\mathrm{d}t\int_{t-\frac{a}{2}}^{\frac{a}{2}}\mathrm{d}x$$
$$= \int_{-a}^{0} f(t)(t+a)\mathrm{d}t + \int_{0}^{a} f(t)(a-t)\mathrm{d}t$$
$$= \int_{-a}^{a} f(t)(a-|t|)\mathrm{d}t.$$

【例 10】 求由柱面 $x^2+y^2=2ax$ 围成的柱体被球面 $x^2+y^2+z^2=4a^2$ 所截得部分的体积.

解 作简图(如图 10-20 所示,仅画出了位于 xOy 面以上的部分).根据对称性,所求立体体积应等于位于第一卦限部分的体积的 4 倍,故所求体积为：$V = 4\iint_{D_1}\sqrt{4a^2-x^2-y^2}\mathrm{d}x\mathrm{d}y$,其中 D_1 是 xOy 面上的半圆区域：$\{(x,y):x^2+y^2\leq 2ax \text{ 且 } y\geq 0\}$,

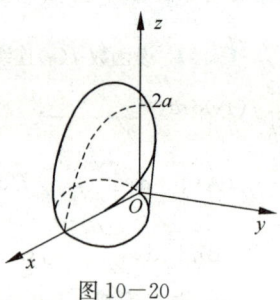

图 10-20

所以 $V = 4\iint_{D_1}\sqrt{4a^2-x^2-y^2}\mathrm{d}x\mathrm{d}y = 4\int_0^{\frac{\pi}{2}}\mathrm{d}\theta\int_0^{2a\cos\theta}\sqrt{4a^2-r^2}\,r\mathrm{d}r$

$= \frac{32}{3}a^3\int_0^{\frac{\pi}{2}}(1-\sin^3\theta)\mathrm{d}\theta = \frac{32}{3}a^3\left(\frac{\pi}{2}-\frac{2}{3}\right)$.

习题 10-2 解答

1. 解: (1) $\iint_D (x^2+y^2)\mathrm{d}\sigma = \int_{-1}^{1}\mathrm{d}x\int_{-1}^{1}(x^2+y^2)\mathrm{d}y = \int_{-1}^{1}\left[x^2 y+\frac{y^3}{3}\right]_{-1}^{1}\mathrm{d}x$

$= \int_{-1}^{1}\left(2x^2+\frac{2}{3}\right)\mathrm{d}x = \frac{8}{3}$.

(2) D 可用不等式表示为 $0\leq y\leq 2-x$, $0\leq x\leq 2$.

于是 $\iint_D (3x+2y)\mathrm{d}\sigma = \int_0^2\mathrm{d}x\int_0^{2-x}(3x+2y)\mathrm{d}y = \int_0^2\left[3xy+y^2\right]_0^{2-x}\mathrm{d}x$

$= \int_0^2 (4+2x-2x^2)\mathrm{d}x = \frac{20}{3}$.

(3) $\iint_D (x^3+3x^2 y+y^3)\mathrm{d}\sigma = \int_0^1\mathrm{d}y\int_0^1(x^3+3x^2 y+y^3)\mathrm{d}x = \int_0^1\left[\frac{x^4}{4}+x^3 y+y^3 x\right]_0^1\mathrm{d}y$

$= \int_0^1\left(\frac{1}{4}+y+y^3\right)\mathrm{d}y = 1$.

(4) D 可用不等式表示为 $0 \leqslant y \leqslant x$, $0 \leqslant x \leqslant \pi$.

于是 $\iint\limits_{D} x\cos(x+y)\,d\sigma = \int_0^\pi x\,dx \int_0^x \cos(x+y)\,dy = \int_0^\pi x\left[\sin(x+y)\right]_0^x dx = \int_0^\pi x(\sin 2x - \sin x)\,dx = \int_0^\pi x\,d\left(\cos x - \frac{1}{2}\cos 2x\right) = \left[x\left(\cos x - \frac{1}{2}\cos 2x\right)\right]_0^\pi - \int_0^\pi \left(\cos x - \frac{1}{2}\cos 2x\right) dx = \pi\left(-1 - \frac{1}{2}\right) - 0 = -\frac{3}{2}\pi.$

2. **解**:(1) D 可用不等式表示为 $x^2 \leqslant y \leqslant \sqrt{x}$, $0 \leqslant x \leqslant 1$ （图 10-21）

于是 $\iint\limits_{D} x\sqrt{y}\,d\sigma = \int_0^1 x\,dx \int_{x^2}^{\sqrt{x}} \sqrt{y}\,dy = \frac{2}{3}\int_0^1 x\left[y^{\frac{3}{2}}\right]_{x^2}^{\sqrt{x}} dx = \frac{2}{3}\int_0^1 (x^{\frac{7}{4}} - x^4)\,dx = \frac{6}{55}.$

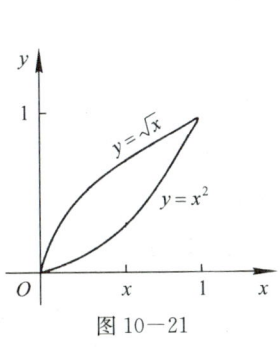

图 10-21

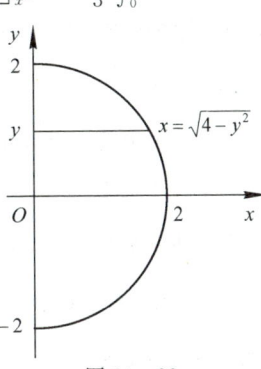

图 10-22

(2) D 可用不等式表示为 $0 \leqslant x \leqslant \sqrt{4-y^2}$, $-2 \leqslant y \leqslant 2$ （图 10-22）

故 $\iint\limits_{D} xy^2\,d\sigma = \int_{-2}^{2} y^2\,dy \int_0^{\sqrt{4-y^2}} x\,dx = \frac{1}{2}\int_{-2}^{2} y^2(4-y^2)\,dy = \frac{64}{15}.$

(3) 如图 10-23, $D = D_1 \cup D_2$, 其中

$D_1 = \{(x,y) \mid -x-1 \leqslant y \leqslant x+1,\ -1 \leqslant x \leqslant 0\}$; $D_2 = \{(x,y) \mid x-1 \leqslant y \leqslant -x+1,\ 0 \leqslant x \leqslant 1\}$.

因此 $\iint\limits_{D} e^{x+y}\,d\sigma = \iint\limits_{D_1} e^{x+y}\,d\sigma + \iint\limits_{D_2} e^{x+y}\,d\sigma = \int_{-1}^{0} e^x\,dx \int_{-x-1}^{x+1} e^y\,dy + \int_0^1 e^x\,dx \int_{x-1}^{-x+1} e^y\,dy = \int_{-1}^{0} (e^{2x+1} - e^{-1}x)\,dx + \int_0^1 (e - e^{2x-1})\,dx = e - e^{-1}.$

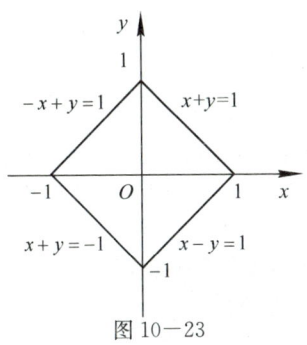

图 10-23

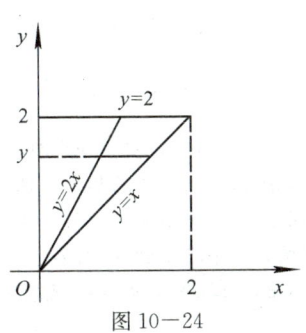

图 10-24

(4) $D: \frac{y}{2} \leq x \leq y, 0 \leq y \leq 2$ (图10-24),故 $\iint_D (x^2+y^2-x)d\sigma = \int_0^2 dy \int_{\frac{y}{2}}^y (x^2+y^2-x)dx =$
$\int_0^2 \left[\frac{x^3}{3}+y^2x-\frac{x^2}{2}\right]_{\frac{y}{2}}^y dy = \int_0^2 \left(\frac{19}{24}y^3 - \frac{3}{8}y^2\right)dy = \frac{13}{6}.$

3. 证:$\iint_D f_1(x) \cdot f_2(y)dxdy = \int_a^b \left[\int_c^d f_1(x) \cdot f_2(y)dy\right]dx.$

在上式右端的第一次单积分 $\int_c^d f_1(x) \cdot f_2(y)dy$ 中,$f_1(x)$ 与积分变量 y 无关,可视为常数提到积分号外,因此上式右端等于 $\int_a^b f_1(x) \cdot \left[\int_c^d f_2(y)dy\right]dx.$

而在这个积分中,由于 $\int_c^d f_2(y)dy$ 为常数,故又可提到积分号外,从而得到

$\iint_D f_1(x) \cdot f_2(y)dxdy = \left[\int_c^d f_2(y)dy\right] \cdot \left[\int_a^b f_1(x)dx\right] = \left[\int_a^b f_1(x)dx\right] \cdot \left[\int_c^d f_2(y)dy\right].$

4. 解:(1)直线 $y=x$ 及抛物线 $y^2=4x$ 的交点为 $(0,0)$ 和 $(4,4)$

(图10-25).于是 $I = \int_0^4 dx \int_x^{2\sqrt{x}} f(x,y)dy,$ 或 $I = \int_0^4 dy \int_{\frac{y^2}{4}}^y f(x,y)dx.$

(2)将 D 用不等式表示为 $0 \leq y \leq \sqrt{r^2-x^2}$, $-r \leq x \leq r$,

于是可将 I 化为如下的先对 y、后对 x 的二次积分:$I = \int_{-r}^r dx \int_0^{\sqrt{r^2-x^2}} f(x,y)dy;$

如将 D 用不等式表示为 $-\sqrt{r^2-y^2} \leq x \leq \sqrt{r^2-y^2}$, $0 \leq y \leq r$,则可将 I 化为如下的先对 x、后对 y 的二次积分:$I = \int_0^r dy \int_{-\sqrt{r^2-y^2}}^{\sqrt{r^2-y^2}} f(x,y)dx.$

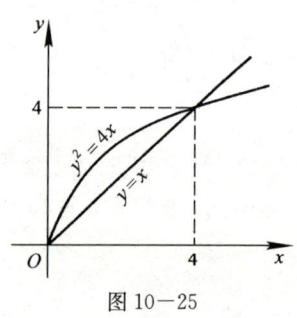

图10-25

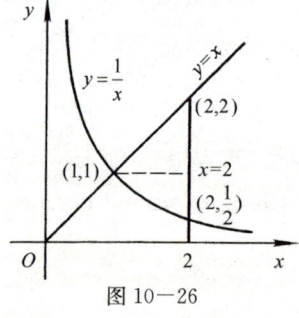

图10-26

(3)如图10-26.三条边界曲线两两相交,先求得3个交点为 $(1,1)$, $(2,\frac{1}{2})$ 和 $(2,2)$.于是

$I = \int_1^2 dx \int_{\frac{1}{x}}^x f(x,y)dy;$ 或 $I = \int_{\frac{1}{2}}^1 dy \int_{\frac{1}{y}}^2 f(x,y)dx + \int_1^2 dy \int_y^2 f(x,y)dx.$

评注:本题说明,将二重积分化为二次积分时,需注意根据积分区域的边界曲线的情况,选取恰当的积分次序.本题中的积分区域 D 的上、下边界曲线均分别由一个方程给出,而左边曲线却分为两段,由两个不同的方程给出,在这种情况下采用先对 y、后对 x 的积分次序比较有利,这样只需做一个二次积分,而如果采用相反的积分次序则需计算两个二次积分.

需要指出,选取积分次序时,还需考虑被积函数 $f(x,y)$ 的特点.

(4)将 D 按图 10-27(a)和图 10-27(b)的两种不同方式划为 4 块,分别得

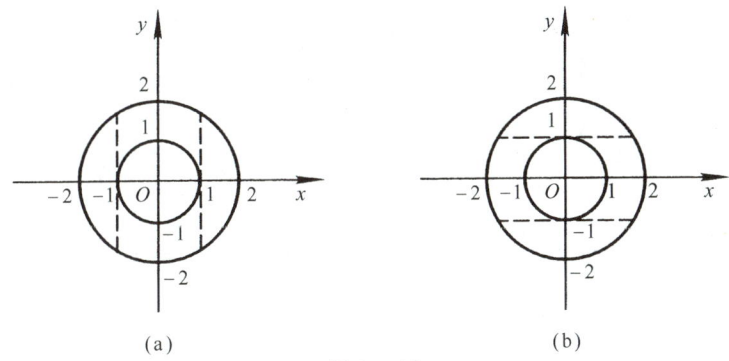

图 10-27

$$I=\int_{-2}^{-1}\mathrm{d}x\int_{-\sqrt{4-x^2}}^{\sqrt{4-x^2}}f(x,y)\mathrm{d}y+\int_{-1}^{1}\mathrm{d}x\int_{\sqrt{1-x^2}}^{\sqrt{4-x^2}}f(x,y)\mathrm{d}y+\int_{-1}^{1}\mathrm{d}x\int_{-\sqrt{4-x^2}}^{-\sqrt{1-x^2}}f(x,y)\mathrm{d}y+$$
$$\int_{1}^{2}\mathrm{d}x\int_{-\sqrt{4-x^2}}^{\sqrt{4-x^2}}f(x,y)\mathrm{d}y,\text{和 } I=\int_{-2}^{-1}\mathrm{d}y\int_{-\sqrt{4-y^2}}^{\sqrt{4-y^2}}f(x,y)\mathrm{d}x+\int_{-1}^{1}\mathrm{d}y\int_{-\sqrt{4-y^2}}^{-\sqrt{1-y^2}}f(x,y)\mathrm{d}x+$$
$$\int_{-1}^{1}\mathrm{d}y\int_{\sqrt{1-y^2}}^{\sqrt{4-y^2}}f(x,y)\mathrm{d}x+\int_{1}^{2}\mathrm{d}y\int_{-\sqrt{4-y^2}}^{\sqrt{4-y^2}}f(x,y)\mathrm{d}x.$$

5. 证:等式两端的二次积分均等于二重积分 $\iint\limits_{D}f(x,y)\mathrm{d}\sigma$,因而它们相等.

6. 解:(1)所给二次积分等于二重积分 $\iint\limits_{D}f(x,y)\mathrm{d}\sigma$,其中 $D=\{(x,y)\mid 0\leqslant x\leqslant y,0\leqslant y\leqslant 1\}$. D 可改写为 $\{(x,y)\mid x\leqslant y\leqslant 1,0\leqslant x\leqslant 1\}$(图 10-28),于是原式 $=\int_{0}^{1}\mathrm{d}x\int_{x}^{1}f(x,y)\mathrm{d}y.$

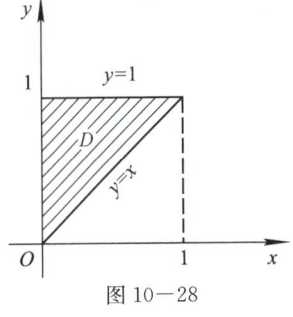

图 10-28

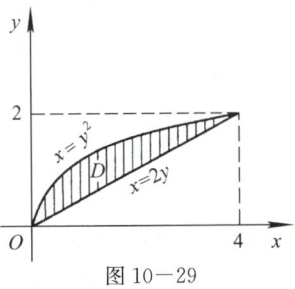

图 10-29

(2)所给二次积分等于二重积分 $\iint\limits_{D}f(x,y)\mathrm{d}\sigma$,其中 $D=\{(x,y)\mid y^2\leqslant x\leqslant 2y,0\leqslant y\leqslant 2\}$. 又 D 可表示为 $\{(x,y)\mid \frac{x}{2}\leqslant y\leqslant \sqrt{x},0\leqslant x\leqslant 4\}$(图 10-29),因此原式 $=\int_{0}^{4}\mathrm{d}x\int_{\frac{x}{2}}^{\sqrt{x}}f(x,y)\mathrm{d}y;$

(3)所给二次积分等于二重积分 $\iint\limits_{D}f(x,y)\mathrm{d}\sigma$,其中 $D=\{(x,y)\mid -\sqrt{1-y^2}\leqslant x\leqslant \sqrt{1-y^2},0\leqslant y\leqslant 1\}$. 又 D 可表示为 $\{(x,y)\mid 0\leqslant y\leqslant \sqrt{1-x^2},-1\leqslant x\leqslant 1\}$(图 10-30),因此

原式 $= \int_{-1}^{1} dx \int_{0}^{\sqrt{1-x^2}} f(x,y) dy$.

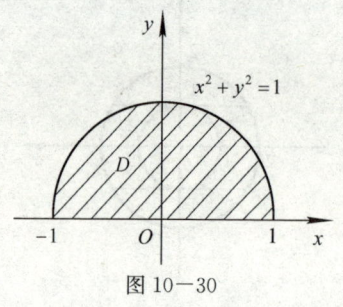

图 10-30

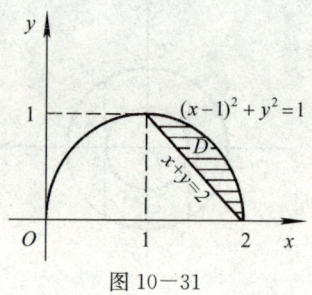

图 10-31

(4) 所给二次积分等于二重积分 $\iint_{D} f(x,y) d\sigma$,其中

$$D = \{(x,y) \mid 2-x \leqslant y \leqslant \sqrt{2x-x^2}, 1 \leqslant x \leqslant 2\}.$$

又 D 可表示为 $\{(x,y) \mid 2-y \leqslant x \leqslant 1+\sqrt{1-y^2}, 0 \leqslant y \leqslant 1\}$(图 10-31),故原式
$= \int_{0}^{1} dy \int_{2-y}^{1+\sqrt{1-y^2}} f(x,y) dx$.

(5) 所给二次积分等于二重积分 $\iint_{D} f(x,y) d\sigma$,其中 $D=\{(x,y) \mid 0 \leqslant y \leqslant \ln x, 1 \leqslant x \leqslant e\}$. 又 D
可表示为 $\{(x,y) \mid e^y \leqslant x \leqslant e, 0 \leqslant y \leqslant 1\}$(图 10-32),故原式 $= \int_{0}^{1} dy \int_{e^y}^{e} f(x,y) dx$.

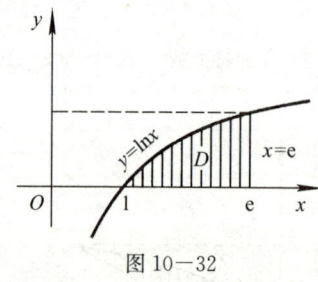

图 10-32

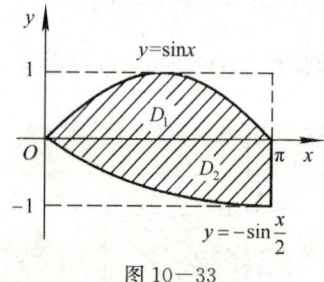

图 10-33

(6) 如图 10-33 将积分区域 D 表示为 $D_1 \cup D_2$,其中

$D_1 = \{(x,y) \mid \arcsin y \leqslant x \leqslant \pi - \arcsin y, 0 \leqslant y \leqslant 1\}$,①

$D_2 = \{(x,y) \mid -2\arcsin y \leqslant x \leqslant \pi, -1 \leqslant y \leqslant 0\}$.

于是 原式 $= \int_{0}^{1} dy \int_{\arcsin y}^{\pi-\arcsin y} f(x,y) dx + \int_{-1}^{0} dy \int_{-2\arcsin y}^{\pi} f(x,y) dx$.

7. **解**:D 如图 10-34 所示.

---

①当 $x \in [0, \frac{\pi}{2}]$ 时,$y = \sin x$ 的反函数是 $x = \arcsin y$. 而当 $x \in (\frac{\pi}{2}, \pi]$ 时,$\pi - x \in [0, \frac{\pi}{2})$. 于是由 $y = \sin x = \sin(\pi - x)$ 可得 $\pi - x = \arcsin y$,从而得反函数 $x = \pi - \arcsin y$.

$$M = \iint_D \mu(x,y)\mathrm{d}\sigma = \int_0^1 \mathrm{d}y \int_y^{2-y}(x^2+y^2)\mathrm{d}x = \int_0^1 \left[\frac{1}{3}x^3 + xy^2\right]_y^{2-y} \mathrm{d}y$$

$$= \int_0^1 \left[\frac{1}{3}(2-y)^3 + 2y^2 - \frac{7}{3}y^3\right]\mathrm{d}y = \left[-\frac{1}{12}(2-y)^4 + \frac{2}{3}y^3 - \frac{7}{12}y^4\right]_0^1 = \frac{4}{3}.$$

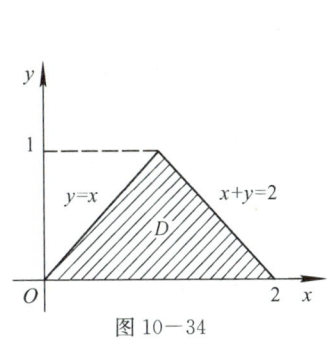

图 10-34

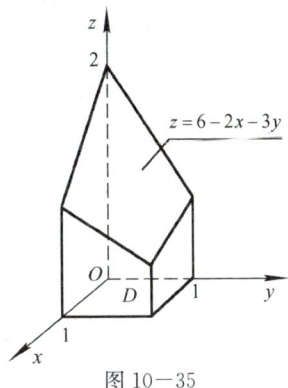

图 10-35

8. **解**：此立体为一曲顶柱体，它的底是 xOy 面上的闭区域 $D=\{(x,y)\mid 0\leqslant x\leqslant 1, 0\leqslant y\leqslant 1\}$，顶是曲面 $z=6-2x-3y$（图 10-35）．因此所求立体的体积

$$V = \iint_D (6-2x-3y)\mathrm{d}x\mathrm{d}y = \int_0^1 \mathrm{d}x \int_0^1 (6-2x-3y)\mathrm{d}y = \int_0^1 \left(\frac{9}{2}-2x\right)\mathrm{d}x = \frac{7}{2}.$$

9. **解**：此立体为一曲顶柱体，它的底是 xOy 面上的闭区域 $D=\{(x,y)\mid 0\leqslant y\leqslant 1-x, 0\leqslant x\leqslant 1\}$，顶是曲面 $z=6-(x^2+y^2)$（图 10-36），故体积 $V=\iint_D [6-(x^2+y^2)]\mathrm{d}x\mathrm{d}y = \int_0^1 \mathrm{d}x \int_0^{1-x}(6-x^2-y^2)\mathrm{d}y = \int_0^1 \left[6(1-x)-x^2+x^3-\frac{1}{3}(1-x)^3\right]\mathrm{d}x = \frac{17}{6}.$

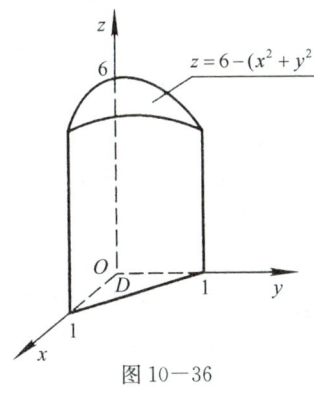

图 10-36

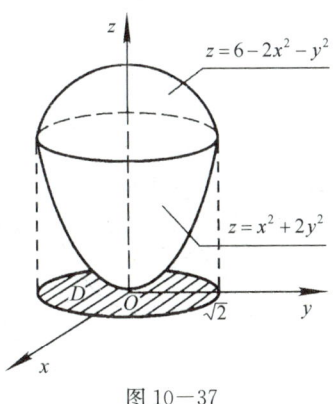

图 10-37

10. **解**：由 $\begin{cases} z=x^2+2y^2 \\ z=6-2x^2-y^2 \end{cases}$ 消去 z，得 $x^2+y^2=2$，故所求立体在 xOy 面上的投影区域为 $D=\{(x,y)\mid x^2+y^2\leqslant 2\}$（图 10-37）．所求立体的体积等于两个曲顶柱体体积的差：

$$V = \iint_D (6-2x^2-y^2)\mathrm{d}\sigma - \iint_D (x^2+2y^2)\mathrm{d}\sigma = \iint_D (6-3x^2-3y^2)\mathrm{d}\sigma = \iint_D (6-3r^2)r\mathrm{d}r\mathrm{d}\theta$$

$$= \int_0^{2\pi} d\theta \int_0^{\sqrt{2}} (6-3r^2) r dr = 6\pi.$$

评注: 求类似于第 8、9、10 题中这样的立体体积时,并不一定要画出立体的准确图形,但一定要会求立体在坐标面上的投影区域,并知道立体的底和顶的方程,这就需要复习和掌握第八章中学过的空间解析几何的有关知识.

11. 解:(1)如图 10—38,在极坐标系中,$D=\{(r,\theta) \mid 0 \leqslant r \leqslant a, 0 \leqslant \theta \leqslant 2\pi\}$,故

$$\iint_D f(x,y) dx dy = \iint_D f(r\cos\theta, r\sin\theta) r dr d\theta = \int_0^{2\pi} d\theta \int_0^a f(r\cos\theta, r\sin\theta) r dr.$$

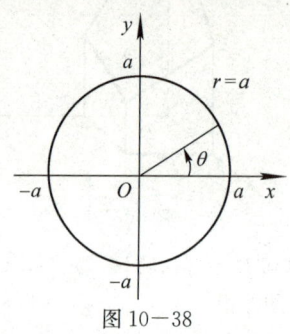
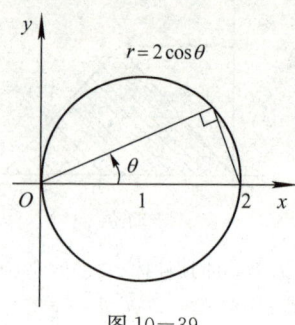

图 10—38　　　　　图 10—39

(2)如图 10—39,在极坐标系中,$D=\{(r,\theta) \mid 0 \leqslant r \leqslant 2\cos\theta, -\frac{\pi}{2} \leqslant \theta \leqslant \frac{\pi}{2}\}$,故

$$\iint_D f(x,y) dx dy = \iint_D f(r\cos\theta, r\sin\theta) r dr d\theta = \int_{-\frac{\pi}{2}}^{\frac{\pi}{2}} d\theta \int_0^{2\cos\theta} f(r\cos\theta, r\sin\theta) r dr.$$

(3)如图 10—40,在极坐标系中,$D=\{(r,\theta) \mid a \leqslant r \leqslant b, 0 \leqslant \theta \leqslant 2\pi,\}$ 故

$$\iint_D f(x,y) dx dy = \iint_D f(r\cos\theta, r\sin\theta) r dr d\theta = \int_0^{2\pi} d\theta \int_a^b f(r\cos\theta, r\sin\theta) r dr.$$

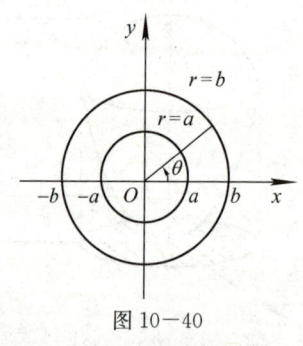
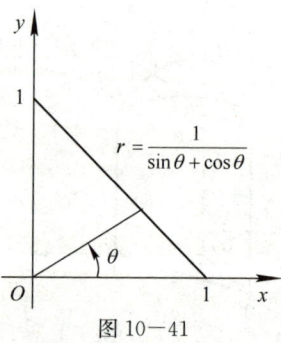

图 10—40　　　　　图 10—41

(4)D 如图 10—41 所示,在极坐标系中,直线 $x+y=1$ 的方程为 $r=\dfrac{1}{\sin\theta+\cos\theta}$,故 $D=\{(r,\theta) \mid 0 \leqslant r \leqslant \dfrac{1}{\sin\theta+\cos\theta}, 0 \leqslant \theta \leqslant \dfrac{\pi}{2}\}$.于是

$$\iint_D f(x,y) dx dy = \iint_D f(r\cos\theta, r\sin\theta) r dr d\theta = \int_0^{\frac{\pi}{2}} d\theta \int_0^{\frac{1}{\sin\theta+\cos\theta}} f(r\cos\theta, r\sin\theta) r dr.$$

12. 解: (1)如图10-42,用直线 $y=x$ 将积分区域 D 分成 D_1、D_2 两部分:

$$D_1 = \{(r,\theta) \mid 0 \leqslant r \leqslant \sec\theta, 0 \leqslant \theta \leqslant \frac{\pi}{4}\}; D_2 = \{(r,\theta) \mid 0 \leqslant r \leqslant \csc\theta, \frac{\pi}{4} \leqslant \theta \leqslant \frac{\pi}{2}\}.$$

于是 原式 $= \int_0^{\frac{\pi}{4}} d\theta \int_0^{\sec\theta} f(r\cos\theta, r\sin\theta) r dr + \int_{\frac{\pi}{4}}^{\frac{\pi}{2}} d\theta \int_0^{\csc\theta} f(r\cos\theta, r\sin\theta) r dr.$

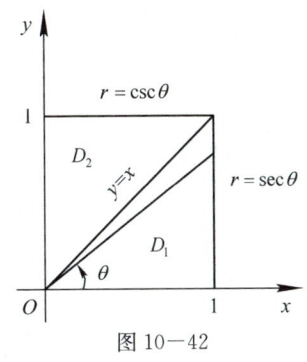
图 10-42

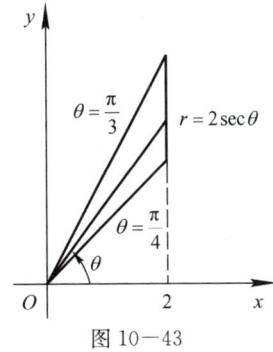
图 10-43

(2) D 如图 10-43 所示. 在极坐标系中, 直线 $x=2, y=x$ 和 $y=\sqrt{3}x$ 的方程分别是 $r=2\sec\theta$, $\theta=\frac{\pi}{4}$, 和 $\theta=\frac{\pi}{3}$. 因此 $D=\{(r,\theta) \mid 0 \leqslant r \leqslant 2\sec\theta, \frac{\pi}{4} \leqslant \theta \leqslant \frac{\pi}{3}\}$

又, $f(\sqrt{x^2+y^2})=f(r)$. 于是 原式 $= \int_{\frac{\pi}{4}}^{\frac{\pi}{3}} d\theta \int_0^{2\sec\theta} f(r) r dr.$

(3) D 如图 10-44 所示. 在极坐标系中, 直线 $y=1-x$ 的方程为 $r=\dfrac{1}{\sin\theta+\cos\theta}$, 圆 $y=\sqrt{1-x^2}$ 的方程为 $r=1$, 因此 $D=\{(r,\theta) \mid \dfrac{1}{\sin\theta+\cos\theta} \leqslant r \leqslant 1, 0 \leqslant \theta \leqslant \frac{\pi}{2}\}$,

于是 原式 $= \int_0^{\frac{\pi}{2}} d\theta \int_{\frac{1}{\sin\theta+\cos\theta}}^{1} f(r\cos\theta, r\sin\theta) r dr.$

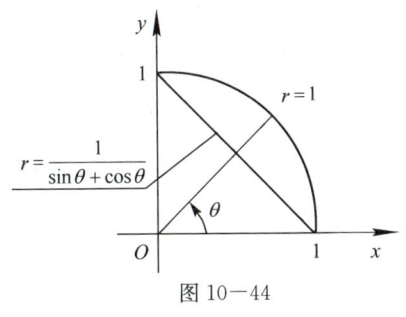
图 10-44

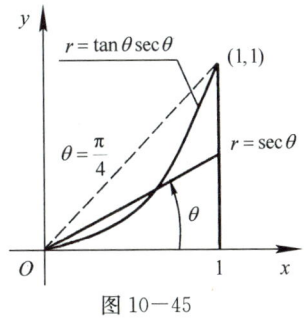
图 10-45

(4) D 如图 10-45 所示. 在极坐标系中, 直线 $x=1$ 的方程是 $r=\sec\theta$; 抛物线 $y=x^2$ 的方程是 $r\sin\theta = r^2\cos^2\theta$, 即 $r=\tan\theta\sec\theta$; 两者的交点与原点的连线的方程是 $\theta=\frac{\pi}{4}$. 故 $D=\{(r,\theta) \mid \tan\theta\sec\theta \leqslant r \leqslant \sec\theta, 0 \leqslant \theta \leqslant \frac{\pi}{4}\}$, 于是 原式 $= \int_0^{\frac{\pi}{4}} d\theta \int_{\tan\theta\sec\theta}^{\sec\theta} f(r\cos\theta, r\sin\theta) r dr.$

13. **解**:(1)积分区域 D 如图 10—46 所示. 在极坐标系中,
$$D=\{(r,\theta)\mid 0\leqslant r\leqslant 2a\cos\theta, 0\leqslant\theta\leqslant\frac{\pi}{2}\}$$

于是原式 $=\int_0^{\frac{\pi}{2}}d\theta\int_0^{2a\cos\theta}r^2\cdot rdr$

$=\int_0^{\frac{\pi}{2}}\left[\frac{r^4}{4}\right]_0^{2a\cos\theta}d\theta=4a^4\int_0^{\frac{\pi}{2}}\cos^4\theta d\theta$

$=4a^4\cdot\frac{3}{4}\cdot\frac{1}{2}\cdot\frac{\pi}{2}=\frac{3}{4}\pi a^4.$

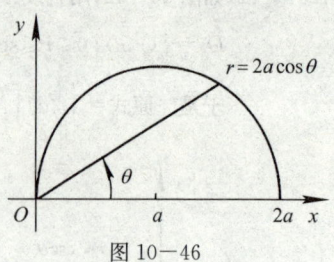

图 10—46

评注:在多元函数积分学的计算题中,常会遇到定积分 $\int_0^{\frac{\pi}{2}}\sin^n\theta d\theta$ 和 $\int_0^{\frac{\pi}{2}}\cos^n\theta d\theta$,因此记住如下的结果是很有益的:

$$\int_0^{\frac{\pi}{2}}\sin^n\theta d\theta\left(=\int_0^{\frac{\pi}{2}}\cos^n\theta d\theta\right)=\begin{cases}\dfrac{n-1}{n}\cdot\dfrac{n-3}{n-2}\cdot\cdots\cdot\dfrac{3}{4}\cdot\dfrac{1}{2}\cdot\dfrac{\pi}{2}, & n\text{ 为正偶数},\\[2mm] \dfrac{n-1}{n}\cdot\dfrac{n-3}{n-2}\cdot\cdots\cdot\dfrac{4}{5}\cdot\dfrac{2}{3}, & n\text{ 为大于 1 的正奇数}.\end{cases}$$

(2)如图 10—47, 在极坐标系中 $D=\{(r,\theta)\mid 0\leqslant r\leqslant a\sec\theta, 0\leqslant\theta\leqslant\frac{\pi}{4}\}$.

于是 原式 $=\int_0^{\frac{\pi}{4}}d\theta\int_0^{a\sec\theta}r\cdot rdr=\frac{a^3}{3}\int_0^{\frac{\pi}{4}}\sec^3\theta d\theta=\frac{a^3}{6}\left[\sec\theta\tan\theta+\ln(\sec\theta+\tan\theta)\right]_0^{\frac{\pi}{4}}$

$=\frac{a^3}{6}[\sqrt{2}+\ln(\sqrt{2}+1)]$

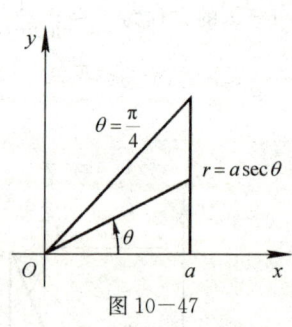

图 10—47

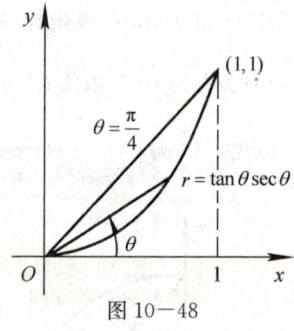

图 10—48

(3)积分区域 D 如图 10—48 所示. 在极坐标系中,抛物线 $y=x^2$ 的方程是 $r\sin\theta=r^2\cos^2\theta$, 即 $r=\tan\theta\sec\theta$; 直线 $y=x$ 的方程是 $\theta=\frac{\pi}{4}$, 故 $D=\{(r,\theta)\mid 0\leqslant r\leqslant\tan\theta\sec\theta, 0\leqslant\theta\leqslant\frac{\pi}{4}\}$.

于是 原式 $=\int_0^{\frac{\pi}{4}}d\theta\int_0^{\tan\theta\sec\theta}\frac{1}{r}\cdot rdr=\int_0^{\frac{\pi}{4}}\tan\theta\sec\theta d\theta=\left[\sec\theta\right]_0^{\frac{\pi}{4}}=\sqrt{2}-1.$

(4)积分区域 $D=\{(x,y)\mid 0\leqslant x\leqslant\sqrt{a^2-y^2}, 0\leqslant y\leqslant a\}=\{(r,\theta)\mid 0\leqslant r\leqslant a, 0\leqslant\theta\leqslant\frac{\pi}{2}\}$, 故

原式 $=\int_0^{\frac{\pi}{2}}d\theta\int_0^a r^2\cdot rdr=\frac{\pi}{2}\cdot\frac{a^4}{4}=\frac{\pi}{8}a^4.$

14. **解**:(1)在极坐标系中,积分区域 $D=\{(r,\theta)\mid 0\leqslant r\leqslant 2, 0\leqslant\theta\leqslant 2\pi\}$ 于是

$$\iint_D e^{x^2+y^2} d\sigma = \iint_D e^{r^2} \cdot r dr d\theta = \int_0^{2\pi} d\theta \int_0^2 e^{r^2} \cdot r dr = 2\pi \cdot \left[\frac{e^{r^2}}{2}\right]_0^2 = \pi(e^4-1)$$

(2)在极坐标系中,积分区域 $D=\{(r,\theta)\mid 0\leqslant r\leqslant 1, 0\leqslant \theta\leqslant \frac{\pi}{2}\}$,于是

$$\iint_D \ln(1+x^2+y^2) d\sigma = \iint_D \ln(1+r^2) \cdot r dr d\theta = \int_0^{\frac{\pi}{2}} d\theta \int_0^1 \ln(1+r^2) \cdot r dr$$

$$= \frac{\pi}{2} \cdot \frac{1}{2} \int_0^1 \ln(1+r^2) d(1+r^2) = \frac{\pi}{4}\left[(1+r^2)\ln(1+r^2)\Big|_0^1 - \int_0^1 2r dr\right] = \frac{\pi}{4}(2\ln 2 - 1).$$

(3)在极坐标系中,积分区域 $D=\{(r,\theta)\mid 1\leqslant r\leqslant 2, 0\leqslant \theta\leqslant \frac{\pi}{4}\}$,$\arctan\frac{y}{x}=\theta$,于是

$$\iint_D \arctan\frac{y}{x} d\sigma = \iint_D \theta \cdot r dr d\theta = \int_0^{\frac{\pi}{4}} \theta d\theta \int_1^2 r dr = \frac{1}{2}\left(\frac{\pi}{4}\right)^2 \cdot \frac{1}{2}(2^2-1) = \frac{3}{64}\pi^2.$$

15. **解**:(1)D 如图 10-49 所示.根据 D 的形状,选用直角坐标较宜.$D=\{(x,y)\mid \frac{1}{x}\leqslant y\leqslant x, 1\leqslant x\leqslant 2\}$,故 $\iint_D \frac{x^2}{y^2} d\sigma$

$$= \int_1^2 dx \int_{\frac{1}{x}}^x \frac{x^2}{y^2} dy = \int_1^2 (-x+x^3) dx = \frac{9}{4}.$$

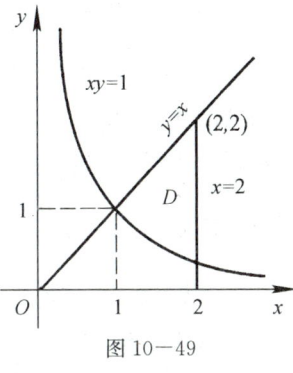

图 10-49

(2)根据积分区域 D 的形状和被积函数的特点,选用极坐标为宜.$D=\{(r,\theta)\mid 0\leqslant r\leqslant 1, 0\leqslant \theta\leqslant \frac{\pi}{2}\}$,故

原式 $= \iint_D \sqrt{\frac{1-r^2}{1+r^2}} r dr d\theta = \int_0^{\frac{\pi}{2}} d\theta \int_0^1 \sqrt{\frac{1-r^2}{1+r^2}} r dr$

$$= \frac{\pi}{2} \cdot \int_0^1 \frac{1-r^2}{\sqrt{1-r^4}} r dr$$

$$= \frac{\pi}{2}\left(\int_0^1 \frac{r}{\sqrt{1-r^4}} dr - \int_0^1 \frac{r^3}{\sqrt{1-r^4}} dr\right)$$

$$= \frac{\pi}{2}\left[\frac{1}{2}\int_0^1 \frac{1}{\sqrt{1-r^4}} dr^2 + \frac{1}{4}\int_0^1 \frac{1}{\sqrt{1-r^4}} d(1-r^4)\right]$$

$$= \frac{\pi}{2}\left[\frac{1}{2}\arcsin r^2\Big|_0^1 + \frac{1}{2}\sqrt{1-r^4}\Big|_0^1\right] = \frac{\pi}{8}(\pi-2).$$

(3)D 如图 10-50 所示.选用直角坐标为宜.又根据 D 的边界曲线的情况,宜采用先对 x、后对 y 的积分次序.于是

$$\iint_D (x^2+y^2) d\sigma = \int_a^{3a} dy \int_{y-a}^y (x^2+y^2) dx$$

$$= \int_a^{3a}\left(2ay^2 - a^2 y + \frac{a^3}{3}\right) dy = 14a^4.$$

(4)本题显然适于用极坐标计算.

$D=\{(r,\theta)\mid a\leqslant r\leqslant b, 0\leqslant \theta\leqslant 2\pi\}$.

$$\iint_D \sqrt{x^2+y^2} d\sigma = \iint_D r \cdot r dr d\theta = \int_0^{2\pi} d\theta \int_a^b r^2 dr$$

$$= 2\pi \cdot \frac{1}{3}(b^3-a^3) = \frac{2}{3}\pi(b^3-a^3).$$

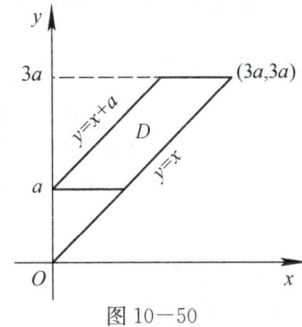

图 10-50

16. **解**:薄片的质量为它的面密度在薄片所占区域 D 上的二重积分(图10-51),即

$$M=\iint\limits_{D}\mu(x,y)\mathrm{d}\sigma=\iint\limits_{D}(x^2+y^2)\mathrm{d}\sigma=\iint\limits_{D}r^2\cdot r\mathrm{d}r\mathrm{d}\theta=\int_0^{\frac{\pi}{2}}\mathrm{d}\theta\int_0^{2\theta}r^3\mathrm{d}r=4\int_0^{\frac{\pi}{2}}\theta^4\mathrm{d}\theta=\frac{\pi^5}{40}.$$

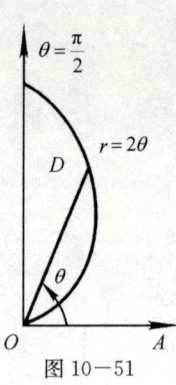

图10-51

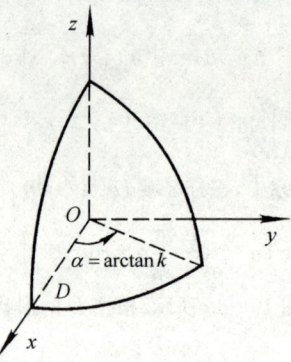

图10-52

17. **解**:如图10-52,

$$V=\iint\limits_{D}\sqrt{R^2-x^2-y^2}\,\mathrm{d}\sigma=\iint\limits_{D}\sqrt{R^2-r^2}\,r\mathrm{d}r\mathrm{d}\theta$$
$$=\int_0^{\alpha}\mathrm{d}\theta\int_0^{R}\sqrt{R^2-r^2}\,r\mathrm{d}r$$
$$=\alpha\cdot\left(-\frac{1}{2}\right)\int_0^{R}\sqrt{R^2-r^2}\,\mathrm{d}(R^2-r^2)=\frac{\alpha R^3}{3}=\frac{R^3}{3}\arctan k.$$

18. **解**:如图10-53,设

$$D_1=\{(x,y)\mid 0\leqslant y\leqslant\sqrt{ax-x^2},0\leqslant x\leqslant a\}$$
$$=\{(r,\theta)\mid 0\leqslant r\leqslant a\cos\theta,0\leqslant\theta\leqslant\frac{\pi}{2}\},$$

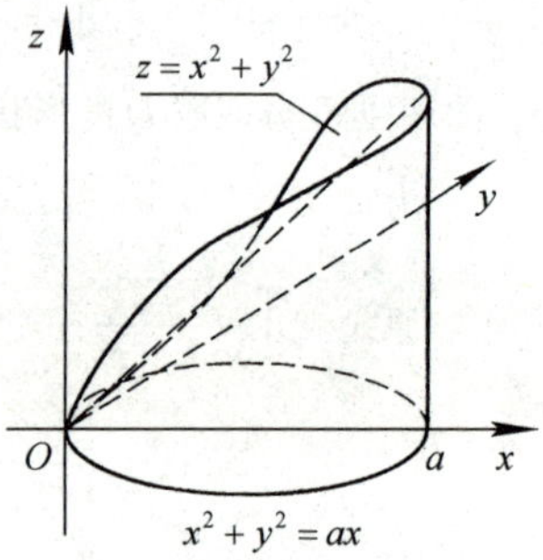

由于曲顶柱体关于 xOz 面对称,故

$$V=2\iint\limits_{D_1}(x^2+y^2)\mathrm{d}x\mathrm{d}y=2\iint\limits_{D_1}r^2\cdot r\mathrm{d}r\mathrm{d}\theta=2\int_0^{\frac{\pi}{2}}\mathrm{d}\theta\int_0^{a\cos\theta}r^3\mathrm{d}r=\frac{a^4}{2}\int_0^{\frac{\pi}{2}}\cos^4\theta\mathrm{d}\theta$$
$$=\frac{a^4}{2}\cdot\frac{3}{4}\cdot\frac{1}{2}\cdot\frac{\pi}{2}=\frac{3}{32}\pi a^4.$$

图10-53

评注:在计算立体体积时,要注意充分利用图形的对称性,这样既能简化运算,也能减少错误.

*19. **解**:(1)令 $u=x-y$,$v=x+y$,则 $x=\dfrac{u+v}{2}$,$y=\dfrac{v-u}{2}$.在这变换下,D 的边界 $x-y=-\pi$,$x+y=\pi$,$x-y=\pi$,$x+y=3\pi$ 依次与 $u=-\pi$,$v=\pi$,$u=\pi$,$v=3\pi$ 对应.后者构成 uOv 平面上与 D 对应的闭区域 D' 的边界.于是

$$D'=\{(u,v)\mid -\pi\leqslant u\leqslant\pi,\pi\leqslant v\leqslant 3\pi\}\ (图10-54).$$

又

$$J=\frac{\partial(x,y)}{\partial(u,v)}=\begin{vmatrix}\dfrac{1}{2}&\dfrac{1}{2}\\-\dfrac{1}{2}&\dfrac{1}{2}\end{vmatrix}=\dfrac{1}{2},$$

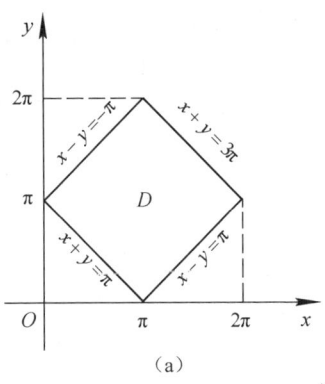
(a)

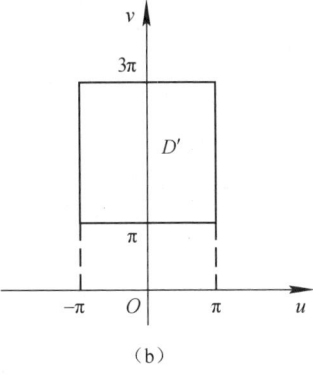
(b)

图 10-54

因此 $\iint\limits_{D}(x-y)^{2}\sin^{2}(x+y)\mathrm{d}x\mathrm{d}y=\iint\limits_{D'}u^{2}\sin^{2}v\cdot\dfrac{1}{2}\mathrm{d}u\mathrm{d}v$

$=\dfrac{1}{2}\int_{-\pi}^{\pi}u^{2}\mathrm{d}u\int_{\pi}^{3\pi}\sin^{2}v\mathrm{d}v=\dfrac{1}{2}\left[\dfrac{u^{3}}{3}\right]_{-\pi}^{\pi}\cdot\left[\dfrac{v}{2}-\dfrac{\sin 2v}{4}\right]_{\pi}^{3\pi}=\dfrac{\pi^{4}}{3}.$

(2) 令 $u=xy$, $v=\dfrac{y}{x}$, 则 $x=\sqrt{\dfrac{u}{v}}$, $y=\sqrt{uv}$, 在这变换下，D 的边界 $xy=1$, $y=x$, $xy=2$, $y=4x$ 依次与 $u=1$, $v=1$, $u=2$, $v=4$ 对应. 后者构成 uOv 平面上与 D 对应的闭区域 D' 的边界. 于是 $D'=\{(u,v)\mid 1\leqslant u\leqslant 2, 1\leqslant v\leqslant 4\}$ (图 10-55). 又

$$J=\dfrac{\partial(x,y)}{\partial(u,v)}=\begin{vmatrix}\dfrac{1}{2\sqrt{uv}} & -\dfrac{\sqrt{u}}{2\sqrt{v^{3}}} \\ \dfrac{\sqrt{v}}{2\sqrt{u}} & \dfrac{\sqrt{u}}{2\sqrt{v}}\end{vmatrix}=\dfrac{1}{4}\left(\dfrac{1}{v}+\dfrac{1}{v}\right)=\dfrac{1}{2v}.$$

因此 $\iint\limits_{D}x^{2}y^{2}\mathrm{d}x\mathrm{d}y=\iint\limits_{D'}u^{2}\cdot\dfrac{1}{2v}\mathrm{d}u\mathrm{d}v=\dfrac{1}{2}\int_{1}^{2}u^{2}\mathrm{d}u\int_{1}^{4}\dfrac{1}{v}\mathrm{d}v=\dfrac{7}{3}\ln 2.$

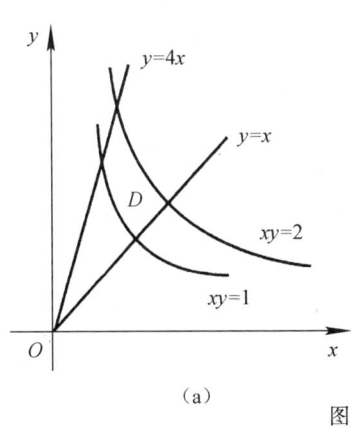
(a)

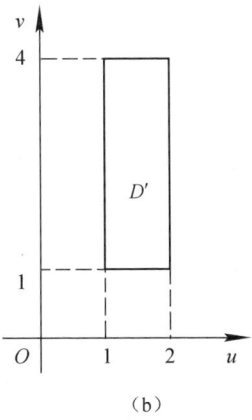
(b)

图 10-55

(3) 令 $u=x+y$, $v=y$, 即 $x=u-v$, $y=v$, 则在这变换下，D 的边界 $y=0$, $x=0$, $x+y=1$, 依次与 $v=0$, $u=v$, $u=1$ 对应. 后者构成 uOv 平面上与 D 对应的闭区域 D' 的边界. 于

是 $D' = \{(u,v) \mid 0 \leqslant v \leqslant u, 0 \leqslant u \leqslant 1\}$.

又 $J = \dfrac{\partial(x,y)}{\partial(u,v)} = \begin{vmatrix} 1 & -1 \\ 0 & 1 \end{vmatrix} = 1$.

因此 $\iint\limits_{D} e^{\frac{y}{x+y}} dx dy = \iint\limits_{D'} e^{\frac{v}{u}} du dv = \int_0^1 du \int_0^u e^{\frac{v}{u}} dv = \int_0^1 u(e-1) du = \dfrac{1}{2}(e-1)$.

(4) 作广义极坐标变换 $\begin{cases} x = ar\cos\theta \\ y = br\sin\theta \end{cases}$ $(a>0, b>0, r \geqslant 0, 0 \leqslant \theta \leqslant 2\pi)$. 在此变换下，与 D 对应的闭区域为 $D'\{(r,\theta) \mid 0 \leqslant r \leqslant 1, 0 \leqslant \theta \leqslant 2\pi\}$. 又

$$J = \dfrac{\partial(x,y)}{\partial(r,\theta)} = \begin{vmatrix} a\cos\theta & -ar\sin\theta \\ b\sin\theta & br\cos\theta \end{vmatrix} = abr.$$

故 $\iint\limits_{D}\left(\dfrac{x^2}{a^2} + \dfrac{y^2}{b^2}\right) dx dy = \iint\limits_{D'} r^2 \cdot abr \, dr d\theta = ab\int_0^{2\pi} d\theta \int_0^1 r^3 dr = \dfrac{1}{2} ab\pi$.

*20. **解**：(1) 令 $u = xy$, $v = xy^3$ $(x \geqslant 0, y \geqslant 0)$, 则 $x = \sqrt{\dfrac{u^3}{v}}$, $y = \sqrt{\dfrac{v}{u}}$. 在这变换下，与 D 对应的 uOv 平面上的闭区域为 $D' = \{(u,v) \mid 4 \leqslant u \leqslant 8, 5 \leqslant v \leqslant 15\}$.

$$J = \dfrac{\partial(x,y)}{\partial(u,v)} = \begin{vmatrix} \dfrac{3}{2}\sqrt{\dfrac{u}{v}} & -\dfrac{1}{2}\sqrt{\dfrac{u^3}{v^3}} \\ -\dfrac{1}{2}\sqrt{\dfrac{v}{u^3}} & \dfrac{1}{2}\sqrt{\dfrac{1}{uv}} \end{vmatrix} = \dfrac{1}{2v},$$

于是所求面积为 $A = \iint\limits_{D} dx dy = \iint\limits_{D'} \dfrac{1}{2v} du dv = \dfrac{1}{2} \int_4^8 du \int_5^{15} \dfrac{1}{v} dv = 2\ln 3$.

(2) 令 $u = \dfrac{y}{x^3}$, $v = \dfrac{x}{y^3}$ $(x > 0, y > 0)$, 则 $x = u^{-\frac{3}{8}} v^{-\frac{1}{8}}$, $y = u^{-\frac{1}{8}} v^{-\frac{3}{8}}$. 在这变换下，与 D 对应的 uOv 平面上的闭区域为 $D' = \{(u,v) \mid 1 \leqslant u \leqslant 4, 1 \leqslant v \leqslant 4\}$. 又

$$J = \dfrac{\partial(x,y)}{\partial(u,v)} = \begin{vmatrix} -\dfrac{3}{8} u^{-\frac{11}{8}} v^{-\frac{1}{8}} & -\dfrac{1}{8} u^{-\frac{3}{8}} v^{-\frac{9}{8}} \\ -\dfrac{1}{8} u^{-\frac{9}{8}} v^{-\frac{3}{8}} & -\dfrac{3}{8} u^{-\frac{1}{8}} v^{-\frac{11}{8}} \end{vmatrix} = \dfrac{1}{8} u^{-\frac{3}{2}} v^{-\frac{3}{2}}.$$

于是所求面积为 $A = \iint\limits_{D} dx dy = \iint\limits_{D'} \dfrac{1}{8} u^{-\frac{3}{2}} v^{-\frac{3}{2}} du dv = \dfrac{1}{8} \int_1^4 u^{-\frac{3}{2}} du \int_1^4 v^{-\frac{3}{2}} dv$

$= \dfrac{1}{8}\left(\left[-2u^{-\frac{1}{2}}\right]_1^4\right)^2 = \dfrac{1}{8}$.

*21. **证**：令 $u = x - y$, $v = x + y$, 则 $x = \dfrac{u+v}{2}$, $y = \dfrac{v-u}{2}$ 在此变换下，D 的边界 $x + y = 1$, $x = 0$, $y = 0$ 依次与 $v = 1$, $u + v = 0$ 和 $v - u = 0$ 对应. 后者构成 uOv 平面上与 D 对应的闭区域 D' 的边界(图 10-56). 于是 $D' = \{(u,v) \mid -v \leqslant u \leqslant v, 0 \leqslant v \leqslant 1\}$.

又 $J = \dfrac{\partial(x,y)}{\partial(u,v)} = \begin{vmatrix} \dfrac{1}{2} & \dfrac{1}{2} \\ -\dfrac{1}{2} & \dfrac{1}{2} \end{vmatrix} = \dfrac{1}{2}$,

因此有 $\iint\limits_{D} \cos\left(\dfrac{x-y}{x+y}\right) dx dy = \iint\limits_{D'} \cos\dfrac{u}{v} \cdot \dfrac{1}{2} du dv$

$$=\frac{1}{2}\int_0^1 dv\int_{-v}^{v}\cos\frac{u}{v}du=\frac{1}{2}\int_0^1 v\left[\sin\frac{u}{v}\right]_{-v}^{v}dv$$

$$=\int_0^1 v\sin 1 dv=\frac{1}{2}\sin 1.$$

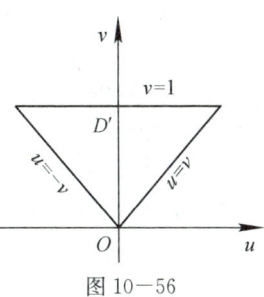

图 10-56

*22. 证:(1)闭区域 D 的边界为 $x+y=-1$, $x+y=1$, $x-y=-1$, $x-y=1$, 故令 $u=x+y$, $v=x-y$, 即 $x=\frac{u+v}{2}$, $y=\frac{u-v}{2}$. 在此变换下, D 变为 uOv 平面上的闭区域 $D'=\{(u,v)\mid -1\leqslant u\leqslant 1, -1\leqslant v\leqslant 1\}$. 又 $J=\frac{\partial(x,y)}{\partial(u,v)}=\begin{vmatrix}\frac{1}{2} & \frac{1}{2} \\ \frac{1}{2} & -\frac{1}{2}\end{vmatrix}=-\frac{1}{2}$,

于是 $\iint_D f(x+y)dxdy=\iint_{D'}f(u)\left|-\frac{1}{2}\right|dudv=\frac{1}{2}\int_{-1}^{1}f(u)du\int_{-1}^{1}dv=\int_{-1}^{1}f(u)du.$

(2) 比较等式的两端可知需作变换 $u\sqrt{a^2+b^2}=ax+by$, 即 $u=\frac{ax+by}{\sqrt{a^2+b^2}}$,

再考虑到 D 的边界曲线为 $x^2+y^2=1$, 故令 $v=\frac{bx-ay}{\sqrt{a^2+b^2}}$. 这样就有 $u^2+v^2=1$, 即 D 的边界曲线 $x^2+y^2=1$ 变为 uOv 平面上的圆 $u^2+v^2=1$. 于是与 D 对应的闭区域为 $D'=\{(u,v)\mid u^2+v^2\leqslant 1\}$.

又由 u、v 的表达式可解得 $x=\frac{au+bv}{\sqrt{a^2+b^2}}$, $y=\frac{bu-av}{\sqrt{a^2+b^2}}$,

因此雅可比式 $J=\frac{\partial(x,y)}{\partial(u,v)}=\begin{vmatrix}\frac{a}{\sqrt{a^2+b^2}} & \frac{b}{\sqrt{a^2+b^2}} \\ \frac{b}{\sqrt{a^2+b^2}} & \frac{-a}{\sqrt{a^2+b^2}}\end{vmatrix}=-1$,

于是 $\iint_D f(ax+by+c)dxdy=\iint_{D'}f(u\sqrt{a^2+b^2}+c)|-1|dudv$

$$=\int_{-1}^{1}du\int_{-\sqrt{1-u^2}}^{\sqrt{1-u^2}}f(u\sqrt{a^2+b^2}+c)dv=2\int_{-1}^{1}\sqrt{1-u^2}f(u\sqrt{a^2+b^2}+c)du.$$

第三节 三重积分

一、主要内容归纳

1. 三重积分的概念

函数 $f(x,y,z)$ 在三维有界闭区域 Ω 上的三重积分系指下述和式的极限:

$$\iiint_{\Omega} f(x,y,z) \mathrm{d}V = \lim_{\lambda \to 0} \sum_{i=1}^{n} f(\xi_i, \eta_i, \zeta_i) \Delta V_i$$

其中 ΔV_i 是分割区域 Ω 为 n 个子区域 $V_1, V_2, \cdots, V_n$ 时子区域 V_i 的体积,而 $(\xi_i, \eta_i, \zeta_i) \in V_i$,$\lambda$ 为各子区域 $V_i(i=1,2,\cdots,n)$ 直径.

若 $f(x,y,z)$ 在 Ω 上连续,则上述三重积分存在.

2. 三重积分的几何意义

当 $f(x,y,z)=1$ 时,有 $V = \iiint_{\Omega} \mathrm{d}V$ 其中 V 是区域 Ω 的体积.

3. 三重积分的物理意义

当 $f(x,y,z) \geqslant 0$ 时,密度为 $f(x,y,z)$ 的物体 Ω 的质量为 $m = \iiint_{\Omega} f(x,y,z) \mathrm{d}V$

4. 三重积分的性质

三重积分具有与二重积分完全类似的性质,不再重复.

5. 三重积分的计算法

(1) 在直角坐标系中的计算法

在直角坐标系中,三重积分的体积元素 $\mathrm{d}V$ 为 $\mathrm{d}x\mathrm{d}y\mathrm{d}z$. 设空间有界闭区域 Ω 在 xOy 平面上的投影为 D_{xy},且平行于 z 轴的直线与 Ω 的边界曲面 Σ 的交点不多于两个. 此时如果 Ω 可表示为:

$$\Omega: \begin{cases} a \leqslant x \leqslant b \\ y_1(x) \leqslant y \leqslant y_2(x) \\ z_1(x,y) \leqslant z \leqslant z_2(x,y) \end{cases}$$

则

$$\iiint_{\Omega} f(x,y,z) \mathrm{d}V = \iiint_{\Omega} f(x,y,z) \mathrm{d}x\mathrm{d}y\mathrm{d}z$$

$$= \iint_{D_{xy}} \mathrm{d}x\mathrm{d}y \int_{z_1(x,y)}^{z_2(x,y)} f(x,y,z) \mathrm{d}z = \int_a^b \mathrm{d}x \int_{y_1(x)}^{y_2(x)} \mathrm{d}y \int_{z_1(x,y)}^{z_2(x,y)} f(x,y,z) \mathrm{d}z.$$

(2) 在柱面坐标系下的计算法

直角坐标与柱面坐标的关系是 $\begin{cases} x = r\cos\theta \\ y = r\sin\theta \\ z = z \end{cases}$

在柱面坐标系中三重积分的体积元素 $\mathrm{d}V$ 为 $r\mathrm{d}r\mathrm{d}\theta\mathrm{d}z$,因此

$$\iiint_{\Omega} f(x,y,z) \mathrm{d}V = \iiint_{\Omega} f(r\cos\theta, r\sin\theta, z) r\mathrm{d}r\mathrm{d}\theta\mathrm{d}z$$

将右端化为累次积分,即可求得其结果.

(3) 在球面坐标系中的计算法

直角坐标与球面坐标的关系是 $\begin{cases} x = r\sin\varphi\cos\theta \\ y = r\sin\varphi\sin\theta \\ z = r\cos\varphi \end{cases}$ 在球面坐标系中三重积分的体积元素 $\mathrm{d}V$ 为 $r^2\sin\varphi \mathrm{d}r\mathrm{d}\theta\mathrm{d}\varphi$,因此 $\iiint_{\Omega} f(x,y,z) \mathrm{d}V = \iiint_{\Omega} f(r\sin\varphi\cos\theta, r\sin\varphi\sin\theta, r\cos\varphi) r^2 \sin\varphi \mathrm{d}r\mathrm{d}\varphi\mathrm{d}\theta$. 将右端化为累次积分即可求得其结果.

二、经典例题解析及解题方法总结

【例 1】 计算 $I = \iiint\limits_{\Omega} x\,\mathrm{d}x\mathrm{d}y\mathrm{d}z$,其中 Ω 是由双曲抛物面 $z = xy$ 及平面 $x+y=1$,$z=0$ 所围成的区域.

解 区域 Ω 如图 10-57 所示.

先对 z 积分,Ω 在 xOy 面上的投影域为 D_{xy}:由 x 轴、y 轴与 $x+y=1$ 所围成,故有

$$I = \iint\limits_{D_{xy}} \mathrm{d}x\mathrm{d}y \int_0^{xy} x\,\mathrm{d}z = \int_0^1 \mathrm{d}x \int_0^{1-x} \mathrm{d}y \int_0^{xy} x\,\mathrm{d}z$$

$$= \int_0^1 \mathrm{d}x \int_0^{1-x} \mathrm{d}y\, x^2 y = \frac{1}{2}\int_0^1 x^2(1-x)^2\,\mathrm{d}x$$

$$= \frac{1}{2}\int_0^1 (x^2 - 2x^3 + x^4)\,\mathrm{d}x$$

$$= \frac{1}{2}\left(\frac{1}{3}x^3 - \frac{1}{2}x^4 + \frac{1}{5}x^5\right)\Big|_0^1 = \frac{1}{60}$$

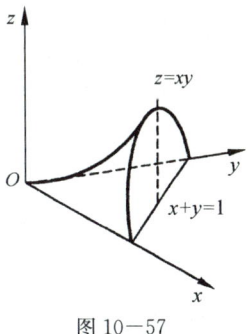

图 10-57

方法总结

如果积分区域 Ω 主要由抛物面、平面所围成,一般应选用直角坐标系.使用直角坐标系计算有如下两种方法:

(1)"先一后二"法.该方法讲的是先计算一个定积分,然后再计算一个二重积分,具体作法是:

①首先把 Ω 投影到 xOy 面上得平面的区域 D,令 Ω 的下曲面方程为 $z = z_1(x,y)$,上曲面方程为 $z = z_2(x,y)$;

②在 D 上任取一点作 z 轴平行线交 Ω 的边界曲面于 A、B 两点(下曲面交点为 A,上曲面交点为 B),这两点的竖坐标 $z_1(x,y)$ 和 $z_2(x,y)$ 就分别是对 z 积分的下限与上限;

③最后,在平面域 D 上对 x,y 计算二重积分.这就是先对 z 积分,后对 x,y 计算二重积分的"先一后二"法.

④先对 z 积分,把 Ω 往 xOy 面上投影;也可以先对 x 或先对 y 积分,同时把 Ω 往另两个变量组成的坐标面上投影.先对哪个变量积分,取决于 Ω 在相应的坐标面上的投影区域,在哪个坐标面上的投影域规范,就先对另一个变量积分;并且先对其中一个变量积分时,后两个变量看作常数.

(2)"先二后一"法.

一般说来,计算三重积分都是使用"先一后二"法,先计算一个定积分,然后再计算一个二重积分.但有时,对于特殊的积分域和特殊的被积函数(例如,只是 z 的函数或常数),计算三重积分利用"先二后一"法比较简单,这种方法是先计算一个二重积分,然后再计算一个定积分,也叫做"截面法".具体做法是:将 Ω 往 z 轴上投影,得区域 Ω 位于 $z_1 \leqslant z \leqslant z_2$ 区间上,在 (z_1, z_2) 内任取一点 z 作垂直于 z 轴的截面,所截得的区域记作 D_z,于是三重积分可化为

$$\iiint_\Omega f(x,y,z)\mathrm{d}v = \int_{z_1}^{z_2} \mathrm{d}z \iint_{D_z} f(x,y,z)\mathrm{d}x\mathrm{d}y$$

类似的同样有 $\iiint_\Omega f(x,y,z)\mathrm{d}v = \int_{x_1}^{x_2} \mathrm{d}x \iint_{D_x} f(x,y,z)\mathrm{d}y\mathrm{d}z$

$$\iiint_\Omega f(x,y,z)\mathrm{d}v = \int_{y_1}^{y_2} \mathrm{d}y \iint_{D_y} f(x,y,z)\mathrm{d}x\mathrm{d}z$$

【例2】 计算 $I = \int_0^1 \mathrm{d}x \int_0^{1-x} \mathrm{d}y \int_{x+y}^1 \dfrac{\sin z}{z}\mathrm{d}z$.

解 由累次积分的上下限有 $\Omega: \begin{cases} x+y \leqslant z \leqslant 1 \\ 0 \leqslant y \leqslant 1-x \\ 0 \leqslant x \leqslant 1 \end{cases}$

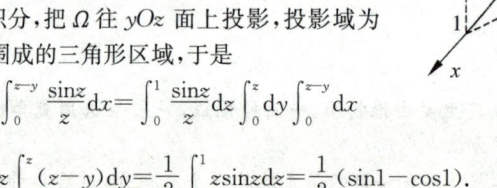

图 10-58

故积分域的图形如图 10-58 所示.

解法一 如果按给出的累次积分计算,是非常困难的. 故交换积分次序,先对 x 积分,把 Ω 往 yOz 面上投影,投影域为由 $z=1, z=y$ 与 z 轴所围成的三角形区域,于是

$$I = \iint_{D_{yz}} \mathrm{d}y\mathrm{d}z \int_0^{z-y} \dfrac{\sin z}{z}\mathrm{d}x = \int_0^1 \dfrac{\sin z}{z}\mathrm{d}z \int_0^z \mathrm{d}y \int_0^{z-y}\mathrm{d}x$$
$$= \int_0^1 \dfrac{\sin z}{z}\mathrm{d}z \int_0^z (z-y)\mathrm{d}y = \dfrac{1}{2}\int_0^1 z\sin z\mathrm{d}z = \dfrac{1}{2}(\sin 1 - \cos 1).$$

解法二 用"先二后一"法或"截面法",由于被积函数仅是 z 的函数,而用平行于 xOy 面的平面去截 Ω,截面为三角形,在 z 轴 $(0,1)$ 内任取一点 z,过点 z 作 z 轴的垂面,截得三角形区域(图中带阴影的区域),其 D_z 的面积为 $\dfrac{1}{2}z^2$. 因此有

$$I = \int_0^1 \dfrac{\sin z}{z}\mathrm{d}z \iint_{D_z} \mathrm{d}x\mathrm{d}y = \int_0^1 \dfrac{\sin z}{z} \cdot \dfrac{1}{2}z^2 \mathrm{d}z = \dfrac{1}{2}(\sin 1 - \cos 1).$$

方法总结

(1)由方法一可知,如果三重积分化成累次积分或者是累次积分计算很麻烦,或者计算很困难,这时应想到交换一下积分次序再计算.

(2)方法二用"先二后一"法计算,十分简洁. 这是因为它可以把三重积分的计算直接变为定积分,此法仍不失为一种较好的计算方法,虽然有些局限性,也要注意掌握. 当然使用时要注意条件.

【例3】 改变积分顺序:将 $I = \int_0^1 \mathrm{d}x \int_0^{1-x} \mathrm{d}y \int_0^{x+y} f(x,y,z)\mathrm{d}z$ 按 x,z,y 的次序积分.

解 设 $\int_0^{x+y} f(x,y,z)\mathrm{d}z = g(x,y)$,则可由二重积分的积分次序交换法先交换 x,y 的积分顺序. 如图 10-59(a)所示.

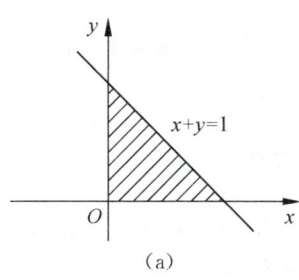
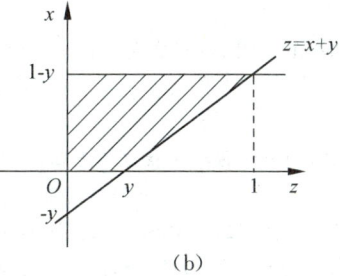

(a)　　　　　　　　　(b)

图 10-59

所以 $\quad I=\int_0^1 \mathrm{d}x \int_0^{1-x} \mathrm{d}y \int_0^{x+y} f(x,y,z)\mathrm{d}z = \int_0^1 \mathrm{d}y \int_0^{1-y} \mathrm{d}x \int_0^{x+y} f(x,y,z)\mathrm{d}z.$

将 y 看作常数，对 $\int_0^{1-y} \mathrm{d}x \int_0^{x+y} f(x,y,z)\mathrm{d}z$ 交换 x,z 的积分顺序，如图 10-59(b) 所示.

所以 $\quad I = \int_0^1 \mathrm{d}y \left[\int_0^y \mathrm{d}z \int_0^{1-y} \mathrm{d}z f(x,y,z)\mathrm{d}x + \int_y^1 \mathrm{d}z \int_{x-y}^{1-y} f(x,y,z)\mathrm{d}x \right]$
$= \int_0^1 \mathrm{d}y \int_0^y \mathrm{d}z \int_0^{1-y} f(x,y,z)\mathrm{d}x + \int_0^1 \mathrm{d}y \int_y^1 \mathrm{d}z \int_{z-y}^{1-y} f(x,y,z)\mathrm{d}x.$

> **方法总结**
>
> 当对三次积分的积分区域非常了解时，可以先由给定的三次积分画出积分区域 Ω 的草图，然后按照指定的积分次序重新将三重积分化为三次积分. 但当积分区域 Ω 的图形不容易画出时，该题的作法不失为一种行之有效的方法. 在依次交换相邻两个积分变量时，第三个变量要当作常数看待，这是此方法的关键之处.

【例 4】 计算 $I = \iiint_\Omega (x^2+y^2)\mathrm{d}v$，其中 Ω 为平面曲线 $\begin{cases} y^2=2z \\ x=0 \end{cases}$ 绕 z 轴旋转一周形成的曲面与平面 $z=8$ 所围成的区域.

解法一　在柱面坐标系下，$I = \int_0^{2\pi} \mathrm{d}\theta \int_0^4 r \mathrm{d}r \int_{\frac{r^2}{2}}^8 r^2 \mathrm{d}z = 2\pi \int_0^4 r^3 \left(8 - \frac{r^2}{2}\right) \mathrm{d}r = \frac{1024}{3}\pi.$

解法二　采用"先二后一"法，$I = \int_0^8 \mathrm{d}z \iint_{x^2+y^2 \leqslant 2z} (x^2+y^2)\mathrm{d}x\mathrm{d}y = \int_0^8 \mathrm{d}z \int_0^{2\pi} \mathrm{d}\theta \int_0^{\sqrt{2z}} r^2 \cdot r \mathrm{d}r =$
$2\pi \int_0^8 z^2 \mathrm{d}z = \frac{2}{3}\pi z^3 \Big|_0^8 = \frac{1024}{3}\pi.$

> **方法总结**
>
> 利用柱面坐标系计算三重积分，具体做法如下.
> $\begin{cases} x = r\cos\theta \\ y = r\sin\theta, \quad \mathrm{d}x\mathrm{d}y\mathrm{d}z = r\mathrm{d}r\mathrm{d}\theta\mathrm{d}z. \\ z = z \end{cases}$
> (2) 把被积函数 $f(x,y,z)$ 中的 x,y,z 换成柱坐标，体积元素 $\mathrm{d}v$ 用柱坐标系下的体

积元素 $r\mathrm{d}r\mathrm{d}\theta\mathrm{d}z$ 代替,这样直角坐标系下的三重积分就变成了柱坐标系下的三重积分

$$\iiint_\Omega f(x,y,z)\mathrm{d}v = \iiint_\Omega f(r\cos\theta,r\sin\theta,z)r\mathrm{d}r\mathrm{d}\theta\mathrm{d}z.$$

(3)同时曲面方程也用柱坐标表示,此时积分域 Ω 为:

$$z_1(r,\theta) \leqslant z \leqslant z_2(r,\theta), \quad \varphi_1(\theta) \leqslant r \leqslant \varphi_2(\theta), \quad \alpha \leqslant \theta \leqslant \beta.$$

(4)柱坐标系下的三重积分也要化为累次积分计算,它是利用"先一后二"法,先对 z 积分,后在 xOy 面的投影域上利用极坐标计算二重积分,即

$$\iiint_\Omega f(x,y,z)\mathrm{d}v = \iiint_\Omega f(r\cos\theta,r\sin\theta,z)r\mathrm{d}r\mathrm{d}\theta\mathrm{d}z = \iint_{D_{xy}} r\mathrm{d}r\mathrm{d}\theta \int_{z_1(r,\theta)}^{z_2(r,\theta)} f\mathrm{d}z$$

$$= \int_\alpha^\beta \mathrm{d}\theta \int_{\varphi_1(\theta)}^{\varphi_2(\theta)} r\mathrm{d}r \int_{z_1(r,\theta)}^{z_2(r,\theta)} f\mathrm{d}z.$$

(5)上面的计算方法中 x 与 y 用极坐标表示,z 不变.根据积分域情况,也可以把其他两个变量用极坐标表示,而另一个直角坐标不变.

(6)一般说来,当积分域 Ω 是圆柱形域或 Ω 的投影域为圆域时,常用柱坐标计算.

【例5】 计算 $I = \iiint_\Omega (x^2+y^2)\mathrm{d}v$,其中 Ω 由曲面 $z=\sqrt{x^2+y^2}$ 与 $z=1+\sqrt{1-x^2-y^2}$ 围成.

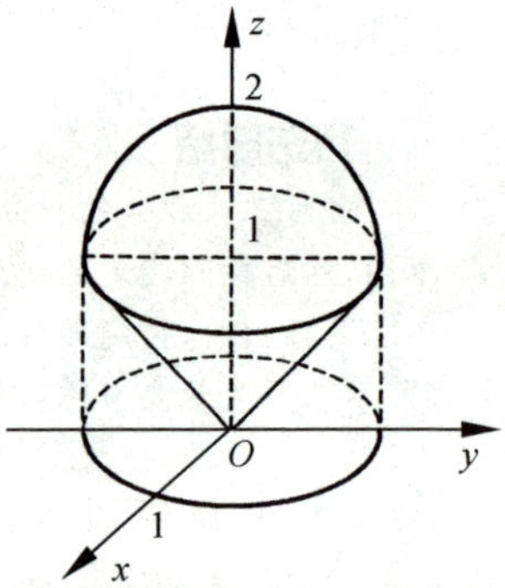

解 积分域 Ω 如图 10-60 所示.

解法一 用球坐标计算. 令 $\begin{cases} x=r\cos\theta\sin\varphi \\ y=r\sin\theta\sin\varphi \\ z=r\cos\varphi \end{cases}$,

则,$\mathrm{d}v = r^2\sin\varphi\mathrm{d}r\mathrm{d}\varphi\mathrm{d}\theta$,$\Omega$ 的球坐标方程为:

$$0 \leqslant r \leqslant 2\cos\varphi, \ 0 \leqslant \varphi \leqslant \frac{\pi}{4}, \ 0 \leqslant \theta \leqslant 2\pi,$$

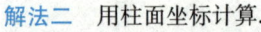

图 10-60

于是有 $I = \int_0^{2\pi}\mathrm{d}\theta \int_0^{\frac{\pi}{4}} \sin\varphi\mathrm{d}\varphi \int_0^{2\cos\varphi} r^2\sin^2\varphi \cdot r^2 \mathrm{d}r$

$$= 2\pi \int_0^{\frac{\pi}{4}} \sin^3\varphi \frac{1}{5}(2\cos\varphi)^5 \mathrm{d}\varphi = \frac{8\pi}{5} \int_0^{\frac{\pi}{4}} (2\sin\varphi\cos\varphi)^3 \cos^2\varphi\mathrm{d}\varphi$$

$$= \frac{8\pi}{5} \int_0^{\frac{\pi}{4}} (\sin 2\varphi)^3 \cdot \left(\frac{\cos 2\varphi+1}{2}\right) \mathrm{d}\varphi = \frac{2\pi}{5} \int_0^{\frac{\pi}{4}} (\sin 2\varphi)^3 (\cos 2\varphi+1) \mathrm{d}(2\varphi) \xlongequal{t=2\varphi} \frac{2\pi}{5} \int_0^{\frac{\pi}{2}} \sin^3 t \cdot$$

$(\cos t+1) \mathrm{d}t = \frac{11}{30}\pi.$

解法二 用柱面坐标计算.

由 $\begin{cases} z=\sqrt{x^2+y^2} \\ z=1+\sqrt{1-x^2-y^2} \end{cases}$,消去 z,得 Ω 在 xOy 面上的投影域 D 为 $x^2+y^2 \leqslant 1$,而被积函数又含有 x^2+y^2,故也可使用柱面坐标计算.

$$I = \iint_D r\mathrm{d}r\mathrm{d}\theta \int_r^{1+\sqrt{1-r^2}} r^2\mathrm{d}z = \int_0^{2\pi}\mathrm{d}\theta \int_0^1 r^3\mathrm{d}r \int_r^{1+\sqrt{1-r^2}} \mathrm{d}z$$

$$= 2\pi \int_0^1 r^3(1+\sqrt{1-r^2}-r)\mathrm{d}r = 2\pi \int_0^1 (r^3+r^3\sqrt{1-r^2}-r^4)\mathrm{d}r$$

$$= 2\pi \left(\frac{1}{4}r^4 - \frac{1}{5}r^5\right)\bigg|_0^1 + \pi \int_0^1 -r^2 \sqrt{1-r^2} \cdot \mathrm{d}(1-r^2)$$

$$= \frac{\pi}{10} + \pi \int_0^1 (1-r^2-1) \cdot \sqrt{1-r^2} \cdot \mathrm{d}(1-r^2)$$

$$= \frac{\pi}{10} + \pi \int_0^1 \left[(1-r^2)^{\frac{3}{2}} - (1-r^2)^{\frac{1}{2}}\right] \cdot \mathrm{d}(1-r^2)$$

$$= \frac{\pi}{10} + \pi \left[\frac{2}{5}(1-r^2)^{\frac{5}{2}} - \frac{2}{3}(1-r^2)^{\frac{3}{2}}\right]\bigg|_0^1 = \frac{\pi}{10} - \frac{2}{5}\pi + \frac{2}{3}\pi = \frac{11}{30}\pi.$$

方法总结

利用球面坐标计算三重积分是直接化为三次积分的. 一般是先对 r 积分, 再对 φ 积分, 最后对 θ 积分. 这一点与用直角坐标计算三重积分和用柱面坐标计算三重积分不同. 具体做法如下.

(1) 先引入球面坐标变换 $\begin{cases} x = r\cos\theta\sin\varphi \\ y = r\sin\theta\sin\varphi \\ z = r\cos\varphi \end{cases}$, 则 $\mathrm{d}x\mathrm{d}y\mathrm{d}z = r^2\sin\varphi \mathrm{d}r\mathrm{d}\varphi\mathrm{d}\theta$.

(2) 把被积函数 $f(x, y, z)$ 中的 x, y, z 换成球面坐标, 同时体积元素 $\mathrm{d}v$ 用球面坐标的体积元素 $r^2\sin\varphi \mathrm{d}r\mathrm{d}\varphi\mathrm{d}\theta$ 表示, 这样直角坐标系下的三重积分就化为球面坐标系下的三重积分

$$I = \iiint_\Omega f(x, y, z)\mathrm{d}v = \iiint_\Omega f(r\cos\theta\sin\varphi, r\sin\theta\sin\varphi, r\cos\varphi)r^2\sin\varphi \mathrm{d}r\mathrm{d}\varphi\mathrm{d}\theta.$$

(3) 曲面方程化为球面坐标方程, Ω 为

$$r_1(\theta, \varphi) \leqslant r \leqslant r_2(\theta, \varphi), \quad \psi_1(\theta) \leqslant \varphi \leqslant \psi_2(\theta), \quad \alpha \leqslant \theta \leqslant \beta.$$

(4) 直接化为累次积分计算.

$$I = \int_\alpha^\beta \mathrm{d}\theta \int_{\psi_1(\theta)}^{\psi_2(\theta)} \sin\varphi \mathrm{d}\varphi \int_{r_1(\theta,\varphi)}^{r_2(\theta,\varphi)} f(r\cos\theta\sin\varphi, r\sin\theta\sin\varphi, r\cos\varphi) \cdot r^2 \mathrm{d}r$$

(5) 如果积分区域 Ω 为球形域或球面与锥面的组合体时, 被积函数含有 $x^2 + y^2 + z^2$, 一般应选用球面坐标系.

【例6】 设函数 $f(u)$ 具有连续导函数, 且 $f(0) = 0$, 求

$$\lim_{t \to 0} \frac{1}{\pi t^4} \iiint_{x^2+y^2+z^2 \leqslant t^2} f(\sqrt{x^2+y^2+z^2})\mathrm{d}x\mathrm{d}y\mathrm{d}z.$$

解 积分域为球体, 被积函数含有 $(x^2 + y^2 + z^2)$, 利用球坐标计算得

$$\lim_{t \to 0} \frac{1}{\pi t^4} \iiint_{x^2+y^2+z^2 \leqslant t^2} f(\sqrt{x^2+y^2+z^2})\mathrm{d}x\mathrm{d}y\mathrm{d}z = \lim_{t \to 0} \frac{1}{\pi t^4} \int_0^{2\pi} \mathrm{d}\theta \int_0^\pi \sin\varphi \mathrm{d}\varphi \int_0^t f(r)r^2\mathrm{d}r$$

$$= \lim_{t \to 0} \frac{4\int_0^t f(r)r^2 \mathrm{d}r}{t^4} = \lim_{t \to 0} \frac{t^2 f(t)}{t^3} = \lim_{t \to 0} \frac{f(t)}{t} = \lim_{t \to 0} f'(t) = f'(0).$$

【例7】 计算 $I = \iiint_\Omega |z - x^2 - y^2|\mathrm{d}v$, 其中

$\Omega: 0 \leqslant z \leqslant 1, x^2+y^2 \leqslant 1.$

解 积分域如图 10-61 所示.

令 $z-x^2-y^2=0$, 即 $z=x^2+y^2$, 作曲面 $z=x^2+y^2$ 把 Ω 分成 Ω_1, Ω_2 两部分, 在每一部分上 $z-x^2-y^2$ 均保持定号, 从而可以去掉绝对值符号. 利用柱面坐标计算, 有

$$I = \iiint_{\Omega_1}(x^2+y^2-z)\mathrm{d}v + \iiint_{\Omega_2}(z-x^2-y^2)\mathrm{d}v$$

$$= \int_0^{2\pi}\mathrm{d}\theta\int_0^1 r\mathrm{d}r\int_0^{r^2}(r^2-z)\mathrm{d}z + \int_0^{2\pi}\mathrm{d}\theta\int_0^1 r\mathrm{d}r\int_{r^2}^1 (z-r^2)\mathrm{d}z$$

$$= 2\pi\int_0^1\left(r^5-r^3+\frac{1}{2}r\right)\mathrm{d}r = \frac{\pi}{3}.$$

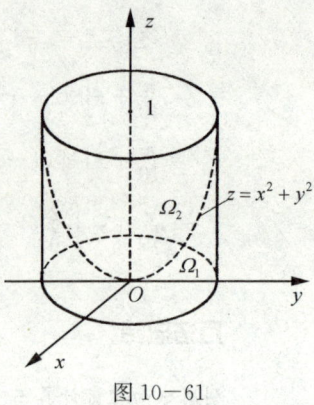

图 10-61

【例 8】 计算 $I = \iiint_{\Omega} \mathrm{e}^{|x|}\mathrm{d}x\mathrm{d}y\mathrm{d}z$, 其中 Ω 为: $x^2+y^2+z^2 \leqslant 1$.

解 设 Ω 在第一象限内的区域为 Ω_1, 由于 Ω 关于三个坐标面均对称, 同时, 函数 $\mathrm{e}^{|x|}$ 关于 x, y, z 都为偶函数, 所以

$$I = \iiint_{\Omega}\mathrm{e}^{|x|}\mathrm{d}x\mathrm{d}y\mathrm{d}z = 8\iiint_{\Omega_1}\mathrm{e}^{|x|}\mathrm{d}x\mathrm{d}y\mathrm{d}z = 8\iiint_{\Omega_1}\mathrm{e}^x\mathrm{d}x\mathrm{d}y\mathrm{d}z.$$

由于 Ω_1 在 x 轴上的投影区间为 $[0,1]$, 在 Ω_1 上的截面区域 D_x 为: $y \geqslant 0, z \geqslant 0, y^2+z^2 \leqslant 1-x^2$, 所以 $I = 8\int_0^1 \mathrm{d}x\iint_{D_x}\mathrm{e}^x\mathrm{d}y\mathrm{d}z = 8\int_0^1 \mathrm{e}^x\frac{1}{4}\pi(1-x^2)\mathrm{d}x = 2\pi\int_0^1 \mathrm{e}^x(1-x^2)\mathrm{d}x = 2\pi$.

> **● 方法总结**
>
> 此例是被积函数含有绝对值的三重积分, 利用三重积分的对称性既简化了计算, 又去掉了被积函数中的绝对值符号, 降低了计算的难度. 若此题用球面坐标法计算, 尽管积分限很简单, 但被积函数的积分却不易求得, 读者不妨一试.

【例 9】 计算 $I = \iiint_{\Omega}(x+y+z)\mathrm{d}v$, 其中 $\Omega: x^2+y^2+z^2 \leqslant R^2, x \geqslant 0, y \geqslant 0, z \geqslant 0$.

解 显然, x, y, z 在 Ω 上的变化是相同的, 被积函数 $f(x,y,z)$ 中的变量 x, y, z 互换后被积函数不变, 故由轮换对称性知 $\iiint_{\Omega}x\mathrm{d}v = \iiint_{\Omega}y\mathrm{d}v = \iiint_{\Omega}z\mathrm{d}v$, 因此有 $I = 3\iiint_{\Omega}z\mathrm{d}v = 3\int_0^R z\mathrm{d}z\iint_{D_z}\mathrm{d}x\mathrm{d}y = \frac{3}{4}\int_0^R z\cdot\pi(R^2-z^2)\mathrm{d}z = \frac{3}{16}\pi R^4$.

> **● 方法总结**
>
> 在积分的计算中经常用到轮换对称性, 所谓轮换对称性是指积分变量对于积分区域具有对称性, 即积分变量在积分区域上的变化范围相同; 其次是被积函数或被积表达式中的变量互换后被积函数不改变.

【例10】 计算 $\iiint\limits_{\Omega}(x^2+my^2+nz^2)dxdydz$,其中 Ω 是球体 $x^2+y^2+z^2 \leqslant a^2$,$m,n$ 是常数.

解 由 Ω 的对称性可知: $\iiint\limits_{\Omega}x^2dV=\iiint\limits_{\Omega}y^2dV=\iiint\limits_{\Omega}z^2dV$,所以

$$\iiint\limits_{\Omega}(x^2+my^2+nz^2)dV=(1+m+n)\iiint\limits_{\Omega}x^2dV=\frac{1+m+n}{3}\iiint\limits_{\Omega}(x^2+y^2+z^2)dV$$

$$=\frac{1+m+n}{3}\int_0^{2\pi}d\theta\int_0^{\pi}d\varphi\int_0^a r^2\cdot r^2\sin\varphi dr=\frac{4}{15}\pi(1+m+n)a^5.$$

【例11】 设 Ω 是由曲面 $x^2+y^2 \leqslant 1,z=1,z=0$ 所围成的闭区域,则 $\iiint\limits_{\Omega}[e^{z^3}\tan(x^2y^3)+3]dV=$ _____.

(A)0　　　　　(B)3π　　　　　(C)π　　　　　(D)3

解 $\iiint\limits_{\Omega}[e^{z^3}\tan(x^2y^3)+3]dV=\iiint\limits_{\Omega}e^{z^3}\tan(x^2y^3)dV+3\iiint\limits_{\Omega}dV=I_1+I_2.$

对于 I_1,由于被积函数 $e^{z^3}\tan(x^2y^3)$ 关于 y 为奇函数,而积分区域关于 xOz 面对称,所以 $I_1=0$;而 $I_2=3\iiint\limits_{\Omega}dV=3\pi$.

习题 10-3 解答

1. **解:**(1)Ω 的顶 $z=xy$ 和底面 $z=0$ 的交线为 x 轴和 y 轴,故 Ω 在 xOy 面上的投影区域由 x 轴、y 轴和直线 $x+y-1=0$ 所围成.于是 Ω 可用不等式表示为 $0 \leqslant z \leqslant xy$,$0 \leqslant y \leqslant 1-x$,$0 \leqslant x \leqslant 1$,因此 $I=\int_0^1 dx\int_0^{1-x}dy\int_0^{xy}f(x,y,z)dz.$

(2)由 $z=x^2+y^2$ 和 $z=1$ 得 $x^2+y^2=1$,所以 Ω 在 xOy 面上的投影区域为 $x^2+y^2 \leqslant 1$(图 10-62).于是 Ω 可用不等式表示为 $x^2+y^2 \leqslant z \leqslant 1$,$-\sqrt{1-x^2} \leqslant y \leqslant \sqrt{1-x^2}$,$-1 \leqslant x \leqslant 1$,因此 $I=\int_{-1}^{1}dx\int_{-\sqrt{1-x^2}}^{\sqrt{1-x^2}}dy\int_{x^2+y^2}^{1}f(x,y,z)dz.$

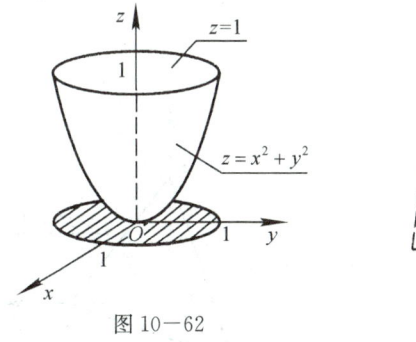

图 10-62

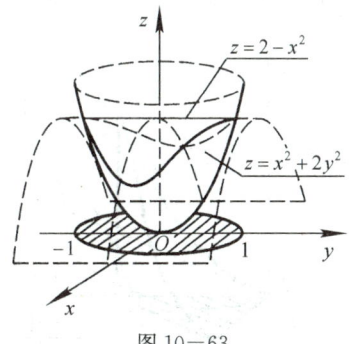

图 10-63

(3)由 $\begin{cases}z=x^2+2y^2\\z=2-x^2\end{cases}$ 消去 z,得 $x^2+y^2=1$,故 Ω 在 xOy 面上的投影区域为 $x^2+y^2 \leqslant 1$(图 10-63).于是 Ω 可用不等式表示为 $x^2+2y^2 \leqslant z \leqslant 2-x^2$,$-\sqrt{1-x^2} \leqslant y \leqslant \sqrt{1-x^2}$,$-1 \leqslant x \leqslant 1$,

因此 $I = \int_{-1}^{1} dx \int_{-\sqrt{1-x^2}}^{\sqrt{1-x^2}} dy \int_{x^2+2y^2}^{2-x^2} f(x,y,z) dz$.

(4) 显然 Ω 在 xOy 面上的投影区域由椭圆
$$\frac{x^2}{a^2} + \frac{y^2}{b^2} = 1 (x \geqslant 0, y \geqslant 0)$$
和 x 轴、y 轴所围成，Ω 的顶为 $cz=xy$，底为 $z=0$ (图 10—64). 故 Ω 可用不等式表示为
$$0 \leqslant z \leqslant \frac{xy}{c}, \ 0 \leqslant y \leqslant b\sqrt{1-\frac{x^2}{a^2}}, \ 0 \leqslant x \leqslant a,$$ 因此
$$I = \int_0^a dx \int_0^{b\sqrt{1-\frac{x^2}{a^2}}} dy \int_0^{\frac{xy}{c}} f(x,y,z) dz.$$

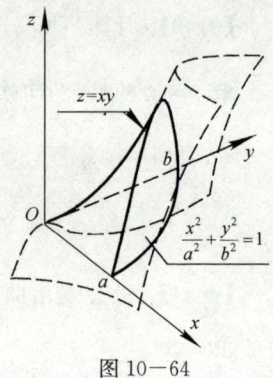

图 10—64

评注：本题中的 4 个小题，除第 2 小题外，Ω 的图形都不易画出. 但是，为确定三次积分的积分限，并非必须画出 Ω 的准确图形. 重要的是要会求出 Ω 在坐标面上的投影区域，以及会定出 Ω 的顶和底面，而做到这点，只需掌握常见曲面的方程和图形特点，并具备一定的空间想象能力即可. 本章题解中配了较多插图，请读者注意观察，这对培养空间想象能力是有好处的.

2. **解**：$M = \iiint\limits_{\Omega} r dx dy dz = \int_0^1 dx \int_0^1 dy \int_0^1 (x+y+z) dz$
$= \int_0^1 dx \int_0^1 \left(x+y+\frac{1}{2}\right) dy = \int_0^1 \left(x+\frac{1}{2}+\frac{1}{2}\right) dx = \frac{3}{2}.$

3. **证**：$\iiint\limits_{\Omega} f_1(x) f_2(y) f_3(z) dx dy dz = \int_a^b \left[\int_c^d \left(\int_l^m f_1(x) f_2(y) f_3(z) dz \right) dy \right] dx$
$= \int_a^b \left[\int_c^d \left(f_1(x) f_2(y) \cdot \int_l^m f_3(z) dz \right) dy \right] dx = \int_a^b \left[\left(\int_l^m f_3(z) dz \right) \cdot \left(\int_c^d f_1(x) f_2(y) dy \right) \right] dx$
$= \left(\int_l^m f_3(z) dz \right) \cdot \int_a^b \left[f_1(x) \cdot \int_c^d f_2(y) dy \right] dx = \int_l^m f_3(z) dz \cdot \int_c^d f_2(y) dy \cdot \int_a^b f_1(x) dx = $ 右端.

4. **解**：如图 10—65，Ω 可用不等式表示为：$0 \leqslant z \leqslant xy, \ 0 \leqslant y \leqslant x, \ 0 \leqslant x \leqslant 1$.
因此 $\iiint\limits_{\Omega} xy^2z^3 dx dy dz = \int_0^1 x dx \int_0^x y^2 dy \int_0^{xy} z^3 dz = \frac{1}{4} \int_0^1 x dx \int_0^x x^4 y^6 dy = \frac{1}{28} \int_0^1 x^{12} dx = \frac{1}{364}.$

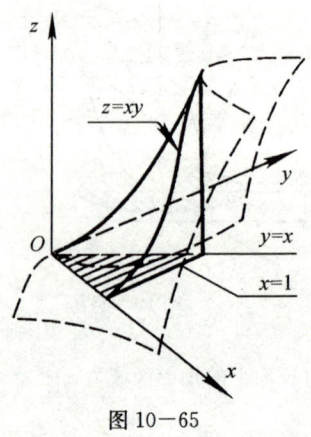

图 10—65

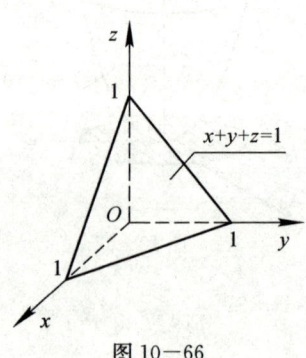

图 10—66

5. 解:$\Omega=\{(x,y,z) \mid 0 \leqslant z \leqslant 1-x-y, 0 \leqslant y \leqslant 1-x, 0 \leqslant x \leqslant 1\}$(图10-66),于是

$$\iiint_{\Omega} \frac{\mathrm{d}x\mathrm{d}y\mathrm{d}z}{(1+x+y+z)^3} = \int_0^1 \mathrm{d}x \int_0^{1-x} \mathrm{d}y \int_0^{1-x-y} \frac{\mathrm{d}z}{(1+x+y+z)^3}$$

$$= \int_0^1 \mathrm{d}x \int_0^{1-x} \left[\frac{-1}{2(1+x+y+z)^2}\right]_0^{1-x-y} \mathrm{d}y = \int_0^1 \mathrm{d}x \int_0^{1-x} \left[-\frac{1}{8}+\frac{1}{2(1+x+y)^2}\right]\mathrm{d}y$$

$$= \int_0^1 \left[-\frac{y}{8}-\frac{1}{2(1+x+y)}\right]_0^{1-x} \mathrm{d}x = -\int_0^1 \left[\frac{1-x}{8}+\frac{1}{4}-\frac{1}{2(1+x)}\right]\mathrm{d}x = \frac{1}{2}\left(\ln 2 - \frac{5}{8}\right).$$

6. **解法一** 利用直角坐标计算. 由于

$$\Omega = \{(x,y,z) \mid 0 \leqslant z \leqslant \sqrt{1-x^2-y^2}, 0 \leqslant y \leqslant \sqrt{1-x^2}, 0 \leqslant x \leqslant 1\},$$

故 $$\iiint_{\Omega} xyz\,\mathrm{d}x\mathrm{d}y\mathrm{d}z = \int_0^1 x\,\mathrm{d}x \int_0^{\sqrt{1-x^2}} y\,\mathrm{d}y \int_0^{\sqrt{1-x^2-y^2}} z\,\mathrm{d}z = \int_0^1 x\,\mathrm{d}x \int_0^{\sqrt{1-x^2}} y \cdot \frac{1-x^2-y^2}{2}\,\mathrm{d}y$$

$$= \frac{1}{2}\int_0^1 x\left[\frac{y^2}{2}(1-x^2)-\frac{y^4}{4}\right]_0^{\sqrt{1-x^2}} \mathrm{d}x = \frac{1}{8}\int_0^1 x(1-x^2)^2\,\mathrm{d}x = \frac{1}{48}.$$

* **解法二** 利用球面坐标计算. 由于 $\Omega = \{(r,\varphi,\theta) \mid 0 \leqslant r \leqslant 1, 0 \leqslant \varphi \leqslant \frac{\pi}{2}, 0 \leqslant \theta \leqslant \frac{\pi}{2}\}$,

故 $$\iiint_{\Omega} xyz\,\mathrm{d}x\mathrm{d}y\mathrm{d}z = \iiint_{\Omega} (r^3\sin^2\varphi\cos\varphi\sin\theta\cos\theta) \cdot r^2\sin\varphi\,\mathrm{d}r\mathrm{d}\varphi\mathrm{d}\theta$$

$$= \int_0^{\frac{\pi}{2}} \sin\theta\cos\theta\,\mathrm{d}\theta \int_0^{\frac{\pi}{2}} \sin^3\varphi\cos\varphi\,\mathrm{d}\varphi \int_0^1 r^5\,\mathrm{d}r = \int_0^{\frac{\pi}{2}} \sin\theta\,\mathrm{d}\sin\theta \cdot \int_0^{\frac{\pi}{2}} \sin^3\varphi\,\mathrm{d}\sin\varphi \cdot \int_0^1 r^5\,\mathrm{d}r$$

$$= \left[\frac{\sin^2\theta}{2}\right]_0^{\frac{\pi}{2}} \cdot \left[\frac{\sin^4\varphi}{4}\right]_0^{\frac{\pi}{2}} \cdot \left[\frac{r^6}{6}\right]_0^1 = \frac{1}{2} \cdot \frac{1}{4} \cdot \frac{1}{6} = \frac{1}{48}.$$

评注:比较本题的两种解法,显然用球面坐标计算要简便得多,这是由本题的积分区域 Ω 的形状所决定的.一般说来,凡是 Ω 由球面、圆锥面围成时,用球面坐标计算三重积分较为方便.

7. **解法一** 容易看出,Ω 的顶为平面 $z=y$,底为平面 $z=0$,Ω 在 xOy 面上的投影区域 D_{xy} 由 $y=1$ 和 $y=x^2$ 所围成. 故 Ω 可用不等式表示为

$$0 \leqslant z \leqslant y, \ x^2 \leqslant y \leqslant 1, \ -1 \leqslant x \leqslant 1.$$

因此 $$\iiint_{\Omega} xz\,\mathrm{d}x\mathrm{d}y\mathrm{d}z = \int_{-1}^1 x\,\mathrm{d}x \int_{x^2}^1 \mathrm{d}y \int_0^y z\,\mathrm{d}z = \int_{-1}^1 x\,\mathrm{d}x \int_{x^2}^1 \frac{y^2}{2}\,\mathrm{d}y = \frac{1}{6}\int_{-1}^1 x(1-x^6)\,\mathrm{d}x = 0,$$

解法二 由于积分区域 Ω 关于 yOz 面对称(即若点 $(x,y,z) \in \Omega$,则 $(-x,y,z)$ 也属于 Ω),且被积函数 xz 关于 x 是奇函数(即 $(-x)z = -(xz)$),因此 $\iiint_{\Omega} xz\,\mathrm{d}x\mathrm{d}y\mathrm{d}z = 0.$

8. **解法一** 由 $z=\frac{h}{R}\sqrt{x^2+y^2}$ 与 $z=h$ 消去 z,得 $x^2+y^2=R^2$,

故 Ω 在 xOy 面上的投影区域 $D_{xy} = \{(x,y) \mid x^2+y^2 \leqslant R^2\}$(图10-67),$\Omega\{(x,y,z) \mid \frac{h}{R}\sqrt{x^2+y^2} \leqslant z \leqslant h, (x,y) \in D_{xy}\}$.

于是 $$\iiint_{\Omega} z\,\mathrm{d}x\mathrm{d}y\mathrm{d}z = \iint_{D_{xy}} \mathrm{d}x\mathrm{d}y \int_{\frac{h}{R}\sqrt{x^2+y^2}}^h z\,\mathrm{d}z$$

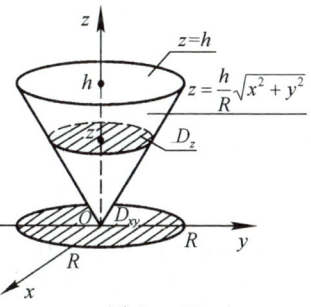

图 10-67

$$= \frac{1}{2}\iint_{D_{xy}} \left[h^2 - \frac{h^2}{R^2}(x^2+y^2)\right]dxdy$$

$$= \frac{1}{2}\left[h^2\iint_{D_{xy}}dxdy - \frac{h^2}{R^2}\iint_{D_{xy}}(x^2+y^2)dxdy\right]$$

$$= \frac{h^2}{2}\cdot\pi R^2 - \frac{h^2}{2R^2}\int_0^{2\pi}d\theta\int_0^R r^3 dr = \frac{1}{4}\pi R^2 h^2.$$

解法二 用过点 $(0,0,z)$、平行于 xOy 面上的平面截 Ω 得平面区域 D_z,其半径为 $\sqrt{x^2+y^2}=\frac{Rz}{h}$,面积为 $\frac{\pi R^2}{h^2}z^2$(图 10-67). $\Omega=\{(x,y,z)\mid (x,y)\in D_z, 0\leqslant z\leqslant h\}$.

于是 $\iiint_\Omega z\,dxdydz = \int_0^h z\,dz\iint_{D_z}dxdy = \int_0^h z\cdot\frac{\pi R^2}{h^2}z^2\,dz = \frac{\pi R^2}{4h^2}\cdot h^4 = \frac{1}{4}\pi R^2 h^2.$

评注:解法二通俗地称为"先二后一"法,即先在 D_z 上作关于 x,y 的二重积分,然后再对 z 作定积分. 如果在 D_z 上关于 x 和 y 的二重积分易于计算,特别地,如果被积函数与 x,y 无关,且 D_z 的面积容易表达为 z 的函数,则采用这种方法比较简便.

* **解法三** 用球面坐标进行计算. 在球面坐标系中,圆锥面 $z=\frac{h}{R}\sqrt{x^2+y^2}$ 的方程为 $\varphi=\alpha\left(=\arctan\frac{R}{h}\right)$,平面 $z=h$ 的方程为 $r=h\sec\varphi$,因此 Ω 可表示为 $0\leqslant\theta\leqslant 2\pi, 0\leqslant\varphi\leqslant\alpha, 0\leqslant r\leqslant h\sec\varphi$. 于是 $\iiint_\Omega z\,dxdydz = \iiint_\Omega r\cos\varphi\cdot r^2\sin\varphi\,drd\varphi d\theta = \int_0^{2\pi}d\theta\int_0^\alpha \cos\varphi\sin\varphi\,d\varphi\int_0^{h\sec\varphi}r^3dr = 2\pi\int_0^\alpha\frac{h^4\sin\varphi}{4\cos^3\varphi}d\varphi = -\frac{\pi h^4}{2}\int_0^\alpha\frac{d(\cos\varphi)}{\cos^3\varphi} = \frac{\pi h^4}{4}\left(\frac{1}{\cos^2\alpha}-1\right)\left(\text{代入 }\alpha=\arctan\frac{R}{h}\right) = \frac{\pi h^4}{4}\left(\frac{R^2+h^2}{h^2}-1\right) = \frac{1}{4}\pi R^2 h^2.$

9. 解:(1)由 $z=\sqrt{2-x^2-y^2}$ 和 $x=x^2+y^2$ 消去 z,得
$$(x^2+y^2)^2 = 2-(x^2+y^2), \quad \text{即 } x^2+y^2=1.$$

从而知 Ω 在 xOy 面上的投影区域为 $D_{xy}\{(x,y)\mid x^2+y^2\leqslant 1\}$(图 10-68). 利用柱面坐标,$\Omega$ 可表示为
$$r^2\leqslant z\leqslant\sqrt{2-r^2}, \ 0\leqslant r\leqslant 1, \ 0\leqslant\theta\leqslant 2\pi,$$

于是 $\iiint_\Omega z\,dv = \iiint_\Omega zr\,drd\theta dz = \int_0^{2\pi}d\theta\int_0^1 r\,dr\int_{r^2}^{\sqrt{2-r^2}}z\,dz = \frac{1}{2}\int_0^{2\pi}d\theta\int_0^1 r(2-r^2-r^4)dr = \frac{1}{2}\cdot 2\pi\left[r^2-\frac{r^4}{4}-\frac{r^6}{6}\right]_0^1 = \frac{7}{12}\pi.$

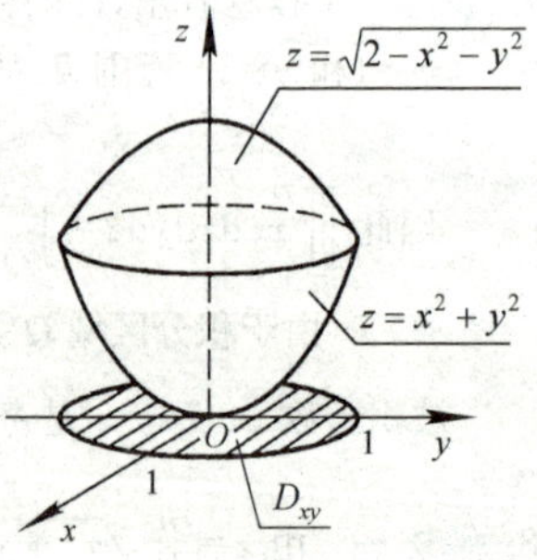

图 10-68

(2)由 $x^2+y^2=2z$ 及 $z=2$ 消去 z 得 $x^2+y^2=4$,从而知 Ω 在 xOy 面上的投影区域为 $D_{xy}=\{(x,y)\mid x^2+y^2\leqslant 4\}$. 利用柱面坐标,$\Omega$ 可表示为 $\frac{r^2}{2}\leqslant z\leqslant 2, 0\leqslant r\leqslant 2, 0\leqslant\theta\leqslant 2\pi$. 于是

$$\iiint_\Omega(x^2+y^2)dv = \iiint_\Omega r^2\cdot r\,drd\theta dz = \int_0^{2\pi}d\theta\int_0^2 r^3\,dr\int_{\frac{r^2}{2}}^2 dz = \int_0^{2\pi}d\theta\int_0^2 r^3\left(2-\frac{r^2}{2}\right)dr$$

$$=2\pi\left[\frac{r^4}{2}-\frac{r^6}{12}\right]_0^2=\frac{16}{3}\pi.$$

*10. **解**：(1) $\iiint\limits_{\Omega}(x^2+y^2+z^2)\mathrm{d}v=\iiint\limits_{\Omega}r^2\cdot r^2\sin\varphi\mathrm{d}r\mathrm{d}\varphi\mathrm{d}\theta=\int_0^{2\pi}\mathrm{d}\theta\int_0^{\pi}\sin\varphi\mathrm{d}\varphi\int_0^1 r^4\mathrm{d}r$

$$=2\pi\left[-\cos\varphi\right]_0^{\pi}\left[\frac{r^5}{5}\right]_0^1=\frac{4}{5}\pi.$$

(2) 在球面坐标系中，不等式 $x^2+y^2+(z-a)^2\leqslant a^2$，即 $x^2+y^2+z^2\leqslant 2az$，变为 $r^2\leqslant 2ar\cos\varphi$，即 $r\leqslant 2a\cos\varphi$；$x^2+y^2\leqslant z^2$ 变为 $r^2\sin^2\varphi\leqslant r^2\cos^2\varphi$，即 $\tan\varphi\leqslant 1$，亦即 $\varphi\leqslant\frac{\pi}{4}$。

因此 Ω 可表示为 $0\leqslant r\leqslant 2a\cos\varphi$，$0\leqslant\varphi\leqslant\frac{\pi}{4}$，$0\leqslant\theta\leqslant 2\pi$

(图 10-69)

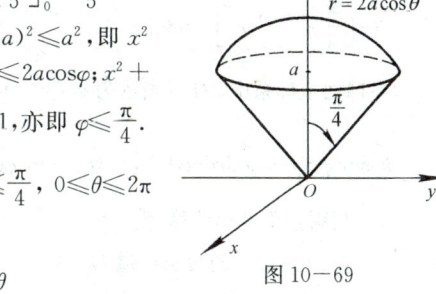

图 10-69

于是 $\iiint\limits_{\Omega}z\mathrm{d}v=\iiint\limits_{\Omega}r\cos\varphi\cdot r^2\sin\varphi\mathrm{d}r\mathrm{d}\varphi\mathrm{d}\theta$

$$=\int_0^{2\pi}\mathrm{d}\theta\int_0^{\frac{\pi}{4}}\cos\varphi\sin\varphi\mathrm{d}\varphi\int_0^{2a\cos\varphi}r^3\mathrm{d}r$$

$$=\int_0^{2\pi}\mathrm{d}\theta\int_0^{\frac{\pi}{4}}\cos\varphi\sin\varphi\cdot\frac{1}{4}(2a\cos\varphi)^4\mathrm{d}\varphi=2\pi\int_0^{\frac{\pi}{4}}4a^4\cos^5\varphi\sin\varphi\mathrm{d}\varphi$$

$$=8\pi a^4\left[-\frac{\cos^6\varphi}{6}\right]_0^{\frac{\pi}{4}}=\frac{7}{6}\pi a^4.$$

11. **解**：(1) 利用柱面坐标计算，Ω 可表示为 $0\leqslant z\leqslant 1$，$0\leqslant r\leqslant 1$，$0\leqslant\theta\leqslant\frac{\pi}{2}$。

于是 $\iiint\limits_{\Omega}xy\mathrm{d}v=\iiint\limits_{\Omega}r^2\sin\theta\cos\theta\cdot r\mathrm{d}r\mathrm{d}\theta\mathrm{d}z=\int_0^{\frac{\pi}{2}}\sin\theta\cos\theta\mathrm{d}\theta\int_0^1 r^3\mathrm{d}r\int_0^1\mathrm{d}z$

$$=\left[\frac{\sin^2\theta}{2}\right]_0^{\frac{\pi}{2}}\left[\frac{r^4}{4}\right]_0^1\left[z\right]_0^1=\frac{1}{8}.$$

*(2) 在球面坐标系中，球面 $x^2+y^2+z^2=z$ 的方程为 $r^2=r\cos\varphi$，即 $r=\cos\varphi$。Ω 可表示为 $0\leqslant r\leqslant\cos\varphi$，$0\leqslant\varphi\leqslant\frac{\pi}{2}$，$0\leqslant\theta\leqslant 2\pi$（图 10-70）。于是 $\iiint\limits_{\Omega}\sqrt{x^2+y^2+z^2}\mathrm{d}v=\iiint\limits_{\Omega}r\cdot r^2\sin\varphi\mathrm{d}r\mathrm{d}\varphi\mathrm{d}\theta=\int_0^{2\pi}\mathrm{d}\theta\int_0^{\frac{\pi}{2}}\sin\varphi\mathrm{d}\varphi\int_0^{\cos\varphi}r^3\mathrm{d}r=2\pi\int_0^{\frac{\pi}{2}}\sin\varphi\cdot\frac{\cos^4\varphi}{4}\mathrm{d}\varphi=-\frac{\pi}{2}\left(\frac{\cos^5\varphi}{5}\right)_0^{\frac{\pi}{2}}=\frac{\pi}{10}.$

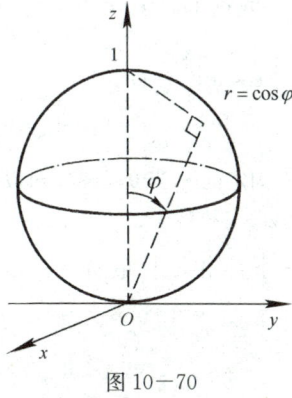

图 10-70

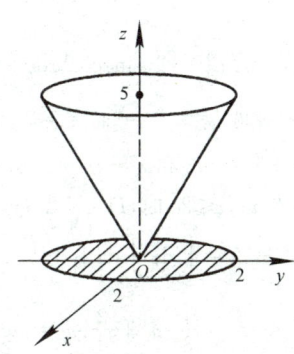

图 10-71

(3)利用柱面坐标计算. Ω 可表示为

$$\frac{5}{2}r \leqslant z \leqslant 5, 0 \leqslant r \leqslant 2, 0 \leqslant \theta \leqslant 2\pi(图 10-71),$$

于是 $\iiint\limits_{\Omega}(x^2+y^2)dv = \iiint\limits_{\Omega} r^2 \cdot r dr d\theta dz = \int_0^{2\pi} d\theta \int_0^2 r^3 dr \int_{\frac{5}{2}r}^5 dz = \int_0^{2\pi} d\theta \int_0^2 r^3 \left[5-\frac{5}{2}r\right]dr = 2\pi\left[\frac{5}{4}r^4 - \frac{1}{2}r^5\right]_0^2 = 8\pi.$

*(4)在球面坐标系中,Ω 可表示为 $a \leqslant r \leqslant A, 0 \leqslant \varphi \leqslant \frac{\pi}{2}, 0 \leqslant \theta \leqslant 2\pi$. 于是 $\iiint\limits_{\Omega}(x^2+y^2)dv = \iiint\limits_{\Omega}$

$r^2 \sin^2\varphi \cdot r^2 \sin\varphi dr d\varphi d\theta = \int_0^{2\pi}d\theta \int_0^{\frac{\pi}{2}} \sin^3\varphi d\varphi \int_a^A r^4 dr = 2\pi \cdot \left(\frac{2}{3}\right)\left(\frac{A^5-a^5}{5}\right) = \frac{4\pi}{15}(A^5-a^5).$

12. **解**:(1)利用直角坐标计算. 由 $z=6-x^2-y^2$ 和 $z=\sqrt{x^2+y^2}$ 消去 z,解得 $\sqrt{x^2+y^2}=2$,即 Ω 在 xOy 面上的投影区域 D_{xy} 为 $x^2+y^2 \leqslant 4$. 于是 $\Omega = \{(x,y,z) | \sqrt{x^2+y^2} \leqslant z \leqslant 6-(x^2+y^2), x^2+y^2 \leqslant 4\}$. 因此 $V = \iiint\limits_{\Omega} dv = \iint\limits_{D_{xy}} dx dy \int_{\sqrt{x^2+y^2}}^{6-(x^2+y^2)} dz = \iint\limits_{D_{xy}}[6-(x^2+y^2)-\sqrt{x^2+y^2}]dx dy$(用极坐标)$=\int_0^{2\pi}d\theta \int_0^2 (6-r^2-r)r dr = 2\pi\left[3r^2-\frac{r^4}{4}-\frac{r^3}{3}\right]_0^2 = \frac{32}{3}\pi.$

> **评注**:本题也可用"先二后一"的积分次序求解:对固定的 z,当 $0 \leqslant z \leqslant 2$ 时,$D_z = \{(x,y) | x^2+y^2 \leqslant z^2\}$;当 $2 \leqslant z \leqslant 6$ 时,$D_z = \{(x,y) | x^2+y^2 \leqslant 6-z\}$(图 10-72). 于是 $V = V_1 + V_2 = \int_0^2 dz \iint\limits_{D_z} dx dy + \int_2^6 dz \iint\limits_{D_z} dx dy$
> $= \int_0^2 \pi z^2 dz + \int_2^6 \pi(6-z)dz = \frac{8}{3}\pi + 8\pi = \frac{32}{3}\pi.$

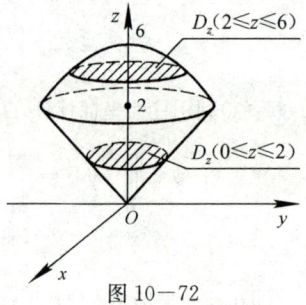

图 10-72

*(2)利用球面坐标计算. 球面 $x^2+y^2+z^2=2az$ 及圆锥面 $x^2+y^2=z^2$ 的球面坐标方程分别为 $r=2a\cos\varphi$ 和 $\varphi=\frac{\pi}{4}$,故 $\Omega = \{(r,\varphi,\theta) | 0 \leqslant r \leqslant 2a\cos\varphi, 0 \leqslant \varphi \leqslant \frac{\pi}{4}, 0 \leqslant \theta \leqslant 2\pi\}$(图 10-69)

于是 $V = \iiint\limits_{\Omega} dv = \iiint\limits_{\Omega} r^2 \sin\varphi dr d\varphi d\theta = \int_0^{2\pi}d\theta \int_0^{\frac{\pi}{4}} \sin\varphi d\varphi \int_0^{2a\cos\varphi} r^2 dr$

$= 2\pi \int_0^{\frac{\pi}{4}} \frac{8a^3}{3}\sin\varphi \cos^3\varphi d\varphi = \frac{16\pi a^3}{3}\left[-\frac{1}{4}\cos^4\varphi\right]_0^{\frac{\pi}{4}} = \pi a^3.$

> **评注**:本题若用"先二后一"的方法计算也很简便.
> 由 $x^2+y^2+z^2=2az$ 和 $x^2+y^2=z^2$ 解得 $z=a$. 对固定的 z,当 $0 \leqslant z \leqslant a$ 时,$D_z = \{(x,y) | x^2+y^2 \leqslant z^2\}$;当 $a \leqslant z \leqslant 2a$ 时,$D_z = \{(x,y) | x^2+y^2 \leqslant 2az-z^2\}$. 于是
> $V = V_1 + V_2 = \int_0^a dz \iint\limits_{D_z} dx dy + \int_a^{2a} dz \iint\limits_{D_z} dx dy = \int_0^a \pi z^2 dz + \int_a^{2a} \pi(2az-z^2)dz$
> $= \frac{1}{3}\pi a^3 + \frac{2}{3}\pi a^3 = \pi a^3.$

(3) 利用柱面坐标计算. 曲面 $z=\sqrt{x^2+y^2}$ 和 $z=x^2+y^2$ 的柱面坐标方程分别为 $z=r$ 和 $z=r^2$. 消去 z, 得 $r=1$, 故它们所围的立体在 xOy 面上的投影区域为 $r\leqslant 1$ (图 10-73). 因此 $\Omega=\{(r,\theta,z)\mid r^2\leqslant z\leqslant r, 0\leqslant r\leqslant 1, 0\leqslant \theta\leqslant 2\pi\}$.

于是 $V=\iiint\limits_{\Omega}dv=\iiint\limits_{\Omega}rdrd\theta dz=\int_0^{2\pi}d\theta\int_0^1 rdr\int_{r^2}^r dz=2\pi\int_0^1 r(r-r^2)dr=\dfrac{\pi}{6}$.

(本题也可用"先二后一"的方法方便地求得结果, 读者可自己练习)

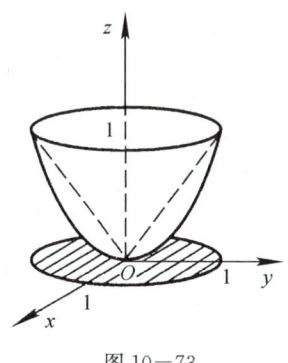
图 10-73

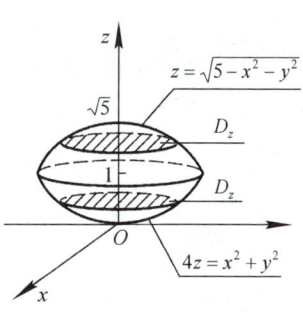
图 10-74

(4) 在直角坐标系中用"先二后一"的方法计算. 由 $z=\sqrt{5-x^2-y^2}$ 和 $x^2+y^2=4z$ 可解得 $z=1$. 对固定的 z, 当 $0\leqslant z\leqslant 1$ 时, $D_z=\{(x,y)\mid x^2+y^2\leqslant 4z\}$; 当 $1\leqslant z\leqslant\sqrt{5}$ 时, $D_z=\{(x,y)\mid x^2+y^2\leqslant 5-z^2\}$ (图 10-74)

于是 $V=V_1+V_2=\int_0^1 dz\iint\limits_{D_z}dxdy+\int_1^{\sqrt{5}}dz\iint\limits_{D_z}dxdy=\int_0^1\pi(4z)dz+\int_1^{\sqrt{5}}\pi(5-z^2)dz=2\pi+\pi\left[5z-\dfrac{z^3}{3}\right]_1^{\sqrt{5}}=\dfrac{2}{3}\pi(5\sqrt{5}-4)$ (本题利用柱面坐标计算也很方便, 请读者自己练习)

*13. **解**: 用球面坐标计算. 记 Ω 为立体所占的空间区域, 有 $V=\iiint\limits_{\Omega}dv=\int_0^{2\pi}d\theta\int_{\frac{\pi}{3}}^{\frac{\pi}{2}}\sin\varphi d\varphi\int_0^a r^2 dr=\dfrac{2\pi a^3}{3}$.

14. **解**: 由 $x^2+y^2+z^2=2$ 和 $z=x^2+y^2$ 消去 z, 解得 $x^2+y^2=1$. 从而得立体 Ω 在 xOy 面上的投影区域 D_{xy} 为 $x^2+y^2\leqslant 1$. 于是 $\Omega=\{(x,y,z)\mid x^2+y^2\leqslant z\leqslant\sqrt{2-x^2-y^2}, x^2+y^2\leqslant 1\}$

因此 $V=\iiint\limits_{\Omega}dv=\iint\limits_{D_{xy}}dxdy\int_{x^2+y^2}^{\sqrt{2-x^2-y^2}}dz=\iint\limits_{D_{xy}}\left[\sqrt{2-x^2-y^2}-(x^2+y^2)\right]dxdy$ (用极坐标)

$=\int_0^{2\pi}d\theta\int_0^1(\sqrt{2-r^2}-r^2)rdr=\dfrac{8\sqrt{2}-7}{6}\pi$.

评注: 本题也可用"先二后一"的方法按下式方便地求得结果:

$V=\int_1^{\sqrt{2}}dz\iint\limits_{x^2+y^2\leqslant 2-z^2}dxdy+\int_0^1 dz\iint\limits_{x^2+y^2\leqslant z}dxdy=\pi\int_1^{\sqrt{2}}(2-z^2)dz+\pi\int_0^1 zdz$

$=\dfrac{4\sqrt{2}-5}{3}\pi+\dfrac{1}{2}\pi=\dfrac{8\sqrt{2}-7}{6}\pi$.

*15. **解**: 用球面坐标计算, Ω 为 $x^2+y^2+z^2\leqslant R^2$, 即 $r\leqslant R$. 按题设, 密度函数 $\mu(x,y,z)=$

$k\sqrt{x^2+y^2+z^2}=kr(k>0)$. 于是 $M=\iiint\limits_{\Omega}\mu(x,y,z)\mathrm{d}v=\iiint\limits_{\Omega}kr\cdot r^2\sin\varphi\mathrm{d}r\mathrm{d}\varphi\mathrm{d}\theta$

$=k\int_0^{2\pi}\mathrm{d}\theta\int_0^{\pi}\sin\varphi\mathrm{d}\varphi\int_0^R r^3\mathrm{d}r=k\cdot 2\pi\cdot 2\cdot\dfrac{R^4}{4}=k\pi R^4$.

第四节 重积分的应用

一、主要内容归纳

1. 重积分的几何应用

(1)平面区域面积 $S(D)=\iint\limits_{D}\mathrm{d}\sigma$.　　　(2)空间区域体积 $V(\Omega)=\iiint\limits_{\Omega}\mathrm{d}v$.

(3)曲面的面积

设曲面 Σ 的方程为 $z=f(x,y)$, D 为 Σ 在 xOy 面上的投影区域, $f(x,y)$ 在 D 上具有连续的一阶偏导数,则曲面 Σ 的面积为: $S=\iint\limits_{D}\sqrt{1+\left(\dfrac{\partial z}{\partial x}\right)^2+\left(\dfrac{\partial z}{\partial y}\right)^2}\mathrm{d}x\mathrm{d}y$.

设曲面的方程为 $x=g(y,z)$ 或 $y=h(x,z)$,类似地可得到: $S=\iint\limits_{D_{yz}}\sqrt{1+\left(\dfrac{\partial x}{\partial y}\right)^2+\left(\dfrac{\partial x}{\partial z}\right)^2}\mathrm{d}y\mathrm{d}z$.

或　　　　　　　　　　$S=\iint\limits_{D_{zx}}\sqrt{1+\left(\dfrac{\partial y}{\partial z}\right)^2+\left(\dfrac{\partial y}{\partial x}\right)^2}\mathrm{d}z\mathrm{d}x$.

2. 重积分在物理方面的应用

(1)质量

①若平面薄片的面密度为 $\mu(x,y)$,物体所占区域为 D,则此平面薄片的质量为:
$$M=\iint\limits_{D}\mu(x,y)\mathrm{d}\sigma.$$

②设物体的体密度为 $\mu(x,y,z)$,所占空间区域为 Ω,则物体的质量为:
$$M=\iiint\limits_{\Omega}\mu(x,y,z)\mathrm{d}V.$$

(2)质心

①若平面薄片占有平面区域 D,面密度为 $u(x,y)$,则质心坐标为:
$\begin{cases}\bar{x}=\dfrac{M_y}{M}=\dfrac{1}{M}\iint\limits_{D}xu(x,y)\mathrm{d}\sigma\\ \bar{y}=\dfrac{M_x}{M}=\dfrac{1}{M}\iint\limits_{D}yu(x,y)\mathrm{d}\sigma\end{cases}$

其中 M 为平面薄片的质量, $M=\iint\limits_{D}u(x,y)\mathrm{d}\sigma$.

$M_y=\iint\limits_{D}xu(x,y)\mathrm{d}\sigma$ 称为平面薄片对 y 轴的静矩.

$M_x=\iint\limits_{D}yu(x,y)\mathrm{d}\sigma$ 称为平面薄片对 x 轴的静矩.

②若物体占有空间区域 Ω,体密度为 $u(x,y,z)$,则物体的质心坐标为:

$$\begin{cases} \bar{x} = \dfrac{1}{M} \iiint\limits_{\Omega} x u(x,y,z) \mathrm{d}V \\ \bar{y} = \dfrac{1}{M} \iiint\limits_{\Omega} y u(x,y,z) \mathrm{d}V \\ \bar{z} = \dfrac{1}{M} \iiint\limits_{\Omega} z u(x,y,z) \mathrm{d}V \end{cases} \quad \text{其中 } M = \iiint\limits_{\Omega} u(x,y,z) \mathrm{d}V \text{ 为物体的质量}.$$

(3)转动惯量

①若物质薄片占有平面区域 D，面密度为 $u(x,y)$，则对 x 轴、y 轴及原点的转动惯量分别为：

$$\begin{cases} I_x = \iint\limits_{D} y^2 u(x,y) \mathrm{d}\sigma, \\ I_y = \iint\limits_{D} x^2 u(x,y) \mathrm{d}\sigma, \\ I_0 = \iint\limits_{D} (x^2 + y^2) u(x,y) \mathrm{d}\sigma. \end{cases}$$

②若物体占有空间区域 Ω，体密度为 $u(x,y,z)$，则物体对 x 轴、y 轴及原点的转动惯量分别为：

$$\begin{cases} I_x = \iiint\limits_{\Omega} (y^2 + z^2) u(x,y,z) \mathrm{d}V, \\ I_y = \iiint\limits_{\Omega} (x^2 + z^2) u(x,y,z) \mathrm{d}V, \\ I_z = \iiint\limits_{\Omega} (x^2 + y^2) u(x,y,z) \mathrm{d}V, \\ I_0 = \iiint\limits_{\Omega} (x^2 + y^2 + z^2) u(x,y,z) \mathrm{d}V. \end{cases}$$

(4)引力

①若平面薄片占有 xOy 面上区域 D，面密度为 $u(x,y)$，D 外一点 (x_0, y_0) 处有一质量为 m 的质点，薄片对质点的引力为 $\boldsymbol{F} = \{F_x, F_y\}$，则

$$F_x = \iint\limits_{D} k \cdot m \cdot \frac{(x-x_0) u(x,y)}{r^3} \cdot \mathrm{d}\sigma$$

$$F_y = \iint\limits_{D} k \cdot m \cdot \frac{(y-y_0) u(x,y)}{r^3} \cdot \mathrm{d}\sigma$$

其中 k 为引力常数；$r = \sqrt{(x-x_0)^2 + (y-y_0)^2}$.

②若空间物体占有空间区域 Ω，体密度为 $u(x,y,z)$，Ω 外一点 (x_0, y_0, z_0) 处有一质量为 m 的质点，物体对质点的引力为 $\boldsymbol{F} = \{F_x, F_y, F_z\}$，则

$$F_x = \iiint\limits_{\Omega} k \cdot m \cdot \frac{(x-x_0) \cdot u(x,y,z)}{r^3} \cdot \mathrm{d}V$$

$$F_y = \iiint\limits_{\Omega} k \cdot m \cdot \frac{(y-y_0) \cdot u(x,y,z)}{r^3} \cdot \mathrm{d}V$$

$$F_z = \iiint\limits_{\Omega} k \cdot m \cdot \frac{(z-z_0) \cdot u(x,y,z)}{r^3} \cdot \mathrm{d}V$$

其中 k 为引力常数；$r = \sqrt{(x-x_0)^2 + (y-y_0)^2 + (z-z_0)^2}$.

二、经典例题解析及解题方法总结

【例1】 设半径为 r 的球的球心位于半径为 a 的定球面上,试求 r 的值,使得半径为 r 的球体嵌入定球内部的那一部分的表面积取得最大值.

解 建立坐标系使原点在定球球心,z 轴穿过变球球心.变球面方程为
$$x^2+y^2+(z-a)^2=r^2$$
与定球面方程 $x^2+y^2+z^2=a^2$ 联立,消去 z,可得定球内那一部分变球面 Σ 在 xOy 面上的投影区域为 $D_{xy}=\left\{(x,y)\,\Big|\,x^2+y^2\leq\dfrac{r^2}{4a^2}(4a^2-r^2)\right\}$, Σ 的方程为:$z=a-\sqrt{r^2-x^2-y^2}$,于是

$$z'_x=\frac{x}{\sqrt{r^2-x^2-y^2}},\quad z'_y=\frac{y}{\sqrt{r^2-x^2-y^2}},\quad \sqrt{1+z'^2_x+z'^2_y}=\frac{r}{\sqrt{r^2-x^2-y^2}}$$

$$S_\Sigma=\iint\limits_{D_{xy}}\frac{r\,\mathrm{d}\sigma}{\sqrt{r^2-x^2-y^2}}=\iint\limits_{D_{xy}}\frac{r\rho\,\mathrm{d}\rho\,\mathrm{d}\theta}{\sqrt{r^2-\rho^2}}=\int_0^{2\pi}\mathrm{d}\theta\int_0^{\frac{r}{2a}\sqrt{4a^2-r^2}}\frac{r\rho}{\sqrt{r^2-\rho^2}}\mathrm{d}\rho=2\pi r^2-\frac{\pi}{a}r^3$$

由问题的实际意义知,当 $r\in(0,2a)$ 时,S_Σ 必有最大值令 $S'_\Sigma(r)=4\pi r-3\pi r^2/a=0$,则 $r=\dfrac{4}{3}a$

这是 $S_\Sigma(r)$ 在开区间 $(0,2a)$ 内的唯一的驻点,因此当 $r=\dfrac{4}{3}a$ 时,Σ 的面积最大.

【例2】 求 xOy 平面上的抛物线 $6y=x^2$ 从 $x=0$ 到 $x=4$ 的一段绕 x 轴旋转所得旋转曲面的面积.

分析 首先要依题意把旋转曲面的表达式写出来,再由曲面面积公式计算所求面积.

解 旋转曲面为 $6\sqrt{y^2+z^2}=x^2$,其中 $0\leq x\leq 4$,如图 10-75 所示.则 $x=\sqrt{6}(y^2+z^2)^{\frac{1}{4}}$. 所求曲面面积为:

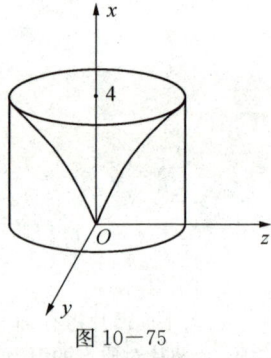

图 10-75

$$S=\iint\limits_{D_{yz}}\sqrt{1+\left(\frac{\partial x}{\partial y}\right)^2+\left(\frac{\partial x}{\partial z}\right)^2}\,\mathrm{d}y\,\mathrm{d}z$$

$$=\iint\limits_{D_{yz}}\sqrt{1+\frac{3}{2}y^2(y^2+z^2)^{-\frac{3}{2}}+\frac{3}{2}z^2(y^2+z^2)^{-\frac{3}{2}}}\,\mathrm{d}y\,\mathrm{d}z$$

$$=\iint\limits_{D_{yz}}\sqrt{1+\frac{3}{2}(y^2+z^2)^{-\frac{1}{2}}}\,\mathrm{d}y\,\mathrm{d}z.$$

曲面在 yOz 面上的投影区域 D_{yz} 为:$y^2+z^2\leq\left(\dfrac{8}{3}\right)^2$,所以

$$S=\int_0^{2\pi}\mathrm{d}\theta\int_0^{\frac{8}{3}}\sqrt{1+\frac{3}{2}r^{-1}}\cdot r\,\mathrm{d}r=\int_0^{2\pi}\mathrm{d}\theta\int_0^{\frac{8}{3}}\sqrt{\left(r+\frac{3}{4}\right)^2-\frac{9}{16}}\,\mathrm{d}r$$

$$=\int_0^{2\pi}\left\{\frac{1}{2}\left(r+\frac{3}{4}\right)\sqrt{\left(r+\frac{3}{4}\right)^2-\frac{9}{16}}-\frac{9}{16\times 2}\ln\left[\left(r+\frac{3}{4}\right)+\sqrt{\left(r+\frac{3}{4}\right)^2-\frac{9}{16}}\right]\right\}\bigg|_0^{\frac{8}{3}}\cdot\mathrm{d}\theta$$

$$=\frac{820-81\ln 3}{144}2\pi=\frac{820-81\ln 3}{72}\pi.$$

方法总结

可利用不同的公式计算曲面 Σ 的面积,具体用哪个公式计算,这取决于 Σ 在坐标面上的投影域 D. 在哪个坐标面上, D 的图形比较规范,便于计算二重积分,就取对应坐标面上的两个变量作为积分变量,利用相应的公式计算二重积分.

【例3】 曲面 $x^2+y^2+az=4a^2$ 将球体 $x^2+y^2+z^2 \leqslant 4az$ 分成两部分,求这两部分的体积比.

解 如图 10-76 所示.

联立曲面方程和球面方程可知两曲面相交于点 $(0,0,4a)$ 及曲线: $\begin{cases} x^2+y^2=3a^2 \\ z=a \end{cases}$ 此曲线在 xOy 面投影曲线为 $x^2+y^2=3a^2$.

位于抛物面 $x^2+y^2+az=4a^2$ 内侧部分的球体记作 V_1,其体积为:

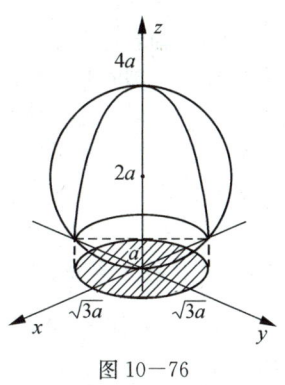

图 10-76

$$V_1 = \iiint\limits_{\Omega_1} dV = \iint\limits_{D} dxdy \int_{2a-\sqrt{4a^2-(x^2+y^2)}}^{4a-\frac{1}{a}(x^2+y^2)} dz$$

$$= \iint\limits_{D} \left[2a+\sqrt{4a^2-(x^2+y^2)}-\frac{1}{a}(x^2+y^2)\right] dxdy$$

$$= \int_0^{2\pi} d\theta \int_0^{\sqrt{3}a} \left[2a+\sqrt{4a^2-r^2}-\frac{1}{a}r^2\right] rdr = \frac{37}{6}\pi a^3$$

则位于抛物面外侧部分球体的体积为:

$$V_2 = \frac{4}{3}\pi(2a)^3 - V_1 = \frac{32}{3}\pi a^3 - \frac{37}{6}\pi a^3 = \frac{27}{6}\pi a^3, 故 V_1:V_2 = 37:27.$$

【例4】 求由曲面 $x^2+y^2=2ax$, $az=x^2+y^2 (a>0)$ 及平面 $z=0$ 所围成的立体的体积.

分析 由题意可知所求立体的体积为一曲顶柱体的体积,可用二重积分计算,关键是要确定柱体的曲顶以及在坐标面上的投影区域.

解 $x^2+y^2=2ax$ 是一母线平行于 z 轴的圆柱面,故可知所围立体是一曲顶柱体. 其顶为抛物面 $z=\frac{1}{a}(x^2+y^2)$. 立体在 xOy 面上的投影区域 D_{xy} 为: $y^2+x^2 \leqslant 2ax$. 所求立体的体积为:

$$V = \iint\limits_{D_{xy}} \frac{1}{a}(x^2+y^2) dxdy = \int_{-\frac{\pi}{2}}^{\frac{\pi}{2}} d\theta \int_0^{2a\cos\theta} \frac{1}{a} r^2 \cdot r dr$$

$$= \frac{1}{a} \int_{-\frac{\pi}{2}}^{\frac{\pi}{2}} \frac{16a^4 \cos^4\theta}{4} d\theta = 4a^3 \int_{-\frac{\pi}{2}}^{\frac{\pi}{2}} \cos^4\theta d\theta = \frac{3}{2}\pi a^3$$

【例5】 设物体所占区域由抛物面 $z=x^2+y^2$ 及平面 $z=1$ 围成,密度 $\rho(x,y)=|x|+|y|$,求其质量.

解 所求物体的质量为 $m = \iiint\limits_{\Omega} (|x|+|y|) dV$.

因为 $|x|+|y|$ 关于 x 与 y 均是偶函数,且 Ω 关于平面 xOz 对称,也关于 zOy 对称,所以 $m = 4\iiint\limits_{\Omega_1} (|x|+|y|) dV$,其中 Ω_1 为 Ω 在第一卦限的部分.

Ω_1 在 xOy 面上的投影区域为: $x^2+y^2 \leqslant 1, x \geqslant 0, y \geqslant 0$.

故 $m = 4\int_0^{\frac{\pi}{2}} d\theta \int_0^1 dr \int_{r^2}^1 r^2(\cos\theta + \sin\theta) dz = 4\int_0^{\frac{\pi}{2}} (\cos\theta + \sin\theta) d\theta \int_0^1 r^2(1-r^2) dr = \frac{16}{15}$.

【例6】 求由锥面 $z = 1 - \sqrt{x^2+y^2}$ 与平面 $z=0$ 所围成的圆锥体的形心.

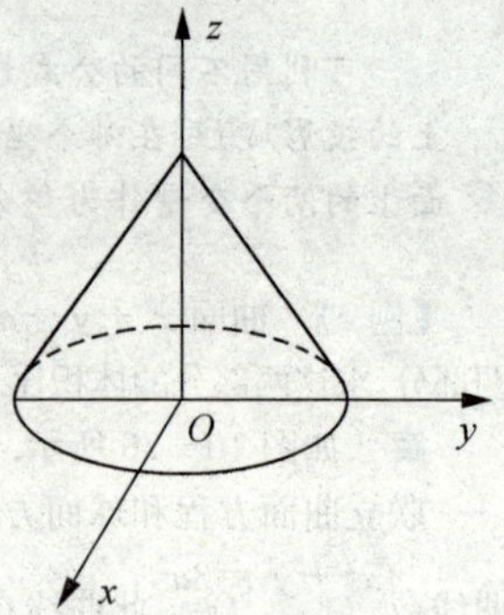

解 如图 10-77 所示. 由对称性可得 $\bar{x} = \bar{y} = 0$. $\bar{z} = \frac{1}{V}\iiint_\Omega z dV$,其中 V 为锥体体积.

Ω 在 z 轴上的投影区间为 $[0,1]$ 且过 z 轴上 $[0,1]$ 内的任意一点作垂直于 z 轴的平面截 Ω 所得截面为:
$$x^2 + y^2 \leqslant (1-z)^2,$$
所以
$$\bar{z} = \frac{1}{V}\int_0^1 z dz \iint_{x^2+y^2\leqslant(1-z)^2} dxdy = \frac{1}{V}\int_0^1 z\pi(1-z)^2 dz = \frac{1}{V} \cdot \frac{\pi}{12},$$

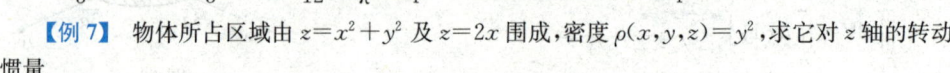

图 10-77

而 $V = \frac{1}{3} \times \pi \times 1^3 = \frac{\pi}{3}$,故 $\bar{z} = \frac{\pi}{12} \times \frac{3}{\pi} = \frac{1}{4}$. 所求形心坐标为 $\left(0, 0, \frac{1}{4}\right)$.

【例7】 物体所占区域由 $z = x^2 + y^2$ 及 $z = 2x$ 围成,密度 $\rho(x,y,z) = y^2$,求它对 z 轴的转动惯量.

解 设物体所占区域为 Ω,则
$$I_z = \iiint_\Omega (x^2+y^2)\rho(x,y,z) dV = \iiint_\Omega (x^2+y^2)y^2 dV = \iint_{D_{xy}} dxdy \int_{x^2+y^2}^{2x} (x^2+y^2)y^2 dz$$
$$= \iint_{D_{xy}} y^2(x^2+y^2)[2x-(x^2+y^2)] dxdy = \int_{-\frac{\pi}{2}}^{\frac{\pi}{2}} d\theta \int_0^{2\cos\theta} \sin^2\theta(2\cos\theta - r) r^6 dr$$
$$= \int_{-\frac{\pi}{2}}^{\frac{\pi}{2}} (1-\cos^2\theta)\left(\frac{1}{7} - \frac{1}{8}\right)(2\cos\theta)^8 d\theta = \frac{\pi}{8}.$$

【例8】 面密度为常数 ρ,半径为 R 的圆盘,在过圆心且垂直于圆盘的所在直线上距圆心 a 处有一单位质量的质点,求圆盘对此质点的引力大小.

解 设圆盘占 xOy 面上的区域为 $D : x^2 + y^2 \leqslant R^2$,单位质点的坐标为 $(0,0,-a)$,由对称性可知 $F_x = 0, F_y = 0, F_z = \iint_D k\rho \frac{a}{r^3} d\sigma = k\rho a \iint_D \frac{1}{(x^2+y^2+a^2)^{\frac{3}{2}}} dxdy = k\rho a \int_0^{2\pi} d\theta \int_0^R \frac{r}{(r^2+a^2)^{\frac{3}{2}}} dr = 2k\rho a\pi\left(\frac{1}{a} - \frac{2}{\sqrt{a^2+R^2}}\right)$,故圆盘对质点的引力为 $\boldsymbol{F} = \left(0, 0, 2k\rho a\pi\left(\frac{1}{a} - \frac{1}{\sqrt{a^2+R^2}}\right)\right)$.

【例9】 求一高为 R,底面半径为 R 的密度均匀的正圆锥对其顶点处的单位质点的引力.

解 以圆锥的顶点为原点,对称轴为 z 轴建立直角坐系,如图 10-78 所示,此时圆锥的方程为
$$\sqrt{x^2+y^2} \leqslant z \leqslant R.$$
设密度为 μ,所求 $\boldsymbol{F} = \{F_x, F_y, F_z\}$ 用微元法讨论.

在圆锥内任一点 (x,y,z) 处取微元 dv,则此小块质量为 μdv,它对原点处单位质点引力为
$$d\boldsymbol{F} = G\frac{\mu dv}{r^2} \boldsymbol{r} \cdot \frac{1}{|r|} = G\frac{\mu dv}{r^3}\boldsymbol{r}$$
其中
$$\boldsymbol{r} = \{x,y,z\}, r = \sqrt{x^2+y^2+z^2}.$$

由对称性知
$$F_x=F_y=0, \mathrm{d}F_z=|\mathrm{d}\boldsymbol{F}|\cos\varphi$$

因 $\cos\varphi=\dfrac{z}{r}$ 所以 $\mathrm{d}F_z=G\dfrac{z\mu}{r^3}\mathrm{d}v$，从而

$$F_z=\iiint\limits_{\Omega}G\dfrac{z\mu}{r^3}\mathrm{d}v=G\mu\iiint\limits_{\Omega}\dfrac{z}{(\rho^2+z^2)^{\frac{3}{2}}}\rho\mathrm{d}\rho\mathrm{d}\theta\mathrm{d}z=G\mu\int_0^{2\pi}\mathrm{d}\theta\int_0^R\rho\mathrm{d}\rho\int_\rho^R\dfrac{z}{(\rho^2+z^2)^{\frac{3}{2}}}\mathrm{d}z$$

$$=G\mu\cdot 2\pi\int_0^R\left[-\rho(\rho^2+z^2)^{-\frac{1}{2}}\right]\Big|_{z=\rho}^{z=R}\mathrm{d}\rho=2\pi G\mu\int_0^R\left(\dfrac{1}{\sqrt{2}}-\dfrac{\rho}{\sqrt{R^2+\rho^2}}\right)\mathrm{d}\rho$$

$$=2\pi G\mu\left(1-\dfrac{\sqrt{2}}{2}\right)R=(2-\sqrt{2})\pi G\mu R.$$

所以，圆锥对位于顶点处的单位质点的引力为 $\boldsymbol{F}=(2-\sqrt{2})\pi G\mu R\boldsymbol{k}$.

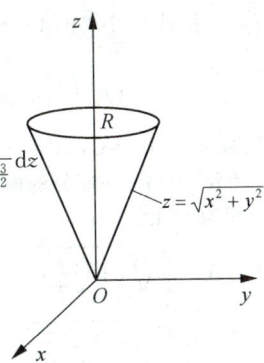

图 10－78

习题 10－4 解答

1. 解：如图 10－79，上半球面的方程为 $z=\sqrt{a^2-x^2-y^2}$．

$$\dfrac{\partial z}{\partial x}=\dfrac{-x}{\sqrt{a^2-x^2-y^2}},\quad \dfrac{\partial z}{\partial y}=\dfrac{-y}{\sqrt{a^2-x^2-y^2}},$$

$$\sqrt{1+\left(\dfrac{\partial z}{\partial x}\right)^2+\left(\dfrac{\partial z}{\partial y}\right)^2}=\dfrac{a}{\sqrt{a^2-x^2-y^2}}.$$

由曲面的对称性得所求面积为

$$A=4\iint\limits_{D}\sqrt{1+\left(\dfrac{\partial z}{\partial x}\right)^2+\left(\dfrac{\partial z}{\partial y}\right)^2}\mathrm{d}x\mathrm{d}y$$

$$=4\iint\limits_{D}\dfrac{a}{\sqrt{a^2-x^2-y^2}}\mathrm{d}x\mathrm{d}y$$

$$\xlongequal{(\text{极坐标})}4a\iint\limits_{D}\dfrac{1}{\sqrt{a^2-r^2}}r\mathrm{d}r\mathrm{d}\theta=4a\int_0^{\frac{\pi}{2}}\mathrm{d}\theta\int_0^{a\cos\theta}\dfrac{r}{\sqrt{a^2-r^2}}\mathrm{d}r$$

$$=4a^2\int_0^{\frac{\pi}{2}}(1-\sin\theta)\mathrm{d}\theta=2a^2(\pi-2).$$

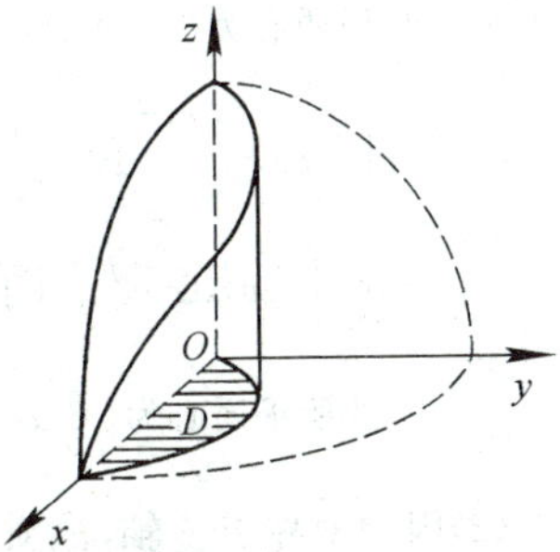

图 10－79

2. 解：由 $\begin{cases}z=\sqrt{x^2+y^2}\\ z^2=2x\end{cases}$，解得 $x^2+y^2=2x$，故曲面在 xOy 面上的投影区域 $D=\{(x,y)\mid x^2+y^2\leqslant 2x\}$（图 10－80）．

被割曲面的方程为 $z=\sqrt{x^2+y^2}$，

$$\sqrt{1+\left(\dfrac{\partial z}{\partial x}\right)^2+\left(\dfrac{\partial z}{\partial y}\right)^2}=\sqrt{1+\dfrac{x^2+y^2}{x^2+y^2}}=\sqrt{2},$$

于是所求曲面的面积为

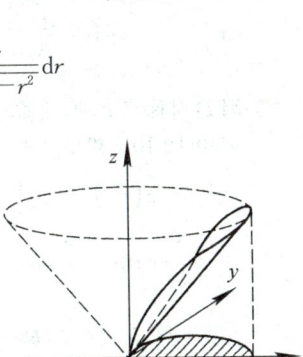

图 10－80

$$A = \iint_D \sqrt{2}\,dxdy \xrightarrow{(对称性)} 2\int_0^{\frac{\pi}{2}} d\theta \int_0^{2\cos\theta} \sqrt{2}\,rdr$$

$$= 4\sqrt{2} \int_0^{\frac{\pi}{2}} \cos^2\theta d\theta = 4\sqrt{2} \cdot \frac{1}{2} \cdot \frac{\pi}{2} = \sqrt{2}\pi$$

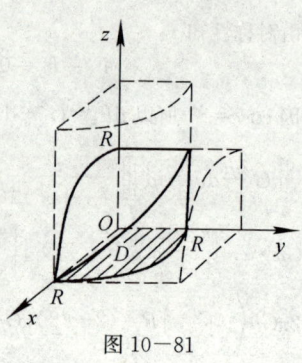

图 10-81

3. **解**：如图 10-81，设第一卦限内的立体表面位于圆柱面 $x^2 + z^2 = R^2$ 上的那一部分的面积为 A，则由对称性知全部表面的面积为 $16A$.

$$A = \iint_D \sqrt{1 + \left(\frac{\partial z}{\partial x}\right)^2 + \left(\frac{\partial z}{\partial y}\right)^2}\,dxdy$$

$$= \iint_D \sqrt{1 + \frac{x^2}{R^2 - x^2} + 0}\,dxdy = \iint_D \frac{R}{\sqrt{R^2 - x^2}}\,dxdy$$

$$= R \int_0^R dx \int_0^{\sqrt{R^2-x^2}} \frac{1}{\sqrt{R^2 - x^2}}\,dy = R\int_0^R dx = R^2, 故全部表面积为 16R^2$$

4. **解**：(1) 设质心为 $(\bar{x}, \bar{y})$.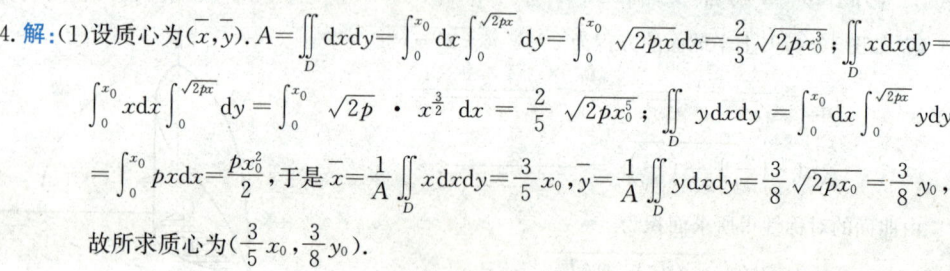

$$= \int_0^{x_0} pxdx = \frac{px_0^2}{2}, 于是\ \bar{x} = \frac{1}{A}\iint_D xdxdy = \frac{3}{5}x_0, \bar{y} = \frac{1}{A}\iint_D ydxdy = \frac{3}{8}\sqrt{2px_0} = \frac{3}{8}y_0,$$

故所求质心为 $(\frac{3}{5}x_0, \frac{3}{8}y_0)$.

(2) 因 D 对称于 y 轴，故质心 $(\bar{x}, \bar{y})$ 必位于 y 轴上，于是 $\bar{x} = 0$. $\bar{y} = \frac{1}{A}\iint_D ydxdy = \frac{1}{A}\int_{-a}^a dx\int_0^{\frac{b}{a}\sqrt{a^2-x^2}} ydy = \frac{1}{A}\int_{-a}^a \frac{b^2}{2a^2}(a^2 - x^2)dx = \frac{1}{\frac{1}{2}\pi ab} \cdot \frac{2}{3}ab^2 = \frac{4b}{3\pi}$. 因此所求质心为 $(0, \frac{4b}{3\pi})$.

(3) 因 D 对称于 x 轴，故质心 $(\bar{x}, \bar{y})$ 位于 x 轴上，于是 $\bar{y} = 0$(图 10-82).

$$A = \pi\left(\frac{b}{2}\right)^2 - \pi\left(\frac{a}{2}\right)^2 = \frac{\pi}{4}(b^2 - a^2),$$

$$\iint_D xdxdy = \iint_D r\cos\theta \cdot rdrd\theta = \int_{-\frac{\pi}{2}}^{\frac{\pi}{2}} \cos\theta d\theta \int_{a\cos\theta}^{b\cos\theta} r^2 dr$$

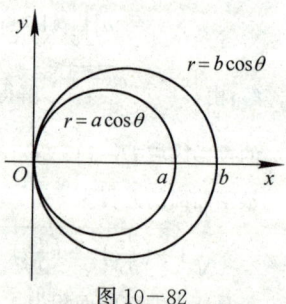

图 10-82

$$= \frac{2}{3}(b^3 - a^3)\int_0^{\frac{\pi}{2}} \cos^4\theta d\theta$$

$$= \frac{2}{3}(b^3 - a^3) \cdot \frac{3}{4} \cdot \frac{1}{2} \cdot \frac{\pi}{2}$$

$$= \frac{\pi}{8}(b^3 - a^3),$$

故 $\bar{x} = \frac{1}{A}\iint_D xdxdy = \frac{a^2 + ab + b^2}{2(a+b)}$. 所求质心为 $(\frac{a^2 + ab + b^2}{2(a+b)}, 0)$.

5. **解**：$M = \iint_D x^2 y dxdy = \int_0^1 x^2 dx \int_{x^2}^x ydy = \int_0^1 \frac{1}{2}(x^4 - x^6)dx = \frac{1}{35}$;

$$M_x = \iint_D y\mu(x,y)\mathrm{d}x\mathrm{d}y = \iint_D x^2 y^2 \mathrm{d}x\mathrm{d}y = \int_0^1 x^2 \mathrm{d}x \int_{x^2}^x y^2 \mathrm{d}y = \int_0^1 \frac{1}{3}(x^5 - x^8)\mathrm{d}x = \frac{1}{54};$$

$$M_y = \iint_D x\mu(x,y)\mathrm{d}x\mathrm{d}y = \iint_D x^3 y \mathrm{d}x\mathrm{d}y = \int_0^1 x^3 \mathrm{d}x \int_{x^2}^x y\mathrm{d}y = \int_0^1 \frac{1}{2}(x^5 - x^7)\mathrm{d}x = \frac{1}{48},$$

于是 $\bar{x} = \dfrac{M_y}{M} = \dfrac{35}{48}; \bar{y} = \dfrac{M_x}{M} = \dfrac{35}{54}$. 所求质心为 $\left(\dfrac{35}{48}, \dfrac{35}{54}\right)$.

6. 解: 如图 10-83，按题设，面密度 $\mu(x,y) = x^2 + y^2$. 由对称性知 $\bar{x} = \bar{y}$.

$$M = \iint_D (x^2 + y^2)\mathrm{d}x\mathrm{d}y = \int_0^a \mathrm{d}x \int_0^{a-x}(x^2 + y^2)\mathrm{d}y$$

$$= \int_0^a \left[x^2(a-x) + \frac{(a-x)^3}{3}\right]\mathrm{d}x = \frac{1}{6}a^4;$$

$$M_y = \iint_D x(x^2 + y^2)\mathrm{d}x\mathrm{d}y = \int_0^a x\mathrm{d}x\int_0^{a-x}(x^2+y^2)\mathrm{d}y$$

$$= \int_0^a \left[x^3(a-x) + \frac{x(a-x)^3}{3}\right]\mathrm{d}x$$

$$= \int_0^a \left(-\frac{4}{3}x^4 + 2ax^3 - a^2 x^2 + \frac{a^3}{3}x\right)\mathrm{d}x = \frac{1}{15}a^5,$$

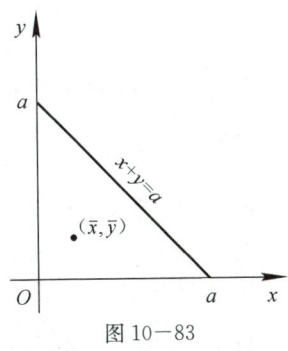

图 10-83

因此 $\bar{x} = \dfrac{M_y}{M} = \dfrac{2}{5}a, \bar{y} = \bar{x} = \dfrac{2}{5}a$ 所求质心为 $\left(\dfrac{2}{5}a, \dfrac{2}{5}a\right)$.

7. 解: (1) 曲面所围立体为圆锥体，其顶点在原点，并关于 z 轴对称，又由于它是匀质的，因此它的质心位于 z 轴上，即有 $\bar{x} = \bar{y} = 0$. 立体的体积为 $V = \dfrac{1}{3}\pi$.

$$\bar{z} = \frac{1}{V}\iiint_\Omega z\mathrm{d}v = \frac{1}{V}\iint_{x^2+y^2\leqslant 1}\mathrm{d}x\mathrm{d}y\int_{\sqrt{x^2+y^2}}^1 z\mathrm{d}z = \frac{1}{V}\iint_{x^2+y^2\leqslant 1}\frac{1}{2}(1-x^2-y^2)\mathrm{d}x\mathrm{d}y$$

$$= \frac{1}{V}\int_0^{2\pi}\mathrm{d}\theta\int_0^1 \frac{1}{2}(1-r^2)r\mathrm{d}r = \frac{3}{\pi}\cdot 2\pi\cdot\frac{1}{2}\left[\frac{r^2}{2} - \frac{r^4}{4}\right]_0^1 = \frac{3}{4},$$ 故所求质心为 $\left(0, 0, \dfrac{3}{4}\right)$.

*(2) 立体由两个同心的上半球面和 xOy 面所围成，关于 z 轴对称，又由于它是匀质的，故其质心位于 z 轴上，即有 $\bar{x} = \bar{y} = 0$. 立体的体积为 $V = \dfrac{2}{3}\pi(A^3 - a^3)$.

$$\bar{z} = \frac{1}{V}\iiint_\Omega z\mathrm{d}v = \frac{1}{V}\iiint_\Omega r\cos\varphi\cdot r^2\sin\varphi\mathrm{d}r\mathrm{d}\varphi\mathrm{d}\theta = \frac{1}{V}\int_0^{2\pi}\mathrm{d}\theta\int_0^{\frac{\pi}{2}}\sin\varphi\cos\varphi\mathrm{d}\varphi\int_a^A r^3\mathrm{d}r$$

$$= \frac{3}{2\pi(A^3-a^3)}\cdot 2\pi\cdot\frac{1}{2}\cdot\frac{A^4-a^4}{4} = \frac{3(A^4-a^4)}{8(A^3-a^3)},$$ 故立体质心为 $\left(0, 0, \dfrac{3(A^4-a^4)}{8(A^3-a^3)}\right)$.

(3) 如图 10-84，$\Omega = \{(x,y,z) | 0\leqslant x\leqslant a, 0\leqslant y\leqslant a-x, 0\leqslant z\leqslant x^2+y^2\}$.

$$V = \iiint_\Omega \mathrm{d}v = \int_0^a \mathrm{d}x\int_0^{a-x}\mathrm{d}y\int_0^{x^2+y^2}\mathrm{d}z = \int_0^a \mathrm{d}x\int_0^{a-x}(x^2+y^2)\mathrm{d}y$$

$$= \int_0^a \left[x^2(a-x) + \frac{1}{3}(a-x)^3\right]\mathrm{d}x$$

$$= \int_0^a \left[ax^2 - x^3 + \frac{1}{3}(a-x)^3\right]\mathrm{d}x = \frac{1}{6}a^4;$$

$$\bar{z} = \frac{1}{V}\iiint_\Omega z\mathrm{d}v = \frac{1}{V}\int_0^a \mathrm{d}x\int_0^{a-x}\mathrm{d}y\int_0^{x^2+y^2}z\mathrm{d}z$$

$$= \frac{1}{V}\int_0^a \mathrm{d}x\int_0^{a-x}\frac{1}{2}(x^4 + 2x^2 y^2 + y^4)\mathrm{d}y$$

$$= \frac{1}{2V} \int_0^a \left[x^4(a-x) + \frac{2}{3}x^2(a-x)^3 + \frac{1}{5}(a-x)^5 \right] dx$$

$$= \frac{3}{a^4} \cdot \frac{7a^6}{90} = \frac{7}{30}a^2;$$

$$\bar{x} = \frac{1}{V} \iiint_\Omega x \, dv = \frac{1}{V} \int_0^a x \, dx \int_0^{a-x} dy \int_0^{x^2+y^2} dz$$

$$= \frac{1}{V} \int_0^a x \left[x^2(a-x) + \frac{1}{3}(a-x)^3 \right] dx = \frac{6}{a^4} \cdot \frac{a^5}{15} = \frac{2}{5}a,$$

由于立体匀质且关于平面 $y=x$ 对称,故 $\bar{y} = \bar{x} = \frac{2}{5}a$. 所求质心为 $\left(\frac{2}{5}a, \frac{2}{5}a, \frac{7}{30}a^2 \right)$.

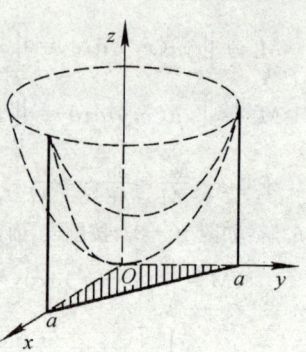

图 10-84

*8. 解: 在球面坐标系中, Ω 可表示为 $0 \leq r \leq 2R\cos\varphi$, $0 \leq \varphi \leq \frac{\pi}{2}$, $0 \leq \theta \leq 2\pi$. 球体内任意一点(x,y,z)处的密度大小为 $\mu = x^2 + y^2 + z^2 = r^2$. 由于球体的几何形状及质量分布均关于 z 轴对称,故可知其质心位于 z 轴上,因此 $\bar{x} = \bar{y} = 0$.

$$M = \iiint_\Omega \mu \, dv = \int_0^{2\pi} d\theta \int_0^{\frac{\pi}{2}} d\varphi \int_0^{2R\cos\varphi} r^2 \cdot r^2 \sin\varphi \, dr = 2\pi \int_0^{\frac{\pi}{2}} \frac{32}{5} R^5 \cos^5\varphi \sin\varphi \, d\varphi = \frac{32}{15}\pi R^5;$$

$$\bar{z} = \frac{1}{M} \iiint_\Omega \mu z \, dv = \frac{1}{M} \int_0^{2\pi} d\theta \int_0^{\frac{\pi}{2}} d\varphi \int_0^{2R\cos\varphi} r^2 \cdot r\cos\varphi \cdot r^2 \sin\varphi \, dr = \frac{2\pi}{M} \int_0^{\frac{\pi}{2}} \frac{64}{6} R^6 \cos^7\varphi \sin\varphi \, d\varphi = \frac{5}{4}R,$$

故球体的质心为 $\left(0, 0, \frac{5}{4}R \right)$.

评注: 从以上两题的题解可看出,在计算立体的质心时,要注意利用对称性来减少计算量.对匀质立体来说,只要考虑立体几何形状的对称性(如第7题);但对非匀质立体来说,除了立体的几何形状的对称性外,还需注意立体的质量分布是否也具有相应的对称性(如第8题).

9. 解: (1) $I_y = \iint_D x^2 \, dx \, dy = \int_{-a}^a x^2 \, dx \int_{-\frac{b}{a}\sqrt{a^2-x^2}}^{\frac{b}{a}\sqrt{a^2-x^2}} dy$

$$= \frac{2b}{a} \int_{-a}^a x^2 \sqrt{a^2-x^2} \, dx = \frac{4b}{a} \int_0^a x^2 \sqrt{a^2-x^2} \, dx.$$

令 $x = a\sin t$,换元,则上式 $= \frac{4b}{a} \int_0^{\frac{\pi}{2}} a^3 \sin^2 t \cos t \cdot a\cos t \, dt$

$$= 4a^3 b \left[\int_0^{\frac{\pi}{2}} \sin^2 t \, dt - \int_0^{\frac{\pi}{2}} \sin^4 t \, dt \right]$$

$$= 4a^3 b \left(\frac{1}{2} \cdot \frac{\pi}{2} - \frac{3}{4} \cdot \frac{1}{2} \cdot \frac{\pi}{2} \right) = \frac{1}{4}\pi a^3 b.$$

(2) 如图 10-85,

$$D = \left\{ (x,y) \,\Big|\, -3\sqrt{\frac{x}{2}} \leq y \leq 3\sqrt{\frac{x}{2}}, \, 0 \leq x \leq 2 \right\}.$$

$$I_x = \iint_D y^2 \, dx \, dy \xrightarrow{\text{对称性}} 2 \int_0^2 dx \int_0^{3\sqrt{\frac{x}{2}}} y^2 \, dy$$

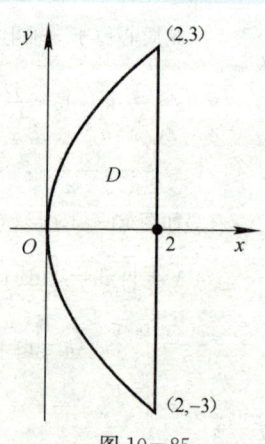

图 10-85

$$=\frac{2}{3}\int_0^2 \frac{27}{2\sqrt{2}} x^{\frac{3}{2}} dx = \frac{72}{5};$$

$$I_y = \iint_D x^2 dxdy \xrightarrow{\text{对称性}} 2\int_0^2 x^2 dx \int_0^{\sqrt[3]{\frac{x}{2}}} dy$$

$$= 2\int_0^2 \frac{3}{\sqrt{2}} x^{\frac{5}{2}} dx = \frac{96}{7}.$$

(3) $I_x = \iint_D y^2 dxdy = \int_0^a dx \int_0^b y^2 dy = \frac{ab^3}{3}$; $I_y = \iint_D x^2 dxdy = \int_0^a x^2 dx \int_0^b dy = \frac{a^3 b}{3}$.

10. **解**：建立如图 10-86 的坐标系，使原点 O 为矩形板的形心，x 轴和 y 轴分别平行于矩形的两边，则所求的转动惯量为

$$I_x = \iint_D y^2 \mu dxdy = \mu \int_{-\frac{b}{2}}^{\frac{b}{2}} dx \int_{-\frac{h}{2}}^{\frac{h}{2}} y^2 dy = \frac{1}{12} \mu bh^3;$$

$$I_y = \iint_D x^2 \mu dxdy = \mu \int_{-\frac{b}{2}}^{\frac{b}{2}} x^2 dx \int_{-\frac{h}{2}}^{\frac{h}{2}} dy = \frac{1}{12} \mu hb^3.$$

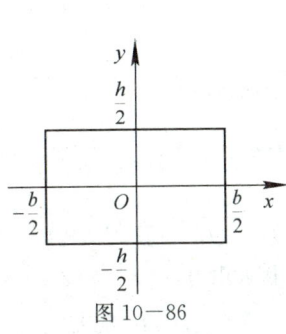

图 10-86

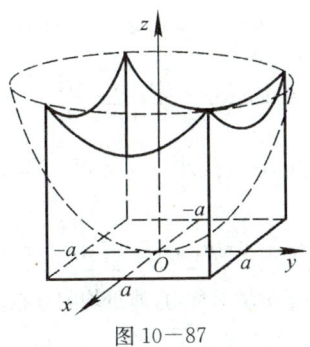

图 10-87

11. **解**：(1) 如图 10-87，由 Ω 的对称性可知

$$V = 4\int_0^a dx \int_0^a dy \int_0^{x^2+y^2} dz = 4\int_0^a dx \int_0^a (x^2+y^2) dy = 4\int_0^a \left(ax^2 + \frac{a^3}{3}\right) dx = \frac{8}{3}a^4.$$

(2) 由对称性可知，质心位于 z 轴上，故 $\bar{x} = \bar{y} = 0$.

$$\bar{z} = \frac{1}{M}\iiint_\Omega \mu z dv \xrightarrow{\text{对称性}} \frac{4}{V}\int_0^a dx \int_0^a dy \int_0^{x^2+y^2} z dz = \frac{4}{V}\int_0^a dx \int_0^a \frac{1}{2}(x^4 + 2x^2 y^2 + y^4) dy =$$

$$\frac{2}{V}\int_0^a \left(ax^4 + \frac{2}{3}a^3 x^2 + \frac{1}{5}a^5\right) dx = \frac{7}{15}a^2.$$

(3) $I_z = \iiint_\Omega \mu(x^2 + y^2) dv \xrightarrow{\text{对称性}} 4\mu \int_0^a dx \int_0^a dy \int_0^{x^2+y^2} (x^2+y^2) dz$

$$= 4\mu \int_0^a dx \int_0^a (x^4 + 2x^2 y^2 + y^4) dy = \frac{112}{45}\mu a^6.$$

12. **解**：建立空间直角坐标系，使原点位于圆柱体的中心，z 轴平行于母线，则圆柱体所占的空间闭区域 $\Omega = \left\{(x,y,z) \middle| x^2+y^2 \leqslant a^2, -\frac{h}{2} \leqslant z \leqslant \frac{h}{2}\right\} \xrightarrow{\text{柱面坐标}} \left\{(r,\theta,z) \middle| 0 \leqslant \theta \leqslant 2\pi, 0 \leqslant r \leqslant a, -\frac{h}{2} \leqslant z \leqslant \frac{h}{2}\right\}$. 于是所求的转动惯量为 $I_z = \iiint_\Omega (x^2+y^2) dv = \iiint_\Omega r^2 \cdot r dr d\theta dz = \int_0^{2\pi} d\theta \int_0^a r^3 dr$

$$\int_{-\frac{h}{2}}^{\frac{h}{2}} dz = 2\pi \cdot \frac{a^4}{4} \cdot h = \frac{1}{2}\pi h a^4.$$

13. 解: 如图 10-88, 引力元素 d**F** 沿 x 轴和 z 轴的分量分别为

$$dF_x = G\frac{\mu x}{(x^2+y^2+a^2)^{\frac{3}{2}}} d\sigma \text{ 和 } dF_z = G\frac{\mu(-a)}{(x^2+y^2+z^2)^{\frac{3}{2}}} d\sigma.$$

于是 $F_x = G\mu \iint_D \dfrac{x}{(x^2+y^2+a^2)^{\frac{3}{2}}} d\sigma$

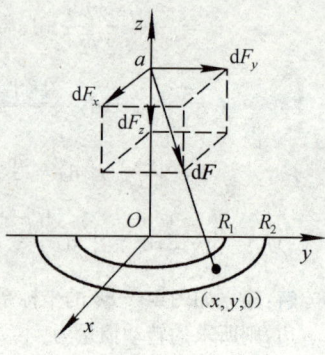

图 10-88

$$\xrightarrow{\text{极坐标}} G\mu \int_{-\frac{\pi}{2}}^{\frac{\pi}{2}} d\theta \int_{R_1}^{R_2} \frac{r\cos\theta}{(r^2+a^2)^{\frac{3}{2}}} \cdot r\,dr$$

$$= G\mu \int_{-\frac{\pi}{2}}^{\frac{\pi}{2}} \cos\theta\,d\theta \int_{R_1}^{R_2} \frac{r^2}{(r^2+a^2)^{\frac{3}{2}}}\,dr$$

$$= 2G\mu \int_{R_1}^{R_2} \frac{r^2}{(r^2+a^2)^{\frac{3}{2}}}\,dr \,(\text{令 } r=a\tan t \text{ 换元}) = 2G\mu \int_{\arctan\frac{R_1}{a}}^{\arctan\frac{R_2}{a}} \frac{a^2\tan^2 t}{a^3\sec^3 t} \cdot a\sec^2 t\,dt$$

$$= 2G\mu \int_{\arctan\frac{R_1}{a}}^{\arctan\frac{R_2}{a}} (\sec t - \cos t)\,dt = 2G\mu \left[\ln(\sec t + \tan t) - \sin t\right]_{\arctan\frac{R_1}{a}}^{\arctan\frac{R_2}{a}}$$

$$= 2G\mu \left(\ln \frac{\sqrt{R_2^2+a^2}+R_2}{\sqrt{R_1^2+a^2}+R_1} - \frac{R_2}{\sqrt{R_2^2+a^2}} + \frac{R_1}{\sqrt{R_1^2+a^2}}\right);$$

$$F_z = -Ga\mu \iint_D \frac{d\sigma}{(x^2+y^2+a^2)^{\frac{3}{2}}} \xrightarrow{\text{极坐标}} -Ga\mu \int_{-\frac{\pi}{2}}^{\frac{\pi}{2}} d\theta \int_{R_1}^{R_2} \frac{r}{(r^2+a^2)^{\frac{3}{2}}}\,dr$$

$$= \pi Ga\mu \left[\frac{1}{\sqrt{r^2+a^2}}\right]_{R_1}^{R_2} = \pi Ga\mu \left(\frac{1}{\sqrt{R_2^2+a^2}} - \frac{1}{\sqrt{R_1^2+a^2}}\right),$$

由于 D 关于 x 轴对称, 且质量均匀分布, 故 $F_y = 0$. 因此引力,

$$\mathbf{F} = \left[2G\mu\left(\ln\frac{\sqrt{R_2^2+a^2}+R_2}{\sqrt{R_1^2+a^2}+R_1} - \frac{R_2}{\sqrt{R_2^2+a^2}} + \frac{R_1}{\sqrt{R_1^2+a^2}}\right), 0, \pi Ga\mu\left(\frac{1}{\sqrt{R_2^2+a^2}} - \frac{1}{\sqrt{R_1^2+a^2}}\right)\right].$$

14. 解: 由柱体的对称性和质量分布的均匀性知 $F_x = F_y = 0$. 引力沿 z 轴的分量

$$F_z = \iiint_\Omega G\mu \frac{z-a}{[x^2+y^2+(z-a)^2]^{\frac{3}{2}}} dv$$

$$= G\mu \int_0^h (z-a)dz \iint_{x^2+y^2 \leqslant R^2} \frac{dxdy}{[x^2+y^2+(z-a)^2]^{\frac{3}{2}}} \xrightarrow{\text{柱面坐标}} G\mu \int_0^h (z-a)dz \int_0^{2\pi} d\theta \int_0^R \frac{r\,dr}{[r^2+(z-a)^2]^{\frac{3}{2}}}$$

$$= 2\pi G\mu \int_0^h (z-a)\left[\frac{1}{a-z} - \frac{1}{\sqrt{R^2+(z-a)^2}}\right]dz = 2\pi G\mu \int_0^h \left[-1 - \frac{z-a}{\sqrt{R^2+(z-a)^2}}\right]dz$$

$$= -2\pi G\mu[h + \sqrt{R^2+(h-a)^2} - \sqrt{R^2+a^2}].$$

第五节 含参变量的积分

一、主要内容归纳

1. 含参变量积分的概念

设 $f(x,y)$ 为闭区域 $R=[a,b]\times[\alpha,\beta]$ 上的连续函数,在 $[a,b]$ 上任取定 x 的一个值,则 $\int_\alpha^\beta f(x,y)\mathrm{d}y$ 的值将依赖于取定的 x 值.因此,这个积分确定一个定义在 $[a,b]$ 上 x 的函数,记作 $\varphi(x)$,即 $\varphi(x)=\int_\alpha^\beta f(x,y)\mathrm{d}y$ $(a\leqslant x\leqslant b)$,则称 $\varphi(x)$ 是一个含参变量 x 的积分,这积分确定 x 的一个函数 $\varphi(x)$.

2. 含参变量积分的性质

(1)若函数 $f(x,y)$ 在矩形 $R=[a,b]\times[\alpha,\beta]$ 上连续,则 $\varphi(x)=\int_\alpha^\beta f(x,y)\mathrm{d}y$ $(a\leqslant x\leqslant b)$ 在 $[a,b]$ 上也连续.

(2)如果函数 $f(x,y)$ 在矩形 $R=[a,b]\times[\alpha,\beta]$ 上连续,则 $\int_a^b\left[\int_\alpha^\beta f(x,y)\mathrm{d}y\right]\mathrm{d}x=\int_\alpha^\beta\left[\int_a^b f(x,y)\mathrm{d}x\right]\mathrm{d}y$. 也可写成 $\int_a^b\mathrm{d}x\int_\alpha^\beta f(x,y)\mathrm{d}y=\int_\alpha^\beta\mathrm{d}y\int_a^b f(x,y)\mathrm{d}x$.

(3)如果函数 $f(x,y)$ 及其偏导数 $\dfrac{\partial f(x,y)}{\partial x}$ 都在矩形 $R=[a,b]\times[\alpha,\beta]$ 上连续,则

$$\varphi(x)=\int_\alpha^\beta f(x,y)\mathrm{d}y \quad (a\leqslant x\leqslant b)$$

在 $[a,b]$ 上可微,并且 $\varphi'(x)=\dfrac{\mathrm{d}}{\mathrm{d}x}\int_\alpha^\beta f(x,y)\mathrm{d}y=\int_\alpha^\beta \dfrac{\partial f(x,y)}{\partial x}\mathrm{d}y$.

(4)如果函数 $f(x,y)$ 在矩形 $R=[a,b]\times[\alpha,\beta]$ 上连续,函数 $\alpha(x)$ 与 $\beta(x)$ 在区间 $[a,b]$ 上连续,且 $\alpha\leqslant\alpha(x)\leqslant\beta$, $\alpha\leqslant\beta(x)\leqslant\beta$, $(a\leqslant x\leqslant b)$

则 $\Phi(x)=\int_{\alpha(x)}^{\beta(x)} f(x,y)\mathrm{d}y$ 在 $[a,b]$ 上也连续.

(5)如果函数 $f(x,y)$ 及其偏导数 $\dfrac{\partial f(x,y)}{\partial x}$ 都在矩形 $R=[a,b]\times[\alpha,\beta]$ 上连续,函数 $\alpha(x)$ 与 $\beta(x)$ 在区间 $[a,b]$ 上可微,且 $\alpha\leqslant\alpha(x)\leqslant\beta,\alpha\leqslant\beta(x)\leqslant\beta,(a\leqslant x\leqslant b)$

则 $\Phi(x)=\int_{\alpha(x)}^{\beta(x)} f(x,y)\mathrm{d}y$ 在 $[a,b]$ 上可微,且

$$\Phi'(x)=\dfrac{\mathrm{d}}{\mathrm{d}x}\int_{\alpha(x)}^{\beta(x)} f(x,y)\mathrm{d}y=\int_{\alpha(x)}^{\beta(x)} \dfrac{\partial f(x,y)}{\partial x}\mathrm{d}y+f[x,\beta(x)]\beta'(x)-f[x,\alpha(x)]\alpha'(x).$$

二、经典例题解析及解题方法总结

【例1】 求下列极限

(1) $\lim\limits_{x\to 0}\int_x^{2+x}\dfrac{\mathrm{d}y}{4+x^2+y^2}$ \qquad (2) $\lim\limits_{y\to 0}\int_{-2}^{2}\sqrt{x^2+y^2}\,\mathrm{d}x$

解 (1)令 $\varphi(x)=\int_x^{2+x}\dfrac{\mathrm{d}y}{4+x^2+y^2}$,显然函数 $\dfrac{1}{4+x^2+y^2}$, x, $2+x$ 都是连续函数,因此含参

变量 x 的积分 $\varphi(x)=\int_x^{2+x}\dfrac{\mathrm{d}y}{4+x^2+y^2}$ 是 x 的连续函数,故 $\lim\limits_{x\to 0}\int_x^{2+x}\dfrac{\mathrm{d}y}{4+x^2+y^2}=\lim\limits_{x\to 0}\varphi(x)=\varphi(0)=\int_0^2\dfrac{\mathrm{d}y}{4+y^2}=\dfrac{1}{4}\int_0^2\dfrac{\mathrm{d}y}{1+\left(\dfrac{y}{2}\right)^2}=\dfrac{1}{2}\arctan\dfrac{y}{2}\bigg|_0^2=\dfrac{\pi}{8}$.

(2) 令 $\varphi(y)=\int_{-2}^2\sqrt{x^2+y^2}\,\mathrm{d}x$,则 $\varphi(y)$ 在 $(-\infty,+\infty)$ 上连续,因此

$$\lim_{y\to 0}\int_{-2}^2\sqrt{x^2+y^2}\,\mathrm{d}x=\lim_{y\to 0}\varphi(y)=\varphi(0)=\int_{-2}^2\sqrt{x^2}\,\mathrm{d}x=2\int_0^2 x\,\mathrm{d}x=x^2\bigg|_0^2=4.$$

【例2】 设 $\varphi(y)=\int_{\sin y}^{\cos y}\mathrm{e}^{y\sqrt{1-x^2}}\,\mathrm{d}x$,求 $\varphi'(y)$.

解 根据含参变量积分的性质得

$$\varphi'(y)=-\sin y\mathrm{e}^{y|\sin y|}-\cos y\mathrm{e}^{y|\cos y|}+\int_{\sin y}^{\cos y}\sqrt{1-x^2}\,\mathrm{e}^{y\sqrt{1-x^2}}\,\mathrm{d}x.$$

【例3】 设 $\varphi(x)=\int_a^b f(y)|x-y|\,\mathrm{d}y$,其中 $a<b$ 及 $f(y)$ 为可微函数,求 $\varphi''(x)$.

解 当 $x\in(a,b)$ 时,由于 $\varphi(x)=\int_a^x(x-y)f(y)\,\mathrm{d}y+\int_x^b(y-x)f(y)\,\mathrm{d}y$

故有 $\varphi'(x)=\dfrac{\mathrm{d}}{\mathrm{d}x}\int_a^x(x-y)f(y)\,\mathrm{d}y-\dfrac{\mathrm{d}}{\mathrm{d}x}\int_b^x(y-x)f(y)\,\mathrm{d}y$

$$=\int_a^x\dfrac{\partial}{\partial x}[(x-y)f(y)]\,\mathrm{d}y-\int_b^x\dfrac{\partial}{\partial x}[(y-x)f(y)]\,\mathrm{d}y=\int_a^x f(y)\,\mathrm{d}y+\int_b^x f(y)\,\mathrm{d}y$$

$\varphi''(x)=f(x)+f(x)=2f(x)$

当 $x\overline{\in}(a,b)$ 时,例如 $x\leqslant a$,则

$\varphi(x)=\int_a^b(y-x)f(y)\,\mathrm{d}y, \varphi'(x)=\int_a^b\dfrac{\partial}{\partial x}[(y-x)f(y)]\,\mathrm{d}y=-\int_a^b f(y)\,\mathrm{d}y,$

$\varphi''(x)=0.$ 同理,对于 $x\geqslant b$ 也可得 $\varphi''(x)=0$,总之 $\varphi''(x)=\begin{cases}2f(x),&\text{当 }x\in(a,b)\\ 0,&\text{当 }x\overline{\in}(a,b)\end{cases}$

【例4】 计算 $I(a)=\int_0^\pi\ln(1-2a\cos x+a^2)\,\mathrm{d}x\ (|a|<1)$

解 由于 $|a|<1$,因此 $1-2a\cos x+a^2\geqslant 1-2|a|+a^2=(1-|a|)^2>0$,故 $\ln(1-2a\cos x+a^2)$ 为连续函数且具有连续导数,从而可在积分号下求导数,即

$$I'(a)=\int_0^\pi\dfrac{-2\cos x+2a}{1-2a\cos x+a^2}\,\mathrm{d}x=\dfrac{1}{a}\int_0^\pi\left(1+\dfrac{a^2-1}{1-2a\cos x+a^2}\right)\mathrm{d}x$$

$$=\dfrac{\pi}{a}-\dfrac{1-a^2}{a}\int_0^\pi\dfrac{\mathrm{d}x}{(1+a^2)-2a\cos x}=\dfrac{\pi}{a}-\dfrac{1-a^2}{a(1+a^2)}\int_0^\pi\dfrac{\mathrm{d}x}{1+\left(\dfrac{-2a}{1+a^2}\right)\cos x}$$

$$=\dfrac{\pi}{a}-\dfrac{2}{a}\arctan\left(\dfrac{a+a}{1-a}\cdot\tan\dfrac{x}{2}\right)\bigg|_0^\pi=\dfrac{\pi}{a}-\dfrac{2}{a}\cdot\dfrac{\pi}{2}=0.$$

于是当 $|a|<1$ 时,$I(a)=C$(常数),又因为,$I(0)=0$,故 $C=0$,从而 $I(a)=0$.

习题 10-5 解答

1. **解**:(1) $\lim\limits_{x\to 0}\int_x^{1+x}\dfrac{\mathrm{d}y}{1+x^2+y^2}=\int_0^{1+0}\dfrac{\mathrm{d}y}{1+0+y^2}=\bigl[\arctan y\bigr]_0^1=\dfrac{\pi}{4}.$

(2) $\lim\limits_{x\to 0}\int_{-1}^1\sqrt{x^2+y^2}\,\mathrm{d}y=\int_{-1}^1|y|\,\mathrm{d}y=2\int_0^1 y\,\mathrm{d}y=1.$

(3) $\lim\limits_{x\to 0}\int_0^1 y^2\cos(xy)\mathrm{d}y=\int_0^2 y^2(\cos 0)\mathrm{d}y=\dfrac{8}{3}$.

2. **解**:(1) $\varphi'(x)=\int_{\sin x}^{\cos x} y^2\cos x\mathrm{d}y+(\cos^2 x\sin x-\cos^3 x)(\cos x)'-(\sin^2 x\sin x-\sin^3 x)(\sin x)'$

$=\dfrac{1}{3}\cos x(\cos^3 x-\sin^3 x)+(\cos x-\sin x)\sin x\cos^2 x$

$=\dfrac{1}{3}\cos x(\cos x-\sin x)(1+2\sin 2x)$.

(2) $\varphi'(x)=\int_0^x \dfrac{1}{1+xy}\mathrm{d}y+\dfrac{\ln(1+x^2)}{x}=\dfrac{1}{x}\left[\ln(1+xy)\right]_0^x+\dfrac{\ln(1+x^2)}{x}=\dfrac{2}{x}\ln(1+x^2)$.

(3) $\varphi'(x)=\int_{x^2}^{x^3}\left(-\dfrac{y}{x^2+y^2}\right)\mathrm{d}y+\arctan x^2 \cdot 3x^2-\arctan x \cdot 2x$

$=-\dfrac{1}{2}\ln(x^2+y^2)\Big|_{x^2}^{x^3}+3x^2\arctan x^2-2x\arctan x$

$=\ln\sqrt{\dfrac{1+x^2}{1+x^4}}+3x^2\arctan x^2-2x\arctan x$.

(4) $\varphi'(x)=\int_x^{x^2} e^{-xy^2}(-y^2)\mathrm{d}y+e^{-x^5}\cdot 2x-e^{-x^3}\cdot 1=2xe^{-x^5}-e^{-x^3}-\int_x^{x^2} y^2 e^{-xy^2}\mathrm{d}y$.

3. **解**: $F'(x)=\int_0^x f(y)\mathrm{d}y+2xf(x); F''(x)=f(x)+2f(x)+2xf'(x)=3f(x)+2xf'(x)$.

4. **解**:(1) 设 $\varphi(\alpha)=\int_0^{\frac{\pi}{2}}\ln\dfrac{1+\alpha\cos x}{1-\alpha\cos x}\cdot\dfrac{\mathrm{d}x}{\cos x}$,

则 $\varphi(0)=0$, $\varphi(a)=I$. 由于 $\dfrac{\partial}{\partial\alpha}\left(\ln\dfrac{1+\alpha\cos x}{1-\alpha\cos x}\cdot\dfrac{1}{\cos x}\right)=\dfrac{2}{1-\alpha^2\cos^2 x}$,

故 $\varphi'(\alpha)=\int_0^{\frac{\pi}{2}}\dfrac{2}{1-\alpha^2\cos^2 x}\mathrm{d}x=\int_0^{\frac{\pi}{2}}\dfrac{2\mathrm{d}\tan x}{\sec^2 x-\alpha^2}=2\int_0^{\frac{\pi}{2}}\dfrac{\mathrm{d}\tan x}{(1-\alpha^2)+\tan^2 x}$

$=\dfrac{2}{\sqrt{1-\alpha^2}}\left[\arctan\dfrac{\tan x}{\sqrt{1-\alpha^2}}\right]_0^{\frac{\pi}{2}}=\dfrac{2}{\sqrt{1-\alpha^2}}\cdot\dfrac{\pi}{2}=\dfrac{\pi}{\sqrt{1-\alpha^2}}$,

于是 $I=\varphi(a)-\varphi(0)=\int_0^a\varphi'(\alpha)\mathrm{d}\alpha=\int_0^a\dfrac{\pi}{\sqrt{1-\alpha^2}}\mathrm{d}\alpha=\pi\arcsin a$.

(2) 设 $\varphi(\alpha)=\int_0^{\frac{\pi}{2}}\ln(\cos^2 x+\alpha^2\sin^2 x)\mathrm{d}x$, 则 $\varphi(1)=0$, $\varphi(a)=I$. 由于 $\dfrac{\partial}{\partial\alpha}[\ln(\cos^2 x+\alpha^2\sin^2 x)]=\dfrac{2\alpha\sin^2 x}{\cos^2 x+\alpha^2\sin^2 x}$,

故 $\varphi'(\alpha)=\int_0^{\frac{\pi}{2}}\dfrac{2\alpha\sin^2 x}{\cos^2 x+\alpha^2\sin^2 x}\mathrm{d}x\xlongequal{u=\tan x}2\alpha\int_0^{+\infty}\dfrac{u^2}{1+\alpha^2 u^2}\cdot\dfrac{\mathrm{d}u}{1+u^2}$

$=\dfrac{2\alpha}{\alpha^2-1}\left[\int_0^{+\infty}\dfrac{\mathrm{d}u}{1+u^2}-\int_0^{+\infty}\dfrac{\mathrm{d}u}{1+\alpha^2 u^2}\right](\alpha\neq 1)=\dfrac{2\alpha}{\alpha^2-1}\left(\dfrac{\pi}{2}-\dfrac{\pi}{2\alpha}\right)=\dfrac{\pi}{\alpha+1}$;

又当 $\alpha=1$ 时, $\varphi'(1)=\int_0^{\frac{\pi}{2}}\dfrac{2\sin^2 x}{\cos^2 x+\sin^2 x}\mathrm{d}x=\int_0^{\frac{\pi}{2}}2\sin^2 x\mathrm{d}x=\dfrac{\pi}{2}$,

因此 $\varphi'(\alpha)$ 在 $x=1$ 处连续. 从而对任一 $a>0$, $\varphi'(\alpha)$ 在区间 $[1,a]$ (或 $[a,1]$) 上连续. 于是

$I=\varphi(a)-\varphi(1)=\int_1^a\varphi'(\alpha)\mathrm{d}\alpha=\int_1^a\dfrac{\pi}{\alpha+1}\mathrm{d}\alpha=\pi\ln\dfrac{a+1}{2}$.

5. **解**:(1) 因为 $\dfrac{\arctan x}{x}=\int_0^1\dfrac{\mathrm{d}y}{1+x^2 y^2}$, 故

原式 $=\int_0^1\left[\int_x^1\dfrac{dy}{1+x^2y^2}\right]\dfrac{dx}{\sqrt{1-x^2}}$ (交换积分次序) $=\int_0^1\left[\int_0^1\dfrac{dx}{(1+x^2y^2)\sqrt{1-x^2}}\right]dy$,

由于 $\int_0^1\dfrac{dx}{(1+x^2y^2)\sqrt{1-x^2}}\xlongequal{x=\sin t}\int_0^{\frac{\pi}{2}}\dfrac{dt}{1+y^2\sin^2 t}\xlongequal{u=\tan t}\int_0^{+\infty}\dfrac{du}{1+(1+y^2)u^2}$

$$=\dfrac{1}{\sqrt{1+y^2}}\left[\arctan(\sqrt{1+y^2}\,u)\right]_0^{+\infty}=\dfrac{\pi}{2\sqrt{1+y^2}},$$

因此原式 $=\int_0^1\dfrac{\pi}{2\sqrt{1+y^2}}dy=\dfrac{\pi}{2}\left[\ln(y+\sqrt{1+y^2})\right]_0^1=\dfrac{\pi}{2}\ln(1+\sqrt{2})$.

(2) 因为 $\dfrac{x^b-x^a}{\ln x}=\int_a^b x^y dy$, 故

$$\int_0^1\sin\left(\ln\dfrac{1}{x}\right)\dfrac{x^b-x^a}{\ln x}dx=\int_0^1\sin\left(\ln\dfrac{1}{x}\right)dx\int_a^b x^y dy \text{ (交换积分次序)}$$

$$=\int_a^b dy\int_0^1\sin\left(\ln\dfrac{1}{x}\right)x^y dx.$$

由于 $\int_0^1\sin\left(\ln\dfrac{1}{x}\right)x^y dx\xlongequal{x=e^{-t}}\int_{+\infty}^0\sin t\cdot e^{-yt}(-e^{-t})dt$

$=\int_0^{+\infty}\sin t\cdot e^{-(y+1)t}dt$ (分部积分)

$=\dfrac{1}{1+(y+1)^2}e^{-(y+1)t}\left[\cos t-(y+1)\sin t\right]\Big|_0^{+\infty}=\dfrac{1}{1+(y+1)^2}$,

因此原式 $=\int_a^b\dfrac{1}{1+(y+1)^2}dy=\left[\arctan(y+1)\right]_a^b=\arctan(b+1)-\arctan(a+1)$.

总习题十解答

1. **解**: (1) $\int_0^2 dx\int_x^2 e^{-y^2}dy\xlongequal{\text{换序}}\int_0^2 dy\int_0^y e^{-y^2}dx=\int_0^2 ye^{-y^2}dy$

$$=-\dfrac{1}{2}\int_0^2 e^{-y^2}d(-y^2)=-\dfrac{1}{2}e^{-y^2}\Big|_0^2=\dfrac{1}{2}(1-e^{-4}).$$

(2) 用极坐标计算. $D=\{(\rho,\theta)\,|\,0\leqslant\rho\leqslant R,0\leqslant\theta\leqslant 2\pi\}$.

$\iint_D\left(\dfrac{x^2}{a^2}+\dfrac{y^2}{b^2}\right)dxdy=\int_0^{2\pi}d\theta\int_0^R\left(\dfrac{\rho^2\cos^2\theta}{a^2}+\dfrac{\rho^2\sin^2\theta}{b^2}\right)\rho d\rho=\int_0^{2\pi}\left(\dfrac{\cos^2\theta}{a^2}+\dfrac{\sin^2\theta}{b^2}\right)d\theta\cdot\int_0^R\rho^3 d\rho$

$=\dfrac{R^4}{4}\int_0^{2\pi}\left(\dfrac{1+\cos 2\theta}{2a^2}+\dfrac{1-\cos 2\theta}{2b^2}\right)d\theta=\dfrac{R^4}{4}\cdot\left(\dfrac{1}{2a^2}+\dfrac{1}{2b^2}\right)\cdot 2\pi=\dfrac{\pi R^4}{4}\left(\dfrac{1}{a^2}+\dfrac{1}{b^2}\right)$.

2. **解**: (1) 先说明(A)不正确. 由于 Ω_1 关于 yOz 面对称, 而被积函数 x 关于 x 是奇函数, 故 $\iiint_{\Omega_1}xdv=0$, 而 $\iiint_{\Omega_2}xdv\ne 0$, 故(A)不正确. 类似可说明(B)和(D)不正确.

再说明(C)是正确的. 设 $\Omega_3=\{(x,y,z)\,|\,x^2+y^2+z^2\leqslant R^2,z\geqslant 0,x\geqslant 0\}$. 由于被积函数

z 关于 x 是偶函数,而 Ω_3 与 $\Omega_1\setminus\Omega_3$① 关于 xOz 面对称,故 $\iiint\limits_{\Omega_1}zdv=2\iiint\limits_{\Omega_3}zdv$. 又由于被积函数 z 关于 y 也是偶函数,且 Ω_2 与 $\Omega_3\setminus\Omega_2$ 关于 xOz 面对称,故 $\iiint\limits_{\Omega_3}zdv=2\iiint\limits_{\Omega_2}zdv$②.

因此应选(C).

(2)记 D 的三个顶点 $A(a,a)$,$B(-a,a)$,$C(-a,-a)$(图 10-89). 联结 O,B,则 D 为 $\triangle COB$ 和 $\triangle BOA$ 之并. 由于 $\triangle COB$ 关于 x 轴对称,$\triangle AOB$ 关于 y 轴对称,而函数 xy 关于 y 和 x 均是奇函数,从而有

$$\iint\limits_{D}xydxdy=\iint\limits_{\triangle AOB}xydxdy+\iint\limits_{\triangle COB}xydxdy=0+0=0;$$

又由于函数 $\cos x\sin y$ 关于 y 是奇函数,关于 x 是偶函数,从而有 $\iint\limits_{D}\cos x\sin ydxdy=\iint\limits_{\triangle COB}\cos x\sin ydxdy+\iint\limits_{\triangle AOB}\cos x\sin ydxdy=0+2\iint\limits_{D_1}\cos x\sin ydxdy$,因此应选(A).

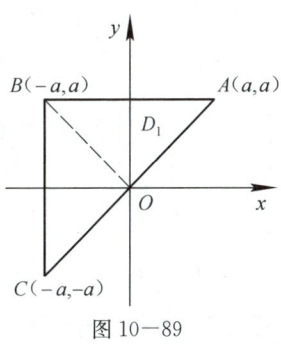

图 10-89

(3)**解法一** 由于考虑 $F'(2)$,故可设 $t>1$. 对所给二重积分交换积分次序,得 $F(t)=\int_1^t f(x)dx\int_1^x dy=\int_1^t(x-1)f(x)dx$,于是 $F'(t)=(t-1)f(t)$,从而有 $F'(2)=f(2)$. 故选(B).

解法二 设 $f(x)$ 的一个原函数 $G(x)$,则有 $F(t)=\int_1^t dy\int_y^t f(x)dx=\int_1^t [G(t)-G(y)]dy$
$=G(t)\int_1^t dy-\int_1^t G(y)dy=(t-1)G(t)-\int_1^t G(y)dy$,求导得 $F'(t)=G(t)+(t-1)f(t)-G(t)=(t-1)f(t)$,因此 $F'(2)=f(2)$.

3. **解**:(1)D 可表示为 $0\leq y\leq 1+x$, $0\leq x\leq 1$,于是 $\iint\limits_{D}(1+x)\sin yd\sigma=\int_0^1 dx\int_0^{1+x}(1+x)\sin ydy$

$=\int_0^1[(1+x)-(1+x)\cos(1+x)]dx\xrightarrow{t=1+x}\int_1^2(t-t\cos t)dt=\left[\dfrac{t^2}{2}-t\sin t-\cos t\right]_1^2=\dfrac{3}{2}+\sin 1+\cos 1-2\sin 2-\cos 2.$

(2)由于 $\iint\limits_{D}x^2d\sigma=\int_0^\pi x^2 dx\int_0^{\sin x}dy=\int_0^\pi x^2\sin xdx=-\left[x^2\cos x\right]_0^\pi+2\int_0^\pi x\cos xdx$

$=\pi^2+2\left(x\sin x\Big|_0^\pi-\int_0^\pi \sin xdx\right)=\pi^2-4;$

---

① $\Omega_1\setminus\Omega_3=\{(x,y,z)\mid (x,y,z)\in\Omega_1$ 且 $(x,y,z)\notin\Omega_3\}$ 称为 Ω_1 与 Ω_3 的差集.
② 关于三重积分中如何利用对称性的问题,请读者参阅本书习题 10-1 第 2 题题解的注(1)、(2),得出有关结论.

$$\iint_D y^2 d\sigma = \int_0^\pi dx \int_0^{\sin x} y^2 dy = \frac{1}{3}\int_0^\pi \sin^3 x dx = \frac{2}{3}\int_0^{\frac{\pi}{2}} \sin^3 x dx^{①} = \frac{2}{3}\cdot\frac{2}{3} = \frac{4}{9},$$

故 $\iint_D (x^2 - y^2)d\sigma = \iint_D x^2 d\sigma - \iint_D y^2 d\sigma = (\pi^2 - 4) - \frac{4}{9} = \pi^2 - \frac{40}{9}.$

(3)利用极坐标计算. 在极坐标系中, $D = \left\{(r,\theta) \mid 0 \leqslant r \leqslant R\cos\theta, -\frac{\pi}{2} \leqslant \theta \leqslant \frac{\pi}{2}\right\}$,

于是 $\iint_D \sqrt{R^2 - x^2 - y^2} d\sigma = \iint_D \sqrt{R^2 - r^2} rdrd\theta = \int_{-\frac{\pi}{2}}^{\frac{\pi}{2}} d\theta \int_0^{R\cos\theta} \sqrt{R^2 - r^2} rdr$

$= \int_{-\frac{\pi}{2}}^{\frac{\pi}{2}} -\frac{1}{3}\left[(R^2 - r^2)^{\frac{3}{2}}\right]_0^{R\cos\theta} d\theta = \int_{-\frac{\pi}{2}}^{\frac{\pi}{2}} \frac{R^3}{3}(1 - |\sin^3\theta|)d\theta$

$= \frac{2}{3}R^3 \int_0^{\frac{\pi}{2}} (1 - \sin^3\theta)d\theta = \frac{2}{3}R^3\left(\frac{\pi}{2} - \frac{2}{3}\right) = \frac{R^3}{3}\left(\pi - \frac{4}{3}\right).$

评注:如果忽略 $\sin x$ 在 $\left[-\frac{\pi}{2}, 0\right]$ 上非正,而按 $(R^2 - R^2\cos^2\theta)^{\frac{3}{2}} = R^3\sin^3\theta$ 计算,将导致错误. 这是一类常见错误,要注意避免.

(4)利用对称性可知 $\iint_D 3x d\sigma = 0, \iint_D 6y d\sigma = 0.$ 又 $\iint_D 9 d\sigma = 9A(D\text{的面积}) = 9\pi R^2,$

$\iint_D y^2 d\sigma \xrightarrow{\text{极坐标}} \int_0^{2\pi} d\theta \int_0^R r^2\sin^2\theta \cdot rdr = \int_0^{2\pi} \sin^2\theta d\theta \cdot \int_0^R r^3 dr = \pi \cdot \frac{R^4}{4} = \frac{\pi}{4}R^4,$

因此 原式 $= \frac{\pi}{4}R^4 + 9\pi R^2.$

4. 解:(1)所给的二次积分等于闭区域 D 上的二重积分 $\iint_D f(x,y)dxdy$,其中 $D = \{(x,y) \mid -\sqrt{4-y} \leqslant x \leqslant \frac{1}{2}(y-4), 0 \leqslant y \leqslant 4\}$(图 10-90),将 D 表达为 $2x + 4 \leqslant y \leqslant 4 - x^2, -2 \leqslant x \leqslant 0$,则得 $\int_0^4 dy \int_{-\sqrt{4-y}}^{\frac{1}{2}(y-4)} f(x,y)dx = \int_{-2}^0 dx \int_{2x+4}^{4-x^2} f(x,y)dy.$

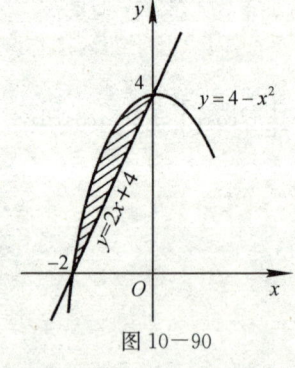

图 10-90

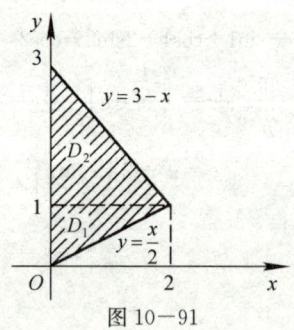

图 10-91

---

① 一般有: $\int_0^\pi \sin^n x dx = 2\int_0^{\frac{\pi}{2}} \sin^n x dx$,参阅本书习题 5-3 第 7(13) 题的解答.

(2) 所给的二次积分等于二重积分 $\iint\limits_{D} f(x,y)\mathrm{d}x\mathrm{d}y$, 其中 $D=D_1\bigcup D_2$, $D_1=\{(x,y)\mid 0\leqslant x\leqslant 2y,0\leqslant y\leqslant 1\}$, $D_2=\{(x,y)\mid 0\leqslant x\leqslant 3-y,1\leqslant y\leqslant 3\}$ (图 10-91), 将 D 表达为 $\{(x,y)\mid \dfrac{x}{2}\leqslant y\leqslant 3-x,0\leqslant x\leqslant 2\}$, 于是原式 $=\displaystyle\int_0^2 \mathrm{d}x\int_{\frac{x}{2}}^{3-x} f(x,y)\mathrm{d}y$.

(3) 所给的二次积分等于二重积分 $\iint\limits_{D} f(x,y)\mathrm{d}x\mathrm{d}y$, 其中
$D=\{(x,y)\mid \sqrt{x}\leqslant y\leqslant 1+\sqrt{1-x^2},0\leqslant x\leqslant 1\}$,
(图 10-92), D 可表达为 $D_1\bigcup D_2$, 其中
$D_1=\{(x,y)\mid 0\leqslant x\leqslant y^2,0\leqslant y\leqslant 1\}$;
$D_2=\{(x,y)\mid 0\leqslant x\leqslant \sqrt{2y-y^2},1\leqslant y\leqslant 2\}$,
于是原式 $=\displaystyle\int_0^1 \mathrm{d}y\int_0^{y^2} f(x,y)\mathrm{d}x+\int_1^2 \mathrm{d}y\int_0^{\sqrt{2y-y^2}} f(x,y)\mathrm{d}x$.

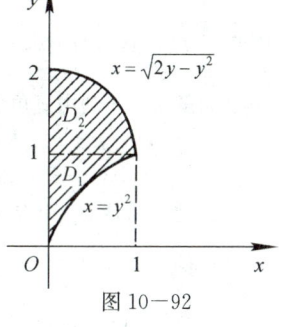

图 10-92

5. **证**: 上式左端的二次积分等于二重积分 $\iint\limits_{D} \mathrm{e}^{m(a-x)} f(x)\mathrm{d}x\mathrm{d}y$, 其中 $D=\{(x,y)\mid 0\leqslant x\leqslant y,0\leqslant y\leqslant a\}=\{(x,y)\mid x\leqslant y\leqslant a,0\leqslant x\leqslant a\}$. 于是交换积分次序即得
$\displaystyle\int_0^a \mathrm{d}y\int_0^y \mathrm{e}^{m(a-x)} f(x)\mathrm{d}x=\int_0^a \mathrm{d}x\int_x^a \mathrm{e}^{m(a-x)} f(x)\mathrm{d}y=\int_0^a (a-x)\mathrm{e}^{m(a-x)} f(x)\mathrm{d}x$.

6. **解**: 积分域 D 如图 10-93 所示. 抛物线 $y=x^2$ 的极坐标方程为 $r=\sec\theta\tan\theta$; 直线 $y=1$ 的极坐标方程为 $r=\csc\theta$. 用射线 $\theta=\dfrac{\pi}{4}$ 和 $\theta=\dfrac{3\pi}{4}$ 将 D 分成 D_1、D_2、D_3 三部分:

$D_1: 0\leqslant r\leqslant \sec\theta\tan\theta, 0\leqslant \theta\leqslant \dfrac{\pi}{4}$; $D_2: 0\leqslant r\leqslant \csc\theta, \dfrac{\pi}{4}\leqslant \theta\leqslant \dfrac{3\pi}{4}$;

$D_3: 0\leqslant r\leqslant \sec\theta\tan\theta, \dfrac{3\pi}{4}\leqslant \theta\leqslant \pi$.

因此 $\iint\limits_{D} f(x,y)\mathrm{d}x\mathrm{d}y=\displaystyle\int_0^{\frac{\pi}{4}} \mathrm{d}\theta\int_0^{\sec\theta\tan\theta} f(r\cos\theta,r\sin\theta)r\mathrm{d}r$
$+\displaystyle\int_{\frac{\pi}{4}}^{\frac{3\pi}{4}} \mathrm{d}\theta\int_0^{\csc\theta} f(r\cos\theta,r\sin\theta)r\mathrm{d}r+\int_{\frac{3\pi}{4}}^{\pi} \mathrm{d}\theta\int_0^{\sec\theta\tan\theta} f(r\cos\theta,r\sin\theta)r\mathrm{d}r$.

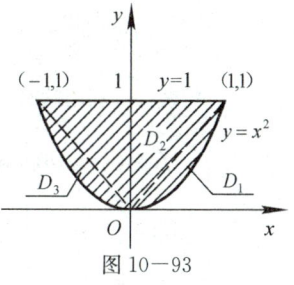

图 10-93

7. **解**: 设 $\iint\limits_{D} f(x,y)\mathrm{d}x\mathrm{d}y=A$, 则 $f(x,y)=\sqrt{1-x^2-y^2}-\dfrac{8}{\pi}A$,

从而 $\iint\limits_{D} f(x,y)\mathrm{d}x\mathrm{d}y=\iint\limits_{D} \sqrt{1-x^2-y^2}\mathrm{d}x\mathrm{d}y-\dfrac{8}{\pi}A\iint\limits_{D} \mathrm{d}x\mathrm{d}y$,

又 $\iint\limits_{D} \mathrm{d}x\mathrm{d}y=D$ 的面积 $=\dfrac{\pi}{8}$, 故得 $A=\iint\limits_{D} \sqrt{1-x^2-y^2}\mathrm{d}x\mathrm{d}y-A$,

因此 $A=\dfrac{1}{2}\iint\limits_{D} \sqrt{1-x^2-y^2}\mathrm{d}x\mathrm{d}y$. 在极坐标系中, $D=\{(r,\theta)\mid 0\leqslant r\leqslant \sin\theta,0\leqslant \theta\leqslant \dfrac{\pi}{2}\}$,

因此 $\iint\limits_{D} \sqrt{1-x^2-y^2}\mathrm{d}x\mathrm{d}y=\displaystyle\int_0^{\frac{\pi}{2}} \mathrm{d}\theta\int_0^{\sin\theta} \sqrt{1-r^2}r\mathrm{d}r=\dfrac{\pi}{6}-\dfrac{2}{9}$, 于是得 $A=\dfrac{\pi}{12}-\dfrac{1}{9}$.

从而 $f(x,y)=\sqrt{1-x^2-y^2}+\dfrac{8}{9\pi}-\dfrac{2}{3}$.

8. **解**:Ω 为一曲顶柱体,其顶为 $z=x^2+y^2$,底位于 xOy 面上,其侧面由抛物柱面 $y=x^2$ 及平面 $y=1$ 所组成. 由此可知 Ω 在 xOy 面上的投影区域 $D_{xy}=\{(x,y)\mid x^2\leqslant y\leqslant 1,-1\leqslant x\leqslant 1\}$.

因此 $\iiint\limits_{\Omega}f(x,y,z)\mathrm{d}x\mathrm{d}y\mathrm{d}z=\iint\limits_{D_{xy}}\mathrm{d}x\mathrm{d}y\int_{0}^{x^2+y^2}f(x,y,z)\mathrm{d}z=\int_{-1}^{1}\mathrm{d}x\int_{x^2}^{1}\mathrm{d}y\int_{0}^{x^2+y^2}f(x,y,z)\mathrm{d}z.$

9. **解**:(1)**解法一** 利用直角坐标,采用"先二后一"的积分次序.

由 $\begin{cases}x^2+y^2+z^2=R^2\\x^2+y^2+z^2=2Rz\end{cases}$ 解得 $z=\dfrac{R}{2}$,于是用平面 $z=\dfrac{R}{2}$

把 Ω 分成 Ω_1 和 Ω_2 两部分,其中

$\Omega_1=\left\{(x,y,z)\mid x^2+y^2\leqslant 2Rz-z^2,0\leqslant z\leqslant\dfrac{R}{2}\right\}$;

$\Omega_2=\left\{(x,y,z)\mid x^2+y^2\leqslant R^2-z^2,\dfrac{R}{2}\leqslant z\leqslant R\right\}.$

(图 10-94)

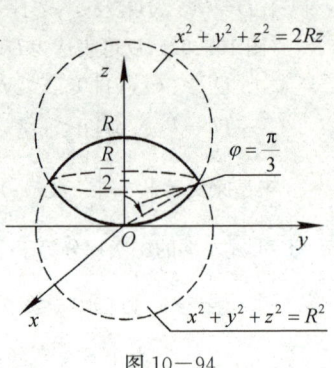

图 10-94

于是原式 $=\iiint\limits_{\Omega_1}z^2\mathrm{d}x\mathrm{d}y\mathrm{d}z+\iiint\limits_{\Omega_2}z^2\mathrm{d}x\mathrm{d}y\mathrm{d}z$

$=\int_{0}^{\frac{R}{2}}z^2\mathrm{d}z\iint\limits_{x^2+y^2\leqslant 2Rz-z^2}\mathrm{d}x\mathrm{d}y+\int_{\frac{R}{2}}^{R}z^2\mathrm{d}z\iint\limits_{x^2+y^2\leqslant R^2-z^2}\mathrm{d}x\mathrm{d}y$

$=\int_{0}^{\frac{R}{2}}\pi(2Rz-z^2)\cdot z^2\mathrm{d}z+\int_{\frac{R}{2}}^{R}\pi(R^2-z^2)\cdot z^2\mathrm{d}z$

$=\dfrac{1}{40}\pi R^5+\dfrac{47}{480}\pi R^5=\dfrac{50}{480}\pi R^5.$

解法二 利用球面坐标计算. 作圆锥面 $\varphi=\arccos\dfrac{1}{2}=\dfrac{\pi}{3}$,将 Ω 分成 Ω'_1 和 Ω'_2 两部分:

$\Omega'_1=\left\{(r,\varphi,\theta)\mid 0\leqslant r\leqslant R,0\leqslant\varphi\leqslant\dfrac{\pi}{3},0\leqslant\theta\leqslant 2\pi\right\}$

$\Omega'_2=\left\{(r,\varphi,\theta)\mid 0\leqslant r\leqslant 2R\cos\varphi,\dfrac{\pi}{3}\leqslant\varphi\leqslant\dfrac{\pi}{2},0\leqslant\theta\leqslant 2\pi\right\}.$

于是原式 $=\iiint\limits_{\Omega'_1}z^2\mathrm{d}x\mathrm{d}y\mathrm{d}z+\iiint\limits_{\Omega'_2}z^2\mathrm{d}x\mathrm{d}y\mathrm{d}z$

$=\int_{0}^{2\pi}\mathrm{d}\theta\int_{0}^{\frac{\pi}{3}}\cos^2\varphi\sin\varphi\mathrm{d}\varphi\int_{0}^{R}r^4\mathrm{d}r+\int_{0}^{2\pi}\mathrm{d}\theta\int_{\frac{\pi}{3}}^{\frac{\pi}{2}}\cos^2\varphi\sin\varphi\mathrm{d}\varphi\int_{0}^{2R\cos\varphi}r^4\mathrm{d}r$

$=\dfrac{7}{60}\pi R^5+\dfrac{1}{160}\pi R^5=\dfrac{59}{480}\pi R^5.$

(2)由于积分区域 Ω 关于 xOy 面对称,而被积函数关于 z 是奇函数,故所求积分等于零.

(3)积分区域 Ω 由旋转抛物面 $y^2+z^2=2x$ 和平面 $x=5$ 所围成,Ω 在 yOz 面上的投影区域

$D_{yz}=\{(y,z)\mid y^2+z^2\leqslant 10\}.$

因此 Ω 可表示为 $\dfrac{1}{2}(y^2+z^2)\leqslant x\leqslant 5,\quad 0\leqslant y^2+z^2\leqslant 10.$

于是 $\iiint\limits_{\Omega}(y^2+z^2)\mathrm{d}v=\iint\limits_{D_{yz}}(y^2+z^2)\mathrm{d}z\mathrm{d}y\int_{\frac{y^2+z^2}{2}}^{5}\mathrm{d}x$

$$= \iint\limits_{D_{yz}} (y^2+z^2)\left(5-\frac{y^2+z^2}{2}\right)dydz \xrightarrow{\text{极坐标}} \iint\limits_{D_{yz}} r^2\left(5-\frac{r^2}{2}\right)rdrd\theta$$

$$= \int_0^{2\pi}d\theta\int_0^{\sqrt{10}} r^3\left(5-\frac{r^2}{2}\right)dr = \frac{250}{3}\pi.$$

评注:根据本题的积分区域Ω的特点,应将Ω向yOz面投影,即采用先对x、后对y和z的积分次序较宜.

10. **解**:(1)利用球面坐标,

$$\iiint\limits_{\Omega(t)} f(x^2+y^2+z^2)dv = \int_0^{2\pi}d\theta\int_0^\pi\sin\varphi d\varphi\int_0^t f(r^2)r^2dr = 4\pi\int_0^t f(r^2)r^2dr,$$

利用极坐标,$\iint\limits_{D(t)} f(x^2+y^2)d\sigma = \int_0^{2\pi}d\theta\int_0^t f(r^2)rdr = 2\pi\int_0^t f(r^2)rdr.$ 于是 $F(t) =$

$\dfrac{2\int_0^t f(r^2)r^2 dr}{\int_0^t f(r^2)rdr}$,求导得 $F'(t)=\dfrac{2tf(t^2)\int_0^t f(r^2)r(t-r)dr}{\left[\int_0^t f(r^2)rdr\right]^2}$,所以在区间$(0,+\infty)$内,

$F'(t)>0$,故 $F(t)$在$(0,+\infty)$内单调增加.

(2)**证**:因为 $f(x^2)$为偶函数,故 $\int_{-t}^t f(x^2)dx = 2\int_0^t f(x^2)dx = 2\int_0^t f(r^2)dr.$

所以 $G(t) = \dfrac{\int_0^{2\pi}d\theta\int_0^t f(r^2)rdr}{2\int_0^t f(r^2)dr} = \dfrac{\pi\int_0^t f(r^2)rdr}{\int_0^t f(r^2)dr}.$

要证明$t>0$时,$F(t)>\dfrac{2}{\pi}G(t)$,即证 $\dfrac{2\int_0^t f(r^2)r^2 dr}{\int_0^t f(r^2)rdr} > \dfrac{2\int_0^t f(r^2)rdr}{\int_0^t f(r^2)dr}$,

只需证当$t>0$时,$H(t) = \int_0^t f(r^2)r^2 dr \cdot \int_0^t f(r^2)dr - \left[\int_0^t f(r^2)rdr\right]^2 > 0.$

由于 $H(0)=0$,且 $H'(t)=f(t^2)\int_0^t f(r^2)(t-r)^2 dr > 0$,

所以 $H(t)$在$(0,+\infty)$内单调增加,由 $H(t)$在$[0,+\infty)$上连续,故当$t>0$时,$H(t)>H(0)=0$.因此当$t>0$时,有 $F(t)>\dfrac{2}{\pi}G(t).$

11. **解**:平面方程为 $z=c-\dfrac{c}{a}x-\dfrac{c}{b}y$,它被三坐标面各处的有限部分在$xOy$面上的投影区域 D_{xy}为由x轴、y轴和直线$\dfrac{x}{a}+\dfrac{y}{b}=1$所围成的三角形区域。于是所求面积为

$$A = \iint\limits_{D_{xy}} \sqrt{1+\left(\frac{\partial z}{\partial x}\right)^2+\left(\frac{\partial z}{\partial y}\right)^2} dxdy = \iint\limits_{D_{xy}} \sqrt{1+\frac{c^2}{a^2}+\frac{c^2}{b^2}} dxdy$$

$$= \frac{1}{ab}\sqrt{a^2b^2+b^2c^2+c^2a^2} \iint\limits_{D_{xy}} dxdy = \frac{1}{ab}\sqrt{a^2b^2+b^2c^2+c^2a^2} \cdot \frac{1}{2}ab$$

$$= \frac{1}{2}\sqrt{a^2b^2+b^2c^2+c^2a^2}.$$

12. **解**:设矩形另一边的长度为l并建立如图$10-95$所示的坐标系,则质心的纵坐标

$$\bar{y} = \frac{\iint\limits_{D} y\,\mathrm{d}\sigma}{A} = \frac{\int_{-R}^{R}\mathrm{d}x\int_{-l}^{\sqrt{R^2-x^2}} y\,\mathrm{d}y}{A}$$

$$= \frac{\int_{-R}^{R}(R^2-x^2-l^2)\,\mathrm{d}x}{2A} = \frac{\frac{2}{3}R^3-l^2R}{A}$$

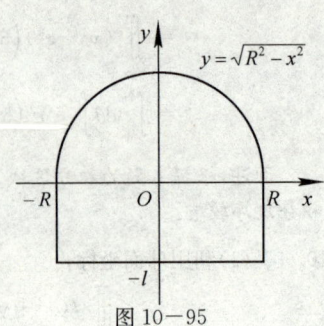

图 10—95

由题设 $\bar{y}=0$ 即可算得 $l=\sqrt{\dfrac{2}{3}}R$.

13. **解**：闭区域 $D=\{(x,y)\mid -\sqrt{y}\leqslant x\leqslant \sqrt{y}, 0\leqslant y\leqslant 1\}$，所求的转动惯量为 $I = \iint\limits_{D}\mu(y+1)^2\,\mathrm{d}\sigma = \mu\int_{0}^{1}(y+1)^2\,\mathrm{d}y\int_{-\sqrt{y}}^{\sqrt{y}}\mathrm{d}x$

$= 2\mu\int_{0}^{1}\sqrt{y}(y+1)^2\,\mathrm{d}y = 2\mu\int_{0}^{1}(y^{\frac{5}{2}}+2y^{\frac{3}{2}}+y^{\frac{1}{2}})\,\mathrm{d}y = \dfrac{368}{105}\mu.$

14. **解**：求解本题时，所有的分析和计算过程均与习题 10-4 的第 13 题雷同，故这里略去详细的计算步骤. 积分区域 $D=\{(r,\theta)\mid 0\leqslant r\leqslant R, 0\leqslant \theta\leqslant \pi\}$. 由于 D 关于 y 轴对称，且质量均匀分布，故 $F_x=0$. 又薄片的面密度 $\mu = \dfrac{M}{\frac{1}{2}\pi R^2} = \dfrac{2M}{\pi R^2}$，于是

$$F_y = Gm\mu\iint\limits_{D}\frac{y}{(x^2+y^2+a^2)^{\frac{3}{2}}}\,\mathrm{d}\sigma \xrightarrow{\text{极坐标}} Gm\mu\int_{0}^{\pi}\mathrm{d}\theta\int_{0}^{R}\frac{r\sin\theta}{(r^2+a^2)^{\frac{3}{2}}}r\,\mathrm{d}r$$

$$= 2Gm\mu\int_{0}^{R}\frac{r^2}{(r^2+a^2)^{\frac{3}{2}}}\,\mathrm{d}r = \frac{4GmM}{\pi R^2}\left(\ln\frac{\sqrt{R^2+a^2}+R}{a}-\frac{R}{\sqrt{R^2+a^2}}\right);$$

$$F_z = -Gam\mu\iint\limits_{D}\frac{\mathrm{d}\sigma}{(x^2+y^2+a^2)^{\frac{3}{2}}} = -Gam\mu\int_{0}^{\pi}\mathrm{d}\theta\int_{0}^{R}\frac{r}{(r^2+a^2)^{\frac{3}{2}}}\,\mathrm{d}r$$

$$= -\frac{2GamM}{R^2}\left(\frac{1}{a}-\frac{1}{\sqrt{R^2+a^2}}\right) = -\frac{2GmM}{R^2}\left(1-\frac{a}{\sqrt{R^2+a^2}}\right),$$

所求引力为 $\boldsymbol{F}=(0,F_y,F_z)$.

15. **解**：设质心为 $(\bar{x},\bar{y},\bar{z})$，由对称性知质心位于 z 轴上，即 $\bar{x}=\bar{y}=0$. 由于

$$\iiint\limits_{\Omega}z\,\mathrm{d}v = \int_{0}^{b}z\,\mathrm{d}z\iint\limits_{D_z}\mathrm{d}x\mathrm{d}y\left(\text{其中 }D_z=\left\{(x,y)\Big| x^2+y^2\leqslant a^2\left(1-\frac{z^2}{b^2}\right)\right\}\right)$$

$$= \int_{0}^{b}\pi a^2\left(1-\frac{z^2}{b^2}\right)z\,\mathrm{d}z = \pi a^2\int_{0}^{b}\left(z-\frac{z^3}{b^2}\right)\mathrm{d}z = \frac{\pi a^2 b^2}{4},$$

$$V = \frac{1}{2}\cdot\frac{4}{3}\pi a^2 b = \frac{2\pi a^2 b}{3}, \text{因此 } \bar{z} = \frac{\frac{\pi a^2 b^2}{4}}{\frac{2\pi a^2 b}{3}} = \frac{3b}{8}, \text{即质心为 }\left(0,0,\frac{3b}{8}\right)$$

16. **解**：设行星中心的密度为 μ_0，则由题设，在距球心 $r(0\leqslant r\leqslant R)$ 处的密度为 $\mu(r)=\mu_0-kr$，由于 $\mu(R)=\mu_0-kR=0$，故 $k=\dfrac{\mu_0}{R}$，即 $\mu(r)=\mu_0\left(1-\dfrac{r}{R}\right)$.

于是，$M = \iiint\limits_{r\leqslant R}\mu_0\left(1-\frac{r}{R}\right)r^2\sin\varphi\,\mathrm{d}r\mathrm{d}\varphi\mathrm{d}\theta = \mu_0\int_{0}^{2\pi}\mathrm{d}\theta\int_{0}^{\pi}\sin\varphi\,\mathrm{d}\varphi\int_{0}^{R}\left(1-\frac{r}{R}\right)r^2\,\mathrm{d}r$

$= 4\pi\mu_0\int_{0}^{R}\left(1-\dfrac{r}{R}\right)r^2\,\mathrm{d}r = \dfrac{\mu_0\pi R^3}{3}$，因此得 $\mu_0 = \dfrac{3M}{\pi R^3}$.

第十一章 曲线积分与曲面积分

第十章已经把积分概念从积分范围为数轴上一个区间的情形推广到积分范围为平面或空间内的一个有界闭区域的情形.本章主要是把积分概念推广到积分范围为具有有限长度的一段曲线弧或具有有限面积的一片曲面的情形,它们是积分中较难的一部分.

第一节 对弧长的曲线积分

一、主要内容归纳

1. 对弧长的曲线积分的概念 （又称第一类曲线积分）

$$\int_L f(x,y)\mathrm{d}s = \lim_{\lambda \to 0}\sum_{i=1}^{n}f(\xi_i,\eta_i)\Delta s_i$$

如果函数 $f(x,y)$ 在曲线 L 上连续,则 $f(x,y)$ 在曲线 L 上对弧长的曲线积分 $\int_L f(x,y)\mathrm{d}s$ 一定存在.

上述概念可以推广到空间,如果 $f(x,y,z)$ 是定义在空间中分段光滑曲线 Γ 上的有界函数,则函数 $f(x,y,z)$ 在曲线 Γ 上对弧长的曲线积分是

$$\int_\Gamma f(x,y,z)\mathrm{d}s = \lim_{\lambda \to 0}\sum_{i=1}^{n}f(\xi_i,\eta_i,\zeta_i)\Delta s_i$$

2. 对弧长的曲线积分的性质 （以平面曲线为例）

性质 1 $\int_L [f_1(x,y) \pm f_2(x,y)]\mathrm{d}s = \int_L f_1(x,y)\mathrm{d}s \pm \int_L f_2(x,y)\mathrm{d}s$

性质 2 $\int_L kf(x,y)\mathrm{d}s = k\int_L f(x,y)\mathrm{d}s$,其中 k 为常数.

性质 3 若 $L = L_1 + L_2$,则 $\int_L f(x,y)\mathrm{d}s = \int_{L_1} f(x,y)\mathrm{d}s + \int_{L_2} f(x,y)\mathrm{d}s$.

性质 4 若 $f(m)$ 在 L 上连续,则存在 $M_0 \in L$,使得 $\int_L f(m)\mathrm{d}s = f(M_0)|L|$,其中 $|L|$ 为曲线 L 的长度.

性质 5 $\int_{\overset{\frown}{AB}} f(m)\mathrm{d}s = \int_{\overset{\frown}{BA}} f(m)\mathrm{d}s.$

空间曲线积分 $\int_\Gamma f(x,y,z)\mathrm{d}s$ 也具有以上性质.

3. 对弧长曲线积分的计算法

(1) 设函数 $f(x,y)$ 在平面曲线

$$L: \begin{cases} x = x(t) \\ y = y(t) \end{cases} (\alpha \leqslant t \leqslant \beta)$$

上连续,$x'(t), y'(t)$ 在区间 $[\alpha,\beta]$ 上连续,则

$$\int_L f(x,y) ds = \int_\alpha^\beta f[x(t), y(t)] \sqrt{[x'(t)]^2 + [y'(t)]^2}\, dt.$$

(2) 如果曲线 L 的方程为 $y = y(x)$ $(a \leqslant x \leqslant b)$,且 $y'(x)$ 在区间 $[a,b]$ 上连续,则

$$\int_L f(x,y) ds = \int_a^b f[x, y(x)] \sqrt{1 + [y'(x)]^2}\, dx.$$

(3) 如果曲线 L 的方程为: $x = x(y)$ $(c \leqslant y \leqslant d)$,且 $x'(y)$ 在区间 $[c,d]$ 上连续,则

$$\int_L f(x,y) ds = \int_c^d f[x(y), y] \sqrt{1 + [x'(y)]^2}\, dy.$$

(4) 如果曲线 L 的方程为: $r = r(\theta)$ $(\alpha \leqslant \theta \leqslant \beta)$,转化为直角坐标方程为: $x = r(\theta) \cdot \cos\theta$, $y = r(\theta) \cdot \sin\theta$,则

$$ds = \sqrt{(dx)^2 + (dy)^2} = \sqrt{r^2(\theta) + [r'(\theta)]^2}\, d\theta.$$

$$\int_L f(x,y) ds = \int_\alpha^\beta f[r(\theta)\cos\theta, r(\theta)\sin\theta] \sqrt{r^2(\theta) + [r'(\theta)]^2}\, d\theta.$$

(5) 设函数 $f(x,y,z)$ 在空间曲线 $\Gamma: \begin{cases} x = x(t) \\ y = y(t) \\ z = z(t) \end{cases} (\alpha \leqslant t \leqslant \beta)$

上连续,$x'(t), y'(t), z'(t)$ 在 $[\alpha,\beta]$ 上连续,则

$$\int_\Gamma f(x,y,z) ds = \int_\alpha^\beta f[x(t), y(t), z(t)] \cdot \sqrt{[x'(t)]^2 + [y'(t)]^2 + [z'(t)]^2}\, dt.$$

4. 对弧长的曲线积分的应用

(1) 弧长 $\int_L ds = s, \int_\Gamma ds = s$ (数值上等于积分弧段的长度).

(2) 质量   平面曲线的质量 $m = \int_L \mu(x,y) ds$;空间曲线的质量 $m = \int_\Gamma \mu(x,y,z) ds$;其中 $\mu(x,y)$ 与 $\mu(x,y,z)$ 为曲线的线密度.

(3) 质心   平面曲线弧的质心 $(\bar{x}, \bar{y}): \bar{x} = \dfrac{\int_L x\mu(x,y) ds}{\int_L \mu(x,y) ds}, \bar{y} = \dfrac{\int_L y\mu(x,y) ds}{\int_L \mu(x,y) ds}$;空间曲线弧的

质心 $(\bar{x}, \bar{y}, \bar{z})$

$$\bar{x} = \frac{\int_\Gamma x\mu(x,y,z) ds}{\int_\Gamma \mu(x,y,z) ds}, \quad \bar{y} = \frac{\int_\Gamma y\mu(x,y,z) ds}{\int_\Gamma \mu(x,y,z) ds}, \quad \bar{z} = \frac{\int_\Gamma z\mu(x,y,z) ds}{\int_\Gamma \mu(x,y,z) ds};$$

(4) 转动惯量   平面曲线弧对坐标轴、原点 O 的转动惯量

$$I_x = \int_L y^2 \mu(x,y) ds, \quad I_y = \int_L x^2 \mu(x,y) ds, \quad I_O = \int_L (x^2 + y^2) \mu(x,y) ds.$$

空间曲线弧对坐标轴、原点 O 的转动惯量

$$I_x = \int_\Gamma (y^2 + z^2) \mu(x,y,z) ds; \qquad I_y = \int_\Gamma (x^2 + z^2) \mu(x,y,z) ds,$$

$$I_z = \int_\Gamma (x^2 + y^2) \mu(x,y,z) ds; \qquad I_O = \int_\Gamma (x^2 + y^2 + z^2) \mu(x,y,z) ds.$$

二、经典例题解析及解题方法总结

【例1】 设 L 为椭圆 $\dfrac{x^2}{4}+\dfrac{y^2}{3}=1$,其周长记为 a,则 $\oint_L (2xy+3x^2+4y^2)\mathrm{d}s=$ _____.(考研题)

解 原式 $=\oint_L (2xy+12)\mathrm{d}s=2\oint_L xy\mathrm{d}s+12\oint_L \mathrm{d}s=2\oint_L xy\mathrm{d}s+12a$.

由对称性知 $\oint_L xy\mathrm{d}s=0$. 原式 $=12a$.

方法总结

(1)与定积分、重积分不同的是曲线积分的积分区域是关于 x,y 的等式,因而被积函数中的 x,y 满足积分曲线 L 的方程,可直接代入化简积分式子.

(2)第一类曲线积分有关对称性的结论

若曲线 L 关于 $x=0$ 对称,L_1 是 L 的 $x\geqslant 0$ 部分,则当 $f(x,y)$ 关于 x 为偶函数,即 $f(-x,y)=f(x,y)$ 时,$\int_L f(x,y)\mathrm{d}s=2\int_{L_1} f(x,y)\mathrm{d}s$;当 $f(x,y)$ 关于 x 为奇函数,即 $f(-x,y)=-f(x,y)$ 时,$\int_L f(x,y)\mathrm{d}s=0$.

若曲线 L 关于 $y=0$ 对称,L_2 是 L 的 $y\geqslant 0$ 部分,则当 $f(x,y)$ 关于 y 为偶函数,即 $f(x,-y)=f(x,y)$ 时,$\int_L f(x,y)\mathrm{d}s=2\int_{L_2} f(x,y)\mathrm{d}s$;当 $f(x,y)$ 关于 y 为奇函数,即 $f(x,-y)=-f(x,y)$ 时,$\int_L f(x,y)\mathrm{d}s=0$.

【例2】 计算曲线积分 $I=\int_\Gamma x\mathrm{d}s$,其中 Γ 是由原点 $O(0,0,0)$ 到点 $A(1,1,1)$ 的直线段 Γ_1 与从点 $A(1,1,1)$ 沿曲线 $\begin{cases} y=x^4 \\ z=x \end{cases}$ 到 $B(-1,1,-1)$ 的弧段 Γ_2 所组成.

解 由题设条件知直线段 Γ_1 与曲线段 Γ_2 的参数方程分别为:

Γ_1: $x=t,\ y=t,\ z=t,(0\leqslant t\leqslant 1)$

$\mathrm{d}s=\sqrt{[x'(t)]^2+[y'(t)]^2+[z'(t)]^2}\,\mathrm{d}t=\sqrt{3}\,\mathrm{d}t$

Γ_2: $x=x,\ y=x^4,\ z=x,(-1\leqslant x\leqslant 1)$

$\mathrm{d}s=\sqrt{[x'(t)]^2+[y'(t)]^2+[z'(t)]^2}\,\mathrm{d}t=\sqrt{2+16x^6}\,\mathrm{d}x$

$I=\int_\Gamma x\mathrm{d}s=\int_{\Gamma_1} x\mathrm{d}s+\int_{\Gamma_2} x\mathrm{d}s=\int_0^1 t\sqrt{3}\,\mathrm{d}t+\int_{-1}^1 x\sqrt{2+16x^6}\,\mathrm{d}x=\dfrac{\sqrt{3}}{2}+0=\dfrac{\sqrt{3}}{2}$

【例3】 计算 $I=\int_L |y|\mathrm{d}s$,其中 L 为 $(x^2+y^2)^2=a^2(x^2-y^2)$ (如图 11-1).

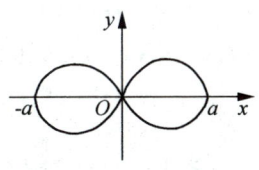

图 11-1

分析 被积函数若带有绝对值符号,总的原则是去掉绝对值符号计算,但是由于被积函数为偶函数,而积分路径关于两坐标轴对称,故可以使用对称性定理,只需计算第一象限内的弧段上积分的 4 倍即可,同时也去掉了绝对值符号. 利用对称性定理,有时也是去掉绝对值符号的一种办法.

解 设 L_1 为曲线 L 位于第一象限的部分,显然利用极坐标计算方便.

令 $x=r\cos\theta,y=r\sin\theta$,于是 $L_1:r^4=a^2r^2(\cos^2\theta-\sin^2\theta)$,即

$$r=a\sqrt{\cos 2\theta}\left(0\leqslant\theta\leqslant\frac{\pi}{4}\right),\ ds=\sqrt{r^2+r'^2}\,d\theta=\frac{a}{\sqrt{\cos 2\theta}}d\theta,$$

故 $I=4\int_{L_1}y\,ds=4\int_0^{\frac{\pi}{4}}a\sqrt{\cos 2\theta}\sin\theta\frac{a}{\sqrt{\cos 2\theta}}d\theta=4a^2\left(1-\frac{\sqrt{2}}{2}\right).$

【例4】 计算 $I=\oint_\Gamma x^2\,ds$,其中 Γ 为球面 $x^2+y^2+z^2=R^2$ 与平面 $x+y+z=0$ 相交的圆周.

解 显然 Γ 关于变量 x,y,z 是对等的,由轮换对称性知:

$$\oint_\Gamma x^2\,ds=\oint_\Gamma y^2\,ds=\oint_\Gamma z^2\,ds$$

故 $I=\oint_\Gamma x^2\,ds=\frac{1}{3}\oint_\Gamma (x^2+y^2+z^2)\,ds=\frac{1}{3}\oint_\Gamma R^2\,ds=\frac{1}{3}R^2\cdot 2\pi R=\frac{2}{3}\pi R^3$

【例5】 求线密度为常数的摆线段 $L:x=a(t-\sin t),y=a(1-\cos t)(0\leqslant t\leqslant\pi)$ 的重心.

解 设线密度为常数 ρ,则重心坐标为 $(\bar{x},\bar{y})$,且

$$\bar{x}=\frac{\int_L x\rho\,ds}{\int_L \rho\,ds}=\frac{\int_L x\,ds}{\int_L ds},\quad \bar{y}=\frac{\int_L y\rho\,ds}{\int_L \rho\,ds}=\frac{\int_L y\,ds}{\int_L ds}$$

其中 $ds=\sqrt{[x'(t)]^2+[y'(t)]^2}\,dt=\sqrt{a^2(1-\cos t)^2+a^2\sin^2 t}\,dt=2a\sin\frac{t}{2}dt$

$$\int_L ds=\int_0^\pi 2a\sin\frac{t}{2}dt=\left(-4a\cos\frac{t}{2}\right)\Big|_0^\pi=4a,$$

$$\int_L x\,ds=\int_0^\pi a(t-\sin t)2a\sin\frac{t}{2}dt=2a^2\int_0^\pi t\sin\frac{t}{2}dt-2a^2\int_0^\pi \sin t\sin\frac{t}{2}dt$$

$$=2a^2\left[\int_0^\pi t\sin\frac{t}{2}dt-2\int_0^\pi \sin^2\frac{t}{2}\cos\frac{t}{2}dt\right]=\frac{16}{3}a^2,$$

$$\int_L y\,ds=\int_0^\pi a(1-\cos t)2a\sin\frac{t}{2}dt=4a^2\int_0^\pi \sin^3\frac{t}{2}dt$$

令 $u=\frac{t}{2}$,则 $dt=2du$

$$\xlongequal{\quad}8a^2\int_0^{\frac{\pi}{2}}\sin^3 u\,du=8a^2\cdot\frac{2}{3}=\frac{16}{3}a^2$$

于是 $\bar{x}=\frac{4}{3}a,\bar{y}=\frac{4}{3}a.$ 故重心坐标为 $(\frac{4}{3}a,\frac{4}{3}a)$.

【例6】 求柱面 $x^2+y^2=a^2$ 被柱面 $x^2+z^2=a^2$ 所截下的有限部分的面积 S.

分析 一般地,柱面 $\varphi(x,y)=0$ 位于曲面 $z=z_1(x,y)$ 与 $z=z_2(x,y)(z_1(x,y)\leqslant z_2(x,y))$ 之间部分的面积 S 为 $S=\int_L[z_2(x,y)-z_1(x,y)]ds$,其中 L 为柱面 $\varphi(x,y)=0$ 与 xOy 面的交线,即 $L:\begin{cases}\varphi(x,y)=0\\z=0\end{cases}$ 且曲线 L 上任一小弧段 ds 对应的面积微元为:$dS=[z_2(x,y)-z_1(x,y)]ds$,如图 11-2 所示.

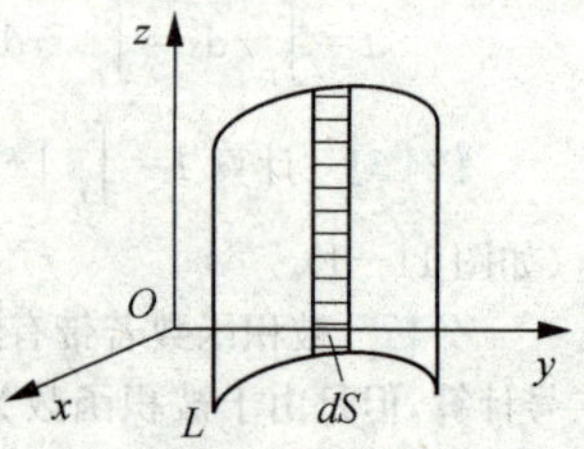

图 11-2

解 化 $z^2+x^2=a^2$ 为 $z=\pm\sqrt{a^2-x^2}$,记

$$z_1 = -\sqrt{a^2-x^2}, \qquad z_2 = \sqrt{a^2-x^2}$$

L 为 xOy 面上的曲线 $x^2+y^2=a^2$；L 的参数方程为：

$$x=a\cos t, y=a\sin t, (0\leqslant t\leqslant 2\pi)$$

L 关于 x 轴、y 轴均对称，又 $ds=\sqrt{[x'(t)]^2+[y'(t)]^2}dt=adt$

函数 $\sqrt{a^2-x^2}$ 关于 x、y 都是偶函数，由对称性得所求面积 $S=4\int_{L_1}[z_2(x,y)-z_1(x,y)]ds$，其中 L_1 为 L 在第一象限部分. 于是

$$S=4\int_{L_1}2\sqrt{a^2-x^2}ds=8\int_0^{\frac{\pi}{2}}\sqrt{a^2(1-\cos^2 t)}adt=8a^2\int_0^{\frac{\pi}{2}}\sin t dt=8a^2.$$

习题 11-1 解答

1. 解：(1) 设将 L 分成 n 个小弧段，取出其中任意一段记作 ds（其长度也记作 ds），(x,y) 为 ds 上一点，则 ds 对 x 轴和对 y 轴的转动惯量的近似值分别为 $dI_x=y^2\mu(x,y)ds$；$dI_y=x^2\mu(x,y)ds$. 以此作为转动惯量元素并积分，即得 L 对 x 轴、对 y 轴的转动惯量：$I_x=\int_L y^2\mu(x,y)ds$；$I_y=\int_L x^2\mu(x,y)ds$.

(2) ds 对 x 轴和对 y 轴的静矩的近似值分别为 $dM_x=y\mu(x,y)ds$；$dM_y=x\mu(x,y)ds$.

以此作为静矩元素并积分，即得 L 对 x 轴、y 轴的静矩：$M_x=\int_L y\mu(x,y)ds$；$M_y=\int_L x\mu(x,y)ds$. 从而 L 的质心坐标为 $\bar{x}=\dfrac{M_y}{M}=\dfrac{\int_L x\mu(x,y)ds}{\int_L \mu(x,y)ds}$；$\bar{y}=\dfrac{M_x}{M}=\dfrac{\int_L y\mu(x,y)ds}{\int_L \mu(x,y)ds}$.

2. 证：设将积分弧段 L 任意分割成 n 个小弧段，第 i 个小弧段的长度为 Δs_i，(ξ_i,η_i) 为第 i 个小弧段上任意取定的一点. 按假设，有 $f(\xi_i,\eta_i)\Delta s_i\leqslant g(\xi_i,\eta_i)\Delta s_i (i=1,2,\cdots,n)$，$\sum_{i=1}^n f(\xi_i,\eta_i)\Delta s_i\leqslant \sum_{i=1}^n g(\xi_i,\eta_i)\Delta s_i$. 令 $\lambda=\max\{\Delta s_i\}\to 0$，上式两端同时取极限，即得 $\int_L f(x,y)ds\leqslant \int_L g(x,y)ds$. 又 $f(x,y)\leqslant |f(x,y)|,-f(x,y)\leqslant |f(x,y)|$，利用以上结果，得

$$\int_L f(x,y)ds\leqslant \int_L |f(x,y)|ds, -\int_L f(x,y)ds\leqslant \int_L |f(x,y)|ds,$$

即 $|\int_L f(x,y)ds|\leqslant \int_L |f(x,y)|ds$.

3. 解：(1) $\oint_L (x^2+y^2)^n ds=\int_0^{2\pi}(a^2\cos^2 t+a^2\sin^2 t)^n\sqrt{(-a\sin t)^2+(a\cos t)^2}dt=\int_0^{2\pi}a^{2n+1}dt=2\pi a^{2n+1}$.

(2) 直线 L 的方程为 $y=1-x (0\leqslant x\leqslant 1)$.

$$\int_L (x+y)ds=\int_0^1 [x+(1-x)]\sqrt{1+(-1)^2}dx=\int_0^1 \sqrt{2}dx=\sqrt{2}.$$

(3) L 由 L_1 和 L_2 两段组成，其中 $L_1: y=x (0\leqslant x\leqslant 1)$；$L_2: y=x^2 (0\leqslant x\leqslant 1)$. 于是

$$\oint_L xds=\int_{L_1}xds+\int_{L_2}xds=\int_0^1 x\sqrt{1+1^2}dx+\int_0^1 x\sqrt{1+(2x)^2}dx$$

$$=\int_0^1 \sqrt{2}xdx+\int_0^1 x\sqrt{1+4x^2}dx=\frac{1}{12}(5\sqrt{5}+6\sqrt{2}-1).$$

(4) L 由线段 $OA: y=0 (0 \leqslant x \leqslant a)$，圆弧 $\overparen{AB}: x=a\cos t, y=a\sin t (0 \leqslant t \leqslant \frac{\pi}{4})$ 和线段 $OB: y=x (0 \leqslant x \leqslant \frac{a}{\sqrt{2}})$ 组成（图 11-3）.

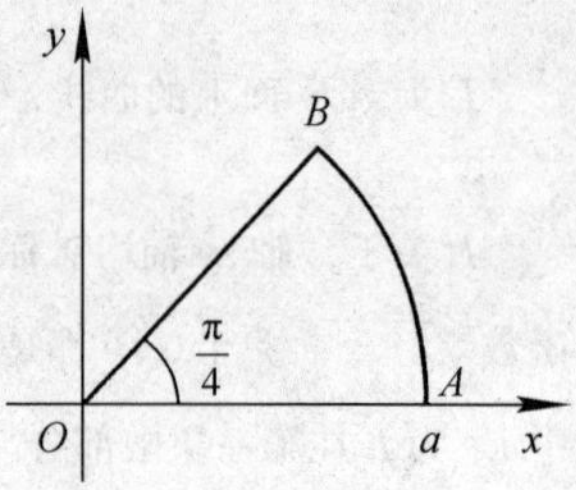

$$\int_{OA} e^{\sqrt{x^2+y^2}} ds = \int_0^a e^x dx = e^a - 1;$$

$$\int_{\overparen{AB}} e^{\sqrt{x^2+y^2}} ds = \int_0^{\frac{\pi}{4}} e^a \sqrt{(-a\sin t)^2+(a\cos t)^2} dt$$

$$= \int_0^{\frac{\pi}{4}} a e^a dt = \frac{\pi}{4} a e^a;$$

$$\int_{OB} e^{\sqrt{x^2+y^2}} ds = \int_0^{\frac{a}{\sqrt{2}}} e^{\sqrt{2}x} \sqrt{1+1^2} dx = e^a - 1,$$

于是 $\int_L e^{\sqrt{x^2+y^2}} ds = e^a - 1 + \frac{\pi}{4} a e^a + e^a - 1 = e^a \left(2+\frac{\pi a}{4}\right) - 2.$

图 11-3

(5) $ds = \sqrt{\left(\frac{dx}{dt}\right)^2 + \left(\frac{dy}{dt}\right)^2 + \left(\frac{dz}{dt}\right)^2} dt$

$= \sqrt{(e^t\cos t - e^t\sin t)^2 + (e^t\sin t + e^t\cos t)^2 + (e^t)^2} dt = \sqrt{3} e^t dt,$

$\int_\Gamma \frac{1}{x^2+y^2+z^2} ds = \int_0^2 \frac{1}{e^{2t}\cos^2 t + e^{2t}\sin^2 t + e^{2t}} \cdot \sqrt{3} e^t dt = \frac{\sqrt{3}}{2} \int_0^2 e^{-t} dt = \frac{\sqrt{3}}{2} (1 - e^{-2})$

(6) Γ 由直线段 $AB、BC$ 和 CD 组成，其中

$AB: x=0, y=0, z=t (0 \leqslant t \leqslant 2)$; $BC: x=t, y=0, z=2 (0 \leqslant t \leqslant 1)$;

$CD: x=1, y=t, z=2 (0 \leqslant t \leqslant 3).$

于是 $\int_\Gamma x^2 yz ds = \int_{AB} x^2 yz ds + \int_{BC} x^2 yz ds + \int_{CD} x^2 yz ds = \int_0^2 0 dt + \int_0^1 0 dt + \int_0^3 2t dt = 9.$

(7) $ds = \sqrt{\left(\frac{dx}{dt}\right)^2 + \left(\frac{dy}{dt}\right)^2} dt = \sqrt{a^2(1-\cos t)^2 + a^2 \sin^2 t} dt = \sqrt{2} a \sqrt{1-\cos t} dt,$

$\int_L y^2 ds = \int_0^{2\pi} a^2 (1-\cos t)^2 \cdot \sqrt{2} a \sqrt{1-\cos t} dt$

$= \sqrt{2} a^3 \int_0^{2\pi} (1-\cos t)^{\frac{5}{2}} dt = \sqrt{2} a^3 \int_0^{2\pi} \left(2\sin^2 \frac{t}{2}\right)^{\frac{5}{2}} dt$

$\xrightarrow{u=\frac{t}{2}} 16 a^3 \int_0^\pi \sin^5 u du = 32 a^3 \int_0^{\frac{\pi}{2}} \sin^5 u du = 32 a^3 \cdot \frac{4}{5} \cdot \frac{2}{3} = \frac{256}{15} a^3.$

评注：上式中利用了同济教材上册第五章第 3 节例 12 的结论，即

$$\int_0^{\frac{\pi}{2}} \sin^n x dx = \int_0^{\frac{\pi}{2}} \cos^n x dx = \begin{cases} \frac{n-1}{n} \cdot \frac{n-3}{n-2} \cdot \frac{n-5}{n-4} \cdot \cdots \cdot \frac{4}{5} \cdot \frac{2}{3} \cdot 1; n \text{ 为正奇数}, \\ \frac{n-1}{n} \cdot \frac{n-3}{n-2} \cdot \frac{n-5}{n-4} \cdot \cdots \cdot \frac{3}{4} \cdot \frac{1}{2} \cdot \frac{\pi}{2}; n \text{ 为正偶数}. \end{cases}$$

(8) $ds = \sqrt{\left(\frac{dx}{dt}\right)^2 + \left(\frac{dy}{dt}\right)^2} dt = \sqrt{(at\cos t)^2 + (at\sin t)^2} dt = at dt,$

$\int_L (x^2 + y^2) ds = \int_0^{2\pi} [a^2(\cos t + t\sin t)^2 + a^2(\sin t - t\cos t)^2] \cdot at dt$

$$= \int_0^{2\pi} a^3(1+t^2)t\mathrm{d}t = 2\pi^2 a^3(1+2\pi^2).$$

评注：对弧长的曲线积分化为定积分时，定积分的上限一定要大于下限.

4. 解：取坐标系如图 11-4 所示，则由对称性知 $\overline{y}=0$.

又 $M = \int_L \mu \mathrm{d}s = \int_L \mathrm{d}s = 2\varphi a$（也可由圆弧的弧长公式直接得出），故 $\overline{x} = \dfrac{\int_L x\mu \mathrm{d}s}{M} = \dfrac{\int_{-\varphi}^{\varphi} a\cos t \cdot a\mathrm{d}t}{2\varphi a} = \dfrac{2a^2 \sin\varphi}{2\varphi a} = \dfrac{a\sin\varphi}{\varphi}$,

所求圆弧的质心的位置为 $\left(\dfrac{a\sin\varphi}{\varphi}, 0\right)$.

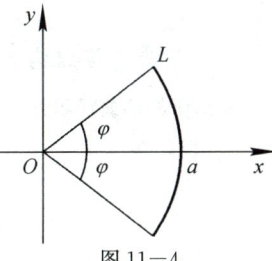

图 11-4

5. 解：(1) $I_z = \int_\Gamma (x^2+y^2)\mu(x,y,z)\mathrm{d}s = \int_\Gamma (x^2+y^2)(x^2+y^2+z^2)\mathrm{d}s$

$$= \int_0^{2\pi} a^2(a^2+k^2t^2)\sqrt{(-a\sin t)^2+(a\cos t)^2+k^2}\,\mathrm{d}t$$

$$= a^2\sqrt{a^2+k^2}\int_0^{2\pi}(a^2+k^2t^2)\mathrm{d}t = \dfrac{2}{3}\pi a^2\sqrt{a^2+k^2}(3a^2+4\pi^2 k^2)$$

(2) 设质心位置为 $(\overline{x},\overline{y},\overline{z})$.

$$M = \int_\Gamma \mu(x,y,z)\mathrm{d}s = \int_\Gamma (x^2+y^2+z^2)\mathrm{d}s = \int_0^{2\pi}(a^2+k^2t^2)\sqrt{a^2+k^2}\,\mathrm{d}t$$

$$= \dfrac{2}{3}\pi\sqrt{a^2+k^2}(3a^2+4\pi^2 k^2),$$

$$\overline{x} = \dfrac{1}{M}\int_\Gamma x\mu(x,y,z)\mathrm{d}s = \dfrac{1}{M}\int_\Gamma x(x^2+y^2+z^2)\mathrm{d}s$$

$$= \dfrac{1}{M}\int_0^{2\pi} a\cos t(a^2+k^2t^2)\cdot\sqrt{a^2+k^2}\,\mathrm{d}t = \dfrac{a\sqrt{a^2+k^2}}{M}\int_0^{2\pi}(a^2+k^2t^2)\cos t\mathrm{d}t,$$

由于 $\int_0^{2\pi}(a^2+k^2t^2)\cos t\mathrm{d}t = \left[(a^2+k^2t^2)\sin t\right]_0^{2\pi} - \int_0^{2\pi}\sin t\cdot 2k^2 t\mathrm{d}t$

$$= \left[2k^2 t\cos t\right]_0^{2\pi} - \int_0^{2\pi} 2k^2\cos t\mathrm{d}t = 4\pi k^2,$$

因此 $\overline{x} = \dfrac{a\sqrt{a^2+k^2}\cdot 4\pi k^2}{\dfrac{2}{3}\pi\sqrt{a^2+k^2}(3a^2+4\pi^2 k^2)} = \dfrac{6ak^2}{3a^2+4\pi^2 k^2}.$

类似的，$\overline{y} = \dfrac{1}{M}\int_\Gamma y(x^2+y^2+z^2)\mathrm{d}s = \dfrac{a\sqrt{a^2+k^2}}{M}\int_0^{2\pi}(a^2+k^2t^2)\sin t\mathrm{d}t$

$$= \dfrac{a\sqrt{a^2+k^2}\cdot(-4\pi^2 k^2)}{M} = \dfrac{-6\pi ak^2}{3a^2+4\pi^2 k^2}.$$

$$\overline{z} = \dfrac{1}{M}\int_\Gamma z(x^2+y^2+z^2)\mathrm{d}s = \dfrac{k\sqrt{a^2+k^2}}{M}\int_0^{2\pi} t(a^2+k^2t^2)\mathrm{d}t$$

$$= \dfrac{k\sqrt{a^2+k^2}(2a^2\pi^2+4k^2\pi^4)}{M} = \dfrac{3\pi k(a^2+2\pi^2 k^2)}{3a^2+4\pi^2 k^2}.$$

故质心坐标为 $\left(\dfrac{6ak^2}{3a^2+4\pi^2 k^2}, \dfrac{-6\pi ak^2}{3a^2+4\pi^2 k^2}, \dfrac{3\pi k(a^2+2\pi^2 k^2)}{3a^2+4\pi^2 k^2}\right).$

第二节 对坐标的曲线积分

一、主要内容归纳

1. 对坐标的曲线积分（又称第二类曲线积分）

$$\int_L P(x,y)\mathrm{d}x = \lim_{\lambda \to 0} \sum_{i=1}^{n} P(\xi_i, \eta_i)\Delta x_i,$$

$$\int_L Q(x,y)\mathrm{d}y = \lim_{\lambda \to 0} \sum_{i=1}^{n} Q(\xi_i, \eta_i)\Delta y_i,$$

如果函数 $P(x,y)$、$Q(x,y)$ 在有向曲线 L 上连续时，上述积分都存在．
在平面有向曲线弧 L 上第二类曲线积分的组合形式为

$$\int_L P(x,y)\mathrm{d}x + Q(x,y)\mathrm{d}y = \int_L P(x,y)\mathrm{d}x + \int_L Q(x,y)\mathrm{d}y,$$

其向量形式为 $\int_L \boldsymbol{F}(x,y)\mathrm{d}\boldsymbol{r}$,

其中 $\boldsymbol{F}(x,y) = P(x,y)\boldsymbol{i} + Q(x,y)\boldsymbol{j}$; $\mathrm{d}\boldsymbol{r} = \mathrm{d}x\boldsymbol{i} + \mathrm{d}y\boldsymbol{j}$

类似地，在空间有向曲线 Γ 上对坐标 x、y、z 的曲线积分分别为

$$\int_\Gamma P(x,y,z)\mathrm{d}x = \lim_{\lambda \to 0} \sum_{i=1}^{n} P(\xi_i, \eta_i, \zeta_i)\Delta x_i,$$

$$\int_\Gamma Q(x,y,z)\mathrm{d}y = \lim_{\lambda \to 0} \sum_{i=1}^{n} Q(\xi_i, \eta_i, \zeta_i)\Delta y_i,$$

$$\int_\Gamma R(x,y,z)\mathrm{d}z = \lim_{\lambda \to 0} \sum_{i=1}^{n} R(\xi_i, \eta_i, \zeta_i)\Delta z_i.$$

其组合形式为 $\int_\Gamma P\mathrm{d}x + Q\mathrm{d}y + R\mathrm{d}z = \int_\Gamma P(x,y,z)\mathrm{d}x + \int_\Gamma Q(x,y,z)\mathrm{d}y + \int_\Gamma R(x,y,z)\mathrm{d}z$

其中向量形式为 $\int_\Gamma \boldsymbol{F}(x,y,z)\mathrm{d}\boldsymbol{r}$

其中 $\boldsymbol{F}(x,y,z) = P(x,y,z)\boldsymbol{i} + Q(x,y,z)\boldsymbol{j} + R(x,y,z)\boldsymbol{k}$

$$\mathrm{d}\boldsymbol{r} = \mathrm{d}x\boldsymbol{i} + \mathrm{d}y\boldsymbol{j} + \mathrm{d}z\boldsymbol{k}$$

2. 对坐标的曲线积分的性质

(1) $\int_{\widehat{AB}} P\mathrm{d}x + Q\mathrm{d}y = -\int_{\widehat{BA}} P\mathrm{d}x + Q\mathrm{d}y.$

$$\int_\Gamma P\mathrm{d}x + Q\mathrm{d}y + R\mathrm{d}z = -\int_{-\Gamma} P\mathrm{d}x + Q\mathrm{d}y + R\mathrm{d}z$$

其中 $-\Gamma$ 表示曲线弧方向与曲线弧 Γ 方向相反的曲线段．

(2) 若 $L = L_1 + L_2$，则

$$\int_L P\mathrm{d}x + Q\mathrm{d}y = \int_{L_1} P\mathrm{d}x + Q\mathrm{d}y + \int_{L_2} P\mathrm{d}x + Q\mathrm{d}y$$

若 $\Gamma = \Gamma_1 + \Gamma_2$，则

$$\int_\Gamma P\mathrm{d}x + Q\mathrm{d}y + R\mathrm{d}z = \int_{\Gamma_1} P\mathrm{d}x + Q\mathrm{d}y + R\mathrm{d}z + \int_{\Gamma_2} P\mathrm{d}x + Q\mathrm{d}y + R\mathrm{d}z$$

3. 对坐标的曲线积分的计算法

(1) 设函数 $P(x,y)$、$Q(x,y)$ 在有向曲线 L 上连续,L 的参数方程为 $\begin{cases} x=x(t) \\ y=y(t) \end{cases}$ ($\alpha \leqslant t \leqslant \beta$) 且 $x'(t), y'(t)$ 连续,而 $t=\alpha$ 时对应于起点 A,$t=\beta$ 对应于终点 B,则

$$\int_{\widehat{AB}} P(x,y)\mathrm{d}x = \int_\alpha^\beta P[x(t),y(t)]x'(t)\mathrm{d}t,$$

$$\int_{\widehat{AB}} Q(x,y)\mathrm{d}y = \int_\alpha^\beta Q[x(t),y(t)]y'(t)\mathrm{d}t.$$

(2) 如果曲线 L 是由方程 $y=y(x)$ ($a \leqslant x \leqslant b$) 给出,曲线 L 的起点 A 的横坐标为 $x=a$,终点 B 的横坐标为 $x=b$,函数 $y(x)$ 具有连续的一阶导数,则

$$\int_{\widehat{AB}} P(x,y)\mathrm{d}x = \int_a^b P[x,y(x)]\mathrm{d}x,$$

$$\int_{\widehat{AB}} Q(x,y)\mathrm{d}y = \int_a^b Q[x,y(x)]y'(x)\mathrm{d}x.$$

(3) 如果曲线 L 是由方程 $x=x(y)$ ($c \leqslant y \leqslant d$) 给出,曲线 L 的起点 A 的纵坐标为 $y=c$,终点 B 的纵坐标为 $y=d$,函数 $x(y)$ 具有连续的一阶导数,则

$$\int_{\widehat{AB}} P(x,y)\mathrm{d}x = \int_c^d P[x(y),y]x'(y)\mathrm{d}y,$$

$$\int_{\widehat{AB}} Q(x,y)\mathrm{d}y = \int_c^d Q[x(y),y]\mathrm{d}y.$$

(4) 如果曲线 L 的方程是 $r=r(\theta)$,且 $r'(\theta)$ 连续,L 的起点对应的 $\theta=\alpha$,终点对应的 $\theta=\beta$,转化为参数方程为 $x=r(\theta)\cos\theta$,$y=r(\theta)\sin\theta$,则

$$\int_L P(x,y)\mathrm{d}x = \int_\alpha^\beta P[r(\theta)\cos\theta, r(\theta)\sin\theta] \cdot [r'(\theta)\cos\theta - r(\theta)\sin\theta]\mathrm{d}\theta,$$

$$\int_L Q(x,y)\mathrm{d}y = \int_\alpha^\beta Q[r(\theta)\cos\theta, r(\theta)\sin\theta] \cdot [r'(\theta)\sin\theta + r(\theta)\cos\theta]\mathrm{d}\theta,$$

(5) 对于空间曲线积分,如果函数 $P(x,y,z)$、$Q(x,y,z)$、$R(x,y,z)$ 在有向曲线 Γ 上连续,Γ 的参数方程为 $\begin{cases} x=x(t) \\ y=y(t) \\ z=z(t) \end{cases}$ ($\alpha \leqslant t \leqslant \beta$)

而 $x'(t), y'(t), z'(t)$ 连续,且 $t=\alpha$ 对应于起点 A,$t=\beta$ 对应于终点 B,则

$$\int_\Gamma P(x,y,z)\mathrm{d}x = \int_\alpha^\beta P[x(t),y(t),z(t)]x'(t)\mathrm{d}t,$$

$$\int_\Gamma Q(x,y,z)\mathrm{d}y = \int_\alpha^\beta Q[x(t),y(t),z(t)]y'(t)\mathrm{d}t,$$

$$\int_\Gamma R(x,y,z)\mathrm{d}z = \int_\alpha^\beta R[x(t),y(t),z(t)]z'(t)\mathrm{d}t.$$

4. 两类曲线积分的关系

(1) 设平面上有向曲线 L 上任一点 $M(x,y)$ 处与 L 方向一致的切线的方向余弦为

$$\cos\alpha = \frac{\mathrm{d}x}{\mathrm{d}s}, \quad \cos\beta = \frac{\mathrm{d}y}{\mathrm{d}s}$$

则

$$\int_L P\mathrm{d}x + Q\mathrm{d}y = \int_L (P\cos\alpha + Q\cos\beta)\mathrm{d}s.$$

(2) 设空间有向曲线 Γ 上任一点 $N(x,y,z)$ 处与 Γ 方向一致的切线的方向余弦为

$$\cos\alpha=\frac{\mathrm{d}x}{\mathrm{d}s},\quad \cos\beta=\frac{\mathrm{d}y}{\mathrm{d}s},\quad \cos\gamma=\frac{\mathrm{d}z}{\mathrm{d}s},$$

则 $\int_\Gamma P\mathrm{d}x+Q\mathrm{d}y+R\mathrm{d}z=\int_\Gamma (P\cos\alpha+Q\cos\beta+R\cos\gamma)\mathrm{d}s.$

5. 对坐标的曲线积分的应用

(1) 面积 平面曲线 L 围成闭区域的面积 S 为

$$S=\frac{1}{2}\oint_L x\mathrm{d}y-y\mathrm{d}x=\frac{1}{2}\oint_L x\mathrm{d}y-\frac{1}{2}\oint_L y\mathrm{d}x$$

(2) 变力沿曲线所做的功

变力沿平面曲线 L 所做的功:设有一力场 $\boldsymbol{F}=P(x,y)\boldsymbol{i}+Q(x,y)\boldsymbol{j}$,则

$$W=\int_L P(x,y)\mathrm{d}x+Q(x,y)\mathrm{d}y;$$

变力沿空间曲线 Γ 所做的功:设有一力场 $\boldsymbol{F}=P(x,y,z)\boldsymbol{i}+Q(x,y,z)\boldsymbol{j}+R(x,y,z)\boldsymbol{k}$ 则

$$W=\int_\Gamma P(x,y,z)\mathrm{d}x+Q(x,y,z)\mathrm{d}y+R(x,y,z)\mathrm{d}z$$

二、经典例题解析及解题方法总结

【例 1】 计算 $\int_C (x^2+y^2)\mathrm{d}x+(x^2-y^2)\mathrm{d}y$,其中 C 为曲线 $y=1-|1-x|$ 从对应于 $x=0$ 的点到 $x=2$ 的点.

分析 积分曲线 C 在 $x=0$ 到 $x=2$ 之间是由两条直线段组成,因而首先应把 $y=1-|1-x|$ 在每段上的表达式写出来,然后再把所求积分转化为两条有向线段上的积分之和.

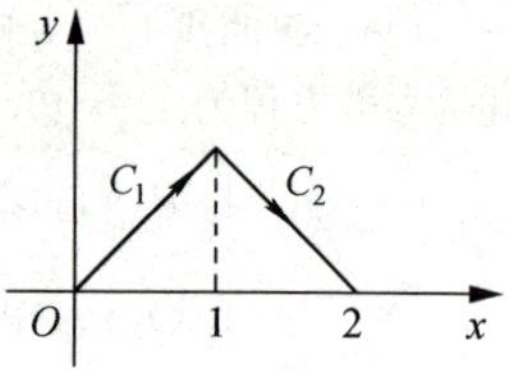

解 $y=1-|1-x|=\begin{cases} x, & 0\leqslant x\leqslant 1 \\ 2-x, & 1<x\leqslant 2 \end{cases}$ 故 C 是由 $C_1:y=x(0\leqslant x\leqslant 1)$ 和 $C_2:y=2-x(1<x\leqslant 2)$ 组成(如图 11-5),

故 $\int_C \cdot =\int_{C_1}\cdot +\int_{C_2}\cdot .$

图 11-5

$$\int_{C_1}(x^2+y^2)\mathrm{d}x+(x^2-y^2)\mathrm{d}y=\int_0^1 (x^2+x^2)\mathrm{d}x=\frac{2}{3},$$

$$\int_{C_2}(x^2+y^2)\mathrm{d}x+(x^2-y^2)\mathrm{d}y=\int_1^2\{[x^2+(2-x)^2]+[x^2-(2-x)^2](-1)\}\mathrm{d}x$$

$$=2\int_1^2 (4-4x+x^2)\mathrm{d}x=\frac{2}{3}$$

所以 $\int_C (x^2+y^2)\mathrm{d}x+(x^2-y^2)\mathrm{d}y=\frac{4}{3}.$

方法总结

计算第二段积分时,也可选 y 为参数,则有

$$\mathrm{d}x=-\mathrm{d}y,\int_{C_2}(x^2+y^2)\mathrm{d}x+(x^2-y^2)\mathrm{d}y=\int_1^0 [-(x^2+y^2)+(x^2-y^2)]\mathrm{d}y$$

$$=2\int_0^1 y^2\mathrm{d}y=\frac{2}{3}.$$

【例2】 计算曲线积分 $\oint_{\Gamma}(z-y)\mathrm{d}x+(x-z)\mathrm{d}y+(x-y)\mathrm{d}z$，其中 Γ 是曲线 $\begin{cases} x^2+y^2=1, \\ x-y+z=2, \end{cases}$ 从 z 轴正向看去，Γ 取顺时针方向.（考研题）

解 这里 Γ 由一般方程给出，首先要将一般方程化为参数方程. 注意到 $x^2+y^2=1$，因此可令 $x=\cos t$，$y=\sin t$，再由 $z=2-x+y$ 得 $z=2-\cos t+\sin t$，t 从 2π 变到 0. 于是

$$\text{原式}=\int_{2\pi}^{0}[(2-\cos t)(-\sin t)+(2\cos t-2-\sin t)\cos t+(\cos t-\sin t)(\sin t+\cos t)]\mathrm{d}t$$

$$=\int_{0}^{2\pi}(2\sin t+2\cos t-2\cos 2t-1)\mathrm{d}t=-2\pi.$$

【例3】 计算 $I=\oint_C y^2\mathrm{d}x+z^2\mathrm{d}y+x^2\mathrm{d}z$ 其中 C 是球面 $x^2+y^2+z^2=a^2$ 外侧位于第一卦限部分的正向边界.

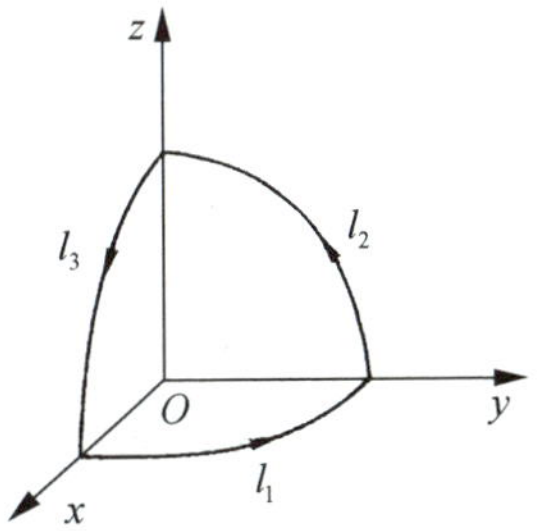

解 如图 11-6 所示，C 可分为 l_1, l_2, l_3 三段.

l_1 的参数方程为：$\begin{cases} x=a\cos\theta \\ y=a\sin\theta, \quad 0\leqslant\theta\leqslant\dfrac{\pi}{2} \\ z=0 \end{cases}$

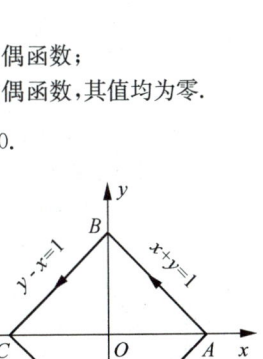

图 11-6

故 $\int_{l_1} y^2\mathrm{d}x+z^2\mathrm{d}y+x^2\mathrm{d}z=\int_{0}^{\frac{\pi}{2}}a^2\sin^2\theta(-a\sin\theta)\mathrm{d}\theta=-\dfrac{2}{3}a^3.$

由对称性知 $\int_{l_2}\cdot=\int_{l_3}\cdot=\int_{l_1}\cdot$

故 $I=\oint_C\cdot=\int_{l_1}\cdot+\int_{l_2}\cdot+\int_{l_3}\cdot=3\int_{l_1}y^2\mathrm{d}x+z^2\mathrm{d}y+x^2\mathrm{d}z=-2a^3.$

【例4】 计算 $\int_{ABCDA}\dfrac{\mathrm{d}x+\mathrm{d}y}{|xy|+1}$，其中 $ABCDA$ 为 $|x|+|y|=1$ 取逆时针方向.

解法一 将 $\int_{ABCDA}\dfrac{\mathrm{d}x+\mathrm{d}y}{|xy|+1}=\int_{ABCDA}\dfrac{\mathrm{d}x}{|xy|+1}+\int_{ABCDA}\dfrac{\mathrm{d}y}{|xy|+1}$

对第一个积分，曲线关于 x 轴对称，且走向相反，被积函数为 y 的偶函数；
对第二个积分，曲线关于 y 轴对称，且走向相反，被积函数为 x 的偶函数，其值均为零.

即 $\int_{ABCDA}\dfrac{\mathrm{d}x+\mathrm{d}y}{|xy|+1}=\int_{ABCDA}\dfrac{\mathrm{d}x}{|xy|+1}+\int_{ABCDA}\dfrac{\mathrm{d}y}{|xy|+1}=0+0=0.$

解法二 如图 11-7 所示.

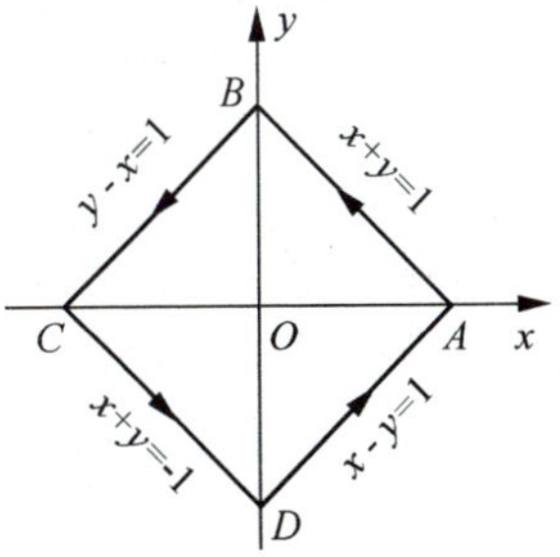

$\int_{ABCDA}\dfrac{\mathrm{d}x+\mathrm{d}y}{1+|xy|}=\left(\int_{AB}+\int_{BC}+\int_{CD}+\int_{DA}\right)\dfrac{\mathrm{d}x+\mathrm{d}y}{1+|xy|}$

$=\int_{AB}\dfrac{\mathrm{d}x+\mathrm{d}y}{1+|xy|}+\int_{BC}\dfrac{\mathrm{d}x+\mathrm{d}y}{1+|xy|}+\int_{CD}\dfrac{\mathrm{d}x+\mathrm{d}y}{1+|xy|}+\int_{DA}\dfrac{\mathrm{d}x+\mathrm{d}y}{1+|xy|}$

$=\int_{1}^{0}\dfrac{\mathrm{d}x-\mathrm{d}x}{x(1-x)+1}+\int_{0}^{-1}\dfrac{2\mathrm{d}x}{-x(1+x)+1}+\int_{-1}^{0}\dfrac{\mathrm{d}x-\mathrm{d}x}{x(-1-x)+1}$

$+\int_{0}^{1}\dfrac{2\mathrm{d}x}{x(1-x)+1}=2\int_{0}^{-1}\dfrac{-\mathrm{d}x}{x(1+x)+1}+2\int_{0}^{1}\dfrac{\mathrm{d}x}{x(1-x)+1}$

$=2\int_{0}^{1}\dfrac{-\mathrm{d}x}{x(1-x)+1}+2\int_{0}^{1}\dfrac{\mathrm{d}x}{x(1-x)+1}=2\int_{0}^{1}\dfrac{-\mathrm{d}x+\mathrm{d}x}{x(1-x)+1}=0.$

图 11-7

其中 $2\int_{0}^{-1}\dfrac{\mathrm{d}x}{-x(1+x)+1}\xrightarrow{\text{令}t=-x}2\int_{0}^{1}\dfrac{-\mathrm{d}t}{t(1-t)+1}=2\int_{0}^{1}\dfrac{-\mathrm{d}x}{x(1-x)+1}.$

方法总结

对坐标的曲线积分在利用对称性解题时要考虑全面:既要注意曲线的对称性、被积函数的奇偶性,还要考虑曲线的方向.

【例5】 证明 $\left|\iint_{\Gamma} P\mathrm{d}x+Q\mathrm{d}y+R\mathrm{d}z\right| \leqslant \int_{\Gamma} \sqrt{P^2+Q^2+R^2}\,\mathrm{d}s$. 并由此估计 $\left|\oint_{\Gamma} z\mathrm{d}x+x\mathrm{d}y+y\mathrm{d}z\right|$ 的上界,其中 Γ 为球面 $x^2+y^2+z^2=a^2$ 与平面 $x+y+z=0$ 的交线并定向.

证 设 $\boldsymbol{F}=(P,Q,R)$, $\boldsymbol{\tau}$ 是有向曲线弧 Γ 的单位切向量,则由两类曲线积分之间的关系得
$$\left|\iint_{\Gamma} P\mathrm{d}x+Q\mathrm{d}y+R\mathrm{d}z\right| = \left|\int_{\Gamma} \boldsymbol{F}\cdot\boldsymbol{\tau}\,\mathrm{d}s\right| \leqslant \int_{\Gamma}|\boldsymbol{F}\cdot\boldsymbol{\tau}|\mathrm{d}s \leqslant \int_{\Gamma}|\boldsymbol{F}|\mathrm{d}s = \int_{\Gamma}\sqrt{P^2+Q^2+R^2}\,\mathrm{d}s$$
由此可得 $\left|\oint_{\Gamma} z\mathrm{d}x+x\mathrm{d}y+y\mathrm{d}z\right| \leqslant \oint_{\Gamma}\sqrt{z^2+x^2+y^2}\,\mathrm{d}s = \oint_{\Gamma} a\,\mathrm{d}s = 2\pi a^2$.

【例6】 设 $u(x,y)=x^2-xy+y^2$, L 为抛物线 $y=x^2$ 自原点至点 $A(1,1)$ 的有向弧段, $\boldsymbol{n}$ 为 L 的切向量顺时针旋转 $\frac{\pi}{2}$ 角所得的法向量, $\frac{\partial u}{\partial n}$ 为函数 u 沿法向量 $\boldsymbol{n}$ 的方向导数,计算 $\int_L \frac{\partial u}{\partial n}\mathrm{d}s$.

解 设 L 的单位切向量为 $\boldsymbol{t}=\{\cos\alpha,\cos\beta\}$,如图 11-8 所示.

顺时针旋转 $\frac{\pi}{2}$ 得单位法向量 $\boldsymbol{n}=\{\cos\beta,-\cos\alpha\}$

由于 $\mathrm{d}x=\mathrm{d}s\cos\alpha$, $\mathrm{d}y=\mathrm{d}s\cos\beta$,

$$\int_L \frac{\partial u}{\partial n}\mathrm{d}s = \int_L \left\{\frac{\partial u}{\partial x},\frac{\partial u}{\partial y}\right\}\cdot\boldsymbol{n}\,\mathrm{d}s$$
$$= \int_L \left\{\frac{\partial u}{\partial x},\frac{\partial u}{\partial y}\right\}\cdot\{\mathrm{d}s\cos\beta,-\mathrm{d}s\cos\alpha\}$$
$$= \int_L -\frac{\partial u}{\partial y}\mathrm{d}x+\frac{\partial u}{\partial x}\mathrm{d}y = \int_L (x-2y)\mathrm{d}x+(2x-y)\mathrm{d}y$$
$$= \int_0^1 [(x-2x^2)+(2x-x^2)\cdot 2x]\mathrm{d}x = \frac{2}{3}.$$

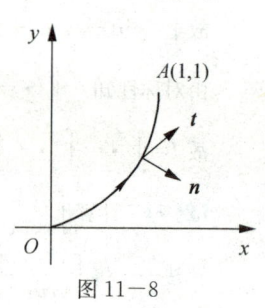

图 11-8

【例7】 质点 P 沿着以 AB 为直径的半圆周从点 $A(1,2)$ 运动到点 $B(3,4)$,在移动过程中受到变力 $\boldsymbol{F}$ 的作用(图 11-9). $\boldsymbol{F}$ 的大小等于点 P 与原点 O 之间的距离, $\boldsymbol{F}$ 的方向垂直于线段 OP 且与 y 轴正向的夹角为锐角. 求质点移动过程中变力 $\boldsymbol{F}$ 对质点 P 所作的功.

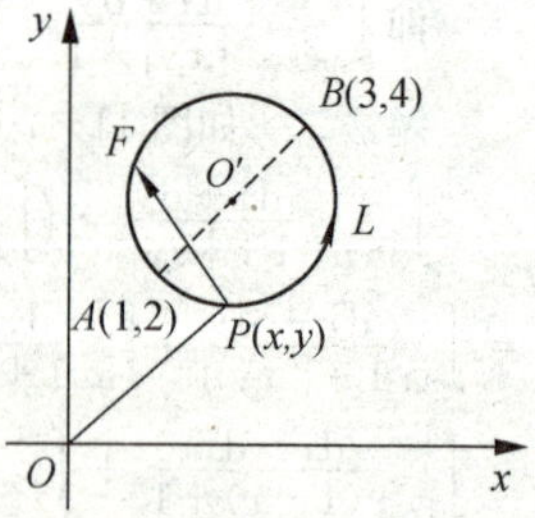

解 如图 11-9,由题设知 $|\boldsymbol{F}|=\sqrt{x^2+y^2}$
由于 $\overrightarrow{OP}=x\boldsymbol{i}+y\boldsymbol{j}$, $\boldsymbol{F}\perp\overrightarrow{OP}$,且与 y 轴正向夹成锐角(从而 $\boldsymbol{F}$ 在 y 轴上的投影为正),故可得 $\boldsymbol{F}$ 的单位向量
$$\boldsymbol{e}_F=\frac{-y\boldsymbol{i}+x\boldsymbol{j}}{\sqrt{x^2+y^2}}.$$

于是
$$\boldsymbol{F}=|\boldsymbol{F}|\boldsymbol{e}_F=-y\boldsymbol{i}+x\boldsymbol{j}$$

图 11-9

下面求半圆 $\overset{\frown}{AB}$ 的方程.显见圆心 O' 的坐标为 $(2,3)$,半径 $R=\sqrt{2}$,因此 $\overset{\frown}{AB}$ 所在圆的方程为 $(x-2)^2+(y-3)^2=2$. 又因直径 AB 所在直线的斜率 $k=\frac{4-2}{3-1}=1$,故可设有向曲线弧 $\overset{\frown}{AB}$ 的参

数方程为 $\begin{cases} x=2+\sqrt{2}\cos t, \\ y=3+\sqrt{2}\sin t \end{cases}$ t 从 $-\dfrac{3}{4}\pi$ 变到 $\dfrac{\pi}{4}$. 于是变力 $\boldsymbol{F}$ 所作的功为

$$W = \int_{\widehat{AB}} \boldsymbol{F} \cdot \mathrm{d}\boldsymbol{r} = \int_{\widehat{AB}} -y\mathrm{d}x + x\mathrm{d}y$$
$$= \int_{-\frac{3\pi}{4}}^{\frac{\pi}{4}} [-(3+\sqrt{2}\sin t)(-\sqrt{2}\sin t) + (2+\sqrt{2}\cos t)\sqrt{2}\cos t] \mathrm{d}t = 2(\pi-1)$$

方法总结

(1) 第二类曲线积分的积分弧段是有向线段,并有下列性质

$$\int_{L^-} P\mathrm{d}x + Q\mathrm{d}y = -\int_{L} P\mathrm{d}x + Q\mathrm{d}y (L^- \text{ 表示 } L \text{ 的反向曲线弧}).$$

而前面的重积分、第一类曲线积分的积分区域、积分弧段是无向的,没有类似上式的性质,这是两者显著不同之处.

(2) 第二类曲线积分的计算步骤与第一类曲线积分类似,都是先找出积分弧段的参数方程,然后化为关于参数 t 的定积分. 但有一点要特别注意, 第二类曲线积分化为定积分时,积分下限为弧段起点对应的参数,上限为弧段终点对应的参数,下限不一定小于上限,这与第一类曲线积分的计算法明显不同.

(3) 计算第二类曲线积分时,也有化繁为简的方法,常见的有以下两种:

1° 当 L 是垂直于某坐标轴的直线段时,对该坐标变量的曲线积分等于零,即

若线段 $AB \perp x$ 轴,则 $\int_{AB} P(x,y)\mathrm{d}x = 0$;

若线段 $CD \perp y$ 轴,则 $\int_{CD} Q(x,y)\mathrm{d}y = 0$.

这是第一类曲线积分没有的性质.

2° 利用下一节的格林公式来简化运算(详见下节内容).

要注意,在计算第一类曲线积分时利用对称性来简化运算的方法,在计算第二类曲线积分时要慎用,因为此时不仅要考虑被积函数和积分弧段的对称性,还要考虑对称弧段的方向之间的关系,比较复杂. 一般应在化为定积分后,再看能否利用对称性来简化运算.

(4) 第二类曲线积分的记号有两种形式,即数量形式 $\int_L P\mathrm{d}x + Q\mathrm{d}y$ 和向量形式 $\int_L \boldsymbol{F} \cdot \mathrm{d}\boldsymbol{r}$. 数量形式便于实际计算,在高等数学教材中用得较多;但向量形式比较紧凑,其物理意义明显,在物理和工程技术书籍中用得较普遍. 因此对这两种记号都要了解,会互相转化.

习题 11－2 解答

1. **证**：将 L 的方程表达为如下的参数形式：$\begin{cases}x=a\\y=t\end{cases}$ t 从 α 变到 β.

于是由第二类曲线积分的计算公式，得 $\int_L P(x,y)\mathrm{d}x=\int_\alpha^\beta P(a,t)\cdot 0\mathrm{d}t=0$.

评注：本题给出了第二类曲线积分的一个重要性质：

如果 L 为垂直于 x 轴的有向线段，则 $\int_L P(x,y)\mathrm{d}x=0$；如果 L 为垂直于 y 轴的有向线段，则 $\int_L Q(x,y)\mathrm{d}y=0$. 这一性质常被用来简化第二类曲线积分的计算.

2. **证**：将 L 的方程表达为如下的参数形式：$\begin{cases}x=x,\\y=0\end{cases}$ x 从 a 变到 b，

于是 $\int_L P(x,y)\mathrm{d}x=\int_a^b P(x,0)\mathrm{d}x$.

3. **解**：(1) $\int_L (x^2-y^2)\mathrm{d}x=\int_0^2(x^2-x^4)\mathrm{d}x=-\frac{56}{15}$.

(2) 如图 11－10，L 由 L_1 和 L_2 所组成，其中 L_1 为有向半圆弧：

$$\begin{cases}x=a+a\cos t\\y=a\sin t,\end{cases}\quad t\text{ 从 }0\text{ 变到 }\pi;$$

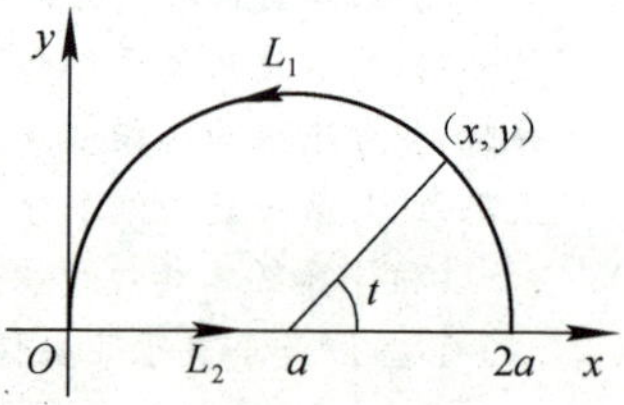

图 11－10

L_2 为有向线段 $y=0$，x 从 0 变到 $2a$. 于是

$$\begin{aligned}\oint_L xy\mathrm{d}x&=\int_{L_1}xy\mathrm{d}x+\int_{L_2}xy\mathrm{d}x\\&=\int_0^\pi a(1+\cos t)\cdot a\sin t\cdot(-a\sin t)\mathrm{d}t+0\\&=-a^3\left(\int_0^\pi\sin^2t\mathrm{d}t+\int_0^\pi\sin^2t\cos t\mathrm{d}t\right)=-a^3\left(\frac{\pi}{2}+0\right)=-\frac{\pi}{2}a^3.\end{aligned}$$

(3) $\int_L y\mathrm{d}x+x\mathrm{d}y=\int_0^{\frac{\pi}{2}}[R\sin t\cdot(-R\sin t)+R\cos t\cdot R\cos t]\mathrm{d}t=R^2\int_0^{\frac{\pi}{2}}\cos 2t\mathrm{d}t=0$.

(4) L 的参数方程为 $x=a\cos t$，$y=a\sin t$，t 从 0 变到 2π. 于是

$$\begin{aligned}\text{原式}&=\frac{1}{a^2}\int_0^{2\pi}[a(\cos t+\sin t)\cdot(-a\sin t)-a(\cos t-\sin t)\cdot a\cos t]\mathrm{d}t\\&=\frac{1}{a^2}\int_0^{2\pi}(-a^2)\mathrm{d}t=-2\pi.\end{aligned}$$

(5)
$$\begin{aligned}\int_\Gamma x^2\mathrm{d}x+z\mathrm{d}y-y\mathrm{d}z&=\int_0^\pi[k^2\theta^2\cdot k+a\sin\theta\cdot(-a\sin\theta)-a\cos\theta\cdot(a\cos\theta)]\mathrm{d}\theta\\&=\int_0^\pi(k^3\theta^2-a^2)\mathrm{d}\theta=\frac{1}{3}k^3\pi^3-a^2\pi.\end{aligned}$$

(6) 直线 Γ 的参数方程为：$x=1+t$，$y=1+2t$，$z=1+3t$，t 从 0 变到 1. 于是

原式 $=\int_0^1[(1+t)\cdot 1+(1+2t)\cdot 2+(1+t+1+2t-1)\cdot 3]\mathrm{d}t=\int_0^1(6+14t)\mathrm{d}t=13$.

(7) Γ 由有向线段 AB、BC、CA 依次连接而成，其中 AB：$x=1-t$，$y=t$，$z=0$，t 从 0 变到 1；BC：$x=0$，$y=1-t$，$z=t$，t 从 0 变到 1；CA：$x=t$，$y=0$，$z=1-t$，t 从 0 变到 1.

$\int_{AB}\mathrm{d}x-\mathrm{d}y+y\mathrm{d}z=\int_0^1[(-1)-1+0]\mathrm{d}t=-2$；

$$\int_{BC} \mathrm{d}x - \mathrm{d}y + y\mathrm{d}z = \int_0^1 [0 - (-1) + (1-t) \cdot 1]\mathrm{d}t = \int_0^1 (2-t)\mathrm{d}t = \frac{3}{2};$$

$$\int_{CA} \mathrm{d}x - \mathrm{d}y + y\mathrm{d}z = \int_0^1 (1-0+0)\mathrm{d}t = 1, 因此\oint_{\Gamma} \mathrm{d}x - \mathrm{d}y + y\mathrm{d}z = -2 + \frac{3}{2} + 1 = \frac{1}{2}.$$

(8) $\int_L (x^2 - 2xy)\mathrm{d}x + (y^2 - 2xy)\mathrm{d}y = \int_{-1}^1 [(x^2 - 2x \cdot x^2) + (x^4 - 2x \cdot x^2) \cdot 2x]\mathrm{d}x = \int_{-1}^1 (2x^5 - 4x^4 - 2x^3 + x^2)\mathrm{d}x = 2\int_0^1 (-4x^4 + x^2)\mathrm{d}x = -\frac{14}{15}.$

4. 解：(1) 化为对 y 的定积分. $L: x = y^2$, y 从 1 变到 2,

$$原式 = \int_1^2 [(y^2 + y) \cdot 2y + (y - y^2) \cdot 1]\mathrm{d}y = \int_1^2 (2y^3 + y^2 + y)\mathrm{d}y = \frac{34}{3}.$$

(2) L 的方程为 $y - 1 = \frac{2-1}{4-1}(x-1)$，即 $x = 3y - 2$, y 从 1 变到 2，化为对 y 的定积分计算，有

$$原式 = \int_1^2 [(3y - 2 + y) \cdot 3 + (y - 3y + 2) \cdot 1]\mathrm{d}y = \int_1^2 (10y - 4)\mathrm{d}y = 11.$$

(3) 记 L_1 为从点 $(1,1)$ 到点 $(1,2)$ 的有向线段，L_2 为从点 $(1,2)$ 到点 $(4,2)$ 的有向线段. 则 $L_1: x = 1$, y 从 1 变到 2; $L_2: y = 2$, x 从 1 变到 4. 在 L_1 上，$\mathrm{d}x = 0$; 在 L_2 上，$\mathrm{d}y = 0$. 于是

$$\int_{L_1} (x+y)\mathrm{d}x + (y-x)\mathrm{d}y = \int_1^2 (y-1)\mathrm{d}y = \frac{1}{2};$$

$$\int_{L_2} (x+y)\mathrm{d}x + (y-x)\mathrm{d}y = \int_1^4 (x+2)\mathrm{d}x = \frac{27}{2},$$

因此 原式 $= \frac{1}{2} + \frac{27}{2} = 14.$

(4) 由 $\begin{cases} 2t^2 + t + 1 = 1, \\ t^2 + 1 = 1 \end{cases}$ 可得 $t = 0$; 由 $\begin{cases} 2t^2 + t + 1 = 4, \\ t^2 + 1 = 2 \end{cases}$ 可得 $t = 1$. 因此

$$原式 = \int_0^1 [(2t^2 + t + 1 + t^2 + 1) \cdot (4t + 1) + (t^2 + 1 - 2t^2 - t - 1) \cdot 2t]\mathrm{d}t$$

$$= \int_0^1 (10t^3 + 5t^2 + 9t + 2)\mathrm{d}t = \frac{32}{3}.$$

5. 解：依题意，$\boldsymbol{F} = (|\boldsymbol{F}|, 0)$, $L: x = R\cos t$, $y = R\sin t$, t 从 0 变到 $\frac{\pi}{2}$，因此

$$W = \int_L \boldsymbol{F} \cdot \mathrm{d}\boldsymbol{r} = \int_L |\boldsymbol{F}|\mathrm{d}x + 0\mathrm{d}y = |\boldsymbol{F}|\int_0^{\frac{\pi}{2}} -R\sin t\mathrm{d}t = -|\boldsymbol{F}|R.$$

6. 解：重力 $\boldsymbol{F} = (0, 0, mg)$, 质点移动的直线路径 L 的方程为

$$\begin{cases} x = x_1 + (x_2 - x_1)t, \\ y = y_1 + (y_2 - y_1)t, \quad t 从 0 变到 1. \\ z = z_1 + (z_2 - z_1)t, \end{cases}$$

于是 $W = \int_L \boldsymbol{F} \cdot \mathrm{d}\boldsymbol{r} = \int_L 0\mathrm{d}x + 0\mathrm{d}y + mg\mathrm{d}z = \int_0^1 mg(z_2 - z_1)\mathrm{d}t = mg(z_2 - z_1).$

7. 解：(1) L 为点 $(0,0)$ 到点 $(1,1)$ 的有向线段，其上任一点处的切向量的方向余弦满足 $\cos\alpha = \cos\beta = \cos\frac{\pi}{4} = \frac{1}{\sqrt{2}}$, 于是 $\int_L P(x,y)\mathrm{d}x + Q(x,y)\mathrm{d}y = \int_L [P(x,y)\cos\alpha + Q(x,y)\cos\beta]\mathrm{d}s$

$$= \int_L \frac{P(x,y) + Q(x,y)}{\sqrt{2}}\mathrm{d}s.$$

(2) L 由如下的参数方程给出: $x=x, y=x^2$, x 从 0 变到 1,故 L 的切向量的方向余弦为

$$\cos\alpha=\frac{1}{\sqrt{1+y'^2(x)}}=\frac{1}{\sqrt{1+4x^2}}, \quad \cos\beta=\frac{y'(x)}{\sqrt{1+y'^2(x)}}=\frac{2x}{\sqrt{1+4x^2}},$$

于是 $\int_L P(x,y)\mathrm{d}x+Q(x,y)\mathrm{d}y=\int_L \frac{P(x,y)+2xQ(x,y)}{\sqrt{1+4x^2}}\mathrm{d}s.$

(3) L 由如下的参数方程给出: $x=x$, $y=\sqrt{2x-x^2}$, x 从 0 变到 1,故 L 的切向量的方向余弦为

$$\cos\alpha=\frac{1}{\sqrt{1+y'^2(x)}}=\frac{1}{\sqrt{1+\left(\frac{1-x}{\sqrt{2x-x^2}}\right)^2}}=\sqrt{2x-x^2}; \cos\beta=\frac{y'(x)}{\sqrt{1+y'^2(x)}}=\frac{1-x}{\sqrt{2x-x^2}}.$$

$\sqrt{2x-x^2}=1-x$, 于是 $\int_L P(x,y)\mathrm{d}x+Q(x,y)\mathrm{d}y=\int_L[\sqrt{2x-x^2}P(x,y)+(1-x)Q(x,y)]\mathrm{d}s.$

8. 解: $\frac{\mathrm{d}x}{\mathrm{d}t}=1, \frac{\mathrm{d}y}{\mathrm{d}t}=2t=2x, \frac{\mathrm{d}z}{\mathrm{d}t}=3t^2=3y$, 注意到参数 t 由小变到大,因此 Γ 的切向量的方向余弦为:

$$\cos\alpha=\frac{x'(t)}{\sqrt{x'^2(t)+y'^2(t)+z'^2(t)}}=\frac{1}{\sqrt{1+4x^2+9y^2}}; \cos\beta=\frac{y'(t)}{\sqrt{x'^2(t)+y'^2(t)+z'^2(t)}}=$$

$\frac{2x}{\sqrt{1+4x^2+9y^2}}; \cos\gamma=\frac{z'(t)}{\sqrt{x'^2(t)+y'^2(t)+z'^2(t)}}=\frac{3y}{\sqrt{1+4x^2+9y^2}}.$

从而 $\int_\Gamma P\mathrm{d}x+Q\mathrm{d}y+R\mathrm{d}z=\int_\Gamma \frac{P+2xQ+3yR}{\sqrt{1+4x^2+9y^2}}\mathrm{d}s.$

第三节 格林公式及其应用

一、主要内容归纳

1. 格林(Green)公式

设函数 $P(x,y)$、$Q(x,y)$ 在平面区域 D 及其边界曲线 L 上具有连续的一阶偏导数,则

$$\oint_L P\mathrm{d}x+Q\mathrm{d}y=\iint_D \left(\frac{\partial Q}{\partial x}-\frac{\partial P}{\partial y}\right)\mathrm{d}x\mathrm{d}y,$$

其中 L 取正向.

2. 平面上曲线积分与路径无关的条件

设函数 $P(x,y)$、$Q(x,y)$ 在平面单连通区域 D 内具有连续的一阶偏导数,则下面四个命题等价.

命题1 曲线 $L(\widehat{AB})$ 是 D 内由点 A 到点 B 的一段有向曲线,则曲线积分 $\int_L P\mathrm{d}x+Q\mathrm{d}y$ 与路径无关,只与起点 A 和终点 B 有关.

命题2 在区域 D 内沿任意一条闭曲线 L 的曲线积分有 $\oint_L P\mathrm{d}x+Q\mathrm{d}y=0$.

命题3 在区域 D 内任意一点 (x,y) 处有 $\frac{\partial Q}{\partial x}=\frac{\partial P}{\partial y}$.

命题4 在 D 内存在函数 $u(x,y)$,使得 $P\mathrm{d}x+Q\mathrm{d}y$ 是该二元函数 $u(x,y)$ 的全微分,即

$$\mathrm{d}u=P\mathrm{d}x+Q\mathrm{d}y.$$

3. 已知全微分求原函数

如果函数 $P(x,y)$、$Q(x,y)$ 在单连通区域 D 内具有连续的一阶偏导数,且 $\frac{\partial Q}{\partial x}=\frac{\partial P}{\partial y}$,则 $P\mathrm{d}x+Q\mathrm{d}y$ 是某个函数 $u(x,y)$ 的全微分,且有 $u(x,y)=\int_{(x_0,y_0)}^{(x,y)}P\mathrm{d}x+Q\mathrm{d}y$,
其中 (x_0,y_0) 是区域 D 内的某一定点,(x,y) 是 D 内的任一点。

4. 全微分方程

如果一阶微分方程:$P(x,y)\mathrm{d}x+Q(x,y)\mathrm{d}y=0$ 的左端恰好是某个二元函数 $u(x,y)$ 的全微分,即 $\mathrm{d}u(x,y)=P(x,y)\mathrm{d}x+Q(x,y)\mathrm{d}y$,
那么该微分方程称为全微分方程,其隐式通解为 $u(x,y)=C$. (C 是任意常数)

二、经典例题解析及解题方法总结

【例 1】 计算 $I=\oint_L(-2xy-y^2)\mathrm{d}x-(2xy+x^2-x)\mathrm{d}y$,
其中 L 是以 $O(0,0)$, $A(1,0)$, $B(1,1)$, $C(0,1)$ 为顶点的正方形的正向边界线.

解 令 $P(x,y)=-2xy-y^2$,$Q(x,y)=-(2xy+x^2-x)=-2xy-x^2+x$.

则 $\frac{\partial Q}{\partial x}=-2y-2x+1$,$\frac{\partial P}{\partial y}=-2x-2y$,根据格林公式得 $I=\iint_D\left(\frac{\partial Q}{\partial x}-\frac{\partial P}{\partial y}\right)\mathrm{d}x\mathrm{d}y=\iint_D(-2y-2x+1+2y+2x)\mathrm{d}x\mathrm{d}y=\iint_D 1\cdot\mathrm{d}x\mathrm{d}y=1$.

> **方法总结**
>
> 该题用把对坐标的曲线积分化为定积分的方法也可作,但相比较之下,显然用格林公式计算要简单得多.

【例 2】 求 $I=\int_L(\mathrm{e}^x\sin y-b(x+y))\mathrm{d}x+(\mathrm{e}^x\cos y-ax)\mathrm{d}y$,其中 a,b 为正的常数,L 为从点 $A(2a,0)$ 沿曲线 $y=\sqrt{2ax-x^2}$ 到点 $O(0,0)$ 的弧. (考研题)

解法一 添加从点 $O(0,0)$ 沿 $y=0$ 到点 $A(2a,0)$ 的有向直线段 L_1,$I=\int_{L\cup L_1}(\mathrm{e}^x\sin y-b(x+y))\mathrm{d}x+(\mathrm{e}^x\cos y-ax)\mathrm{d}y-\int_{L_1}(\mathrm{e}^x\sin y-b(x+y))\mathrm{d}x+(\mathrm{e}^x\cos y-ax)\mathrm{d}y$

由格林公式,前一积分 $I_1=\iint_D(b-a)\mathrm{d}\sigma=\frac{\pi}{2}a^2(b-a)$

其中 D 为 $L\cup L_1$ 所围成的半圆域,直接计算后一积分可得 $I_2=\int_0^{2a}(-bx)\mathrm{d}x=-2a^2b$

从而 $I=I_1-I_2=\frac{\pi}{2}a^2(b-a)+2a^2b=\left(\frac{\pi}{2}+2\right)a^2b-\frac{\pi}{2}a^3$

解法二 $I=\int_L(\mathrm{e}^x\sin y-b(x+y))\mathrm{d}x+(\mathrm{e}^x\cos y-ax)\mathrm{d}y$

$=\int_L \mathrm{e}^x\sin y\mathrm{d}x+\mathrm{e}^x\cos y\mathrm{d}y-\int_L b(x+y)\mathrm{d}x+ax\mathrm{d}y$

前一积分与路径无关,所以 $\int_L \mathrm{e}^x\sin y\mathrm{d}x+\mathrm{e}^x\cos y\mathrm{d}y=\mathrm{e}^x\sin y\Big|_{(2a,0)}^{(0,0)}=0$

对后一积分,取 L 的参数方程: $\begin{cases} x = a + a\cos t, \\ y = a\sin t, \end{cases}$ t 从 0 到 π,得 $\int_L b(x+y)dx + axdy = \int_0^\pi (-a^2 b\sin t - a^2 b\sin t\cos t - a^2 b\sin^2 t + a^3 \cos t + a^3 \cos^2 t)dt = -2a^2 b - \frac{1}{2}\pi a^2 b + \frac{1}{2}\pi a^3$,从而 $I = (\frac{\pi}{2}+2)a^2 b - \frac{\pi}{2}a^3$.

【例3】 计算曲线积分 $\int_L \sin 2x dx + 2(x^2-1)ydy$,其中 L 是曲线 $y = \sin x$ 上从点 $(0,0)$ 到点 $(\pi, 0)$ 的一段. (考研题)

解 $\int_L \sin 2x dx + 2(x^2 - 1)ydy = \int_0^\pi [\sin 2x + 2(x^2-1) \cdot \sin x \cos x]dx$

$= \int_0^\pi \sin 2x \cdot x^2 dx = -\int_0^\pi x^2 \cdot \frac{1}{2}d\cos 2x = -\frac{1}{2}\left[x^2 \cos 2x \Big|_0^\pi - \int_0^\pi 2x\cos 2x dx\right]$

$= -\frac{1}{2}[\pi^2 \cos 2\pi - 0] + \frac{1}{2}\int_0^\pi 2x \cos 2x dx = -\frac{\pi^2}{2} + \frac{1}{2} \times 2\int_0^\pi \frac{1}{2}x d\sin 2x$

$= -\frac{\pi^2}{2} + \frac{1}{2}\int_0^\pi x d\sin 2x = -\frac{\pi^2}{2} + \frac{1}{2}\left[x\sin 2x \Big|_0^\pi - \int_0^\pi \sin 2x dx\right]$

$= -\frac{\pi^2}{2} + \frac{1}{2}\left[\frac{1}{2}\cos 2x \Big|_0^\pi\right] = -\frac{\pi^2}{2}.$

【例4】 计算曲线积分 $I = \oint_L \frac{xdy - ydx}{4x^2 + y^2}$,其中 L 是以点 $(1, 0)$ 为中心, R 为半径的圆周 ($R > 1$),取逆时针方向. (考研题)

解 $P = \frac{-y}{4x^2 + y^2}$, $Q = \frac{x}{4x^2 + y^2}$, $\frac{\partial P}{\partial y} = \frac{y^2 - 4x^2}{(4x^2 + y^2)^2} = \frac{\partial Q}{\partial x}$ $(x, y) \neq (0, 0)$

作足够小椭圆 C: $\begin{cases} x = \frac{\delta}{2}\cos\theta \\ y = \delta\sin\theta \end{cases}$ ($\theta \in [0, 2\pi]$, C 取逆时针方向)

于是由格林公式有 $\oint_{L+C^-} \frac{xdy - ydx}{4x^2 + y^2} = 0$

即得 $\oint_L \frac{xdy - ydx}{4x^2 + y^2} = \oint_C \frac{xdy - ydx}{4x^2 + y^2} = \int_0^{2\pi} \frac{\frac{1}{2}\delta^2}{\delta^2}d\theta = \pi$

> **◉ 方法总结**
>
> 应用格林公式时,L 应是封闭曲线,且取正方向,若取的是负方向,格林公式中二重积分符号前应加负号. 当 L 不是封闭曲线时,可引入辅助曲线 L_1,使 $L + L_1$ 成为取正向的封闭曲线,进而采用格林公式,然后再减去 L_1 的曲线积分,因此 L_1 应尽可能简单,既要有利于在 L 与 L_1 所围成区域内计算二重积分,又要有利于 L_1 上计算曲线积分,还要保证 L 与 L_1 所围区域内满足格式公式的条件.
>
> 另外应用格林公式时,要注意 $P(x,y), Q(x,y)$ 在区域 D 上是否有连续的一阶偏导数. 例如考虑积分 $\oint_L \sqrt{x^2+y^2}(xdy + ydx)$,其中 L 是区域 D 的边界曲线,于是 $\frac{\partial P}{\partial y} = \frac{\partial Q}{\partial x} = \frac{xy}{\sqrt{x^2+y^2}}$. 如果 D 包含原点,那么 $\frac{\partial P}{\partial y}$ 与 $\frac{\partial Q}{\partial x}$ 在原点不存在,更不可能连续了,这时就不能直接用格林公式了,或者说要在挖去原点的复连通区域上用格林公式.

【例5】 设函数 $Q(x,y)$ 在 xOy 平面上具有一阶连续偏导数，曲线积分
$$\int_L 2xy\,dx+Q(x,y)\,dy$$
与路径无关，并且对任意 t 恒有 $\int_{(0,0)}^{(t,1)} 2xy\,dx+Q(x,y)\,dy=\int_{(0,0)}^{(1,t)} 2xy\,dx+Q(x,y)\,dy$，求 $Q(x,y)$.

解 由曲线积分与路径无关的充要条件知 $\dfrac{\partial Q}{\partial x}=\dfrac{\partial(2xy)}{\partial y}=2x$，于是 $Q(x,y)=x^2+C(y)$，其中 $C(y)$ 为待定函数，又

$$\int_{(0,0)}^{(t,1)} 2xy\,dx+Q(x,y)\,dy=\int_0^1 [t^2+C(y)]\,dy=t^2+\int_0^1 C(y)\,dy$$

$$\int_{(0,0)}^{(1,t)} 2xy\,dx+Q(x,y)\,dy=\int_0^t [1^2+C(y)]\,dy=t+\int_0^t C(y)\,dy$$

于是有 $t^2+\int_0^1 C(y)\,dy=t+\int_0^t C(y)\,dy$

两端对 t 求导得 $2t=1+C(t)$，$C(t)=2t-1$，从而 $C(y)=2y-1$，故 $Q(x,y)=x^2+2y-1$.

【例6】 计算 $I=\int_L (e^x\sin y-my)\,dx+(e^x\cos y-mx)\,dy$，
其中 L 为摆线 $x=a(t-\sin t)$，$y=a(1-\cos t)$ 从 $t=0$ 到 $t=\pi$ 的一段.

解 令 $P(x,y)=e^x\sin y-my$，$Q(x,y)=e^x\cos y-mx$

则 $\dfrac{\partial Q}{\partial x}=e^x\cos y-m=\dfrac{\partial P}{\partial y}$

因此知：曲线积分与路径无关，从而可取折线 OAB 代替曲线 L，如图 11-11 所示.

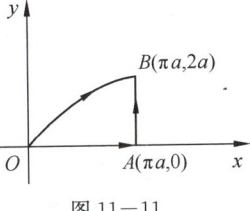

图 11-11

$$I=\int_L (e^x\sin y-my)\,dx+(e^x\cos y-mx)\,dy=\int_{\overline{OA}} (e^x\sin y-my)\,dx+(e^x\cos y-mx)\,dy$$
$$+\int_{\overline{AB}} (e^x\sin y-my)\,dx+(e^x\cos y-mx)\,dy=\int_0^{\pi a} 0\,dx+\int_0^{2a}(e^{\pi a}\cos y-m\pi a)\,dy=e^{\pi a}\sin 2a-2\pi a^2 m.$$

方法总结

当 $\dfrac{\partial Q}{\partial x}=\dfrac{\partial P}{\partial y}$，且区域单连通时，曲线积分与路径无关，因而可找一条最简单的路径计算曲线积分，一般可取平行于 x 轴、y 轴的折线. 如果曲线本身是封闭的，则可找另一条更简单的封闭同向曲线，只要两条封闭曲线不相交，且在它们之间的区域内满足 $\dfrac{\partial Q}{\partial x}=\dfrac{\partial P}{\partial y}$，则两条曲线上的积分值相等，因此可利用被积函数的性质找一条易于计算其上积分的封闭曲线. 当 P,Q 及它们的偏导数在某点不连续时，常用此方法挖去这一点. 另外如果被积函数能凑成某二元函数的全微分，则此曲线积分与路径无关，且有类似于定积分中的牛顿—莱布尼兹公式，即曲线积分结果为原函数在两个端点函数值之差.

【例7】 设曲线积分 $\int_L yf(x)\,dx+[2xf(x)-x^2]\,dy$ 在右半平面 $(x>0)$ 内与路径无关，其中 $f(x)$ 可导，且 $f(1)=1$，求 $f(x)$.

解 因为当 $x>0$ 时,所给积分与路径无关,所以

$$\frac{\partial}{\partial y}[yf(x)] = \frac{\partial}{\partial x}[2xf(x)-x^2] \quad 即 \quad f(x)=2f(x)+2xf'(x)-2x$$

故 $f'(x)+\frac{1}{2x}f(x)=1$ 解微分方程得

$$f(x) = e^{-\int \frac{1}{2x}dx} \cdot \left(\int e^{\int \frac{1}{2x}dx}dx+C\right) = e^{-\frac{1}{2}\ln x} \cdot \left(\int e^{\frac{1}{2}\ln x}dx+C\right)$$

$$= x^{-\frac{1}{2}}\left(\int x^{\frac{1}{2}}dx+C\right) = x^{-\frac{1}{2}}\left(\frac{2}{3}x^{\frac{3}{2}}+C\right) = \frac{2}{3}x+Cx^{-\frac{1}{2}}$$

由 $f(1)=1$ 得 $C=\frac{1}{3}$,故 $f(x)=\frac{2}{3}x+\frac{1}{3}x^{-\frac{1}{2}}$.

【例8】 验证: $(2x+2y)dx+(2x+3y^2)dy$ 在整个 xOy 面内是某一函数 $u(x,y)$ 的全微分,并求 $u(x,y)$.

解 记 $P(x,y)=2x+2y$, $Q(x,y)=2x+3y^2$, 则 $\frac{\partial P}{\partial y}=2=\frac{\partial Q}{\partial x}$. 因此 $Pdx+Qdy=(2x+2y)dx+(2x+3y^2)dy$. 在 xOy 面内是某一函数 $u(x,y)$ 的全微分,即 $du=Pdx+Qdy$. 因为 $\frac{\partial u}{\partial x}=P(x,y)=2x+2y$, 所以 $u=\int \frac{\partial u}{\partial x}dx=\int(2x+2y)dx=x^2+2xy+\varphi(y)$, 其中 $\varphi(y)$ 是待定函数,由此得 $\frac{\partial u}{\partial y}=2x+\varphi'(y)$.

又因为 $u(x,y)$ 满足: $\frac{\partial u}{\partial y}=Q(x,y)=2x+3y^2$, 故 $\varphi'(y)=3y^2$, $\varphi(y)=\int \varphi'(y)dy=\int 3y^2 dy=y^3+C$, 即 $u(x,y)=x^2+2xy+y^3+C$ (C 为任意常数).

【例9】 设 $f(x)$ 具有二阶连续导数, $f(0)=0$, $f'(0)=1$, 且方程

$$[xy(x+y)-f(x)y]dx+[f'(x)+x^2y]dy=0$$

为一阶全微分方程,求 $f(x)$ 及此全微分方程的通解. (考研题)

解 因为 $[xy(x+y)-f(x)y]dx+[f'(x)+x^2y]dy=0$ 为全微分方程,所以

$$\frac{\partial}{\partial y}[xy(x+y)-f(x)y]=\frac{\partial}{\partial x}[f'(x)+x^2y]$$

即 $x^2+2xy-f(x)=f''(x)+2xy$, 整理得 $f''(x)+f(x)=x^2$.

这是一个二阶常系数非奇次线性微分方程,求其通解为 $f(x)=C_1\cos x+C_2\sin x+x^2-2$. 由 $f(0)=0$, $f'(0)=1$ 知 $C_1=2$, $C_2=1$, 从而有 $f(x)=2\cos x+\sin x+x^2-2$. 故原方程为(是一全微分方程)

$$[xy^2-(2\cos x+\sin x)y+2y]dx+(-2\sin x+\cos x+2x+x^2y)dy=0$$

其通解为: $-2y\sin x+y\cos x+\frac{1}{2}x^2y^2+2xy=C$.

习题 11-3 解答

1. 解: (1) 先按曲线积分的计算公式直接计算. 记 $L_1: y=x^2$, x 从 0 变到 1; $L_2: x=y^2$, y 从 1 变到 0(图 11-12). 于是

$$原式 = \int_{L_1}(2xy-x^2)dx+(x+y^2)dy+\int_{L_2}(2xy-x^2)dx+(x+y^2)dy$$

$$= \int_0^1[(2x^3-x^2)+(x+x^4)\cdot 2x]dx+\int_1^0[(2y^3-y^4)\cdot 2y+(y^2+y^2)]dy$$

$$= \int_0^1 (2x^5+2x^3+x^2)dx + \int_1^0 (-2y^5+4y^4+2y^2)dy$$

$$= \frac{7}{6} - \frac{17}{15} = \frac{1}{30}.$$

又,$P=2xy-x^2$,$Q=x+y^2$,$\frac{\partial P}{\partial y}=2x$,$\frac{\partial Q}{\partial x}=1$,

$$\iint_D \left(\frac{\partial Q}{\partial x} - \frac{\partial P}{\partial y}\right)dxdy = \iint_D (1-2x)dxdy$$

$$= \int_0^1 (1-2x)dx \int_{x^2}^{\sqrt{x}} dy = \int_0^1 (1-2x)(\sqrt{x}-x^2)dx$$

$$= \int_0^1 (x^{\frac{1}{2}} - 2x^{\frac{3}{2}} - x^2 + 2x^3)dx = \frac{1}{30}.$$

可见 $\oint_L Pdx+Qdy = \iint_D \left(\frac{\partial Q}{\partial x} - \frac{\partial P}{\partial y}\right)dxdy.$

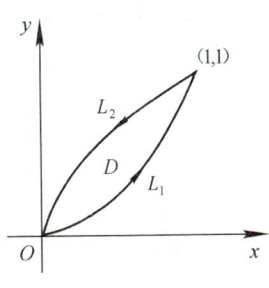

图 11-12

(2)如图 11-13,L 由有向线段 OA、AB、BC 和 CO 组成.

$$\int_{OA}(x^2-xy^3)dx+(y^2-2xy)dy = \int_0^2 x^2 dx = \frac{8}{3};$$

$$\int_{AB}(x^2-xy^3)dx+(y^2-2xy)dy = \int_0^2 (y^2-4y)dy = \frac{8}{3}-8;$$

$$\int_{BC}(x^2-xy^3)dx+(y^2-2xy)dy = \int_2^0 (x^2-8x)dx = 16-\frac{8}{3};$$

$$\int_{CO}(x^2-xy^3)dx+(y^2-2xy)dy = \int_2^0 y^2 dy = -\frac{8}{3},$$

于是原式 $=\frac{8}{3}+\left(\frac{8}{3}-8\right)+\left(16-\frac{8}{3}\right)+\left(-\frac{8}{3}\right)=8.$

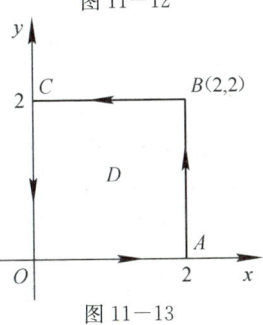

图 11-13

又 $\frac{\partial Q}{\partial x}=-2y$,$\frac{\partial P}{\partial y}=-3xy^2$,$\iint_D \left(\frac{\partial Q}{\partial x} - \frac{\partial P}{\partial y}\right)dxdy = \iint_D (-2y+3xy^2)dxdy = \int_0^2 dx \int_0^2 (-2y+3xy^2)dy = \int_0^2 (8x-4)dx = 8$,可见 $\oint_L Pdx+Qdy = \iint_D \left(\frac{\partial Q}{\partial x} - \frac{\partial P}{\partial y}\right)dxdy.$

2.解:(1)正向星形线的参数方程中的参数 t 从 0 变到 2π,因此

$$A = \frac{1}{2}\oint_L xdy-ydx = \frac{1}{2}\int_0^{2\pi} [a\cos^3 t(3a\sin^2 t\cos t) - a\sin^3 t(3a\cos^2 t)(-\sin t)]dt$$

$$= \frac{3a^2}{2}\int_0^{2\pi}(\cos^4 t\sin^2 t + \sin^4 t\cos^2 t)dt = \frac{3a^2}{2}\int_0^{2\pi}\sin^2 t\cos^2 t dt = \frac{3a^2}{2}\int_0^{2\pi}\frac{1}{8}(1-\cos 4t)dt = \frac{3}{8}\pi a^2.$$

(2)正向椭圆 $9x^2+16y^2=144$ 的参数方程为 $x=4\cos t$,$y=3\sin t$,t 从 0 变到 2π。

$$A = \frac{1}{2}\oint_L xdy-ydx = \frac{1}{2}\int_0^{2\pi}[4\cos t \cdot 3\cos t - 3\sin t(-4\sin t)]dt = 6\int_0^{2\pi}dt = 12\pi.$$

(3)正向圆周 $x^2+y^2=2ax$,即 $(x-a)^2+y^2=a^2$ 的参数方程为 $x=a+a\cos t$,$y=a\sin t$,t 从 0 变到 2π.

$$A = \frac{1}{2}\oint_L xdy-ydx = \frac{1}{2}\int_0^{2\pi}[(a+a\cos t)a\cos t - a\sin t(-a\sin t)]dt$$

$$= \frac{a^2}{2}\int_0^{2\pi}(1+\cos t)dt = \pi a^2.$$

3.解:在 L 所围的区域内的点 $(0,0)$ 处,函数 $P(x,y)$、$Q(x,y)$ 均无意义.现取 r 为适当小的正数,使圆周 l(取逆时针向): $x=r\cos t$,$y=r\sin t$(t 从 0 变到 2π)位于 L 所围的区域内,则在由 L 和

l^- 所围成的复连通区域 D 上(图 11-14),可应用格林公式,在 D 上,$\dfrac{\partial Q}{\partial x} = \dfrac{x^2-y^2}{2(x^2+y^2)} = \dfrac{\partial P}{\partial y}$,

于是由格林公式得

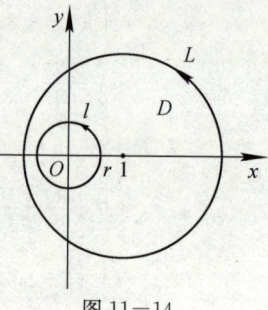

图 11-14

$$\oint_L \dfrac{y\mathrm{d}x-x\mathrm{d}y}{2(x^2+y^2)} + \oint_{l^-} \dfrac{y\mathrm{d}x-x\mathrm{d}y}{2(x^2+y^2)} = \iint_D \left(\dfrac{\partial Q}{\partial x}-\dfrac{\partial P}{\partial y}\right)\mathrm{d}x\mathrm{d}y = 0,$$

从而 $\oint_L \dfrac{y\mathrm{d}x-x\mathrm{d}y}{2(x^2+y^2)} = \oint_l \dfrac{y\mathrm{d}x-x\mathrm{d}y}{2(x^2+y^2)} = \int_0^{2\pi} \dfrac{-r^2\sin^2 t - r^2\cos^2 t}{2r^2}\mathrm{d}t =$

$-\dfrac{1}{2}\int_0^{2\pi}\mathrm{d}t = -\pi.$

4. 解: 记 D 为 C 所围成的平面有界闭区域,C 为 D 的正向边界曲线,则由格林公式

$$\oint_C \left(x+\dfrac{y^3}{3}\right)\mathrm{d}x + \left(y+x-\dfrac{2}{3}x^3\right)\mathrm{d}y = \iint_D [(1-2x^2)-y^2]\mathrm{d}x\mathrm{d}y.$$

要使上式右端的二重积分达到最大值,D 应包含所有使被积函数 $1-2x^2-y^2$ 大于零的点,而不包含使被积函数小于零的点.因此 D 应为由椭圆 $2x^2+y^2=1$ 所围成的闭区域.这就是说,当 C 为取逆时针方向的椭圆 $2x^2+y^2=1$ 时,所给的曲线积分达到最大值.

5. 证: n 边形的正向边界 L 由有向线段 M_1M_2,M_2M_3,$\cdots$,$M_{n-1}M_n$,M_nM_1 组成.

有向线段 M_1M_2 的参数方程为 $x=x_1+(x_2-x_1)t$,$y=y_1+(y_2-y_1)t$,t 从 0 变到 1,于是

$$\int_{M_1M_2} x\mathrm{d}y - y\mathrm{d}y = \int_0^1\{[x_1+(x_2-x_1)t](y_2-y_1)-[y_1+(y_2-y_1)t](x_2-x_1)\}\mathrm{d}t$$

$$= \int_0^1 [x_1(y_2-y_1)-y_1(x_2-x_1)]\mathrm{d}t = \int_0^1 (x_1y_2-x_2y_1)\mathrm{d}t$$

$$= x_1y_2 - x_2y_1.$$

同理,可求得 $\int_{M_1M_3} x\mathrm{d}y - y\mathrm{d}x = x_2y_3 - x_3y_2$,

$$\vdots$$

$$\int_{M_{n-1}M_n} x\mathrm{d}y - y\mathrm{d}x = x_{n-1}y_n - x_ny_{n-1},$$

$$\int_{M_nM_1} x\mathrm{d}y - y\mathrm{d}x = x_ny_1 - x_1y_n.$$

因此 n 边形的面积

$$A = \dfrac{1}{2}\oint_L x\mathrm{d}y - y\mathrm{d}x = \dfrac{1}{2}\left(\int_{M_1M_2} + \int_{M_2M_3} + \cdots + \int_{M_{n-1}M_n} + \int_{M_nM_1}\right) x\mathrm{d}y - y\mathrm{d}x$$

$$= \dfrac{1}{2}[(x_1y_2-x_2y_1)+(x_2y_3-x_3y_2)+\cdots+(x_{n-1}y_n-x_ny_{n-1})+(x_ny_1-x_1y_n)].$$

6. 解: (1) 函数 $P=x+y$,$Q=x-y$ 在整个 xOy 面这个单连通区域内,具有一阶连续偏导数,且

$$\dfrac{\partial Q}{\partial x} = 1 = \dfrac{\partial P}{\partial y},$$

故曲线积分在 xOy 面内与路径无关.取折线积分路径 MRN,其中 M 为 $(1,1)$,R 为 $(2,1)$,N 为 $(2,3)$,则有原式 $= \int_1^2 (x+1)\mathrm{d}x + \int_1^3 (2-y)\mathrm{d}y = \dfrac{5}{2}+0 = \dfrac{5}{2}$.

(2) 函数 $P=6xy^2-y^3$,$Q=6x^2y-3xy^2$ 在 xOy 面这个单连通区域内具有一阶连续偏导数,

且 $\dfrac{\partial Q}{\partial x}=12xy-3y^2=\dfrac{\partial P}{\partial y}$,故曲线积分在 xOy 面内与路径无关.取折线积分路径 MRN,其中 M 为 $(1,2)$,R 为 $(3,2)$,N 为 $(3,4)$,则有原式 $=\int_1^3(24x-8)\mathrm{d}x+\int_2^4(54y-9y^2)\mathrm{d}y=80+156=236.$

(3) 函数 $P=2xy-y^4+3$,$Q=x^2-4xy^3$ 在 xOy 面这个单连通区域内具有一阶连续偏导数,且 $\dfrac{\partial Q}{\partial x}=2x-4y^3=\dfrac{\partial P}{\partial y}$,故曲线积分在 xOy 面内与路径无关.取折线积分路径 MRN,其中 M 为 $(1,0)$,R 为 $(2,0)$,N 为 $(2,1)$,则原式 $=\int_1^2 3\mathrm{d}x+\int_0^1(4-8y^3)\mathrm{d}y=3+2=5.$

7.解:(1)设 D 为 L 所围的三角形闭区域,则由格林公式,

$$\oint_L(2x-y+4)\mathrm{d}x+(5y+3x-6)\mathrm{d}y=\iint_D\left(\dfrac{\partial Q}{\partial x}-\dfrac{\partial P}{\partial y}\right)\mathrm{d}x\mathrm{d}y$$
$$=\iint_D[3-(-1)]\mathrm{d}x\mathrm{d}y=4\iint_D\mathrm{d}x\mathrm{d}y=4\times(D\text{ 的面积})=4\times 3=12.$$

(2) 由于 $\dfrac{\partial Q}{\partial x}=2x\sin x+x^2\cos x-2ye^x$,$\dfrac{\partial P}{\partial y}=x^2\cos x+2x\sin x-2ye^x$,

故由格林公式得原式 $=\iint_D\left(\dfrac{\partial Q}{\partial x}-\dfrac{\partial P}{\partial y}\right)\mathrm{d}x\mathrm{d}y=\iint_D 0\cdot\mathrm{d}x\mathrm{d}y=0.$

(3) 由于 $P=2xy^3-y^2\cos x$,$Q=1-2y\sin x+3x^2y^2$ 在 xOy 面内具有一阶连续偏导数,且

$$\dfrac{\partial Q}{\partial x}=-2y\cos x+6xy^2=\dfrac{\partial P}{\partial y},$$

故所给曲线积分与路径无关.于是将原积分路径 L 改变为折线路径 ORN,其中 O 为 $(0,0)$,R 为 $(\dfrac{\pi}{2},0)$,N 为 $(\dfrac{\pi}{2},1)$(图 11-15),得

原式 $=\int_0^{\frac{\pi}{2}}0\cdot\mathrm{d}x+\int_0^1\left(1-2y\sin\dfrac{\pi}{2}+3\cdot\dfrac{\pi^2}{4}y^2\right)\mathrm{d}y=\int_0^1\left(1-2y+\dfrac{3}{4}\pi^2 y^2\right)\mathrm{d}y=\dfrac{\pi^2}{4}.$

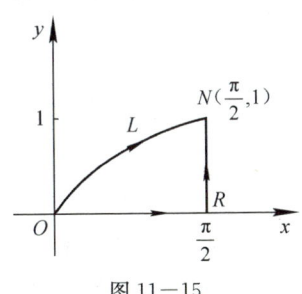

图 11-15

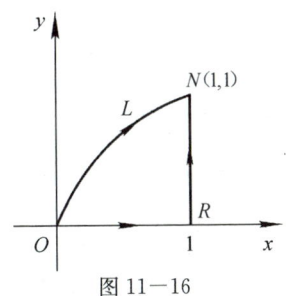

图 11-16

(4) 由于 $P=x^2-y$,$Q=-(x+\sin^2 y)$ 在 xOy 面内具有一阶连续偏导数,且 $\dfrac{\partial Q}{\partial x}=-1=\dfrac{\partial P}{\partial y}$,故所给曲线积分与路径无关.于是将原积分路径 L 改为折线路径 ORN,其中 O 为 $(0,0)$,R 为 $(1,0)$,N 为 $(1,1)$(图 11-16),得

原式 $=\int_0^1 x^2\mathrm{d}x-\int_0^1(1+\sin^2 y)\mathrm{d}y=\dfrac{1}{3}-1-\int_0^1\dfrac{1-\cos 2y}{2}\mathrm{d}y$

$=-\dfrac{2}{3}-\dfrac{1}{2}+\dfrac{1}{4}\sin 2=-\dfrac{7}{6}+\dfrac{1}{4}\sin 2.$

8.解:(1)在整个 xOy 面内,函数 $P=x+2y$, $Q=2x+y$ 具有一阶连续偏导数,且 $\frac{\partial Q}{\partial x}=2=\frac{\partial P}{\partial y}$,因此所给表达式是某一函数 $u(x,y)$ 的全微分. 取 $(x_0,y_0)=(0,0)$,则有

$$u(x,y)=\int_0^x x\mathrm{d}x+\int_0^y(2x+y)\mathrm{d}y=\frac{x^2}{2}+2xy+\frac{y^2}{2}.$$

(2)在整个 xOy 面内,函数 $P=2xy$ 和 $Q=x^2$ 具有一阶连续偏导数,且 $\frac{\partial Q}{\partial x}=2x=\frac{\partial P}{\partial y}$,故所给表达式是某一函数 $u(x,y)$ 的全微分. 取 $(x_0,y_0)=(0,0)$,则有

$$u(x,y)=\int_0^x 2x\cdot 0\mathrm{d}x+\int_0^y x^2\mathrm{d}y=x^2 y.$$

(3)在整个 xOy 面内,函数 $P=4\sin x\sin 3y\cos x$ 和 $Q=-3\cos 3y\cos 2x$ 具有一阶连续偏导数,且 $\frac{\partial Q}{\partial x}=6\cos 3y\sin 2x=\frac{\partial P}{\partial y}$,故所给表达式是某一函数 $u(x,y)$ 的全微分. 取 $(x_0,y_0)=(0,0)$,则有 $u(x,y)=\int_0^x 0\cdot\mathrm{d}x+\int_0^y(-3\cos 3y\cos 2x)\mathrm{d}y=\left[-\sin 3y\cos 2x\right]_0^y=-\cos 2x\sin 3y$.

(4)在整个 xOy 面内,函数 $P=3x^2 y+8xy^2$ 和 $Q=x^3+8x^2 y+12ye^y$ 具有一阶连续偏导数,且 $\frac{\partial Q}{\partial x}=3x^2+16xy=\frac{\partial P}{\partial y}$,故所给表达式是某一函数 $u(x,y)$ 的全微分. 取 $(x_0,y_0)=(0,0)$,则有 $u(x,y)=\int_0^x 0\cdot\mathrm{d}y+\int_0^y(x^3+8x^2 y+12ye^y)\mathrm{d}y=x^3 y+4x^2 y^2+12(ye^y-e^y)$.

(5)**方法一** 在整个 xOy 面内,函数 $P=2x\cos y+y^2\cos x$ 和 $Q=2y\sin x-x^2\sin y$ 具有一阶连续偏导数,且 $\frac{\partial Q}{\partial x}=2y\cos x-2x\sin y=\frac{\partial P}{\partial y}$,故所给表达式是某一函数 $u(x,y)$ 的全微分. 取 $(x_0,y_0)=(0,0)$,则有 $u(x,y)=\int_0^x 2x\mathrm{d}x+\int_0^y(2y\sin x-x^2\sin y)\mathrm{d}y=y^2\sin x+x^2\cos y$.

评注:在已经证明了所给表达式 $P(x,y)\mathrm{d}x+Q(x,y)\mathrm{d}y$ 是某一函数 $u(x,y)$ 的全微分后,为了求 $u(x,y)$,除了采用上面题解中的曲线积分方法外,还可用以下两种方法:

方法二 (偏积分法)因函数 $u(x,y)$ 满足 $\frac{\partial u}{\partial x}=P(x,y)=2x\cos y+y^2\cos x$,

故 $u(x,y)=\int(2x\cos y+y^2\cos x)\mathrm{d}x=x^2\cos y+y^2\sin x+\varphi(y)$,

其中 $\varphi(y)$ 是 y 的某个可导函数,由此得 $\frac{\partial u}{\partial y}=-x^2\sin y+2y\sin x+\varphi'(y)$.

又 $u(x,y)$ 必须满足 $\frac{\partial u}{\partial y}=Q(x,y)=2y\sin x-x^2\sin y$,从而得 $\varphi'(y)=0$, $\varphi(y)=C$(C 为任意常数). 因此 $u(x,y)=x^2\cos y+y^2\sin x+C$,取 $C=0$,就得到满足要求的一个 $u(x,y)$.

方法三 利用微分运算法则直接凑出 $u(x,y)$. 原式 $=(2x\cos y\mathrm{d}x-x^2\sin y\mathrm{d}y)+(y^2\cos x\mathrm{d}x+2y\sin x\mathrm{d}y)=(\cos y\mathrm{d}x^2+x^2\mathrm{d}\cos y)+(y^2\mathrm{d}\sin x+\sin x\mathrm{d}y^2)=\mathrm{d}(x^2\cdot\cos y)+\mathrm{d}(y^2\cdot\sin x)=\mathrm{d}(x^2\cos y+y^2\sin x)$. 因此可取 $u(x,y)=x^2\cos y+y^2\sin x$.

9. 证:场力所作的功 $W=\int_L X\mathrm{d}x+Y\mathrm{d}y=\int_L(x^2+y^2)\mathrm{d}x+(2xy-8)\mathrm{d}y$,

由于 $P=x^2+y^2$ 和 $Q=2xy-8$ 在整个 xOy 面内具有一阶连续偏导数,且 $\frac{\partial Q}{\partial x}=2y=\frac{\partial P}{\partial y}$,故曲线积分在 xOy 面内与路径无关,即场力所作的功与路径无关.

*10.

分析：

(1) 在单连通区域内，若 $P(x,y)$、$Q(x,y)$ 有连续的偏导数，则 $\frac{\partial P}{\partial y} \equiv \frac{\partial Q}{\partial x}$ 是方程 $P(x,y)\mathrm{d}x + Q(x,y)\mathrm{d}y = 0$ 为全微分方程的充要条件. 本题利用这一条件来判别方程是否为全微分方程.

(2) 在条件 $\frac{\partial P}{\partial y} \equiv \frac{\partial Q}{\partial x}$ 下，存在函数 $u = u(x,y)$，满足 $\mathrm{d}u = P(x,y)\mathrm{d}x + Q(x,y)\mathrm{d}y$，而 $u(x,y) = C$ 即是方程 $P(x,y)\mathrm{d}x + Q(x,y)\mathrm{d}y = 0$ 的通解. 函数 $u(x,y)$ 可用三种方法求得，其一为曲线积分法，其二为凑微分法，其三为偏积分法.

解： (1) $\frac{\partial P}{\partial y} = (3x^2 + 6xy^2)'_y = 12xy$；$\quad \frac{\partial Q}{\partial x} = (6x^2y + 4y^2)'_x = 12xy$，

因 $\frac{\partial P}{\partial y} \equiv \frac{\partial Q}{\partial x}$，故原方程是全微分方程.

$$u(x,y) = \int_0^x P(x,0)\mathrm{d}x + \int_0^y Q(x,y)\mathrm{d}y = \int_0^x 3x^2 \mathrm{d}x + \int_0^y (6x^2 y + 4y^2)\mathrm{d}y$$

$$= x^3 + 3x^2 y^2 + \frac{4}{3} y^3，故所求通解为 x^3 + 3x^2 y^2 + \frac{4}{3} y^3 = C.$$

(2) $\frac{\partial P}{\partial y} = (a^2 - 2xy - y^2)'_y = -2x - 2y$；$\quad \frac{\partial Q}{\partial x}[-(x+y)^2]'_x = -2(x+y)$，

因 $\frac{\partial P}{\partial y} \equiv \frac{\partial Q}{\partial x}$，故原方程是全微分方程.

$$u(x,y) = \int_0^x P(x,0)\mathrm{d}x + \int_0^y Q(x,y)\mathrm{d}y = \int_0^x a^2 \mathrm{d}x - \int_0^y (x+y)^2 \mathrm{d}y$$

$$= a^2 x - \frac{1}{3}(x+y)^3 + \frac{1}{3} x^3 = a^2 x - x^2 y - xy^2 - \frac{1}{3} y^3$$

故所求通解为 $a^2 x - x^2 y - xy^2 - \frac{1}{3} y^3 = C$.

(3) $\frac{\partial P}{\partial y} = (e^y)'_y = e^y$；$\frac{\partial Q}{\partial x} = (xe^y - 2y)'_x = e^y$，因 $\frac{\partial P}{\partial y} \equiv \frac{\partial Q}{\partial x}$，故原方程是全微分方程. 下面用凑微分法求通解：方程的左端 $= e^y \mathrm{d}x + (xe^y - 2y)\mathrm{d}y = (e^y \mathrm{d}x + xe^y \mathrm{d}y) - 2y\mathrm{d}y = \mathrm{d}(xe^y) - \mathrm{d}(y^2) = \mathrm{d}(xe^y - y^2)$，即原方程为 $\mathrm{d}(xe^y - y^2) = 0$，故所求通解为 $xe^y - y^2 = C$.

(4) 将原方程改写为 $(\sin y - y\sin x)\mathrm{d}x + (x\cos y + \cos x)\mathrm{d}y = 0$. $\frac{\partial P}{\partial y} = (\sin y - y\sin x)'_y = \cos y - \sin x$，$\frac{\partial Q}{\partial x} = (x\cos y + \cos x)'_x = \cos y - \sin x$. 因 $\frac{\partial P}{\partial y} \equiv \frac{\partial Q}{\partial x}$，故原方程是全微分方程.

方程的左端 $= (\sin y - y\sin x)\mathrm{d}x + (x\cos y + \cos x)\mathrm{d}y = (\sin y \mathrm{d}x + x\cos y \mathrm{d}y) + (-y\sin x \mathrm{d}x + \cos x \mathrm{d}y) = \mathrm{d}(x\sin y) + \mathrm{d}(y\cos x)$，

即原方程为 $\mathrm{d}(x\sin y + y\cos x) = 0$，故所求通解为 $x\sin y + y\cos x = C$.

(5) $\frac{\partial P}{\partial y} = (x^2 - y)'_y = -1$，$\frac{\partial Q}{\partial x} = (-x)'_x = -1$，因 $\frac{\partial P}{\partial y} \equiv \frac{\partial Q}{\partial x}$，故原方程是全微分方程. 方程的左端 $= (x^2 - y)\mathrm{d}x - x\mathrm{d}y = x^2 \mathrm{d}x - (y\mathrm{d}x + x\mathrm{d}y) = \mathrm{d}\left(\frac{x^3}{3}\right) - \mathrm{d}(xy)$，即原方程为 $\mathrm{d}\left(\frac{x^3}{3} - xy\right) = 0$，故所求通解为 $\frac{x^3}{3} - xy = C$.

(6) $\dfrac{\partial P}{\partial y}=[y(x-2y)]'_y=x-4y, \dfrac{\partial Q}{\partial x}=(-x^2)'_x=-2x$ 因 $\dfrac{\partial P}{\partial y}\not\equiv\dfrac{\partial Q}{\partial x}$,故原方程不是全微分方程.

(7) $\dfrac{\partial P}{\partial \theta}=(1+e^{2\theta})'_\theta=2e^{2\theta}, \dfrac{\partial Q}{\partial \gamma}=(2\gamma e^{2\theta})'_\gamma=2e^{2\theta}$,因 $\dfrac{\partial P}{\partial \theta}=\dfrac{\partial Q}{\partial \gamma}$,故原方程是全微分方程.

方程的左端 $=(1+e^{2\theta})d\gamma+2\gamma e^{2\theta}d\theta=d\gamma+(e^{2\theta}d\gamma+2\gamma e^{2\theta}d\theta)=d\gamma+d(\gamma e^{2\theta})$,即原方程为 $d(\gamma+\gamma e^{2\theta})=0$,故所求通解 $\gamma+\gamma e^{2\theta}=C$.

(8) $\dfrac{\partial P}{\partial y}=(x^2+y^2)'_y=2y, \dfrac{\partial Q}{\partial x}=(xy)'_x=y$. 因 $\dfrac{\partial P}{\partial y}\not\equiv\dfrac{\partial Q}{\partial x}$,故原方程不是全微分方程.

11. **解:** 在单连通域 G 内,若 $P(x,y)$、$Q(x,y)$ 具有一阶连续偏导数,则向量 $\mathbf{A}(x,y)=P(x,y)\mathbf{i}+Q(x,y)\mathbf{j}$ 为某二元函数 $u(x,y)$ 的梯度(此条件相当于 $P(x,y)dx+Q(x,y)dy$ 是 $u(x,y)$ 的全微分)的充分必要条件是 $\dfrac{\partial P}{\partial y}=\dfrac{\partial Q}{\partial x}$ 在 G 内恒成立.

本题中, $P(x,y)=2xy(x^4+y^2)^\lambda$, $Q(x,y)=-x^2(x^4+y^2)^\lambda$.

$\dfrac{\partial P}{\partial y}=2x(x^4+y^2)^\lambda+2\lambda xy(x^4+y^2)^{\lambda-1}\cdot 2y;$

$\dfrac{\partial Q}{\partial x}=-2x(x^4+y^2)^\lambda-x^2\lambda(x^4+y^2)^{\lambda-1}\cdot 4x^3.$

由等式 $\dfrac{\partial Q}{\partial x}=\dfrac{\partial P}{\partial y}$ 得到 $4x(x^4+y^2)^\lambda(1+\lambda)=0$,

由于 $4x(x^4+y^2)^\lambda>0$, 故 $\lambda=-1$, 即 $\mathbf{A}(x,y)=\dfrac{2xy\mathbf{i}-x^2\mathbf{j}}{x^4+y^2}$. 在半平面 $x>0$ 内,取 $(x_0,y_0)=(1,0)$,则得 $u(x,y)=\int_1^x \dfrac{2x\cdot 0}{x^4+0^2}dx-\int_0^y \dfrac{x^2}{x^4+y^2}dy=-\arctan\dfrac{y}{x^2}$.

第四节　对面积的曲面积分

一、主要内容归纳

1. 对面积的曲面积分的概念（又称第一类曲面积分）

$$\iint_\Sigma f(x,y,z)dS=\lim_{\lambda\to 0}\sum_{i=1}^n f(\xi_i,\eta_i,\zeta_i)\Delta S_i.$$

2. 对面积的曲面积分计算法

设光滑曲面 Σ 的方程为 $z=z(x,y)$, Σ 在 xOy 平面上的投影域为 D_{xy}, 函数 $z=z(x,y)$ 具有一阶连续的偏导数,被积函数 $f(x,y,z)$ 在 Σ 上连续,则

$$\iint_\Sigma f(x,y,z)dS=\iint_{D_{xy}} f[x,y,z(x,y)]\sqrt{1+\left(\dfrac{\partial z}{\partial x}\right)^2+\left(\dfrac{\partial z}{\partial y}\right)^2}dxdy$$

当光滑曲面 Σ 的方程为 $x=x(y,z)$ 或 $y=y(z,x)$ 时,可以把曲面积分化为相应的二重积分

$$\iint_\Sigma f(x,y,z)dS=\iint_{D_{yz}} f[x(y,z),y,z]\sqrt{1+\left(\dfrac{\partial x}{\partial y}\right)^2+\left(\dfrac{\partial x}{\partial z}\right)^2}dydz,$$

或 $\iint\limits_{\Sigma} f(x,y,z)\mathrm{d}S = \iint\limits_{D_{zx}} f[x,y(x,z),z]\sqrt{1+\left(\frac{\partial y}{\partial x}\right)^2+\left(\frac{\partial y}{\partial z}\right)^2}\mathrm{d}z\mathrm{d}x,$

其中 D_{yz} 和 D_{zx} 分别为曲面 Σ 在 yOz 面和 zOx 面上的投影域.

3. 对面积的曲面积分的应用

(1) 曲面的面积：$S = \iint\limits_{\Sigma} \mathrm{d}S$

(2) 曲面的质量：$m = \iint\limits_{\Sigma} \rho(x,y,z)\mathrm{d}S$，其中 $\rho(x,y,z)$ 为曲面的面密度.

(3) 曲面的质心：$(\bar{x},\bar{y},\bar{z})$，

$$\bar{x} = \frac{\iint\limits_{\Sigma} x\rho(x,y,z)\mathrm{d}S}{\iint\limits_{\Sigma} \rho(x,y,z)\mathrm{d}S}, \quad \bar{y} = \frac{\iint\limits_{\Sigma} y\rho(x,y,z)\mathrm{d}S}{\iint\limits_{\Sigma} \rho(x,y,z)\mathrm{d}S}, \quad \bar{z} = \frac{\iint\limits_{\Sigma} z\rho(x,y,z)\mathrm{d}S}{\iint\limits_{\Sigma} \rho(x,y,z)\mathrm{d}S}$$

其中 $\rho(x,y,z)$ 为曲面的面密度；且当面密度为常数时，相应的质心又称为形心.

(4) 转动惯量：曲面对坐标轴及原点 O 的转动惯量分别为

$$I_x = \iint\limits_{\Sigma} (y^2+z^2)\rho(x,y,z)\mathrm{d}S; \quad I_y = \iint\limits_{\Sigma} (x^2+z^2)\rho(x,y,z)\mathrm{d}S;$$

$$I_z = \iint\limits_{\Sigma} (x^2+y^2)\rho(x,y,z)\mathrm{d}S; \quad I_0 = \iint\limits_{\Sigma} (x^2+y^2+z^2)\rho(x,y,z)\mathrm{d}S.$$

其中 $\rho(x,y,z)$ 为曲面的面密度.

二、经典例题解析及解题方法总结

【例1】 计算 $\oiint\limits_{\Sigma} \frac{1}{(1+x+y)^2}\mathrm{d}S$，其中 Σ 为平面 $x+y+z=1$ 及三个坐标面所围立体的表面.

解 Σ 如图 11-17 所示. 记 Σ 在三个坐标面的投影部分分别为 D_{xy}, D_{yz}, D_{zx}，斜平面 $x+y+z=1$ 上的部分为 Σ_1.

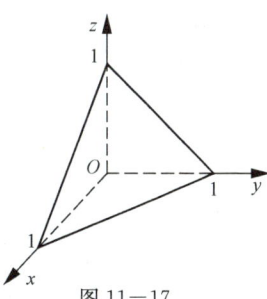

图 11-17

$I_1 = \iint\limits_{D_{xy}} \frac{1}{(1+x+y)^2}\mathrm{d}S = \iint\limits_{D_{xy}} \frac{1}{(1+x+y)^2}\mathrm{d}x\mathrm{d}y$

$= \int_0^1 \mathrm{d}x \int_0^{1-x} \frac{1}{(1+x+y)^2}\mathrm{d}y = \int_0^1 \left(\frac{1}{1+x}-\frac{1}{2}\right)\mathrm{d}x = \ln 2 - \frac{1}{2},$

$I_2 = \iint\limits_{D_{yz}} \frac{1}{(1+x+y)^2}\mathrm{d}S = \int_0^1 \mathrm{d}z \int_0^{1-z} \frac{1}{(1+y)^2}\mathrm{d}y$

$= \int_0^1 \left(1-\frac{1}{2-z}\right)\mathrm{d}z = 1-\ln 2,$

$I_3 = \iint\limits_{D_{zx}} \frac{1}{(1+x+y)^2}\mathrm{d}S = \int_0^1 \mathrm{d}x \int_0^{1-x} \frac{1}{(1+x)^2}\mathrm{d}z = \int_0^1 \frac{1-x}{(1+x)^2}\mathrm{d}x = \left[-\frac{2}{1+x}-\ln(1+x)\right]\Big|_0^1 = 1-\ln 2,$

Σ_1 为：$z=1-x-y$, $\quad \mathrm{d}S = \sqrt{1+\left(\frac{\partial z}{\partial x}\right)^2+\left(\frac{\partial z}{\partial y}\right)^2}\mathrm{d}x\mathrm{d}y = \sqrt{3}\mathrm{d}x\mathrm{d}y.$

故 $I_4 = \iint\limits_{\Sigma_1} \frac{1}{(1+x+y)^2} dS = \iint\limits_{D_{xy}} \frac{1}{(1+x+y)^2} \sqrt{3}\, dxdy = \sqrt{3}\left(\ln 2 - \frac{1}{2}\right)$.

所以 $I = I_1 + I_2 + I_3 + I_4 = (\sqrt{3} - 1)\ln 2 + \frac{3-\sqrt{3}}{2}$.

方法总结

对面积的曲面积分的计算方法是把它化为投影区域上的二重积分进行计算. 具体步骤为：

(1) 画出曲面 Σ；

(2) 由曲面 Σ 的方程，例如 $z = z(x, y)$ 写出其曲面微分 $dS = \sqrt{1 + \left(\frac{\partial z}{\partial x}\right)^2 + \left(\frac{\partial z}{\partial y}\right)^2}\, dxdy$；

(3) 计算投影区域上的二重积分，即

$$\iint\limits_{\Sigma} f(x, y, z)\, dS = \iint\limits_{D} f(x, y, z(x, y)) \sqrt{1 + \left(\frac{\partial z}{\partial x}\right)^2 + \left(\frac{\partial z}{\partial y}\right)^2}\, dxdy.$$

曲面积分与曲线积分一样，积分区域是由积分变量的等式给出的，因而可将 Σ 的方程直接代入被积函数表达式.

【例 2】 计算曲面积分 $I = \iint\limits_{\Sigma} x^2\, dS$,

Σ 为圆柱面 $x^2 + y^2 = a^2$ 介于 $z = 0$ 与 $z = h$ 之间的部分. $(h > 0)$

解 方法一. 由 Σ 的方程知 x 与 y 地位相同，所以 $\iint\limits_{\Sigma} x^2\, dS = \iint\limits_{\Sigma} y^2\, dS$

于是有 $\iint\limits_{\Sigma} x^2\, dS = \frac{1}{2} \iint\limits_{\Sigma} (x^2 + y^2)\, dS = \frac{1}{2} \iint\limits_{\Sigma} a^2\, dS = \frac{1}{2} a^2 \iint\limits_{\Sigma} dS = \pi a^3 h$

方法二. 记 $\Sigma = \Sigma_1 + \Sigma_2$，且 $\Sigma_1 : x = \sqrt{a^2 - y^2}$，$\Sigma_2 : x = -\sqrt{a^2 - y^2}$

$$\sqrt{1 + (x'_y)^2 + (x'_z)^2} = \sqrt{1 + \frac{y^2}{a^2 - y^2} + 0} = \frac{a}{\sqrt{a^2 - y^2}}$$

Σ_1 与 Σ_2 在 yOz 面上的投影域为 $D_{yz} : -a \leqslant y \leqslant a$, $0 \leqslant z \leqslant h$.

于是 $I = \iint\limits_{\Sigma} x^2\, dS = \iint\limits_{\Sigma_1} x^2\, dS + \iint\limits_{\Sigma_2} x^2\, dS$

$= \iint\limits_{D_{yz}} (a^2 - y^2) \sqrt{1 + (x'_y)^2 + (x'_z)^2}\, dydz + \iint\limits_{D_{yz}} (a^2 - y^2) \sqrt{1 + (x'_y)^2 + (x'_z)^2}\, dydz$

$= 2 \iint\limits_{D_{yz}} a\sqrt{a^2 - y^2}\, dydz = 2a \int_{-a}^{a} dy \int_{0}^{h} \sqrt{a^2 - y^2}\, dz = 4ah \int_{0}^{a} \sqrt{a^2 - y^2}\, dy$

$\xrightarrow{\diamondsuit\ y = a\sin t} 4ah \int_{0}^{\frac{\pi}{2}} a^2 \cos^2 t\, dt = 2a^3 h \left(t + \frac{1}{2}\sin 2t\right) \Big|_{0}^{\frac{\pi}{2}} = \pi a^3 h$

> **方法总结**
>
> 对第一类曲面积分 $\iint\limits_{\Sigma} f(x,y,z)\mathrm{d}S$ 来说,是根据积分曲面 Σ 的方程的形式来确定将 Σ 向哪个坐标面投影的. 如果 Σ 的方程可写成 $z=z(x,y)$ 的形式,则将 Σ 向 xOy 面投影;如果 Σ 的方程可写为 $y=y(x,z)$(或 $x=x(y,z)$)的形式,则将 Σ 向 xOz 面(或 yOz 面)投影. 若 Σ 的方程可同时表示为几种不同的形式,则选择其中最便于计算的投影方式(只讨论 Σ 的方程为显式方程时曲面积分的计算方法,因此上面的讨论也限于显式方程的范围内). 本问题中,由于 Σ 是柱面 $x^2+y^2=a^2$ 的一部分,它的方程不能写成 $z=z(x,y)$ 的形式,故计算时不能将 Σ 向 xOy 面投影.
>
> 正确的做法是,将圆柱面 Σ 分片向 yOz 面(或 xOz 面)投影. 比如可将 Σ 分为 Σ_1 和 Σ_2 两片,其中
>
> $\Sigma_1: x=\sqrt{a^2-y^2}, (y,z)\in D_{yz}; \quad \Sigma_2: x=-\sqrt{a^2-y^2}, (y,z)\in D_{yz},$
>
> $D_{yz}=\left\{(y,z) \mid -a\leqslant y\leqslant a, 0\leqslant z\leqslant h\right\}$

【例3】 设 Σ 为抛物面 $z=x^2+y^2$ 位于 $z\leqslant 1$ 内的部分,面密度为常数 ρ,求它对于 z 轴的转动惯量.

分析 题目中给定的是一光滑曲面以及它的面密度,求曲面对于坐标轴的转动惯量,转化成数学问题,是一求曲面积分的问题.

解 由题意知:

$$I_z = \iint\limits_{\Sigma}(x^2+y^2)\rho \mathrm{d}S = \rho\iint\limits_{D_{xy}}(x^2+y^2)\sqrt{1+(z'_x)^2+(z'_y)^2}\mathrm{d}x\mathrm{d}y$$
$$=\rho\iint\limits_{D_{xy}}(x^2+y^2)\sqrt{1+(2x)^2+(2y)^2}\mathrm{d}x\mathrm{d}y = \rho\int_0^{2\pi}\mathrm{d}\theta\int_0^1 r^2\sqrt{1+4r^2}\,r\mathrm{d}r$$
$$=\rho\times\frac{\pi}{6}\int_0^1 r^2\mathrm{d}(1+4r^2)^{\frac{3}{2}}=\frac{1}{60}(25\sqrt{5}+1)\pi\rho.$$

【例4】 设半径为 R 的球面 Σ 的球心在定球 $x^2+y^2+z^2=b^2(b>0)$ 上,问当 R 取何值时,球面 Σ 在定球内部的面积最大?

解 设球面 Σ 的方程为 $x^2+y^2+(z-b)^2=R^2$,其中 $0<R<2b$,则球面 Σ 在定球内部部分的方程为 $z=b-\sqrt{R^2-x^2-y^2}$.

由 $\dfrac{\partial z}{\partial x}=\dfrac{x}{\sqrt{R^2-x^2-y^2}}, \dfrac{\partial z}{\partial y}=\dfrac{y}{\sqrt{R^2-x^2-y^2}}$,得 $\sqrt{1+\left(\dfrac{\partial z}{\partial x}\right)^2+\left(\dfrac{\partial z}{\partial y}\right)^2}=\dfrac{R}{\sqrt{R^2-x^2-y^2}}$,

从方程组 $\begin{cases} x^2+y^2+z^2=b^2 \\ x^2+y^2+(z-b)^2=R^2 \end{cases}$ 中消去 z,得两球面的交线在 xOy 平面上的投影为

$$\begin{cases} x^2+y^2=\left(\dfrac{R}{2b}\sqrt{4b^2-R^2}\right)^2 \\ z=0 \end{cases}$$

因此,球面 Σ 在定球内部的面积为 $S(R)=\iint\limits_{\Sigma}\mathrm{d}S=\iint\limits_{D_{xy}}\dfrac{R}{\sqrt{R^2-x^2-y^2}}\mathrm{d}x\mathrm{d}y=R\int_0^{2\pi}\mathrm{d}\theta\int_0^{\frac{R}{2b}\sqrt{4b^2-R^2}}$

$\dfrac{r}{\sqrt{R^2-r^2}}\mathrm{d}r = 2\pi R^2 - \dfrac{\pi R^3}{b}$. 于是 $S'(R) = 4\pi R - \dfrac{3\pi}{b}R^2 = \pi R\left(4-\dfrac{3}{b}R\right)$, $S''(R) = 4\pi - \dfrac{6\pi}{b}R$.

令 $S'(R) = 0$, 得 $R = \dfrac{4}{3}b$, 而 $S''\left(\dfrac{4}{3}b\right) = -4\pi < 0$, 故函数 $S(R)$ 在 $R = \dfrac{4}{3}b$ 时取得极大值, 且在定义域内仅有此唯一的极值, 所以当 $R = \dfrac{4}{3}b$ 时, 球面 Σ 在定球内部的面积最大.

【例5】 在球面 $x^2+y^2+z^2=1$ 上取以 $A(1,0,0),B(0,1,0),C\left(\dfrac{1}{\sqrt{2}},0,\dfrac{1}{\sqrt{2}}\right)$ 为顶点的球面三角形 Σ ($\overset{\frown}{AB},\overset{\frown}{BC},\overset{\frown}{CA}$ 都为圆弧), 如图 11-18 所示, 其质量密度 $\rho = x^2 + z^2$, 求曲面 Σ 的质量 m.

分析 所求质量即为第一类曲面积分, 为计算该曲面积分, 首先要能看出所论球面三角形 ABC 在某坐标面上的投影.

Σ 在 xOy 平面上的投影如图 11-19 所示; 在 xOz 平面上的投影如图 11-20 所示; 在 yOz 平面上的投影如图 11-21 所示.

为计算简单起见, 应选择投影到 xOz 平面.

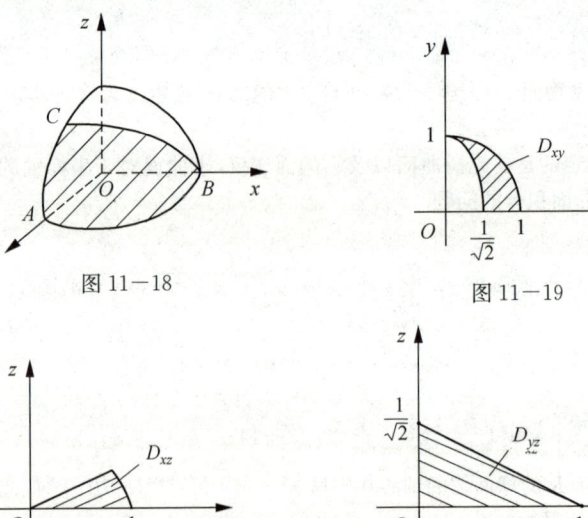

图 11-18　图 11-19　图 11-20　图 11-21

解 $m = \iint\limits_{\Sigma}\rho\mathrm{d}S = \iint\limits_{D_{xz}}(x^2+z^2)\sqrt{1+(y'_x)^2+(y'_z)^2}\,\mathrm{d}x\mathrm{d}y = \iint\limits_{D_{xz}}(x^2+z^2)\dfrac{1}{\sqrt{1-x^2-z^2}}\mathrm{d}x\mathrm{d}z$

$= \int_0^{\frac{\pi}{4}}\mathrm{d}\theta\int_0^1 r^2\dfrac{1}{\sqrt{1-r^2}}r\mathrm{d}r = \dfrac{\pi}{4}\int_0^1 \dfrac{1}{2}\left[\sqrt{1-r^2}-\dfrac{1}{\sqrt{1-r^2}}\right]\mathrm{d}(1-r^2)$

$= \dfrac{\pi}{8}\left[\dfrac{2}{3}(1-r^2)^{\frac{3}{2}} - 2\sqrt{1-r^2}\right]\bigg|_0^1 = \dfrac{\pi}{6}$

方法总结

若利用曲面在 xOy 平面或 yOz 平面上的投影域进行计算,分别化为以下两个二次积分 $m=\int_0^1 dy \int_{\sqrt{\frac{1-y^2}{2}}}^{\sqrt{1-y^2}} \frac{1-y^2}{\sqrt{1-x^2-y^2}} dx$; $m=\int_0^1 dy \int_0^{\frac{1}{\sqrt{2}}(1-y)} \frac{1-y^2}{\sqrt{1-y^2-z^2}} dz$

这两个积分的计算都比较困难. 因此在计算第一类曲面积分时要适当选择投影坐标面.

【例6】 计算 $I = \iint\limits_{\Sigma} |xyz| dS$,$\Sigma: z = x^2 + y^2$ 在 $z=1$ 以下的部分.

解 由对称性,设 Σ_1 为 Σ 在第一卦限内的部分,则

$$I = \iint\limits_{\Sigma} |xyz| dS = 4\iint\limits_{\Sigma_1} |xyz| dS = 4\iint\limits_{\Sigma_1} xyz dS = 4\iint\limits_{\substack{x^2+y^2 \leq 1 \\ x \geq 0, y \geq 0}} xy(x^2+y^2)\sqrt{1+(z'_x)^2+(z'_y)^2} dxdy$$

$$= 4\iint\limits_{\substack{x^2+y^2 \leq 1 \\ x \geq 0, y \geq 0}} xy(x^2+y^2)\sqrt{1+4(x^2+y^2)} dxdy = 4\int_0^{\frac{\pi}{2}} d\theta \int_0^1 (r\cos\theta)(r\sin\theta) r^2 \sqrt{1+4r^2} r dr$$

$$= 2\int_0^1 r^5 \sqrt{1+4r^2} dr = 2\left[\frac{2}{7} r^4 \left(r^2+\frac{1}{4}\right)^{\frac{3}{2}} - \frac{2}{35} r^2 \left(r^2+\frac{1}{4}\right)^{\frac{3}{2}} + \frac{1}{105}\left(r^2+\frac{1}{4}\right)^{\frac{3}{2}}\right]\bigg|_0^1$$

$$= 2\left(\frac{2}{7}r^4 - \frac{2}{35}r^2 + \frac{1}{105}\right) \cdot \left(r^2+\frac{1}{4}\right)^{\frac{3}{2}} \bigg|_0^1 = \frac{1}{4}\left(125\sqrt{5} - \frac{1}{105}\right)$$

【例7】 计算下列曲面积分

(1) $I = \oiint\limits_{\Sigma} 3x^2 dS$,其中 Σ 是球面 $x^2+y^2+z^2 = b^2 (b>0)$

(2) $I = \iint\limits_{\Sigma} (x+2y+3z) dS$,其中 Σ 是球面 $x^2+y^2+z^2 = a^2$ 在第一卦限的部分 $(a>0)$

解 (1) 由轮换对称性知 $\oiint\limits_{\Sigma} x^2 dS = \oiint\limits_{\Sigma} y^2 dS = \oiint\limits_{\Sigma} z^2 dS$,故

$$I = \oiint\limits_{\Sigma} 3x^2 dS = \oiint\limits_{\Sigma} (x^2+y^2+z^2) dS = b^2 \oiint\limits_{\Sigma} dS = 4\pi b^4$$

(2) 因为 Σ 为球面 $x^2+y^2+z^2 = a^2$ 在第一卦限部分,而 x, y, z 变化范围相同,所以有

$$\iint\limits_{\Sigma} x dS = \iint\limits_{\Sigma} y dS = \iint\limits_{\Sigma} z dS, \quad dS = \frac{a}{\sqrt{a^2-x^2-y^2}} dxdy$$

故有 $I = 6 \iint\limits_{\Sigma} z dS = 6 \iint\limits_{\substack{x^2+y^2 \leq a^2 \\ x \geq 0, y \geq 0}} \sqrt{a^2-x^2-y^2} \frac{a}{\sqrt{a^2-x^2-y^2}} dxdy = 6a \cdot \frac{1}{4}\pi a^2 = \frac{3}{2}\pi a^3$

习题 11-4 解答

1. 解: 设想将 Σ 分成 n 小块,取出其中任意一块记作 dS(其面积也记作 dS),(x,y,z) 为 dS 上一点,则 dS 对 x 轴的转动惯量近似等于 $dI_x=(y^2+z^2)\mu(x,y,z)dS$. 以此作为转动惯量元素并积分,即得 Σ 对 x 轴的转动惯量为 $I_x = \iint\limits_{\Sigma}(y^2+z^2)\mu(x,y,z)dS.$

2. 证: 由于 $f(x,y,z)$ 在曲面 Σ 上可积,故不论把 Σ 如何分割,积分和的极限总是不变的. 因此在分割 Σ 时,可以使 Σ_1 和 Σ_2 的公共边界曲线永远作为一条分割线. 这样,$f(x,y,z)$ 在 $\Sigma = \Sigma_1 + \Sigma_2$ 上的积分和等于 Σ_1 上的积分和加上 Σ_2 上的积分和,记为

$$\sum_{(\Sigma_1+\Sigma_2)} f(\xi_i,\eta_i,\zeta_i)\Delta S_i = \sum_{(\Sigma_1)} f(\xi_i,\eta_i,\zeta_i)\Delta S_i + \sum_{(\Sigma_2)} f(\xi_i,\eta_i,\zeta_i)\Delta S_i.$$

令 $\lambda = \max\{\Delta S_i \text{ 的直径}\} \to 0$,上式两端同时取极限,即得

$$\iint\limits_{\Sigma_1+\Sigma_2} f(x,y,z)dS = \iint\limits_{\Sigma_1} f(x,y,z)dS + \iint\limits_{\Sigma_2} f(x,y,z)dS.$$

3. 解: 当 Σ 为 xOy 面内的一个闭区域时,Σ 的方程为 $z=0$,因此在 Σ 上取值的 $f(x,y,z)$ 恒为 $f(x,y,0)$,且 $dS=\sqrt{1+\left(\dfrac{\partial z}{\partial x}\right)^2+\left(\dfrac{\partial z}{\partial y}\right)^2}dxdy = dxdy$. 又 Σ 在 xOy 面上的投影区域即为 Σ 自身,因此有 $\iint\limits_{\Sigma} f(x,y,z)dS = \iint\limits_{\Sigma} f(x,y,0)dxdy.$

4. 解: 抛物面 Σ 与 xOy 面的交线为 $x^2+y^2=2$,故 Σ 在 xOy 面上的投影区域 $D_{xy} = \{(x,y) \mid x^2+y^2 \leq 2\}$. 又 $dS = \sqrt{1+z_x^2+z_y^2}dxdy = \sqrt{1+4x^2+4y^2}dxdy$. 于是,

(1) $\iint\limits_{\Sigma} 1 \cdot dS = \iint\limits_{D_{xy}} \sqrt{1+4x^2+4y^2}dxdy \xlongequal{\text{极坐标}} \iint\limits_{D_{xy}} \sqrt{1+4\gamma^2}\gamma d\gamma d\theta$

$$= \int_0^{2\pi}d\theta \int_0^{\sqrt{2}} \sqrt{1+4\gamma^2}\gamma d\gamma = 2\pi\left[\dfrac{1}{12}(1+4\gamma^2)^{\frac{3}{2}}\right]_0^{\sqrt{2}} = \dfrac{13}{3}\pi.$$

(2) $\iint\limits_{\Sigma}(x^2+y^2)dS = \iint\limits_{D_{xy}}(x^2+y^2)\sqrt{1+4x^2+4y^2}dxdy \xlongequal{\text{极坐标}} \iint\limits_{D_{xy}} \gamma^2\sqrt{1+4\gamma^2}\gamma d\gamma d\theta$

$$= \int_0^{2\pi}d\theta \int_0^{\sqrt{2}} \gamma^3\sqrt{1+4\gamma^2}d\gamma \xlongequal{\gamma=\frac{1}{2}\tan t} 2\pi \cdot \dfrac{1}{16}\int_0^{\arctan 2\sqrt{2}} \sec^3 t \cdot \tan^3 t\, dt.$$

$$= \dfrac{\pi}{8}\int_0^{\arctan 2\sqrt{2}}\sec^2 t(\sec^2 t -1)d\sec t = \dfrac{\pi}{8} \cdot \dfrac{596}{15} = \dfrac{149}{30}\pi.$$

(3) $\iint\limits_{\Sigma} 3zdS = 3\iint\limits_{D_{xy}}[2-(x^2+y^2)]\sqrt{1+4x^2+4y^2}dxdy$

$\xlongequal{\text{极坐标}} 3\iint\limits_{D_{xy}}(2-\gamma^2)\sqrt{1+4\gamma^2}\gamma d\gamma d\theta = 3\int_0^{2\pi}d\theta\int_0^{\sqrt{2}}(2-\gamma^2)\sqrt{1+4\gamma^2}\gamma d\gamma$

$\xlongequal{\gamma=\frac{1}{2}\tan t} 6\pi\left[\dfrac{1}{2}\int_0^{\arctan 2\sqrt{2}}\sec^3 t\cdot\tan t\,dt - \dfrac{1}{16}\int_0^{\arctan 2\sqrt{2}}\sec^3 t\cdot\tan^3 t\,dt\right]$

$= 6\pi\left[\dfrac{1}{2}\int_0^{\arctan 2\sqrt{2}}\sec^2 t\,d\sec t - \dfrac{1}{16}\int_0^{\arctan 2\sqrt{2}}\sec^2 t(\sec^2 t-1)d\sec t\right] = 6\pi\left(\dfrac{13}{3} - \dfrac{149}{60}\right) = \dfrac{111}{10}\pi.$

5. 解: (1) Σ 由 Σ_1 和 Σ_2 组成,其中 Σ_1 为平面 $z=1$ 上被圆周 $x^2+y^2=1$ 所围的部分; Σ_2 为锥面 $z=\sqrt{x^2+y^2}$ $(0 \leqslant z \leqslant 1)$. 在 Σ_1 上, $dS=dxdy$; 在 Σ_2 上, $dS=\sqrt{1+z_x^2+z_y^2}\,dxdy=\sqrt{2}\,dxdy$. Σ_1 和 Σ_2 在 xOy 面上的投影区域 D_{xy} 均为 $x^2+y^2 \leqslant 1$. 因此

$$\iint_\Sigma (x^2+y^2)dS = \iint_{\Sigma_1}(x^2+y^2)dS + \iint_{\Sigma_2}(x^2+y^2)dS$$

$$=\iint_{D_{xy}}(x^2+y^2)dxdy + \iint_{D_{xy}}(x^2+y^2)\sqrt{2}\,dxdy \xrightarrow{\text{极坐标}} \int_0^{2\pi}d\theta\int_0^1 \gamma^3 d\gamma + \sqrt{2}\int_0^{2\pi}d\theta\int_0^1 \gamma^3 d\gamma$$

$$=\frac{\pi}{2}+\frac{\sqrt{2}}{2}\pi=\frac{1+\sqrt{2}}{2}\pi.$$

(2) 由题设, Σ 的方程为 $z=\sqrt{3(x^2+y^2)}$,

$$dS=\sqrt{1+z_x^2+z_y^2}\,dxdy=\sqrt{1+\frac{9x^2}{3(x^2+y^2)}+\frac{9y^2}{3(x^2+y^2)}}\,dxdy=2dxdy.$$

又由 $z^2=3(x^2+y^2)$ 和 $z=3$ 消去 z 得 $x^2+y^2=3$, 故 Σ 在 xOy 面上的投影区域 D_{xy} 为 $x^2+y^2 \leqslant 3$. 于是 $\iint_\Sigma(x^2+y^2)dS=\iint_{D_{xy}}(x^2+y^2)\cdot 2dxdy \xrightarrow{\text{极坐标}} 2\int_0^{2\pi}d\theta\int_0^{\sqrt{3}}\gamma^2\cdot\gamma d\gamma=9\pi.$

6. 解: (1) 在 Σ 上, $z=4-2x-\frac{4}{3}y$, Σ 在 xOy 面上的投影区域 D_{xy} 为由 x 轴、y 轴和直线 $\frac{x}{2}+\frac{y}{3}=1$ 所围成的三角形闭区域. 因此

$$\iint_\Sigma \left(z+2x+\frac{4}{3}y\right)dS = \iint_{D_{xy}}\left[\left(4-2x-\frac{4}{3}y\right)+2x+\frac{4}{3}y\right]\sqrt{1+(-2)^2+\left(-\frac{4}{3}\right)^2}\,dxdy=$$

$$\iint_{D_{xy}}4\cdot\frac{\sqrt{61}}{3}dxdy=\frac{4\sqrt{61}}{3}\cdot(D_{xy}\text{的面积})=\frac{4\sqrt{61}}{3}\cdot\left(\frac{1}{2}\cdot 2\cdot 3\right)=4\sqrt{61}.$$

(2) 在 Σ 上, $z=6-2x-2y$, Σ 在 xOy 面上的投影区域为由 x 轴、y 轴和直线 $x+y=3$ 所围成的三角形闭区域. 因此 $\iint_\Sigma(2xy-2x^2-x+z)dS=\iint_{D_{xy}}[2xy-2x^2-x+(6-2x-2y)]$

$\sqrt{1+(-2)^2+(-2)^2}\,dxdy=3\int_0^3 dx\int_0^{3-x}(6-3x-2x^2+2xy-2y)dy=3\int_0^3[6-3x-2x^2)$

$(3-x)+x(3-x)^2-(3-x)^2]dx=3\int_0^3(3x^3-10x^2+9)dx=-\frac{27}{4}.$

(3) 在 Σ 上, $z=\sqrt{a^2-x^2-y^2}$. Σ 在 xOy 面上的投影区域 $D_{xy}=\{(x,y)\mid x^2+y^2 \leqslant a^2-h^2\}$.

由于积分曲面 Σ 关于 yOz 面和 xOz 面均对称, 故有 $\iint_\Sigma xdS=0$, $\iint_\Sigma ydS=0$.

于是 $\iint_\Sigma(x+y+z)dS=\iint_\Sigma zdS=\iint_{D_{xy}}\sqrt{a^2-x^2-y^2}\sqrt{1+\frac{x^2}{a^2-x^2-y^2}+\frac{y^2}{a^2-x^2-y^2}}\,dxdy$

$=a\iint_{D_{xy}}dxdy$

$=a\pi(a^2-h^2).$

(4) Σ 如图 11-22 所示, Σ 在 xOy 面上的投影区域 D_{xy} 为圆域 $x^2+y^2 \leqslant 2ax$.

由于关于 xOz 面对称,而函数 xy 和 yz 关于 y 均为奇函数,故 $\iint\limits_{\Sigma} xy dS=0$, $\iint\limits_{\Sigma} yz dS=0$.

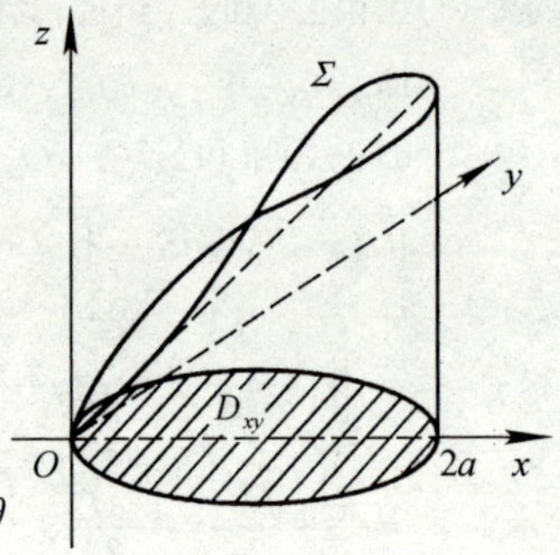

于是 $\iint\limits_{\Sigma}(xy+yz+zx)dS=\iint\limits_{\Sigma} zx dS$

$=\iint\limits_{D_{xy}} x\sqrt{x^2+y^2}\sqrt{1+\dfrac{x^2+y^2}{x^2+y^2}}dxdy$

$=\sqrt{2}\iint\limits_{D_{xy}} x\sqrt{x^2+y^2}dxdy\xrightarrow{极坐标}\sqrt{2}\int_{-\frac{\pi}{2}}^{\frac{\pi}{2}}d\theta\int_0^{2a\cos\theta}\gamma\cos\theta\cdot\gamma\cdot\gamma d\gamma$

$=8\sqrt{2}a^4\int_0^{\frac{\pi}{2}}\cos^5\theta d\theta=8\sqrt{2}a^4\cdot\dfrac{4}{5}\cdot\dfrac{2}{3}=\dfrac{64}{15}\sqrt{2}a^4$.

图 11—22

7. 解:$\Sigma:z=\dfrac{1}{2}(x^2+y^2)(0\leqslant z\leqslant 1)$ 在 xOy 面上的投影区域 $D_{xy}=\{(x,y)\mid x^2+y^2\leqslant 2\}$, $z_x'=x$, $z_y'=y$. 故 $dS=\sqrt{1+x^2+y^2}dxdy$. 因此

$M=\iint\limits_{\Sigma}z dS=\iint\limits_{D_{xy}}\dfrac{1}{2}(x^2+y^2)\sqrt{1+x^2+y^2}dxdy\xrightarrow{极坐标}\dfrac{1}{2}\iint\limits_{D_{xy}}\gamma^2\sqrt{1+\gamma^2}\cdot\gamma d\gamma d\theta$

$=\dfrac{1}{2}\int_0^{2\pi}d\theta\int_0^{\sqrt{2}}\gamma^3\sqrt{1+\gamma^2}d\gamma\xrightarrow{t=\gamma^2}\dfrac{\pi}{2}\int_0^2 t\sqrt{1+t}dt\xrightarrow{分部法}\dfrac{\pi}{2}\left[\dfrac{2}{3}t(1+t)^{\frac{3}{2}}\Big|_0^2-\dfrac{2}{3}\int_0^2(1+t)^{\frac{3}{2}}dt\right]$

$=\dfrac{\pi}{2}\left[\dfrac{4}{3}\cdot 3^{\frac{3}{2}}-\dfrac{4}{15}(3^{\frac{5}{2}}-1)\right]=\dfrac{2\pi}{15}(6\sqrt{3}+1)$.

8. 解:$I_z=\iint\limits_{\Sigma}(x^2+y^2)\mu_0 dS=\mu_0\iint\limits_{x^2+y^2\leqslant a^2}(x^2+y^2)\sqrt{1+\dfrac{x^2+y^2}{a^2-x^2-y^2}}dxdy$

$=\mu_0\iint\limits_{x^2+y^2\leqslant a^2}(x^2+y^2)\cdot\dfrac{a}{\sqrt{a^2-x^2-y^2}}dxdy$

$\xrightarrow{极坐标}\mu_0\int_0^{2\pi}d\theta\int_0^a\dfrac{a\gamma^2}{\sqrt{a^2-\gamma^2}}\cdot\gamma d\gamma\xrightarrow{\gamma=a\sin t}2\pi a\mu_0\int_0^{\frac{\pi}{2}}\dfrac{a^3\sin^3 t}{a\cos t}\cdot a\cos t dt$

$=2\pi a^4\mu_0\int_0^{\frac{\pi}{2}}\sin^3 t dt=2\pi a^4\mu_0\cdot\dfrac{2}{3}=\dfrac{4}{3}\pi a^4\mu_0$.

第五节 对坐标的曲面积分

一、主要内容归纳

1. 对坐标的曲面积分的概念 (又称第二类曲面积分)

有向曲面 通常遇到的曲面都是双侧的,规定了正侧的曲面称为有向曲面.

设 Σ 为光滑的有向曲面,$P(x,y,z)$、$Q(x,y,z)$、$R(x,y,z)$ 都是定义在 Σ 上的有界函数,将曲面 Σ 任意分成 n 个小曲面 $\Delta S_i(i=1,2,\cdots,n)$,在每个小曲面上任取一点 $N_i(\xi_i,\eta_i,\zeta_i)$,曲面 Σ 的

正侧在点 N_i 处的法向量为 $\boldsymbol{n}_i = \cos\alpha_i \boldsymbol{i} + \cos\beta_i \boldsymbol{j} + \cos\gamma_i \boldsymbol{k}$,有向小曲面 ΔS_i 在 xOy 平面上投影为 $\Delta S_{i,xy} = \Delta S_i \cos\gamma_i$,如果各小曲面直径的最大值 $\lambda \to 0$ 时,和式 $\sum_{i=1}^{n} R(\xi_i, \eta_i, \zeta_i) \Delta S_{i,xy}$ 的极限存在,则称此极限为函数 $R(x,y,z)$ 在有向曲面 Σ 的正侧上对坐标 x,y 的曲面积分,记为 $\iint\limits_{\Sigma} R(x,y,z) \mathrm{d}x\mathrm{d}y$,即

$$\iint\limits_{\Sigma} R(x,y,z) \mathrm{d}x\mathrm{d}y = \lim_{\lambda \to 0} \sum_{i=1}^{n} R(\xi_i, \eta_i, \zeta_i)(\Delta S_i)_{xy}$$

类似地,函数 $P(x,y,z)$ 在有向曲面 Σ 的正侧上对坐标 y,z 的曲面积分

$$\iint\limits_{\Sigma} P(x,y,z) \mathrm{d}y\mathrm{d}z = \lim_{\lambda \to 0} \sum_{i=1}^{n} P(\xi_i, \eta_i, \zeta_i)(\Delta S_i)_{yz}$$

其中 $\Delta S_{i,yz} = \Delta S_i \cos\alpha_i$.

函数 $Q(x,y,z)$ 在有向曲面 Σ 的正侧上对坐标 z,x 的曲面积分

$$\iint\limits_{\Sigma} Q(x,y,z) \mathrm{d}z\mathrm{d}x = \lim_{\lambda \to 0} \sum_{i=1}^{n} Q(\xi_i, \eta_i, \zeta_i)(\Delta S_i)_{zx}$$

其中 $\Delta S_{i,zx} = \Delta S_i \cos\beta_i$.

2. 对坐标的曲面积分的性质

若 Σ 表示有向曲面的正侧,该曲面的另一侧为负侧记为 Σ^{-},则有

$$\iint\limits_{\Sigma} P\mathrm{d}y\mathrm{d}z + Q\mathrm{d}z\mathrm{d}x + R\mathrm{d}x\mathrm{d}y = -\iint\limits_{\Sigma^{-}} P\mathrm{d}y\mathrm{d}z + Q\mathrm{d}z\mathrm{d}x + R\mathrm{d}x\mathrm{d}y$$

即当积分曲面改变为相反侧时,对坐标的曲面积分要改变符号.

3. 对坐标的曲面积分的计算法 设光滑曲面 Σ 是由方程 $z=z(x,y)$ 所给出的曲面上侧,角 γ 是曲面 Σ 的法向量 $\boldsymbol{n}$ 与正向 z 轴的夹角,此时 $\cos\gamma > 0$,曲面 Σ 在 xOy 平面上的投影区域为 D_{xy},函数 $z=z(x,y)$ 在 D_{xy} 上具有一阶连续偏导数,被积函数 $R(x,y,z)$ 在 Σ 上连续,则

$$\iint\limits_{\Sigma} R(x,y,z) \mathrm{d}x\mathrm{d}y = \iint\limits_{D_{xy}} R[x,y,z(x,y)] \mathrm{d}x\mathrm{d}y$$

如果积分曲面取在 Σ 的下侧,此时 $\cos\gamma < 0$,则

$$\iint\limits_{\Sigma} R(x,y,z) \mathrm{d}x\mathrm{d}y = -\iint\limits_{D_{xy}} R[x,y,z(x,y)] \mathrm{d}x\mathrm{d}y.$$

当曲面 Σ 是母线平行于 z 轴的柱面 $F(x,y)=0$ 时,此时 $\cos\gamma = \cos\frac{\pi}{2} = 0$,则

$$\iint\limits_{\Sigma} R(x,y,z) \mathrm{d}x\mathrm{d}y = 0$$

类似地有

$$\iint\limits_{\Sigma} P(x,y,z) \mathrm{d}y\mathrm{d}z = \pm \iint\limits_{D_{yz}} P[x(y,z),y,z] \mathrm{d}y\mathrm{d}z,$$

且当 Σ 取前侧时,上式右端取"+"号;当 Σ 取后侧时,右端取"−"号.

$$\iint\limits_{\Sigma} Q(x,y,z) \mathrm{d}z\mathrm{d}x = \pm \iint\limits_{D_{zx}} Q[x,y(x,z),z] \mathrm{d}z\mathrm{d}x.$$

且当 Σ 为右侧时,上式右端取"+"号;当 Σ 取左侧时,右端取"−"号.

4. 两类曲面积分之间的关系

设曲面Σ上任一点(x,y,z)处法向量 $\boldsymbol{n}$ 的方向余弦为 $\cos\alpha、\cos\beta、\cos\gamma$ 则有

$$\iint\limits_{\Sigma} Pdydz + Qdzdx + Rdxdy = \iint\limits_{\Sigma}(P\cos\alpha + Q\cos\beta + R\cos\gamma)dS$$

二、经典例题解析及解题方法总结

【例1】 求 $\iint\limits_{\Sigma} xydydz + xzdzdx + yzdxdy$,其中$\Sigma$为圆柱面 $x^2+y^2=R^2$ 在 $y\geqslant 0, z\geqslant 0$ 两卦限内被平面 $z=0$ 和 $z=H(H>0)$ 所截下的部分的外侧.

解 如图11−23所示,$\Sigma = \Sigma_1 + \Sigma_2, \Sigma_1: x=\sqrt{R^2-y^2}$,($0\leqslant y\leqslant R$);$\Sigma_2: x=-\sqrt{R^2-y^2}$,($0\leqslant y\leqslant R$).则

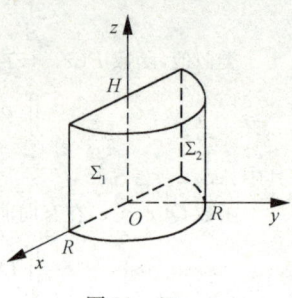

图 11−23

$$\iint\limits_{\Sigma} xydydz + xzdzdx + yzdxdy = \iint\limits_{\Sigma} xydydz + \iint\limits_{\Sigma} xzdzdx$$

$$= \iint\limits_{\Sigma_1} xydydz + \iint\limits_{\Sigma_2} xydydz + \iint\limits_{\Sigma} xzdzdx$$

$$= \iint\limits_{\substack{0\leqslant y\leqslant R \\ 0\leqslant z\leqslant H}} \sqrt{R^2-y^2} \cdot ydydz - \iint\limits_{\substack{0\leqslant y\leqslant R \\ 0\leqslant z\leqslant H}} -\sqrt{R^2-y^2} \cdot ydydz$$

$$+ \iint\limits_{\substack{-R\leqslant x\leqslant R \\ 0\leqslant z\leqslant H}} xzdzdx$$

$$= 2\int_0^H dz \int_0^R \sqrt{R^2-y^2} \cdot ydy + \int_0^H dz \int_{-R}^R xzdx = \frac{2}{3}HR^3.$$

方法总结

利用直接投影法计算对坐标的曲面积分,要掌握其基本的步骤,把积分转化为二重积分是关键.当积分曲面表示为显函数后若不是单值函数,则应将曲面分片,使每片曲面的显函数表达式为单值函数.

【例2】 计算曲面积分 $\oiint\limits_{\Sigma} \dfrac{xdydz + z^2dxdy}{x^2+y^2+z^2}$,其中$\Sigma$是由曲面 $x^2+y^2=R^2$ 及两平面 $z=R$, $z=-R(R>0)$ 所围成立体表面的外侧.

解 如图11−24所示,设$\Sigma_1, \Sigma_2, \Sigma_3$ 依次为Σ的上、下底和圆柱面部分,则

$$\iint\limits_{\Sigma_1} \frac{xdydz}{x^2+y^2+z^2} = \iint\limits_{\Sigma_2} \frac{xdydz}{x^2+y^2+z^2} = 0.$$

记Σ_1, Σ_2 在 xOy 平面上的投影区域为 D_{xy},则

$$\iint\limits_{\Sigma_1+\Sigma_2} \frac{z^2dxdy}{x^2+y^2+z^2}$$

$$= \iint\limits_{D_{xy}} \frac{R^2dxdy}{x^2+y^2+R^2} - \iint\limits_{D_{xy}} \frac{(-R)^2dxdy}{x^2+y^2+R^2} = 0.$$

在 Σ_3 上，$\iint\limits_{\Sigma_3}\dfrac{z^2\mathrm{d}x\mathrm{d}y}{x^2+y^2+z^2}=0$.

记 Σ_3 在 yOz 平面上的投影区域为 D_{yz}，则

$$\iint\limits_{\Sigma_3}\frac{x\mathrm{d}y\mathrm{d}z}{x^2+y^2+z^2}$$

$$=\iint\limits_{D_{yz}}\frac{\sqrt{R^2-y^2}\,\mathrm{d}y\mathrm{d}z}{R^2+z^2}-\iint\limits_{D_{yz}}\frac{-\sqrt{R^2-y^2}\,\mathrm{d}y\mathrm{d}z}{R^2+z^2}$$

$$=2\iint\limits_{D_{yz}}\frac{\sqrt{R^2-y^2}}{R^2+z^2}\mathrm{d}y\mathrm{d}z=2\int_{-R}^{R}\sqrt{R^2-y^2}\,\mathrm{d}y\int_{-R}^{R}\frac{\mathrm{d}z}{R^2+z^2}=\frac{\pi^2}{2}R.$$

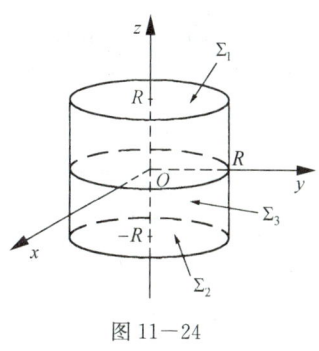

图 11-24

所以，$\oiint\limits_{\Sigma}\dfrac{x\mathrm{d}y\mathrm{d}z+z^2\mathrm{d}x\mathrm{d}y}{x^2+y^2+z^2}=\dfrac{1}{2}\pi^2 R.$

【例 3】 计算曲面积分 $\oiint\limits_{\Sigma}\dfrac{x}{r^3}\mathrm{d}y\mathrm{d}z+\dfrac{y}{r^3}\mathrm{d}z\mathrm{d}x+\dfrac{z}{r^3}\mathrm{d}x\mathrm{d}y$，其中 $r=\sqrt{x^2+y^2+z^2}$，Σ 是球面 $x^2+y^2+z^2=a^2$ 的外侧表面.

解法一 本题组合积分中的三个积分在所考虑的积分域上具有轮换对称性，故三个积分只需计算其中一个然后 3 倍即可，即 $\oiint\limits_{\Sigma}\dfrac{x}{r^3}\mathrm{d}y\mathrm{d}z+\dfrac{y}{r^3}\mathrm{d}z\mathrm{d}x+\dfrac{z}{r^3}\mathrm{d}x\mathrm{d}y$

$$=\oiint\limits_{\Sigma}\frac{x\mathrm{d}y\mathrm{d}z+y\mathrm{d}z\mathrm{d}x+z\mathrm{d}x\mathrm{d}y}{(x^2+y^2+z^2)^{\frac{3}{2}}}=3\oiint\limits_{\Sigma}\frac{z}{(x^2+y^2+z^2)^{\frac{3}{2}}}\mathrm{d}x\mathrm{d}y$$

$$=3\left[\iint\limits_{\Sigma_{\text{上}}}\frac{z}{(x^2+y^2+z^2)^{\frac{3}{2}}}\mathrm{d}x\mathrm{d}y+\iint\limits_{\Sigma_{\text{下}}}\frac{z}{(x^2+y^2+z^2)^{\frac{3}{2}}}\mathrm{d}x\mathrm{d}y\right]$$

$$=3\left[\iint\limits_{D:x^2+y^2\leqslant a^2}\frac{\sqrt{a^2-x^2-y^2}}{a^3}\mathrm{d}\sigma+\iint\limits_{D:x^2+y^2\leqslant a^2}\frac{-\sqrt{a^2-x^2-y^2}}{a^3}(-\mathrm{d}\sigma)\right]$$

$$=\frac{6}{a^3}\iint\limits_{D:x^2+y^2\leqslant a^2}\sqrt{a^2-x^2-y^2}\,\mathrm{d}\sigma=\frac{6}{a^3}\cdot\frac{2}{3}\pi a^3=4\pi.$$

方法总结

这里将闭球面 Σ 分成 $\Sigma_{\text{上}}$，$\Sigma_{\text{下}}$，其中

$\Sigma_{\text{上}}: z=\sqrt{a^2-x^2-y^2}$，$\mathrm{d}x\mathrm{d}y=\mathrm{d}\sigma$，$xOy$ 平面的投影域为 D；

$\Sigma_{\text{下}}: z=-\sqrt{a^2-x^2-y^2}$，$\mathrm{d}x\mathrm{d}y=-\mathrm{d}\sigma$，$xOy$ 平面的投影域为 D.

解法二 设曲面 Σ 的外法线向量的方向余弦为 $\cos\alpha,\cos\beta,\cos\gamma$，由于曲面是球面，其外法线向量的方向余弦为 $\cos\alpha=\dfrac{x}{r}$，$\cos\beta=\dfrac{y}{r}$，$\cos\gamma=\dfrac{z}{r}$，而 $\mathrm{d}y\mathrm{d}z,\mathrm{d}z\mathrm{d}x,\mathrm{d}x\mathrm{d}y$ 是有向投影，即有

$$\mathrm{d}S\cdot\cos\alpha=\mathrm{d}y\mathrm{d}z,\quad \mathrm{d}S\cdot\cos\beta=\mathrm{d}z\mathrm{d}x,\quad \mathrm{d}S\cdot\cos\gamma=\mathrm{d}x\mathrm{d}y.$$

因此本题可以利用两类曲面积分之间的关系，将对坐标的曲面积分化成对面积的曲面积分来计

算，即 $\oiint\limits_{\Sigma} \dfrac{x}{r^3}\mathrm{d}y\mathrm{d}z + \dfrac{y}{r^3}\mathrm{d}z\mathrm{d}x + \dfrac{z}{r^3}\mathrm{d}x\mathrm{d}y = \oiint\limits_{\Sigma} \dfrac{1}{r^2}(\cos^2\alpha + \cos^2\beta + \cos^2\gamma)\mathrm{d}S$

$$= \oiint\limits_{\Sigma} \dfrac{1}{r^2}\mathrm{d}S = \dfrac{1}{a^2}\oiint\limits_{\Sigma}\mathrm{d}S = 4\pi.$$

【例4】 设 Σ 为球面 $x^2+y^2+z^2=a^2$. 有人说，由于 Σ 关于 xOy 面对称，而函数 $f(x,y,z)=z$ 关于 z 是奇函数，故下列两个曲面积分的值均为零：

$$I_1 = \oiint\limits_{\Sigma} z\mathrm{d}S;\ I_2 = \oiint\limits_{\Sigma} z\mathrm{d}x\mathrm{d}y \quad (I_2 \text{ 中的 }\Sigma \text{ 是球面的外侧}),$$

这个说法对吗？

解 $I_1 = \oiint\limits_{\Sigma} z\mathrm{d}S = 0$ 是对的，而 $I_2 = \oiint\limits_{\Sigma} z\mathrm{d}x\mathrm{d}y = 0$ 就不对了，这里涉及计算两类曲面积分时，在利用对称性方面的重要区别.

第一类曲面积分的积分曲面是无向的（即不定侧的），它的值只取决于被积函数和积分曲面两个因素，与积分曲面的侧，即曲面在各点处的法向量的指向无关，因此考虑对称性比较容易，只需考虑被积函数和积分曲面的几何形状这两方面的对称性就可以了. 本问题中对积分 I_1 的对称性的讨论和结论都是正确的.

第二类曲面积分的积分曲面是有向的（即定侧的），因此它的值不仅与被积函数和积分曲面的几何形状有关，还与积分曲面的侧有关，即还与积分曲面在各点处的法向量的指向有关. 因此在考虑积分的对称性时，不仅要考虑被积函数和积分曲面的几何形状这两方面的对称性，还要顾及积分曲面上的对称部分处的法向量的指向情况，这就比较麻烦了，如果不慎会导致计算错误. 因此在计算第二类曲面积分时，要慎用对称性. 一般应在化为二重积分后，再看是否可利用对称性简化二重积分的计算. 事实上，I_2 并不等于零. 即

$$I_2 = \oiint\limits_{\Sigma} z\mathrm{d}x\mathrm{d}y = \oiint\limits_{\Sigma_1(\text{上侧})} z\mathrm{d}x\mathrm{d}y + \oiint\limits_{\Sigma_2(\text{下侧})} z\mathrm{d}x\mathrm{d}y$$

$$= \iint\limits_{D_{xy}} \sqrt{a^2-x^2-y^2}\,\mathrm{d}x\mathrm{d}y - \iint\limits_{D_{xy}} (-\sqrt{a^2-x^2-y^2})\,\mathrm{d}x\mathrm{d}y$$

$$= 2\iint\limits_{D_{xy}} \sqrt{a^2-x^2-y^2}\,\mathrm{d}x\mathrm{d}y = 2\int_0^{2\pi}\mathrm{d}\theta \int_0^a \sqrt{a^2-r^2}\,r\mathrm{d}r$$

$$= 4\pi \cdot \dfrac{-1}{3}(a^2-r^2)^{\frac{3}{2}}\bigg|_0^a = \dfrac{4}{3}\pi a^3.$$

习题 11-5 解答

1. 证：把 Σ 任意分成 n 块小曲面 ΔS_i（其面积也记为 ΔS_i），ΔS_i 在 yOz 面上的投影为 $(\Delta S_i)_{yz}$，在 ΔS_i 上任意取定一点 (ξ_i, η_i, ζ_i). 设 λ 是各小块曲面的直径最大值，则

$$\iint\limits_{\Sigma} [P_1(x,y,z) \pm P_2(x,y,z)]\mathrm{d}y\mathrm{d}z = \lim_{\lambda \to 0}\sum_{i=1}^n [P_1(\xi_i,\eta_i,\zeta_i) \pm P_2(\xi_i,\eta_i,\zeta_i)](\Delta S_i)_{yz}$$

$$= \lim_{\lambda \to 0}\sum_{i=1}^n P_1(\xi_i,\eta_i,\zeta_i)(\Delta S_i)_{yz} \pm \lim_{\lambda \to 0}\sum_{i=1}^n P_2(\xi_i,\eta_i,\zeta_i)(\Delta S_i)_{yz}$$

$$= \iint\limits_{\Sigma} P_1(x,y,z)\mathrm{d}y\mathrm{d}z \pm \iint\limits_{\Sigma} P_2(x,y,z)\mathrm{d}y\mathrm{d}z.$$

2. **解**：此时Σ在xOy面上的投影区域D_{xy}就是Σ自身(但不定侧)，且在Σ上，$z=0$，因此

$$\iint_\Sigma R(x,y,z)\mathrm{d}x\mathrm{d}y=\pm\iint_{D_{xy}}R(x,y,0)\mathrm{d}x\mathrm{d}y,$$

当Σ取上侧时为正号，取下侧时为负号.

3. **解**：(1) Σ在xOy面上的投影区域$D_{xy}=\{(x,y)\mid x^2+y^2\leqslant R^2\}$，在$\Sigma$上，$z=-\sqrt{R^2-x^2-y^2}$. 因$\Sigma$取下侧，故

$$\iint_\Sigma x^2y^2z\mathrm{d}x\mathrm{d}y=-\iint_{D_{xy}}x^2y^2(-\sqrt{R^2-x^2-y^2})\mathrm{d}x\mathrm{d}y\xrightarrow{极坐标}\iint_{D_{xy}}\gamma^4\cos^2\theta\sin^2\theta\sqrt{R^2-\gamma^2}\,\gamma\mathrm{d}\gamma\mathrm{d}\theta$$

$$=\int_0^{2\pi}\frac{1}{4}\sin^2 2\theta\mathrm{d}\theta\cdot\int_0^R\gamma^5\sqrt{R^2-\gamma^2}\,\mathrm{d}\gamma$$

$$\xrightarrow{\gamma=R\sin t}\frac{\pi}{4}\int_0^{\frac{\pi}{2}}R^5\sin^5 t\cdot R\cos t\cdot R\cos t\mathrm{d}t$$

$$=\frac{\pi}{4}R^7\int_0^{\frac{\pi}{2}}(\sin^5 t-\sin^7 t)\mathrm{d}t$$

$$=\frac{\pi}{4}R^7\cdot\left(\frac{4}{5}\cdot\frac{2}{3}-\frac{6}{7}\cdot\frac{4}{5}\cdot\frac{2}{3}\right)=\frac{2}{105}\pi R^7.$$

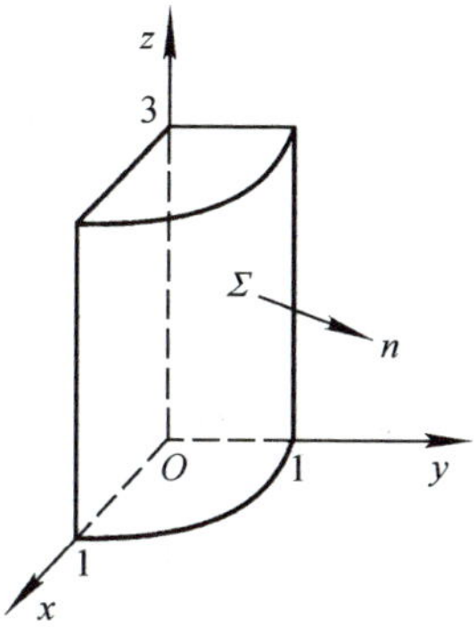

(2) 由于柱面$x^2+y^2=1$在xOy面上的投影为零，

因此$\iint_\Sigma z\mathrm{d}x\mathrm{d}y=0$. 又，$D_{yz}=\{(y,z)\mid 0\leqslant y\leqslant 1,0\leqslant z\leqslant 3\}$，

$D_{zx}=\{(x,z)\mid 0\leqslant z\leqslant 3,0\leqslant x\leqslant 1\}$（图11-25），因取前侧，

所以原式$=\iint_\Sigma x\mathrm{d}y\mathrm{d}z+\iint_\Sigma y\mathrm{d}z\mathrm{d}x=\iint_{D_{yz}}\sqrt{1-y^2}\,\mathrm{d}y\mathrm{d}z+\iint_{D_{zx}}\sqrt{1-x^2}\,\mathrm{d}z\mathrm{d}x$

$$=\int_0^3\mathrm{d}z\int_0^1\sqrt{1-y^2}\,\mathrm{d}y+\int_0^3\mathrm{d}z\int_0^1\sqrt{1-x^2}\,\mathrm{d}x=2\cdot 3\left[\frac{y}{2}\sqrt{1-y^2}+\frac{1}{2}\arcsin y\right]_0^1=\frac{3}{2}\pi.$$

图11-25

(3) 在Σ上，$z=1-x+y$. 由于Σ取上侧，故Σ在任一点处的单位法向量为

$$\boldsymbol{n}=\frac{1}{\sqrt{1+z_x^2+z_y^2}}(-z_x,-z_y,1)=\frac{1}{\sqrt{3}}(1,-1,1).$$

由两类曲面积分之间的联系，可得

$$原式=\iint_\Sigma[(f+x)\cos\alpha+(2f+y)\cos\beta+(f+z)\cos\gamma]\mathrm{d}S$$

$$=\frac{1}{\sqrt{3}}\iint_\Sigma[(f+x)-(2f+y)+(f+z)]\mathrm{d}S$$

$$=\frac{1}{\sqrt{3}}\iint_\Sigma(x-y+z)\mathrm{d}S=\frac{1}{\sqrt{3}}\iint_\Sigma\mathrm{d}S=\frac{1}{\sqrt{3}}\cdot(\Sigma\text{的面积})=\frac{1}{\sqrt{3}}\cdot\frac{\sqrt{3}}{2}=\frac{1}{2}.$$

(4) 在坐标面$x=0$、$y=0$和$z=0$上，积分值均为零，因此只需计算在$\Sigma':x+y+z=1$(取上侧)上的积分值(图11-26). 下面用两种方法计算.

方法一 $\iint_{\Sigma'}xz\mathrm{d}x\mathrm{d}y=\iint_{D_{xy}}x(1-x-y)\mathrm{d}x\mathrm{d}y$

$$=\int_0^1 x\mathrm{d}x\int_0^{1-x}(1-x-y)\mathrm{d}y=\frac{1}{24},$$

由被积函数和积分曲面关于积分变量的对称性,可得

$$\iint\limits_{\Sigma'} xy\mathrm{d}y\mathrm{d}z = \iint\limits_{\Sigma'} yz\mathrm{d}z\mathrm{d}x = \iint\limits_{\Sigma'} xz\mathrm{d}x\mathrm{d}y = \frac{1}{24},$$

因此 $\oiint\limits_{\Sigma} xz\mathrm{d}x\mathrm{d}y + xy\mathrm{d}y\mathrm{d}z + yz\mathrm{d}z\mathrm{d}x = 3 \cdot \frac{1}{24} = \frac{1}{8}.$

方法二 利用两类曲面积分的联系,

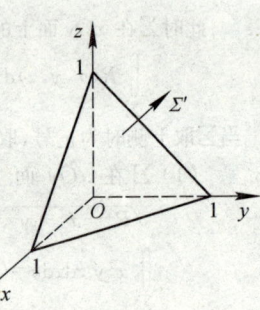

图 11-26

$\iint\limits_{\Sigma'} xy\mathrm{d}y\mathrm{d}z$ 和 $\iint\limits_{\Sigma'} yz\mathrm{d}z\mathrm{d}x$ 均化为关于坐标 x 和 y 的曲面积分计算. 由于 $\Sigma': x+y+z=1$ 取上侧,故 Σ' 在任一点处的单位法向量

$$\boldsymbol{n} = (\cos\alpha, \cos\beta, \cos\gamma) = \left(\frac{1}{\sqrt{3}}, \frac{1}{\sqrt{3}}, \frac{1}{\sqrt{3}}\right),$$

于是 $\iint\limits_{\Sigma'} xy\mathrm{d}y\mathrm{d}z = \iint\limits_{\Sigma'} xy\cos\alpha\mathrm{d}S = \iint\limits_{\Sigma'} xy \frac{\cos\alpha}{\cos\gamma}\mathrm{d}x\mathrm{d}y = \iint\limits_{\Sigma'} xy\mathrm{d}x\mathrm{d}y,$

$\iint\limits_{\Sigma'} yz\mathrm{d}z\mathrm{d}x = \iint\limits_{\Sigma'} yz\cos\beta\mathrm{d}S = \iint\limits_{\Sigma'} yz \frac{\cos\beta}{\cos\gamma}\mathrm{d}x\mathrm{d}y = \iint\limits_{\Sigma'} yz\mathrm{d}x\mathrm{d}y.$

因此 $\iint\limits_{\Sigma'} xz\mathrm{d}x\mathrm{d}y + xy\mathrm{d}y\mathrm{d}z + yz\mathrm{d}z\mathrm{d}x = \iint\limits_{\Sigma'} (xz+xy+yz)\mathrm{d}x\mathrm{d}y$

$= \iint\limits_{D_{xy}} [x(1-x-y) + xy + y(1-x-y)]\mathrm{d}x\mathrm{d}y$

$= \int_0^1 \mathrm{d}x \int_0^{1-x} (-x^2 - y^2 - xy + x + y)\mathrm{d}y = \frac{1}{8}.$

评注:计算本题最方便的方法是利用下节的高斯公式:

$$\oiint\limits_{\Sigma} xz\mathrm{d}x\mathrm{d}y + xy\mathrm{d}y\mathrm{d}z + yz\mathrm{d}z\mathrm{d}x$$

$$= \iiint\limits_{\Omega} (y+z+x)\mathrm{d}v \xrightarrow{\text{对称性}} 3\iiint\limits_{\Omega} z\mathrm{d}v = 3\int_0^1 \mathrm{d}x \int_0^{1-x} \mathrm{d}y \int_0^{1-x-y} z\mathrm{d}z$$

$$= 3\int_0^1 \mathrm{d}x \int_0^{1-x} \frac{(1-x-y)^2}{2} \mathrm{d}y = 3\int_0^1 \frac{(1-x)^3}{6} \mathrm{d}x = 3 \cdot \frac{1}{24} = \frac{1}{8}.$$

4. 解:(1)由于 $\Sigma: 3x+2y+2\sqrt{3}z=6$ 取上侧,故 Σ 在任一点处的单位法向量为

$$\boldsymbol{n} = (\cos\alpha, \cos\beta, \cos\gamma) = \frac{1}{\sqrt{3^2+2^2+(2\sqrt{3})^2}}(3, 2, 2\sqrt{3}) = \left(\frac{3}{5}, \frac{2}{5}, \frac{2\sqrt{3}}{5}\right),$$

于是 $\iint\limits_{\Sigma} P\mathrm{d}y\mathrm{d}z + Q\mathrm{d}z\mathrm{d}x + R\mathrm{d}x\mathrm{d}y = \iint\limits_{\Sigma} (P\cos\alpha + Q\cos\beta + R\cos\gamma)\mathrm{d}S$

$$= \iint\limits_{\Sigma} \left(\frac{3}{5}P + \frac{2}{5}Q + \frac{2\sqrt{3}}{5}R\right)\mathrm{d}S.$$

(2)由于 $\Sigma: z = 8-(x^2+y^2)$ 取上侧,故 Σ 在任一点 (x,y,z) 处的单位法向量为

$$\boldsymbol{n} = \frac{1}{\sqrt{1+z_x^2+z_y^2}}(-z_x, -z_y, 1) = \frac{1}{\sqrt{1+(-2x)^2+(-2y)^2}}(2x, 2y, 1),$$

于是 $\iint\limits_{\Sigma} Pdydz+Qdzdx+Rdxdy = \iint\limits_{\Sigma}(P\cos\alpha+Q\cos\beta+R\cos\gamma)dS$

$$= \iint\limits_{\Sigma}\frac{2xP+2yQ+R}{\sqrt{1+4x^2+4y^2}}dS.$$

第六节　高斯公式　通量与散度

一、主要内容归纳

1. 高斯(Gauss)公式

设空间闭区域 Ω 是由分片光滑的闭曲面 Σ 所围成，函数 $P(x,y,z)$、$Q(x,y,z)$、$R(x,y,z)$ 在 Ω 及其边界曲面 Σ 上具有连续的一阶偏导数，则

$$\oiint\limits_{\Sigma} Pdydz+Qdzdx+Rdxdy = \iiint\limits_{\Omega}\left(\frac{\partial P}{\partial x}+\frac{\partial Q}{\partial y}+\frac{\partial R}{\partial z}\right)dxdydz,$$

或

$$\oiint\limits_{\Sigma}(P\cos\alpha+Q\cos\beta+R\cos\gamma)dS = \iiint\limits_{\Omega}\left(\frac{\partial P}{\partial x}+\frac{\partial Q}{\partial y}+\frac{\partial R}{\partial z}\right)dxdydz,$$

其中 Σ 取外侧，$\cos\alpha$，$\cos\beta$，$\cos\gamma$ 是 Σ 上任一点 (x,y,z) 处外法线向量的方向余弦.

2. 通量与散度

设向量场 $\boldsymbol{A}(x,y,z)=P(x,y,z)\boldsymbol{i}+Q(x,y,z)\boldsymbol{j}+R(x,y,z)\boldsymbol{k}$，其中 P,Q,R 具有连续的一阶偏导数，Σ 是场内的一个有向曲面，则称

$$\Phi = \iint\limits_{\Sigma}\boldsymbol{A}\cdot d\boldsymbol{S} = \iint\limits_{\Sigma} Pdydz+Qdzdx+Rdxdy$$

为向量场 $\boldsymbol{A}$ 通过曲面 Σ 的通量(或流量).

$\frac{\partial P}{\partial x}+\frac{\partial Q}{\partial y}+\frac{\partial R}{\partial z}$ 称为向量场 $\boldsymbol{A}$ 的散度，记作 $\mathrm{div}\boldsymbol{A}$，即 $\mathrm{div}\boldsymbol{A}=\frac{\partial P}{\partial x}+\frac{\partial Q}{\partial y}+\frac{\partial R}{\partial z}$.

有了散度的概念，高斯公式可写成 $\oiint\limits_{\Sigma}\boldsymbol{A}\cdot d\boldsymbol{S} = \iiint\limits_{\Omega}\mathrm{div}\boldsymbol{A}dV$，其中 Σ 是空间闭区域 Ω 的边界曲面的外侧.

二、经典例题解析及解题方法总结

【例1】 计算曲面积分 $I=\oiint\limits_{\Sigma} 2xzdydz+yzdzdx-z^2dxdy$，其中 Σ 是由曲面 $z=\sqrt{x^2+y^2}$ 与 $z=\sqrt{2-x^2-y^2}$ 所围立体的表面外侧.（考研题）

解 令 $P=2xz,Q=yz,R=-z^2$，则 $\frac{\partial P}{\partial x}+\frac{\partial Q}{\partial y}+\frac{\partial R}{\partial z}=2z+z-2z=z.$

根据高斯公式，$I=\iiint\limits_{\Omega}zdxdydz=\int_0^{2\pi}d\theta\int_0^{\frac{\pi}{4}}\sin\varphi\cos\varphi d\varphi\int_0^{\sqrt{2}}r^3dr=\frac{\pi}{2}.$

【例2】 计算曲面积分 $\iint\limits_{\Sigma} 2(1-x^2)dydz+8xydzdx-4zxdxdy,$

其中 Σ 是由 xOy 平面上的曲线 $x=e^y(0\leqslant y\leqslant a)$ 绕 x 轴旋转而成的旋转面,它的法向量与 x 轴正向的夹角大于 $\frac{\pi}{2}$.

解法一 作辅助平面 $\Sigma_1 : x=e^a$,方向和 x 轴同向,则旋转面与辅助面 Σ_1 构成一个方向为外侧表面的闭曲面(如图 11-27 所示),于是

$$\iint_{\Sigma}=\iint_{\Sigma}+\iint_{\Sigma_1}-\iint_{\Sigma_1}=\oiint_{\Sigma+\Sigma_1}-\iint_{\Sigma_1},$$

其中 $\oiint_{\Sigma+\Sigma_1} 2(1-x^2)\mathrm{d}y\mathrm{d}z+8xy\mathrm{d}z\mathrm{d}x-4zx\mathrm{d}x\mathrm{d}y$.

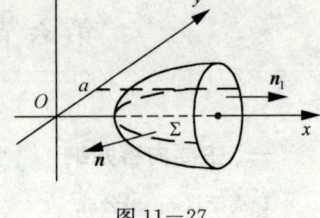

图 11-27

利用高斯公式,得 $\oiint_{\Sigma+\Sigma_1}=\iiint_{\Omega}(-4x+8x-4x)\mathrm{d}V=0$,

而因为,$x=e^a$,$\mathrm{d}z\mathrm{d}x=\mathrm{d}x\mathrm{d}y=0$,所以

$$\iint_{\Sigma_1} 2(1-x^2)\mathrm{d}y\mathrm{d}z+8xy\mathrm{d}z\mathrm{d}x-4zx\mathrm{d}x\mathrm{d}y=\iint_{z^2+y^2\leqslant a^2} 2(1-e^{2a})\mathrm{d}y\mathrm{d}z=2(1-e^{2a})\pi a^2$$

故 $\iint_{\Sigma}=\oiint_{\Sigma_1+\Sigma}-\iint_{\Sigma_1}=0-2a^2(1-e^{2a})\pi=2\pi a^2(e^{2a}-1)$.

解法二 因为 $\frac{\partial P}{\partial x}+\frac{\partial Q}{\partial y}+\frac{\partial R}{\partial z}=-4x+8x-4x=0$,

故积分与曲面形状无关. 由此,得

$$\iint_{\Sigma} 2(1-x^2)\mathrm{d}y\mathrm{d}z+8xy\mathrm{d}z\mathrm{d}x-4zx\mathrm{d}x\mathrm{d}y=\iint_{\substack{x=e^a\\y^2+z^2\leqslant a^2}} 2(1-x^2)\mathrm{d}y\mathrm{d}z+8xy\mathrm{d}z\mathrm{d}x-4zx\mathrm{d}x\mathrm{d}y$$

$$=-\iint_{y^2+z^2\leqslant a^2} 2(1-e^{2a})\mathrm{d}y\mathrm{d}z=2a^2(e^{2a}-1)\pi.$$

【**例3**】 计算 $\iint_{\Sigma}\dfrac{ax\mathrm{d}y\mathrm{d}z+(z+a)^2\mathrm{d}x\mathrm{d}y}{(x^2+y^2+z^2)^{1/2}}$,其中 Σ 为下半球面 $z=-\sqrt{a^2-x^2-y^2}$ 的上侧,a 为大于零的常数.

解 $I=\iint_{\Sigma}\dfrac{ax\mathrm{d}y\mathrm{d}z+(z+a)^2\mathrm{d}x\mathrm{d}y}{(x^2+y^2+z^2)^{1/2}}=\dfrac{1}{a}\iint_{\Sigma} ax\mathrm{d}y\mathrm{d}z+(z+a)^2\mathrm{d}x\mathrm{d}y.$

补一块有向平面 $\Sigma^-:\begin{cases}x^2+y^2\leqslant a^2\\z=0\end{cases}$,其法向量与 z 轴正向相反,从而得到

$$I=\dfrac{1}{a}\left[\oiint_{\Sigma+\Sigma^-} ax\mathrm{d}y\mathrm{d}z+(z+a)^2\mathrm{d}x\mathrm{d}y-\iint_{\Sigma^-} ax\mathrm{d}y\mathrm{d}z+(z+a)^2\mathrm{d}x\mathrm{d}y\right]$$

$$=\dfrac{1}{a}\left[-\iiint_{\Omega}(3a+2z)\mathrm{d}V+\iint_{D} a^2\mathrm{d}x\mathrm{d}y\right],$$

其中 Ω 为 $\Sigma+\Sigma^-$ 围成的空间区域,D 为 $z=0$ 上的平面区域:$x^2+y^2\leqslant a^2$. 于是

$$I=\dfrac{1}{a}\left[-2\pi a^4-2\iiint_{\Omega}z\mathrm{d}V+\pi a^4\right]=\dfrac{1}{a}\left[-\pi a^4-2\int_0^{2\pi}\mathrm{d}\theta\int_0^a r\mathrm{d}r\int_{-\sqrt{a^2-r^2}}^0 z\mathrm{d}z\right]=-\dfrac{\pi}{2}a^3.$$

【**例4**】 计算曲面积分 $\iint_{\Sigma}(2x+z)\mathrm{d}y\mathrm{d}z+z\mathrm{d}x\mathrm{d}y$,其中 Σ 为有向曲面 $z=x^2+y^2(0\leqslant z\leqslant 1)$

的上侧.

解 下面用 4 种不同的方法来解本题.

方法一 分别计算 $I_1 = \iint\limits_{\Sigma}(2x+z)\mathrm{d}y\mathrm{d}z$ 和 $I_2 = \iint\limits_{\Sigma} z\mathrm{d}x\mathrm{d}y$.

计算 I_1 时,将 Σ 分为两片:$\Sigma = \Sigma_1 + \Sigma_2$,其中 Σ_1 为 $x = \sqrt{z-y^2}$(取后侧),Σ_2 为 $x = -\sqrt{z-y^2}$(取前侧),$(y,z) \in D_{yz} = \{(y,z) \mid y^2 \leq z \leq 1, -1 \leq y \leq 1\}$ 于是

$$I_1 = \iint\limits_{\Sigma_1}(2x+z)\mathrm{d}y\mathrm{d}z + \iint\limits_{\Sigma_2}(2x+z)\mathrm{d}y\mathrm{d}z$$

$$= -\iint\limits_{D_{yz}}(2\sqrt{z-y^2}+z)\mathrm{d}y\mathrm{d}z + \iint\limits_{D_{yz}}(-2\sqrt{z-y^2}+z)\mathrm{d}z\mathrm{d}y$$

$$= -4\iint\limits_{D_{yz}}\sqrt{z-y^2}\,\mathrm{d}y\mathrm{d}z = -4\int_{-1}^{1}\mathrm{d}y\int_{y^2}^{1}\sqrt{z-y^2}\,\mathrm{d}z$$

$$= -\frac{8}{3}\int_{-1}^{1}(1-y^2)^{\frac{3}{2}}\mathrm{d}y \xrightarrow{y=\sin t} -\frac{16}{3}\int_{0}^{\frac{\pi}{2}}\cos^4 t\,\mathrm{d}t = -\frac{16}{3}\cdot\frac{3}{4}\cdot\frac{1}{2}\cdot\frac{\pi}{2} = -\pi;$$

而 $I_2 = \iint\limits_{D_{xy}}(x^2+y^2)\mathrm{d}x\mathrm{d}y$,其中 $D_{xy} = \{(x,y) \mid x^2+y^2 \leq 1\}$ 是 Σ 在 xOy 面上的投影区域. 利用极坐标,$I_2 = \iint\limits_{D_{xy}} r^3\mathrm{d}r\mathrm{d}\theta = \int_0^{2\pi}\mathrm{d}\theta\int_0^1 r^3\mathrm{d}r = \frac{\pi}{2}$,因此原积分 $= I_1 + I_2 = -\pi + \frac{\pi}{2} = -\frac{\pi}{2}$.

方法二 将 $\iint\limits_{\Sigma}(2x+z)\mathrm{d}y\mathrm{d}z$ 化为对坐标 x,y 的曲面积分.

由于 $\mathrm{d}y\mathrm{d}z = (-z_x')\mathrm{d}x\mathrm{d}y = -2x\mathrm{d}x\mathrm{d}y$,故

$$\iint\limits_{\Sigma}(2x+z)\mathrm{d}y\mathrm{d}z + z\mathrm{d}x\mathrm{d}y = \iint\limits_{\Sigma}[(2x+z)(-2x)+z]\mathrm{d}x\mathrm{d}y$$

$$= \iint\limits_{D_{xy}}[-4x^2-2x(x^2+y^2)+(x^2+y^2)]\mathrm{d}x\mathrm{d}y$$

由对称性知 $\iint\limits_{D_{xy}} x(x^2+y^2)\mathrm{d}x\mathrm{d}y = 0$,且 $\iint\limits_{D_{xy}} 4x^2\mathrm{d}x\mathrm{d}y = \iint\limits_{D_{xy}} 2(x^2+y^2)\mathrm{d}x\mathrm{d}y$,

故 上式 $= -\iint\limits_{D_{xy}}(x^2+y^2)\mathrm{d}x\mathrm{d}y = -\frac{\pi}{2}$.

方法三 化为第一类曲面积分计算. 由于 Σ 上任一点 (x,y,z) 处的单位法向量

$$\boldsymbol{n} = \frac{1}{\sqrt{1+z_x^2+z_y^2}}(-z_x,-z_y,1) = \frac{1}{\sqrt{1+4x^2+4y^2}}(-2x,-2y,1)$$

故

$$\iint\limits_{\Sigma}(2x+z)\mathrm{d}y\mathrm{d}z + z\mathrm{d}x\mathrm{d}y = \iint\limits_{\Sigma}\frac{(2x+z)\cdot(-2x)+z\cdot 1}{\sqrt{1+4x^2+4y^2}}\mathrm{d}S$$

$$= \iint\limits_{D_{xy}}\frac{(2x+x^2+y^2)\cdot(-2x)+(x^2+y^2)}{\sqrt{1+4x^2+4y^2}}\cdot\sqrt{1+4x^2+4y^2}\,\mathrm{d}x\mathrm{d}y$$

$$= \iint\limits_{D_{xy}}[-4x^2-2x(x^2+y^2)+(x^2+y^2)]\mathrm{d}x\mathrm{d}y = -\frac{\pi}{2}.$$

方法四 利用高斯公式进行计算,为此添加有向曲面 $\Sigma' = \{(x,y,z) \mid z=1, x^2+y^2 \leq 1\}$,

取下侧. 记 Ω 为由 Σ 与 Σ' 所围之立体,则由高斯公式知

$$\oiint_{\Sigma+\Sigma'}(2x+z)\mathrm{d}y\mathrm{d}z+z\mathrm{d}x\mathrm{d}y = -\iiint_{\Omega}\left[\frac{\partial(2x+z)}{\partial x}+\frac{\partial z}{\partial z}\right]\mathrm{d}v$$

$$=-3\iiint_{\Omega}\mathrm{d}v=-3\int_{0}^{1}\mathrm{d}z\iint_{x^2+y^2\leqslant z}\mathrm{d}x\mathrm{d}y=-3\int_{0}^{1}\pi z\mathrm{d}z=-\frac{3\pi}{2};$$

由于 Σ' 垂直于 yOz 面,因此 $\iint_{\Sigma'}(2x+y)\mathrm{d}y\mathrm{d}z=0$,从而有

$$\iint_{\Sigma'}(2x+z)\mathrm{d}y\mathrm{d}z+z\mathrm{d}x\mathrm{d}y = \iint_{\Sigma'}z\mathrm{d}x\mathrm{d}y = -\iint_{D_{xy}}1\mathrm{d}x\mathrm{d}y = -\pi$$

于是 $\iint_{\Sigma}(2x+z)\mathrm{d}y\mathrm{d}z+z\mathrm{d}x\mathrm{d}y = -\frac{3\pi}{2}-(-\pi) = -\frac{\pi}{2}$

> **● 方法总结**
>
> 上面利用 4 种不同的方法来计算已知曲面积分,相信读者经过对不同的方法进行比较,对第二类曲面积分的计算方法有了一个全面的了解,可见就本题的计算而言,以方法四最为简便.另外,请读者思考:对于本章第五节中例 3,若用高斯公式应如何计算.

【例 5】 计算 $I = \oiint_{\Sigma}\frac{\cos(\widehat{r,n})}{r^2}\mathrm{d}S$ 其中 Σ 为包含原点在其内部的任意光滑闭曲面,n 为 Σ 在点 $M(x,y,z)$ 处的外法线向量(即指向 Σ 的外侧的法向量),$r = \overrightarrow{OM}$, $r = |r|$.

解 记 e_n 为单位外法线向量,因 $\cos(r,n) = \frac{r \cdot e_n}{r}$,故 $\oiint_{\Sigma}\frac{\cos(\widehat{r,n})}{r^2}\mathrm{d}S = \oiint_{\Sigma}\frac{r}{r^3} \cdot e_n \mathrm{d}S = \oiint_{\Sigma 外侧}\frac{r}{r^3}\mathrm{d}S$

记 $A = \frac{r}{r^3} = \left(\frac{x}{r^3}, \frac{y}{r^3}, \frac{z}{r^3}\right)$,则有 $\mathrm{div}A = \frac{\partial}{\partial x}\left(\frac{x}{r^3}\right)+\frac{\partial}{\partial y}\left(\frac{y}{r^3}\right)+\frac{\partial}{\partial z}\left(\frac{z}{r^3}\right)$

$$= \frac{1}{r^6}[(r^3-3rx^2)+(r^3-3ry^2)+(r^3-3rz^2)] = 0.$$

以原点为中心,充分小的 ε 为半径作球面 Σ_1(取外侧),使它包含在曲面 Σ 内,并记 Ω 为由 Σ 和 Σ_1^- 所围成的空间闭区域,则由高斯公式得

$$0 = \iiint_{\Omega}\mathrm{div}A\mathrm{d}v = \iint_{\Sigma+\Sigma_1^-}A \cdot \mathrm{d}S = \iint_{\Sigma+\Sigma_1^-}\frac{r}{r^3}\mathrm{d}S,$$

因此 $\oiint_{\Sigma}\frac{\cos(\widehat{r,n})}{r^2}\mathrm{d}S = \oiint_{\Sigma}\frac{r}{r^3}\mathrm{d}S = -\oiint_{\Sigma_1^-}\frac{r}{r^3}\mathrm{d}S = \oiint_{\Sigma_1}\frac{r}{r^3}\mathrm{d}S = \oiint_{\Sigma_1}\frac{\cos(\widehat{r,n})}{r^2}\mathrm{d}S$

由于在 Σ_1 上,$r = \varepsilon$ 且 r 与 n 的指向一致,从而 $\cos(\widehat{r,n}) = 1$,于是

$\oiint_{\Sigma_1}\frac{\cos(\widehat{r,n})}{r^2}\mathrm{d}S = \frac{1}{\varepsilon^2}\oiint_{\Sigma_1}\mathrm{d}S = \frac{1}{\varepsilon^2} \cdot 4\pi\varepsilon^2 = 4\pi$,从而得 $\oiint_{\Sigma_1}\frac{\cos(\widehat{r,n})}{r^2}\mathrm{d}S = 4\pi$.

【例 6】 设对于半空间 $x>0$ 内任意的光滑有向封闭曲面 Σ,都有

$$\oiint_{\Sigma} xf(x)\mathrm{d}y\mathrm{d}z - xyf(x)\mathrm{d}z\mathrm{d}x - \mathrm{e}^{2x}z\mathrm{d}x\mathrm{d}y = 0,$$

其中函数 $f(x)$ 在 $(0,+\infty)$ 内具有连续的一阶导数，且 $\lim\limits_{x\to 0^+} f(x) = 1$. 求 $f(x)$.

解 由题设和高斯公式得 $0 = \oiint_{\Sigma} xf(x)\mathrm{d}y\mathrm{d}z - xyf(x)\mathrm{d}z\mathrm{d}x - \mathrm{e}^{2x}z\mathrm{d}x\mathrm{d}y$

$$= \pm \iiint_{V} (xf'(x) + f(x) - xf(x) - \mathrm{e}^{2x})\mathrm{d}V$$

其中 V 为 Σ 围成的有界闭区域，当有向曲面 Σ 的法向量指向外侧时，取 "+" 号；当有向曲面 Σ 的法向量指向内侧时，取 "−" 号. 由 Σ 的任意性，知 $xf'(x) + f(x) - xf(x) - \mathrm{e}^{2x} = 0$，$x > 0$，即

$$f'(x) + \left(\frac{1}{x} - 1\right)f(x) = \frac{1}{x}\mathrm{e}^{2x}, \quad x > 0.$$

按一阶线性非齐次微分方程通解公式，有

$$f(x) = \mathrm{e}^{\int (1-\frac{1}{x})\mathrm{d}x}\left[\int \frac{1}{x}\mathrm{e}^{2x} \cdot \mathrm{e}^{\int (\frac{1}{x}-1)\mathrm{d}x}\mathrm{d}x + C\right] = \frac{\mathrm{e}^x}{x}\left[\int \frac{1}{x}\mathrm{e}^{2x} \cdot x\mathrm{e}^{-x}\mathrm{d}x + C\right] = \frac{\mathrm{e}^x}{x}(\mathrm{e}^x + C)$$

由于 $\lim\limits_{x\to 0^+} f(x) = \lim\limits_{x\to 0^+}\left[\frac{\mathrm{e}^{2x} + C\mathrm{e}^x}{x}\right] = 1$，故必有 $\lim\limits_{x\to 0^+}(\mathrm{e}^{2x} + C\mathrm{e}^x) = 0$，

即 $C + 1 = 0$，从而 $C = -1$. 于是 $f(x) = \dfrac{\mathrm{e}^x}{x}(\mathrm{e}^x - 1)$.

【**例7**】 求矢量场 $\boldsymbol{A} = f(x)\boldsymbol{i} + g(y)\boldsymbol{j} + h(z)\boldsymbol{k}$ 流过平行六面体 $0 < x < a; 0 < y < b; 0 < z < c$ 的外表面 Σ 的通量，式中 $f(x)$、$g(y)$、$h(z)$ 为连续函数.

解 所求通量为 $\Phi = \oiint_{\Sigma} \boldsymbol{A} \cdot \mathrm{d}\boldsymbol{S} = \oiint_{\Sigma} f(x)\mathrm{d}y\mathrm{d}z + g(y)\mathrm{d}z\mathrm{d}x + h(z)\mathrm{d}x\mathrm{d}y$

因为积分式的三项情况完全类似，所以只要计算其中任何一项积分，则其他两项积分可以类似地写出来. 例如，下面计算 $\iint_{\Sigma} h(z)\mathrm{d}x\mathrm{d}y$

由于六面体有四个面垂直于 xOy 平面，故这四个面的积分为零，从而有

$$\oiint_{\Sigma} h(z)\mathrm{d}x\mathrm{d}y = \iint_{\substack{0 \leq x \leq a \\ 0 \leq y \leq b}} h(c)\mathrm{d}x\mathrm{d}y - \iint_{\substack{0 \leq x \leq a \\ 0 \leq y \leq b}} h(0)\mathrm{d}x\mathrm{d}y = ab \frac{h(c) - h(0)}{c}$$

类似地可得到 $\oiint_{\Sigma} f(x)\mathrm{d}y\mathrm{d}z = abc \dfrac{f(a) - f(0)}{a}$，$\oiint_{\Sigma} g(y)\mathrm{d}x\mathrm{d}z = abc \dfrac{g(b) - g(0)}{b}$

于是所求通量为 $\Phi = abc\left[\dfrac{f(a) - f(0)}{a} + \dfrac{g(b) - g(0)}{b} + \dfrac{h(c) - h(0)}{c}\right]$.

【**例8**】 求向量场 $\boldsymbol{A} = \dfrac{1}{r}\boldsymbol{r}$ 的散度，其中 $\boldsymbol{r} = x\boldsymbol{i} + y\boldsymbol{j} + z\boldsymbol{k}$，$r = |\boldsymbol{r}|$.

解 $r = |\boldsymbol{r}| = \sqrt{x^2 + y^2 + z^2}$. 令 $P = \dfrac{x}{\sqrt{x^2+y^2+z^2}}$，$Q = \dfrac{y}{\sqrt{x^2+y^2+z^2}}$，$R = \dfrac{z}{\sqrt{x^2+y^2+z^2}}$，

则 $\mathrm{div}\boldsymbol{A} = \dfrac{\partial P}{\partial x} + \dfrac{\partial Q}{\partial y} + \dfrac{\partial R}{\partial z} = \dfrac{y^2+z^2}{(x^2+y^2+z^2)^{\frac{3}{2}}} + \dfrac{z^2+x^2}{(x^2+y^2+z^2)^{\frac{3}{2}}} + \dfrac{x^2+y^2}{(x^2+y^2+z^2)^{\frac{3}{2}}}$

$$= \dfrac{2}{\sqrt{x^2+y^2+z^2}} = \dfrac{2}{r}.$$

● **方法总结**

除了求做功、环流量(在第七节讨论)与通量用第二类积分外,其他物理应用均用第一类积分,这一点请读者注意.

习题 11-6 解答

1. **解**:(1)原式$=\iiint\limits_{\Omega}\left(\dfrac{\partial P}{\partial x}+\dfrac{\partial Q}{\partial y}+\dfrac{\partial R}{\partial z}\right)\mathrm{d}v=2\iiint\limits_{\Omega}(x+y+z)\mathrm{d}v\xrightarrow{\text{对称性}}6\iiint\limits_{\Omega}z\mathrm{d}v$

$=6\int_0^a\mathrm{d}x\int_0^a\mathrm{d}y\int_0^a z\mathrm{d}z=6\cdot a\cdot a\cdot\dfrac{a^2}{2}=3a^4.$

(2)原式$=\iiint\limits_{\Omega}\left(\dfrac{\partial P}{\partial x}+\dfrac{\partial Q}{\partial y}+\dfrac{\partial R}{\partial z}\right)\mathrm{d}v=3\iiint\limits_{\Omega}(x^2+y^2+z^2)\mathrm{d}v$

$\xrightarrow{\text{球面坐标}}3\int_0^{2\pi}\mathrm{d}\theta\int_0^{\pi}\mathrm{d}\varphi\int_0^a r^2\cdot r^2\sin\varphi\mathrm{d}r=3\cdot 2\pi\cdot 2\cdot\dfrac{a^5}{5}=\dfrac{12}{5}\pi a^5.$

(3)原式$=\iiint\limits_{\Omega}\left(\dfrac{\partial P}{\partial x}+\dfrac{\partial Q}{\partial y}+\dfrac{\partial R}{\partial z}\right)\mathrm{d}v=\iiint\limits_{\Omega}(z^2+x^2+y^2)\mathrm{d}v$

$\xrightarrow{\text{球面坐标}}\int_0^{2\pi}\mathrm{d}\theta\int_0^{\frac{\pi}{2}}\mathrm{d}\varphi\int_0^a r^2\cdot r^2\sin\varphi\mathrm{d}r=2\pi\cdot 1\cdot\dfrac{a^5}{5}=\dfrac{2}{5}\pi a^5.$

(4)原式$=\iiint\limits_{\Omega}\left(\dfrac{\partial P}{\partial x}+\dfrac{\partial Q}{\partial y}+\dfrac{\partial R}{\partial z}\right)\mathrm{d}v=\iiint\limits_{\Omega}(1+1+1)\mathrm{d}v=3\iiint\limits_{\Omega}\mathrm{d}v$

$=3\cdot\pi\cdot 3^2\cdot 3=81\pi.$

(5)原式$=\iiint\limits_{\Omega}\left(\dfrac{\partial P}{\partial x}+\dfrac{\partial Q}{\partial y}+\dfrac{\partial R}{\partial z}\right)\mathrm{d}v=\iiint\limits_{\Omega}(4z-2y+y)\mathrm{d}v$

$=\int_0^1\mathrm{d}x\int_0^1\mathrm{d}y\int_0^1(4z-y)\mathrm{d}z=\int_0^1\mathrm{d}x\int_0^1(2-y)\mathrm{d}y=\dfrac{3}{2}.$

评注:在计算上面的积分$\iiint\limits_{\Omega}(4z-2y+y)\mathrm{d}v$时,如果利用被积函数和积分区域关于积分变量的对称性,可知$\iiint\limits_{\Omega}z\mathrm{d}v=\iiint\limits_{\Omega}y\mathrm{d}v$,于是$\iiint\limits_{\Omega}(4z-2y+y)\mathrm{d}v=\iiint\limits_{\Omega}3z\mathrm{d}v=3\int_0^1\mathrm{d}x\int_0^1\mathrm{d}y\int_0^1 z\mathrm{d}z=3\cdot\dfrac{1}{2}=\dfrac{3}{2}$,从而可简化运算.

*2. **解**:(1)通量$\Phi=\iint\limits_{\Sigma}\boldsymbol{A}\cdot\mathrm{d}\boldsymbol{S}=\iiint\limits_{\Omega}\mathrm{div}\boldsymbol{A}\mathrm{d}v=\iiint\limits_{\Omega}\left(\dfrac{\partial P}{\partial x}+\dfrac{\partial Q}{\partial y}+\dfrac{\partial R}{\partial z}\right)\mathrm{d}v$

$=\iiint\limits_{\Omega}\left[\dfrac{\partial(yz)}{\partial x}+\dfrac{\partial(xz)}{\partial y}+\dfrac{\partial(xy)}{\partial z}\right]\mathrm{d}v=\iiint\limits_{\Omega}0\mathrm{d}v=0.$

(2)通量$\Phi=\iint\limits_{\Sigma}\boldsymbol{A}\cdot\mathrm{d}\boldsymbol{S}=\iiint\limits_{\Omega}\mathrm{div}\boldsymbol{A}\mathrm{d}v=\iiint\limits_{\Omega}\left[\dfrac{\partial(2x-z)}{\partial x}+\dfrac{\partial(x^2y)}{\partial y}+\dfrac{\partial(-xz^2)}{\partial z}\right]\mathrm{d}v$

$=\iiint\limits_{\Omega}(2+x^2-2xz)\mathrm{d}v=2a^3+\int_0^a\mathrm{d}x\int_0^a\mathrm{d}y\int_0^a(x^2-2xz)\mathrm{d}z$

$=2a^3-\dfrac{a^5}{6}=a^3\left(2-\dfrac{a^2}{6}\right).$

(3)通量 $\Phi = \iint\limits_{\Sigma} \boldsymbol{A} \cdot \mathrm{d}\boldsymbol{S} = \iiint\limits_{\Omega} \mathrm{div}\boldsymbol{A}\mathrm{d}v = \iiint\limits_{\Omega} \left[\frac{\partial(2x+3z)}{\partial x} + \frac{\partial(-xz-y)}{\partial y} + \frac{\partial(y^2+2z)}{\partial z}\right]\mathrm{d}v$

$= \iiint\limits_{\Omega} (2-1+2)\mathrm{d}v = 3\iiint\limits_{\Omega} \mathrm{d}v = 3 \cdot \frac{4}{3}\pi \cdot 3^3 = 108\pi.$

*3. **解**:(1)$P = x^2 + yz$, $Q = y^2 + xz$, $R = z^2 + xy$, $\mathrm{div}\boldsymbol{A} = \frac{\partial P}{\partial x} + \frac{\partial Q}{\partial y} + \frac{\partial R}{\partial z} = 2x + 2y + 2z.$

(2)$P = e^{xy}$, $Q = \cos(xy)$, $R = \cos(xz^2)$, $\mathrm{div}\boldsymbol{A} = \frac{\partial P}{\partial x} + \frac{\partial Q}{\partial y} + \frac{\partial R}{\partial z} = ye^{xy} - x\sin(xy) - 2xz\sin(xz^2).$

(3)$P = y^2$, $Q = xy$, $R = xz$, $\mathrm{div}\boldsymbol{A} = \frac{\partial P}{\partial x} + \frac{\partial Q}{\partial y} + \frac{\partial R}{\partial z} = 0 + x + x = 2x.$

4. **证**:由教材本节例 3 证明的格林第一公式知:

$$\iiint\limits_{\Omega} u\Delta v\mathrm{d}x\mathrm{d}y\mathrm{d}z = \oiint\limits_{\Sigma} u\frac{\partial v}{\partial n}\mathrm{d}S - \iiint\limits_{\Omega} \left(\frac{\partial u}{\partial x}\frac{\partial v}{\partial x} + \frac{\partial u}{\partial y}\frac{\partial v}{\partial y} + \frac{\partial u}{\partial z}\frac{\partial v}{\partial z}\right)\mathrm{d}x\mathrm{d}y\mathrm{d}z.$$

在此公式中将函数 u 和 v 交换位置,得

$$\iiint\limits_{\Omega} v\Delta u\mathrm{d}x\mathrm{d}y\mathrm{d}z = \oiint\limits_{\Sigma} v\frac{\partial u}{\partial n}\mathrm{d}S - \iiint\limits_{\Omega} \left(\frac{\partial u}{\partial x}\frac{\partial v}{\partial x} + \frac{\partial u}{\partial y}\frac{\partial v}{\partial y} + \frac{\partial u}{\partial z}\frac{\partial v}{\partial z}\right)\mathrm{d}x\mathrm{d}y\mathrm{d}z.$$

将上面两个式子相减即得 $\iiint\limits_{\Omega} (u\Delta v - v\Delta u)\mathrm{d}x\mathrm{d}y\mathrm{d}z = \oiint\limits_{\Sigma} \left(u\frac{\partial v}{\partial n} - v\frac{\partial u}{\partial n}\right)\mathrm{d}S.$

*5. **证**:取液面为 xOy 面,z 轴铅直向上. 设物体的密度为 ρ. 在物体表面 Σ 上取面积元素 $\mathrm{d}S$, $M(x,y,z)$ 为 $\mathrm{d}S$ 上的一点($z \leqslant 0$),Σ 在点 M 处的外法线向量的方向余弦为 $\cos\alpha, \cos\beta, \cos\gamma$,则 $\mathrm{d}S$ 所受液体的压力在 x 轴、y 轴、z 轴上的分量分别为 $\rho z\cos\alpha\mathrm{d}S$, $\rho z\cos\beta\mathrm{d}S$, $\rho z\cos\gamma\mathrm{d}S$. Σ 所受的液体的总压力在各坐标轴上的分量等于上列各分量元素在 Σ 上的积分. 由高斯公式可算得

$F_x = \oiint\limits_{\Sigma} \rho z\cos\alpha\mathrm{d}S = \iiint\limits_{\Omega} \frac{\partial(\rho z)}{\partial x}\mathrm{d}v = \iiint\limits_{\Omega} 0\mathrm{d}v = 0; F_y = \oiint\limits_{\Sigma} \rho z\cos\beta\mathrm{d}S = \iiint\limits_{\Omega} \frac{\partial(\rho z)}{\partial y}\mathrm{d}v = \iiint\limits_{\Omega} 0\mathrm{d}v = 0;$

$F_z = \oiint\limits_{\Sigma} \rho z\cos\gamma\mathrm{d}S = \iiint\limits_{\Omega} \frac{\partial(\rho z)}{\partial z}\mathrm{d}v = \iiint\limits_{\Omega} \rho\mathrm{d}v = \rho V;$

(V 为 Ω 的体积),故合力 $\boldsymbol{F} = \rho V\boldsymbol{k}$,此力的方向铅直向上,大小等于被物体排开的液体的重力.

第七节 斯托克斯公式 环流量与旋度

一、主要内容归纳

1. 斯托克斯(Stokes)公式

设函数 $P(x,y,z)$、$Q(x,y,z)$、$R(x,y,z)$ 在包含曲面 Σ 的空间域 Ω 内具有连续的一阶偏导数,Γ 是曲面 Σ 的边界曲线,则

$$\oint_{\Gamma} P\mathrm{d}x+Q\mathrm{d}y+R\mathrm{d}z = \iint_{\Sigma} \begin{vmatrix} \mathrm{d}y\mathrm{d}z & \mathrm{d}z\mathrm{d}x & \mathrm{d}x\mathrm{d}y \\ \dfrac{\partial}{\partial x} & \dfrac{\partial}{\partial y} & \dfrac{\partial}{\partial z} \\ P & Q & R \end{vmatrix} = \iint_{\Sigma} \begin{vmatrix} \cos\alpha & \cos\beta & \cos\gamma \\ \dfrac{\partial}{\partial x} & \dfrac{\partial}{\partial y} & \dfrac{\partial}{\partial z} \\ P & Q & R \end{vmatrix} \mathrm{d}S$$

其中 Γ 的正向与 Σ 所取的正侧符合右手法则,$\cos\alpha,\cos\beta,\cos\gamma$ 是曲面 Σ 的正侧上任一点 (x,y,z) 处法向量 $\boldsymbol{n}$ 的方向余弦.

2. 环流量与旋度

设向量场

$$\boldsymbol{A}(x,y,z)=P(x,y,z)\boldsymbol{i}+Q(x,y,z)\boldsymbol{j}+R(x,y,z)\boldsymbol{k}$$

Γ 是场内的一条有向闭曲线,则称积分

$$\oint_{\Gamma} \boldsymbol{A}\cdot \mathrm{d}\boldsymbol{r}=\oint_{\Gamma} P\mathrm{d}x+Q\mathrm{d}y+R\mathrm{d}z$$

为向量场 $\boldsymbol{A}$ 沿曲线 Γ 的环流量,并称向量

$$\left(\dfrac{\partial R}{\partial y}-\dfrac{\partial Q}{\partial z}\right)\boldsymbol{i}+\left(\dfrac{\partial P}{\partial z}-\dfrac{\partial R}{\partial x}\right)\boldsymbol{j}+\left(\dfrac{\partial Q}{\partial x}-\dfrac{\partial P}{\partial y}\right)\boldsymbol{k}$$

为向量 $\boldsymbol{A}$ 的旋度,记作 $\mathrm{rot}\boldsymbol{A}$,即

$$\mathrm{rot}\boldsymbol{A}=\left(\dfrac{\partial R}{\partial y}-\dfrac{\partial Q}{\partial z}\right)\boldsymbol{i}+\left(\dfrac{\partial P}{\partial z}-\dfrac{\partial R}{\partial x}\right)\boldsymbol{j}+\left(\dfrac{\partial Q}{\partial x}-\dfrac{\partial P}{\partial y}\right)\boldsymbol{k}=\begin{vmatrix} \boldsymbol{i} & \boldsymbol{j} & \boldsymbol{k} \\ \dfrac{\partial}{\partial x} & \dfrac{\partial}{\partial y} & \dfrac{\partial}{\partial z} \\ P & Q & R \end{vmatrix}$$

有了旋度的概念,斯托克斯公式可写成 $\oint_{\Gamma} \boldsymbol{A}\cdot \mathrm{d}\boldsymbol{r}=\iint_{\Sigma} \mathrm{rot}\boldsymbol{A}\cdot \mathrm{d}\boldsymbol{S}.$

其中 $\mathrm{d}\boldsymbol{r}=\mathrm{d}x\boldsymbol{i}+\mathrm{d}y\boldsymbol{j}+\mathrm{d}z\boldsymbol{k}$, $\mathrm{d}\boldsymbol{S}=\mathrm{d}y\mathrm{d}z\boldsymbol{i}+\mathrm{d}z\mathrm{d}x\boldsymbol{j}+\mathrm{d}x\mathrm{d}y\boldsymbol{k}.$

二、经典例题解析及解题方法总结

【例1】 计算曲线积分

$$I=\int_{\widehat{AmB}} (x^2-yz)\mathrm{d}x+(y^2-zx)\mathrm{d}y+(z^2-xy)\mathrm{d}z.$$

其中 $\widehat{AmB}$ 是螺线 $x=a\cos\theta,y=a\sin\theta,z=\dfrac{h\theta}{2\pi}$ 上从 $A(a,0,0)$ 到 $B(a,0,h)$ 的一段.

解法一 利用积分曲线的参数方程将所给积分化为定积分直接计算

$$I=\int_{\widehat{AmB}} (x^2-yz)\mathrm{d}x+(y^2-zx)\mathrm{d}y+(z^2-xy)\mathrm{d}z=\int_0^{2\pi} \left[\left(a^2\cos^2\theta-a\sin\theta\dfrac{h\theta}{2\pi}\right)(-a\sin\theta)+\right.$$

$$\left.\left(a^2\sin^2\theta-\dfrac{h\theta}{2\pi}a\cos\theta\right)a\cos\theta+\left(\dfrac{h^2}{4\pi^2}\theta^2-a^2\sin\theta\cos\theta\right)\dfrac{h}{2\pi}\right]\mathrm{d}\theta=\dfrac{1}{3}h^3.$$

解法二 利用斯托克斯公式.

用直线段 BA 连接 B,A 两点,则 $\Gamma=\widehat{AmB}+BA$ 构成封闭曲线,设 Σ 为以 Γ 为边界的任一有向光滑曲面,则由斯托克斯公式

$$\oint_{\Gamma} (x^2-yz)\mathrm{d}x+(y^2-zx)\mathrm{d}y+(z^2-xy)\mathrm{d}z=\iint_{\Sigma} 0\mathrm{d}y\mathrm{d}z+0\mathrm{d}z\mathrm{d}x+0\mathrm{d}x\mathrm{d}y=0$$

于是 $I = \oint_{\Gamma}(x^2-yz)\mathrm{d}x+(y^2-zx)\mathrm{d}y+(z^2-xy)\mathrm{d}z - \int_{BA}(x^2-yz)\mathrm{d}x+(y^2-zx)\mathrm{d}y+(z^2-xy)\mathrm{d}z$

$= \int_{AB}(x^2-yz)\mathrm{d}x+(y^2-zx)\mathrm{d}y+(z^2-xy)\mathrm{d}z \xrightarrow{\text{由于}AB//z\text{轴}} 0+0+\int_{0}^{h}(z^2-a\cdot 0)\mathrm{d}z = \frac{1}{3}h^3.$

> ● **方法总结**
>
> 一般说来,当所给的曲线积分满足下列两方面的条件时,可考虑用斯托克斯公式进行计算.
>
> (1) 从积分曲线 Γ 看,若 Γ 为一平面与一曲面的交线,则可考虑用斯托克斯公式将曲线积分化为以 Γ 为边界的平面区域 Σ 上的曲面积分,应注意 Γ 的正向与 Σ 的侧要符合右手规则.
>
> (2) 从被积函数方面看,当 $\dfrac{\partial R}{\partial y}-\dfrac{\partial Q}{\partial z}, \dfrac{\partial P}{\partial z}-\dfrac{\partial R}{\partial x}, \dfrac{\partial Q}{\partial x}-\dfrac{\partial P}{\partial y}$ 都比较简单时,可考虑用斯托克斯公式;特别地,当三者在空间某个单连通区域内均为零时,可用斯托克斯公式改变积分路径.

【**例 2**】 设 Γ 是球面 $x^2+y^2+z^2=1$ 的外侧位于第一卦限部分的正向边界曲线.求流速场
$$\boldsymbol{v}=(y^2-z^2)\boldsymbol{i}+(z^2-x^2)\boldsymbol{j}+(x^2-y^2)\boldsymbol{k}$$
沿 Γ 的环流量 $\Phi = \oint_{\Gamma}\boldsymbol{v}\cdot\mathrm{d}\boldsymbol{r}.$

解 Γ 如图 11-28 所示.尽管 Γ 并不位于一个平面上,但由于 Γ 是位于第一卦限内的球面 Σ 的边界曲线,球面上的曲线积分比较容易计算,故仍可考虑采用斯托克斯公式.

由斯托克斯公式,

$\Phi = \iint\limits_{\Sigma(\text{上侧})} \begin{vmatrix} \mathrm{d}y\mathrm{d}z & \mathrm{d}z\mathrm{d}x & \mathrm{d}x\mathrm{d}y \\ \dfrac{\partial}{\partial x} & \dfrac{\partial}{\partial y} & \dfrac{\partial}{\partial z} \\ y^2-z^2 & z^2-x^2 & x^2-y^2 \end{vmatrix}$

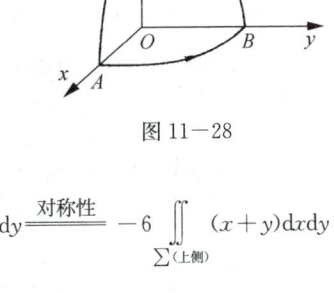

图 11-28

$= \iint\limits_{\Sigma(\text{上侧})}(-2y-2z)\mathrm{d}y\mathrm{d}z+(-2z-2x)\mathrm{d}z\mathrm{d}x+(-2x-2y)\mathrm{d}x\mathrm{d}y \xrightarrow{\text{对称性}} -6\iint\limits_{\Sigma(\text{上侧})}(x+y)\mathrm{d}x\mathrm{d}y$

$= -6\iint\limits_{D_{xy}}(x+y)\mathrm{d}x\mathrm{d}y \xrightarrow{\text{对称性}} -12\iint\limits_{D_{xy}}x\mathrm{d}x\mathrm{d}y = -4,$

其中 $D_{xy} = \{(x,y) \mid x^2+y^2 \leqslant 1, x \geqslant 0, y \geqslant 0\}$ 是 Σ 在 xOy 面上的投影区域.

【**例 3**】 证明微分表达式 $(yz\mathrm{e}^{xyz}+2x)\mathrm{d}x+(zx\mathrm{e}^{xyz}+3y^2)\mathrm{d}y+(xy\mathrm{e}^{xyz}+4z^3)\mathrm{d}z$ 是全微分,并求其原函数.

证 令 $P(x,y,z)=yz\mathrm{e}^{xyz}+2x$, $Q(x,y,z)=zx\mathrm{e}^{xyz}+3y^2$, $R(x,y,z)=xy\mathrm{e}^{xyz}+4z^3$,则 $\dfrac{\partial P}{\partial y}=z\mathrm{e}^{xyz}+xyz^2\mathrm{e}^{xyz}=\dfrac{\partial Q}{\partial x}, \dfrac{\partial Q}{\partial z}=x\mathrm{e}^{xyz}+x^2yz\mathrm{e}^{xyz}=\dfrac{\partial R}{\partial y}, \dfrac{\partial R}{\partial x}=y\mathrm{e}^{xyz}+xy^2z\mathrm{e}^{xyz}=\dfrac{\partial P}{\partial z}$,所以 $P\mathrm{d}x+Q\mathrm{d}y+R\mathrm{d}z$ 为全微分.

其原函数为 $U(x,y,z)=\int_0^x P(x,0,0)\mathrm{d}x+\int_0^y Q(x,y,0)\mathrm{d}y+\int_0^z R(x,y,z)\mathrm{d}z=\int_0^x 2x\mathrm{d}x$
$+\int_0^y 3y^2\mathrm{d}y+\int_0^z(xye^{xyz}+4z^3)\mathrm{d}z=x^2+y^3+z^4+e^{xyz}+C.$（$C$ 为任意常数）．

【例 4】 求向量场 $\boldsymbol{A}=\{yz^2,xz^2,xyz\}$ 的旋度．

解 $\operatorname{rot}\boldsymbol{A}=\begin{vmatrix}\boldsymbol{i}&\boldsymbol{j}&\boldsymbol{k}\\ \dfrac{\partial}{\partial x}&\dfrac{\partial}{\partial y}&\dfrac{\partial}{\partial z}\\ yz^2&xz^2&xyz\end{vmatrix}=(xz-2xz)\boldsymbol{i}+(2yz-yz)\boldsymbol{j}+(z^2-z^2)\boldsymbol{k}=-xz\boldsymbol{i}+yz\boldsymbol{j}.$

习题 11-7 解答

1.解: 按右手法则，Σ 取上侧，Σ 的边界 Γ 为圆周 $x^2+y^2=1$，$z=1$，从 z 轴正向看去，取逆时针方向．

$$\iint_\Sigma\begin{vmatrix}\mathrm{d}y\mathrm{d}z&\mathrm{d}z\mathrm{d}x&\mathrm{d}x\mathrm{d}y\\ \dfrac{\partial}{\partial x}&\dfrac{\partial}{\partial y}&\dfrac{\partial}{\partial z}\\ y^2&x&z^2\end{vmatrix}=\iint_\Sigma(1-2y)\mathrm{d}x\mathrm{d}y=\iint_{D_{xy}}(1-2y)\mathrm{d}x\mathrm{d}y$$

$\xrightarrow{\text{极坐标}}\int_0^{2\pi}\mathrm{d}\theta\int_0^1(1-2\gamma\sin\theta)\gamma\mathrm{d}\gamma=\int_0^{2\pi}\left[\dfrac{\gamma^2}{2}-\dfrac{2}{3}\gamma^3\sin\theta\right]_0^1\mathrm{d}\theta=\int_0^{2\pi}\left(\dfrac{1}{2}-\dfrac{2}{3}\sin\theta\right)\mathrm{d}\theta=\pi;$

Γ 的参数方程可取为 $x=\cos t$，$y=\sin t$，$z=1$，t 从 0 变到 2π，故
$$\oint_\Gamma P\mathrm{d}x+Q\mathrm{d}y+R\mathrm{d}z=\int_0^{2\pi}(-\sin^3 t+\cos^2 t)\mathrm{d}t=\pi,$$
两者相等，斯托克斯公式得到验证．

*2.解:（1）取 Σ 为平面 $x+y+z=0$ 的上侧被 Γ 所围成的部分，则 Σ 的面积为 πa^2，Σ 的单位法向量为
$$\boldsymbol{n}=(\cos\alpha,\cos\beta,\cos\gamma)=\left(\dfrac{1}{\sqrt{3}},\dfrac{1}{\sqrt{3}},\dfrac{1}{\sqrt{3}}\right)$$

（图 11-29）．由斯托克斯公式，

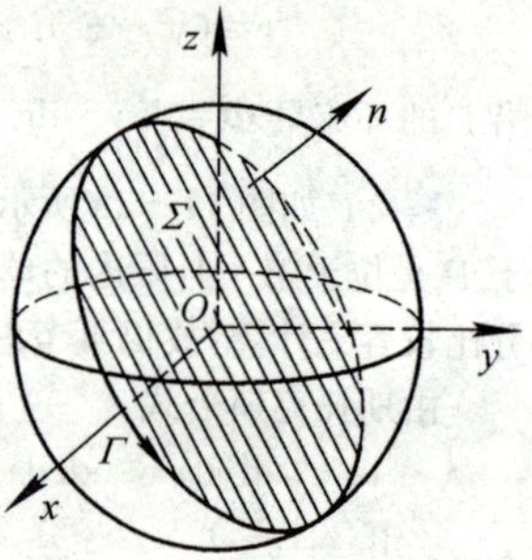

$$\oint_\Gamma y\mathrm{d}x+z\mathrm{d}y+x\mathrm{d}z=\iint_\Sigma\begin{vmatrix}\dfrac{1}{\sqrt{3}}&\dfrac{1}{\sqrt{3}}&\dfrac{1}{\sqrt{3}}\\ \dfrac{\partial}{\partial x}&\dfrac{\partial}{\partial y}&\dfrac{\partial}{\partial z}\\ y&z&x\end{vmatrix}\mathrm{d}S$$

图 11-29

$$=\iint_\Sigma\left(-\dfrac{1}{\sqrt{3}}-\dfrac{1}{\sqrt{3}}-\dfrac{1}{\sqrt{3}}\right)\mathrm{d}S=-\dfrac{3}{\sqrt{3}}\iint_\Sigma\mathrm{d}S=-\sqrt{3}\pi a^2$$

（2）如图 11-30，取 Σ 为平面 $\dfrac{x}{a}+\dfrac{z}{b}=1$ 的上侧被 Γ 所围成的部分，Σ 的单位法向量
$$\boldsymbol{n}=(\cos\alpha,\cos\beta,\cos\gamma)=\left(\dfrac{b}{\sqrt{a^2+b^2}},0,\dfrac{a}{\sqrt{a^2+b^2}}\right).$$

由斯托克斯公式 $\oint_\Gamma(y-z)\mathrm{d}x+(z-x)\mathrm{d}y+(x-y)\mathrm{d}z$

$$=\iint_{\Sigma}\begin{vmatrix}\dfrac{b}{\sqrt{a^2+b^2}} & 0 & \dfrac{a}{\sqrt{a^2+b^2}} \\ \dfrac{\partial}{\partial x} & \dfrac{\partial}{\partial y} & \dfrac{\partial}{\partial z} \\ y-z & z-x & x-y\end{vmatrix}\mathrm{d}S$$

$$=\dfrac{-2(a+b)}{\sqrt{a^2+b^2}}\iint_{\Sigma}\mathrm{d}S,(*)$$

现用两种方法来求 $\iint_{\Sigma}\mathrm{d}S$.

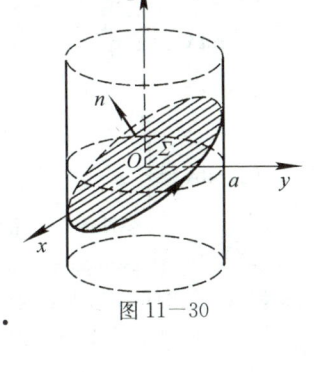

图 11-30

方法一 由于 $\iint_{\Sigma}\mathrm{d}S = \Sigma$ 的面积 A，而 $A\cdot\cos\gamma = A\cdot$

$\dfrac{a}{\sqrt{a^2+b^2}} = \Sigma$ 在 xOy 面上的投影区域的面积 $= \pi a^2$，故 $\iint_{\Sigma}\mathrm{d}S = \pi a^2 \Big/ \dfrac{a}{\sqrt{a^2+b^2}} = \pi a$

$\sqrt{a^2+b^2}$.

方法二 用曲面积分计算法. 由于在 Σ 上，$z = b - \dfrac{b}{a}x$，

$$\mathrm{d}S = \sqrt{1+z_x^2+z_y^2}\,\mathrm{d}x\mathrm{d}y = \sqrt{1+\left(\dfrac{b}{a}\right)^2}\,\mathrm{d}x\mathrm{d}y = \dfrac{\sqrt{a^2+b^2}}{a}\mathrm{d}x\mathrm{d}y,$$

又 $D_{xy} = \{(x,y)\mid x^2+y^2 \leqslant a^2\}$，故

$$\iint_{\Sigma}\mathrm{d}S = \iint_{D_{xy}}\dfrac{\sqrt{a^2+b^2}}{a}\mathrm{d}x\mathrm{d}y = \dfrac{\sqrt{a^2+b^2}}{a}\cdot\pi a^2 = \pi a\sqrt{a^2+b^2}.$$

将所求得的 $\iint_{\Sigma}\mathrm{d}S$ 代入 $(*)$ 式，得原式 $= \dfrac{-2(a+b)}{\sqrt{a^2+b^2}}\cdot\pi a\sqrt{a^2+b^2} = -2\pi a(a+b)$.

(3) 取 Σ 为平面 $z=2$ 的上侧被 Γ 所围成的部分，则 Σ 的单位法向量为 $\boldsymbol{n}=(0,0,1)$，Σ 在 xOy 面上的投影区域 D_{xy} 为 $x^2+y^2 \leqslant 4$. 于是由斯托克斯公式，

$$\oint_{\Gamma}3y\mathrm{d}x - xz\mathrm{d}y + yz^2\mathrm{d}z = \iint_{\Sigma}\begin{vmatrix}0 & 0 & 1 \\ \dfrac{\partial}{\partial x} & \dfrac{\partial}{\partial y} & \dfrac{\partial}{\partial z} \\ 3y & -xz & yz^2\end{vmatrix}\mathrm{d}S$$

$$= -\iint_{\Sigma}(z+3)\mathrm{d}S = -\iint_{D_{xy}}(2+3)\mathrm{d}x\mathrm{d}y = -5\cdot\pi\cdot 2^2 = -20\pi.$$

(4) Γ 即为 xOy 面上的圆周 $x^2+y^2=9$，取 Σ 为圆域 $x^2+y^2 \leqslant 9$ 的上侧，则由斯托克斯公式

$$\oint_{\Gamma}2y\mathrm{d}x + 3x\mathrm{d}y - z^2\mathrm{d}z = \iint_{\Sigma}\begin{vmatrix}\mathrm{d}y\mathrm{d}z & \mathrm{d}z\mathrm{d}x & \mathrm{d}x\mathrm{d}y \\ \dfrac{\partial}{\partial x} & \dfrac{\partial}{\partial y} & \dfrac{\partial}{\partial z} \\ 2y & 3x & -z^2\end{vmatrix} = \iint_{\Sigma}\mathrm{d}x\mathrm{d}y = \iint_{D_{xy}}\mathrm{d}x\mathrm{d}y = 9\pi.$$

*3. **解**：(1) $\mathbf{rot}\boldsymbol{A} = \begin{vmatrix}\boldsymbol{i} & \boldsymbol{j} & \boldsymbol{k} \\ \dfrac{\partial}{\partial x} & \dfrac{\partial}{\partial y} & \dfrac{\partial}{\partial z} \\ 2z-3y & 3x-z & y-2x\end{vmatrix} = 2\boldsymbol{i}+4\boldsymbol{j}+6\boldsymbol{k}.$

(2) $\text{rot}\boldsymbol{A} = \begin{vmatrix} \boldsymbol{i} & \boldsymbol{j} & \boldsymbol{k} \\ \frac{\partial}{\partial x} & \frac{\partial}{\partial y} & \frac{\partial}{\partial z} \\ z+\sin y & -(z-x\cos y) & 0 \end{vmatrix} = \boldsymbol{i} + \boldsymbol{j} + (\cos y - \cos y)\boldsymbol{k} = \boldsymbol{i} + \boldsymbol{j}.$

(3) $\text{rot}\boldsymbol{A} = \begin{vmatrix} \boldsymbol{i} & \boldsymbol{j} & \boldsymbol{k} \\ \frac{\partial}{\partial x} & \frac{\partial}{\partial y} & \frac{\partial}{\partial z} \\ x^2\sin y & y^2\sin(xz) & xy\sin(\cos z) \end{vmatrix}$

$= [x\sin(\cos z) - xy^2\cos(xz)]\boldsymbol{i} - y\sin(\cos z)\boldsymbol{j} + [y^2z\cos(xz) - x^2\cos y]\boldsymbol{k}.$

*4. **解**：(1) $\sum$ 的正向边界曲线 Γ 为 xOy 面上的圆周 $x^2+y^2=1$，从 z 轴正向看去 Γ 取逆时针方向，Γ 的参数方程为 $x=\cos t, y=\sin t, z=0, t$ 从 0 变到 2π。由斯托克斯公式，

$$\iint_{\sum} \text{rot}\boldsymbol{A} \cdot \boldsymbol{n} dS = \oint_{\Gamma} P dx + Q dy + R dz = \oint_{\Gamma} y^2 dx + xy dy + xz dz$$

$$= \int_0^{2\pi} [\sin^2 t \cdot (-\sin t) + \cos t \cdot \sin t \cdot \cos t] dt = \int_0^{2\pi} (1-2\cos^2 t) d\cos t = 0.$$

(2) $\sum$ 的边界曲线 Γ 为 xOy 面上由直线 $x=0, y=0, x=2, y=2$ 所围成的正方形的边界，从 z 轴正向看去取逆时针方向。由斯托克斯公式，

$$\iint_{\sum} \text{rot}\boldsymbol{A} \cdot \boldsymbol{n} dS = \oint_{\Gamma} P dx + Q dy + R dz$$

$$= \oint_{\Gamma} (y-z) dx + yz dy - xz dz \quad (\text{代入 } z=0) = \oint_{\Gamma} y dx = \int_2^0 2 dx = -4.$$

*5. **解**：(1) Γ 的参数方程为 $x=\cos t, y=\sin t, z=0, t$ 从 0 变到 2π，于是所求环流量为

$$\oint_{\Gamma} \boldsymbol{A} \cdot \boldsymbol{\tau} dS = \oint_{\Gamma} P dx + Q dy + R dz = \oint_{\Gamma} -y dx + x dy + c dz$$

$$= \int_0^{2\pi} [(-\sin t)(-\sin t) + \cos t(\cos t)] dt = \int_0^{2\pi} dt = 2\pi.$$

(2) Γ 是 xOy 面上的圆周 $x^2+y^2=4$（从 z 轴正向看 Γ 依逆时针方向），它的参数方程为 $x=2\cos t, y=2\sin t, z=0, t$ 从 0 变到 2π，于是所求的环流量为

$$\oint_{\Gamma} \boldsymbol{A} \cdot \boldsymbol{\tau} dS = \oint_{\Gamma} P dx + Q dy + R dz$$

$$= \oint_{\Gamma} (x-z) dx + (x^3+yz) dy - 3xy^2 dz \quad (\text{代入 } z=0)$$

$$= \oint_{\Gamma} x dx + x^3 dy = \int_0^{2\pi} [2\cos t \cdot (-2\sin t) + 8\cos^3 t \cdot 2\cos t] dt$$

$$= -4\int_0^{2\pi} \sin t \cos t dt + 16\int_0^{2\pi} \cos^4 t dt = 0 + 64\int_0^{\frac{\pi}{2}} \cos^4 t dt = 64 \cdot \frac{3}{4} \cdot \frac{1}{2} \cdot \frac{\pi}{2} = 12\pi.$$

评注：其中，$\int_0^{2\pi} \cos^4 t dt \xrightarrow{\text{周期性}} 2\int_0^{\pi} \cos^4 t dt = 2\left[\int_0^{\frac{\pi}{2}} \cos^4 t dt + \int_{\frac{\pi}{2}}^{\pi} \cos^4 t dt\right],$

由于 $\int_{\frac{\pi}{2}}^{\pi} \cos^4 t dt \xrightarrow{u=\pi-t} -\int_{\frac{\pi}{2}}^0 \cos^4 u du = \int_0^{\frac{\pi}{2}} \cos^4 u du,$ 故得 $\int_0^{2\pi} \cos^4 t dt = 4\int_0^{\frac{\pi}{2}} \cos^4 t dt.$

*6. **证**：设 $\boldsymbol{a}=a_x\boldsymbol{i}+a_y\boldsymbol{j}+a_z\boldsymbol{k}, \quad \boldsymbol{b}=b_x\boldsymbol{i}+b_y\boldsymbol{j}+b_z\boldsymbol{k},$

其中 $a_x, a_y, a_z; b_x, b_y, b_z$ 均为 x, y, z 的函数，则 $\text{rot}(\boldsymbol{a}+\boldsymbol{b}) = \text{rot}[(a_x+b_x)\boldsymbol{i}+(a_y+b_y)\boldsymbol{j}+(a_z+b_z)$

$$k] = \left[\frac{\partial(a_z+b_z)}{\partial y} - \frac{\partial(a_y+b_y)}{\partial z}\right]i + \left[\frac{\partial(a_x+b_x)}{\partial z} - \frac{\partial(a_z+b_z)}{\partial x}\right]j + \left[\frac{\partial(a_y+b_y)}{\partial x} - \frac{\partial(a_x+b_x)}{\partial y}\right]k$$

$$= \left[\left(\frac{\partial a_z}{\partial y} - \frac{\partial a_y}{\partial z}\right)i + \left(\frac{\partial a_x}{\partial z} - \frac{\partial a_z}{\partial x}\right)k + \left(\frac{\partial a_y}{\partial x} - \frac{\partial a_x}{\partial y}\right)k\right] + \left[\left(\frac{\partial b_z}{\partial y} - \frac{\partial b_y}{\partial z}\right)i + \left(\frac{\partial b_x}{\partial z} - \frac{\partial b_z}{\partial x}\right)k + \right.$$

$$\left.\left(\frac{\partial b_y}{\partial x} - \frac{\partial b_x}{\partial y}\right)k\right] = \mathbf{rot}\,a + \mathbf{rot}\,b.$$

*7. **解**: $\mathbf{grad}\,u = \frac{\partial u}{\partial x}i + \frac{\partial u}{\partial y}j + \frac{\partial u}{\partial z}k$,

$$\mathbf{rot}(\mathbf{grad}\,u) = \begin{vmatrix} i & j & k \\ \frac{\partial}{\partial x} & \frac{\partial}{\partial y} & \frac{\partial}{\partial z} \\ \frac{\partial u}{\partial x} & \frac{\partial u}{\partial y} & \frac{\partial u}{\partial z} \end{vmatrix} = \left(\frac{\partial^2 u}{\partial z \partial y} - \frac{\partial^2 u}{\partial y \partial z}\right)i + \left(\frac{\partial^2 u}{\partial x \partial z} - \frac{\partial^2 u}{\partial z \partial x}\right)j + \left(\frac{\partial^2 u}{\partial y \partial x} - \frac{\partial^2 u}{\partial x \partial y}\right)k$$

（由于各二阶偏导数连续）$= 0i + 0j + 0k = 0.$

总习题十一解答

1. **解**: (1) 由教材本章第二节的公式(3), 可知第一个空格应填: $\int_\Gamma (P\cos\alpha + Q\cos\beta + R\cos\gamma)\,\mathrm{d}s$; 第二个空格应填: 切向量的.

    (2) 由教材本章第五节的公式(9), 可知第一个空格应填: $\iint_\Sigma (P\cos\alpha + Q\cos\beta + R\cos\gamma)\,\mathrm{d}S$; 第二个空格应填: 法向量.

2. **解**: 应选(C). 先说明(A)不对. 由于 Σ 关于 yOz 面对称, 被积函数 x 关于 x 是奇函数, 所以 $\iint_\Sigma x\,\mathrm{d}S = 0$. 但在 Σ_1 上, 被积函数 x 连续且大于零, 所以 $\iint_{\Sigma_1} x\,\mathrm{d}S > 0$. 因此 $\iint_\Sigma x\,\mathrm{d}S \ne 4\iint_{\Sigma_1} x\,\mathrm{d}S$. 类似可说明(B)和(D)不对. 再说明(C)正确. 由于 Σ 关于 yOz 面和 zOx 面均对称, 被积函数 z 关于 x 和 y 均为偶函数, 故 $\iint_\Sigma z\,\mathrm{d}S = 4\iint_{\Sigma_1} z\,\mathrm{d}S$; 而在 Σ_1 上, 字母 x, y, z 是对称的, 故 $\iint_{\Sigma_1} z\,\mathrm{d}S = \iint_{\Sigma_1} x\,\mathrm{d}S$, 因此有 $\iint_\Sigma z\,\mathrm{d}S = 4\iint_{\Sigma_1} x\,\mathrm{d}S.$

3. **解**: (1) **解法一** L 的方程即为 $\left(x - \frac{a}{2}\right)^2 + y^2 = \frac{a^2}{4}$, 故可取 L 的参数方程为 $x = \frac{a}{2} + \frac{a}{2}\cos t$, $y = \frac{a}{2}\sin t$, $0 \le t \le 2\pi$. 于是

$$\oint_L \sqrt{x^2+y^2}\,\mathrm{d}s = \int_0^{2\pi} \frac{\sqrt{2}\,a}{2}\sqrt{1+\cos t} \cdot \sqrt{\left(-\frac{a}{2}\sin t\right)^2 + \left(\frac{a}{2}\cos t\right)^2}\,\mathrm{d}t$$

$$= \frac{\sqrt{2}\,a^2}{4}\int_0^{2\pi} \sqrt{1+\cos t}\,\mathrm{d}t = \frac{\sqrt{2}\,a^2}{4} \cdot \sqrt{2}\int_0^{2\pi} \left|\cos\frac{t}{2}\right|\mathrm{d}t$$

$$= 2a^2\int_0^\pi \cos\frac{t}{2}\,\mathrm{d}\frac{t}{2} = 2a^2$$

解法二 L 的极坐标方程为 $r = a\cos\theta\ (-\frac{\pi}{2} \leqslant \theta \leqslant \frac{\pi}{2})$,$\mathrm{d}s = \sqrt{r^2 + r'^2}\,\mathrm{d}\theta = a\,\mathrm{d}\theta$,

因此 $\oint_L \sqrt{x^2+y^2}\,\mathrm{d}s = \int_{-\frac{\pi}{2}}^{\frac{\pi}{2}} a\cos\theta \cdot a\,\mathrm{d}\theta = 2a^2$.

(2) $\int_\Gamma z\,\mathrm{d}s = \int_0^{t_0} t\sqrt{(\cos t - t\sin t)^2 + (\sin t + t\cos t)^2 + 1}\,\mathrm{d}t = \int_0^{t_0} t\sqrt{2+t^2}\,\mathrm{d}t$

$= \frac{1}{2}\int_0^{t_0}\sqrt{2+t^2}\,\mathrm{d}(2+t^2) = \frac{1}{3}(2+t^2)^{\frac{3}{2}}\Big|_0^{t_0} = \frac{1}{3}[(2+t_0^2)^{\frac{3}{2}} - 2\sqrt{2}]$.

(3) $\int_L (2a-y)\,\mathrm{d}x + x\,\mathrm{d}y = \int_0^{2\pi}[(2a-a+a\cos t)\cdot a(1-\cos t) + a(t-\sin t)\cdot a\sin t]\,\mathrm{d}t$

$= a^2\int_0^{2\pi} t\sin t\,\mathrm{d}t = a^2[-t\cos t]_0^{2\pi} + a^2\int_0^{2\pi}\cos t\,\mathrm{d}t = -2\pi a^2 + 0 = -2\pi a^2$.

(4) $\int_L (y^2 - z^2)\,\mathrm{d}x + 2yz\,\mathrm{d}y - x^2\,\mathrm{d}z = \int_0^1 [(t^4 - t^6)\cdot 1 + 2t^2\cdot t^3\cdot 2t - t^2\cdot 3t^2]\,\mathrm{d}t$

$= \int_0^1 (3t^6 - 2t^4)\,\mathrm{d}t = \frac{1}{35}$.

(5) 如图 11-31,添加有向线段 $OA: y = 0, x$ 从 0 变到 $2a$,则在 L 与 OA 所围成的闭区域 D 上应用格林公式可得

$\int_{L+OA}(e^x\sin y - 2y)\,\mathrm{d}x + (e^x\cos y - 2)\,\mathrm{d}y$

$= \iint_D \left(\frac{\partial Q}{\partial x} - \frac{\partial P}{\partial y}\right)\mathrm{d}x\mathrm{d}y$

$= \iint_D (e^x\cos y - e^x\cos y + 2)\,\mathrm{d}x\mathrm{d}y = 2\iint_D \mathrm{d}x\mathrm{d}y = \pi a^2$,

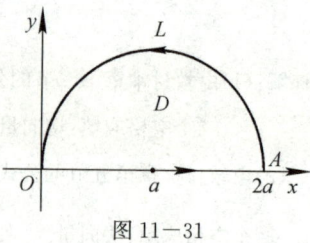

图 11-31

于是 $\int_L (e^x\sin y - 2y)\,\mathrm{d}x + (e^x\cos y - 2)\,\mathrm{d}y$

$= \pi a^2 - \int_{OA}(e^x\sin y - 2y)\,\mathrm{d}x + (e^x\cos y - 2)\,\mathrm{d}y$

$= \pi a^2 - \int_0^{2a}(e^x\sin 0 - 2\cdot 0)\,\mathrm{d}x = \pi a^2$.

评注:本题通过添加辅助路径并利用格林公式,将难以直接计算的曲线积分化为一个易于计算的二重积分和另一个易于计算的曲线积分之差,从而方便地求得结果.这是格林公式的用处之一,值得注意.

(6) 由 Γ 的一般方程 $\begin{cases} y = z, \\ x^2 + y^2 + z^2 = 1 \end{cases}$ 可得 $x^2 + 2y^2 = 1$.

从而可令 $x = \cos t,\ y = \frac{\sin t}{\sqrt{2}},\ z = \frac{\sin t}{\sqrt{2}},\ t$ 从 0 变到 2π. 于是

$\oint_\Gamma xyz\,\mathrm{d}z = \int_0^{2\pi} \cos t\left(\frac{\sin t}{\sqrt{2}}\right)^2 \cdot \frac{\cos t}{\sqrt{2}}\,\mathrm{d}t = \frac{1}{2\sqrt{2}}\int_0^{2\pi}\sin^2 t\cos^2 t\,\mathrm{d}t$

$= \frac{1}{8\sqrt{2}}\int_0^{2\pi}\sin^2(2t)\,\mathrm{d}t = \frac{1}{8\sqrt{2}}\int_0^{2\pi}\frac{1-\cos 4t}{2}\,\mathrm{d}t = \frac{\pi}{8\sqrt{2}} = \frac{\sqrt{2}}{16}\pi$.

4. 解:(1) 将 Σ 分成 Σ_1 和 Σ_2 两片,Σ_1 为 $y = \sqrt{R^2 - x^2}$,Σ_2 为 $y = -\sqrt{R^2 - x^2}$,Σ_1 和 Σ_2 在 zOx 面上的投影区域均为

$$D_{zx} = \{(x,y) \mid 0 \leqslant z \leqslant H, -R \leqslant x \leqslant R\}.$$

$$\iint_{\Sigma_1} \frac{\mathrm{d}S}{x^2+y^2+z^2} = \iint_{D_{zx}} \frac{1}{R^2+z^2} \sqrt{1+\frac{(-x)^2}{R^2-x^2}} \mathrm{d}x\mathrm{d}z = \int_0^H \frac{1}{R^2+z^2}\mathrm{d}z \cdot \int_{-R}^R \frac{R}{\sqrt{R^2-x^2}}\mathrm{d}x$$

$$= \left[\frac{1}{R}\arctan\frac{z}{R}\right]_0^H \cdot \left[R\arcsin\frac{x}{R}\right]_{-R}^R = \pi\arctan\frac{H}{R}.$$

又由于被积函数关于 y 是偶函数,积分曲面 Σ_1 和 Σ_2 关于 zOx 面对称,故

$$\iint_{\Sigma_2} \frac{\mathrm{d}S}{x^2+y^2+z^2} = \iint_{\Sigma_1} \frac{\mathrm{d}S}{x^2+y^2+z^2} = \pi\arctan\frac{H}{R}.$$

由此得 $\displaystyle\iint_\Sigma \frac{\mathrm{d}S}{x^2+y^2+z^2} = 2\pi\arctan\frac{H}{R}.$

(2) 添加辅助曲面 $\Sigma_1 = \{(x,y,z) \mid z=h, x^2+y^2 \leqslant h^2\}$,取上侧,则在由 Σ 和 Σ_1 所包围的空间闭区域 Ω 上应用高斯公式得

$$\iint_{\Sigma+\Sigma_1} (y^2-z)\mathrm{d}y\mathrm{d}z + (z^2-x)\mathrm{d}z\mathrm{d}x + (x^2-y)\mathrm{d}x\mathrm{d}y$$

$$= \iiint_\Omega \left[\frac{\partial(y^2-z)}{\partial x} + \frac{\partial(z^2-x)}{\partial y} + \frac{\partial(x^2-y)}{\partial z}\right]\mathrm{d}v = \iiint_\Omega 0 \cdot \mathrm{d}v = 0,$$

于是 原式 $= -\displaystyle\iint_{\Sigma_1} (y^2-z)\mathrm{d}y\mathrm{d}z + (z^2-x)\mathrm{d}z\mathrm{d}x + (x^2-y)\mathrm{d}x\mathrm{d}y$

$$= -\iint_{\Sigma_1} (x^2-y)\mathrm{d}x\mathrm{d}y = -\iint_{D_{xy}} (x^2-y)\mathrm{d}x\mathrm{d}y,$$

其中 $D_{xy}\{(x,y) \mid x^2+y^2 \leqslant h^2\}$.

在计算 $\displaystyle\iint_{D_{xy}}(x^2-y)\mathrm{d}x\mathrm{d}y$ 时,由对称性易知 $\displaystyle\iint_{D_{xy}} y\mathrm{d}x\mathrm{d}y = 0$,又 $\displaystyle\iint_{D_{xy}} x^2\mathrm{d}x\mathrm{d}y = \iint_{D_{xy}} y^2\mathrm{d}x\mathrm{d}y$,

故 $\displaystyle\iint_{D_{xy}}(x^2-y)\mathrm{d}x\mathrm{d}y = \frac{1}{2}\iint_{D_{xy}}(x^2+y^2)\mathrm{d}x\mathrm{d}y \xrightarrow{\text{极坐标}} \frac{1}{2}\int_0^{2\pi}\mathrm{d}\theta \int_0^h r^2 \cdot r\mathrm{d}r = \frac{\pi}{4}h^4.$

从而 原式 $= -\dfrac{\pi}{4}h^4.$

评注:本题若用第二类曲面积分的计算公式直接计算,则运算将十分繁复. 现在通过添加辅助曲面并利用高斯公式,就将原积分化为辅助面上的一个容易计算的曲面积分,从而达到了化繁为简、化难为易的目的. 这种做法与前面第3(5)题利用格林公式化简曲线积分的做法是类似的,请读者注意比较,并思考这样的问题:要使这种做法可行,所给的曲线积分(曲面积分)应具备什么条件?

(3) 添加辅助曲面 $\Sigma_1\{(x,y,z) \mid z=0, x^2+y^2 \leqslant R^2\}$,取下侧,则在由 Σ 和 Σ_1 所围成的空间闭区域 Ω 上应用高斯公式得

$$\iint_{\Sigma+\Sigma_1} x\mathrm{d}y\mathrm{d}z + y\mathrm{d}z\mathrm{d}x + z\mathrm{d}x\mathrm{d}y = \iiint_\Omega \left(\frac{\partial x}{\partial x} + \frac{\partial y}{\partial y} + \frac{\partial z}{\partial z}\right)\mathrm{d}v$$

$$= 3\iiint_\Omega \mathrm{d}v = 3 \cdot \frac{2\pi R^3}{3} = 2\pi R^3,$$

于是　原式$=2\pi R^3-\iint\limits_{\Sigma}x\mathrm{d}y\mathrm{d}z+y\mathrm{d}z\mathrm{d}x+z\mathrm{d}x\mathrm{d}y=2\pi R^3-0=2\pi R^3$.

(4) **解法一**　将Σ分成Σ_1和Σ_2两片,其中

$\Sigma_1:z=\sqrt{1-x^2-y^2}\ (x\geq 0,y\geq 0)$,取上侧;

$\Sigma_2:z=-\sqrt{1-x^2-y^2}\ (x\geq 0,y\geq 0)$,取下侧.

Σ_1和Σ_2在xOy面上的投影区域均为$D_{xy}=\{(x,y)\,|\,x^2+y^2\leq 1,x\geq 0,y\geq 0\}$(图11-32). 于是$\iint\limits_{\Sigma_1}xyz\mathrm{d}x\mathrm{d}y=\iint\limits_{D_{xy}}xy\sqrt{1-x^2-y^2}\mathrm{d}x\mathrm{d}y$

$\xrightarrow{\text{极坐标}}\int_0^{\frac{\pi}{2}}\sin\theta\cos\theta\mathrm{d}\theta\cdot\int_0^1 r^2\sqrt{1-r^2}\ r\mathrm{d}r\xrightarrow{r=\sin t}$

$\frac{1}{2}\int_0^{\frac{\pi}{2}}\sin^3 t\cdot\cos^2 t\mathrm{d}t=\frac{1}{2}\int_0^{\frac{\pi}{2}}(\sin^3 t-\sin^5 t)\mathrm{d}t=\frac{1}{2}$
$\left(\frac{2}{3}-\frac{4}{5}\cdot\frac{2}{3}\right)=\frac{1}{15}$;

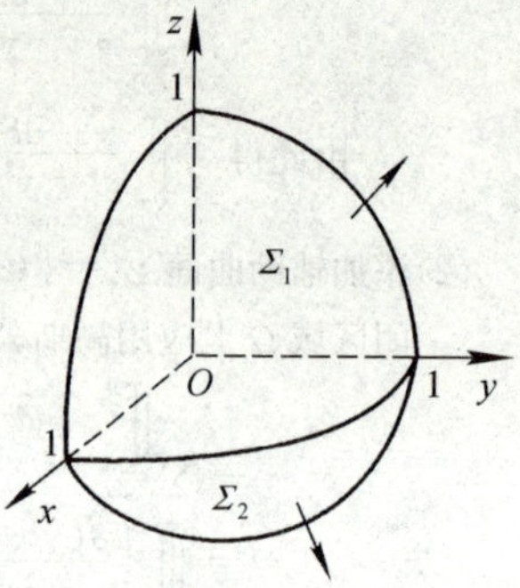

$\iint\limits_{\Sigma_2}xyz\mathrm{d}x\mathrm{d}y=-\iint\limits_{D_{xy}}xy(-\sqrt{1-x^2-y^2})\mathrm{d}x\mathrm{d}y$

$=\iint\limits_{D_{xy}}xy\sqrt{1-x^2-y^2}\mathrm{d}x\mathrm{d}y=\frac{1}{15}$,

因而　$\iint\limits_{\Sigma}xyz\mathrm{d}x\mathrm{d}y=\frac{1}{15}+\frac{1}{15}=\frac{2}{15}$.

图 11-32

解法二　应用高斯公式计算. 添加辅助曲面$\Sigma_3:x=0$(取后侧);$\Sigma_4:y=0$(取左侧),则有

$\iint\limits_{\Sigma_3}xyz\mathrm{d}x\mathrm{d}y=\iint\limits_{\Sigma_4}xyz\mathrm{d}x\mathrm{d}y=0.$

在由Σ、Σ_3和Σ_4所围成的空间闭区域Ω上应用高斯公式,得

$\iint\limits_{\Sigma}xyz\mathrm{d}x\mathrm{d}y=\iint\limits_{\Sigma+\Sigma_3+\Sigma_4}xyz\mathrm{d}x\mathrm{d}y=\iiint\limits_{\Omega}\frac{\partial(xyz)}{\partial z}\mathrm{d}v=\iiint\limits_{\Omega}xy\mathrm{d}v$

$=\iint\limits_{D_{xy}}xy\mathrm{d}x\mathrm{d}y\int_{-\sqrt{1-x^2-y^2}}^{\sqrt{1-x^2-y^2}}\mathrm{d}z=2\iint\limits_{D_{xy}}xy\sqrt{1-x^2-y^2}\mathrm{d}x\mathrm{d}y=\frac{2}{15}$.

5. 证:G为平面单连通域,在G内$P=\dfrac{x}{x^2+y^2}$,$Q=\dfrac{y}{x^2+y^2}$具有一阶连续偏导数,且

$\dfrac{\partial Q}{\partial x}=\dfrac{\partial}{\partial x}\left(\dfrac{y}{x^2+y^2}\right)=\dfrac{-2xy}{(x^2+y^2)^2}=\dfrac{\partial}{\partial y}\left(\dfrac{x}{x^2+y^2}\right)=\dfrac{\partial P}{\partial y}$,

故$\dfrac{x\mathrm{d}x+y\mathrm{d}y}{x^2+y^2}$在$G$内是某个二元函数$u(x,y)$的全微分.

取折线路径$(0,1)\to(x,1)\to(x,y)$(图11-33),则

$u(x,y)=\int_0^x\dfrac{x\mathrm{d}x}{x^2+1}+\int_1^y\dfrac{y\mathrm{d}y}{x^2+y^2}$

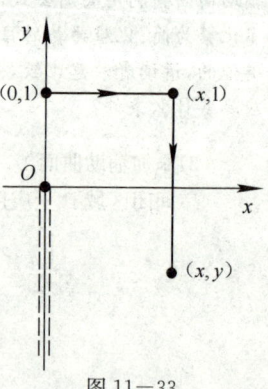

图 11-33

$$= \frac{1}{2}\ln(1+x^2) + \frac{1}{2}\Big[\ln(x^2+y^2)\Big]_1^y = \frac{1}{2}\ln(x^2+y^2).$$

6. 证:半平面 $x>0$ 是单连通域,在此区域内,$P=-\frac{kx}{r^3}$、$Q=-\frac{ky}{r^3}$ 具有一阶连续偏导数,且

$$\frac{\partial Q}{\partial x} = \frac{3kxy}{r^5} = \frac{\partial P}{\partial y},$$

故在此区域内,场力 $\boldsymbol{F}$ 沿曲线 L 所作的功,即 $\int_L \boldsymbol{F} \cdot \mathrm{d}\boldsymbol{r} = -k\int_L \frac{x\mathrm{d}x + y\mathrm{d}y}{r^3}$ 与路径无关.

7. 证:(1)因为 $\frac{\partial}{\partial y}\left\{\frac{1}{y}[1+y^2 f(xy)]\right\} = f(x,y) - \frac{1}{y^2} + xyf'(xy) = \frac{\partial}{\partial x}\left\{\frac{x}{y^2}[y^2 f(x,y) - 1]\right\}$

在上半平面这个单连通域内处处成立,所以在上半平面内曲线积分与路径 L 无关.

解:(2)由于 I 与路径无关,故可取积分路径 L 为由点 (a,b) 到点 (c,b) 再到点 (c,d) 的有向折线,从而得 $I = \int_a^c \frac{1}{b}[1+b^2 f(bx)]\mathrm{d}x + \int_b^d \frac{c}{y^2}[y^2 f(cy) - 1]\mathrm{d}y$

$$= \frac{c-a}{b} + \int_a^c bf(bx)\mathrm{d}x + \int_b^d cf(cy)\mathrm{d}y + \frac{c}{d} - \frac{c}{b}$$

$$= \frac{c}{d} - \frac{a}{b} + \int_{ab}^{bc} f(t)\mathrm{d}t + \int_{bc}^{cd} f(t)\mathrm{d}t = \frac{c}{d} - \frac{a}{b} + \int_{ab}^{cd} f(t)\mathrm{d}t,$$

当 $ab=cd$ 时,$\int_{ab}^{cd} f(t)\mathrm{d}t = 0$ 由此得 $I = \frac{c}{d} - \frac{a}{b}$.

8. 解:设质心位置为 $(\bar{x}, \bar{y}, \bar{z})$.由对称性可知质心位于 z 轴上,故 $\bar{x} = \bar{y} = 0$. Σ 在 xOy 面上的投影区域 $D_{xy} = \{(x,y) \mid x^2 + y^2 \leqslant a^2\}$. 由于

$$\iint_\Sigma z\mathrm{d}S = \iint_{D_{xy}} \sqrt{a^2 - x^2 - y^2} \cdot \sqrt{1 + z_x^2 + z_y^2}\,\mathrm{d}x\mathrm{d}y$$

$$= \iint_{D_{xy}} \sqrt{a^2 - x^2 - y^2} \cdot \sqrt{1 + \frac{x^2+y^2}{a^2-x^2-y^2}}\,\mathrm{d}x\mathrm{d}y = a\iint_{D_{xy}} \mathrm{d}x\mathrm{d}y = a\cdot \pi a^2 = \pi a^3,$$

又 Σ 的面积 $A = 2\pi a^2$,故 $\bar{z} = \frac{\iint_\Sigma z\mathrm{d}S}{A} = \frac{\pi a^3}{2\pi a^2} = \frac{a}{2}$,所求的质心为 $\left(0, 0, \frac{a}{2}\right)$.

9. 证:(1)如图 11-34,$\boldsymbol{n}$ 为有向曲线 L 的外法线向量,$\boldsymbol{\tau}$ 为 L 的切线向量.设 x 轴到 $\boldsymbol{n}$ 和 $\boldsymbol{\tau}$ 的转角分别为 φ 和 α,则 $\alpha = \varphi + \frac{\pi}{2}$,且 $\boldsymbol{n}$ 的方向余弦为 $\cos\varphi, \sin\varphi$; $\boldsymbol{\tau}$ 的方向余弦为 $\cos\alpha$,

$\sin\alpha$. 于是 $\oint_L v\frac{\partial u}{\partial n}\mathrm{d}s = \oint_L v(u_x \cos\varphi + u_y \sin\varphi)\mathrm{d}s$

$$= \oint_L v(u_x \sin\alpha - u_y \cos\alpha)\mathrm{d}s \quad (\cos\alpha\mathrm{d}s = \mathrm{d}x,\ \sin\alpha\mathrm{d}s = \mathrm{d}y)$$

$$= \oint_L vu_x\mathrm{d}y - vu_y\mathrm{d}x \xrightarrow{\text{格林公式}} \iint_D \left[\frac{\partial(vu_x)}{\partial x} - \frac{\partial(-vu_y)}{\partial y}\right]\mathrm{d}x\mathrm{d}y$$

$$= \iint_D [(u_x v_x + vu_{xx}) + (u_y v_y + vu_{yy})]\mathrm{d}x\mathrm{d}y$$

$$= \iint_D v(u_{xx} + u_{yy})\mathrm{d}x\mathrm{d}y \iint_D (u_x v_x + u_y v_y)\mathrm{d}x\mathrm{d}y$$

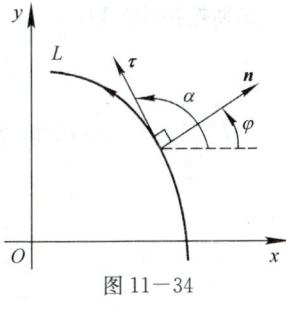

图 11-34

$$= \iint_D v\Delta u \mathrm{d}x\mathrm{d}y + \iint_D (\mathbf{grad}u \cdot \mathbf{grad}v)\mathrm{d}x\mathrm{d}y,$$

把上式右端第二个积分移到左端即得所要证明的等式.

(2)在(1)证得的等式中交换 u,v 的位置,可得

$$\iint_D u\Delta v\mathrm{d}x\mathrm{d}y = -\iint_D (\mathbf{grad}v \cdot \mathbf{grad}u)\mathrm{d}x\mathrm{d}y + \int_L u\frac{\partial v}{\partial n}\mathrm{d}s,$$

在此式的两端分别减去(1)式中等式的两端,即得所需证明的等式.

*10. **解**:通量 $\Phi = \iint_\Sigma \mathbf{A} \cdot \mathbf{n}\mathrm{d}S = \iint_\Sigma x\mathrm{d}y\mathrm{d}z + y\mathrm{d}z\mathrm{d}x + z\mathrm{d}x\mathrm{d}y \xrightarrow{\text{高斯公式}} \iiint_\Omega \left(\frac{\partial x}{\partial x} + \frac{\partial y}{\partial y} + \frac{\partial z}{\partial z}\right)\mathrm{d}v$

$= \iiint_\Omega (1+1+1)\mathrm{d}v = 3\iiint_\Omega \mathrm{d}v = 3 \cdot 1 = 3.$

11. **解**:$W = \oint_\Gamma \mathbf{F} \cdot \mathrm{d}\mathbf{r} = \oint_\Gamma y\mathrm{d}x + z\mathrm{d}y + x\mathrm{d}z.$

下面用两种方法来计算上面这个积分.

方法一 化为定积分直接计算. 如图 11-35,Γ 由 AB、BC、CA 三条有向线段组成,

AB:$z=0, x=t, y=1-t, t$ 从 0 变到 1;

BC:$y=0, x=t, z=1-t, t$ 从 1 变到 0;

CA:$x=0, y=t, z=1-t, t$ 从 0 变到 1.

于是

$$\int_{AB} y\mathrm{d}x + z\mathrm{d}y + x\mathrm{d}z = \int_{AB} y\mathrm{d}x = \int_0^1 (1-t)\mathrm{d}t = \frac{1}{2};$$

$$\int_{BC} y\mathrm{d}x + z\mathrm{d}y + x\mathrm{d}z = \int_{BC} x\mathrm{d}z = \int_1^0 t \cdot (-1)\mathrm{d}t = \frac{1}{2};$$

$$\int_{CA} y\mathrm{d}x + z\mathrm{d}y + x\mathrm{d}z = \int_{CA} z\mathrm{d}y = \int_0^1 (1-t)\mathrm{d}t = \frac{1}{2}.$$

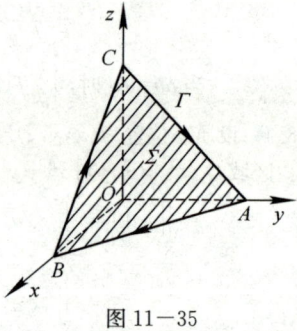

图 11-35

因此 $W = \oint_\Gamma y\mathrm{d}x + z\mathrm{d}y + x\mathrm{d}z = \int_{AB} \cdot + \int_{BC} \cdot + \int_{CA} \cdot = \frac{3}{2}.$

*方法二 利用斯托克斯公式计算. 取 Σ 为平面 $x+y+z=1$ 的下侧被 Γ 所围的部分,则 Σ 在任一点处的单位法向量为 $\mathbf{n} = (\cos\alpha, \cos\beta, \cos\gamma) = \left(-\frac{1}{\sqrt{3}}, -\frac{1}{\sqrt{3}}, -\frac{1}{\sqrt{3}}\right),$

由斯托克斯公式得 $\oint_\Gamma y\mathrm{d}x + z\mathrm{d}y + x\mathrm{d}z = \iint_\Sigma \begin{vmatrix} -\frac{1}{\sqrt{3}} & -\frac{1}{\sqrt{3}} & -\frac{1}{\sqrt{3}} \\ \frac{\partial}{\partial x} & \frac{\partial}{\partial y} & \frac{\partial}{\partial z} \\ y & z & x \end{vmatrix} \mathrm{d}S = \iint_\Sigma \left(\frac{1}{\sqrt{3}} + \frac{1}{\sqrt{3}} + \frac{1}{\sqrt{3}}\right)\mathrm{d}S$

$= \sqrt{3}\iint_\Sigma \mathrm{d}S = \sqrt{3} \cdot (\Sigma \text{ 的面积}) = \sqrt{3} \cdot \frac{\sqrt{3}}{2} = \frac{3}{2}.$

第十二章 无穷级数

无穷级数是高等数学的一个重要组成部分.它是表示函数、研究函数的性质以及进行数值计算的一种工具.本章先讨论常数项级数,介绍无穷级数的一些基本内容,然后讨论函数项级数,着重讨论函数展开为幂级数和三角级数的问题.

第一节 常数项级数的概念和性质

一、主要内容归纳

1. 级数的定义

设给定一个数列 $u_1, u_2, u_3, \cdots, u_n, \cdots$
则把数列中的各项依次相加所得到的表达式 $u_1 + u_2 + u_3 + \cdots + u_n + \cdots$
称为(常数项)无穷级数,简称(常数项)级数,记为 $\sum_{n=1}^{\infty} u_n$,其中第 n 项 u_n 称为级数的一般项(或通项),前 n 项的和 $S_n = u_1 + u_2 + u_3 + \cdots + u_n$
称为级数的部分和.当 n 依次取 $1, 2, 3, \cdots$ 时,得到
$$S_1 = u_1, S_2 = u_1 + u_2, S_3 = u_1 + u_2 + u_3, \cdots, S_n = u_1 + u_2 + u_3 + \cdots + u_n, \cdots$$
它们构成一个新的数列 $\{S_n\}$,称为部分和数列.

2. 级数的收敛与发散

如果级数 $\sum_{n=1}^{\infty} u_n$ 的部分和数列 $\{S_n\}$ 的极限存在,即 $\lim_{n \to \infty} S_n = S$,
则称无穷级数 $\sum_{n=1}^{\infty} u_n$ 收敛,S 称为级数的和,记作 $S = \sum_{n=1}^{\infty} u_n = u_1 + u_2 + u_3 + \cdots + u_n + \cdots$;
如果数列 $\{S_n\}$ 极限不存在,则称无穷级数 $\sum_{n=1}^{\infty} u_n$ 发散.

3. 级数的基本性质

(1)设 k 为非零常数,则 $\sum_{n=1}^{\infty} u_n$ 与 $\sum_{n=1}^{\infty} k u_n$ 同时收敛或同时发散,即级数乘以非零常数不改变其敛散性.

(2)在级数中增加、减少或改变有限项不改变级数的敛散性.

(3)若 $\sum_{n=1}^{\infty} u_n$ 与 $\sum_{n=1}^{\infty} v_n$ 都收敛,则 $\sum_{n=1}^{\infty} (u_n \pm v_n)$ 也收敛,且有
$$\sum_{n=1}^{\infty} (u_n \pm v_n) = \sum_{n=1}^{\infty} u_n \pm \sum_{n=1}^{\infty} v_n.$$

(4) 若级数 $\sum_{n=1}^{\infty} u_n$ 收敛,则对这级数的项任意加括号之后所得的级数仍收敛,且其和不变.

注意 加括号之后所成的级数收敛,并不能断定去括号后原来的级数也收敛. 例如,级数
$$(1-1)+(1-1)+(1-1)+\cdots$$
收敛于零,但是去掉括号之后的级数
$$1-1+1-1+1-1+\cdots$$
却是发散的. (4)的逆否命题成立,即加括号后所成的级数发散,则原级数也发散.

(5) 若两个级数 $\sum_{n=1}^{\infty} u_n$ 与 $\sum_{n=1}^{\infty} v_n$ 中,一个收敛,一个发散,则 $\sum_{n=1}^{\infty} (u_n \pm v_n)$ 发散;若 $\sum_{n=1}^{\infty} u_n$ 与 $\sum_{n=1}^{\infty} v_n$ 均发散,则 $\sum_{n=1}^{\infty} (u_n \pm v_n)$ 的敛散性不确定.

4. 级数收敛的必要条件

若 $\sum_{n=1}^{\infty} u_n$ 收敛,则它的一般项必趋于零,即
$$\lim_{n\to\infty} u_n = 0.$$

注意 ①级数的一般项趋于零并不是级数收敛的充分条件. 有些级数虽然一般项趋于零,但仍然是发散的. 例如,调和级数 $\sum_{n=1}^{\infty} \frac{1}{n}$,虽然它的一般项 $u_n = \frac{1}{n} \to 0 \ (n\to\infty)$,但是它是发散的.

② $\lim_{n\to\infty} u_n \neq 0$ 的级数一定发散,这一点是经常使用的.

二、经典例题解析及解题方法总结

【例1】 判断级数 $\frac{1}{1\cdot 2} + \frac{1}{2\cdot 3} + \cdots + \frac{1}{n(n+1)} + \cdots$ 是否收敛. 若收敛,求其和.

解 $S_n = \sum_{k=1}^{n} \frac{1}{k(k+1)} = (1-\frac{1}{2}) + (\frac{1}{2}-\frac{1}{3}) + \cdots + (\frac{1}{n} - \frac{1}{n+1}) = 1 - \frac{1}{n+1}$,

故 $\lim_{n\to\infty} S_n = 1$. 所以 $\sum_{n=1}^{\infty} \frac{1}{n(n+1)}$ 收敛,其和为 1.

【例2】 用定义判断级数 $\frac{1}{1\cdot 6} + \frac{1}{6\cdot 11} + \cdots + \frac{1}{(5n-4)(5n+1)} + \cdots$ 是否收敛.

分析 用定义判别级数是否收敛,即是判别部分和数列 S_n 是否有极限. 注意到级数通项 $u_n = \frac{1}{(5n-4)(5n+1)}$ 可写成两项之差 $\frac{1}{5} \cdot \frac{1}{5n-4} - \frac{1}{5} \cdot \frac{1}{5n+1}$,则 S_n 中能消去中间各项,剩下首尾项,从而 S_n 可求,由此可判定其极限是否存在.

解 n 项之和 $S_n = \frac{1}{1\cdot 6} + \frac{1}{6\cdot 11} + \cdots + \frac{1}{(5n-4)(5n+1)} = \frac{1}{5}(1 - \frac{1}{6} + \frac{1}{6} - \frac{1}{11} + \cdots + \frac{1}{5n-4} - \frac{1}{5n+1}) = \frac{1}{5}(1 - \frac{1}{5n+1}) = \frac{1}{5} - \frac{1}{5(5n+1)}$,则 $\lim_{n\to\infty} S_n = \frac{1}{5}$. 因此,原级数收敛.

方法总结

将通项 u_n 拆成两项之差,以求得前 n 项和 S_n,这种方法叫拆项法.

【例3】 讨论级数 $1 + \frac{1}{1+2} + \frac{1}{1+2+3} + \cdots + \frac{1}{1+2+\cdots+n} + \cdots$ 的敛散性. 若收敛,求其和.

解 $u_n=\dfrac{1}{1+2+\cdots+n}=\dfrac{2}{n(n+1)}=2\left(\dfrac{1}{n}-\dfrac{1}{n+1}\right)$. 故 $S_n=2\left[\left(1-\dfrac{1}{2}\right)+\left(\dfrac{1}{2}-\dfrac{1}{3}\right)+\cdots+\left(\dfrac{1}{n}-\dfrac{1}{n+1}\right)\right]=2-\dfrac{2}{n+1}$. 所以 $\lim\limits_{n\to\infty}S_n=2$. 从而级数收敛,其和为 2.

【例 4】 级数 $\sum\limits_{n=1}^{\infty}(\sqrt{n+2}-2\sqrt{n+1}+\sqrt{n})=$ _____.

解 由于 $u_n=\sqrt{n+2}-2\sqrt{n+1}+\sqrt{n}=(\sqrt{n+2}-\sqrt{n+1})-(\sqrt{n+1}-\sqrt{n})$,所以

$$\begin{aligned}S_n&=u_1+u_2+\cdots+u_n\\&=[(\sqrt{3}-\sqrt{2})-(\sqrt{2}-\sqrt{1})]+[(\sqrt{4}-\sqrt{3})-(\sqrt{3}-\sqrt{2})]+\cdots\\&\quad+[(\sqrt{n+2}-\sqrt{n+1})-(\sqrt{n+1}-\sqrt{n})]\\&=[(\sqrt{3}-\sqrt{2})+(\sqrt{4}-\sqrt{3})+\cdots+(\sqrt{n+2}-\sqrt{n+1})]\\&\quad-[(\sqrt{2}-\sqrt{1})+(\sqrt{3}-\sqrt{2})+\cdots+(\sqrt{n+1}-\sqrt{n})]\\&=(\sqrt{n+2}-\sqrt{2})-(\sqrt{n+1}-\sqrt{1})\\&=\sqrt{n+2}-\sqrt{n+1}-\sqrt{2}+1\\&=\dfrac{1}{\sqrt{n+2}+\sqrt{n+1}}-\sqrt{2}+1,\text{从而}\quad\lim\limits_{n\to\infty}S_n=-\sqrt{2}+1.\end{aligned}$$

【例 5】 设级数 $\sum\limits_{n=1}^{\infty}u_n$ 收敛,则必收敛的级数为_____.

(A) $\sum\limits_{n=1}^{\infty}(-1)^n\dfrac{u_n}{n}$ (B) $\sum\limits_{n=1}^{\infty}u_n^2$ (C) $\sum\limits_{n=1}^{\infty}(u_{2n-1}-u_{2n})$ (D) $\sum\limits_{n=1}^{\infty}(u_n+u_{n+1})$

解 记 $\sum\limits_{n=1}^{\infty}(u_n+u_{n+1})$ 部分和为 σ_n,一般项为 v_n,则

$$\begin{aligned}\sigma_n&=v_1+v_2+\cdots+v_n=(u_1+u_2)+(u_2+u_3)+\cdots+(u_n+u_{n+1})\\&=u_1+2u_2+2u_3+\cdots+2u_n+u_{n+1}=2(u_1+u_2+\cdots+u_{n+1})-u_1-u_{n+1}\end{aligned}$$

因为 $\sum\limits_{n=1}^{\infty}u_n$ 收敛,所以其部分和 $\{S_n\}$ 极限存在,即 $\lim\limits_{n\to\infty}S_n=A$,且 $\lim\limits_{n\to\infty}u_n=0$,从而 $\lim\limits_{n\to\infty}\sigma_n=2A-u_1$,所以 $\sum\limits_{n=1}^{\infty}(u_n+u_{n+1})$ 收敛. 故应选(D).

【例 6】 若级数 $\sum\limits_{n=1}^{\infty}u_n$ 的部分和序列为 $S_n=\dfrac{2n}{n+1}$,则 $u_n=$_____,$\sum\limits_{n=1}^{\infty}u_n=$_____.

解 $u_1=S_1$,当 $n\geqslant 2$ 时,由 $u_n=S_n-S_{n-1}$,有 $u_n=\dfrac{2n}{n+1}-\dfrac{2(n-1)}{n}=\dfrac{2}{n(n+1)}$.

由 $\sum\limits_{n=1}^{\infty}u_n=\lim\limits_{n\to\infty}S_n$,可得 $\sum\limits_{n=1}^{\infty}u_n=\lim\limits_{n\to\infty}\dfrac{2n}{n+1}=2$.

【例 7】 级数 $\sum\limits_{n=0}^{\infty}\dfrac{(\ln 3)^n}{2^n}$ 的和为_____.

解 此级数为等比级数,公比 $q=\dfrac{\ln 3}{2}$. 由等比级数求和公式得 $S=\dfrac{1}{1-\dfrac{\ln 3}{2}}=\dfrac{2}{2-\ln 3}$.

方法总结

常数项级数的求和方法为

(1)使用等比数列求和公式计算,本题就是采用此方法.

(2)直接求出部分和 S_n 的通项公式,然后求极限 $\lim\limits_{n\to\infty}S_n=S$. 这种方法可同时用来判断级数的敛散性.

(3)把级数 $\sum\limits_{n=0}^{\infty}u_n$ 视为幂级数 $\sum\limits_{n=0}^{\infty}a_nx^n$ 当 $x=x_0$ 时所得的常数项级数,通过求出幂级数 $\sum\limits_{n=0}^{\infty}a_nx^n$ 的和函数 $S(x)$,可得到 $\sum\limits_{n=0}^{\infty}u_n=S(x_0)$,这种方法在学习完第四节后使用.

【例8】 求级数 $\dfrac{1}{2}+\dfrac{1}{3}+\dfrac{1}{2^2}+\dfrac{1}{3^2}+\cdots+\dfrac{1}{2^n}+\dfrac{1}{3^n}+\cdots$ 的和.

解 前 $2n$ 项之和 $S_{2n}=\dfrac{1}{2}+\dfrac{1}{3}+\dfrac{1}{2^2}+\dfrac{1}{3^2}+\cdots+\dfrac{1}{2^n}+\dfrac{1}{3^n}$

$$=\left(\dfrac{1}{2}+\dfrac{1}{2^2}+\cdots+\dfrac{1}{2^n}\right)+\left(\dfrac{1}{3}+\dfrac{1}{3^2}+\cdots+\dfrac{1}{3^n}\right)$$

$$=\dfrac{\dfrac{1}{2}(1-\dfrac{1}{2^n})}{1-\dfrac{1}{2}}+\dfrac{\dfrac{1}{3}(1-\dfrac{1}{3^n})}{1-\dfrac{1}{3}}=1-\dfrac{1}{2^n}+\dfrac{1}{2}-\dfrac{1}{2\cdot 3^n}=\dfrac{3}{2}-\dfrac{1}{2^n}-\dfrac{1}{2\cdot 3^n},$$

$$S_{2n-1}=S_{2n}-\dfrac{1}{3^n}=\dfrac{3}{2}-\dfrac{1}{2^n}-\dfrac{1}{2\cdot 3^n}-\dfrac{1}{3^n}$$

由于 $\lim\limits_{n\to\infty}S_{2n}=\dfrac{3}{2}$,$\lim\limits_{n\to\infty}S_{2n-1}=\dfrac{3}{2}$,故 $\lim\limits_{n\to\infty}S_n=\dfrac{3}{2}$. 于是 $S=\lim\limits_{n\to\infty}S_n=\dfrac{3}{2}$.

方法总结

若按常规思路,求 S_n 会涉及 n 为偶数与奇数的讨论,由于注意到奇数项的特点与偶数项的特点,我们不妨先求出 S_{2n},进而求出 S_{2n-1},当且仅当 S_{2n} 与 S_{2n-1} 极限均存在且相等时,S_n 的极限才存在,级数和 S 才可求.

【例9】 判断级数敛散性:$1-\dfrac{1}{3}+\dfrac{1}{2}-\dfrac{1}{9}+\cdots+\dfrac{1}{2^{n-1}}-\dfrac{1}{3^n}+\cdots$.

解 此级数由收敛级数 $\sum\limits_{n=1}^{\infty}\dfrac{1}{2^{n-1}}$ 及 $\sum\limits_{n=1}^{\infty}\dfrac{1}{3^n}$ 相减得到,由性质知收敛.

【例10】 若级数 $\sum\limits_{n=1}^{\infty}(a_n+b_n)$ 收敛,则_____.

(A) $\sum\limits_{n=1}^{\infty}a_n$,$\sum\limits_{n=1}^{\infty}b_n$ 均收敛

(B) $\sum\limits_{n=1}^{\infty}a_n$,$\sum\limits_{n=1}^{\infty}b_n$ 中至少有一个收敛

(C) $\sum\limits_{n=1}^{\infty}a_n$,$\sum\limits_{n=1}^{\infty}b_n$ 不一定收敛

(D) $\sum\limits_{n=1}^{\infty}|a_n+b_n|$ 收敛

解 若级数 $\sum\limits_{n=1}^{\infty}(a_n+b_n)$ 收敛,不能保证级数 $\sum\limits_{n=1}^{\infty}a_n$,$\sum\limits_{n=1}^{\infty}b_n$ 收敛. 例如,取 $a_n=\dfrac{1}{n}$,$b_n=$

$-\dfrac{1}{n}$,则 $\sum\limits_{n=1}^{\infty}(a_n+b_n)=\sum\limits_{n=1}^{\infty}0$ 收敛,但级数 $\sum\limits_{n=1}^{\infty}\dfrac{1}{n}$,$\sum\limits_{n=1}^{\infty}\left(-\dfrac{1}{n}\right)$ 均不收敛. 故应选(C).

【例 11】 若级数 $\sum\limits_{n=1}^{\infty}(u_{2n-1}+u_{2n})$ 收敛,则_____.

(A) $\sum\limits_{n=1}^{\infty}u_n$ 必收敛 (B) $\sum\limits_{n=1}^{\infty}u_n$ 未必收敛 (C) $\lim\limits_{n\to\infty}u_n=0$ (D) $\sum\limits_{n=1}^{\infty}u_n$ 发散

解 级数 $\sum\limits_{n=1}^{\infty}(u_{2n-1}+u_{2n})$ 是由 $\sum\limits_{n=1}^{\infty}u_n$ 加括号后所得到的级数,由 $\sum\limits_{n=1}^{\infty}(u_{2n-1}+u_{2n})$ 收敛不能得出级数 $\sum\limits_{n=1}^{\infty}u_n$ 收敛. 例如 $\sum\limits_{n=1}^{\infty}(-1)^{n-1}$ 发散,且 $u_n\neq 0$,但 $(1-1)+(1-1)+\cdots+(1-1)+\cdots=\sum\limits_{n=1}^{\infty}(u_{2n-1}+u_{2n})=0$ 收敛. 故应选(B).

【例 12】 若级数 $\sum\limits_{n=1}^{\infty}a_n$ 收敛,则级数_____. (考研题)

(A) $\sum\limits_{n=1}^{\infty}|a_n|$ 收敛 (B) $\sum\limits_{n=1}^{\infty}(-1)^n a_n$ 收敛

(C) $\sum\limits_{n=1}^{\infty}a_n a_{n+1}$ 收敛 (D) $\sum\limits_{n=1}^{\infty}\dfrac{a_n+a_{n+1}}{2}$ 收敛

解 因为已知 $\sum\limits_{n=1}^{\infty}a_n$ 收敛,所以 $\sum\limits_{n=1}^{\infty}\dfrac{a_n}{2}$ 和 $\sum\limits_{n=1}^{\infty}\dfrac{a_{n+1}}{2}$ 都收敛,由收敛级数的性质知 $\sum\limits_{n=1}^{\infty}\dfrac{a_n+a_{n+1}}{2}$ 收敛. 故应选(D).

【例 13】 已知级数 $\sum\limits_{n=1}^{\infty}(-1)^{n-1}a_n=2$,$\sum\limits_{n=1}^{\infty}a_{2n-1}=5$,则级数 $\sum\limits_{n=1}^{\infty}a_n=$_____.

(A) 3 (B) 7 (C) 8 (D) 9

解 解答此题要用到无穷级数的两个基本性质:

(1) 若 $\sum\limits_{n=1}^{\infty}a_n=S$,$K$ 是常数,则 $\sum\limits_{n=1}^{\infty}Ka_n=KS$;

(2) 若级数 $\sum\limits_{n=1}^{\infty}a_n=S_1$,$\sum\limits_{n=1}^{\infty}b_n=S_2$,则 $\sum\limits_{n=1}^{\infty}(a_n\pm b_n)=S_1\pm S_2$.

由题设及性质(1)知 $\sum\limits_{n=1}^{\infty}2a_{2n-1}=10$. 再由 $\sum\limits_{n=1}^{\infty}(-1)^{n-1}a_n=2$,及 $\sum\limits_{n=1}^{\infty}2a_{2n-1}=10$ 并结合性质(2)知 $\sum\limits_{n=1}^{\infty}a_n=\sum\limits_{n=1}^{\infty}[2a_{2n-1}-(-1)^{n-1}a_n]=8$. 故应选(C).

【例 14】 判断级数 $\sum\limits_{n=1}^{\infty}\dfrac{n^{n+\frac{1}{n}}}{\left(n+\dfrac{1}{n}\right)^n}$ 的敛散性.

解 设 $u_n=\dfrac{n^{n+\frac{1}{n}}}{\left(n+\dfrac{1}{n}\right)^n}=\dfrac{\sqrt[n]{n}}{\left(1+\dfrac{1}{n^2}\right)^n}$. 由于 $\lim\limits_{n\to\infty}\sqrt[n]{n}=1$,且 $\lim\limits_{n\to\infty}\left(1+\dfrac{1}{n^2}\right)^n=1$,所以 $\lim\limits_{n\to\infty}u_n=1\neq 0$. 故级数 $\sum\limits_{n=1}^{\infty}\dfrac{n^{n+\frac{1}{n}}}{\left(n+\dfrac{1}{n}\right)^n}$ 发散.

习题 12-1 解答

1. 解:(1) $\sum_{n=1}^{\infty} \frac{1+n}{1+n^2} = \frac{1+1}{1+1^2} + \frac{1+2}{1+2^2} + \frac{1+3}{1+3^2} + \frac{1+4}{1+4^2} + \frac{1+5}{1+5^2} + \cdots$

(2) $\sum_{n=1}^{\infty} \frac{1 \cdot 3 \cdots (2n-1)}{2 \cdot 4 \cdots 2n} = \frac{1}{2} + \frac{1 \cdot 3}{2 \cdot 4} + \frac{1 \cdot 3 \cdot 5}{2 \cdot 4 \cdot 6} + \frac{1 \cdot 3 \cdot 5 \cdot 7}{2 \cdot 4 \cdot 6 \cdot 8} + \frac{1 \cdot 3 \cdot 5 \cdot 7 \cdot 9}{2 \cdot 4 \cdot 6 \cdot 8 \cdot 10} + \cdots$

(3) $\sum_{n=1}^{\infty} \frac{(-1)^{n-1}}{5^n} = \frac{1}{5} - \frac{1}{5^2} + \frac{1}{5^3} - \frac{1}{5^4} + \frac{1}{5^5} - \cdots$

(4) $\sum_{n=1}^{\infty} \frac{n!}{n^n} = \frac{1!}{1^1} + \frac{2!}{2^2} + \frac{3!}{3^3} + \frac{4!}{4^4} + \frac{5!}{5^5} + \cdots$

2. 解:(1) 因为 $S_n = (\sqrt{2} - \sqrt{1}) + (\sqrt{3} - \sqrt{2}) + (\sqrt{4} - \sqrt{3}) + \cdots + (\sqrt{n+1} - \sqrt{n})$
$= \sqrt{n+1} - \sqrt{1} \to +\infty \quad (n \to \infty)$,故级数发散.

(2) $S_n = \frac{1}{1 \cdot 3} + \frac{1}{3 \cdot 5} + \cdots + \frac{1}{(2n-1)(2n+1)}$
$= \frac{1}{2}\left[\left(\frac{1}{1} - \frac{1}{3}\right) + \left(\frac{1}{3} - \frac{1}{5}\right) + \left(\frac{1}{5} - \frac{1}{7}\right) + \cdots + \left(\frac{1}{2n-1} - \frac{1}{2n+1}\right)\right]$
$= \frac{1}{2}\left[1 - \frac{1}{2n+1}\right] \to \frac{1}{2} \quad (n \to \infty)$,故级数收敛.

(3) $S_n = \sin\frac{\pi}{6} + \sin\frac{2\pi}{6} + \sin\frac{3\pi}{6} + \cdots + \sin\frac{n\pi}{6}$
$= \frac{1}{2\sin\frac{\pi}{12}}\left(2\sin\frac{\pi}{12}\sin\frac{\pi}{6} + 2\sin\frac{\pi}{12}\sin\frac{2\pi}{6} + 2\sin\frac{\pi}{12}\sin\frac{3\pi}{6} + \cdots + 2\sin\frac{\pi}{12}\sin\frac{n\pi}{6}\right)$
$= \frac{1}{2\sin\frac{\pi}{12}}\left[\left(\cos\frac{\pi}{12} - \cos\frac{3\pi}{12}\right) + \left(\cos\frac{3\pi}{12} - \cos\frac{5\pi}{12}\right) + \left(\cos\frac{5\pi}{12} - \cos\frac{7\pi}{12}\right) + \cdots \right.$
$\left. + \left(\cos\frac{2n-1}{12}\pi - \cos\frac{2n+1}{12}\pi\right)\right] = \frac{1}{2\sin\frac{\pi}{12}}\left(\cos\frac{\pi}{12} - \cos\frac{2n+1}{12}\pi\right)$

由于 $\lim\limits_{n\to\infty}\cos\frac{2n+1}{12}\pi$ 不存在,所以 $\lim\limits_{n\to\infty}S_n$ 不存在,因而该级数发散.

(4) $S_n = \ln 2 + \ln\frac{3}{2} + \ln\frac{4}{3} + \cdots + \ln\frac{n+1}{n} = \ln(n+1)$,因为 $\lim\limits_{n\to\infty}S_n = \lim\limits_{n\to\infty}\ln(n+1) = \infty$. 所以级数发散.

3. 解:(1) 原级数为等比级数,公比 $q = -\frac{8}{9}$,由于 $|q| = \frac{8}{9} < 1$,故原级数收敛.

(2) 原级数发散,否则 $\sum_{n=1}^{\infty} \frac{1}{n} = 3\left(\frac{1}{3} + \frac{1}{6} + \frac{1}{9} + \cdots\right)$ 收敛,矛盾.

(3) 该级数的一般项 $u_n = \frac{1}{\sqrt[n]{3}} = 3^{-\frac{1}{n}} \to 1 \neq 0 (n \to \infty)$,故由级数收敛的必要条件可知,级数发散.

(4) 该级数为等比级数,公比 $q = \frac{3}{2} > 1$,故该级数发散.

(5) 设 $S = \frac{1}{2} + \frac{1}{2^2} + \frac{1}{2^3} + \cdots \qquad \sigma = \frac{1}{3} + \frac{1}{3^2} + \frac{1}{3^3} + \cdots$

214

因为 S 为公比为 $q=\frac{1}{2}$ 的等比级数,σ 为公比 $q=\frac{1}{3}$ 的等比级数,故 S,σ 均为收敛级数,则 $S+\sigma$ 也为收敛级数,即原级数收敛.

*4. 解:(1)若 p 为偶数:$|u_{n+1}+u_{n+2}+\cdots+u_{n+p}|=\left|\frac{(-1)^{n+2}}{n+1}+\frac{(-1)^{n+3}}{n+2}+\cdots+\frac{(-1)^{n+p+1}}{n+p}\right|=$
$\left|\frac{1}{n+1}-\frac{1}{n+2}+\frac{1}{n+3}+\cdots-\frac{1}{n+p}\right|=\left|\frac{1}{n+1}-\left(\frac{1}{n+2}-\frac{1}{n+3}\right)-\cdots-\frac{1}{n+p}\right|<\frac{1}{n+1};$

若 p 为奇数:$|u_{n+1}+u_{n+2}+\cdots+u_{n+p}|=\left|\frac{(-1)^{n+2}}{n+1}+\cdots+\frac{(-1)^{n+1+p}}{n+p}\right|=$
$\left|\frac{1}{n+1}-\frac{1}{n+2}+\frac{1}{n+3}+\cdots+\frac{1}{n+p}\right|=\left|\frac{1}{n+1}-\left(\frac{1}{n+2}-\frac{1}{n+3}\right)-\cdots-\left(\frac{1}{n+p-1}-\frac{1}{n+p}\right)\right|<$
$\frac{1}{n+1};$ 所以对于任意给定的正数 ε,取 $N\geq\frac{1}{\varepsilon}$,则当 $n>N$ 时,对任何正整数 p 都有 $|u_{n+1}+u_{n+2}+\cdots+u_{n+p}|<\varepsilon$ 成立.由柯西原理知,级数 $\sum_{n=1}^{\infty}\frac{(-1)^{n+1}}{n}$ 收敛.

(2)取 $p=3n$
$|S_{n+p}-S_n|=\left|\frac{1}{n+1}+\frac{1}{n+2}-\frac{1}{n+3}+\frac{1}{n+4}+\frac{1}{n+5}-\frac{1}{n+6}+\cdots+\frac{1}{4n-2}+\frac{1}{4n-1}-\frac{1}{4n}\right|$
$>\left|\frac{1}{n+1}+\frac{1}{n+4}+\cdots+\frac{1}{4n+2}\right|>\frac{1}{4n}+\frac{1}{4n}+\cdots+\frac{1}{4n}=\frac{1}{4}$

从而对于 $\varepsilon_0=\frac{1}{4}$,任意 $n\in \mathbf{N}$,存在 $p=3n$,使得 $|S_{n+p}-S_n|>\varepsilon_0$,故由柯西收敛原理,级数发散.

(3)对于任何自然数 p
$|u_{n+1}+u_{n+2}+\cdots+u_{n+p}|=\left|\frac{\sin(n+1)x}{2^{n+1}}+\frac{\sin(n+2)x}{2^{n+2}}+\cdots+\frac{\sin(n+p)x}{2^{n+p}}\right|$
$\leq\frac{1}{2^{n+1}}+\frac{1}{2^{n+2}}+\cdots+\frac{1}{2^{n+p}}=\frac{\frac{1}{2^{n+1}}\left(1-\frac{1}{2^p}\right)}{1-\frac{1}{2}}<\frac{1}{2^n}$

故对于任意给定的正数 ε,取 $N\geq\left[\log_2\frac{1}{\varepsilon}\right]+1$,则当 $n>N$ 时,对任何自然数 p,都有 $|u_{n+1}+u_{n+2}+\cdots+u_{n+p}|<\varepsilon$ 成立.由柯西收敛原理知,级数收敛.

(4)取 $p=n$,则 $|S_{n+p}-S_n|=\left|\left(\frac{1}{3(n+1)+1}+\frac{1}{3(n+1)+2}-\frac{1}{3(n+1)+3}\right)+\cdots+\left(\frac{1}{3\cdot 2n+1}+\frac{1}{3\cdot 2n+2}-\frac{1}{3\cdot 2n+3}\right)\right|\geq\frac{1}{3(n+1)+1}+\cdots+\frac{1}{3\cdot 2n+1}\geq\frac{n}{6(n+1)}>\frac{1}{12}.$

从而取 $\varepsilon_0=\frac{1}{12}$,则对任意的 $n\in\mathbf{N}$,都存在 $p=n$,使得 $|S_{n+p}-S_n|>\varepsilon_0$,由柯西原理知,原级数发散.

第二节 常数项级数的审敛法

一、主要内容归纳

1. 正项级数及其审敛法

(1) 正项级数 各项都是正数或零的级数称为正项级数.

(2) 正项级数审敛法

① 正项级数 $\sum\limits_{n=1}^{\infty} u_n$ 收敛的充分必要条件是它的部分和数列 $\{S_n\}$ 有界.

② 比较审敛法 设 $\sum\limits_{n=1}^{\infty} u_n$ 和 $\sum\limits_{n=1}^{\infty} v_n$ 都是正项级数,且 $u_n \leqslant v_n (n=1,2,\cdots)$. 若级数 $\sum\limits_{n=1}^{\infty} v_n$ 收敛,则级数 $\sum\limits_{n=1}^{\infty} u_n$ 收敛;反之,若级数 $\sum\limits_{n=1}^{\infty} u_n$ 发散,则级数 $\sum\limits_{n=1}^{\infty} v_n$ 发散.

③ 比较审敛法推论 设 $\sum\limits_{n=1}^{\infty} u_n$ 和 $\sum\limits_{n=1}^{\infty} v_n$ 都是正项级数,如果级数 $\sum\limits_{n=1}^{\infty} v_n$ 收敛,且存在正整数 N,使当 $n \geqslant N$ 时有 $u_n \leqslant kv_n(k>0)$ 成立,则级数 $\sum\limits_{n=1}^{\infty} u_n$ 收敛;如果级数 $\sum\limits_{n=1}^{\infty} v_n$ 发散,且当 $n \geqslant N$ 时有 $u_n \geqslant kv_n(k>0)$ 成立,则级数 $n \geqslant N$ 时有 $\sum\limits_{n=1}^{\infty} u_n$ 发散.

④ 比较审敛法的极限形式 设两个正项级数 $\sum\limits_{n=1}^{\infty} u_n$ 和 $\sum\limits_{n=1}^{\infty} v_n$ 满足 $\lim\limits_{n\to\infty}\dfrac{u_n}{v_n}=l$,(i)如果 $0<l<+\infty$,则级数 $\sum\limits_{n=1}^{\infty} u_n$ 与 $\sum\limits_{n=1}^{\infty} v_n$ 有相同的敛散性,即它们同时收敛或同时发散;(ii)如果 $l=0$,且级数 $\sum\limits_{n=1}^{\infty} v_n$ 收敛,则级数 $\sum\limits_{n=1}^{\infty} u_n$ 收敛;(iii)如果 $l=+\infty$,且级数 $\sum\limits_{n=1}^{\infty} v_n$ 发散,则级数 $\sum\limits_{n=1}^{\infty} u_n$ 发散.

注意 可以利用无穷小量的阶来理解比较审敛法的极限形式.当两个正项级数的一般项都趋于零时,还要注意它们趋于零的"快慢"程度.如果 u_n 和 v_n 是同阶无穷小,则级数 $\sum\limits_{n=1}^{\infty} u_n$ 和级数 $\sum\limits_{n=1}^{\infty} v_n$ 同时收敛或同时发散;如果 u_n 是比 v_n 高阶的无穷小,则当级数 $\sum\limits_{n=1}^{\infty} v_n$ 收敛时,级数 $\sum\limits_{n=1}^{\infty} u_n$ 必收敛;如果 u_n 是比 v_n 低阶的无穷小,则当级数 $\sum\limits_{n=1}^{\infty} v_n$ 发散时,级数 $\sum\limits_{n=1}^{\infty} u_n$ 必发散.

应用比较审敛法时,需要有一个已知敛散性的级数作为比较的对象,如等比级数、p-级数等常用作比较的级数.

⑤ 极限审敛法 设 $\sum\limits_{n=1}^{\infty} u_n$ 为正项级数,

(i) 如果 $\lim\limits_{n\to\infty} nu_n = l > 0$(或 $\lim\limits_{n\to\infty} nu_n = +\infty$),则级数 $\sum\limits_{n=1}^{\infty} u_n$ 发散;

(ii) 如果 $p>1$,而 $\lim\limits_{n\to\infty} n^p u_n = l$ $(0 \leqslant l < +\infty)$,则级数 $\sum\limits_{n=1}^{\infty} u_n$ 收敛.

⑥比值审敛法(达朗贝尔判别法)

如果正项级数 $\sum\limits_{n=1}^{\infty} u_n$ 的后项与前项之比的极限为 $\lim\limits_{n\to\infty}\dfrac{u_{n+1}}{u_n}=\rho$ （ρ 为常数或 $+\infty$） 则

(i) 当 $\rho<1$ 时，级数收敛；

(ii) 当 $1<\rho$ 时，级数发散；

(iii) 当 $\rho=1$ 时，级数可能收敛，也可能发散．

注意 对于级数 $\sum\limits_{n=1}^{\infty} u_n$，若用比值审敛法判定级数 $\sum\limits_{n=1}^{\infty}|u_n|$ 发散，则级数 $\sum\limits_{n=1}^{\infty} u_n$ 一定发散．

⑦根值审敛法(柯西判别法)

对于正项级数 $\sum\limits_{n=1}^{\infty} u_n$，如果有 $\lim\limits_{n\to\infty}\sqrt[n]{u_n}=\rho$ （ρ 为常数或 $+\infty$） 则

(i) 当 $\rho<1$ 时，级数收敛；

(ii) 当 $1<\rho$ 时，级数发散；

(iii) 当 $\rho=1$ 时，级数可能收敛，也可能发散．

2. 交错级数及其审敛法

(1) 交错级数　形如 $\sum\limits_{n=1}^{\infty}(-1)^{n-1}u_n(u_n>0,n=1,2,\cdots)$ 的各项正负交错的级数称为交错级数．

(2) 交错级数审敛法

莱布尼茨定理　如果交错级数 $\sum\limits_{n=1}^{\infty}(-1)^{n-1}u_n$ 满足条件：

① $u_n \geqslant u_{n+1}(n=1,2,3,\cdots)$

② $\lim\limits_{n\to\infty}u_n=0$，

则级数收敛，且其和 $s \leqslant u_1$ 其余项 r_n 的绝对值 $|r_n| \leqslant u_{n+1}$

3. 任意项级数审敛法（绝对收敛与条件收敛）

如果任意项级数 $\sum\limits_{n=1}^{\infty} u_n$ 各项的绝对值所构成的正项级数 $\sum\limits_{n=1}^{\infty}|u_n|$ 收敛，则 $\sum\limits_{n=1}^{\infty} u_n$ 收敛，且称其为绝对收敛；如果 $\sum\limits_{n=1}^{\infty} u_n$ 收敛而 $\sum\limits_{n=1}^{\infty}|u_n|$ 发散，则称 $\sum\limits_{n=1}^{\infty} u_n$ 为条件收敛．

4. 几个典型常数项级数的敛散性

(1) 等比级数　　　　　$\sum\limits_{n=0}^{\infty} aq^n = \begin{cases} \dfrac{a}{1-q}, & |q|<1(\text{收敛}) \\ \text{发散}, & |q| \geqslant 1 \end{cases}$

(2) 调和级数 $\sum\limits_{n=1}^{\infty}\dfrac{1}{n}$ 发散．

(3) p -级数 $\sum\limits_{n=1}^{\infty}\dfrac{1}{n^p}$ 当 $p>1$ 时收敛，当 $p \leqslant 1$ 时发散．

二、经典例题解析及解题方法总结

【例1】　用比较审敛法考察下列级数的敛散性．

(1) $\sum\limits_{n=1}^{\infty}\sin\dfrac{\pi}{2^n}$；　　　　(2) $\sum\limits_{n=1}^{\infty}\dfrac{2+(-1)^n}{4^n}$；　　　　(3) $\sum\limits_{n=1}^{\infty}\dfrac{1}{n\sqrt[n]{n}}$；

(4) $\sum\limits_{n=1}^{\infty}\dfrac{1}{\sqrt{n}}$;　　　　(5) $\sum\limits_{n=1}^{\infty}\dfrac{1+n^2}{1+n^3}$;　　　　(6) $\sum\limits_{n=1}^{\infty}\dfrac{1}{na+b}$ $(a>0,b>0)$;

(7) $\sum\limits_{n=1}^{\infty}\dfrac{1}{1+a^n}$ $(a>0)$;　　(8) $\sum\limits_{n=1}^{\infty}\dfrac{\ln n}{n^{\frac{4}{3}}}$.

解 (1) 由于 $\sin\dfrac{\pi}{2^n}<\dfrac{\pi}{2^n}$, 而级数 $\sum\limits_{n=1}^{\infty}\dfrac{\pi}{2^n}$ 为等比级数, 且公比为 $\dfrac{1}{2}<1$, 从而收敛, 根据正项级数的比较审敛法知 $\sum\limits_{n=1}^{\infty}\sin\dfrac{\pi}{2^n}$ 收敛;

(2) 由于 $0<\dfrac{2+(-1)^n}{4^n}<\dfrac{3}{4^n}$, 而 $\sum\limits_{n=1}^{\infty}\dfrac{3}{4^n}$ 为收敛级数, 所以根据正项级数的比较审敛法知级数 $\sum\limits_{n=1}^{\infty}\dfrac{2+(-1)^n}{4^n}$ 收敛;

(3) 因为 $\lim\limits_{n\to\infty}\sqrt[n]{n}=1$, 所以 $\lim\limits_{n\to\infty}\dfrac{\frac{1}{n\sqrt[n]{n}}}{\frac{1}{n}}=1$, 即 $\sum\limits_{n=1}^{\infty}\dfrac{1}{n\sqrt[n]{n}}$ 与 $\sum\limits_{n=1}^{\infty}\dfrac{1}{n}$ 有相同敛散性, 而 $\sum\limits_{n=1}^{\infty}\dfrac{1}{n}$ 发散, 故 $\sum\limits_{n=1}^{\infty}\dfrac{1}{n\sqrt[n]{n}}$ 发散;

(4) 因为 $\dfrac{1}{\sqrt{n}}>\dfrac{1}{n}$, 而 $\sum\limits_{n=1}^{\infty}\dfrac{1}{n}$ 发散, 根据正项级数比较审敛法知, 级数 $\sum\limits_{n=1}^{\infty}\dfrac{1}{\sqrt{n}}$ 发散;

(5) 因为 $\dfrac{1+n^2}{1+n^3}\geqslant\dfrac{1+n^2}{n+n^3}=\dfrac{1}{n}$, 而级数 $\sum\limits_{n=1}^{\infty}\dfrac{1}{n}$ 是发散的, 所以级数 $\sum\limits_{n=1}^{\infty}\dfrac{1+n^2}{1+n^3}$ 也发散;

(6) 因为 $\lim\limits_{n\to\infty}\dfrac{\frac{1}{na+b}}{\frac{1}{n}}=\dfrac{1}{a}\neq 0$, 所以由正项级数比较审敛法的极限形式知 $\sum\limits_{n=1}^{\infty}\dfrac{1}{na+b}$ 与 $\sum\limits_{n=1}^{\infty}\dfrac{1}{n}$ 同时收敛或同时发散, 而调和级数 $\sum\limits_{n=1}^{\infty}\dfrac{1}{n}$ 发散, 从而级数 $\sum\limits_{n=1}^{\infty}\dfrac{1}{na+b}$ 发散;

(7) 当 $0<a<1$ 时, 因为 $\lim\limits_{n\to\infty}\dfrac{1}{1+a^n}=1\neq 0$, 所以由级数收敛的必要条件知级数发散;

当 $a=1$ 时, $\lim\limits_{n\to\infty}\dfrac{1}{1+a^n}=\dfrac{1}{2}\neq 0$, 所以级数也发散;

当 $a>1$ 时, $\dfrac{1}{1+a^n}<\dfrac{1}{a^n}=\left(\dfrac{1}{a}\right)^n$, 而 $\sum\limits_{n=1}^{\infty}\left(\dfrac{1}{a}\right)^n$ 收敛, 根据正项级数的比较审敛法知级数收敛;

(8) 因为 $\lim\limits_{n\to\infty}\dfrac{\frac{\ln n}{n^{4/3}}}{\frac{1}{n^{1.1}}}=\lim\limits_{n\to\infty}\dfrac{\ln n}{n^{0.23}}=0$, 根据正项级数比较审敛法的极限形式知 $\sum\limits_{n=1}^{\infty}\dfrac{\ln n}{n^{\frac{4}{3}}}$ 与 $\sum\limits_{n=1}^{\infty}\dfrac{1}{n^{1.1}}$ 有相同收敛性, 而 $\sum\limits_{n=1}^{\infty}\dfrac{1}{n^{1.1}}$ 收敛, 所以 $\sum\limits_{n=1}^{\infty}\dfrac{\ln n}{n^{\frac{4}{3}}}$ 收敛.

【例2】 设 $u_n\geqslant 0$, $\sum\limits_{n=1}^{\infty}u_n$ 收敛, 证明当 $\alpha>1$ 时 $\sum\limits_{n=1}^{\infty}\sqrt{\dfrac{u_n}{n^\alpha}}$ 也收敛.

证 因为 $\sum_{n=1}^{\infty} u_n$ 收敛，$\sum_{n=1}^{\infty} \frac{1}{n^\alpha}$ 当 $\alpha>1$ 时收敛.

而 $\sqrt{\frac{u_n}{n^\alpha}} = \sqrt{u_n} \cdot \sqrt{\frac{1}{n^\alpha}} \leqslant \frac{1}{2}(u_n + \frac{1}{n^\alpha})$，所以由 $\sum_{n=1}^{\infty} \frac{1}{2}(u_n + \frac{1}{n^\alpha})$ 收敛得 $\sum_{n=1}^{\infty} \sqrt{\frac{u_n}{n^\alpha}}$ 收敛.

【**例 3**】 若 $\lim_{n \to \infty} nu_n = a \neq 0$，且 $u_n \geqslant 0$，证明级数 $\sum_{n=1}^{\infty} u_n$ 发散.

证 由已知得 $\lim_{n \to \infty} nu_n = \lim_{n \to \infty} \frac{u_n}{\frac{1}{n}} = a \neq 0$，根据正项级数比较审敛法知 $\sum_{n=1}^{\infty} u_n$ 与 $\sum_{n=1}^{\infty} \frac{1}{n}$ 有相同的敛散性，而调和级数 $\sum_{n=1}^{\infty} \frac{1}{n}$ 发散，故 $\sum_{n=1}^{\infty} u_n$ 发散.

【**例 4**】 给定两个正项级数 $\sum_{n=1}^{\infty} u_n$ 及 $\sum_{n=1}^{\infty} v_n$，已知 $\lim_{n \to \infty} \frac{u_n}{v_n} = \rho$，当 ρ 为何值时，不能判断这两个正项级数有相同的敛散性？

(A) $\rho=0$　　　　(B) $\rho=\frac{1}{2}$　　　　(C) $\rho=1$　　　　(D) $\rho=2$

解 对于比较判别法，当 $\lim_{n \to \infty} \frac{u_n}{v_n} = \rho$，$0 < \rho < +\infty$ 时，级数 $\sum_{n=1}^{\infty} u_n$ 和 $\sum_{n=1}^{\infty} v_n$ 敛散性相同，因此选项 (B)、(C)、(D) 是正确的. $\rho=0$ 时有可能 $\sum_{n=1}^{\infty} u_n$ 收敛而 $\sum_{n=1}^{\infty} v_n$ 发散. 故应选 (A).

【**例 5**】 设级数 $\sum_{n=1}^{\infty} a_n$ 与 $\sum_{n=1}^{\infty} b_n$ 收敛，且 $a_n \leqslant c_n \leqslant b_n (n=1,2,\cdots)$，试证级数 $\sum_{n=1}^{\infty} c_n$ 也收敛.

证 因为 $0 \leqslant c_n - a_n \leqslant b_n - a_n$，所以 $\sum_{n=1}^{\infty} (c_n - a_n)$ 为正项级数，且由正项级数的比较判别法知 $\sum_{n=1}^{\infty} (c_n - a_n)$ 收敛.

而 $c_n = (c_n - a_n) + a_n$，由 $\sum_{n=1}^{\infty} (c_n - a_n)$ 及 $\sum_{n=1}^{\infty} a_n$ 的收敛性及级数的性质知原级数收敛.

【**例 6**】 设 $\sum_{n=1}^{\infty} a_n$ 为正项级数. 下列结论中正确的是_____.（考研题）

(A) 若 $\lim_{n \to \infty} na_n = 0$，则级数 $\sum_{n=1}^{\infty} a_n$ 收敛

(B) 若存在非零常数 λ，使得 $\lim_{n \to \infty} na_n = \lambda$，则级数 $\sum_{n=1}^{\infty} a_n$ 发散

(C) 若级数 $\sum_{n=1}^{\infty} a_n$ 收敛，则 $\lim_{n \to \infty} n^2 a_n = 0$

(D) 若级数 $\sum_{n=1}^{\infty} a_n$ 发散，则存在非零常数 λ，使得 $\lim_{n \to \infty} na_n = \lambda$

解 取 $a_n = \frac{1}{n \ln n}$，则 $\lim_{n \to \infty} na_n = 0$，但 $\sum_{n=1}^{\infty} a_n = \sum_{n=1}^{\infty} \frac{1}{n \ln n}$ 发散，排除 (A)，(D)；

又取 $a_n = \frac{1}{n \sqrt{n}}$，则级数 $\sum_{n=1}^{\infty} a_n$ 收敛，但 $\lim_{n \to \infty} n^2 a_n = \infty$，排除 (C). 故应选 (B).

方法总结

此类题目往往可以使用排除法,方便快捷.当然,也可直接说明正确选项.事实上,我们使用正项级数比较判别法的极限形式,对于选项(B),由 $\lim\limits_{n\to\infty}na_n=\lim\limits_{n\to\infty}\dfrac{a_n}{\frac{1}{n}}=\lambda\neq 0$ 及 $\sum\limits_{n=1}^{\infty}\dfrac{1}{n}$ 发散,知级数 $\sum\limits_{n=1}^{\infty}a_n$ 发散.

【例7】 下述各项正确的是_____.(考研题)

(A)若 $\sum\limits_{n=1}^{\infty}u_n^2$ 和 $\sum\limits_{n=1}^{\infty}v_n^2$ 都收敛,则 $\sum\limits_{n=1}^{\infty}(u_n+v_n)^2$ 收敛

(B)若 $\sum\limits_{n=1}^{\infty}|u_nv_n|$ 收敛,则 $\sum\limits_{n=1}^{\infty}u_n^2$ 与 $\sum\limits_{n=1}^{\infty}v_n^2$ 都收敛

(C)若正项级数 $\sum\limits_{n=1}^{\infty}u_n$ 发散,则 $u_n\geqslant\dfrac{1}{n}$

(D)若级数 $\sum\limits_{n=1}^{\infty}u_n$ 收敛,且 $u_n\geqslant v_n(n=1,2,\cdots)$,则级数 $\sum\limits_{n=1}^{\infty}v_n$ 也收敛

解 因为 $|u_n|^2+|v_n|^2\geqslant 2|u_n\cdot v_n|$.

由正项级数的比较审敛法知 $\sum\limits_{n=1}^{\infty}|u_n\cdot v_n|$ 收敛.所以 $\sum\limits_{n=1}^{\infty}u_n\cdot v_n$ 绝对收敛.即 $\sum\limits_{n=1}^{\infty}(u_n+v_n)^2$ 收敛.故应选(A).

方法总结

比较审敛法只适用于正项级数,不适用于任意项级数.

【例8】 设有两个数列 $\{a_n\},\{b_n\}$,若 $\lim\limits_{n\to\infty}a_n=0$,则_____.(考研题)

(A)当 $\sum\limits_{n=1}^{\infty}b_n$ 收敛时, $\sum\limits_{n=1}^{\infty}a_nb_n$ 收敛. (B)当 $\sum\limits_{n=1}^{\infty}b_n$ 发散时, $\sum\limits_{n=1}^{\infty}a_nb_n$ 发散.

(C)当 $\sum\limits_{n=1}^{\infty}|b_n|$ 收敛时, $\sum\limits_{n=1}^{\infty}a_n^2b_n^2$ 收敛. (D)当 $\sum\limits_{n=1}^{\infty}|b_n|$ 发散时, $\sum\limits_{n=1}^{\infty}a_n^2b_n^2$ 发散.

解 因为 $\lim\limits_{n\to\infty}\dfrac{a_n^2b_n^2}{|b_n|}=\lim a_n^2\cdot|b_n|=(\lim a_n)^2\cdot\lim|b_n|=0,(\sum\limits_{n=1}^{\infty}|b_n|$ 收敛则 $\lim\limits_{n\to\infty}|b_n|=0)$.

又 $\because\sum\limits_{n=1}^{\infty}|b_n|$ 收敛,由正项级数比较判别法的极限形式知 $\sum\limits_{n=1}^{\infty}a_n^2b_n^2$ 收敛.故应选(C).

若取 $a_n=b_n=\dfrac{(-1)^n}{\sqrt{n}}$,则 $\lim\limits_{n\to\infty}a_n=0$, $\sum\limits_{n=1}^{\infty}\dfrac{(-1)^n}{\sqrt{n}}$ 收敛,但 $\sum\limits_{n=1}^{\infty}a_nb_n=\sum\limits_{n=1}^{\infty}\dfrac{1}{n}$ 发散.

若取 $a_n=b_n=\dfrac{1}{n}$,满足 $\lim\limits_{n\to\infty}a_n=0$, $\sum\limits_{n=1}^{\infty}b_n$ 发散,但 $\sum\limits_{n=1}^{\infty}a_nb_n=\sum\limits_{n=1}^{\infty}\dfrac{1}{n^2}$ 收敛.从而否定了(A)、(B).至于选项(D),仍可取 $a_n=b_n=\dfrac{1}{n}$,则 $\lim\limits_{n\to\infty}a_n=0$, $\sum\limits_{n=1}^{\infty}|b_n|=\sum\limits_{n=1}^{\infty}\dfrac{1}{n}$ 发散.但 $\sum\limits_{n=1}^{\infty}a_n^2b_n^2=$

$\sum_{n=1}^{\infty} \frac{1}{n^4}$ 收敛.

【例 9】 证明若 $\sum_{n=1}^{\infty} u_n (u_n \geqslant 0)$ 收敛,则 $\sum_{n=1}^{\infty} u_n^2$ 收敛,反之不成立,举例.

证 因为 $\sum_{n=1}^{\infty} u_n$ 收敛,所以 $\lim_{n\to\infty} u_n = 0$,所以存在 $M > 0$,对所有 n,有 $0 \leqslant u_n < M$.

而 $0 < u_n^2 = u_n \cdot u_n < M u_n$,由正项级数的比较审敛法知 $\sum_{n=1}^{\infty} u_n^2$ 收敛,反之不然. 例如级数 $\sum_{n=1}^{\infty} \frac{1}{n^2}$ 收敛,但级数 $\sum_{n=1}^{\infty} \frac{1}{n}$ 发散.

【例 10】 证明若 $\sum_{n=1}^{\infty} u_n^2$ 与 $\sum_{n=1}^{\infty} v_n^2$ 收敛,则 $\sum_{n=1}^{\infty} |u_n v_n|$,$\sum_{n=1}^{\infty} (u_n + v_n)^2$,$\sum_{n=1}^{\infty} \frac{u_n}{n}$ 分别都收敛.

证 (1)由 $|u_n v_n| \leqslant \frac{1}{2}(u_n^2 + v_n^2)$,根据正项级数的比较审敛法知 $\sum_{n=1}^{\infty} |u_n v_n|$ 收敛.

(2)由 $(u_n + v_n)^2 = u_n^2 + 2u_n v_n + v_n^2$,根据正项级数的比较审敛法知 $\sum_{n=1}^{\infty} (u_n + v_n)^2$ 收敛.

(3)令 $v_n = \frac{1}{n}, \frac{u_n}{n} \leqslant \frac{1}{2}(u_n^2 + \frac{1}{n^2})$,根据正项级数的比较审敛法及 $\sum_{n=1}^{\infty} u_n^2$、$\sum_{n=1}^{\infty} \frac{1}{n^2}$ 收敛性,

由(1)得 $\sum_{n=1}^{\infty} \frac{u_n}{n}$ 收敛.

【例 11】 设 α 为常数,则级数 $\sum_{n=1}^{\infty} \left[\frac{\sin(n\alpha)}{n^2} - \frac{1}{\sqrt{n}} \right]$ _____.

(A)绝对收敛　　　(B)条件收敛　　　(C)发散　　　(D)收敛性与 α 的取值有关

解 由 $\left| \frac{\sin(n\alpha)}{n^2} \right| \leqslant \frac{1}{n^2}$,根据正项级数的比较判别法知 $\sum_{n=1}^{\infty} \frac{\sin(n\alpha)}{n^2}$ 绝对收敛,而 $\sum_{n=1}^{\infty} \frac{1}{\sqrt{n}}$ 发散 (p-级数,$p = \frac{1}{2} < 1$,故发散),由无穷级数的性质知,级数 $\sum_{n=1}^{\infty} \left[\frac{\sin(n\alpha)}{n^2} - \frac{1}{\sqrt{n}} \right]$ 发散. 故应选(C).

【例 12】 判断下列级数的敛散性:

(1) $\sum_{n=1}^{\infty} \frac{(2n-1)!!}{3^n \cdot n!}$;　　(2) $\sum_{n=1}^{\infty} \frac{2n \cdot n!}{n^n}$;　　(3) $\sum_{n=1}^{\infty} \frac{(n!)^2}{(2n)!}$.

解 (1)使用正项级数的比值审敛法,因为 $\lim_{n\to\infty} \frac{u_{n+1}}{u_n} = \lim_{n\to\infty} \frac{(2n+1)!!}{3^{n+1} \cdot (n+1)!} \cdot \frac{3^n \cdot n!}{(2n-1)!!} = \frac{1}{3} \lim_{n\to\infty} \frac{2n+1}{n+1} = \frac{2}{3} < 1$,所以原级数收敛;

(2)使用正项级数的比值审敛法,因为 $\lim_{n\to\infty} \frac{u_{n+1}}{u_n} = \lim_{n\to\infty} \frac{(2n+2) \cdot (n+1)!}{(n+1)^{n+1}} \cdot \frac{n^n}{2n \cdot n!} = \lim_{n\to\infty} \left(1 + \frac{1}{n}\right) \cdot \frac{1}{\left(1 + \frac{1}{n}\right)^n} = \frac{1}{e} < 1$,所以原级数收敛;

(3)使用正项级数的比值审敛法,因为 $\lim_{n\to\infty} \frac{u_{n+1}}{u_n} = \lim_{n\to\infty} \frac{[(n+1)!]^2}{[2(n+1)]!} \cdot \frac{(2n)!}{(n!)^2} = \lim_{n\to\infty} \frac{(n+1)^2}{(2n+1)(2n+2)} = \frac{1}{4} < 1$,所以原级数收敛.

【例13】 判断级数 $\sum_{n=1}^{\infty}\frac{1}{n!}=\frac{1}{1!}+\frac{1}{2!}+\cdots+\frac{1}{n!}+\cdots$ 的敛散性. 并估计部分和 S_n 代替 S 产生的误差.

解 使用正项级数的比值审敛法.

因为 $\lim\limits_{n\to\infty}\frac{u_{n+1}}{u_n}=\lim\limits_{n\to\infty}\frac{\frac{1}{(n+1)!}}{\frac{1}{n!}}=\lim\limits_{n\to\infty}\frac{1}{n+1}=0<1$,所以 $\sum_{n=1}^{\infty}\frac{1}{n!}$ 收敛.

误差估计 $|r_n|=\frac{1}{(n+1)!}+\cdots=\frac{1}{(n+1)!}\left[1+\frac{1}{n+2}+\frac{1}{(n+2)(n+3)}+\cdots\right]$
$<\frac{1}{(n+1)!}\left[1+\frac{1}{n+1}+\frac{1}{(n+1)^2}+\cdots\right]\leq\frac{1}{(n+1)!}\cdot\frac{1}{1-\frac{1}{n+1}}=\frac{1}{n!\cdot n}.$

【例14】 证明 $\sum_{n=1}^{\infty}\frac{1}{n^n}$ 收敛.

证 使用正项级数的根值审敛法. 因为 $\sqrt[n]{u_n}=\sqrt[n]{\frac{1}{n^n}}=\frac{1}{n}\to 0\;(n\to\infty)$,所以原级数收敛.

【例15】 判断级数的敛散性:$\sum_{n=1}^{\infty}\left(\frac{b}{a_n}\right)^n$,其中,$a_n\to a\;(n\to\infty)$,$a_n,b,a$ 均为正数.

解 $\lim\limits_{n\to\infty}\sqrt[n]{u_n}=\lim\limits_{n\to\infty}\frac{b}{a_n}=\frac{b}{a}$.

故若 $b<a$,则级数 $\sum_{n=1}^{\infty}\left(\frac{b}{a_n}\right)^n$ 收敛;若 $b>a$,则级数 $\sum_{n=1}^{\infty}\left(\frac{b}{a_n}\right)^n$ 发散.

【例16】 级数 $\sum_{n=1}^{\infty}(-1)^n\left(1-\cos\frac{a}{n}\right)$ (常数 $a>0$).

(A)绝对收敛   (B)条件收敛   (C)发散   (D)收敛性与 a 的取值有关

解 因为 $\lim\limits_{n\to\infty}\frac{1-\cos\frac{a}{n}}{\frac{1}{2}\left(\frac{a}{n}\right)^2}=1$,而 $\sum_{n=1}^{\infty}\frac{a^2}{2n^2}$ 收敛,所以 $\sum_{n=1}^{\infty}(-1)^n\left(1-\cos\frac{a}{n}\right)$ 绝对收敛.

故应选(A).

【例17】 求证级数 $\sum_{n=1}^{\infty}\frac{\sin nx}{n^s}\;(s>1)$ 绝对收敛.

证 因为 $\left|\frac{\sin nx}{n^s}\right|\leq\frac{1}{n^s}$,由正项级数的比较审敛法,因为 $s>1$ 时,$\sum_{n=1}^{\infty}\frac{1}{n^s}$ 收敛,所以原级数绝对收敛.

【例18】 设常数 $\lambda>0$,且级数 $\sum_{n=1}^{\infty}a_n^2$ 收敛,则级数 $\sum_{n=1}^{\infty}(-1)^n\frac{|a_n|}{\sqrt{n^2+\lambda}}$ _____.

(A)发散   (B)条件收敛   (C)绝对收敛   (D)收敛性与 λ 有关

解 $\left|(-1)^n\frac{|a_n|}{\sqrt{n^2+\lambda}}\right|=\frac{|a_n|}{\sqrt{n^2+\lambda}}\leq\frac{1}{2}\left(a_n^2+\frac{1}{n^2+\lambda}\right)$. 由于级数 $\sum_{n=1}^{\infty}a_n^2$,$\sum_{n=1}^{\infty}\frac{1}{n^2+\lambda}$ 均收敛,根据正项级数的比较审敛法知原级数绝对收敛. 故应选(C).

【例19】 设 $a_n>0\;(n=1,2,\cdots)$,且 $\sum_{n=1}^{\infty}a_n$ 收敛,常数 $\lambda\in\left(0,\frac{\pi}{2}\right)$,

则级数 $\sum_{n=1}^{\infty}(-1)^n(n\tan\frac{\lambda}{n})a_{2n}$ _____.(考研题)

(A)绝对收敛　　　(B)条件收敛　　　(C)发散　　　(D) 敛散性与 λ 有关

解 因为 $a_n>0$,且 $\sum_{n=1}^{\infty}a_n$ 收敛,所以 $\sum_{n=1}^{\infty}a_{2n}$ 收敛.

又 $\lim\limits_{n\to\infty}n\tan\frac{\lambda}{n}=\lambda$,所以级数 $\sum_{n=1}^{\infty}(-1)^n(n\cdot\tan\frac{\lambda}{n})a_{2n}$ 绝对收敛.故应选(A).

方法总结

若正项级数 $\sum_{n=1}^{\infty}a_n$ 收敛,且有 $\lim\limits_{n\to\infty}b_n=k$ 存在,则级数 $\sum_{n=1}^{\infty}a_nb_n$ 与级数 $\sum_{n=1}^{\infty}(-1)^na_nb_n$ 均绝对收敛.此题不能采用判断交错级数的莱布尼茨判别法,因为所给条件不满足该定理的要求.

【例 20】 判断下列级数的收敛性: $\sum_{n=1}^{\infty}\frac{n!\ 2^n\sin\frac{n\pi}{5}}{n^n}$.

解 $|u_n|=\left|\frac{n!\ 2^n\sin\frac{n\pi}{5}}{n^n}\right|\leqslant\frac{n!\ 2^n}{n^n}=v_n$,

$$\lim_{n\to\infty}\frac{v_{n+1}}{v_n}=\lim_{n\to\infty}\frac{(n+1)!\ 2^{n+1}}{(n+1)^{n+1}}\cdot\frac{n^n}{n!\ 2^n}=2\cdot\lim_{n\to\infty}\frac{1}{\left(1+\frac{1}{n}\right)^n}=\frac{2}{e}<1.$$

由正项级数比值审敛法知级数 $\sum_{n=1}^{\infty}v_n$ 收敛,再由正项级数比较审敛法知 $\sum_{n=1}^{\infty}|u_n|$ 收敛,从而原级数绝对收敛.

【例 21】 级数 $\sum_{n=2}^{\infty}(-1)^n\frac{\ln n}{n}$ 的敛散性为_____.

解 先考虑级数 $\sum_{n=2}^{\infty}\left|(-1)^n\frac{\ln n}{n}\right|=\sum_{n=2}^{\infty}\frac{\ln n}{n}$. 由于 $\lim\limits_{n\to\infty}\frac{\frac{\ln n}{n}}{\frac{1}{n}}=\infty$,而级数 $\sum_{n=2}^{\infty}\frac{1}{n}$ 发散,由比较审敛法的极限形式知, $\sum_{n=2}^{\infty}\frac{\ln n}{n}$ 发散.

再考虑级数 $\sum_{n=2}^{\infty}(-1)^n\frac{\ln n}{n}$. 显然有 $\lim\limits_{n\to\infty}u_n=\lim\limits_{n\to\infty}\frac{\ln n}{n}=0$,下面证明 $u_n>u_{n+1}$. 为此设 $f(x)=\frac{\ln x}{x}(x\geqslant 2)$,于是 $f'(x)=\frac{1-\ln x}{x^2}$. 当 $x>e$ 时, $f'(x)<0$, $f(x)$ 单调减少,故当 $n\geqslant 3$ 时, $u_n>u_{n+1}$. 由交错级数的莱布尼茨定理知 $\sum_{n=2}^{\infty}(-1)^n\frac{\ln n}{n}$ 收敛. 即 $\sum_{n=2}^{\infty}(-1)^n\frac{\ln n}{n}$ 为条件收敛.

【例 22】 设 $u_n=\int_{n\pi}^{(n+1)\pi}\frac{\sin x}{x}dx$,证明级数 $\sum_{n=1}^{\infty}u_n$ 收敛.

解 $u_n=\int_{n\pi}^{(n+1)\pi}\frac{\sin x}{x}dx\xrightarrow{令 x=n\pi+t}\int_0^{\pi}\frac{\sin(n\pi+t)}{n\pi+t}dt=\int_0^{\pi}\frac{(-1)^n\sin t}{n\pi+t}dt$

$$= (-1)^n \int_0^\pi \frac{\sin t}{n\pi + t} dt = (-1)^n \frac{\sin \xi}{n\pi + \xi}, 其中 \xi \in (0, \pi).$$

由交错级数审敛法知 $\sum_{n=1}^\infty (-1)^n \int_0^\pi \frac{\sin t}{n\pi + t} dt$ 收敛,从而 $\sum_{n=1}^\infty u_n$ 收敛.

【例 23】 判断级数 $\sum_{n=1}^\infty (-1)^n \frac{n+2}{n+1} \cdot \frac{1}{\sqrt{n}}$ 的敛散性.

解 $\sum_{n=1}^\infty (-1)^n \frac{n+2}{n+1} \cdot \frac{1}{\sqrt{n}} = \sum_{n=1}^\infty (-1)^n \cdot \frac{1}{\sqrt{n}} + \sum_{n=1}^\infty (-1)^n \cdot \frac{1}{(n+1)\sqrt{n}}.$

由于 $\sum_{n=1}^\infty (-1)^n \cdot \frac{1}{\sqrt{n}}$ 条件收敛, $\sum_{n=1}^\infty (-1)^n \cdot \frac{1}{(n+1)\sqrt{n}}$ 也绝对收敛,

故级数 $\sum_{n=1}^\infty (-1)^n \cdot \frac{n+2}{n+1} \cdot \frac{1}{\sqrt{n}}$ 条件收敛.

【例 24】 $\sum_{n=1}^\infty (-1)^n \frac{1}{\sqrt[n]{n}}.$

解 $\lim_{n\to\infty} |u_n| = \lim_{n\to\infty} \frac{1}{\sqrt[n]{n}} = 1 \neq 0.$ 故原级数发散.

【例 25】 $\sum_{n=1}^\infty (-1)^{n+1} \frac{2^{n^2}}{n!}.$

解 $\lim_{n\to\infty} \left|\frac{u_{n+1}}{u_n}\right| = \lim_{n\to\infty} \frac{2^{(n+1)^2}}{(n+1)!} \cdot \frac{n!}{2^{n^2}} = \lim_{n\to\infty} \frac{2^{(n+1)^2 - n^2}}{n+1} = \lim_{n\to\infty} \frac{2^{2n+1}}{n+1} = \infty.$ 所以 $\sum_{n=1}^\infty \left|(-1)^{n+1} \frac{2^{n^2}}{n!}\right|$ 发散. 而 $\left|\frac{u_{n+1}}{u_n}\right| = \frac{2^{2n+1}}{n+1} \geq \frac{2 \cdot 2^{2n}}{2n} > 2.$ 即 $|u_{n+1}| > 2|u_n|$, 则由 $u_1 = 2$, 得 $|u_2| > 2^2, \cdots, |u_n| > 2^n$, 从而 $\lim u_n \neq 0.$ 故原级数发散.

【例 26】 设 $u_n \neq 0 (n=1,2,3,\cdots)$, 且 $\lim_{n\to\infty} \frac{n}{u_n} = 1$, 则级数 $\sum_{n=1}^\infty (-1)^{n+1} \left(\frac{1}{u_n} + \frac{1}{u_{n+1}}\right)$ ____. (考研题)

(A)发散　　(B)绝对收敛　　(C)条件收敛　　(D)收敛性根据所给条件不能判定

解 由 $\lim_{n\to\infty} \frac{n}{u_n} = 1$ 得 $\lim_{n\to\infty} \frac{\frac{1}{u_n}}{\frac{1}{n}} = 1$, 即 $n\to\infty$ 时, $\frac{1}{u_n}$ 与 $\frac{1}{n}$ 等价. 所以 $\sum_{n=1}^\infty (-1)^{n+1} \left(\frac{1}{u_n} + \frac{1}{u_{n+1}}\right)$ 的敛散性应与 $\sum_{n=1}^\infty (-1)^{n+1} \frac{2}{n}$ 一致. 故应选(C).

【例 27】 设 $a_n > 0, n=1,2,\cdots$, 若 $\sum_{n=1}^\infty a_n$ 发散, $\sum_{n=1}^\infty (-1)^{n-1} a_n$ 收敛, 则下列结论正确的是 ____. (考研题)

(A) $\sum_{n=1}^\infty a_{2n-1}$ 收敛, $\sum_{n=1}^\infty a_{2n}$ 发散　　(B) $\sum_{n=1}^\infty a_{2n}$ 收敛, $\sum_{n=1}^\infty a_{2n-1}$ 发散

(C) $\sum_{n=1}^\infty (a_{2n-1} + a_{2n})$ 收敛　　(D) $\sum_{n=1}^\infty (a_{2n-1} - a_{2n})$ 收敛

解 记 $\sum_{n=1}^\infty (a_{2n-1} - a_{2n})$ 的部分和为 σ_n, 一般项为 u_n, 则

$$\sigma_n = u_1 + u_2 + \cdots + u_n = (a_1 - a_2) + (a_3 - a_4) + \cdots + (a_{2n-1} - a_{2n}).$$

由 $\sum_{n=1}^{\infty}(-1)^{n-1}a_n$ 收敛知,其部分和数列 $\{S_n\}$ 收敛,$\lim S_n = S$,从而 $\lim S_{2n} = S$. 又

$$S_{2n} = a_1 - a_2 + a_3 - a_4 + \cdots + a_{2n-1} - a_{2n} = \sigma_n,$$

故 $\lim_{n\to\infty}\sigma_n = \lim_{n\to\infty} S_{2n} = S$,即 $\sum_{n=1}^{\infty}(a_{2n-1} - a_{2n})$ 收敛,故应选(D).

习题 12-2 解答

1. **解**:(1)由于 $\lim_{n\to\infty}\dfrac{\frac{1}{2n-1}}{\frac{1}{n}} = \dfrac{1}{2}$,而级数 $\sum_{n=1}^{\infty}\dfrac{1}{n}$ 发散. 故该级数发散.

(2)由于 $u_n = \dfrac{1+n}{1+n^2} > \dfrac{1+n}{n+n^2} = \dfrac{1}{n}$,而级数 $\sum_{n=1}^{\infty}\dfrac{1}{n}$ 发散,故级数 $\sum_{n=1}^{\infty}u_n$ 发散.

(3)由于 $\lim_{n\to\infty}\dfrac{\frac{1}{(n+1)(n+4)}}{\frac{1}{n^2}} = \lim_{n\to\infty}\dfrac{n^2}{n^2+5n+4} = 1$. 而级数 $\sum_{n=1}^{\infty}\dfrac{1}{n^2}$ 收敛,故原级数收敛.

(4)由于 $\lim_{n\to\infty}\dfrac{\sin\frac{\pi}{2^n}}{\frac{1}{2^n}} = \lim_{n\to\infty}\pi \cdot \dfrac{\sin\frac{\pi}{2^n}}{\frac{\pi}{2^n}} = \pi$,且级数 $\sum_{n=1}^{\infty}\dfrac{1}{2^n}$ 收敛,故原级数收敛.

(5)① 当 $a > 1$ 时,$u_n = \dfrac{1}{1+a^n} < \dfrac{1}{a^n}$ 而 $\sum_{n=1}^{\infty}\dfrac{1}{a^n}$ 收敛,故 $\sum_{n=1}^{\infty}u_n$ 也收敛.

② 当 $0 < a \leq 1$ 时 $\lim_{n\to\infty}u_n = \lim_{n\to\infty}\dfrac{1}{1+a^n} = \begin{cases}\dfrac{1}{2}, & a = 1 \\ 1, & 0 < a < 1\end{cases}$ 但不论 $a = 1$,或 $0 < a < 1$,$\lim_{n\to\infty}u_n \neq 0$,故

$\sum_{n=1}^{\infty}u_n$ 发散.

2. **解**:(1)由于 $\lim_{n\to\infty}\dfrac{u_{n+1}}{u_n} = \lim_{n\to\infty}\dfrac{3^{n+1}}{(n+1)2^{n+1}} \cdot \dfrac{n \cdot 2^n}{3^n} = \lim_{n\to\infty}\dfrac{3}{2} \cdot \dfrac{n}{n+1} = \dfrac{3}{2} > 1$,故原级数发散.

(2)由于 $\lim_{n\to\infty}\dfrac{u_{n+1}}{u_n} = \lim_{n\to\infty}\dfrac{(n+1)^2}{3^{n+1}} / \dfrac{n^2}{3^n} = \lim_{n\to\infty}\dfrac{1}{3}\left(\dfrac{n+1}{n}\right)^2 = \dfrac{1}{3} < 1$,故原级数收敛.

(3)由于 $\lim_{n\to\infty}\dfrac{u_{n+1}}{u_n} = \lim_{n\to\infty}\dfrac{2^{n+1} \cdot (n+1)!}{(n+1)^{n+1}} / \dfrac{2^n \cdot n!}{n^n} = \lim_{n\to\infty}2\left(\dfrac{n}{n+1}\right)^n = 2\lim_{n\to\infty}\dfrac{1}{\left(1+\frac{1}{n}\right)^n} = \dfrac{2}{e} < 1$,故级

数收敛.

(4)由于 $\lim_{n\to\infty}\dfrac{u_{n+1}}{u_n} = \lim_{n\to\infty}(n+1)\tan\dfrac{\pi}{2^{n+2}} / n\tan\dfrac{\pi}{2^{n+1}} = \lim_{n\to\infty}\dfrac{n+1}{n} \cdot \dfrac{\tan\frac{\pi}{2^{n+2}}}{\tan\frac{\pi}{2^{n+1}}} \xlongequal{\text{等价无穷小}} \lim_{n\to\infty}\dfrac{n+1}{n} \cdot$

$\dfrac{\pi/2^{n+2}}{\pi/2^{n+1}} = \dfrac{1}{2} < 1$,故级数收敛.

*3. **解**:(1)由于 $\lim_{n\to\infty}\sqrt[n]{u_n} = \lim_{n\to\infty}\dfrac{n}{2n+1} = \dfrac{1}{2} < 1$,故级数收敛.

(2)由于 $\lim\limits_{n\to\infty}\sqrt[n]{u_n}=\lim\limits_{n\to\infty}\dfrac{1}{\ln(n+1)}=0<1$,故级数收敛.

(3)由于 $\lim\limits_{n\to\infty}\sqrt[n]{u_n}=\lim\limits_{n\to\infty}\left(\dfrac{n}{3n-1}\right)^{\frac{2n-1}{n}}=\lim\limits_{n\to\infty}\left(\dfrac{n}{3n-1}\right)^{2-\frac{1}{n}}$
$=\exp\left[\lim\limits_{n\to\infty}\left(2-\dfrac{1}{n}\right)\cdot\ln\left(\dfrac{n}{3n-1}\right)\right]=e^{2\ln\frac{1}{3}}=\dfrac{1}{9}<1$,故级数收敛.

(4)由于 $\lim\limits_{n\to\infty}\sqrt[n]{u_n}=\lim\limits_{n\to\infty}\dfrac{b}{a_n}=\dfrac{b}{a}$,当 $b<a$ 时, $\dfrac{b}{a}<1$,级数收敛;当 $b>a$ 时, $\dfrac{b}{a}>1$,级数发散;
当 $b=a$ 时, $\dfrac{b}{a}=1$,级数收敛性不能肯定.

4. **解**:(1)$u_n=n\left(\dfrac{3}{4}\right)^n$,而 $\lim\limits_{n\to\infty}\dfrac{u_{n+1}}{u_n}=\lim\limits_{n\to\infty}(n+1)\left(\dfrac{3}{4}\right)^{n+1}\bigg/n\left(\dfrac{3}{4}\right)^n=\lim\limits_{n\to\infty}\dfrac{n+1}{n}\cdot\dfrac{3}{4}=\dfrac{3}{4}<1$.
故级数 $\sum\limits_{n=1}^{\infty}u_n$ 收敛.

(2)$u_n=\dfrac{n^4}{n!}$,而 $\lim\limits_{n\to\infty}\dfrac{u_{n+1}}{u_n}=\lim\limits_{n\to\infty}\dfrac{(n+1)^4}{(n+1)!}\bigg/\dfrac{n^4}{n!}=\lim\limits_{n\to\infty}\left(\dfrac{n+1}{n}\right)^4\cdot\dfrac{1}{n+1}=0<1$,故该级数收敛.

(3)由于 $\lim\limits_{n\to\infty}\dfrac{u_n}{\frac{1}{n}}=\lim\limits_{n\to\infty}\dfrac{n+1}{n(n+2)}\bigg/\dfrac{1}{n}=\lim\limits_{n\to\infty}\dfrac{n+1}{n+2}=1$,而 $\sum\limits_{n=1}^{\infty}\dfrac{1}{n}$ 发散,故 $\sum\limits_{n=1}^{\infty}\dfrac{n+1}{n(n+2)}$ 发散.

(4)由于 $\lim\limits_{n\to\infty}\dfrac{u_{n+1}}{u_n}=\lim\limits_{n\to\infty}2^{n+1}\sin\dfrac{\pi}{3^{n+1}}\bigg/2^n\sin\dfrac{\pi}{3^n}\xlongequal{\text{等价无穷小}}\lim\limits_{n\to\infty}2^{n+1}\dfrac{\pi}{3^{n+1}}\bigg/2^n\dfrac{\pi}{3^n}=\dfrac{2}{3}<1$,
故级数收敛.

(5)由于 $\lim\limits_{n\to\infty}u_n=\lim\limits_{n\to\infty}\left(\dfrac{n+1}{n}\right)^{\frac{1}{2}}=1\neq 0$,故级数发散.

(6)由于 $\lim\limits_{n\to\infty}\dfrac{u_n}{\frac{1}{n}}=\dfrac{1}{a}\neq 0$,而级数 $\sum\limits_{n=1}^{\infty}\dfrac{1}{n}$ 发散,从而级数 $\sum\limits_{n=1}^{\infty}u_n$ 发散.

5. **解**:(1)$u_n=(-1)^{n-1}\dfrac{1}{n^{\frac{1}{2}}}$,显然 $\sum\limits_{n=1}^{\infty}u_n$ 为交错级数,且 $|u_n|\geq|u_{n+1}|$, $\lim\limits_{n\to\infty}u_n=0$,故该级数收敛.
又 $\sum\limits_{n=1}^{\infty}|u_n|=\sum\limits_{n=1}^{\infty}\dfrac{1}{n^{\frac{1}{2}}}$ 是 $p<1$ 的 p 级数,故 $\sum\limits_{n=1}^{\infty}|u_n|$ 发散.即原级数是条件收敛.

(2)$\lim\limits_{n\to\infty}\left|\dfrac{u_{n+1}}{u_n}\right|=\lim\limits_{n\to\infty}\dfrac{n+1}{3^n}\cdot\dfrac{3^{n-1}}{n}=\lim\limits_{n\to\infty}\dfrac{1}{3}\cdot\dfrac{n+1}{n}=\dfrac{1}{3}<1$,故 $\sum\limits_{n=1}^{\infty}|u_n|$ 收敛,从而原级数绝对收敛.

(3)$u_n=(-1)^{n-1}\dfrac{1}{3\cdot 2^n}$,而 $\sum\limits_{n=1}^{\infty}|u_n|=\sum\limits_{n=1}^{\infty}\dfrac{1}{3\cdot 2^n}=\dfrac{1}{3}\sum\limits_{n=1}^{\infty}\dfrac{1}{2^n}$ 是收敛的,故原级数绝对收敛.

(4)$u_n=(-1)^{n-1}\dfrac{1}{\ln(n+1)}$, $\sum\limits_{n=1}^{\infty}u_n$ 是一交错级数,又 $|u_n|=\dfrac{1}{\ln(n+1)}\to 0(n\to\infty)$,且 $|u_n|>|u_{n+1}|$,由莱布尼茨定理知,原级数收敛.但 $|u_n|\geq\dfrac{1}{n+1}$, $\sum\limits_{n=1}^{\infty}|u_n|$ 发散,故原级数条件收敛.

(5)$\lim\limits_{n\to\infty}|u_n|=\lim\limits_{n\to\infty}\dfrac{2^{n^2}}{n!}=\lim\limits_{n\to\infty}\dfrac{2^n\cdot 2^n\cdot 2^n\cdots\cdot 2^n}{n\cdot(n-1)\cdot(n-2)\cdots 1}=\infty$,故 $\lim\limits_{n\to\infty}u_n=\infty$,故级数发散.

第三节 幂级数

一、主要内容归纳

1. 函数项级数的概念

(1)(函数项)级数 由定义在区间 I 上的函数列 $u_1(x), u_2(x), \cdots, u_n(x), \cdots$ 构成的表达式 $u_1(x) + u_2(x) + \cdots + u_n(x) + \cdots = \sum\limits_{n=1}^{\infty} u_n(x)$ 称为定义在区间 I 上的(函数项)无穷级数,简称(函数项)级数.

(2) $\sum\limits_{n=1}^{\infty} u_n(x)$ 的收敛点、发散点 对于每一个确定的值 $x_0 \in I$,若 $\sum\limits_{n=1}^{\infty} u_n(x_0)$ 都收敛,称 x_0 为 $\sum\limits_{n=1}^{\infty} u_n(x)$ 的收敛点;若 $\sum\limits_{n=1}^{\infty} u_n(x_0)$ 发散,称 x_0 为 $\sum\limits_{n=1}^{\infty} u_n(x)$ 的发散点. 收敛点的全体称为收敛域,发散点的全体称为发散域.

(3) $\sum\limits_{n=1}^{\infty} u_n(x)$ 的和函数 $S(x)$ 在收敛域上,$\sum\limits_{n=1}^{\infty} u_n(x)$ 的和是 x 的函数 $S(x)$. 称 $S(x)$ 为 $\sum\limits_{n=1}^{\infty} u_n(x)$ 的和函数,记为 $S(x) = u_1(x) + u_2(x) + \cdots + u_n(x) + \cdots$,$x$ 为收敛点.

(4) $\sum\limits_{n=1}^{\infty} u_n(x)$ 的部分和 $S_n(x)$ $S_n(x) = u_1(x) + u_2(x) + \cdots + u_n(x)$. $r_n(x) = S(x) - S_n(x)$,称为 $\sum\limits_{n=1}^{\infty} u_n$ 的余项. 有下式成立:$\lim\limits_{n \to \infty} S_n(x) = S(x)$,$\lim\limits_{n \to \infty} r_n(x) = 0$

2. 幂级数及其收敛性

(1)幂级数 各项都是幂函数的函数项级数称为幂函数,它的形式是
$$\sum_{n=1}^{\infty} a_n(x-x_0)^n = a_0 + a_1(x-x_0) + a_2(x-x_0)^2 + \cdots + a_n(x-x_0)^n + \cdots,$$
其中 $a_0, a_1, \cdots, a_n, \cdots$ 叫做幂级数的系数. 特殊地,当 $x_0 = 0$ 时为
$$\sum_{n=0}^{\infty} a_n x^n = a_0 + a_1 x + a_2 x^2 + \cdots + a_n x^n + \cdots.$$

(2)幂级数 $\sum\limits_{n=0}^{\infty} a_n x^n$ 的收敛性

①阿贝尔(Abel)定理

如果级数 $\sum\limits_{n=0}^{\infty} a_n x^n$ 当 $x = x_0 (x_0 \neq 0)$ 时收敛,则适合不等式 $|x| < |x_0|$ 的一切 x 使这幂级数绝对收敛. 反之,如果级数 $\sum\limits_{n=0}^{\infty} a_n x^n$ 当 $x = x_0$ 时发散,则适合不等式 $|x| > |x_0|$ 的一切 x 使这幂级数发散.

②收敛半径、收敛区间、收敛域的求法

如果幂级数 $\sum\limits_{n=0}^{\infty}a_n x^n$ 不是仅在 $x=0$ 一点收敛,也不是在整个数轴上都收敛,则必有一个确定的正数 R 存在,使得当 $|x|<R$ 时,幂级数绝对收敛;当 $|x|>R$ 时,幂级数发散;当 $x=R$ 与 $x=-R$ 时,幂级数可能收敛也可能发散.

正数 R 通常叫做幂级数 $\sum\limits_{n=0}^{\infty}a_n x^n$ 的收敛半径.开区间 $(-R,R)$ 叫做幂级数 $\sum\limits_{n=0}^{\infty}a_n x^n$ 的收敛区间.再由幂级数在 $x=\pm R$ 处的收敛性就可以决定它的收敛域是 $(-R,R)$、$[-R,R)$、$(-R,R]$ 或 $[-R,R]$ 这四个区间之一.

如果 $\lim\limits_{n\to\infty}\left|\dfrac{a_{n+1}}{a_n}\right|=\rho$,其中 a_n,a_{n+1} 是 $\sum\limits_{n=0}^{\infty}a_n x^n$ 的相邻两项的系数,则 $\sum\limits_{n=0}^{\infty}a_n x^n$ 的收敛半径

$$R=\begin{cases}\dfrac{1}{\rho}, & \rho\neq 0\\ +\infty, & \rho=0\\ 0, & \rho=+\infty\end{cases}$$

注意 ① 收敛半径 R 也可由公式 $R=\lim\limits_{n\to\infty}\left|\dfrac{a_n}{a_{n+1}}\right|$ 来计算.

② 对于"缺项"的幂级数,例如只含偶次幂项的级数 $\sum\limits_{n=0}^{\infty}a_n x^{2n}$,不能直接用上述公式求其收敛半径.这时一般令 $u_n(x)=a_n x^{2n}$,使用比值法来求收敛半径.

3. 幂级数的运算

(1) 幂级数的代数运算

设 $\sum\limits_{n=0}^{\infty}a_n x^n$ 与 $\sum\limits_{n=0}^{\infty}b_n x^n$ 的收敛半径分别为 R 与 R'(R 与 R' 均大于零),则在 $|x|<\min\{R,R'\}$ 内有:

① $\sum\limits_{n=0}^{\infty}a_n x^n \pm \sum\limits_{n=0}^{\infty}b_n x^n = \sum\limits_{n=0}^{\infty}(a_n\pm b_n)x^n$,收敛半径 $=\min\{R,R'\}$.

② $\left(\sum\limits_{n=0}^{\infty}a_n x^n\right)\left(\sum\limits_{n=0}^{\infty}b_n x^n\right)=\sum\limits_{n=0}^{\infty}c_n x^n$,其中 $c_n=a_0 b_n+a_1 b_{n-1}+\cdots+a_n b_0$,收敛半径 $=\min\{R,R'\}$.

③ $\dfrac{\sum\limits_{n=0}^{\infty}a_n x^n}{\sum\limits_{n=0}^{\infty}b_n x^n}=\sum\limits_{n=0}^{\infty}c_n x^n$,其中 $b_0\neq 0$,系数 $c_0,c_1,\cdots,c_n,\cdots$ 由 $\sum\limits_{n=0}^{\infty}a_n x^n=\sum\limits_{n=0}^{\infty}b_n x^n \cdot \sum\limits_{n=0}^{\infty}c_n x^n$

比较同次幂的系数而得,收敛半径可能比原来的收敛半径小得多.

(2) 幂级数的和函数的性质

① 幂级数 $\sum\limits_{n=0}^{\infty}a_n x^n$ 的和函数 $S(x)$ 在其收敛域 I 上连续.

② 幂级数 $\sum\limits_{n=0}^{\infty}a_n x^n$ 的和函数 $S(x)$ 在其收敛域 I 上可积,并有逐项积分公式

$$\int_0^x S(x)\mathrm{d}x=\int_0^x\left(\sum\limits_{n=0}^{\infty}a_n x^n\right)\mathrm{d}x=\sum\limits_{n=0}^{\infty}\int_0^x a_n x^n \mathrm{d}x=\sum\limits_{n=0}^{\infty}\dfrac{a_n}{n+1}x^{n+1}\quad(x\in I),$$

逐项积分后所得幂级数与原级数有相同的收敛半径.

③幂级数 $\sum\limits_{n=0}^{\infty} a_n x^n$ 的和函数 $S(x)$ 在其收敛区间 $(-R,R)$ 内可导,并有逐项求导公式

$$S'(x) = \left(\sum_{n=0}^{\infty} a_n x^n\right)' = \sum_{n=0}^{\infty} (a_n x^n)' = \sum_{n=1}^{\infty} n a_n x^{n-1} \quad (|x|<R),$$

逐项求导后所得幂级数与原级数有相同的收敛半径.

反复利用性质③可知,幂级数 $\sum\limits_{n=0}^{\infty} a_n x^n$ 的和函数 $S(x)$ 在其收敛区间 $(-R,R)$ 内有任意阶导数.

二、经典例题解析及解题方法总结

【例1】 级数 $\sum\limits_{n=1}^{\infty} (\ln x)^n$ 的收敛域是_____.

解 由 $\lim\limits_{n\to\infty}\left|\dfrac{u_{n+1}(x)}{u_n(x)}\right| = \lim\limits_{n\to\infty}\left|\dfrac{(\ln x)^{n+1}}{(\ln x)^n}\right| = |\ln x|$,因此,在 $|\ln x|<1$,即 $\dfrac{1}{e}<x<e$ 时,级数绝对收敛;在 $|\ln x|>1$,即 $x>e$ 或 $0<x<\dfrac{1}{e}$ 时,级数发散;当 $x=e$ 或 $x=\dfrac{1}{e}$ 时,级数成为 $\sum\limits_{n=1}^{\infty} (\pm 1)^n$,根据级数收敛的必要条件知级数是发散的. 所以,级数 $\sum\limits_{n=1}^{\infty} (\ln x)^n$ 的收敛域是 $\left(\dfrac{1}{e}, e\right)$.

【例2】 已知幂级数 $\sum\limits_{n=0}^{\infty} a_n(x+2)^n$ 在 $x=0$ 处收敛,在 $x=-4$ 处发散,则幂级数 $\sum\limits_{n=0}^{\infty} a_n(x-3)^n$ 的收敛域为_____.(考研题)

解 由题意知 $\sum\limits_{n=0}^{\infty} a_n(x+2)^n$ 的收敛域为 $(-4,0]$,则 $\sum\limits_{n=0}^{\infty} a_n x^n$ 的收敛域为 $(-2,2]$. 所以 $\sum\limits_{n=0}^{\infty} a_n(x-3)^n$ 的收敛域为 $(1,5]$.

【例3】 若 $\sum\limits_{n=1}^{\infty} a_n(x-1)^n$ 在 $x=-1$ 处收敛,则此级数在 $x=2$ 处_____.

(A)条件收敛 　　(B)绝对收敛 　　(C)发散 　　(D)敛散性不变

解 根据阿贝尔引理,当 $|2-1|=1<|-1-1|=2$ 时,幂级数绝对收敛.故应选(B).

【例4】 若 $\sum\limits_{n=1}^{\infty} a_n x^n$ 在 $x=3$ 处发散,则级数 $\sum\limits_{n=1}^{\infty} a_n\left(x-\dfrac{1}{2}\right)^n$ 在 $x=-3$ 处_____.

(A)条件收敛 　　(B)绝对收敛 　　(C)发散 　　(D)敛散性不变

解 根据阿贝尔引理,因为 $\left|-3-\dfrac{1}{2}\right|>|3|$,所以级数在 $x=-3$ 处发散.故应选(C).

【例5】 幂级数 $\sum\limits_{n=1}^{\infty} \dfrac{x^n}{n}$ 的收敛域为_____.

解 由 $\lim\limits_{n\to\infty}\left|\dfrac{a_{n+1}}{a_n}\right| = \lim\limits_{n\to\infty}\left|\dfrac{\frac{1}{n+1}}{\frac{1}{n}}\right| = \lim\limits_{n\to\infty}\dfrac{n}{n+1} = 1$,

得幂级数的收敛半径 $R=1$,收敛区间为 $(-1,1)$.

当 $x=1$ 时,所给幂级数成为调和级数 $\sum\limits_{n=1}^{\infty} \dfrac{1}{n}$,是发散的;

当 $x=-1$ 时,所给幂级数成为交错级数 $\sum\limits_{n=1}^{\infty} \dfrac{(-1)^n}{n}$,由莱布尼茨定理知是收敛的. 所以幂

级数 $\sum\limits_{n=1}^{\infty} \dfrac{x^n}{n}$ 的收敛域是 $[-1,1)$.

【例 6】 已知级数 $\sum\limits_{n=1}^{\infty} (-1)^{n-1} \dfrac{x^n}{n} = x - \dfrac{x^2}{2} + \dfrac{x^3}{3} - \cdots$,求收敛半径及收敛域.

解 因为 $\rho = \lim\limits_{n\to\infty} \left|\dfrac{a_{n+1}}{a_n}\right| = \lim\limits_{n\to\infty} \dfrac{\frac{1}{n+1}}{\frac{1}{n}} = 1$,所以 $R=1$. $x=1$ 时,$\sum\limits_{n=1}^{\infty} (-1)^{n-1} \dfrac{1}{n}$ 收敛;$x=-1$ 时,$\sum\limits_{n=1}^{\infty} (-1)^{n-1} \cdot \dfrac{(-1)^n}{n} = -\sum\limits_{n=1}^{\infty} \dfrac{1}{n}$ 发散. 所以收敛半径为 1,收敛域为 $(-1,1]$.

【例 7】 幂级数 $\sum\limits_{n=1}^{\infty} \dfrac{n}{2^n + (-3)^n} x^{2n-1}$ 的收敛半径 $R=$ _____.(考研题)

解 $\lim\limits_{n\to\infty}\left|\dfrac{a_{n+1}}{a_n}\right| = \lim\limits_{n\to\infty}\left|\dfrac{\left(-\frac{2}{3}\right)^n + 1}{2\cdot\left(-\frac{2}{3}\right)^n + (-3)}\right| = \dfrac{1}{3}$,所以 $|x^2| < 3$ 时级数收敛,从而 $R = \sqrt{3}$.

【例 8】 设幂级数 $\sum\limits_{n=0}^{\infty} a_n x^n$ 的收敛半径为 3,则幂级数 $\sum\limits_{n=1}^{\infty} n a_n (x-1)^{n+1}$ 的收敛区间为 _____.(考研题)

解 $\sum\limits_{n=1}^{\infty} n a_n (x-1)^{n+1} = (x-1)^2 \sum\limits_{n=1}^{\infty} n a_n (x-1)^{n-1} = (x-1)^2 \left[\sum\limits_{n=0}^{\infty} a_n (x-1)^n\right]'$,故由幂级数收敛的性质知 $\sum\limits_{n=1}^{\infty} n a_n (x-1)^{n+1}$ 与 $\sum\limits_{n=0}^{\infty} a_n x^n$ 收敛半径相同,均为 3. 由 $|x-1| < 3$,得 $-2 < x < 4$.

● 方法总结

幂级数逐项求导后所得到的幂级数和原级数有相同的收敛半径. 应注意的是收敛区间指开区间,不必考虑端点的敛散性;但若求收敛域,则需讨论端点的敛散性.

【例 9】 设有级数 $\sum\limits_{n=0}^{\infty} a_n \left(\dfrac{x+1}{2}\right)^n$,若 $\lim\limits_{n\to\infty}\left|\dfrac{a_n}{a_{n+1}}\right| = \dfrac{1}{3}$,则该幂级数的收敛半径 $=$ _____.

解 注意到幂级数 $\sum\limits_{n=0}^{\infty} a_n \left(\dfrac{x+1}{2}\right)^n$ 的系数并非 a_n,因此,不要误以为 $\lim\limits_{n\to\infty}\left|\dfrac{a_n}{a_{n+1}}\right|$ 即为该幂级数的收敛半径. 实际上:$\rho = \lim\limits_{n\to\infty}\left|\dfrac{a_{n+1} \cdot \frac{1}{2^{n+1}}}{a_n \cdot \frac{1}{2^n}}\right| = \dfrac{1}{2} \lim\limits_{n\to\infty}\left|\dfrac{a_{n+1}}{a_n}\right| = \dfrac{3}{2}$.

所以原幂级数的收敛半径为 $R = \dfrac{1}{\rho} = \dfrac{2}{3}$.

【例 10】 若幂级数 $\sum\limits_{n=1}^{\infty} a_n x^n$ 的收敛域为 $(-8,8]$,则 $\sum\limits_{n=1}^{\infty} \dfrac{a_n x^n}{n(n-1)}$ 的收敛半径为 _____,$\sum\limits_{n=1}^{\infty} a_n x^{3n+1}$ 的收敛域为 _____.

解 根据幂级数的性质知 $\sum\limits_{n=1}^{\infty} a_n x^n$ 与 $\sum\limits_{n=1}^{\infty} \dfrac{a_n x^n}{n(n-1)}$ 有相同的收敛半径,而 $\sum\limits_{n=1}^{\infty} a_n x^n$ 的收敛

半径为 8,所以 $\sum_{n=1}^{\infty} \frac{a_n x^n}{n(n-1)}$ 的收敛半径为 8. $\sum_{n=1}^{\infty} a_n x^{3n+1} = x \cdot \sum_{n=1}^{\infty} a_n (x^3)^n = x \cdot \sum_{n=1}^{\infty} a_n y^n$,其中 $y = x^3$. 由已知条件知 $\sum_{n=1}^{\infty} a_n y^n$ 当 $-8 < y \leqslant 8$ 时收敛,即 $-2 < x \leqslant 2$.

【例 11】 设幂级数 $\sum_{n=1}^{\infty} a_n x^n$ 与 $\sum_{n=1}^{\infty} b_n x^n$ 的收敛半径分别为 $\frac{\sqrt{5}}{3}$ 与 $\frac{1}{3}$,则幂级数 $\sum_{n=1}^{\infty} \frac{a_n^2}{b_n^2} x^n$ 的收敛半径为_____.(考研题)

(A) 5　　　　(B) $\frac{\sqrt{5}}{3}$　　　　(C) $\frac{1}{3}$　　　　(D) $\frac{1}{5}$

解 由已知条件知 $\lim_{n \to \infty} \left| \frac{a_n}{a_{n+1}} \right| = \frac{\sqrt{5}}{3}$, $\lim_{n \to \infty} \left| \frac{b_n}{b_{n+1}} \right| = \frac{1}{3}$,

所求收敛半径 $R = \lim_{n \to \infty} \frac{\frac{a_n^2}{b_n^2}}{\frac{a_{n+1}^2}{b_{n+1}^2}} = \frac{\lim_{n \to \infty} \left(\frac{a_n}{a_{n+1}} \right)^2}{\lim_{n \to \infty} \left(\frac{b_n}{b_{n+1}} \right)^2} = \frac{\frac{5}{9}}{\frac{1}{9}} = 5$. 故应选 (A).

【例 12】 求幂级数 $\sum_{n=1}^{\infty} \frac{1}{3^n + (-2)^n} \cdot \frac{x^n}{n}$ 的收敛区间,并讨论该区间端点处的收敛性.(考研题)

解 因为 $\lim_{n \to \infty} \frac{[3^n + (-2)^n] n}{[3^{n+1} + (-2)^{n+1}](n+1)} = \lim_{n \to \infty} \frac{\left[1 + \left(-\frac{2}{3}\right)^n\right] n}{3\left[1 + \left(-\frac{2}{3}\right)^{n+1}\right](n+1)} = \frac{1}{3}$

所以收敛半径为 3,收敛区间为 $(-3, 3)$.

当 $x = 3$ 时,因为 $\frac{3^n}{3^n + (-2)^n} \cdot \frac{1}{n} > \frac{1}{2n}$,且 $\sum_{n=1}^{\infty} \frac{1}{n}$ 发散,所以原级数在点 $x = 3$ 处发散.

当 $x = -3$ 时,由于 $\frac{(-3)^n}{3^n + (-2)^n} \cdot \frac{1}{n} = (-1)^n \frac{1}{n} - \frac{2^n}{3^n + (-2)^n} \cdot \frac{1}{n}$

且 $\sum_{n=1}^{\infty} \frac{(-1)^n}{n}$ 与 $\sum_{n=1}^{\infty} \frac{2^n}{3^n + (-2)^n} \cdot \frac{1}{n}$ 都收敛,所以原级数在点 $x = -3$ 处收敛.

> **● 方法总结**
>
> 本题重点考查的是区间端点收敛性的讨论. 当 $x = -3$ 时,无穷级数
>
> $$\sum_{n=1}^{\infty} \frac{(-3)^n}{3^n + (-2)^n} \cdot \frac{1}{n}$$
>
> 为交错级数,但不满足莱布尼茨判别法条件,不能用该判别法判断敛散性. 应从性质出发,把级数化为两个级数的代数和,分别判断敛散性得结果.

【例 13】 设 p 为正数,试对 p 的不同值,讨论幂级数 $\sum_{n=1}^{\infty} \frac{x^n}{(n+1)^p}$ 的收敛域.

解 $\rho = \lim_{n \to \infty} \left| \frac{a_{n+1}}{a_n} \right| = \lim_{n \to \infty} \left(\frac{n+1}{n+2} \right)^p = 1$,得收敛半径 $R = \frac{1}{\rho} = 1$.

(1) 当 $p > 1, x = 1$ 时,级数 $\sum_{n=1}^{\infty} \frac{1}{(n+1)^p}$ 是 $p > 1$ 的 p-级数,故收敛;$x = -1$ 时,级数

$\sum_{n=1}^{\infty}\frac{(-1)^n}{(n+1)^p}$ 收敛. 因此,当 $p>1$ 时,收敛域为 $-1\leqslant x\leqslant 1$.

(2) 当 $0<p\leqslant 1, x=1$ 时,级数 $\sum_{n=1}^{\infty}\frac{1}{(n+1)^p}$ 是 $0<p\leqslant 1$ 的 p-级数,故发散;$x=-1$ 时,由莱布尼茨判别法知级数 $\sum_{n=1}^{\infty}\frac{(-1)^n}{(n+1)^p}$ 收敛. 因此,当 $0<p\leqslant 1$ 时,收敛域为 $-1\leqslant x<1$.

【例 14】 求幂级数 $\sum_{n=2}^{\infty}\frac{x^n}{n^2-1}$ 的和函数,并求级数 $\sum_{n=2}^{\infty}\frac{1}{(n^2-1)2^n}$ 的和 S. (考研题)

解 先求得幂级数的收敛半径为 $R=1$,收敛区间为 $(-1,1)$. 设幂级数的和函数为 $S(x)$,则

$$S(x)=\sum_{n=2}^{\infty}\frac{x^n}{n^2-1}=\sum_{n=2}^{\infty}\frac{1}{2}\left(\frac{1}{n-1}-\frac{1}{n+1}\right)x^n,$$

其中 $\sum_{n=2}^{\infty}\frac{x^n}{n-1}=x\sum_{n=2}^{\infty}\frac{x^{n-1}}{n-1}=x\sum_{n=1}^{\infty}\frac{x^n}{n}$, $\sum_{n=2}^{\infty}\frac{x^n}{n+1}=\frac{1}{x}\sum_{n=3}^{\infty}\frac{x^n}{n}\ (x\neq 0)$.

设 $g(x)=\sum_{n=1}^{\infty}\frac{x^n}{n}$,则 $g'(x)=\sum_{n=1}^{\infty}\left(\frac{x^n}{n}\right)'=\sum_{n=1}^{\infty}x^{n-1}=\frac{1}{1-x}\ (|x|<1)$,

于是 $g(x)=g(x)-g(0)=\int_0^x g'(t)dt=\int_0^x\frac{1}{1-t}dt=-\ln(1-x)$,

而 $\sum_{n=3}^{\infty}\frac{x^n}{n}=g(x)-x-\frac{x^2}{2}=-\ln(1-x)-x-\frac{x^2}{2}$,

故 $S(x)=\frac{x}{2}[-\ln(1-x)]-\frac{1}{2x}\left[-\ln(1-x)-x-\frac{x^2}{2}\right]=\frac{2+x}{4}+\frac{1-x^2}{2x}\ln(1-x)$

($|x|<1$ 且 $x\neq 0$).

当 $x=0$ 时,$S(x)=0$. 令 $x=\frac{1}{2}\in(-1,1)$,得 $\sum_{n=2}^{\infty}\frac{1}{(n^2-1)2^n}=S\left(\frac{1}{2}\right)=\frac{5}{8}-\frac{3}{4}\ln 2$.

【例 15】 求幂级数 $\sum_{n=1}^{\infty}\left(\frac{1}{2n+1}-1\right)x^{2n}$ 在区间 $(-1,1)$ 内的和函数 $S(x)$. (考研题)

解 设 $S(x)=\sum_{n=1}^{\infty}\left(\frac{1}{2n+1}-1\right)x^{2n}$, $S_1(x)=\sum_{n=1}^{\infty}\frac{x^{2n}}{2n+1}$, $S_2(x)=\sum_{n=1}^{\infty}x^{2n}$,

则 $S(x)=S_1(x)-S_2(x),\ x\in(-1,1)$.

由于 $S_2(x)=\sum_{n=1}^{\infty}x^{2n}=\frac{x^2}{1-x^2}$, $[xS_1(x)]'=\sum_{n=1}^{\infty}x^{2n}=\frac{x^2}{1-x^2},\ x\in(-1,1)$,

因此 $xS_1(x)=\int_0^x\frac{t^2}{1-t^2}dt=-x+\frac{1}{2}\ln\frac{1+x}{1-x}$.

又由于 $S_1(0)=0$,故 $S_1(x)=\begin{cases}-1+\frac{1}{2x}\ln\frac{1+x}{1-x}, & |x|\in(0,1)\\ 0, & x=0\end{cases}$

所以 $S(x)=S_1(x)-S_2(x)=\begin{cases}\frac{1}{2x}\ln\frac{1+x}{1-x}-\frac{1}{1-x^2}, & |x|\in(0,1)\\ 0, & x=0\end{cases}$

方法总结

由几何级数的和函数公式 $\sum\limits_{n=0}^{\infty} x^n = \dfrac{1}{1-x}$ ($|x|<1$) 出发，经过逐项求导、逐项积分、换元以及加减法等运算，可以求出某些幂级数的和函数. 例如

(1) $\sum\limits_{n=1}^{\infty} nx^n = \dfrac{x}{(1-x)^2}$, $|x|<1$;

(2) $\sum\limits_{n=1}^{\infty} n^2 x^n = \dfrac{x(1+x)}{(1-x)^3}$, $|x|<1$;

(3) $\sum\limits_{n=1}^{\infty} \dfrac{x^n}{n} = -\ln(1-x)$, $-1 \leqslant x < 1$;

(4) $\sum\limits_{n=0}^{\infty} (-1)^n x^{2n} = \dfrac{1}{1+x^2}$, $|x|<1$;

(5) $\sum\limits_{n=0}^{\infty} \dfrac{(-1)^n}{2n+1} x^{2n+1} = \arctan x$, $|x| \leqslant 1$.

【例 16】 求幂级数 $\sum\limits_{n=1}^{\infty} (-1)^{n-1} \left(1 + \dfrac{1}{n(2n-1)}\right) x^{2n}$ 的收敛区间与和函数 $f(x)$. (考研题)

解 因为 $\lim\limits_{n\to\infty} \dfrac{(n+1)(2n+1)+1}{(n+1)(2n+1)} \cdot \dfrac{n(2n-1)}{n(2n-1)+1} = 1$,

所以当 $x^2<1$ 时，原级数绝对收敛；当 $x^2>1$ 时，原级数发散. 因此原级数的收敛半径为 1，收敛区间为 $(-1,1)$.

记 $S(x) = \sum\limits_{n=1}^{\infty} \dfrac{(-1)^{n-1}}{2n(2n-1)} x^{2n}$, $x \in (-1,1)$, 则 $S'(x) = \sum\limits_{n=1}^{\infty} \dfrac{(-1)^{n-1}}{2n-1} x^{2n-1}$, $x \in (-1,1)$,

$S''(x) = \sum\limits_{n=1}^{\infty} (-1)^{n-1} x^{2n-2} = \dfrac{1}{1+x^2}$, $x \in (-1,1)$.

由于 $S(0)=0, S'(0)=0$, 所以 $S'(x) = \int_0^x S''(t) dt = \int_0^x \dfrac{1}{1+t^2} dt = \arctan x$,

$S(x) = \int_0^x S'(t) dt = \int_0^x \arctan t \, dt = x \arctan x - \dfrac{1}{2} \ln(1+x^2)$.

又 $\sum\limits_{n=1}^{\infty} (-1)^{n-1} x^{2n} = \dfrac{x^2}{1+x^2}$, $x \in (-1,1)$, 从而

$f(x) = 2S(x) + \dfrac{x^2}{1+x^2} = 2x \arctan x - \ln(1+x^2) + \dfrac{x^2}{1+x^2}$, $x \in (-1,1)$.

【例 17】 求幂级数 $1 + \sum\limits_{n=1}^{\infty} (-1)^n \dfrac{x^{2n}}{2n}$ ($|x|<1$) 的和函数 $f(x)$ 及其极值. (考研题)

解 $f'(x) = \sum\limits_{n=1}^{\infty} (-1)^n x^{2n-1} = -\dfrac{x}{1+x^2}$.

上式两边从 0 到 x 积分，得 $f(x) - f(0) = -\int_0^x \dfrac{t}{1+t^2} dt = -\dfrac{1}{2} \ln(1+x^2)$.

由 $f(0)=1$, 得 $f(x) = 1 - \dfrac{1}{2} \ln(1+x^2)$, ($|x|<1$).

令 $f'(x)=0$，求得唯一驻点 $x=0$。由于 $f''(x)=-\dfrac{1-x^2}{(1+x^2)^2}$，$f''(0)=-1<0$，可见 $f(x)$ 在 $x=0$ 处取得极大值，且极大值 $f(0)=1$。

● 方法总结

求和函数一般都是先通过逐项求导、逐项积分等转化为可直接求和的几何级数，在求和后再通过逐项积分、逐项求导等逆运算最终确定和函数。

【例18】 求幂级数 $\sum\limits_{n=1}^{\infty}\dfrac{(-1)^{n-1}x^{2n+1}}{n(2n-1)}$ 的收敛域及和函数 $S(x)$。（考研题）

解 因为 $\lim\limits_{n\to\infty}\left|\dfrac{u_{n+1}}{u_n}\right|=\lim\limits_{n\to\infty}\left|\dfrac{x^{2n+3}\cdot n(2n-1)}{(n+1)(2n+1)x^{2n+1}}\right|=x^2$，

所以当 $x^2<1$，即 $-1<x<1$ 时，原幂级数绝对收敛；当 $x=\pm 1$ 时，级数为 $\pm\sum\limits_{n=1}^{\infty}\dfrac{(-1)^{n-1}}{n(2n-1)}$，显然收敛，故原幂级数的收敛域为 $[-1,1]$。

因 $\sum\limits_{n=1}^{\infty}\dfrac{(-1)^{n-1}x^{2n+1}}{n(2n-1)}=x\sum\limits_{n=1}^{\infty}\dfrac{(-1)^{n-1}x^{2n}}{n(2n-1)}$，设 $\sum\limits_{n=1}^{\infty}\dfrac{(-1)^{n-1}x^{2n}}{n(2n-1)}=f(x)$，$x\in(-1,1)$，

则 $f'(x)=\sum\limits_{n=1}^{\infty}\dfrac{(-1)^{n-1}2nx^{2n-1}}{n(2n-1)}=2\sum\limits_{n=1}^{\infty}\dfrac{(-1)^{n-1}x^{2n-1}}{(2n-1)}$，

$f''(x)=2\sum\limits_{n=1}^{\infty}(-1)^{n-1}x^{2n-2}=\dfrac{2}{1+x^2}$，

因为 $f'(0)=0$，$f(0)=0$，所以 $f'(x)=\int_0^x f''(t)\mathrm{d}t+f'(0)=\int_0^x \dfrac{2}{1+t^2}\mathrm{d}t=2\arctan x$，

$f(x)=\int_0^x f'(t)\mathrm{d}t+f(0)=2\int_0^x \arctan t\,\mathrm{d}t=2\left(t\arctan t\Big|_0^x-\int_0^x \dfrac{t}{1+t^2}\mathrm{d}t\right)$

$=2x\arctan x-\ln(1+x^2)$，$x\in[-1,1]$，

从而 $S(x)=2x^2\arctan x-x\ln(1+x^2)$，$x\in[-1,1]$。

【例19】 设 $I_n=\int_0^{\frac{\pi}{4}}\sin^n x\cos x\,\mathrm{d}x$，$n=0,1,2,\cdots$，求 $\sum\limits_{n=0}^{\infty}I_n$。（考研题）

解 由 $I_n=\int_0^{\frac{\pi}{4}}\sin^n x\,\mathrm{d}(\sin x)=\dfrac{1}{n+1}(\sin x)^{n+1}\Big|_0^{\frac{\pi}{4}}=\dfrac{1}{n+1}\left(\dfrac{\sqrt{2}}{2}\right)^{n+1}$，有

$$\sum_{n=0}^{\infty}I_n=\sum_{n=0}^{\infty}\dfrac{1}{n+1}\left(\dfrac{\sqrt{2}}{2}\right)^{n+1}.$$

令 $S(x)=\sum\limits_{n=0}^{\infty}\dfrac{1}{n+1}x^{n+1}$，则其收敛半径 $R=1$，在 $(-1,1)$ 内有 $S'(x)=\sum\limits_{n=0}^{\infty}x^n=\dfrac{1}{1-x}$，

于是 $S(x)=\int_0^x \dfrac{1}{1-t}\mathrm{d}t=-\ln|1-x|$。

令 $x=\dfrac{\sqrt{2}}{2}\in(-1,1)$，则 $S\left(\dfrac{\sqrt{2}}{2}\right)=\sum\limits_{n=0}^{\infty}\dfrac{1}{n+1}\left(\dfrac{\sqrt{2}}{2}\right)^{n+1}=-\ln\left|1-\dfrac{\sqrt{2}}{2}\right|$，

从而 $\sum\limits_{n=0}^{\infty}I_n=\sum\limits_{n=0}^{\infty}\int_0^{\frac{\pi}{4}}\sin^n x\cos x\,\mathrm{d}x=\ln(2+\sqrt{2})$。

习题 12-3 解答

1. **解**:(1) $\lim\limits_{n\to\infty}\left|\dfrac{a_{n+1}}{a_n}\right|=\lim\limits_{n\to\infty}\left|\dfrac{n+1}{n}\right|=1$. 故收敛半径 $R=1$. 当 $x=1$ 时,原级数 $=\sum\limits_{n=1}^{\infty}n$,发散;当 $x=-1$ 时,原级数 $=\sum\limits_{n=1}^{\infty}n(-1)^n$,发散. 故收敛域为 $(-1,1)$.

(2) $\lim\limits_{n\to\infty}\left|\dfrac{a_{n+1}}{a_n}\right|=\lim\limits_{n\to\infty}\dfrac{\frac{1}{(n+1)^2}}{\frac{1}{n^2}}=\lim\limits_{n\to\infty}\dfrac{n^2}{(n+1)^2}=1$,故收敛半径 $R=1$. 又当 $x=1$ 时,原级数 $=1+\sum\limits_{n=1}^{\infty}(-1)^n\dfrac{1}{n^2}$,收敛;当 $x=-1$ 时,级数为 $1+\sum\limits_{n=1}^{\infty}\dfrac{1}{n^2}$,收敛. 故收敛域为 $[1,1]$

(3) $\lim\limits_{n\to\infty}\left|\dfrac{a_{n+1}}{a_n}\right|=\lim\limits_{n\to\infty}\dfrac{2^n\cdot n!}{2^{n+1}\cdot(n+1)!}=\lim\limits_{n\to\infty}\dfrac{1}{2(n+1)}=0$,故收敛半径 $R=\infty$,收敛域为 $(-\infty,+\infty)$.

(4) $\lim\limits_{n\to\infty}\left|\dfrac{a_{n+1}}{a_n}\right|=\lim\limits_{n\to\infty}\left|\dfrac{n\cdot 3^n}{(n+1)3^{n+1}}\right|=\dfrac{1}{3}$,故收敛半径 $R=3$. 又当 $x=3$ 时,原级数 $=\sum\limits_{n=1}^{\infty}\dfrac{1}{n}$ 发散;当 $x=-3$ 时,原级数 $=\sum\limits_{n=1}^{\infty}\dfrac{(-1)^n}{n}$,收敛. 故收敛域为 $[-3,3)$.

(5) $\lim\limits_{n\to\infty}\left|\dfrac{a_{n+1}}{a_n}\right|=\lim\limits_{n\to\infty}\dfrac{2^{n+1}}{(n+1)^2+1}\cdot\dfrac{n^2+1}{2^n}=2$,故收敛半径 $R=\dfrac{1}{2}$. 当 $x=\dfrac{1}{2}$ 时,原级数 $=\sum\limits_{n=1}^{\infty}\dfrac{1}{n^2+1}$,收敛;当 $x=-\dfrac{1}{2}$ 时,原级数 $=\sum\limits_{n=1}^{\infty}\dfrac{(-1)^n}{n^2+1}$,收敛. 故原级数的收敛域为 $\left[-\dfrac{1}{2},\dfrac{1}{2}\right]$.

(6) $\lim\limits_{n\to\infty}\left|\dfrac{u_{n+1}}{u_n}\right|=\lim\limits_{n\to\infty}\left|\dfrac{x^{2n+3}}{2n+3}\cdot\dfrac{2n+1}{x^{2n+1}}\right|=|x^2|$,故当 $|x^2|<1$,即 $|x|<1$ 时,级数绝对收敛;$|x^2|>1$,即 $|x|>1$ 时,级数发散,从而原级数的收敛半径 $R=1$. 又当 $x=1$ 时,原级数为 $\sum\limits_{n=1}^{\infty}\dfrac{(-1)^{n+1}}{2n+1}$,收敛;当 $x=-1$ 时,原级数为 $\sum\limits_{n=1}^{\infty}\dfrac{(-1)^n}{2n+1}$,收敛. 故收敛域为 $[-1,1]$.

(7) 由于 $\lim\limits_{n\to\infty}\left|\dfrac{u_{n+1}}{u_n}\right|=\lim\limits_{n\to\infty}\left|\dfrac{1}{2}\cdot\dfrac{2n+1}{2n-1}\cdot x^2\right|=\dfrac{1}{2}|x^2|$,故当 $\dfrac{1}{2}|x^2|<1$,即 $|x|<\sqrt{2}$ 时,级数收敛;当 $|x|>\sqrt{2}$ 时,级数发散,从而 $R=\sqrt{2}$. 当 $x=\pm\sqrt{2}$ 时,原级数为 $\sum\limits_{n=1}^{\infty}\dfrac{2n-1}{2}$ 发散,故收敛域为 $(-\sqrt{2},\sqrt{2})$.

(8) $\lim\limits_{n\to\infty}\left|\dfrac{a_{n+1}}{a_n}\right|=\lim\limits_{n\to\infty}\dfrac{\sqrt{n}}{\sqrt{n+1}}=1$,故 $R=1$. 即 $-1<x-5<1$ 时,级数收敛;$|x-5|>1$ 时,级数发散. 当 $x-5=1$ 即 $x=6$ 时,原级数为 $\sum\limits_{n=1}^{\infty}\dfrac{1}{\sqrt{n}}$,发散;当 $x-5=-1$ 即 $x=4$ 时,原级数为 $\sum\limits_{n=1}^{\infty}\dfrac{(-1)^n}{\sqrt{n}}$,收敛. 故收敛域为 $[4,6)$.

2. **解**:(1) 由于 $\int_0^x\sum\limits_{n=1}^{\infty}nt^{n-1}\mathrm{d}t=\sum\limits_{n=1}^{\infty}\int_0^x nt^{n-1}\mathrm{d}t=\sum\limits_{n=1}^{\infty}x^n=\dfrac{x}{1-x}$

故有 $\sum_{n=1}^{\infty} nx^{n-1} = \left(\dfrac{x}{1-x}\right)' = \dfrac{1}{(1-x)^2}$, $(-1<x<1)$.

(2) 由于 $\left(\sum_{n=1}^{\infty} \dfrac{x^{4n+1}}{4n+1}\right)' = \sum_{n=1}^{\infty} \left(\dfrac{x^{4n+1}}{4n+1}\right)' = \sum_{n=1}^{\infty} x^{4n} = \dfrac{x^4}{1-x^4}$,

故有 $\sum_{n=1}^{\infty} \dfrac{x^{4n+1}}{4n+1} = \int_0^x \dfrac{x^4}{1-x^4} dx = \int_0^x \left[-1 + \dfrac{1}{2}\left(\dfrac{1}{1+x^2}\right) + \dfrac{1}{2}\left(\dfrac{1}{1-x^2}\right)\right] dx$

$= \dfrac{1}{4}\ln\dfrac{1+x}{1-x} + \dfrac{1}{2}\arctan x - x$, $(-1<x<1)$.

(3) 由于 $\left(\sum_{n=1}^{\infty} \dfrac{x^{2n-1}}{2n-1}\right)' = \sum_{n=1}^{\infty} \left(\dfrac{x^{2n-1}}{2n-1}\right)' = \sum_{n=1}^{\infty} x^{2n-2} = \dfrac{1}{1-x^2}$,

故 $\sum_{n=1}^{\infty} \dfrac{x^{2n-1}}{2n-1} = \int_0^x \dfrac{1}{1-x^2} dx = \dfrac{1}{2}\ln\dfrac{1+x}{1-x}$, $(-1<x<1)$.

(4) 由于 $\sum_{n=1}^{\infty} (n+2)x^{n+3} = x^2 \sum_{n=1}^{\infty} (n+2)x^{n+1}$,

且 $\int_0^x \sum_{n=1}^{\infty} (n+2)x^{n+1} dx = \sum_{n=1}^{\infty} \int_0^x (n+2)x^{n+1} dx = \sum_{n=1}^{\infty} x^{n+2} = \dfrac{x^3}{1-x}$.

故有 $\sum_{n=1}^{\infty} (n+2)x^{n+3} = x^2 \cdot \left(\dfrac{x^3}{1-x}\right)' = \dfrac{3x^4 - 2x^5}{(1-x)^2}$ $(-1<x<1)$.

第四节 函数展开成幂级数

一、主要内容归纳

1. 泰勒级数与麦克劳林级数

(1) $f(x)$ 在 x_0 处的泰勒级数

如果函数 $f(x)$ 在 x_0 的某一邻域内具有任意阶导数,则级数 $\sum_{n=0}^{\infty} \dfrac{f^{(n)}(x_0)}{n!}(x-x_0)^n = f(x_0) + f'(x_0)(x-x_0) + \dfrac{f''(x_0)}{2!}(x-x_0)^2 + \cdots + \dfrac{f^{(n)}(x_0)}{n!}(x-x_0)^n + \cdots$ 称为 $f(x)$ 在点 x_0 处的泰勒级数.

(2) $f(x)$ 的麦克劳林级数

在(1)中,若 $x_0 = 0$,得级数

$$\sum_{n=0}^{\infty} \dfrac{f^{(n)}(0)}{n!} x^n = f(0) + f'(0)x + \dfrac{f''(0)}{2!}x^2 + \cdots + \dfrac{f^{(n)}(0)}{n!}x^n + \cdots,$$

称为 $f(x)$ 的麦克劳林级数.

2. 函数的泰勒展开式与麦克劳林展开式

如果函数 $f(x)$ 在点 x_0 的某邻域 $U(x_0)$ 内能展开成 $(x-x_0)$ 的幂级数,那么这种展开式是唯一的,它一定与 $f(x)$ 在点 x_0 处的泰勒级数一致,即展开式必为

$$f(x) = \sum_{n=0}^{\infty} \dfrac{f^{(n)}(x_0)}{n!}(x-x_0)^n, \quad x \in U(x_0),$$

上式称为函数 $f(x)$ 在点 x_0 处的泰勒展开式. 如果函数 $f(x)$ 能展开成 x 的幂级数,则有

$$f(x) = \sum_{n=0}^{\infty} \frac{f^{(n)}(0)}{n!} x^n, \quad x \in U(x_0),$$

上式称为 $f(x)$ 的麦克劳林展开式.

3. 函数能展成幂级数的充要条件

设函数 $f(x)$ 在点 x_0 的某一邻域 $U(x_0)$ 内具有任意阶导数,则 $f(x)$ 在该邻域内能展开成泰勒级数的充分必要条件是 $f(x)$ 的泰勒公式中的余项 $R_n(x)$ 当 $n \to \infty$ 时的极限为零,即

$$\lim_{n \to \infty} R_n(x) = 0, \quad x \in U(x_0),$$

其中 $R_n(x) = \frac{f^{(n)}(\xi)}{(n+1)!}(x-x_0)^{n+1}$ (ξ 在 x 与 x_0 之间) 为 $f(x)$ 的拉格朗日型余项.

4. 函数的幂级数展开式的求法

(1) 直接法

直接按公式 $a_n = \frac{f^{(n)}(x_0)}{n!}$ 计算幂级数的系数,并验证 $\lim_{n \to \infty} R_n(x) = 0$ 成立,利用公式可得到 $f(x)$ 的幂级数展开式.

(2) 间接法

根据函数 $f(x)$ 展开成幂级数的唯一性,可以利用已知的幂级数展开式,通过变量代换、四则运算、逐项求导或逐项积分等方法,得到函数 $f(x)$ 的幂级数展开式.

5. 常用的幂级数展开式

(1) $e^x = \sum_{n=0}^{\infty} \frac{x^n}{n!} \quad x \in (-\infty, +\infty)$;

(2) $\sin x = \sum_{n=0}^{\infty} (-1)^n \frac{x^{2n+1}}{(2n+1)!} \quad x \in (-\infty, +\infty)$;

(3) $\cos x = \sum_{n=0}^{\infty} (-1)^n \frac{x^{2n}}{(2n)!} \quad x \in (-\infty, +\infty)$;

(4) $\ln(1+x) = \sum_{n=0}^{\infty} (-1)^n \frac{x^{n+1}}{n+1} \quad x \in (-1, 1]$;

(5) $(1+x)^\alpha = \sum_{n=0}^{\infty} \frac{\alpha(\alpha-1)\cdots(\alpha-n+1)}{n!} x^n \quad x \in (-1, 1)$;

特别: $\frac{1}{1-x} = \sum_{n=0}^{\infty} x^n \quad x \in (-1, 1)$; $\quad \frac{1}{1+x} = \sum_{n=0}^{\infty} (-1)^n x^n \quad x \in (-1, 1)$.

二、经典例题解析及解题方法总结

【例1】 将函数 $f(x) = \sin x$ 展开成 x 的幂级数.

解 因为 $f^{(n)}(x) = \sin\left(x + \frac{n\pi}{2}\right)$ $(n=1,2,\cdots)$, $f^{(n)}(0)$ 顺序循环地取 $0, 1, 0, -1, \cdots$,于是得

$$f(x) \sim x - \frac{x^3}{3!} + \frac{x^5}{5!} - \cdots + (-1)^{n-1} \frac{x^{2n-1}}{(2n-1)!} + \cdots, \text{收敛半径 } R = +\infty.$$

对于任何有限的 x、ξ (ξ 在 0 和 x 之间),有 $|R_n(x)| = \left|\frac{\sin\left(\xi + \frac{n+1}{2}\pi\right)}{(n+1)!} x^{n+1}\right| \leq \frac{|x|^{n+1}}{(n+1)!} \to 0 \ (n \to \infty)$.

因此有展开式 $\sin x = x - \dfrac{x^3}{3!} + \dfrac{x^5}{5!} - \cdots + (-1)^{n-1}\dfrac{x^{2n-1}}{(2n-1)!} + \cdots = \sum\limits_{n=1}^{\infty}(-1)^{n-1}\dfrac{x^{2n-1}}{(2n-1)!}, -\infty < x < +\infty$. 或 $\sin x = \sum\limits_{n=0}^{\infty}(-1)^n\dfrac{x^{2n+1}}{(2n+1)!}, -\infty < x < +\infty$.

【例2】 将函数 $f(x) = \dfrac{1}{4}\ln\dfrac{1+x}{1-x} + \dfrac{1}{2}\arctan x - x$ 展开成 x 的幂级数.

解 因 $f'(x) = \dfrac{1}{4}\left(\dfrac{1}{1+x} + \dfrac{1}{1-x}\right) + \dfrac{1}{2}\cdot\dfrac{1}{1+x^2} - 1 = \dfrac{1}{1-x^4} - 1 = \sum\limits_{n=1}^{\infty}x^{4n}, -1 < x < 1$

且 $f(0) = 0$, 故 $f(x) = f(x) - f(0) = \int_0^x f'(t)\,dt = \int_0^x \left(\sum\limits_{n=1}^{\infty}t^{4n}\right)dt = \sum\limits_{n=1}^{\infty}\dfrac{x^{4n+1}}{4n+1}, -1 < x < 1$.

【例3】 设 $f(x) = \begin{cases}\dfrac{1+x^2}{x}\arctan x, & x \neq 0 \\ 1, & x = 0\end{cases}$

试将 $f(x)$ 展开成 x 的幂级数, 并求级数 $\sum\limits_{n=1}^{\infty}\dfrac{(-1)^n}{1-4n^2}$ 的和. (考研题)

解 因 $\dfrac{1}{1+x^2} = \sum\limits_{n=0}^{\infty}(-1)^n x^{2n}, x \in (-1,1)$, 故

$$\arctan x = \int_0^x (\arctan x)'\,dx = \sum\limits_{n=0}^{\infty}\dfrac{(-1)^n}{2n+1}x^{2n+1}, \quad x \in [-1,1],$$

于是 $f(x) = 1 + \sum\limits_{n=1}^{\infty}\dfrac{(-1)^n}{2n+1}x^{2n} + \sum\limits_{n=0}^{\infty}\dfrac{(-1)^n}{2n+1}x^{2n+2} = 1 + \sum\limits_{n=1}^{\infty}\dfrac{(-1)^n}{2n+1}x^{2n} + \sum\limits_{n=1}^{\infty}\dfrac{(-1)^{n-1}}{2n-1}x^{2n}$

$= 1 + \sum\limits_{n=1}^{\infty}\dfrac{(-1)^n 2}{1-4n^2}x^{2n}, \quad x \in [-1,1]$.

因此 $\sum\limits_{n=1}^{\infty}\dfrac{(-1)^n}{1-4n^2} = \dfrac{1}{2}[f(1) - 1] = \dfrac{\pi}{4} - \dfrac{1}{2}$.

> **● 方法总结**
>
> 由于 $\dfrac{1+x^2}{x} = x^{-1} + x$ 已是 x 的幂级数形式, 故可用间接法将 $\arctan x$ 展开为 x 的幂级数.

【例4】 将函数 $f(x) = x\arctan x - \ln\sqrt{1+x^2}$ 展开为 x 的幂级数.

解 $\arctan x = \int_0^x \dfrac{1}{1+x^2}\,dx = \int_0^x \left(\sum\limits_{n=0}^{\infty}(-1)^n x^{2n}\right)dx$

$= \sum\limits_{n=0}^{\infty}(-1)^n \dfrac{x^{2n+1}}{2n+1} = \sum\limits_{n=1}^{\infty}(-1)^{n-1}\dfrac{x^{2n-1}}{2n-1}, \quad |x| \leq 1$,

$\ln\sqrt{1+x^2} = \dfrac{1}{2}\ln(1+x^2) = \dfrac{1}{2}\sum\limits_{n=1}^{\infty}(-1)^{n-1}\dfrac{x^{2n}}{n}, \quad |x| \leq 1$,

所以 $f(x) = x\sum\limits_{n=1}^{\infty}(-1)^{n-1}\dfrac{x^{2n-1}}{2n-1} - \dfrac{1}{2}\sum\limits_{n=1}^{\infty}(-1)^{n-1}\dfrac{x^{2n}}{n} = \sum\limits_{n=1}^{\infty}(-1)^{n-1}\dfrac{x^{2n}}{2n(2n-1)}, |x| \leq 1$.

【例5】 将函数 $f(x) = \arctan\dfrac{1-2x}{1+2x}$ 展开成 x 的幂级数, 并求级数 $\sum\limits_{n=0}^{\infty}\dfrac{(-1)^n}{2n+1}$ 的和. (考研题)

解 因为 $f'(x) = \dfrac{-2}{1+4x^2} = -2\sum\limits_{n=0}^{\infty}(-1)^n 4^n x^{2n}, x \in (-\dfrac{1}{2}, \dfrac{1}{2})$.

又 $f(0) = \dfrac{\pi}{4}$,所以 $f(x) = f(0) + \int_0^x f'(t)\,\mathrm{d}t = \dfrac{\pi}{4} - 2\int_0^x \left[\sum\limits_{n=0}^{\infty}(-1)^n 4^n t^{2n}\,\mathrm{d}t\right] = \dfrac{\pi}{4} - 2\sum\limits_{n=0}^{\infty} \dfrac{(-1)^n 4^n}{2n+1} x^{2n+1}, x \in (-\dfrac{1}{2}, \dfrac{1}{2})$.

因为级数 $\sum\limits_{n=0}^{\infty} \dfrac{(-1)^n}{2n+1}$ 收敛,函数 $f(x)$ 在 $x = \dfrac{1}{2}$ 处连续,所以

$$f(x) = \dfrac{\pi}{4} - 2\sum\limits_{n=0}^{\infty} \dfrac{(-1)^n 4^n}{2n+1} x^{2n+1}, \ x \in (-\dfrac{1}{2}, \dfrac{1}{2}].$$

令 $x = \dfrac{1}{2}$,得 $f(\dfrac{1}{2}) = \dfrac{\pi}{4} - 2\sum\limits_{n=0}^{\infty} \left[\dfrac{(-1)^n 4^n}{2n+1} \cdot \dfrac{1}{2^{2n+1}}\right]$,

再由 $f(\dfrac{1}{2}) = 0$,得 $\sum\limits_{n=0}^{\infty} \dfrac{(-1)^n}{2n+1} = \dfrac{\pi}{4} - f(\dfrac{1}{2}) = \dfrac{\pi}{4}$.

【例 6】 展开 $\dfrac{\mathrm{d}}{\mathrm{d}x}\left(\dfrac{\mathrm{e}^x - 1}{x}\right)$ 为 x 的幂级数,并求 $\sum\limits_{n=1}^{\infty} \dfrac{n}{(n+1)!}$ 的和.

分析 显然可以先求出导函数再展开,也可以先展开后再求导,而后者更简单些.

解 因 $\mathrm{e}^x = 1 + x + \dfrac{x^2}{2!} + \cdots + \dfrac{x^n}{n!} + \cdots = \sum\limits_{n=0}^{\infty} \dfrac{x^n}{n!}, \quad x \in (-\infty, +\infty)$

故 $\dfrac{\mathrm{e}^x - 1}{x} = 1 + \dfrac{x}{2!} + \dfrac{x^2}{3!} + \cdots + \dfrac{x^{n-1}}{n!} + \cdots = \sum\limits_{n=1}^{\infty} \dfrac{x^{n-1}}{n!}, \quad x \in (-\infty, +\infty)$

$\dfrac{\mathrm{d}}{\mathrm{d}x}\left(\dfrac{\mathrm{e}^x - 1}{x}\right) = \dfrac{1}{2!} + \dfrac{2x}{3!} + \cdots + \dfrac{(n-1)x^{n-2}}{n!} + \cdots = \sum\limits_{n=2}^{\infty} \dfrac{(n-1)x^{n-2}}{n!},$

$\qquad\qquad x \in (-\infty, +\infty)$

由 $\dfrac{\mathrm{d}}{\mathrm{d}x}\left(\dfrac{\mathrm{e}^x - 1}{x}\right)$ 的展开式知 $\sum\limits_{n=1}^{\infty} \dfrac{n}{(n+1)!} = \left[\dfrac{\mathrm{d}}{\mathrm{d}x}\left(\dfrac{\mathrm{e}^x - 1}{x}\right)\right]\bigg|_{x=1} = \dfrac{x\mathrm{e}^x - (\mathrm{e}^x - 1)}{x^2}\bigg|_{x=1} = 1$.

【例 7】 将 $f(x) = \mathrm{e}^{-x^2}$ 展开成 x 的幂级数.

解 作代换 $t = -x^2$,于是 $\mathrm{e}^{-x^2} = \mathrm{e}^t = 1 + t + \dfrac{t^2}{2!} + \cdots + \dfrac{t^n}{n!} + \cdots = 1 - x^2 + \dfrac{x^4}{2!} - \dfrac{x^6}{3!} + \cdots + (-1)^n \dfrac{x^{2n}}{n!} + \cdots, -\infty < x < +\infty$.

【例 8】 将函数 $f(x) = \dfrac{x}{x^2 - 5x + 6}$ 展开成 $x - 5$ 的幂级数.

解 $f(x) = \dfrac{x}{x^2 - 5x + 6} = \dfrac{3}{x-3} - \dfrac{2}{x-2} = \dfrac{3}{2+(x-5)} - \dfrac{2}{3+(x-5)} = \dfrac{3}{2} \dfrac{1}{1+\frac{x-5}{2}} - \dfrac{2}{3} \dfrac{1}{1+\frac{x-5}{3}}$

$= \dfrac{3}{2} \sum\limits_{n=0}^{\infty} (-1)^n \dfrac{(x-5)^n}{2^n} - \dfrac{2}{3} \sum\limits_{n=0}^{\infty} (-1)^n \dfrac{(x-5)^n}{3^n}$

$= \sum\limits_{n=0}^{\infty} (-1)^n \left[\dfrac{3}{2^{n+1}} - \dfrac{2}{3^{n+1}}\right](x-5)^n = \sum\limits_{n=0}^{\infty} (-1)^n \dfrac{3^{n+2} - 2^{n+2}}{6^{n+1}} (x-5)^n,$

收敛区间应取 $-1 < \dfrac{x-5}{2} < 1$ 与 $-1 < \dfrac{x-5}{3} < 1$ 中的交集,即 $3 < x < 7$.

【例 9】 将函数 $f(x) = \dfrac{1}{x^2 - 3x - 4}$ 展开成 $x - 1$ 的幂级数,并指出其收敛区间.(考研题)

解 因为 $\frac{1}{x^2-3x-4}=\frac{1}{5}(\frac{1}{x-4}-\frac{1}{x+1})$,

$$\frac{1}{x-4}=\frac{1}{(x-1)-3}=-\frac{1}{3}\frac{1}{1-\frac{x-1}{3}}=-\frac{1}{3}\sum_{n=0}^{\infty}\left(\frac{x-1}{3}\right)^n, \quad x\in(-2,4),$$

$$\frac{1}{x+1}=\frac{1}{(x-1)+2}=\frac{1}{2}\frac{1}{1+\frac{x-1}{2}}=\frac{1}{2}\sum_{n=0}^{\infty}\left(-\frac{x-1}{2}\right)^n, \quad x\in(-1,3),$$

所以 $\frac{1}{x^2-3x-4}=\frac{1}{5}\left(-\frac{1}{3}\sum_{n=0}^{\infty}\left(\frac{x-1}{3}\right)^n-\frac{1}{2}\sum_{n=0}^{\infty}\left(-\frac{x-1}{2}\right)^n\right)$

$$=-\frac{1}{5}\sum_{n=0}^{\infty}\left[\frac{1}{3^{n+1}}+\frac{(-1)^n}{2^{n+1}}\right](x-1)^n, \quad x\in(-1,3).$$

【例10】 将函数 $f(x)=\frac{1}{x^2+3x+2}$ 展开成 $(x-1)$ 的幂级数,并证明:

(1) $\sum_{n=1}^{\infty}\left(\frac{1}{2^n}-\frac{1}{3^n}\right)=\frac{1}{2}$;   (2) $\sum_{n=1}^{\infty}(-1)^{n-1}\left(\frac{1}{2^n}-\frac{1}{3^n}\right)=\frac{1}{12}$.

解 $f(x)=\frac{1}{x^2+3x+2}=\frac{1}{(x+1)(x+2)}=\frac{1}{x+1}-\frac{1}{x+2}$,

其中, $\frac{1}{x+1}=\frac{1}{2(1+\frac{x-1}{2})}=\frac{1}{2}\sum_{n=0}^{\infty}(-1)^n\left(\frac{x-1}{2}\right)^n, \quad -1<x<3$,

$$\frac{1}{x+2}=\frac{1}{3(1+\frac{x-1}{3})}=\frac{1}{3}\sum_{n=0}^{\infty}(-1)^n\left(\frac{x-1}{3}\right)^n, \quad -2<x<4,$$

于是 $f(x)=\frac{1}{x^2+3x+2}=\frac{1}{2}\sum_{n=0}^{\infty}(-1)^n\left(\frac{x-1}{2}\right)^n-\frac{1}{3}\sum_{n=0}^{\infty}(-1)^n\left(\frac{x-1}{3}\right)^n$

$$=\sum_{n=0}^{\infty}(-1)^n\left(\frac{1}{2^{n+1}}-\frac{1}{3^{n+1}}\right)(x-1)^n, \quad -1<x<3.$$

(1) 令 $x=0$,代入上式得 $\frac{1}{2}=\sum_{n=1}^{\infty}\left(\frac{1}{2^n}-\frac{1}{3^n}\right)$;

(2) 令 $x=2$,代入上式得 $\frac{1}{12}=\sum_{n=1}^{\infty}(-1)^{n-1}\left(\frac{1}{2^n}-\frac{1}{3^n}\right)$.

【例11】 将函数 $f(x)=\frac{x}{2+x-x^2}$ 展开成 x 的幂级数.(考研题)

解 因为 $\frac{x}{2+x-x^2}=\frac{x}{3}(\frac{1}{1+x}+\frac{1}{2-x})$,分别将 $\frac{1}{1+x},\frac{1}{2-x}$ 展开成 x 的幂级数

$$\frac{1}{1+x}=\sum_{n=0}^{\infty}(-1)^n x^n, \quad |x|<1, \frac{1}{2-x}=\frac{1}{2}\frac{1}{1-\frac{x}{2}}=\sum_{n=0}^{\infty}\frac{x^n}{2^{n+1}}, \quad |x|<2,$$

所以 $\frac{x}{2+x-x^2}=\frac{x}{3}(\frac{1}{1+x}+\frac{1}{2-x})=\frac{1}{3}\sum_{n=0}^{\infty}\left[(-1)^n+\frac{1}{2^{n+1}}\right]x^{n+1}, \quad |x|<1.$

【例12】 将函数 $y=\ln(1-x-2x^2)$ 展成 x 的幂级数,并指出其收敛区间.(考研题)

解 $\ln(1-x-2x^2)=\ln[(1-2x)(1+x)]=\ln(1+x)+\ln(1-2x).$

$\ln(1+x)=x-\frac{x^2}{2}+\frac{x^3}{3}+\cdots+(-1)^{n+1}\frac{x^n}{n}+\cdots$,其收敛区间为 $(-1,1)$;

$\ln(1-2x) = (-2x) - \dfrac{(-2x)^2}{2} + \dfrac{(-2x)^3}{3} - \cdots + (-1)^{n+1}\dfrac{(-2x)^n}{n} + \cdots$，其收敛区间为 $\left(-\dfrac{1}{2}, \dfrac{1}{2}\right)$.

于是，有 $\ln(1-x-2x^2) = \sum\limits_{n=1}^{\infty}\left[(-1)^{n+1}\dfrac{x^n}{n} + (-1)^{n+1}\dfrac{(-2x)^n}{n}\right] = \sum\limits_{n=1}^{\infty}\dfrac{(-1)^{n+1}-2^n}{n}x^n$，其收敛区间为 $\left(-\dfrac{1}{2}, \dfrac{1}{2}\right)$.

方法总结

本题考查幂级数展开的间接展开法．

值得注意的是：函数 $\ln(1-2x)(1+x)$ 的定义域为 $(1-2x)(1+x)>0$，所以 $\begin{cases}1-2x>0\\1+x>0\end{cases}$ 或 $\begin{cases}1-2x<0\\1+x<0\end{cases}$，因为 $\begin{cases}1-2x<0\\1+x<0\end{cases}$ 无解，因此恒有 $\ln(1-2x)(1+x) = \ln(1-2x) + \ln(1+x)$.

【例 13】 设 $f(x) = \dfrac{2x^2}{1+x^2}$，求 $f^{(6)}(0)$.

解 将 $f(x)$ 展成幂级数，有 $f(x) = 2x^2 \cdot \dfrac{1}{1+x^2} = 2x^2 \cdot \sum\limits_{n=0}^{\infty}(-1)^n x^{2n} = \sum\limits_{n=0}^{\infty}(-1)^n \cdot 2x^{2n+2}$，$x\in(-1,1)$. 而 $f(x)$ 中的幂级数展开式中 x^6 的系数为 $\dfrac{f^{(6)}(0)}{6!}$，于是有 $(-1)^2 2x^6 = \dfrac{f^{(6)}(0)}{6!}x^6$，$\therefore f^{(6)}(0) = 2 \cdot 6! = 1440$.

习题 12－4 解答

1. **解**：$f^{(n)}(x) = \cos\left(x + n \cdot \dfrac{\pi}{2}\right)$ $(n=1,2,\cdots)$，$f^{(n)}(x_0) = \cos\left(x_0 + n \cdot \dfrac{\pi}{2}\right)$ $(n=1,2,\cdots)$，

   从而 $f(x)$ 在 x_0 处的泰勒级数 $\cos x_0 + \cos\left(x_0 + \dfrac{\pi}{2}\right)(x-x_0) + \dfrac{\cos(x_0+\pi)}{2!}(x-x_0)^2 + \cdots + \dfrac{\cos\left(x_0 + \dfrac{n\pi}{2}\right)}{n!}(x-x_0)^n + \cdots$

   $f(x) = S_n(x) + R_n(x)$ 其中 $S_n(x)$ 为泰勒级数的 n 项部分和，$R_n(x)$ 为余项，

   $|R_n(x)| = \left|\dfrac{\cos\left[x_0 + \theta(x-x_0) + \dfrac{n+1}{2}\pi\right]}{(n+1)!}(x-x_0)^{n+1}\right| \leqslant \dfrac{|x-x_0|^{n+1}}{(n+1)!}$，$(0\leqslant\theta\leqslant 1)$

   由于对任意 $x\in(-\infty,+\infty)$，$\sum\limits_{n=1}^{\infty}\dfrac{|x-x_0|^{n+1}}{(n+1)!}$ 收敛，

   故由级数收敛的必要条件知 $\lim\limits_{n\to\infty}\dfrac{|x-x_0|^{n+1}}{(n+1)!} = 0$，从而 $\lim\limits_{n\to\infty}|R_n(x)| = 0$

   因此 $f(x) = \cos x_0 + \cos\left(x_0 + \dfrac{\pi}{2}\right)(x-x_0) + \cdots + \dfrac{\cos\left(x_0 + \dfrac{n\pi}{2}\right)}{n!}(x-x_0)^n$，$x\in(-\infty,+\infty)$.

2. **解**：(1) 由于 $e^x = \sum\limits_{n=0}^{\infty}\dfrac{x^n}{n!}$，$x\in(-\infty,+\infty)$，所以 $e^{-x} = \sum\limits_{n=0}^{\infty}(-1)^n\dfrac{x^n}{n!}$，$x\in(-\infty,+\infty)$，

故 $\text{sh}x = \dfrac{1}{2}\left[\sum\limits_{n=0}^{\infty}\dfrac{x^n}{n!} - \sum\limits_{n=0}^{\infty}(-1)^n\dfrac{x^n}{n!}\right] = \dfrac{1}{2}\sum\limits_{n=0}^{\infty}\dfrac{x^n}{n!}[1-(-1)^n]$

$= \sum\limits_{n=1}^{\infty}\dfrac{x^{2n-1}}{(2n-1)!},\quad x\in(-\infty,+\infty).$

(2) $\ln(a+x) = \ln a + \int_0^x \dfrac{1}{a+t}dt = \ln a + \int_0^x \dfrac{1}{1+\left(\dfrac{t}{a}\right)}d\left(\dfrac{t}{a}\right)$

$= \ln a + \int_0^x \left[\sum\limits_{n=1}^{\infty}(-1)^{n-1}\left(\dfrac{t}{a}\right)^{n-1}\right]d\left(\dfrac{t}{a}\right) = \ln a + \sum\limits_{n=1}^{\infty}\dfrac{(-1)^{n-1}}{n}\left(\dfrac{x}{a}\right)^n,\quad x\in(-a,a]$

($\because$ 在 $x=a$ 处,展开式收敛且 $\ln(a+x)$ 连续;在 $x=-a$ 处,展开式发散,故展开式成立区间为 $(-a,a]$).

(3) 因为 $e^x = \sum\limits_{n=0}^{\infty}\dfrac{x^n}{n!}\ (-\infty,+\infty)$,故 $a^x = e^{x\ln a} = \sum\limits_{n=0}^{\infty}\dfrac{(\ln a)^n}{n!}x^n,\quad x\in(-\infty<x<+\infty).$

(4) $\sin^2 x = \dfrac{1-\cos 2x}{2} = \dfrac{1}{2} - \dfrac{1}{2}\cos 2x$,而 $\cos x = \sum\limits_{n=1}^{\infty}(-1)^n\dfrac{x^{2n}}{(2n)!},\quad x\in(-\infty,+\infty),$

故 $\sin^2 x = \dfrac{1}{2} - \dfrac{1}{2}\sum\limits_{n=0}^{\infty}(-1)^n\dfrac{2^{2n}x^{2n}}{(2n)!} = \sum\limits_{n=1}^{\infty}(-1)^{n-1}\dfrac{2^{2n-1}x^{2n}}{(2n)!},\quad x\in(-\infty,+\infty).$

(5) 由于 $\ln(1+x) = \sum\limits_{n=1}^{\infty}\dfrac{(-1)^{n-1}}{n}x^n,\quad x\in(-1,1]$

故 $(1+x)\ln(x+1) = \ln(x+1) + x\ln(x+1) = \sum\limits_{n=1}^{\infty}\dfrac{(-1)^{n-1}}{n}x^n + \sum\limits_{n=1}^{\infty}\dfrac{(-1)^{n-1}}{n}x^{n+1}$

$= x + \sum\limits_{n=2}^{\infty}\dfrac{(-1)^{n-1}}{n}x^n + \sum\limits_{n=2}^{\infty}\dfrac{(-1)^n}{n-1}x^n = x + \sum\limits_{n=2}^{\infty}\dfrac{(-1)^{n-1}}{n(n-1)}x^n,\ x\in(-1,1].$

(6) 由于 $\dfrac{1}{(1+x^2)^{\frac{1}{2}}} = 1 + \sum\limits_{n=1}^{\infty}(-1)^n\dfrac{(2n-1)!!}{(2n)!!}x^{2n},\quad (-1\leqslant x\leqslant 1)$

故 $\dfrac{x}{(1+x^2)^{\frac{1}{2}}} = x + \sum\limits_{n=1}^{\infty}(-1)^n\dfrac{(2n-1)!!}{(2n)!!}x^{2n+1},\quad (-1\leqslant x\leqslant 1).$

3. **解**:(1)方法一(直接展开法)

令 $f(x) = \sqrt{x^3} = x^{\frac{3}{2}}$,则

$f'(x) = \dfrac{3}{2}x^{\frac{1}{2}},\quad f'(1)=\dfrac{3}{2}, f''(x)=\dfrac{3}{2}\cdot\dfrac{1}{2}x^{-\frac{1}{2}},\quad f''(1)=\dfrac{(-1)^2}{2^2}\cdot 3,$

$f'''(x) = (-1)^3\dfrac{3}{2^3}x^{-\frac{3}{2}},\ f^{(4)}(x)=(-1)^4\dfrac{3}{2^4}(1\cdot 3)x^{-\frac{5}{2}},\cdots$

当 $n\geqslant 3$ 时,有 $f^{(n)}(x) = (-1)^n\dfrac{3}{2^n}[1\cdot 3\cdot\cdots\cdot(2n-5)]x^{\frac{2n-3}{2}}$

则 $f^{(n)}(1) = (-1)^n\dfrac{3}{2^n}[1\cdot 3\cdot\cdots\cdot(2n-5)] = (-1)^n\dfrac{3}{2^n}\cdot\dfrac{(2n-4)!}{(2n-4)!!}$

$= (-1)^n\dfrac{3}{2^n}\cdot\dfrac{(2n-4)!}{2^{n-2}(n-2)} = (-1)^n\dfrac{3(2n-4)!}{2^{2n-2}(n-2)}\quad (n\geqslant 2),$

故 $\sqrt{x^3} = f(1) + f'(1)(x-1) + \sum\limits_{n=2}^{\infty}\dfrac{f^{(n)}(1)}{n!}(x-1)^n$

$= 1 + \dfrac{3}{2}(x-1) + \sum\limits_{n=2}^{\infty}(-1)^n\dfrac{3(2n-4)!}{2^{2n-2}(n-2)!\ n!}(x-1)^n$

$$=1+\frac{3}{2}(x-1)+\sum_{n=0}^{\infty}(-1)^n\frac{3(2n)!}{2^{2n+2}n!\ (n+2)!}(x-1)^{n+2}, \quad x\in[0,2].$$

方法二(间接展开法)

$$\sqrt{x^3}=x\sqrt{x}=[1+(x-1)]\cdot[1+(x-1)]^{\frac{1}{2}}$$

$$=[1+(x-1)]\left\{\left[1+\frac{1}{2}(x-1)\right]+\sum_{n=2}^{\infty}(-1)^{n-1}\frac{(2n-3)!!}{(2n)!!}(x-1)^n\right\}$$

$$=1+\frac{3}{2}(x-1)+\frac{3}{8}(x-1)^2$$

$$+\sum_{n=2}^{\infty}\left[(-1)^{n-1}\frac{(2n-3)!!}{(2n)!!}+(-1)^n\frac{(2n-1)!!}{(2n+2)!!}\right](x-1)^{n+1}$$

$$=1+\frac{3}{2}(x-1)+\frac{3}{8}(x-1)^2+\sum_{n=2}^{\infty}(-1)^{n+1}\frac{(2n-3)!!\cdot 3}{(2n+2)!!}(x-1)^{n+1}$$

$$=1+\frac{3}{2}(x-1)+\frac{3}{8}(x-1)^2+\sum_{n=2}^{\infty}(-1)^{n+1}\frac{(2n-2)!\cdot 3}{(2n+2)!!\cdot(2n-2)!!}(x-1)^{n+1}$$

$$=1+\frac{3}{2}(x-1)+\frac{3}{8}(x-1)^2+\sum_{n=2}^{\infty}(-1)^{n+1}\frac{(2n-2)!\cdot 3}{2^{2n}\cdot(n+1)!\ (n-1)!}(x-1)^{n+1}$$

$$=1+\frac{3}{2}(x-1)+\sum_{n=0}^{\infty}(-1)^n\frac{(2n)!\cdot 3}{2^{2n+2}\cdot(n+2)!\cdot n!}(x-1)^{n+2}. \quad x\in[0,2]$$

(2)(间接展开法)$\lg x=\frac{1}{\ln 10}\ln[1+(x-1)]=\frac{1}{\ln 10}\sum_{n=1}^{\infty}(-1)^{n-1}\frac{1}{n}(x-1)^n$ 展开式成立区间

为 $x-1\in(-1,1]$,即 $x\in(0,2]$.

4. 解:$\cos x=\cos\left[\left(x+\frac{\pi}{3}\right)-\frac{\pi}{3}\right]=\frac{1}{2}\cos\left(x+\frac{\pi}{3}\right)+\frac{\sqrt{3}}{2}\sin\left(x+\frac{\pi}{3}\right)$

$$=\frac{1}{2}\sum_{n=0}^{\infty}(-1)^n\left[\frac{1}{(2n)!}\left(x+\frac{\pi}{3}\right)^{2n}+\frac{\sqrt{3}}{(2n+1)!}\left(x+\frac{\pi}{3}\right)^{2n+1}\right], \quad x\in(-\infty,+\infty).$$

5. 解:$\frac{1}{x}=\frac{1}{3+(x-3)}=\frac{1}{3}\cdot\frac{1}{1+\frac{x-3}{3}}=\frac{1}{3}\sum_{n=0}^{\infty}(-1)^n\left(\frac{x-3}{3}\right)^n=\sum_{n=0}^{\infty}\frac{(-1)^n}{3^{n+1}}(x-3)^n$,

$\left|\frac{x-3}{3}\right|<1$,即 $x\in(0,6)$.

6. 解:$\frac{1}{x^2+3x+2}=\frac{1}{(x+1)(x+2)}=\frac{1}{1+x}-\frac{1}{2+x}=\frac{1}{-3+(x+4)}-\frac{1}{-2+(x+4)}$

$$=-\frac{1}{3}\frac{1}{1-\frac{x+4}{3}}+\frac{1}{2}\frac{1}{1-\frac{x+4}{2}}=\sum_{n=0}^{\infty}\left(\frac{1}{2^{n+1}}-\frac{1}{3^{n+1}}\right)(x+4)^n,$$

由 $\left|\frac{x+4}{3}\right|<1$, $\left|\frac{x+4}{2}\right|<1$,

得展开式成立的区间为 $x\in(-6,-2)$.

第五节　函数的幂级数展开式的应用

一、主要内容归纳

1. 近似计算

(1) 函数值的近似计算

函数展开为幂级数,就可用幂级数来进行近似计算,即在展开式有效的区间上,函数值可以近似地利用该幂级数按精确度要求计算出来.

(2) 定积分的近似计算

如果定积分中的被积函数在积分区间上能展开成幂级数,则把该幂级数逐项积分,用积分后的级数就可算出定积分的近似值.

2. 微分方程的幂级数解法

(1) 一阶、二阶微分方程的解法

当微分方程的解不能用初等函数或定积分表达时,就可采用幂级数解法.

设解 $y=\sum\limits_{n=0}^{\infty} a_n x^n$,则 $y'=\sum\limits_{n=1}^{\infty} n a_n x^{n-1}$, $y''=\sum\limits_{n=2}^{\infty} n(n-1) a_n x^{n-2}$. 将 y、y'、y'' 代入方程,求出 $a_n(n=0,1,2,\cdots)$ 即可求出微分方程的解.

(2) 方程 $y''+P(x)y'+Q(x)y=0$ 的幂级数解的存在性定理

若方程 $y''+P(x)y'+Q(x)y=0$ 中的系数 $P(x)$ 与 $Q(x)$ 可在 $(-R,R)$ 内展开为 x 的幂级数,则在 $(-R,R)$ 内,$y''+P(x)y'+Q(x)y=0$ 必有形如 $y=\sum\limits_{n=0}^{\infty} a_n x^n$ 的解.

3. 欧拉公式

$$e^{ix}=\cos x+i\sin x \quad \text{或} \quad \begin{cases}\cos x=\dfrac{e^{ix}+e^{-ix}}{2}\\ \sin x=\dfrac{e^{ix}-e^{-ix}}{2}\end{cases} \text{叫做欧拉公式.}$$

欧拉公式揭示了三角函数与复变量指数函数之间的一种联系.

二、经典例题解析及解题方法总结

【例1】 计算 $\sqrt[5]{240}$ 的近似值,要求误差不超过 0.0001.

解 因为 $\sqrt[5]{240}=\sqrt[5]{243-3}=3\left(1-\dfrac{1}{3^4}\right)^{\frac{1}{5}}$. 所以在 $(1+x)^m=1+mx+\dfrac{m(n-1)x^2}{2}+\cdots+\dfrac{m(m-1)\cdots(m-n+1)}{n!}x^n+\cdots$ $(-1<x<1)$ 中,可令 $x=-\dfrac{1}{3^4}$,$m=\dfrac{1}{5}$,得 $\sqrt[5]{240}=3\left(1-\dfrac{1}{5}\dfrac{1}{3^4}-\dfrac{1\cdot 4}{5^2\cdot 2!}\dfrac{1}{3^8}-\dfrac{1\cdot 4\cdot 9}{5^3\cdot 3!}\dfrac{1}{3^{12}}+\cdots\right)$

若取前两项的和作为近似值,则误差

$$|r_2|=3\left(\dfrac{1\cdot 4}{5^2\cdot 2!}\dfrac{1}{3^8}+\dfrac{1\cdot 4\cdot 9}{5^3\cdot 3!}\dfrac{1}{3^{12}}+\dfrac{1\cdot 4\cdot 9\cdot 14}{5^4\cdot 4!}\dfrac{1}{3^{16}}+\cdots\right)$$

$$< 3 \frac{1 \cdot 4}{5^2 \cdot 2!} \frac{1}{3^8}\left(1+\frac{1}{81}+\left(\frac{1}{81}\right)^2+\cdots\right)=\frac{6}{25} \frac{1}{3^8} \frac{1}{1-\frac{1}{81}}=\frac{1}{25 \cdot 27 \cdot 40}<\frac{1}{20000}$$

于是 $\sqrt[5]{240} \approx 3\left(1-\frac{1}{5} \frac{1}{3^4}\right) \approx 2.9926$.

【例2】 用幂级数求 $y'-xy-x=1$ 的解.

解 设方程解为 $y=C_1+\sum_{n=1}^{\infty} a_n x^n$, C_1 为任意常数, 则 $y'=\sum_{n=1}^{\infty} n a_n x^{n-1}$, 代入方程得

$$\sum_{n=1}^{\infty} n a_n x^{n-1}-x\left(C_1+\sum_{n=1}^{\infty} a_n x^n\right)-x=1$$

即

$$a_1+(2a_2-C_1-1)x+\sum_{n=1}^{\infty}[-a_n+(n+2)a_{n+2}]x^{n+1}=1.$$

比较恒等式两端 x 的同次幂系数, 可得方程的通解表达式为

$$y=Ce^{\frac{x^2}{2}}+\left[-1+x+\frac{x^3}{1 \cdot 3}+\cdots+\frac{x^{2n-1}}{1 \cdot 3 \cdot 5 \cdots (2n-1)}+\cdots\right]$$

【例3】 试用幂级数求方程 $(1-x)y'+y=1+x$ 满足初始条件 $y\big|_{x=0}=0$ 的特解.

解 设方程的解为 $y=\sum_{n=0}^{\infty} a_n x^n$. 由初始条件 $y\big|_{x=0}=0$ 可知 $a_0=0$, 把 $y=\sum_{n=1}^{\infty} a_n x^n$ 代入原方程得 $(1-x)\sum_{n=1}^{\infty} n a_n x^{n-1}+\sum_{n=1}^{\infty} a_n x^n=1+x.$

比较同次幂的系数, 得 $y=x+\frac{1}{1 \cdot 2}x^2+\frac{1}{2 \cdot 3}x^3+\frac{1}{3 \cdot 4}x^4+\cdots.$

习题 12-5 解答

1. **解**: (1) 由 $\ln\frac{1+x}{1-x}=2\sum_{n=1}^{\infty}\frac{x^{2n-1}}{2n-1}$, $(|x|<1)$, 而 $3=\frac{1+\frac{1}{2}}{1-\frac{1}{2}}$, 故 $\ln 3=2\sum_{n=1}^{\infty}\frac{1}{2n-1}\left(\frac{1}{2}\right)^{2n-1}.$

$$|r_n|=2\sum_{k=n+1}^{\infty}\frac{1}{2n-1}\left(\frac{1}{2}\right)^{2k-1}<\frac{2}{2n+1}\frac{\left(\frac{1}{2}\right)^{2n+1}}{1-\frac{1}{4}}=\frac{1}{3(2n+1)}\left(\frac{1}{2}\right)^{2n-2}$$

计算得: $|r_3|<\frac{1}{3 \cdot 11} \frac{1}{2^8} \approx 0.00012$, $|r_6|<\frac{1}{3 \cdot 11}\frac{1}{2^{10}} \approx 0.00003$, 取 $n=6$ 得 $\ln 3 \approx 2\sum_{n=1}^{6}\frac{1}{2n-1}\left(\frac{1}{2}\right)^{2n-1} \approx 1.0986.$

(2) 由 $e^x=\sum_{n=0}^{\infty}\frac{x^n}{n!}$, 令 $x=\frac{1}{2}$ 得, $e^{\frac{1}{2}}=\sum_{n=0}^{\infty}\frac{1}{n!}\left(\frac{1}{2}\right)^n$

$$|r_n|=\sum_{k=n+1}^{\infty}\frac{1}{k!}\left(\frac{1}{2}\right)^k<\frac{1}{(n+1)!}\left(\frac{1}{2}\right)^{n+1}\sum_{k=0}^{\infty}\left(\frac{1}{2}\right)^{2k}=\frac{1}{3(n+1)!}\frac{1}{2^{n-1}}$$

计算后得, $r_4<\frac{1}{3 \cdot 5! \cdot 2^3} \approx 0.0003$, 取 $n=4$ 得, $\sqrt{e} \approx \sum_{k=0}^{\infty}\frac{x^k}{k!} \approx 1.648.$

(3) $\sqrt[9]{522}=\sqrt[9]{2^9+10}=2\left(1+\frac{10}{2^9}\right)^{\frac{1}{9}}$, 由 $(1+x)^{\frac{1}{9}}=1+\frac{1}{9}x+\frac{\frac{1}{9}\left(\frac{1}{9}-1\right)}{2!}x^2+\cdots+$

$$\frac{\frac{1}{9}\left(\frac{1}{9}-1\right)\cdots\left(\frac{1}{9}-n+1\right)}{n!}x^n+\cdots,(|x|<1),得\sqrt[9]{522}=2\left[1+\frac{1}{9}\cdot\frac{10}{2^9}+\frac{\frac{1}{9}\left(\frac{1}{9}-1\right)}{2!}\right.$$

$$\left.\left(\frac{10}{2^9}\right)^2+\cdots+\frac{\frac{1}{9}\left(\frac{1}{9}-1\right)\cdots\left(\frac{1}{9}-n+1\right)}{n!}\left(\frac{10}{2^9}\right)^n+\cdots\right]=2\left(1+\frac{1}{9}\cdot\frac{10}{2^9}-\frac{\frac{1}{9}\cdot\frac{8}{9}}{2!}\cdot\frac{10^2}{2^{18}}+\cdots\right),$$

而 $\frac{1}{9}\cdot\frac{10}{2^9}\approx 0.002170$,$\quad\frac{\frac{1}{9}\cdot\frac{8}{9}}{2!}\cdot\frac{10^2}{2^{18}}\approx 0.000019$,故 $\sqrt[9]{522}\approx 2(1+0.002170-0.000019)\approx$ 2.00430.

(4) 由 $\cos x=\sum_{n=0}^{\infty}(-1)^n\frac{x^{2n}}{2n!}$ 知 $\cos 2°=\cos\frac{\pi}{90}=\sum_{n=0}^{\infty}(-1)^n\frac{\left(\frac{\pi}{90}\right)^{2n}}{2n!}$,而 $\frac{1}{2!}\left(\frac{\pi}{90}\right)^2\approx 6\times$ 10^{-4},$\frac{1}{4!}\left(\frac{\pi}{90}\right)^2\approx 10^{-8}$,故 $\cos 2°\approx 1-\frac{1}{2!}\left(\frac{\pi}{90}\right)^2\approx 0.9994$.

2. **解**:(1) 由 $\int_0^x\frac{1}{1+x^4}\mathrm{d}x=\sum_{n=0}^{\infty}\frac{(-1)^n}{4n+1}x^{4n+1}$,$(|x|<1)$ 得 $\int_0^{0.5}\frac{1}{1+x^4}\mathrm{d}x=\sum_{n=0}^{\infty}\frac{(-1)^n}{4n+1}\left(\frac{1}{2}\right)^{4n+1}$

计算得 $\frac{1}{5}\cdot\frac{1}{2^5}\approx 0.00625,\frac{1}{9}\cdot\frac{1}{2^9}\approx 0.00028,\frac{1}{13}\cdot\frac{1}{2^{13}}\approx 0.000009$.

从而 $\int_0^{0.5}\frac{1}{1+x^4}\mathrm{d}x\approx\frac{1}{2}-0.00625+0.00028\approx 0.4940$.

(2) 由 $\int_0^x\frac{\arctan x}{x}\mathrm{d}x=\int_0^x\sum_{n=0}^{\infty}\frac{(-1)^n x^{2n}}{2n+1}\mathrm{d}x=\sum_{n=0}^{\infty}\frac{(-1)^n}{(2n+1)^2}x^{2n+1}$

得 $\int_0^{0.5}\frac{\arctan x}{x}\mathrm{d}x=\sum_{n=0}^{\infty}\frac{(-1)^n}{(2n+1)^2}\left(\frac{1}{2}\right)^{2n+1}$,计算得 $\frac{1}{9}\cdot\frac{1}{2^3}\approx 0.0139,\frac{1}{25}\cdot\frac{1}{2^5}\approx 0.0013,\frac{1}{49}\cdot$ $\frac{1}{2^7}\approx 0.0002$,从而 $\int_0^{0.5}\frac{\arctan x}{x}\mathrm{d}x\approx\frac{1}{2}-0.0139+0.0013\approx 0.487$.

3. **解**:(1) 设方程的解为 $y=a_0+a_1 x+a_2 x^2+\cdots+a_n x^n+\cdots$ (a_0 为任意常数),代入方程,则有如下竖式(注意对齐同次幂项):

$$y'=a_1+2a_2 x+3a_3 x^2+\cdots+(n+1)a_{n+1}x^n+\cdots$$
$$-xy=\quad -a_0 x-a_1 x^2-\cdots\quad -a_{n-1}x^n-\cdots$$
$$-x=\quad -x$$
$$1=a_1+(2a_2-a_0-1)x+(3a_3-a_1)x^2+\cdots+[(n+1)a_{n+1}-a_{n-1}]x^n+\cdots$$

比较系数可得

$$a_1=1,\qquad\qquad a_2=\frac{a_0+1}{2},$$
$$a_3=\frac{1}{3},\qquad\qquad a_4=\frac{a_2}{4}=\frac{a_0+1}{2\times 4},$$
$$a_5=\frac{a_3}{5}=\frac{1}{3\times 5},\qquad a_6=\frac{a_4}{6}=\frac{a_0+1}{2\times 4\times 6},$$
$$\cdots\qquad\qquad\cdots$$
$$a_{2n-1}=\frac{1}{3\times 5\times\cdots\times(2n-1)},\qquad a_{2n}=\frac{a_0+1}{2\times 4\times 6\times\cdots\times 2n}=\frac{a_0+1}{n!}\cdot\frac{1}{2^n}.$$

不难求出 $\sum_{n=1}^{\infty}a_{2n-1}x^{2n-1}$ 与 $\sum_{n=0}^{\infty}a_{2n}x^{2n}$ 的收敛域都是 $(-\infty,+\infty)$,故

$$y = \sum_{n=0}^{\infty} a_n x^n = \sum_{n=1}^{\infty} a_{2n-1} x^{2n-1} + \sum_{n=0}^{\infty} a_{2n} x^{2n}$$

$$= \sum_{n=1}^{\infty} \frac{x^{2n-1}}{3 \times 5 \times \cdots \times (2n-1)} + (a_0 + 1) \sum_{n=0}^{\infty} \frac{x^{2n}}{n! \ 2^n} - 1$$

$$= \sum_{n=1}^{\infty} \frac{x^{2n-1}}{3 \times 5 \times \cdots \times (2n-1)} + (a_0 + 1) \sum_{n=0}^{\infty} \frac{1}{n!} \left(\frac{x^2}{2}\right)^n - 1.$$

由于 $\sum_{n=0}^{\infty} \frac{1}{n!} \left(\frac{x^2}{2}\right)^n = e^{\frac{x^2}{2}}$,记 $a_0 + 1 = C$, $1 \times 3 \times 5 \times \cdots \times (2n-1) = (2n-1)!!$,

则 $y = C e^{\frac{x^2}{2}} + \sum_{n=1}^{\infty} \frac{1}{(2n-1)!!} x^{2n-1} - 1$, $x \in (-\infty, +\infty)$.

(2) 设 $y = \sum_{n=0}^{\infty} a_n x^n$ 是方程的解,其中 a_0, a_1 是任意常数,则

$$y' = \sum_{n=1}^{\infty} n a_n x^{n-1}, \quad y'' = \sum_{n=2}^{\infty} n(n-1) a_n x^{n-2} = \sum_{n=0}^{\infty} (n+2)(n+1) a_{n+2} x^n,$$

代入方程 $y'' + xy' + y = 0$,得 $\sum_{n=0}^{\infty} [(n+2)(n+1) a_{n+2} + n a_n + a_n] x^n = 0$.

故必有 $(n+2)(n+1) a_{n+2} + (n+1) a_n = 0$,即 $a_{n+2} = -\frac{a_n}{n+2}$ ($n = 0, 1, 2, \cdots$). 可见,当 $n = 2(k-1)$ 时,

$$a_{2k} = \left(-\frac{1}{2k}\right) a_{2k-2} = \left(-\frac{1}{2k}\right)\left(-\frac{1}{2k-2}\right) \cdots \left(-\frac{1}{2}\right) a_0 = \frac{a_0 (-1)^k}{k! \ 2^k}.$$

当 $n = 2k - 1$ 时,

$$a_{2k+1} = \left(-\frac{1}{2k+1}\right) a_{2k-1} = \left(-\frac{1}{2k+1}\right)\left(-\frac{1}{2k-1}\right) \cdots \left(-\frac{1}{3}\right) a_1 = \frac{a_1 (-4)^k}{(2k+1)!!}.$$

由于 $\sum_{n=0}^{\infty} a_{2n} x^{2n}$ 与 $\sum_{n=0}^{\infty} a_{2n+1} x^{2n+1}$ 的收敛域均为 $(-\infty, +\infty)$,故

$$y = \sum_{n=0}^{\infty} a_n x^n = \sum_{n=0}^{\infty} a_{2n} x^{2n} + \sum_{n=0}^{\infty} a_{2n+1} x^{2n+1}$$

$$= \sum_{n=0}^{\infty} \frac{a_0 (-1)^n}{n! \ 2^n} x^{2n} + \sum_{n=0}^{\infty} \frac{a_1 (-1)^n}{(2n+1)!!} x^{2n+1},$$

即 $y = a_0 e^{-\frac{x^2}{2}} + a_1 \sum_{n=0}^{\infty} \frac{(-1)^n}{(2n+1)!!} x^{2n+1}$, $x \in (-\infty, +\infty)$.

(3) 设 $y = \sum_{n=0}^{\infty} a_n x^n$ 是方程的解,代入方程,得 $(1-x) \sum_{n=1}^{\infty} n a_n x^{n-1} = x^2 - \sum_{n=0}^{\infty} a_n x^n$,

有 $\sum_{n=1}^{\infty} n a_n x^{n-1} - \sum_{n=1}^{\infty} n a_n x^n + \sum_{n=0}^{\infty} a_n x^n = x^2$,将上式左边第一个级数写成 $\sum_{n=1}^{\infty} n a_n x^{n-1} = \sum_{n=0}^{\infty} (n+1) a_{n+1} x^n$,则有 $\sum_{n=0}^{\infty} [(n+1) a_{n+1} + (1-n) a_n] x^n = x^2$. 比较系数,得 $a_1 + a_0 = 0$, $2 a_2 = 0$, $3 a_3 - a_2 = 1$, $(n+1) a_{n+1} + (1-n) a_n = 0$. ($n \geq 3$)

即 $a_1 = a_0$, $a_2 = 0$, $a_3 = \frac{1}{3}$, $a_{n+1} = \frac{n-1}{n+1} a_n$, ($n \geq 3$)

或写成 $a_n = \frac{n-2}{n} a_{n-1} = \frac{n-2}{n} \cdot \frac{n-3}{n-1} \cdot \frac{n-4}{n-2} \cdot \cdots \cdot \frac{2}{4} \cdot \frac{1}{3} = \frac{2}{n(n-1)}$. ($n \geq 4$)

于是 $y=a_0-a_0x+\dfrac{1}{3}x^3+\dfrac{1}{6}x^4+\dfrac{1}{10}x^5+\cdots+\dfrac{2}{n(n-1)}x^n+\cdots$.

4. **解**:(1)设 $y=\sum\limits_{n=0}^{\infty}a_nx^n$ 为该方程的解,由于 $y\big|_{x=0}=\dfrac{1}{2}$,所以 $a_0=\dfrac{1}{2}$, $y=\dfrac{1}{2}+\sum\limits_{n=1}^{\infty}a_nx^n$.

代入方程,得 $\sum\limits_{n=1}^{\infty}na_nx^{n-1}=\left(\dfrac{1}{2}+\sum\limits_{n=1}^{\infty}a_nx^n\right)^2+x^3$

由于 $\left(\dfrac{1}{2}+\sum\limits_{n=1}^{\infty}a_nx^n\right)^2=\dfrac{1}{4}+\sum\limits_{n=1}^{\infty}a_nx^n+\left(\sum\limits_{n=1}^{\infty}a_nx^n\right)^2$

$=\dfrac{1}{4}+\sum\limits_{n=1}^{\infty}a_nx^n+a_1^2x^2+2a_1a_2x^3+(a_2^2+2a_1a_3)x^4+\cdots$

所以上式为 $\sum\limits_{n=1}^{\infty}na_nx^{n-1}=\dfrac{1}{4}+\sum\limits_{n=1}^{\infty}a_nx^n+a_1^2x^2+(1+2a_1a_2)x^3+(a_2^2+2a_1a_3)x^4+\cdots$

比较系数,得 $a_1=\dfrac{1}{4}$,$2a_2=a_1$,$3a_3=a_2+a_1^2$,$4a_4=a_3+1+2a_1a_2$,$5a_5=a_4+a_2^3+2a_1a_3,\cdots$

计算,得 $a_1=\dfrac{1}{4}$,$a_2=\dfrac{1}{8}$,$a_3=\dfrac{1}{16}$,$a_4=\dfrac{9}{32}$,$\cdots$

故 $y=\dfrac{1}{2}+\dfrac{1}{4}x+\dfrac{1}{8}x^2+\dfrac{1}{16}x^3+\dfrac{9}{32}x^4+\cdots$

(2)设该方程的解为 $y=\sum\limits_{n=0}^{\infty}a_nx^n$,由于 $y\big|_{x=0}=0$,所以 $a_0=0$,$y=\sum\limits_{n=1}^{\infty}a_nx^n$.

代入方程,得 $(1-x)\sum\limits_{n=1}^{\infty}na_nx^{n-1}+\sum\limits_{n=1}^{\infty}a_nx^n=1+x$

即 $a_1+\sum\limits_{n=1}^{\infty}[(n+1)a_{n+1}+(1-n)a_n]x^n=1+x$,比较系数,得 $a_1=1$, $2a_2=1$.

当 $n\geqslant 2$ 时,$(n+1)a_{n+1}+(1-n)a_n=0$,即 $a_1=1$,$a_2=\dfrac{1}{2}$.

当 $n\geqslant 3$ 时,$a_n=\dfrac{n-2}{n}a_{n-1}=\dfrac{n-2}{n}\cdot\dfrac{n-3}{n-1}a_{n-2}=\cdots=\dfrac{n-2}{n}\cdot\dfrac{n-3}{n-1}\cdot\dfrac{n-4}{n-2}\cdot\dfrac{n-5}{n-3}\cdot\cdots\cdot$

$\dfrac{1}{3}a_2=\dfrac{1}{n(n-1)}$.所以 $y=x+\dfrac{1}{1\cdot 2}x^2+\dfrac{1}{2\cdot 3}x^3+\cdots+\dfrac{1}{(n-1)n}x^n+\cdots$

5. **解**:(1)因为 $y(x)=1+\dfrac{x^3}{3!}+\dfrac{x^6}{6!}+\cdots+\dfrac{x^{3n}}{(3n)!}+\cdots$,

$y'(x)=\dfrac{x^2}{2!}+\dfrac{x^5}{5!}+\cdots+\dfrac{x^{3n-1}}{(3n-1)!}+\cdots$,$y''(x)=x+\dfrac{x^4}{4!}+\cdots+\dfrac{x^{3n-2}}{(3n-2)!}+\cdots$,

以上三式相加得 $y''(x)+y'(x)+y(x)=\sum\limits_{n=0}^{\infty}\dfrac{x^n}{n!}=e^x$,

所以函数 $y(x)$ 满足微分方程 $y''+y'+y=e^x$.

(2)$y''+y'+y=e^x$ 对应的齐次方程 $y''+y'+y=0$ 的特征方程为 $r^2+r+1=0$,特征根为 $r_{1,2}=-\dfrac{1}{2}\pm\dfrac{\sqrt{3}}{2}i$,因此齐次方程的通解为 $Y=e^{-\frac{x}{2}}\left(C_1\cos\dfrac{\sqrt{3}}{2}x+C_2\sin\dfrac{\sqrt{3}}{2}x\right)$.

设非齐次微分方程的特解为 $y^*=Ae^x$,代入方程 $y''+y'+y=e^x$,得 $A=\dfrac{1}{3}$,故有 $y^*=\dfrac{1}{3}e^x$,

所以非齐次微分方程的通解为 $y=Y+y^*=\mathrm{e}^{-\frac{x}{2}}\left(C_1\cos\frac{\sqrt{3}}{2}x+C_2\sin\frac{\sqrt{3}}{2}x\right)+\frac{1}{3}\mathrm{e}^x$.

由(1)知 $y(x)$ 满足:$y(0)=1,y'(0)=0$,由此求得 $C_1=\frac{2}{3},C_2=0$. 所以所求幂级数的和函数为 $y(x)=\frac{2}{3}\mathrm{e}^{-\frac{x}{2}}\cos\frac{\sqrt{3}}{2}x+\frac{1}{3}\mathrm{e}^x(-\infty<x<+\infty)$.

6. 解:$\mathrm{e}^x\cos x=\mathrm{e}^x\cdot\mathrm{Re}(\mathrm{e}^{ix})=\mathrm{Re}(\mathrm{e}^{(1+i)x})=\mathrm{Re}(\mathrm{e}^{\sqrt{2}\left(\cos\frac{\pi}{4}+i\sin\frac{\pi}{4}\right)x})$,又

$$\mathrm{e}^{\sqrt{2}\left(\cos\frac{\pi}{4}+i\sin\frac{\pi}{4}\right)x}=\sum_{n=0}^{\infty}\frac{\left[\sqrt{2}\left(\cos\frac{\pi}{4}+i\sin\frac{\pi}{4}\right)x\right]^n}{n!}=\sum_{n=0}^{\infty}\frac{2^{\frac{n}{2}}}{n!}x^n\left(\cos\frac{n\pi}{4}+i\sin\frac{n\pi}{4}\right),$$

故 $\mathrm{e}^x\cos x=\sum_{n=0}^{\infty}2^{\frac{n}{2}}\cos\frac{n\pi}{4}\frac{x^n}{n!},\quad x\in(-\infty,+\infty)$

*第六节 函数项级数的一致收敛性及一致收敛级数的基本性质

一、主要内容归纳

1. 一致收敛级数的性质

(1)设 $u_n(x)\in C[a,b](n=1,2,\cdots),\sum_{n=1}^{\infty}u_n(x)$ 在 $[a,b]$ 上一致收敛,则有

① $S(x)=\sum_{n=1}^{\infty}u_n(x)\in C[a,b]$(或为 $C(a,b)$),

② $\int_a^b\sum_{n=1}^{\infty}u_n(x)\mathrm{d}x=\sum_{n=1}^{\infty}\int_a^b u_n(x)\mathrm{d}x$.

(2)若 $u_n(x)\in C[a,b]$,$\sum_{n=1}^{\infty}u_n(x)$ 在 $[a,b]$ 上收敛,$\sum_{n=1}^{\infty}u'_n(x)$ 在 $[a,b]$ 上一致收敛,则

$$\left(\sum_{n=1}^{\infty}u_n(x)\right)'=\sum_{n=1}^{\infty}u'_n(x)\quad x\in[a,b]\quad (\text{或}(a,b)).$$

2. 一致收敛判别法

(1)最值判别法

① $f_n(x)\xrightarrow{z}f(x)$ 的充要条件是 $\lim_{n\to+\infty}M_n=0$,其中 $M_n=\max_{x\in z}\{f_n(x)-f(x)\}$.

② $\sum_{n=1}^{\infty}u_n(x)\xrightarrow{z}S(x)$ 的充要条件是 $\lim_{n\to+\infty}M_n=0$,其中 $M_n=\max_{x\in z}\left|\sum_{k=1}^{n}u_k(x)-S(x)\right|$.

(2)柯西准则 $f_n(x)$ 在 z 上一致收敛的充要条件是 $\forall\varepsilon>0$,存在与 x 无关的序号 N,当 $n>N$ 时,$\forall$ 自然数 p,有 $|f_{n+p}(x)-f_n(x)|<\varepsilon$,$\forall x\in z$.

(3) $M-$判别法 设 $\sum_{n=1}^{\infty}u_n(x)$ 的一般项在等区域 z 上满足 $|u_n(x)|\leqslant M_n$,($\forall x\in z$,$n=1$,$2,\cdots$),而 $\sum_{n=1}^{\infty}M_n$ 收敛,则 $\sum_{n=1}^{\infty}u_n(x)$ 在 z 上绝对一致收敛(即 $\sum_{n=1}^{\infty}u_n(x)$ 及 $\sum_{n=1}^{\infty}|u_n(x)|$ 都在 z

上一致收敛.)

(4)狄利克莱判别法　设 $\sum\limits_{k=1}^{\infty} b_k(x)$ 在 z 上一致有界,$\left|\sum\limits_{k=1}^{\infty} b_k(x)\right| \leqslant M$,$a_n(x)$ 对 $\forall x \in z$ 是单调并一致趋于零的序列,则 $\sum\limits_{n=1}^{\infty} a_n(x) b_n(x)$ 在 z 上一致收敛.

(5)达朗贝尔判别法　设 $\sum\limits_{n=1}^{\infty} b_n(x)$ 在 z 上一致收敛,在 z 中任意取定一个 x,数列 $\{a_n(x)\}$ 单调,且函数序列 $\{a_n(x)\}$ 在 z 上一致有界,则 $\sum\limits_{n=1}^{\infty} a_n(x) b_n(x)$ 在 z 上一致收敛.

二、经典例题解析及解题方法总结

【例1】　证明级数 $\sum\limits_{n=1}^{\infty} \dfrac{nx}{4+n^5 x^2}$ 在 $(-\infty, +\infty)$ 上绝对收敛且一致收敛.

证　因 $a^2 + b^2 \geqslant 2ab$,$\therefore 4 + n^5 x^2 \geqslant 4n^{\frac{5}{2}} |x|$,则
$$\left|\dfrac{nx}{4+n^5 x^2}\right| \leqslant \left|\dfrac{nx}{4n^{\frac{5}{2}} x}\right| = \dfrac{1}{4n^{\frac{3}{2}}} \quad (|x| < \infty)$$

又 $\sum\limits_{n=1}^{\infty} \dfrac{1}{4n^{\frac{3}{2}}}$ 收敛,故原级数绝对收敛且一致收敛.

【例2】　讨论 $\sum\limits_{n=0}^{\infty} (-1)^n (1-x) x^n$,$x \in [0,1]$ 的一致收敛性.

解　任意固定 $x \in [0,1]$,定义 $a_n(x) = (1-x) x^n$,$a_n \overset{[0,1]}{\Rightarrow} 0$
$$a_{n+1} - a_n = (1-x) x^{n+1} - (1-x) x^n = (1-x) x^n (x-1) \leqslant 0,$$
故 $a_{n+1} \leqslant a_n$,即 $a_n(x)$ 对固定的 x 是单调下降序列.

记 $b_n(x) = (-1)^n$,则 $\left|\sum\limits_{k=0}^{\infty} b_k(x)\right| \leqslant 1$

由狄利克莱判别法知 $\sum\limits_{n=0}^{\infty} a_n(x) b_n(x) = \sum\limits_{n=0}^{\infty} (-1)^n (1-x) x^n$ 在 $[0,1]$ 上是一致收敛的.

【例3】　证明级数 $\sum\limits_{n=1}^{\infty} \dfrac{x^2}{(1+x^2)^n}$ 在 $[0,1]$ 上收敛,但不一致收敛.

证　显然,当 $x=0$ 时,$\sum\limits_{n=1}^{\infty} \dfrac{x^2}{(1+x^2)^n} = 0$. 当 $x \neq 0$ 时,$x \in (0,1]$ 故有 $\dfrac{1}{1+x^2} < 1$,从而

$$\sum_{n=1}^{\infty} \dfrac{x^2}{(1+x^2)^n} = x^2 \sum_{n=1}^{\infty} \left(\dfrac{1}{1+x^2}\right)^n = x^2 \lim_{n \to \infty} \dfrac{\dfrac{1}{1+x^2}\left[1-\left(\dfrac{1}{1+x^2}\right)^n\right]}{1-\dfrac{1}{1+x^2}} = x^2 \dfrac{\dfrac{1}{1+x^2}}{\dfrac{x^2}{1+x^2}} = 1.$$

即 $\sum\limits_{n=1}^{\infty} \dfrac{x^2}{(1+x^2)^n} = \begin{cases} 1, & x \neq 0 \\ 0, & x = 0 \end{cases}$. 故原函数在 $[0,1]$ 上收敛,但和函数不连续,即原级数不一致收敛.

*习题 12-6 解答

1. 解: (1)由于 $|S_n(x) - 0| = \left|\sin\dfrac{x}{n}\right| \leqslant \left|\dfrac{x}{n}\right|$,

故对于 $\forall \varepsilon > 0$,取 $N(\varepsilon, x) \geqslant \dfrac{|x|}{\varepsilon}$,则当 $n > N$ 时,$|S_n(x) - 0| \leqslant \left|\dfrac{x}{n}\right| < \varepsilon$.

(2) 记 $A=\max\{|a|,|b|\}$，则对于 $x\in[a,b]$，有 $|x|\leqslant A$，从而

$$|S_n(x)-0|\leqslant\left|\frac{x}{n}\right|\leqslant\frac{A}{n},$$

对 $\forall\varepsilon>0$，取 $N=\left[\dfrac{A}{\varepsilon}\right]+1$，则当 $n>N$ 时，$|S_n(x)-0|\leqslant\dfrac{A}{n}<\varepsilon$，即 $S_n(x)$ 在 $[a,b]$ 上一致收敛．

2. **解**：(1) 该级数的和函数记为 $S(x)$，显然 $S(0)=0$，当 $x\neq 0$ 时，级数为公比是 $\dfrac{1}{1+x^2}$ 的等比级数，故 $S(x)=\dfrac{x^2}{1-\dfrac{1}{1+x^2}}=1+x^2$，即 $S(x)=\begin{cases}0, & x=0 \\ 1+x^2, & x\neq 0\end{cases}.$

(2) $r_n(x)=\dfrac{x^2}{(1+x^2)^n}+\dfrac{x^2}{(1+x^2)^{n+1}}+\cdots$，当 $x=0$ 时，$r_n(x)=0$，故对任意 $\varepsilon>0$，取 $N=1$，就能使当 $n>N$ 时，$|r_n(x)|<\varepsilon$．

当 $x\neq 0$ 时，$r_n(x)=\dfrac{x^2}{(1+x^2)^n}\bigg/\left(1-\dfrac{1}{1+x^2}\right)=\dfrac{1}{(1+x^2)^{n-1}}$，故对任意 $\varepsilon>0$，要使 $|r_n(x)|<\varepsilon$，只须 $\dfrac{1}{(1+x^2)^{n-1}}<\varepsilon$，即 $n>\dfrac{\ln\dfrac{1}{\varepsilon}}{\ln(1+x^2)}+1$．因此取 $N\geqslant\left[\dfrac{\ln\dfrac{1}{\varepsilon}}{\ln(1+x^2)}\right]$ 即可．

(3) 在 $[0,1]$ 上，级数的各项 $u_n(x)=\dfrac{x^2}{(1+x^2)^n}$ （$n=0,1,2,\cdots$）

显然连续，但和函数 $S(x)$ 在 $x=0$ 处不连续，故级数在 $[0,1]$ 上不一致收敛．

在 $\left[\dfrac{1}{2},1\right]$ 上 $|r_n(x)|=\dfrac{1}{(1+x^2)^{n-1}}\leqslant\left|r_n\left(\dfrac{1}{2}\right)\right|=\left(\dfrac{4}{5}\right)^{n-1}$，因此对任意 $\varepsilon>0$（不妨设 $\varepsilon<1$），存在 $N=\left[\ln\dfrac{1}{\varepsilon}\bigg/\ln\dfrac{5}{4}\right]+1$，则当 $n>N$ 时，有 $|r_n(x)|<\varepsilon$，故该级数在 $\left[\dfrac{1}{2},1\right]$ 上一致收敛．

3. **解**：(1) 由于此级数为交错级数，故 $|r_n(x)|\leqslant\dfrac{x^2}{(1+x^2)^{n+1}}\leqslant\dfrac{x^2}{(1+x^2)^n}=\dfrac{x^2}{1+nx^2+\cdots}<\dfrac{1}{n}$ 从而对任意 $\varepsilon>0$，存在 $N=\left[\dfrac{1}{\varepsilon}\right]+1$，则当 $n>N$ 时，恒有 $|r_n(x)|<\varepsilon$，即此级数一致收敛．

(2) 设部分和函数为 $S_n(x)$，和函数为 $S(x)$，显然 $S_n(x)=1-x^{n+1}$，$S(x)=\lim\limits_{n\to\infty}S_n(x)=1$，$(0<x<1)$，故 $|r_n(x)|=x^{n+1}$．

令 $x_n=\left(\dfrac{1}{2}\right)^{\frac{1}{n+1}}$，则 $|r_n(x_n)|=\dfrac{1}{2}$，因此对 $\varepsilon_0=\dfrac{1}{3}$，不论 n 多大，总存在 $x_n=\left(\dfrac{1}{2}\right)^{\frac{1}{n+1}}\in(0,1)$，使 $|r_n(x_n)|=\dfrac{1}{2}>\dfrac{1}{3}=\varepsilon_0$．因此级数在 $(0,1)$ 内不一致收敛．

4. **解**：(1) 由于 $\left|\dfrac{\cos nx}{2^n}\right|\leqslant\dfrac{1}{2^n}$，$x\in(-\infty,+\infty)$，而 $\sum\limits_{n=0}^{\infty}\dfrac{1}{2^n}$ 收敛，故所给级数在 $(-\infty,+\infty)$ 上一致收敛．

(2) 由于 $\left|\dfrac{\sin nx}{\sqrt[3]{n^4+x^4}}\right|\leqslant\dfrac{1}{\sqrt[3]{n^4+x^4}}\leqslant\dfrac{1}{n^{\frac{4}{3}}}$，$x\in(-\infty,+\infty)$，而 $\sum\limits_{n=0}^{\infty}\dfrac{1}{n^{\frac{4}{3}}}$ 收敛，故所给级数在 $(-\infty,+\infty)$ 上一致收敛．

(3) 由于 $e^x = 1 + x + \dfrac{x^2}{2!} + \cdots + \dfrac{x^n}{n!} + \cdots$,故 $e^x \geqslant \dfrac{x^2}{2}$, $x \in [0, +\infty)$,从而,$0 \leqslant x^2 e^{-nx} \leqslant x^2 \dfrac{2}{n^2 x^2}$ $= \dfrac{2}{n^2}$,而 $\sum\limits_{n=1}^{\infty} \dfrac{2}{n^2}$ 收敛,故原级数在 $[0, +\infty)$ 上一致收敛.

(4) 由于 $\left|\dfrac{e^{-nx}}{n!}\right| \leqslant \dfrac{e^{10n}}{n!}$, $x \in (-10, 10)$. 又 $\sum\limits_{n=1}^{\infty} \dfrac{e^{10n}}{n!}$ 收敛,(可用比值法判别) 故 $\sum\limits_{n=1}^{\infty} \dfrac{e^{-nx}}{n!}$ 在 $(-10, 10)$ 上一致收敛.

(5) 由于 $\left|\dfrac{(-1)^n(1 - e^{-nx})}{n^2 + x^2}\right| \leqslant \dfrac{1}{n^2}$, $x \in [0, +\infty)$,又 $\sum\limits_{n=1}^{\infty} \dfrac{1}{n^2}$ 收敛,故所给级数在 $[0, +\infty)$ 上一致收敛.

第七节 傅里叶级数

一、主要内容归纳

1. 三角级数、三角函数系的正交性

(1) 三角级数 形如 $\dfrac{a_0}{2} + \sum\limits_{n=1}^{\infty}\left(a_n \cos\dfrac{n\pi t}{L} + b_n \sin\dfrac{n\pi t}{L}\right)$ 的级数叫做三角级数,其中 a_0, a_n, b_n $(n = 1, 2, 3, \cdots)$ 都是常数.

(2) 三角函数系及其正交性

① 三角函数系 $1, \cos x, \sin x, \cos 2x, \sin 2x, \cdots, \cos nx, \sin nx, \cdots$ 称为三角函数系.

② 三角函数系的正交性

三角函数系 $1, \cos x, \sin x, \cos 2x, \sin 2x, \cdots, \cos nx, \sin nx, \cdots$ 在 $[-\pi, \pi]$ 上正交,就是指系中任何不同的两个函数的乘积在 $[-\pi, \pi]$ 上的积分为零. 即

$\int_{-\pi}^{\pi} \cos nx \, dx = 0 \ (n = 1, 2, 3, \cdots)$; $\int_{-\pi}^{\pi} \sin nx \, dx = 0 \ (n = 1, 2, 3, \cdots)$;

$\int_{-\pi}^{\pi} \sin kx \cos nx \, dx = 0 \ (k = 1, 2, 3, \cdots, k \neq n)$; $\int_{-\pi}^{\pi} \cos kx \cos nx \, dx = 0 \ (k = 1, 2, 3, \cdots, k \neq n)$;

$\int_{-\pi}^{\pi} \sin kx \sin nx \, dx = 0 \ (k = 1, 2, 3, \cdots, k \neq n)$.

2. 周期为 2π 的函数展成傅里叶级数

(1) $f(x)$ 的傅里叶级数 形如 $\dfrac{a_0}{2} + \sum\limits_{n=1}^{\infty}(a_n \cos nx + b_n \sin nx)$ 的级数叫做 $f(x)$ 的傅里叶级数. 其中 $a_n = \dfrac{1}{\pi}\int_{-\pi}^{\pi} f(x) \cos nx \, dx (n = 0, 1, 2, \cdots)$, $b_n = \dfrac{1}{\pi}\int_{-\pi}^{\pi} f(x) \sin nx \, dx (n = 0, 1, 2, \cdots)$, 叫做 $f(x)$ 的傅里叶系数.

(2) 收敛定理

设 $f(x)$ 是周期为 2π 的周期函数,如果它满足:

① 在一个周期内连续或只有有限个第一类间断点,

② 在一个周期内至多只有有限个极值点,

则 $f(x)$ 的傅里叶级数收敛,并且

当 x 是 $f(x)$ 的连续点时,级数收敛于 $f(x)$;

当 x 是 $f(x)$ 的间断点时,级数收敛于 $\frac{1}{2}[f(x-0)+f(x+0)]$.

3. 奇函数展开为正弦级数,偶函数展开为余弦级数(周期为 2π)

设 $f(x)$ 是周期为 2π 的函数,则

(1)当 $f(x)$ 为奇函数时,$f(x)\cos nx$ 是奇函数,$f(x)\sin nx$ 是偶函数,故

$$\begin{cases} a_n = 0 & (n=0,1,2,\cdots), \\ b_n = \dfrac{1}{\pi}\int_{-\pi}^{\pi} f(x)\sin nx\,dx = \dfrac{2}{\pi}\int_{0}^{\pi} f(x)\sin nx\,dx & (n=1,2,3,\cdots). \end{cases}$$

所以奇函数的傅里叶级数是只含有正弦项的级数 $\sum\limits_{n=1}^{\infty} b_n \sin nx$,叫做正弦级数.

(2)当 $f(x)$ 为偶函数时,$f(x)\cos nx$ 是偶函数,$f(x)\sin nx$ 是奇函数,故

$$\begin{cases} b_n = 0 & (n=1,2,\cdots), \\ a_n = \dfrac{2}{\pi}\int_{0}^{\pi} f(x)\cos nx\,dx & (n=0,1,2,\cdots). \end{cases}$$

所以偶函数的傅里叶级数是只含常数项和余弦项的级数 $\dfrac{a_0}{2} + \sum\limits_{n=1}^{\infty} a_n \cos nx$,叫做余弦级数.

二、经典例题解析及解题方法总结

【例1】 设函数 $f(x) = \pi x + x^2 \ (-\pi < x < \pi)$ 的傅里叶级数展开式为

$$\frac{a_0}{2} + \sum_{n=1}^{\infty}(a_n \cos nx + b_n \sin nx),$$

则其系数 $b_3 =$ _____.

解 $b_3 = \dfrac{1}{\pi}\int_{-\pi}^{\pi}(\pi x + x^2)\sin 3x\,dx = \dfrac{2}{\pi}\int_{0}^{\pi}\pi x\sin 3x\,dx$

$= -\dfrac{2}{3}x\cos 3x\Big|_{0}^{\pi} + \dfrac{2}{3}\int_{0}^{\pi}\cos 3x\,dx = \dfrac{2}{3}\pi + \dfrac{2}{9}\sin 3x\Big|_{0}^{\pi} = \dfrac{2}{3}\pi.$

【例2】 设 $x^2 = \sum\limits_{n=0}^{\infty} a_n \cos nx \ (-\pi \leqslant x \leqslant \pi)$,则 $a_2 =$ _____. (考研题)

解 根据余弦级数的系数计算公式,有

$a_2 = \dfrac{2}{\pi}\int_{0}^{\pi} x^2 \cos 2x\,dx = \dfrac{1}{\pi}\int_{0}^{\pi} x^2 \,d(\sin 2x) = \dfrac{1}{\pi}\left[(x^2\sin 2x)\Big|_{0}^{\pi} - \int_{0}^{\pi}\sin 2x \cdot 2x\,dx\right]$

$= \dfrac{1}{\pi}\int_{0}^{\pi} x\,d(\cos 2x) = \dfrac{1}{\pi}\left[(x\cos 2x)\Big|_{0}^{\pi} - \int_{0}^{\pi}\cos 2x\,dx\right] = 1.$

【例3】 设 $f(x)$ 是以 2π 为周期函数,且其傅里叶系数为 a_n, b_n,试求 $f(x+h)$(h 为实数)的傅里叶系数: $a_n' =$ _____, $b_n' =$ _____.

解 $a_n' = \dfrac{1}{\pi}\int_{-\pi}^{\pi} f(x+h)\cos nx\,dx = \dfrac{1}{\pi}\int_{-\pi}^{\pi} f(x+h)\cos[n(x+h)-nh]\,dx$

$= \dfrac{1}{\pi}\int_{-\pi}^{\pi} f(x+h)\cos nh\cos(x+h)n\,dx + \dfrac{1}{\pi}\int_{-\pi}^{\pi} f(x+h)\sin nh\sin(x+h)n\,dx$

$= a_n\cos nh + b_n\sin nh.$ 同理可得 $b_n' = b_n\cos nh - a_n\sin nh.$

【例4】 设 $f(x)$ 是可积函数,且在 $[-\pi,\pi]$ 上恒有 $f(x+\pi) = f(x)$,则 $a_{2n-1} =$ _____,$b_{2n-1} =$ _____.

解 $a_n = \dfrac{1}{\pi}\int_{-\pi}^{\pi} f(x)\cos nx \,\mathrm{d}x = \dfrac{1}{\pi}\int_{-\pi}^{0} f(x)\cos nx \,\mathrm{d}x + \dfrac{1}{\pi}\int_{0}^{\pi} f(x)\cos nx \,\mathrm{d}x$,

$$\int_{0}^{\pi} f(x)\cos nx \,\mathrm{d}x \xrightarrow{x=t+\pi} \int_{-\pi}^{0} f(t+\pi)\cos n(t+\pi)\,\mathrm{d}t$$

$$= \int_{-\pi}^{0} f(t+\pi)(-1)^n \cos nt \,\mathrm{d}t = \int_{-\pi}^{0} f(t)(-1)^n \cos nt \,\mathrm{d}t$$

$$= \int_{-\pi}^{0} f(x)(-1)^n \cos nx \,\mathrm{d}x.$$

故 $a_n = \dfrac{1}{\pi}\int_{-\pi}^{0}[1+(-1)^n]f(x)\cos nx \,\mathrm{d}x$，则 $a_{2n-1}=0$。同理可得 $b_{2n-1}=0$。

[例5] 已知 $f(x)=\begin{cases} x, & -\pi < x \leqslant 0 \\ 1+x, & 0 < x \leqslant \pi \end{cases}$ 的傅里叶级数为

$$\dfrac{a_0}{2}+\sum_{n=1}^{\infty}(a_n\cos nx + b_n\sin nx),$$

其和函数为 $S(x)$，则 $S(1)=$ _____，$S(0)=$ _____，$S(\pi)=$ _____。

解 根据傅里叶级数收敛定理，有

$S(1)=f(1)=1+1=2$, $S(0)=\dfrac{f(0-0)+f(0+0)}{2}=\dfrac{0+1}{2}=\dfrac{1}{2}$,

$S(\pi)=\dfrac{f(-\pi+0)+f(\pi-0)}{2}=\dfrac{-\pi+1+\pi}{2}=\dfrac{1}{2}$.

[例6] 设函数 $f(x)=\begin{cases} -1, & -\pi < x \leqslant 0 \\ 1+x^2, & 0 < x \leqslant \pi \end{cases}$，则其以 2π 为周期的傅里叶级数在点 $x=\pi$ 处收敛于 _____。

解 所给函数 $f(x)$ 在区间 $(-\pi,\pi]$ 上满足傅里叶级数收敛定理的条件，并且拓展为周期函数时在点 $x=k\pi$ $(k=0,\pm 1,\pm 2,\cdots)$ 处不连续，因此其傅里叶级数在点 $x=\pi$ 处收敛于

$$\dfrac{1}{2}[f(\pi-0)+f(-\pi+0)]=\dfrac{1}{2}(1+\pi^2-1)=\dfrac{1}{2}\pi^2.$$

[例7] 将函数 $f(x)=\begin{cases} 0, & -\pi < x \leqslant 0 \\ x, & 0 < x \leqslant \pi \end{cases}$ 展开成傅里叶级数。

解 所给函数满足收敛定理的条件，傅里叶系数为

$a_0 = \dfrac{1}{\pi}\int_{-\pi}^{\pi} f(x)\,\mathrm{d}x = \dfrac{1}{\pi}\int_{-\pi}^{0} 0 \cdot \mathrm{d}x + \dfrac{1}{\pi}\int_{0}^{\pi} x\,\mathrm{d}x = \dfrac{\pi}{2}$,

$a_n = \dfrac{1}{\pi}\int_{-\pi}^{\pi} f(x)\cos nx \,\mathrm{d}x = \dfrac{1}{\pi}\int_{-\pi}^{0} 0 \cdot \cos nx \,\mathrm{d}x + \dfrac{1}{\pi}\int_{0}^{\pi} x\cos nx \,\mathrm{d}x$

$=\dfrac{1}{\pi}\left(\dfrac{x\sin nx}{n}+\dfrac{\cos nx}{n^2}\right)\Big|_{0}^{\pi}=\dfrac{-1+(-1)^n}{\pi n^2}=\begin{cases}-\dfrac{2}{n^2\pi}, & \text{当 } n=1,3,5,\cdots \\ 0, & \text{当 } n=2,4,6,\cdots\end{cases}$,

又 $b_n = \dfrac{1}{\pi}\int_{-\pi}^{\pi} f(x)\sin nx \,\mathrm{d}x = \dfrac{1}{\pi}\int_{-\pi}^{0} 0 \cdot \sin nx \,\mathrm{d}x + \dfrac{1}{\pi}\int_{0}^{\pi} x\sin nx \,\mathrm{d}x$

$=\dfrac{1}{\pi}\left(-\dfrac{x\cos nx}{n}+\dfrac{\sin nx}{n^2}\right)\Big|_{0}^{\pi}=\dfrac{(-1)^{n+1}}{n}$ $(n=1,2,\cdots)$.

所以 $f(x)$ 的傅里叶级数展开式为 $f(x)=\dfrac{\pi}{4}+\sum_{n=1}^{\infty}\left[\dfrac{(-1)^n-1}{n^2\pi}\cos nx + \dfrac{(-1)^{n+1}}{n}\sin nx\right]$,

当 $x=\pm\pi$ 时，傅里叶级数收敛于 $\dfrac{f(-\pi+0)+f(\pi-0)}{2}=\dfrac{0+\pi}{2}=\dfrac{\pi}{2}$.

【例 8】 将函数 $f(x)=|\sin x|$ $(-\pi<x\leqslant\pi)$ 展开成傅里叶级数.

解 $f(x)$ 为偶函数,故 $b_n=0,(n=1,2,\cdots)$

$$a_n=\frac{2}{\pi}\int_0^\pi f(x)\cos nx\,\mathrm{d}x=\frac{2}{\pi}\int_0^\pi \sin x\cos nx\,\mathrm{d}x$$

$$=\frac{1}{\pi}\int_0^\pi [\sin(1+n)x+\sin(1-n)x]\,\mathrm{d}x$$

$$=\frac{1}{\pi}\left[-\frac{1}{1+n}\cos(1+n)x-\frac{1}{1-n}\cos(1-n)x\right]\Big|_0^\pi$$

$$=\frac{1}{\pi}\left[\frac{1-(-1)^{n+1}}{1+n}+\frac{1-(-1)^{n-1}}{1-n}\right]=\frac{2}{\pi}\cdot\frac{1-(-1)^{n+1}}{1-n^2}$$

$$=\begin{cases}0, & n=2k+1 \\ \dfrac{4}{\pi(1-4k^2)}, & n=2k\end{cases}\quad (k=1,2,\cdots),$$

$$a_0=\frac{2}{\pi}\int_0^\pi \sin x\,\mathrm{d}x=\frac{4}{\pi},\ a_1=\frac{2}{\pi}\int_0^\pi \sin x\cos x\,\mathrm{d}x=0,$$

则 $|\sin x|=\dfrac{2}{\pi}+\dfrac{4}{\pi}\sum_{k=1}^\infty \dfrac{1}{1-4k^2}\cos 2kx$ $(-\pi<x\leqslant\pi)$.

【例 9】 将函数 $f(x)=\cos x$ 在区间 $[0,\pi]$ 上展开成正弦级数.

解 对 $f(x)$ 进行奇延拓,得 $a_n=0$ $(n=0,1,2,\cdots)$,

$$b_n=\frac{2}{\pi}\int_0^\pi \cos x\sin nx\,\mathrm{d}x=\frac{1}{\pi}\int_0^\pi [\sin(n+1)x+\sin(n-1)x]\,\mathrm{d}x.$$

当 $n=1$ 时, $b_1=\dfrac{1}{\pi}\int_0^\pi \sin 2x\,\mathrm{d}x=0$,

当 $n\neq 1$ 时, $b_n=\dfrac{1}{\pi}\int_0^\pi [\sin(n+1)x+\sin(n-1)x]\,\mathrm{d}x$

$$=\frac{1}{\pi}\left[\frac{-\cos(n+1)x}{n+1}+\frac{-\cos(n-1)x}{n-1}\right]\Big|_0^\pi=\frac{2n}{\pi}\left[\frac{(-1)^n+1}{n^2-1}\right]$$

$$=\begin{cases}0, & n=2k+1 \\ \dfrac{8k}{\pi(2k-1)(2k+1)}, & n=2k\end{cases}\quad (k=1,2,\cdots).$$

所以 $\cos x=\dfrac{2}{\pi}\sum_{n=2}^\infty \dfrac{(-1)^n+1}{n^2-1}n\cdot\sin nx$

$$=\frac{8}{\pi}\left(\frac{\sin 2x}{1\cdot 3}+\frac{2\sin 4x}{3\cdot 5}+\cdots+\frac{k\sin 2kx}{(2k-1)(2k+1)}+\cdots\right)\quad (0\leqslant x\leqslant\pi).$$

事实上,右端的级数在 $x=0,\pi$ 处收敛于 $\dfrac{1}{2}[f(0+0)+f(\pi-0)]=0$.

【例 10】 $f(x)=1-x^2$, $0\leqslant x\leqslant\pi$, 用余弦级数展开,并求 $\sum_{n=1}^\infty \dfrac{(-1)^{n-1}}{n^2}$ 的和.(考研题)

解 由于 $f(x)$ 为偶函数,则 $b_n=0$ $(n=1,2,\cdots)$. 对于 $n=1,2,3,\cdots$

$$a_n=\frac{2}{\pi}\int_0^\pi f(x)\cos nx\,\mathrm{d}x=\frac{2}{\pi}\left(\int_0^\pi \cos nx\,\mathrm{d}x-\int_0^\pi x^2\cos nx\,\mathrm{d}x\right)$$

$$=\frac{2}{\pi}\frac{2\pi(-1)^n}{n^2}=\frac{4\cdot(-1)^n}{n^2}$$

$$a_0=\frac{2}{\pi}\int_0^\pi (1-x^2)\,\mathrm{d}x=2\left(1-\frac{\pi^2}{3}\right).$$

所以 $f(x)=1-x^2=\dfrac{a_0}{2}+\sum\limits_{n=1}^{\infty}a_n\cos nx=1-\dfrac{\pi^2}{3}+\sum\limits_{n=1}^{\infty}\dfrac{4(-1)^n}{n^2}\cos nx.$

取 $x=0$,得 $1=1-\dfrac{\pi^2}{3}+\sum\limits_{n=1}^{\infty}\dfrac{4(-1)^n}{n^2}$,所以 $\sum\limits_{n=1}^{\infty}\dfrac{(-1)^n}{n^2}=\dfrac{\pi^2}{12}.$

【例 11】 把函数 $f(x)=\dfrac{\pi}{4}$ 在 $[0,\pi]$ 上展成正弦级数,并由它推导出

(1) $1-\dfrac{1}{3}+\dfrac{1}{5}-\dfrac{1}{7}+\cdots=\dfrac{\pi}{4}$;   (2) $1+\dfrac{1}{5}-\dfrac{1}{7}-\dfrac{1}{11}+\dfrac{1}{13}+\dfrac{1}{17}+\cdots=\dfrac{\pi}{3}.$

解 $a_0=0$ $(n=0,1,\cdots)$,

$b_n=\dfrac{2}{\pi}\int_0^{\pi}\dfrac{\pi}{4}\sin nx\mathrm{d}x=\dfrac{1}{2}\int_0^{\pi}\sin nx\mathrm{d}x=-\dfrac{1}{2n}\cos nx\Big|_0^{\pi}$

$=-\dfrac{1}{2n}[(-1)^n-1]=\begin{cases}\dfrac{1}{2k-1}, & n=2k-1 \\ 0, & n=2k\end{cases}$ $(k=1,2,\cdots).$

又 $f(x)=\dfrac{\pi}{4}$ 为 $[0,\pi]$ 上的连续函数,有 $\dfrac{\pi}{4}=\sum\limits_{k=1}^{\infty}\dfrac{1}{2k-1}\sin(2k-1)x.$

(1) $\dfrac{\pi}{4}=\sum\limits_{k=1}^{\infty}\dfrac{1}{2k-1}(\sin 2kx\cos x-\cos 2kx\sin x).$ 取 $x=\dfrac{\pi}{2}$,得

$\dfrac{\pi}{4}=\sum\limits_{k=1}^{\infty}\dfrac{1}{2k-1}[-(-1)^k]=\sum\limits_{k=1}^{\infty}\dfrac{(-1)^{k+1}}{2k-1}=1-\dfrac{1}{3}+\dfrac{1}{5}-\dfrac{1}{7}+\cdots.$

(2) 对(1)中 $\dfrac{\pi}{4}=1-\dfrac{1}{3}+\dfrac{1}{5}-\dfrac{1}{7}+\cdots$,两边同乘 $\dfrac{1}{3}$,得

$\dfrac{\pi}{12}=\dfrac{1}{3}-\dfrac{1}{9}+\dfrac{1}{15}-\dfrac{1}{21}+\cdots.$

又 $\dfrac{\pi}{4}=1-\dfrac{1}{3}+\dfrac{1}{5}-\dfrac{1}{7}+\dfrac{1}{9}-\dfrac{1}{11}+\cdots,$

上两式相加得 $\dfrac{\pi}{3}=1+\dfrac{1}{5}-\dfrac{1}{7}-\dfrac{1}{11}+\dfrac{1}{13}+\dfrac{1}{17}+\cdots.$

习题 12-7 解答

1. **解**:(1) $a_0=\dfrac{1}{\pi}\int_{-\pi}^{\pi}(3x^2+1)\mathrm{d}x=\dfrac{1}{\pi}(x^3+x)\Big|_{-\pi}^{\pi}=2(\pi^2+1),$

$b_n=0$, $n=1,2,\cdots,$

$a_n=\dfrac{1}{\pi}\int_{-\pi}^{\pi}(3x^2+1)\cos nx\mathrm{d}x=\dfrac{2}{\pi}\int_0^{\pi}(3x^2+1)\cos nx\mathrm{d}x=12\dfrac{(-1)^n}{n^2}$, $n=1,2,\cdots,$

故 $f(x)=\pi^2+1+12\sum\limits_{n=1}^{\infty}\dfrac{(-1)^n}{n^2}\cos nx$, $x\in(-\infty,+\infty).$

(2) $a_0=\dfrac{1}{\pi}\int_{-\pi}^{\pi}\mathrm{e}^{2x}\mathrm{d}x=\dfrac{1}{2\pi}\mathrm{e}^{2x}\Big|_{-\pi}^{\pi}=\dfrac{1}{2\pi}(\mathrm{e}^{2\pi}-\mathrm{e}^{-2\pi});$

$a_n=\dfrac{1}{\pi}\int_{-\pi}^{\pi}\mathrm{e}^{2x}\cos nx\mathrm{d}x=\dfrac{\mathrm{e}^{2\pi}-\mathrm{e}^{-2\pi}}{\pi}\cdot\dfrac{2(-1)^n}{n^2+4}$, $n=1,2,\cdots;$

$b_n=\dfrac{1}{\pi}\int_{-\pi}^{\pi}\mathrm{e}^{2x}\sin nx\mathrm{d}x=\dfrac{\mathrm{e}^{2\pi}-\mathrm{e}^{-2\pi}}{\pi}\cdot\dfrac{-n(-1)^n}{n^2+4}$, $n=1,2,\cdots.$

故 $f(x)=\dfrac{\mathrm{e}^{2\pi}-\mathrm{e}^{-2\pi}}{\pi}\left[\dfrac{1}{4}+\sum\limits_{n=1}^{\infty}\dfrac{(-1)^n}{n^2+4}(2\cos nx-n\sin nx)\right]$

$(x \neq (2n+1)\pi, n=0, \pm 1, \pm 2, \cdots)$.

(3) $a_0 = \frac{1}{\pi}\int_{-\pi}^{\pi} f(x)\mathrm{d}x = \frac{1}{\pi}\int_{-\pi}^{0} bx\mathrm{d}x + \frac{1}{\pi}\int_{0}^{\pi} ax\mathrm{d}x = \frac{b}{\pi}\cdot\frac{x^2}{2}\Big|_{-\pi}^{0} + \frac{a}{\pi}\cdot\frac{x^2}{2}\Big|_{0}^{\pi} = \frac{\pi}{2}(a-b)$;

$a_n = \frac{1}{\pi}\int_{-\pi}^{0} bx\cos nx\,\mathrm{d}x + \frac{1}{\pi}\int_{0}^{\pi} ax\cos nx\,\mathrm{d}x = \frac{1}{n^2\pi}\left[b\cos nx\Big|_{-\pi}^{0} + a\cos nx\Big|_{0}^{\pi}\right]$

$= \frac{1-(-1)^n}{n^2\pi}(b-a), \quad n=1,2,\cdots$;

$b_n = \frac{1}{\pi}\int_{-\pi}^{0} bx\sin nx\,\mathrm{d}x + \frac{1}{\pi}\int_{0}^{\pi} ax\sin nx\,\mathrm{d}x = \frac{(-1)^{n-1}(a+b)}{n}, \quad n=1,2,\cdots$.

故 $f(x) = \frac{a-b}{4}\pi + \sum_{n=1}^{\infty}\left\{\frac{[1-(-1)^n](b-a)}{n^2\pi}\cos nx + \frac{(-1)^{n-1}(a+b)}{n}\sin nx\right\}$

$(x \neq (2n+1)\pi, n=0, \pm 1, \cdots)$.

2. **解**: (1) 设 $F(x)$ 为 $f(x)$ 周期拓广而得到的新函数, $F(x)$ 在 $(-\pi, \pi)$ 中连续, $x = \pm\pi$ 是 $f(x)$ 的间断点, 且

$[F(\pi-0) + F(-\pi+0)]/2 \neq f(-\pi)$,

$[F(\pi-0) + F(\pi+0)]/2 \neq f(\pi)$.

故在 $(-\pi, \pi)$ 中, $F(x)$ 的傅里叶级数收敛于 $f(x)$, 在 $x = \pm\pi$, $F(x)$ 的傅里叶级数不收敛于 $f(x)$, 计算傅氏系数如下:

因为 $2\sin\frac{x}{3}$ $(-\pi < x < \pi)$ 是奇函数, 所以 $a_n = 0$ $(n=0,1,2,\cdots)$;

$b_n = \frac{2}{\pi}\int_{0}^{\pi} 2\sin\frac{x}{3}\sin nx\,\mathrm{d}x = \frac{2}{\pi}\int_{0}^{\pi}\left[\cos\left(\frac{1}{3}-n\right)x - \cos\left(\frac{1}{3}+n\right)x\right]\mathrm{d}x$

$= \frac{2}{\pi}\left[\frac{\sin\left(n-\frac{1}{3}\right)\pi}{n-\frac{1}{3}} - \frac{\sin\left(n+\frac{1}{3}\right)\pi}{n+\frac{1}{3}}\right]$

$= \frac{6}{\pi}\left(\frac{-\cos n\pi\cdot\frac{\sqrt{3}}{2}}{3n-1} - \frac{\cos n\pi\cdot\frac{\sqrt{3}}{2}}{3n+1}\right) = (-1)^{n+1}\frac{18\sqrt{3}}{\pi}\cdot\frac{n}{9n^2-1}$.

因此 $f(x) = \frac{18\sqrt{3}}{\pi}\sum_{n=1}^{\infty}(-1)^{n+1}\frac{n\sin nx}{9n^2-1}$ $(-\pi < x < \pi)$.

(2) 将 $f(x)$ 拓展为周期函数 $F(x)$, 在 $(-\pi, \pi)$ 中, $F(x)$ 连续, $x = \pm\pi$ 是 $F(x)$ 的间断点, 且

$[F(\pi-0) + F(-\pi+0)]/2 \neq f(-\pi)$,

$[F(\pi-0) + F(\pi+0)]/2 \neq f(\pi)$.

故 $F(x)$ 的傅里叶级数在 $(-\pi, \pi)$ 中收敛于 $f(x)$, 而在 $x = \pm\pi$ 处, 不收敛于 $f(x)$, 计算傅氏系数如下

$a_0 = \frac{1}{\pi}\left[\int_{-\pi}^{0} \mathrm{e}^x\,\mathrm{d}x + \int_{0}^{\pi} 1\cdot\mathrm{d}x\right] = \frac{1+\pi-\mathrm{e}^{-\pi}}{\pi}$,

$a_n = \frac{1}{\pi}\left[\int_{-\pi}^{0} \mathrm{e}^x\cos nx\,\mathrm{d}x + \int_{0}^{\pi}\cos nx\,\mathrm{d}x\right] = \frac{1-(-1)^n\mathrm{e}^{-\pi}}{\pi(1+n^2)}$ $(n=1,2,\cdots)$,

$b_n = \frac{1}{\pi}\left[\int_{-\pi}^{0} \mathrm{e}^x\sin nx\,\mathrm{d}x + \int_{0}^{\pi}\sin nx\,\mathrm{d}x\right] = \frac{1}{\pi}\left\{\frac{-n[1-(-1)^n\mathrm{e}^{-\pi}]}{1+n^2} + \frac{1-(-1)^n}{n}\right\}$

$(n=1,2,\cdots)$,

因此 $f(x) = \dfrac{1+\pi-e^{-\pi}}{2\pi} + \dfrac{1}{\pi}\sum_{n=1}^{\infty}\left[\dfrac{1-(-1)^n e^{-\pi}}{1+n^2}\right]\cos nx$

$\qquad\qquad\qquad + \dfrac{1}{\pi}\sum_{n=1}^{\infty}\left[\dfrac{-n+(-1)^n n e^{-\pi}}{1+n^2}+\dfrac{1-(-1)^n}{n}\right]\sin nx \quad (-\pi<x<\pi).$

3. **解**：由于 $f(x)$ 为偶函数，故 $b_n=0, n=1,2,\cdots$,

$$a_0=\dfrac{2}{\pi}\int_0^{\pi}\cos\dfrac{x}{2}dx=\dfrac{4}{\pi},$$

$$a_n=\dfrac{2}{\pi}\int_0^{\pi}\cos\dfrac{x}{2}\cdot\cos nx\,dx=\dfrac{1}{\pi}\int_0^{\pi}\left[\cos\left(n-\dfrac{1}{2}\right)x+\cos\left(n+\dfrac{1}{2}\right)x\right]dx$$

$$=\dfrac{1}{\pi}\left[\dfrac{1}{n-\frac{1}{2}}\sin\left(n-\dfrac{1}{2}\right)x\Big|_0^{\pi}+\dfrac{1}{n+\frac{1}{2}}\sin\left(n+\dfrac{1}{2}\right)x\Big|_0^{\pi}\right]$$

$$=\dfrac{2}{\pi}\left[\dfrac{(-1)^{n+1}}{2n-1}+\dfrac{(-1)^n}{2n+1}\right]=-\dfrac{4}{\pi}\dfrac{(-1)^n}{4n^2-1}.$$

故 $\cos\dfrac{x}{2}=\dfrac{2}{\pi}+\dfrac{4}{\pi}\sum_{n=1}^{\infty}\dfrac{(-1)^{n-1}}{4n^2-1}\cos nx, \quad x\in[-\pi,\pi].$

4. **解**：由于 $f(x)$ 为奇函数，故 $a_n=0\ (n=0,1,2,\cdots)$,

$$b_n=\dfrac{2}{\pi}\int_0^{\pi}f(x)\sin nx\,dx=\dfrac{2}{\pi}\left[\int_0^{\frac{\pi}{2}}x\sin nx\,dx+\int_{\frac{\pi}{2}}^{\pi}\dfrac{\pi}{2}\sin nx\,dx\right]$$

$$=\dfrac{2}{\pi}\left[-\dfrac{x}{n}\cos nx+\dfrac{1}{n^2}\sin nx\right]\Big|_0^{\frac{\pi}{2}}+2\left[\dfrac{-1}{2n}\cos nx\right]\Big|_{\frac{\pi}{2}}^{\pi}$$

$$=-\dfrac{1}{n}(-1)^n+\dfrac{2}{n^2\pi}\sin\dfrac{n\pi}{2}\quad (n=1,2,\cdots),$$

又 $f(x)$ 的间断点为 $x=(2n+1)\pi, n=0,\pm1,\pm2,\cdots$,

所以 $f(x)=\sum_{n=1}^{\infty}\left[\dfrac{(-1)^{n+1}}{n}+\dfrac{2}{n^2\pi}\sin\dfrac{n\pi}{2}\right]\sin nx, \quad (x\neq(2n+1)\pi, n=0,\pm1,\pm2,\cdots).$

5. **解**：对 $f(x)$ 先作奇延拓到 $[-\pi,\pi]$ 上，再周期延拓到整个实数轴上. 则

$$b_n=\dfrac{1}{\pi}\int_{-\pi}^{\pi}\dfrac{\pi-x}{2}\sin nx\,dx=\dfrac{1}{\pi}\left[\dfrac{\pi}{2}\int_{-\pi}^{\pi}\sin nx\,dx-\dfrac{1}{2}\int_{-\pi}^{\pi}x\sin nx\,dx\right]$$

$$=-\dfrac{1}{2n}\cos nx\Big|_{-\pi}^{\pi}+\dfrac{1}{2\pi}\left[\dfrac{1}{n}x\cos nx-\dfrac{1}{n^2}\sin nx\right]\Big|_{-\pi}^{\pi}=\dfrac{1}{n}, \quad n=1,2,\cdots.$$

又因延拓后函数在 $x=0$ 间断，在 $0<x\leqslant\pi$ 连续，故 $\dfrac{\pi-x}{2}=\sum_{n=1}^{\infty}\dfrac{1}{n}\sin nx,\ [0,\pi].$

在 $x=0$ 处，右边级数收敛于 $\dfrac{1}{2}[f(0+0)+f(0-0)]=0.$

6. **解**：(1) 正弦级数

对 $f(x)$ 作奇延拓，得 $F(x)=\begin{cases}2x^2, & x\in[0,\pi].\\ 0, & x=0.\\ -2x^2, & x\in(-\pi,0).\end{cases}$

再周期延拓 $F(x)$ 到 $(-\infty,+\infty)$，易见 $x=\pi$ 是 $F(x)$ 的一个间断点.

$F(x)$ 的傅氏系数为

$$a_n=0\ (n=0,1,2,\cdots),$$

$$b_n=\dfrac{2}{\pi}\int_0^{\pi}F(x)\sin nx\,dx=\dfrac{2}{\pi}f(x)\sin nx\,dx=\dfrac{2}{\pi}\int_0^{\pi}2x^2\sin nx\,dx$$

$$= \frac{4}{\pi}\left[\frac{-x^2}{n}\cos nx + \frac{2x}{n^2}\sin nx + \frac{2}{n^3}\cos nx\right]\Big|_0^\pi$$

$$= \frac{4}{\pi}\left[\left(\frac{2}{n^3} - \frac{\pi^2}{n}\right)(-1)^n - \frac{2}{n^3}\right] \quad (n=1,2,3,\cdots),$$

由于在 $x = \pi$ 处,$f(\pi) = 2\pi^2 \neq \dfrac{F(\pi-0) + F(\pi+0)}{2}$,故

$$f(x) = \frac{4}{\pi}\sum_{n=1}^\infty \left[(-1)^n\left(\frac{2}{n^3} - \frac{\pi^2}{n}\right) - \frac{2}{n^3}\right]\sin nx \quad (0 \leqslant x < \pi).$$

(2) 余弦级数

对 $f(x)$ 进行偶延拓,得 $F(x) = 2x^2$, $x \in (-\pi, \pi)$;

再周期延拓 $F(x)$ 到 $(-\infty, +\infty)$,则 $F(x)$ 在 $(-\infty, +\infty)$ 内处处连续,且

$$F(x) \equiv f(x), \quad x \in [0, \pi].$$

其傅氏系数如下

$$a_0 = \frac{2}{\pi}\int_0^\pi 2x^2 \mathrm{d}x = \frac{4}{3}\pi^2;$$

$$a_n = \frac{2}{\pi}\int_0^\pi 2x^2 \cos nx \mathrm{d}x = \frac{4}{\pi}\int_0^\pi \cos nx \mathrm{d}x = (-1)^n \frac{8}{n^2} \quad (n=1,2,\cdots);$$

$$b_n = 0 \quad (n=1,2,\cdots).$$

从而 $\quad f(x) = \dfrac{2}{3}\pi^2 + 8\sum_{n=1}^\infty \dfrac{(-1)^n}{n^2}\cos nx \quad (0 \leqslant x \leqslant \pi).$

7. 证:(1) $a_0 = \dfrac{1}{\pi}\left[\displaystyle\int_{-\pi}^0 f(x)\mathrm{d}x + \displaystyle\int_0^\pi f(x)\mathrm{d}x\right] = \dfrac{1}{\pi}\left\{\displaystyle\int_{-\pi}^0 f(x)\mathrm{d}x + \displaystyle\int_0^\pi [-f(x-\pi)]\mathrm{d}x\right\}$,

在上式第二个积分中令 $x - \pi = u$,则 $a_0 = \dfrac{1}{\pi}\left[\displaystyle\int_{-\pi}^0 f(x)\mathrm{d}x - \displaystyle\int_{-\pi}^0 f(u)\mathrm{d}u\right] = 0.$

同理,可得

$$a_n = \frac{1}{\pi}\left[\int_{-\pi}^0 f(x)\cos nx \mathrm{d}x + \int_0^\pi f(x)\cos nx \mathrm{d}x\right]$$

$$= \frac{1}{\pi}\left[\int_{-\pi}^0 f(x)\cos nx \mathrm{d}x + \int_0^\pi [-f(x-\pi)]\cos nx \mathrm{d}x\right]$$

$$= \frac{1}{\pi}\left[\int_{-\pi}^0 f(x)\cos nx \mathrm{d}x - \int_{-\pi}^0 f(u)\cos(n\pi + nu)\mathrm{d}u\right]$$

$$b_n = \frac{1}{\pi}\left[\int_{-\pi}^0 f(x)\sin nx \mathrm{d}x - \int_{-\pi}^0 f(u)\sin(n\pi + nu)\mathrm{d}u\right].$$

当 $n = 2k(k \in \mathbf{N}^*)$ 时,$\cos(n\pi + nu) = \cos nu$,$\sin(n\pi + nu) = \sin nu$,

于是,有 $a_{2k} = \dfrac{1}{\pi}\left[\displaystyle\int_{-\pi}^0 f(x)\cos 2kx \mathrm{d}x - \displaystyle\int_{-\pi}^0 f(u)\cos 2ku \mathrm{d}u\right] = 0, b_{2k} = 0 (k \in \mathbf{N}^*).$

(2) 与(1) 的做法类似,有

$$a_n = \frac{1}{\pi}\left[\int_{-\pi}^0 f(x)\cos nx \mathrm{d}x + \int_{-\pi}^0 f(u)\cos(n\pi + nu)\mathrm{d}u\right],$$

$$b_n = \frac{1}{\pi}\left[\int_{-\pi}^0 f(x)\sin nx \mathrm{d}x + \int_{-\pi}^0 f(u)\sin(n\pi + nu)\mathrm{d}u\right].$$

当 $n = 2k+1(k \in \mathbf{N})$ 时,$\cos(n\pi + nu) = -\cos nu$,$\sin(n\pi + nu) = -\sin nu$,故

$$a_{2k+1} = 0, b_{2k+1} = 0(k \in \mathbf{N}).$$

第八节 一般周期函数的傅里叶级数

一、主要内容归纳

设周期为 $2L$ 的周期函数 $f(x)$ 满足收敛定理的条件,则它的傅里叶级数展开式为

$$f(x)=\frac{a_0}{2}+\sum_{n=1}^{\infty}\left(a_n\cos\frac{n\pi x}{L}+b_n\sin\frac{n\pi x}{L}\right) \quad (x\in C),$$

其中 $a_n=\dfrac{1}{L}\displaystyle\int_{-L}^{L}f(x)\cos\dfrac{n\pi x}{L}\mathrm{d}x \quad (n=0,1,2,\cdots),$

$b_n=\dfrac{1}{L}\displaystyle\int_{-L}^{L}f(x)\sin\dfrac{n\pi x}{L}\mathrm{d}x \quad (n=1,2,\cdots),$

$C=\{x\mid f(x)=\dfrac{f(x-0)+f(x+0)}{2}\}.$

当 $f(x)$ 为奇函数时,$f(x)=\displaystyle\sum_{n=1}^{\infty}b_n\sin\dfrac{n\pi x}{L}\ (x\in C)$,其中

$$b_n=\frac{2}{L}\int_0^L f(x)\sin\frac{n\pi x}{L}\mathrm{d}x\ (n=1,2,\cdots),$$

当 $f(x)$ 为偶函数时,$f(x)=\dfrac{a_0}{2}+\displaystyle\sum_{n=1}^{\infty}a_n\cos\dfrac{n\pi x}{L}\ (x\in C)$,其中

$$a_n=\frac{2}{L}\int_0^L f(x)\cos\frac{n\pi x}{L}\mathrm{d}x \quad (n=0,1,2,\cdots).$$

二、经典例题解析及解题方法总结

【例1】 设 $f(x)=x^2, 0\leqslant x\leqslant 1$,而 $S(x)=\displaystyle\sum_{n=1}^{\infty}b_n\sin n\pi x$,其中 $b_n=2\displaystyle\int_0^1 f(x)\sin n\pi x\mathrm{d}x, n=1,2,\cdots$,则 $S(-\dfrac{1}{2})=$ _____.

解 由于所给级数为正弦级数,因此应将 $f(x)$ 在 $(-1,0)$ 上进行奇延拓.当 $-1<x<0$ 时,$f(x)=-x^2$.根据傅里叶级数收敛定理,因为 $x=-\dfrac{1}{2}$ 为连续点,所以

$$S(-\frac{1}{2})=f(-\frac{1}{2})=-\frac{1}{4}.$$

【例2】 设 $f(x)=\begin{cases}x, & 0\leqslant x\leqslant\dfrac{1}{2},\\ 2-2x, & \dfrac{1}{2}<x<1,\end{cases}$ $S(x)=\dfrac{a_0}{2}+\displaystyle\sum_{n=1}^{\infty}a_n\cos n\pi x,\ -\infty<x<+\infty,$

其中 $a_n=2\displaystyle\int_0^1 f(x)\cos n\pi x\mathrm{d}x\ (n=0,1,2,\cdots)$,则 $S(-\dfrac{5}{2})=$ _____.(考研题)

(A) $\dfrac{1}{2}$ (B) $-\dfrac{1}{2}$ (C) $\dfrac{3}{4}$ (D) $-\dfrac{3}{4}$

解 本题把 $f(x)$ 进行偶延拓,展为余弦级数.由于 $x=-\dfrac{5}{2}$ 为 $f(x)$ 延拓后所得函数的间断点,故根据狄立克莱充分条件

$$S(-\frac{5}{2}) = \frac{f(-\frac{5}{2}-0)+f(-\frac{5}{2}+0)}{2} = \frac{f(\frac{1}{2}-0)+f(\frac{1}{2}+0)}{2} = \frac{\frac{1}{2}+1}{2} = \frac{3}{4}.$$ 故应选(C).

方法总结

由收敛定理知,在连续点 x_0 处,$S(x_0)=f(x_0)$,在间断点 x_1 处,$S(x_1)=\frac{f(x_1-0)+f(x_1+0)}{2}$. 计算和函数 $S(x)$ 主要考虑 $f(x)$ 的间断点及端点,如果 $f(x)$ 为定义在有限区间上的函数,或给出 $f(x)$ 在某个周期内的表达式时,需计算 $S(x)$ 在某些点处的值,则需利用周期延拓(或周期性)加以计算,讨论 $f(x)$ 的傅里叶级数的收敛情况主要讨论 $f(x)$ 在端点或间断点应收敛于什么值.

【例3】 将函数 $f(x)=\begin{cases} k, & -2\leqslant x<0 \\ 0, & 0\leqslant x\leqslant 2 \end{cases}$ (常数 $k\neq 0$)展开成傅里叶级数.

解 这是 $\frac{T}{2}=2$,故由公式得傅里叶系数为

$$a_n = \frac{1}{2}\int_{-2}^{2} f(x)\cos\frac{n\pi x}{2}dx = \frac{1}{2}\int_{-2}^{0} k\cos\frac{n\pi x}{2}dx = \left(\frac{k}{n\pi}\sin\frac{n\pi x}{2}\right)\Big|_{-2}^{0} = 0 \,(n=1,2,\cdots).$$

当 $n=0$ 时,$a_0 = \frac{1}{2}\int_{-2}^{2} f(x)dx = \frac{1}{2}\int_{-2}^{0} kdx = k$. 又

$$b_n = \frac{1}{2}\int_{-2}^{2} f(x)\sin\frac{n\pi x}{2}dx = \frac{1}{2}\int_{-2}^{0} k\sin\frac{n\pi x}{2}dx = \left(-\frac{k}{n\pi}\cos\frac{n\pi x}{2}\right)\Big|_{-2}^{0}$$
$$= \frac{k}{n\pi}[(-1)^n - 1] \quad (n=1,2,\cdots).$$

于是得 $f(x) = \frac{k}{2} + \sum_{n=1}^{\infty} \frac{k}{n\pi}[(-1)^n - 1]\sin\frac{n\pi x}{2}$

$$= \frac{k}{2} - \frac{2k}{\pi}\left(\sin\frac{\pi x}{2} + \frac{1}{3}\sin\frac{3\pi x}{2} + \frac{1}{5}\sin\frac{5\pi x}{2} + \cdots\right) \quad (-2<x<0 \text{ 及 } 0<x<2).$$

【例4】 将函数 $f(x)=x-1(0\leqslant x\leqslant 2)$ 展开成周期为 4 的余弦级数. (考研题)

解 $a_0 = \frac{2}{2}\int_0^2 (x-1)dx = 0.$

$$a_n = \frac{2}{2}\int_0^2 (x-1)\cos\frac{n\pi x}{2}dx = \frac{2}{n\pi}\int_0^2 (x-1)d\sin\frac{n\pi x}{2}$$
$$= -\frac{2}{n\pi}\int_0^2 \sin\frac{n\pi x}{2}dx = \frac{4}{n^2\pi^2}[(-1)^n - 1]$$
$$= \begin{cases} 0, & n=2k \\ -\frac{8}{(2k-1)^2\pi^2}, & n=2k-1 \end{cases} \quad (k=1,2,\cdots).$$

$$f(x) = -\frac{8}{\pi^2}\sum_{k=1}^{\infty} \frac{1}{(2k-1)^2}\cos\frac{(2k-1)\pi x}{2}, \quad x\in[0,2].$$

> **方法总结**
>
> 展开式也可写作
> $$f(x)=\frac{4}{\pi^2}\sum_{n=1}^{\infty}\frac{(-1)^n-1}{n^2}\cos\frac{n\pi x}{2},\quad x\in[0,2].$$
> 将函数 $f(x)$ 展开为傅里叶级数具体分为三步：(1)延拓为周期函数(这部分可省略)；(2)计算傅里叶系数 a_n、b_n；(3)证明收敛情况写出和函数．由于傅里叶系数计算较为复杂，常考题型为展开为余弦级数或正弦级数．

【例5】 将函数 $f(x)=2+|x|$ ($-1\leqslant x\leqslant 1$)展开成以 2 为周期的傅里叶级数，并由此求级数 $\sum_{n=1}^{\infty}\frac{1}{n^2}$ 的和．

解 由于 $f(x)=2+|x|$ ($-1\leqslant x\leqslant 1$)是偶函数，故
$$a_0=2\int_0^1(2+x)\mathrm{d}x=5,$$
$$a_n=2\int_0^1(2+x)\cos n\pi x\mathrm{d}x=2\int_0^1 x\cos n\pi x\mathrm{d}x=\frac{2(\cos n\pi-1)}{n^2\pi^2},\quad n=1,2,3,\cdots,$$
$$b_n=0,\quad n=1,2,3,\cdots,$$
即有 $f(x)=2+|x|=\frac{5}{2}+\sum_{n=1}^{\infty}\frac{2(\cos n\pi-1)}{n^2\pi^2}\cos n\pi x=\frac{5}{2}-\frac{4}{\pi^2}\sum_{k=0}^{\infty}\frac{\cos(2k+1)\pi x}{(2k+1)^2}.$
由狄立克莱定理知该级数收敛于 $2+|x|$，$-1\leqslant x\leqslant 1$．

取 $x=0$，有 $2=\frac{5}{2}-\frac{4}{\pi^2}\sum_{k=0}^{\infty}\frac{1}{(2k+1)^2}$，即 $\sum_{k=0}^{\infty}\frac{1}{(2k+1)^2}=\frac{\pi^2}{8}$．

所以 $\sum_{n=1}^{\infty}\frac{1}{n^2}=\sum_{k=0}^{\infty}\frac{1}{(2k+1)^2}+\sum_{k=1}^{\infty}\frac{1}{(2k)^2}=\sum_{k=0}^{\infty}\frac{1}{(2k+1)^2}+\frac{1}{4}\sum_{n=1}^{\infty}\frac{1}{n^2},$

从而 $\sum_{n=1}^{\infty}\frac{1}{n^2}=\frac{4}{3}\sum_{k=0}^{\infty}\frac{1}{(2k+1)^2}=\frac{4}{3}\cdot\frac{\pi^2}{8}=\frac{\pi^2}{6}.$

【例6】 将函数 $f(x)=x^2$，$x\in[-1,1]$，展开为以 2 为周期的傅里叶级数，并由此求数项级数 $\sum_{n=1}^{\infty}\frac{(-1)^n}{n^2}$ 的和．

解 因为 $f(x)$ 为偶函数，故 $b_n=0$，$n=1,2,\cdots$ 而
$$a_0=2\int_0^1 x^2\mathrm{d}x=\frac{2}{3},$$
$$a_n=2\int_0^1 x^2\cos n\pi x\mathrm{d}x=\frac{2}{n\pi}\int_0^1 x^2\mathrm{d}(\sin n\pi x)$$
$$=-\frac{4}{n\pi}\int_0^1 x\sin n\pi x\mathrm{d}x=\frac{4}{n^2\pi^2}(-1)^n,\quad n=1,2,\cdots,$$
当 $x=\pm 1$ 时，$\frac{f(-1+0)+f(1-0)}{2}=1=f(\pm 1)$，所以
$$\frac{1}{3}+\sum_{n=1}^{\infty}\frac{4\cdot(-1)^n}{n^2\pi^2}\cos n\pi x=x^2,\quad x\in[-1,1].$$
令 $x=0$，得 $\frac{1}{3}+\sum_{n=1}^{\infty}\frac{4(-1)^n}{n^2\pi^2}=0$，所以 $\sum_{n=1}^{\infty}\frac{(-1)^n}{n^2}=-\frac{\pi^2}{12}.$

习题 12-8 解答

1. **解**：(1) 因为 $f(x)=1-x^2$ 为偶函数，所以 $b_n=0$ $(n=1,2,\cdots)$，

而 $a_0=\dfrac{2}{1/2}\int_0^{\frac{1}{2}}(1-x^2)\mathrm{d}x=4\int_0^{\frac{1}{2}}(1-x^2)\mathrm{d}x=\dfrac{11}{6}$，

$$a_n=\dfrac{1}{1/2}\int_0^{\frac{1}{2}}(1-x^2)\cos\dfrac{n\pi x}{1/2}\mathrm{d}x=4\int_0^{\frac{1}{2}}(1-x^2)\cos(2n\pi x)\mathrm{d}x$$

$$=4\left[\dfrac{1-x^2}{2n\pi}\sin(2n\pi x)-\dfrac{2x}{4n^2\pi^2}\cos(2n\pi x)+\dfrac{2}{8n^3\pi^3}\sin(2n\pi x)\right]_0^{\frac{1}{2}}$$

$$=\dfrac{(-1)^{n+1}}{n^2\pi^2}\quad(n=1,2,\cdots),$$

由于 $f(x)$ 在 $(-\infty,+\infty)$ 内连续，所以

$$f(x)=\dfrac{11}{12}+\dfrac{1}{\pi^2}\sum_{n=1}^{\infty}\dfrac{(-1)^{n+1}}{n^2}\cos(2n\pi x),\ x\in(-\infty,+\infty).$$

(2) $a_0=\displaystyle\int_{-1}^{1}f(x)\mathrm{d}x=\int_{-1}^{0}x\mathrm{d}x+\int_0^{\frac{1}{2}}\mathrm{d}x-\int_{\frac{1}{2}}^{1}\mathrm{d}x=-\dfrac{1}{2}$，

$$a_n=\int_{-1}^{1}f(x)\cos n\pi x\mathrm{d}x=\int_{-1}^{0}x\cos n\pi x\mathrm{d}x+\int_0^{\frac{1}{2}}\cos n\pi x\mathrm{d}x-\int_{\frac{1}{2}}^{1}\cos n\pi x\mathrm{d}x$$

$$=\left[\dfrac{x}{n\pi}\sin n\pi x+\dfrac{1}{n^2\pi^2}\cos n\pi x\right]_{-1}^{0}+\left[\dfrac{1}{n\pi}\sin n\pi x\right]_0^{\frac{1}{2}}-\left[\dfrac{1}{n\pi}\sin n\pi x\right]_{\frac{1}{2}}^{1}$$

$$=\dfrac{1}{n^2\pi^2}[1-(-1)^n]+\dfrac{2}{n\pi}\sin\dfrac{n\pi}{2}\ (n=1,2,\cdots),$$

$$b_n=\int_{-1}^{1}f(x)\sin n\pi x\mathrm{d}x=\int_{-1}^{0}\sin n\pi x\mathrm{d}x+\int_0^{\frac{1}{2}}\sin n\pi x\mathrm{d}x-\int_{\frac{1}{2}}^{0}\sin n\pi x\mathrm{d}x$$

$$=-\dfrac{2}{n\pi}\cos\dfrac{n\pi}{2}+\dfrac{1}{n\pi}\ (n=1,2,\cdots).$$

而在 $(-\infty,+\infty)$ 上，$f(x)$ 的间断点为 $x=2k,2k+\dfrac{1}{2}$，$k=0,\pm1,\pm2,\cdots$，

故 $f(x)=-\dfrac{1}{4}+\displaystyle\sum_{n=1}^{\infty}\left\{\left[\dfrac{1-(-1)^n}{n^2\pi^2}+\dfrac{2\sin\dfrac{n\pi}{2}}{n\pi}\right]\cos n\pi x+\dfrac{1-2\cos\dfrac{n\pi}{2}}{n\pi}\sin n\pi x\right\}$

$$\left(x\ne 2k, x\ne 2k+\dfrac{1}{2},\ k=0,\pm1,\pm2,\cdots\right).$$

(3) $a_0=\dfrac{1}{3}\displaystyle\int_{-3}^{3}f(x)\mathrm{d}x=\dfrac{1}{3}\left[\int_{-3}^{0}(2x+1)\mathrm{d}x+\int_0^{3}\mathrm{d}x\right]=-1$，

$$a_n=\dfrac{1}{3}\int_{-3}^{3}f(x)\cos\dfrac{n\pi x}{3}\mathrm{d}x=\dfrac{1}{3}\int_{-3}^{0}(2x+1)\cos\dfrac{n\pi x}{3}\mathrm{d}x+\dfrac{1}{3}\int_0^{3}\cos\dfrac{n\pi x}{3}\mathrm{d}x$$

$$=\dfrac{6}{n^2\pi^2}[1-(-1)^n]\ (n=1,2,\cdots),$$

$$b_n=\dfrac{1}{3}\int_{-3}^{3}f(x)\dfrac{n\pi x}{3}\mathrm{d}x=\dfrac{1}{3}\int_{-3}^{0}(2x+1)\sin\dfrac{n\pi x}{3}\mathrm{d}x+\dfrac{1}{3}\int_0^{3}\sin\dfrac{n\pi x}{3}\mathrm{d}x$$

$$=\dfrac{6}{\pi}(-1)^{n+1}\ (n=1,2,\cdots),$$

而在 $(-\infty,+\infty)$ 上 $f(x)$ 的间断点为 $x=3(2k+1)$，$k=0,\pm1,\pm2,\cdots$

故　$f(x) = -\dfrac{1}{2} + \sum_{n=1}^{\infty} \left\{ \dfrac{6}{n^2\pi^2}[1-(-1)^n]\cos\dfrac{n\pi x}{3} + (-1)^{n+1}\dfrac{6}{n\pi}\sin\dfrac{n\pi x}{3} \right\}$

$(x \neq 3(2k+1),\ k=0,\pm 1,\pm 2,\cdots).$

2. 解：(1) 正弦级数：

将 $f(x)$ 奇延拓到 $(-l,l)$ 上，得 $F(x)$，则 $F(x) \equiv f(x)$，$x \in [0,l]$. 再周期延拓 $F(x)$ 到 $(-\infty,+\infty)$ 上，则 $F(x)$ 是一以 $2l$ 为周期的连续函数. 其傅氏系数如下

$a_n = 0,\ (n=0,1,2,\cdots),$

$b_n = \dfrac{2}{l}\left[\displaystyle\int_0^{\frac{l}{2}} x\sin\dfrac{n\pi x}{l}\mathrm{d}x + \int_{\frac{l}{2}}^{l}(l-x)\sin\dfrac{n\pi x}{l}\mathrm{d}x \right] = \dfrac{4l}{n^2\pi^2}\sin\dfrac{n\pi}{2}$

$= \dfrac{4l}{(2n-1)^2}(-1)^{n-1},\quad (n=1,2,\cdots).$

故　$f(x) = \dfrac{4l}{\pi^2}\sum_{n=1}^{\infty}\dfrac{1}{n^2}\sin\dfrac{n\pi}{2}\sin\dfrac{n\pi x}{l} = \dfrac{4l}{\pi^2}\sum_{k=1}^{\infty}\dfrac{(-1)^{k-1}}{(2k-1)^2}\sin\dfrac{(2k-1)\pi x}{l},\quad [0,l].$

余弦级数：

将 $f(x)$ 偶延拓到 $(-l,l)$ 上是 $F(x)$，则 $F(x) \equiv f(x)$，$x \in [0,l]$. 再周期延拓 $F(x)$ 到 $(-\infty,+\infty)$ 上，则 $F(x)$ 是一以 $2l$ 为周期的连续函数. 其傅氏系数如下

$a_0 = \dfrac{2}{l}\left[\displaystyle\int_0^{\frac{l}{2}} x\mathrm{d}x + \int_{\frac{l}{2}}^{l}(l-x)\mathrm{d}x \right] = \dfrac{l}{2},$

$a_n = \dfrac{2}{l}\left[\displaystyle\int_0^{\frac{l}{2}} x\cos\dfrac{n\pi x}{l}\mathrm{d}x + \int_{\frac{l}{2}}^{l}(l-x)\cos\dfrac{n\pi x}{l}\mathrm{d}x \right]$

$= \dfrac{l}{2}\left[\dfrac{2l^2}{n^2\pi^2}\cos\dfrac{n\pi}{2} - \dfrac{l^2}{n^2\pi^2} - \dfrac{l^2}{n^2\pi^2}(-1)^n \right]\ (n=1,2,\cdots),$

$b_n = 0\ (n=1,2,\cdots),$

因此 $f(x) = \dfrac{l}{4} + \dfrac{2l}{\pi^2}\sum_{n=1}^{\infty}\dfrac{1}{n^2}\left[2\cos\dfrac{n\pi}{2} - 1 - (-1)^n\right]\cos\dfrac{n\pi x}{l}\quad (0 \leqslant x \leqslant l)$

$= \dfrac{l}{4} - \dfrac{2l}{\pi^2}\sum_{k=1}^{\infty}\dfrac{1}{(2k-1)}\cos\dfrac{2(2k-1)\pi x}{l}\quad [0,l].$

(2) 正弦级数：

将 $f(x)$ 奇延拓到 $[-2,2]$ 上得函数 $F(x)$，则 $F(x) \equiv f(x)$，$x \in [0,2]$；再周期延拓 $F(x)$ 到 $(-\infty,+\infty)$ 上，则 $F(x)$ 是一以 4 为周期的连续函数，其傅氏系数如下

$a_n = 0\ (n=0,1,2,\cdots),$

$b_n = \dfrac{2}{2}\displaystyle\int_0^2 x^2\sin\dfrac{n\pi x}{2}\mathrm{d}x = \left[\dfrac{-2}{n\pi}x^2\cos\dfrac{n\pi x}{2}\right]\Big|_0^2 + \dfrac{4}{n\pi}\int_0^2 x\cos\dfrac{n\pi x}{2}\mathrm{d}x$

$= (-1)^{n+1}\dfrac{8}{n\pi} + \dfrac{8}{(n\pi)^2}\left[x\sin\dfrac{n\pi x}{2}\right]\Big|_0^2 - \dfrac{8}{(n\pi)^2}\int_0^2 \sin\dfrac{n\pi x}{2}\mathrm{d}x$

$= (-1)^{n+1}\dfrac{8}{n\pi} + \dfrac{16}{(n\pi)^3}\left[\cos\dfrac{n\pi x}{2}\right]\Big|_0^2 = (-1)^{n+1}\dfrac{8}{n\pi} + \dfrac{16}{(n\pi)^3}[(-1)^n - 1],$

因而 $f(x) = \sum_{n=1}^{\infty}\left\{(-1)^{n+1}\dfrac{8}{n\pi} + \dfrac{16}{(n\pi)^3}[(-1)^n - 1]\right\}\sin\dfrac{n\pi x}{2}$

$= \dfrac{8}{\pi}\sum_{n=1}^{\infty}\left\{\dfrac{(-1)^{n+1}}{n} + \dfrac{2}{n^3\pi^2}[(-1)^n - 1]\right\}\sin\dfrac{n\pi x}{2},\quad x \in [0,2).$

余弦级数：

将 $f(x)$ 偶延拓到 $(-2,2)$ 上得函数 $F(x)$,则 $F(x) \equiv f(x)$, $x \in [0,2]$;再周期延拓 $F(x)$ 到 $(-\infty, +\infty)$ 上,则 $F(x)$ 是一以 4 为周期的连续函数. 其傅氏系数如下

$$a_0 = \frac{2}{2}\int_0^2 x^2 dx = \left[\frac{x^3}{3}\right]\bigg|_0^2 = \frac{8}{3},$$

$$a_n = \frac{2}{2}\int_0^2 x^2 \cos\frac{n\pi x}{2} dx = \frac{2}{n\pi}\left(x^2 \sin\frac{n\pi x}{2}\bigg|_0^2 - \int_0^2 2x\sin\frac{n\pi x}{2}\right)$$

$$= \frac{8}{(n\pi)^2}\left(x\cos\frac{n\pi x}{2}\bigg|_0^2 - \int_0^2 2\cos\frac{n\pi x}{2} dx\right)$$

$$= \frac{8}{(n\pi)^2}\left[2(-1)^n - \frac{2}{n\pi}\sin\frac{n\pi x}{2}\bigg|_0^2\right] = (-1)^n \frac{16}{(n\pi)^2},$$

$$b_n = 0 \quad (n = 1,2,3,\cdots),$$

故 $f(x) = \frac{4}{3} + \sum_{n=1}^{\infty} (-1)^n \frac{16}{(n\pi)^2}\cos\frac{n\pi x}{2} = \frac{4}{3} + \frac{16}{\pi^2}\sum_{n=1}^{\infty} \frac{(-1)^n}{n^2}\cos\frac{n\pi x}{2}, x \in [0,2]$.

*3. **解**: $c_n = \frac{1}{2}\int_{-1}^{1} e^{-x}e^{-in\pi x} dx = \frac{1}{2}\int_{-1}^{1} e^{-(1+n\pi i)x} dx = \frac{1}{2} \cdot \frac{1}{-(1+n\pi i)} e^{-(1+n\pi i)x}\bigg|_{-1}^{1}$

$$= -\frac{1}{2} \cdot \frac{1-n\pi i}{(1+n\pi i)} \cdot (e^{-1}\cos n\pi - e\cos n\pi) = (-1)^n \frac{1-n\pi i}{1+n^2\pi^2} \text{sh}1,$$

因而 $f(x) = \sum_{n=-\infty}^{\infty} (-1)^n \frac{1-n\pi i}{1+n^2\pi^2} \text{sh}1 \cdot e^{in\pi x} \quad (x \neq 2n+1, n = 0, \pm 1, \pm 2, \cdots)$.

*4. **解**: $u(t) = \frac{h\tau}{T} + \frac{h}{\pi}\sum_{n=-\infty}^{+\infty} \frac{1}{n}\sin\frac{n\pi\tau}{T} e^{i\frac{2n\pi t}{T}}$

$$= \frac{h\tau}{T} + \frac{h}{\pi}\left[\sum_{n=1}^{+\infty} \frac{1}{n}\sin\frac{n\pi\tau}{T} e^{i\frac{2n\pi t}{T}} + \sum_{n=-\infty}^{-1} \frac{1}{n}\sin\frac{n\pi\tau}{T} \cdot e^{i\frac{2n\pi t}{T}}\right]$$

$$= \frac{h\tau}{T} + \frac{h}{\pi}\left[\sum_{n=1}^{+\infty} \frac{1}{n}\sin\frac{n\pi\tau}{T} \cdot e^{i\frac{2n\pi t}{T}} + \sum_{n=1}^{+\infty} (-\frac{1}{n})\sin\frac{(-n)\pi\tau}{T} e^{i\frac{-2n\pi t}{T}}\right]$$

$$= \frac{h\tau}{T} + \frac{h}{\pi}\left[\sum_{n=1}^{\infty} \frac{1}{n}\sin\frac{n\pi\tau}{T} \cdot e^{i\frac{2n\pi t}{T}} + \sum_{n=1}^{\infty} \frac{1}{n}\sin\frac{n\pi\tau}{T} \cdot e^{i\frac{-2n\pi t}{T}}\right]$$

$$= \frac{h\tau}{T} + \frac{h}{\pi}\sum_{n=1}^{\infty} \frac{1}{n}\sin\frac{n\pi\tau}{T}\left[e^{i\frac{2n\pi t}{T}} + e^{i\frac{-2n\pi t}{T}}\right]$$

$$= \frac{h\tau}{T} + \frac{h}{\pi}\sum_{n=1}^{+\infty} \frac{1}{n}\sin\frac{n\pi\tau}{T} 2\cos\frac{2n\pi t}{T} = \frac{h\tau}{T} + \frac{2h}{\pi}\sum_{n=1}^{\infty} \frac{1}{n}\sin\frac{n\pi\tau}{T}\cos\frac{2n\pi t}{T} \quad (-\infty, +\infty).$$

此即所求 $u(t)$ 的傅里叶级数的实数形式.

总习题十二解答

1. **解**: (1) 必要 充分 (2) 充要 (3) 收敛 发散
2. **解**: 偶函数 $f(x)$ 的傅里叶级数是余弦级数,故排除(B)选项.

又因为 $a_0 = \frac{2}{\pi}\int_0^{\pi} f(x) dx = \frac{2}{\pi}\int_0^{\pi} x dx = \pi \neq 0$,所以排除(C)与(D)选项,从而选(A).

3. **解**: (1) 由 $\lim_{n\to\infty} nu_n = \lim \frac{1}{\frac{1}{\sqrt{n}}} = 1$ 得级数发散.

(2) $\lim\limits_{n\to\infty}\dfrac{u_{n+1}}{u_n}=\lim\limits_{n\to\infty}\dfrac{((n+1)!)^2}{2(n+1)^2}\dfrac{2n^2}{(n!)^2}=\lim\limits_{n\to\infty}n^2=+\infty$. 由比较审敛法知级数发散.

(3) 由比较审敛法知级数 $\sum\limits_{n=1}^{\infty}\dfrac{n}{2^n}$ 收敛,而 $\dfrac{n\cos^2\dfrac{n\pi}{3}}{2^n}\leqslant\dfrac{n}{2^n}$ 故级数收敛.

(4) 由 $\lim\limits_{n\to\infty}nu_n=\lim\limits_{n\to\infty}\dfrac{n}{\ln^{10}n}=\lim\limits_{n\to\infty}\left(\dfrac{n^{\frac{1}{10}}}{\ln n}\right)^{10}=+\infty$,由比较审敛法的极限形式可知级数 $\sum\limits_{n=1}^{\infty}\dfrac{1}{\ln^{10}n}$ 发散.

(5) $\lim\limits_{n\to\infty}\sqrt[n]{u_n}=\lim\limits_{n\to\infty}\dfrac{a}{\sqrt[n]{n^s}}=a$. 当 $a<1$ 时,级数收敛,当 $a>1$ 时级数发散. 当 $a=1$ 时,级数为 $\sum\limits_{n=1}^{\infty}\dfrac{1}{n^s}$,当 $s>1$ 时级数收敛,当 $s\leqslant 1$ 时级数发散.

4. **证**:因 $\sum\limits_{n=1}^{\infty}u_n$, $\sum\limits_{n=1}^{\infty}v_n$ 都收敛,故 $u_n\to 0$, $v_n\to 0$ $(n\to\infty)$ 所以 $\lim\limits_{n\to\infty}\dfrac{u_n^2}{u_n}=\lim u_n=0$, $\lim\dfrac{v_n^2}{v_n}=0$.

由比较判别法 $\sum\limits_{n=1}^{\infty}u_n^2$, $\sum\limits_{n=1}^{\infty}v_n^2$ 也都收敛,又由 $u_nv_n\leqslant\dfrac{1}{2}(u_n^2+v_n^2)$,则 $\sum\limits_{n=1}^{\infty}u_nv_n$ 也收敛,从而 $\sum\limits_{n=1}^{\infty}(u_n+v_n)^2=\sum\limits_{n=1}^{\infty}(u_n^2+2u_nv_n+v_n^2)$ 也收敛.

5. **解**:不一定,当两级数是非正项级数时,命题不一定正确.
如 $\sum\limits_{n=1}^{\infty}u_n=\sum\limits_{n=1}^{\infty}(-1)^n\dfrac{1}{\sqrt{n}}$, $\sum\limits_{n=1}^{\infty}v_n=\sum\limits_{n=1}^{\infty}\left[(-1)^n\dfrac{1}{\sqrt{n}}+\dfrac{1}{n}\right]$ 时,满足条件,但 $\sum\limits_{n=1}^{\infty}u_n$ 收敛, $\sum\limits_{n=1}^{\infty}v_n$ 发散.

6. **解**:(1) $u_n=(-1)^n\dfrac{1}{n^p}$, $\sum\limits_{n=1}^{\infty}|u_n|=\sum\limits_{n=1}^{\infty}\dfrac{1}{n^p}$,这是 p-级数.

当 $p>1$ 时级数 $\sum\limits_{n=1}^{\infty}|u_n|$ 收敛,当 $p\leqslant 1$ 时级数 $\sum\limits_{n=1}^{\infty}|u_n|$ 发散,因而当 $p>1$ 时,级数 $\sum\limits_{n=1}^{\infty}(-1)^n\dfrac{1}{n^p}$ 绝对收敛. 当 $0<p\leqslant 1$ 时,级数 $\sum\limits_{n=1}^{\infty}(-1)^n\dfrac{1}{n^p}$ 是交错级数,且满足莱布尼茨定理的条件,因而收敛,这时是条件收敛. 当 $p\leqslant 0$ 时,由于 $\lim\limits_{n\to\infty}(-1)^n\dfrac{1}{n^p}\neq 0$,所以级数发散.

综上所述,当 $p>1$ 时级数 $\sum\limits_{n=1}^{\infty}(-1)^n\dfrac{1}{n^p}$ 绝对收敛,当 $0<p\leqslant 1$ 时条件收敛,当 $p\leqslant 0$ 时发散.

(2) $u_n=(-1)^{n+1}\dfrac{\sin\dfrac{\pi}{n+1}}{\pi^{n+1}}$, $|u_n|\leqslant\dfrac{1}{\pi^{n+1}}=\left(\dfrac{1}{\pi}\right)^{n+1}$.

由于级数 $\sum\limits_{n=1}^{\infty}\left(\dfrac{1}{\pi}\right)^{n+1}$ 收敛,故由比较判别法知,级数 $\sum\limits_{n=1}^{\infty}|u_n|$ 收敛,从而原级数绝对收敛.

(3) $u_n=(-1)^n\ln\dfrac{n+1}{n}$,因为 $\lim\limits_{n\to\infty}\dfrac{|u_n|}{\dfrac{1}{n}}=\lim\limits_{n\to\infty}n\ln\dfrac{n+1}{n}=\lim\limits_{n\to\infty}\ln\left(1+\dfrac{1}{n}\right)^n=\ln e=1$,

又级数 $\sum\limits_{n=1}^{\infty}\dfrac{1}{n}$ 发散,故由比较审敛法知级数 $\sum\limits_{n=1}^{\infty}|u_n|$ 发散. 另一方面,由于级数 $\sum\limits_{n=1}^{\infty}(-1)^n\ln$

$\frac{n+1}{n}$ 是交错级数,且满足莱布尼茨定理的条件,所以该级数收敛,因此原级数条件收敛.

(4) $u_n = (-1)^n \frac{(n+1)!}{n^n}$, $\lim\limits_{n\to\infty} \frac{|u_{n+1}|}{|u_n|} = \lim\limits_{n\to\infty} \frac{(n+2)!}{(n+1)^{n+1}} / \frac{(n+1)!}{n^n} = \lim\limits_{n\to\infty}(n+2) \cdot \frac{n^n}{(n+1)^{n+1}} = \lim\limits_{n\to\infty} \frac{(n+2)}{(n+1)} \frac{1}{\left(1+\frac{1}{n}\right)^n} = \frac{1}{e} < 1$,故由比值审敛法知级数 $\sum\limits_{n=1}^{\infty} |u_n|$ 收敛,即原级数绝对收敛.

7. **解**:(1)由根值法知级数 $\sum\limits_{n=1}^{\infty} \frac{1}{3^n}\left(1+\frac{1}{n}\right)^{n^2}$ 收敛,故 $\lim\limits_{n\to\infty} \frac{1}{n} \sum\limits_{k=1}^{n} \frac{1}{k^2}\left(1+\frac{1}{k}\right)^{k^2} = 0$.

(2) $\lim\limits_{n\to\infty}\left[2^{\frac{1}{3}} 4^{\frac{1}{9}} \cdots (2^n)^{\frac{1}{3^n}}\right] = \lim\limits_{n\to\infty} 2^{\frac{1}{3}+\frac{2}{9}+\cdots+\frac{n}{3^n}}$.

考查幂级数 $S(x) = 1 + 2x + 3x^2 + \cdots + nx^{n-1} + \cdots$,

则 $\int_0^x S(x)\,\mathrm{d}x = x + x^2 + \cdots + x^n + \cdots = \frac{x}{1-x}$ ($|x|<1$),

故 $S(x) = \left(\frac{x}{1-x}\right)' = \frac{1}{(1-x)^2}$, $S\left(\frac{1}{3}\right) = \frac{9}{4}$,

得 $\lim\limits_{n\to\infty} 2^{\frac{1}{3}+\frac{2}{3^2}+\cdots+\frac{n}{3^n}} = 2^{\lim\limits_{n\to\infty}\left(\frac{1}{3}+\frac{2}{3^2}+\cdots+\frac{n}{3^{n-1}}\right)} = 2^{\frac{1}{3}\lim\limits_{n\to\infty}\left(1+\frac{2}{3}+\cdots+\frac{n}{3^{n+1}}\right)} = 2^{\frac{1}{3}S\left(\frac{1}{3}\right)} = 2^{\frac{3}{4}} = \sqrt[4]{8}$.

8. **解**:(1) $u_n = \frac{3^n + 5^n}{n} x^n$, $a_n = \frac{3^n + 5^n}{n}$,

$$\lim\limits_{n\to\infty}\left|\frac{a_{n+1}}{a_n}\right| = \lim\limits_{n\to\infty} \frac{3^{n+1}+5^{n+1}}{n+1} / \frac{3^n+5^n}{n} = \lim\limits_{n\to\infty} \frac{n}{n+1} \cdot \frac{3^{n+1}+5^{n+1}}{3^n+5^n} = \lim\limits_{n\to\infty} \frac{3\left(\frac{3}{5}\right)^n + 5}{\left(\frac{3}{5}\right)^n + 1} = 5.$$

所以收敛半径为 $R = \frac{1}{5}$. 级数的收敛区间为 $\left(-\frac{1}{5}, \frac{1}{5}\right)$.

(2) $u_n = \left(1+\frac{1}{n}\right)^{n^2} x^n$, $\lim\limits_{n\to\infty} \sqrt[n]{|u_n|} = \lim\limits_{n\to\infty}\left(1+\frac{1}{n}\right)^n |x| = e|x|$. 由根值审敛法知,当 $e|x| < 1$,即 $|x| < \frac{1}{e}$ 时,幂级数收敛. 当 $e|x| > 1$ 时,即 $|x| > \frac{1}{e}$ 幂级数发散,∴ $R = \frac{1}{e}$. 因此原级数的收敛区间为 $\left(-\frac{1}{e}, \frac{1}{e}\right)$.

(3) $u_n = n(x+1)^n$, $\lim\limits_{n\to\infty}\left|\frac{u_{n+1}}{u_n}\right| = \lim\limits_{n\to\infty}\left|\frac{(n+1)(x+1)^{n+1}}{n(x+1)^n}\right| = \lim\limits_{n\to\infty} \frac{n+1}{n} |x+1| = |x+1|$.

故由比值审敛法知,当 $|x+1| < 1$ 时幂级数绝对收敛;而当 $|x+1| > 1$ 时幂级数发散.

∴ $R = 1$. 因而收敛区间为 $(-2, 0)$.

(4) $u_n = \frac{n}{2^n} x^{2n}$, $\lim\limits_{n\to\infty} \sqrt[n]{|u_n|} = \lim\limits_{n\to\infty} \frac{\sqrt[n]{n}}{2} x^2 = \frac{x^2}{2}$. 由根值审敛法知,当 $\frac{x^2}{2} < 1$,即 $|x| < \sqrt{2}$ 时,幂级数绝对收敛,当 $\frac{x^2}{2} > 1$,即 $|x| > \sqrt{2}$ 时,幂级数发散. ∴ $R = \sqrt{2}$. 因此该幂级数的收敛区间为 $(-\sqrt{2}, \sqrt{2})$.

9. **解**:(1)令和函数为 $S(x)$,即

$$S(x) = \sum\limits_{n=1}^{\infty} \frac{2n-1}{2^n} x^{2(n-1)} = \frac{1}{2} \sum\limits_{n=1}^{\infty} (2n-1) \left(\frac{x}{\sqrt{2}}\right)^{2n-2}$$

$$= \frac{\sqrt{2}}{2}\sum_{n=1}^{\infty}\left[\left(\frac{x}{\sqrt{2}}\right)^{2n-1}\right]' = \frac{\sqrt{2}}{2}\left[\sum_{n=1}^{\infty}\left(\frac{x}{\sqrt{2}}\right)^{2n+1}\right]'$$

$$= \frac{\sqrt{2}}{2}\left\{\frac{x}{\sqrt{2}}\sum_{n=1}^{\infty}\left[\left(\frac{x}{\sqrt{2}}\right)^{2}\right]^{n}\right\}' = \frac{\sqrt{2}}{2}\left[\frac{x}{\sqrt{2}}\cdot\frac{1}{1-\left(\frac{x}{\sqrt{2}}\right)^{2}}\right]'$$

$$= \left(\frac{x}{2-x^{2}}\right)' = \frac{2+x^{2}}{(2-x^{2})^{2}} \quad (-\sqrt{2}<x<\sqrt{2}),$$

即 $\sum_{n=1}^{\infty}\frac{2n-1}{2^{n}}x^{2(n-1)} = \frac{2+x^{2}}{(2-x^{2})^{2}}, \quad x\in(-\sqrt{2},\sqrt{2}).$

(2) 设和函数为 $S(x)$,则 $S(x) = \sum_{n=1}^{\infty}\frac{(-1)^{n-1}}{2n-1}x^{2n-1}, \quad S(0)=0,$

逐项求导,得 $S'(x) = \sum_{n=1}^{\infty}(-1)^{n-1}x^{2n-2} = \sum_{n=1}^{\infty}(-x^{2})^{n-1} = \frac{1}{1+x^{2}}(-1<x<1),$

积分得 $S(x)-S(0) = \int_{0}^{x}\frac{1}{1+x^{2}}\mathrm{d}x = \arctan x,$ 即 $S(x) = \arctan x, \quad x\in(-1,1).$

(3) $S(x) = \sum_{n=1}^{\infty}n(x-1)^{n} = (x-1)\sum_{n=1}^{\infty}n(x-1)^{n-1}$

$$= (x-1)\sum_{n=1}^{\infty}[(x-1)^{n}]' = (x-1)\left[\sum_{n=1}^{\infty}(x-1)^{n}\right]'$$

$$= (x-1)\left[\frac{x-1}{1-(x-1)}\right]' \quad (|x-1|<1) = \frac{x-1}{(2-x)^{2}}, \quad x\in(0,2).$$

(4) $S(x) = \sum_{n=1}^{\infty}\frac{x^{n}}{n(n+1)} = \sum_{n=1}^{\infty}\left(\frac{1}{n}-\frac{1}{n+1}\right)x^{n} = \sum_{n=1}^{\infty}\frac{1}{n}x^{n} - \sum_{n=1}^{\infty}\frac{1}{n+1}x^{n}$

$$= \sum_{n=1}^{\infty}\int_{0}^{x}x^{n-1}\mathrm{d}x - \frac{1}{x}\sum_{n=1}^{\infty}\frac{1}{n+1}x^{n+1} \quad (x\neq 0)$$

$$= \int_{0}^{x}\left(\sum_{n=1}^{\infty}x^{n-1}\right)\mathrm{d}x - \frac{1}{x}\sum_{n=1}^{\infty}\int_{0}^{x}x^{n}\mathrm{d}x \quad (x\neq 0)$$

$$= \int_{0}^{x}\frac{1}{1-x}\mathrm{d}x - \frac{1}{x}\int_{0}^{x}\sum_{n=1}^{\infty}x^{n}\mathrm{d}x \quad (x\in[-1,1),\text{且}\ x\neq 0)$$

$$= \int_{0}^{x}\frac{\mathrm{d}x}{1-x} - \frac{1}{x}\int_{0}^{x}\frac{x}{1-x}\mathrm{d}x \quad (x\in[-1,0)\cup[0,1))$$

$$= -\ln(1-x) - \frac{1}{x}[-x-\ln(1-x)] \quad (x\in[-1,0)\cup(0,1))$$

$$= 1 + \frac{1-x}{x}\ln(1-x) \quad (x\in[-1,0)\cup(0,1)),$$

又显然,$S(0)=0$,因此 $S(x) = \begin{cases} 1+\dfrac{1-x}{x}\ln(1-x), & x\in[-1,0)\cup(0,1), \\ 0, & x=0, \\ 1, & x=1. \end{cases}$

10. **解**:(1) $\sum_{n=1}^{\infty}\frac{n^{2}}{n!} = \sum_{n=1}^{\infty}\frac{n(n-1)+n}{n!} = \sum_{n=1}^{\infty}\frac{n(n-1)}{n!} + \sum_{n=1}^{\infty}\frac{n}{n!}$

因为 $\mathrm{e}^{x} = \sum_{n=0}^{\infty}\frac{x^{n}}{n!}$,故两边求导得 $\mathrm{e}^{x} = \sum_{n=1}^{\infty}\frac{n}{n!}x^{n-1}, \mathrm{e}^{x} = \sum_{n=1}^{\infty}\frac{n(n-1)x^{n-2}}{n!},$

令 $x=1$,得 $\mathrm{e}=\sum_{n=1}^{\infty}\dfrac{n}{n!}$, $\mathrm{e}=\sum_{n=1}^{\infty}\dfrac{n(n-1)}{n!}$,从而 $\sum_{n=1}^{\infty}\dfrac{n^2}{n!}=2\mathrm{e}$.

(2) $\sum_{n=0}^{\infty}(-1)^n\dfrac{n+1}{(2n+1)!}=\dfrac{1}{2}\sum_{n=0}^{\infty}(-1)^n\dfrac{2n+2}{(2n+1)!}$

$=\dfrac{1}{2}\left[\sum_{n=0}^{\infty}(-1)^n\dfrac{2n+1}{(2n+1)!}+\sum_{n=0}^{\infty}(-1)^n\dfrac{1}{(2n+1)!}\right]$

$=\dfrac{1}{2}\left[\sum_{n=0}^{\infty}(-1)^n\dfrac{1}{(2n)!}+\sum_{n=0}^{\infty}(-1)^n\dfrac{1}{(2n+1)!}\right]$

因为 $\sin x=\sum_{n=0}^{\infty}(-1)^n\dfrac{x^{2n+1}}{(2n+1)!}$, $\cos x=\sum_{n=0}^{\infty}(-1)^n\dfrac{x^{2n}}{(2n)!}$,

故令 $x=1$ 得 $\sum_{n=0}^{\infty}(-1)^n\dfrac{1}{(2n+1)!}=\sin 1$, $\sum_{n=0}^{\infty}(-1)^n\dfrac{1}{(2n)!}=\cos 1$,

因此 $\sum_{n=0}^{\infty}(-1)^n\dfrac{n+1}{(2n+1)!}=\dfrac{1}{2}(\cos 1+\sin 1)$.

11. **解**:(1) $\ln(x+\sqrt{x^2+1})=\int_0^x\dfrac{1}{\sqrt{1+t^2}}\mathrm{d}t=\int_0^x(1+t^2)^{\frac{1}{2}}\mathrm{d}t$

$=\int_0^x\left[1+\sum_{n=1}^{\infty}(-1)^n\dfrac{(2n-1)!!}{(2n)!!}t^{2n}\right]\mathrm{d}t=x+\sum_{n=1}^{\infty}(-1)^n\dfrac{(2n-1)!!}{(2n)!!}\dfrac{1}{2n+1}x^{2n+1}$

端点 $x=\pm 1$ 处收敛,

$\ln(x+\sqrt{1+x^2})$ 在 $x=\pm 1$ 处有定义且连续,故展开式成立区间为 $x\in[-1,1]$.

(2) $\dfrac{1}{2-x}=\dfrac{1}{2}\dfrac{1}{1-\dfrac{x}{2}}=\dfrac{1}{2}\sum_{n=0}^{\infty}\left(\dfrac{x}{2}\right)^n$,

$\dfrac{1}{(2-x)^2}=\left(\dfrac{1}{2-x}\right)'=\left[\dfrac{1}{2}\sum_{n=0}^{\infty}\left(\dfrac{x}{2}\right)^n\right]'=\dfrac{1}{2}\sum_{n=0}^{\infty}n\left(\dfrac{x}{2}\right)^{n-1}\dfrac{1}{2}=\sum_{n=1}^{\infty}\dfrac{n}{2^{n+1}}x^{n-1}$.

故 $\dfrac{1}{(2-x)^2}=\sum_{n=1}^{\infty}\dfrac{n}{2^{n+1}}x^{n-1}$, $x\in(-2,2)$.

12. **解**: $a_0=\dfrac{1}{\pi}\int_{-\pi}^{\pi}f(x)\mathrm{d}x=\dfrac{1}{\pi}\int_0^{\pi}\mathrm{e}^x\mathrm{d}x=\dfrac{\mathrm{e}^{\pi}-1}{\pi}$,

$a_n=\dfrac{1}{\pi}\int_{-\pi}^{\pi}f(x)\cos nx\mathrm{d}x=\dfrac{1}{\pi}\int_0^{\pi}\mathrm{e}^x\cos nx\mathrm{d}x=\dfrac{1}{\pi}\left(\mathrm{e}^x\cos nx\Big|_0^{\pi}-n\int_0^{\pi}\mathrm{e}^x\cos nx\mathrm{d}x\right)$

$=\dfrac{(-1)^n\mathrm{e}^{\pi}-1}{\pi}+\dfrac{n}{\pi}\left[(\mathrm{e}^x\sin nx)\Big|_0^{\pi}-n\int_0^{\pi}\mathrm{e}^x\cos nx\mathrm{d}x\right]$

$=\dfrac{(-1)^n\mathrm{e}^{\pi}-1}{\pi}-n^2\cdot\dfrac{1}{\pi}\int_0^{\pi}\mathrm{e}^x\cos nx\mathrm{d}x=\dfrac{(-1)^n\mathrm{e}^{\pi}-1}{\pi}-n^2 a_n$,

即 $a_n=\dfrac{(-1)^n\mathrm{e}^{\pi}-1}{(n^2+1)\pi}$ $(n\geqslant 1)$,

$b_n=\dfrac{1}{\pi}\int_{-\pi}^{\pi}f(x)\sin nx\mathrm{d}x=\dfrac{1}{\pi}\int_0^{\pi}\mathrm{e}^x\sin nx\mathrm{d}x=\dfrac{1}{\pi}\left(\mathrm{e}^x\sin nx\Big|_0^{\pi}-n\int_0^{\pi}\mathrm{e}^x\cos nx\mathrm{d}x\right)$

$=(-n)\dfrac{1}{\pi}\int_0^{\pi}\mathrm{e}^x\cos nx\mathrm{d}x=(-n)a_n$ $(n\geqslant 1)$,

因此 $f(x)$ 的傅里叶级数展开式为

$$f(x)=\dfrac{\mathrm{e}^{\pi}-1}{2\pi}+\sum_{n=1}^{\infty}\dfrac{(-1)^n\mathrm{e}^{\pi}-1}{(n^2+1)\pi}(\cos nx-n\sin nx)$$

$(-\infty < x < +\infty$ 且 $x \neq n\pi, n=0, \pm 1, \pm 2, \cdots)$.

13. **解**：(1)将 $f(x)$ 进行奇延拓到 $[-\pi, \pi]$ 上，再作周期延拓到整个数轴上．

$a_n = 0, \quad n = 0, 1, 2, \cdots$

$b_n = \dfrac{2}{\pi} \int_0^\pi f(x) \sin nx \, dx = \dfrac{2}{\pi} \int_0^h \sin nx \, dx = -\dfrac{2}{n\pi} \cos nx \Big|_0^h = \dfrac{2}{n\pi}(1-\cos nh)$,

$x = h$ 处为间断点，故有

$$f(x) = \dfrac{2}{\pi} \sum_{n=1}^{\infty} \dfrac{1-\cos nh}{n} \sin nx, \quad x \in (0,h) \cup (h,\pi].$$

(2) 将 $f(x)$ 进行偶延拓到 $[-\pi, \pi]$ 上，再作周期延拓到整个数轴上．

$b_n = 0, \quad n = 1, 2, \cdots$

$a_n = \dfrac{2}{n} \int_0^h \cos nx \, dx = \dfrac{2}{\pi} \cdot \dfrac{1}{n} \sin x \Big|_0^h = \dfrac{2}{n\pi} \sin nh, \quad n = 1, 2, \cdots$

$a_0 = \dfrac{2}{n} \int_0^h dx = \dfrac{2h}{n}$,

故 $f(x)$ 的余弦级数为 $f(x) = \dfrac{h}{\pi} + \dfrac{2}{\pi} \sum_{n=1}^{\infty} \dfrac{\sin nh}{n} \cos nx, \quad x \in [0,h) \cup (h,\pi]$.